WOW!Photoshop终极CG绘画技法

——专业绘画工具Blur's Good Brush极速手册（第2版）

杨雪果 编著

電子工業出版社
Publishing House of Electronics Industry
北京·BEIJING

内容简介

本书是畅销图书《WOW！ Photoshop终极CG绘画技法——专业绘画工具Blur's Good Brush极速手册》的第2版。本书不仅将为您带来前所未有的绘画体验，还新增了Photoshop笔刷制作的详细教程，让您摆脱传统绘画的技法束缚，以全新的角度学习新时代的数字绘图技术，从根本上改变对于CG绘画的观念。

本书以数字绘画界最受欢迎的原创Photoshop笔刷工具Blur's Good Brush为主要内容，为您分类细致地讲解每一支画笔的具体功能与运用，为用户提供方便的画笔功能速查和基本使用的介绍；同时本书也将为您展现作者10余年数字绘画研究的丰硕成果，和对艺术创作的独特理念，深入浅出地为您讲解不同类型的数字绘画技法和绘画相关重要理论知识，并详细介绍了Photoshop笔刷的设计方法和要领，带领您进入一个全新的绘画领域，开拓您的思维与视野，快速提升您的绘画技能和深入体验数字平台作画的乐趣与魅力。

随书光盘附赠Blur's Good Brush 5.1和7.0版本的笔刷工具、Blur's Good Brush创作实例过程图演示一章电子书，以及基础和实例教学视频，还附赠了大量素材。书中提及的法线贴图工具及相关素材请到http://www.fecit.com.cn/files/download/31294.rar下载。

本书适合插画、漫画、概念设计、游戏制作、平面设计、摄影等行业的从业者阅读。

图书在版编目（CIP）数据

WOW！Photoshop终极CG绘画技法：专业绘画工具Blur's Good Brush极速手册/杨雪果编著. —2版.

北京：电子工业出版社，2017.5

ISBN 978-7-121-31294-6

Ⅰ.①W… Ⅱ.①杨… Ⅲ.①图像处理软件 Ⅳ.①TP391.41

中国版本图书馆CIP数据核字（2017）第072310号

责任编辑：田　蕾

印　　刷：北京利丰雅高长城印刷有限公司

装　　订：北京利丰雅高长城印刷有限公司

出版发行：电子工业出版社

　　　　　北京市海淀区万寿路173信箱　　邮编：100036

开　　本：880×1230　1/16　印张：26.25　字数：756千字

版　　次：2014年6月第1版

　　　　　2017年5月第2版

印　　次：2020年3月第7次印刷

定　　价：148.00元（含光盘1张）

参与本书编写的人员还有白明月、邹丽娟、马建民、邹晓娇、张甜甜、范松涛、邹丽凤、张军、张明宇、刘博正、孙耀、孙玉娥、吕西云、纪云峰。

广告经营许可证号：京海工商广字第0258号

凡所购买电子工业出版社图书有缺损问题，请向购买书店调换。若书店售缺，请与本社发行部联系，联系及邮购电话：（010）88254888，88258888。

质量投诉请发邮件至zlts@phei.com.cn，盗版侵权举报请发邮件至dbqq@phei.com.cn。

本书咨询联系方式：（010）88254161～88254167转1897。

序
PREFACE

杨雪果老师是国内 CG 业界为数不多的贡献者之一，几乎每 2 个 CG 从业者的电脑里都安装有他开发的 Blur's Good Brush 笔刷。目前国内的 CG 高手虽然多，但是在 CG 教育领域做出贡献的却凤毛麟角，杨老师和他开发的系列笔刷真正意义上为国内的 CG 业做出了巨大的贡献！

开发笔刷并非易事，而是一件琐碎而极具专业性的工作，开发完成又不收取任何费用提供大家免费下载使用，这不能不说又是一种更高层次的个人风格。所以当听到杨老师要出版本书时，我的心情也非常激动，因为国内终于有一本专业而系统地介绍 CG 笔刷的书籍了，这不但填补了相关专业领域内的空白，也是国内 CG 步入独立发展的一个重要标志。我以个人从业 10 年的经验，向各位强烈推荐本书。

陈惟

2014 年于成都

杨雪果老师（果乐园）是当今 CG 艺术界的灵魂绘者，其作品风格深沉独特，表现主题深远大气，独树一格，在国内外业界享有高度影响力。

更难能可贵的是杨老师一直致力于 Blur's Good Brush 的开发和推行。其开发笔刷种类丰富，用法各异，适合各式绘画内容的表现，使创作者的创作效率和作品质量大幅提升，本人便是受益者之一。

目前 Blur's Good Brush 已在 CG 界普及，从入门学习者到业内资深人士，福泽着整个业界。

正所谓“宝剑须有识剑者”，杨老师此次无私分享其创作技法，就如何熟悉运用笔刷进行作品创作编著成书，让喜爱 CG 艺术的爱好者们能细致学习其思路和创作技法，实为业界福音，本书将是 CG 艺术爱好者和学习者的不二选择。

肖壮悦（X.tiger）

2014 年 4 月

前言

PROLOGUE

世人都有梦，都爱谈梦，都在为实现自己五颜六色大小不一的梦去琢磨，奔跑，努力。

梦即梦想。我从小有多个奇幻般的梦——梦想。有的梦在“梦”和“想”一阵子后便不知不觉消失了。有的梦则一直伴着人生行程，形影相随，一刻不曾离却。本书谈及的笔刷和 CG 绘画，就是一个在 30 多年的路途中一直萦绕在脑际的经常会让我交织愁或喜，苦或舒，困顿搅脑夜以继日，以至千试万验拼死追索不息……终达成不断收获果实从而一步一步进入较佳境界的“梦”。

这“梦”从起始至今已做很久。还在幼时，父亲常带我到他的工作室去玩。见大人们有的在画不同类型的画，有的在写毛笔字，有的在做装裱，有的在刻雕塑，有的在喷涂绘制版面——当时虽然不懂工作中的叔叔阿姨们做的事有什么特别之处，但是强烈的视觉新奇感让我在懵懂中对眼前的事物格外上心，兴趣异常浓郁，恍然间对所见油画、丙烯画、水粉画的色彩鲜艳富丽，国画自由运笔、墨和色彩渍洇晕染呈现变化多端的景象，书法龙飞凤舞——粗笔细笔实笔沙笔和大字小字正楷字潦草字任意为之，展版用细折管分别由人工吸取各种颜色喷成变幻万千的状如云霓彩虹般的璀璨画面……，感到妙不可言，难以想象，于是留下异常羡慕和喜爱的虽属朦胧却永难忘怀的印象。

从这时起，画画成了我几乎每天少不了的生活内容。当时尚处在涂鸦状态，对何谓绘画还远不知晓的童心里似乎已恍惚种下一粒种子：总反复海阔天空地想把脑海中存下的上述那些不可思议的意态用一支万能“神笔”随心所欲、三下两下就勾画出来，还要画得很好，很妙。由此，这种童话似的显得不着边际的想法在不知不觉间竟然渐渐化作少时思维中一直不会淡退的一个彩色角。至上大学，这种意念非但没有消减，反而日趋加重。一个重要原因是大学的艺术环境与专业条件十分有利于寻找“梦底”，同所想契合，只要把握得好，必能助“梦”成功，于是我很快如鱼得水似地将思考与实践连在一起，让其自然而然地顺着完成素描、水彩、水粉、版画、国画、油画、喷绘、雕塑、环境艺术设计等功课练习的笔（刀）行进，认真用双手践行结合理性深思，自觉不自觉地让自己从原来随兴式时拿时放的状态步上一个台阶，变成有意识并锲而不舍地进入科学研究领域，从辛劳付出中先后品尝到一些奋斗过程酿出的甜蜜。然而，在接触电脑美术亦即 CG 绘画之前，所有呈现在眼前的

“神笔”式的奇幻效果均是单一性、局部性的传统手工绘画对纯实物工具的巧妙运用的结果，虽有意趣，却仍未达到自己预想的目标，离心中的期许依然较远。

十多年前在初步掌握 CG 绘画技术后，电脑画板画笔的启示让我最终找到实现梦想的钥匙，悟出亦即发现从传统手工绘画飞向超越通常思维与想象力的 CG 绘画，除需要必备的过硬专业技能和相应文化艺术知识修养外，欲令画作出新出彩，画得随心所欲，与众不同，产生惊梦式震动视感的绝妙效果，一个无法规避的关键点是工具亦即必须创造一种宛若具有魔力奇效的无所不能的特殊工具。当最初创作《海》、《梦》、《风》、《街》、《mistzone》、《远古之声》、《太空 T 型台》等作品时我已深觉如此，并步步摸索，开始朝向“梦境”目标进发的极为艰难的跋涉——像蚂蚁啃骨头似的，一点一滴地实验再实验、改进再改进、提升再提升，在经历难以数计的费心耗力的岁月摩挲后，终于鼓捣、创造出多年来一直苦苦追寻的东西——CG 绘画系列笔刷，让“梦想”收获被众多受益者视为改变惯性认知的具有颠覆性的心血成果……

笔刷公开提供全社会自由使用已好几年，效果上佳。笔刷库在不断更新、提升、完善、拓展中发挥奇效，同时也接受客观检验，它非同寻常的科学、艺术价值和符合社会需求的效用得到充分证明。为方便喜爱 CG 绘画的同仁和读者学习使用系列笔刷，本书特将业已公诸于众的和未及尽言、展示的笔刷理论与实践知识技艺全面系统地编织到一起，图、文、声、形并茂（本书附赠解说视频光盘）直观生动地贡献给大家分享。为知识原野添一树奇花，是作者“梦”的一个目标。相信它会愈开愈艳，在广袤大地的艺术林苑馨香四溢，增鲜亮色。作者倾情倾力之功融于书内，尚非终极。纸页间奥妙流荡，兴味无穷；启迪思维、催发想象、延伸追索、拓宽眼界的余地颇多。请读者慢慢品赏吧。

杨雪果

2017 年 3 月

作者：杨雪果 作品名：Concrete 5

Concrete 9

Long past civilization

钟川，湖北籍，NWArt 创办人，日本 Applibot 和 Cygames 两大游戏公司签约艺术家、美国 Autodesk 特邀艺术家。2009 至今作品多次被世界 CG 年鉴《EXOTIQUE》、《EXOPSE》系列，全球顶级幻想艺术年鉴《光谱》等收录。热爱绘画，努力在中国 CG 行业不断学习，不断进步。

Kumari-White

Bloodydove

Firefly

MoonRiver

陈惟，毕业于四川美术学院，四川音乐学院美术学院教授，享有国际声誉的CG艺术家。作品先后在法国、日本、美国、澳大利亚和英国出版，为包括著名的游戏公司“暴雪Blizzard”在内的机构绘制过大量的CG插图。

除先后两次获得金龙奖外，在国内还获得过大量的专业奖项，包括中国学院奖最佳插画技术金奖等。自2005年起致力于CG艺术教育，创办的“陈惟画室”先后为业界培养了大量的原画和动漫人才，国内知名的游戏公司“腾讯”“金山”“完美时空”“育碧”都有不少他所培养的学生。

创立国内第一套完整的CG插画教学体系“CIN新概念动漫绘画训练法”，是目前国内最科学、最完善的“绘画训练法”，成功实现了一年内将零基础的非美术专业人士训练为专业的原画设计师。

Record of Lodoss

[God of Destruction]

DOMINANCE WAR

灭世魔神

王魂 Soul of King

初音后时代

肖壮悦，英文名X.tiger，著名CG艺术家，中国CG艺术教育领军人物，XRCG school、XRCG team创始人，中国传媒大学国家游戏高研班授课专家，暨南大学艺术学院校外硕士导师，深圳国家动漫游戏基地A级讲师，广州美术学院、中山大学客座专家，前CCGAA艺术总监，美国CGArena、德国PAINTING、火星时代、leewiART、CGArt、创意中国、DopressBook特约艺术家，Wacom创意精英大师会受邀艺术家。其作品多次被著名年鉴《d'artiste-Character Design》、《MASTER》、《China CGartists Alliance》等收录。多次成功举办高端CG艺术讲座。

泰坦战争

段磊，数字绘画艺术家。作品主要以独立性质的漫画和绘本为主，均以无纸的 2D 为创作形式。经过长时间的摸索和积累，逐渐能用数位板绘制各种手绘笔触式的效果，使本身缺乏变数的电脑艺术作品看上去更接近真实，也更趋于自然。尤其在创作印象派数字作品的时候，合理地运用 CG 技术，完全能和用颜料一样表达出内心的情感和视觉观念。这也逐渐形成了自己个人的风格。

2008 年创作旅行绘本，不定期连载短篇独立 CG 漫画。同年教授云南师范大学艺术学院《动画造型基础》、《商业插画设计》课程，云南师范大学计算机信息学院《动画动作设计》课程。2012 年出版图文旅行绘本《暮云春树》，2013 年出版图文小说《猫城纪》，2014 年其作品《绘意》、《小说绘》长篇连载。

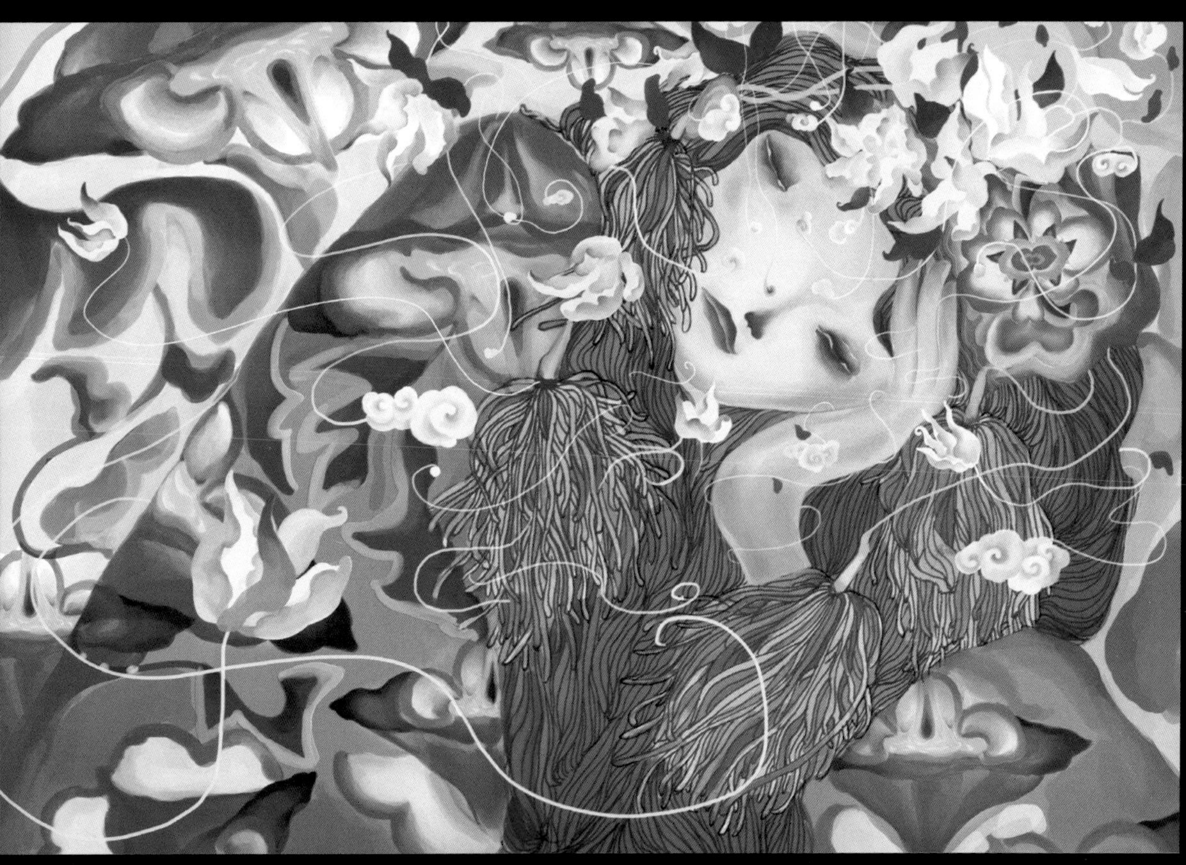

苏四饲，新锐民族插画师，拉祜族。画画是作者认识这个世界和认识自己的一个途径，画画就像写日记、记录生活，记录自己的所看所感。作者坚持返璞归真的理念，插画作品被国内外杂志刊登、收录，作品《融》、《我是昼》、《我是夜》、《和，合》于2014年荣获第四届全国插画艺术展铜奖。

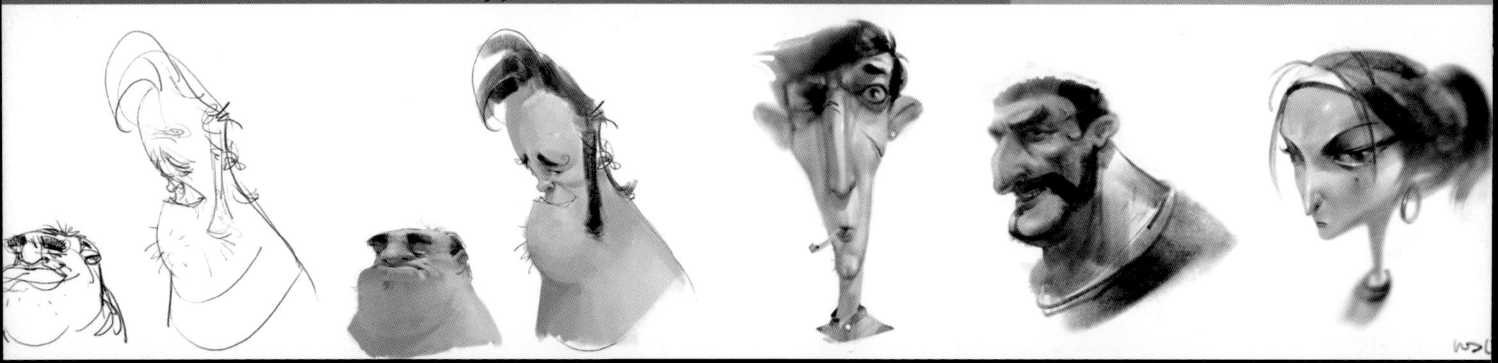

王栋梁，中国著名动画、电影、游戏概念设计师，汇宇控股集团环境设计总监；曾担任动画电影《佳人》、《鞋》、《凤凰》、《疯狂的饭局》、《雪域拉萨》、《郑成功》、《大迁徙》等主美工作；参与创作作品曾入选2007年数字图像中国节、2009年美国SIGGRAPH、2011年中国国际动画节、2010年北京电影学院奖等。目前仍致力于CG概念设计和插画领域的研究与拓展。

作者：莫娜　作品名：森林之语

江湖

她比烟花寂寞

莫娜，森林数字艺术工作室主创，著名 CG 艺术家，云南美术家协会成员。

部分经历：参与制作 2013 年法国巴黎电影节参展短片、2013 年西安国际电影节参展短片、2011 年柏林电影节中国单元短片；曾世界野生动物精英邀请赛优秀作品，迈阿密动画节火烈鸟银奖；其作品多次入选世界 CG 人年鉴

目录

CONTENTS

第 1 章

专业数字绘画工具 Blur's Good Brush

一、Blur's Good Brush简介

Blur’s Good Brush（如图1–1所示）是针对数字绘画领域开发的一套专业Photoshop笔刷库，其分为General（综合）、Traditional（传统）、Mixer（混合器画笔）、Stylize（风格化）、Shape（形状）、FX（特效）、Texture（纹理）七大类，共450余种画笔。每一种画笔都根据笔者多年绘画经验制作而成，开发目的主要以解决和改变数字绘画中的各种难题与创作方式为目的，让Photoshop变为一款专业级别的绘画工具。使用Blur’s Good Brush将极大改变作画者的创作体验，充分提高绘画的效率与质量，适合从事插画、漫画、概念设计、游戏制作、动画制作、平面设计、摄影、广告等行业的从业者使用。Blur’s Good Brush自2007年11月1.0版本问世以来不断受到业内专业人士的肯定与支持，经过作者近8年来不断地更新与改进，目前已升级到7.0版，如今已经成为数字绘画界首推的创作工具，在国内外具有极高的知名度，无论是学校还是公司都有着众多的用户群体。本书的编写旨在将本套工具的开发理念和具体运用技法传授给大众，推广数字时代绘画创作的新方式与新方法，改变创作者的作画体验。

图1–1

二、Blur's Good Brush特色简介

- 改变传统数字绘画创作体验与流程，给数字绘画带来新的创作乐趣与效率（如图1–2所示）。

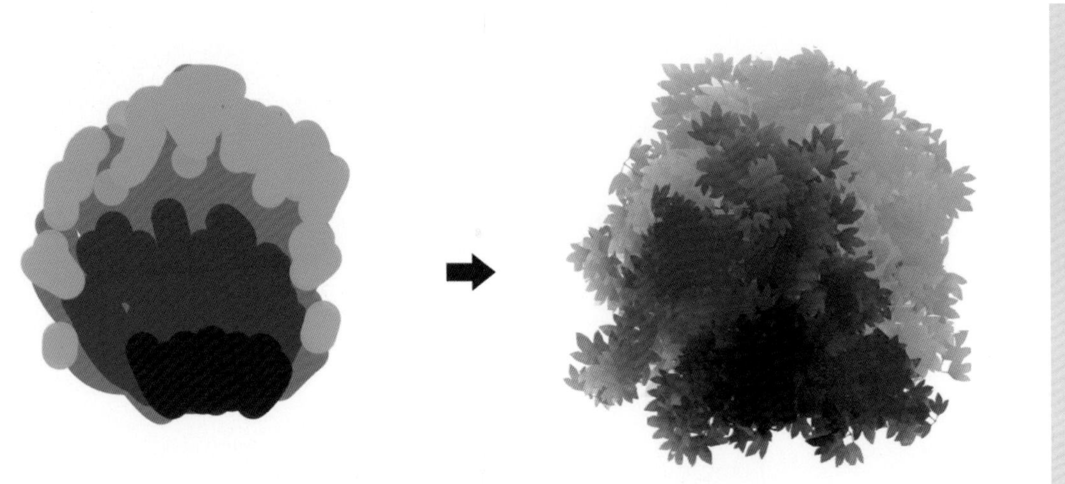

图1–2

● 丰富的绘画工具集，针对不同绘画需求设置（如图1-3所示）。

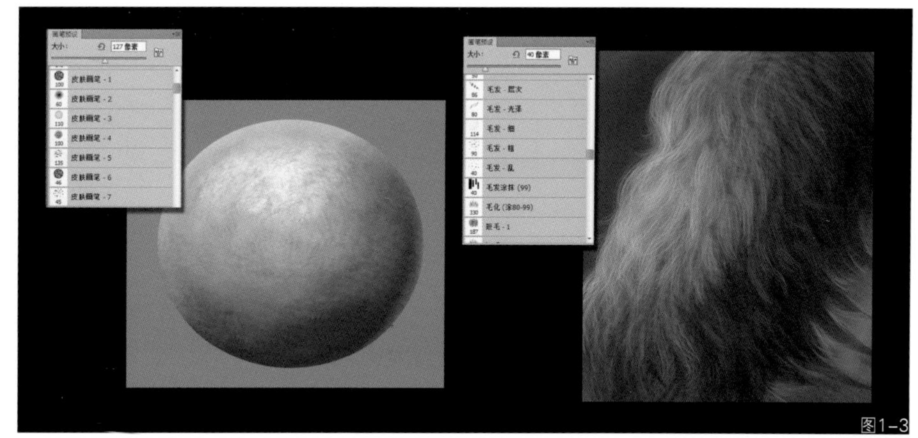
图1-3

● 传统绘画仿真笔刷，可以方便地模拟出常见的架上绘画效果（如图1-4所示）。

图1-4

● 色彩混合绘画模式，可以绘制出柔和自然的色彩层次与过渡（如图1-5所示）。

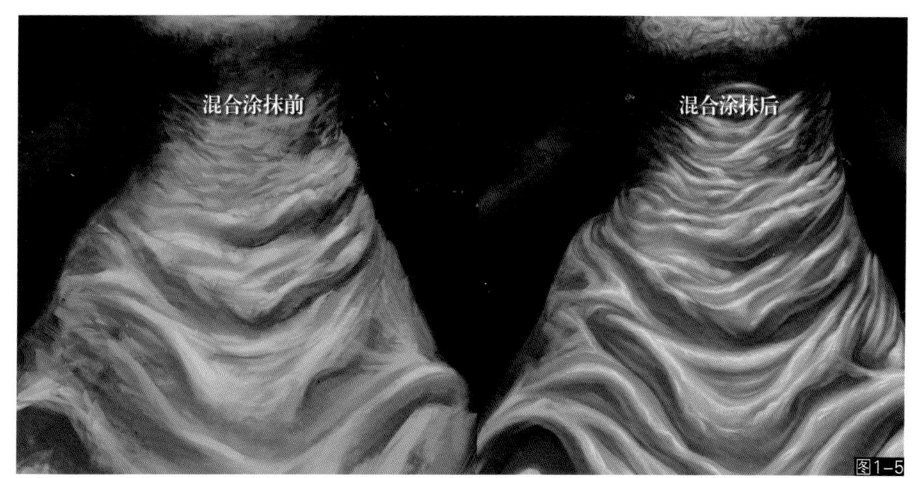

图1-5

● 视觉效果处理，可以为画面增加各类逼真的视觉特效（如图1-6所示）。

图1-6

● 3D流程配合，可以快速地绘制出各类纹理贴图供3D软件或者游戏引擎使用（如图1-7所示）。

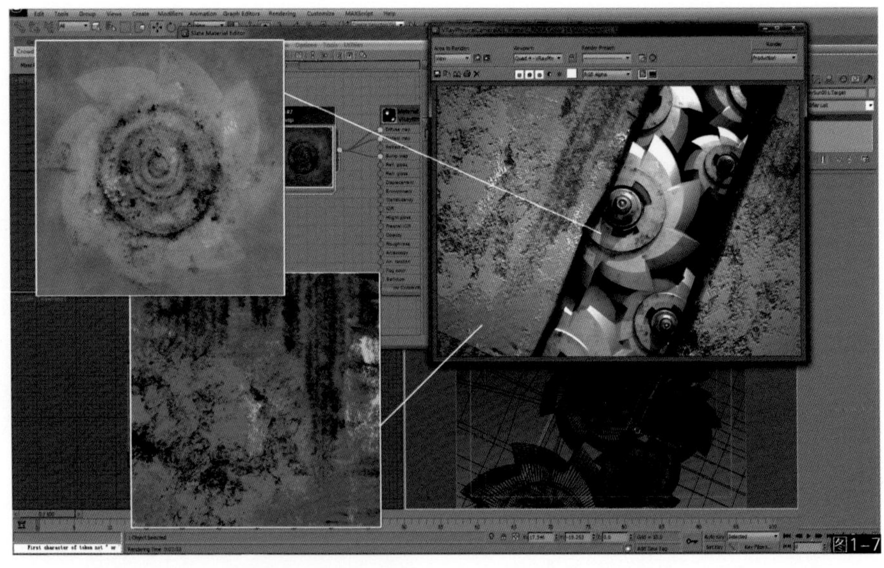
图1-7

三、Blur's Good Brush分类

1. General综合类画笔

综合类画笔包含了若干数字绘画常规类的画笔工具，适用性广泛，是最为常用的一类画笔。其中good系列画笔的使用率最高，包含了大部分人喜爱用的常规类画笔，如圆形画笔、方形画笔、扁平画笔等，适用于绘制一般性结构与色彩。同时还包含皮肤画笔套件，专门用于描绘真实的角色皮肤质感等（如图1-8所示）。

图1-8

2. Traditional传统类画笔

传统类画笔是用于模拟传统绘画风格的笔刷，如水彩笔、国画笔、油画笔、色粉笔等。每一种画笔都带有其特殊的设置与使用方式，如叠加模式和笔刷角度压力感应等。在正确掌握不同画笔的使用方法后可以轻松地按照传统绘画的方式绘制出逼真的架上绘画风格作品（如图1-9所示）。

图1-9

3. Mixer混合器类画笔

混合器画笔是Photoshop新增加的高级画笔模式，可以称为仿真颜料模式，此模式画笔可以在作画过程中自动产生干湿的颜色混合效果而无须使用涂抹工具。使用这类画笔可以绘制出层次丰富多变的色彩效果，可以满足绘画中对色彩控制有较高层次需求的人（如图1–10所示）。

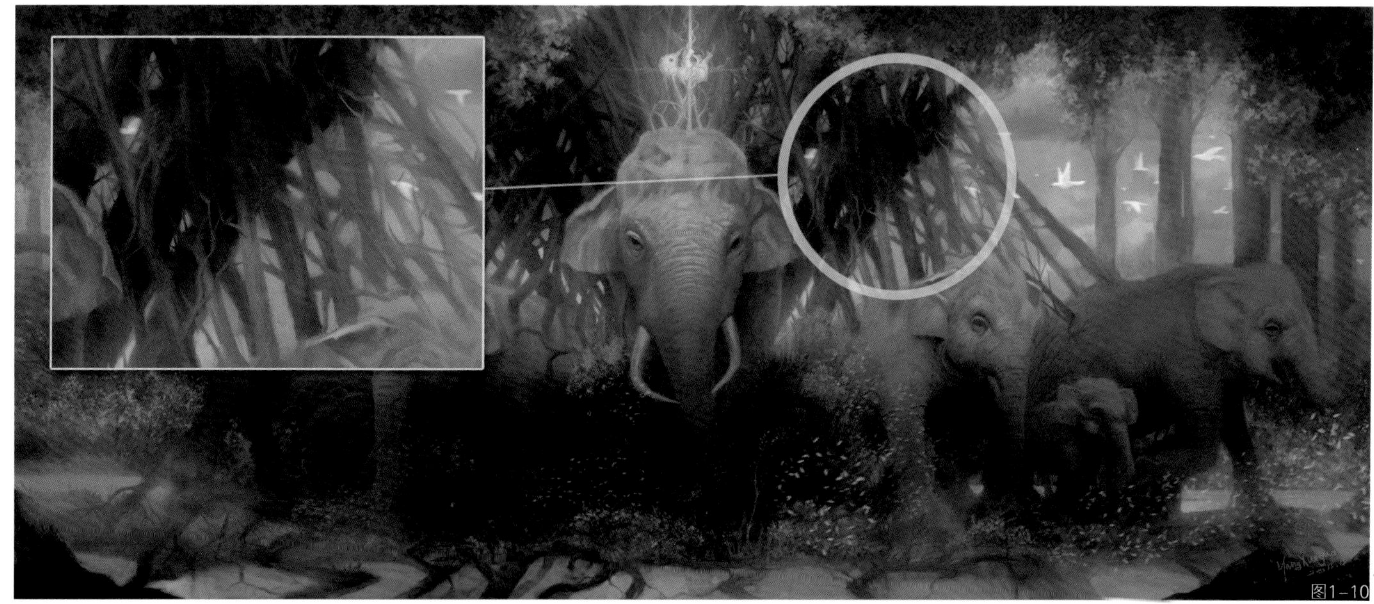
图1–10

4. Stylize风格化类画笔

风格类画笔可以让画者使用有特色的画笔来提升自己作品的特色与创意，同时也可以使用这类画笔来获得独特的随机创意过程，在随机生成的结构中寻求创作灵感，使作品呈现出不同的风格（如图1–11所示）。

图1–11

5. Shape形状类画笔

形状类画笔主要用于作品中的单一元素绘制，如石头、树叶、草、树枝、毛发等，能够快速生成各类形状体，可与其他类型的画笔配合使用（如图1–12所示）。

图1–12

6. FX特效类画笔

特效类画笔用于绘制作品中的特殊视觉效果，如云彩、气体、燃烧、爆炸、魔法、光效等，是画面后期处理不可或缺的重要工具，同时也可以作为游戏或动画特效素材等，用途广泛（如图1–13所示）。

图1–13

7. Texture纹理类画笔

纹理类画笔主要用于快速绘制画面中的细节表现，如皮纹、石纹、金属纹、建筑纹理等。除了在绘画中产生作用之外，纹理画笔还可以结合到3D动画制作和游戏制作等流程中，用于快速绘制纹理贴图，极为高效便利（如图1–14所示）。

图1–14

四、Blur's Good Brush安装与使用

1. Blur's Good Brush 7.0 pro安装

Blur’s Good Brush 7.0 pro必须安装在Photoshop CS6、Photoshop CC或者以上版本，Photoshop CS5或以下版本只支持Blur’s Good Brush 5.1 pro或更低版本。本书以讲解Blur’s Good Brush 7.0 pro为主，如使用低版本也可以参考本书，但是很多画笔效果将无法实现，本教学安装环境为Windows 7操作平台。

复制Blur’s good brush 7.0 pro.abr至Photoshop CS6/CC安装目录的Adobe\Adobe Photoshop CS6\Presets\Brushes文件夹，32位或64位均可，然后启动Photoshop，就能在画笔预设菜单找到Blur’s Good Brush 7.0 pro，单击其名称载入画笔，出现“是否用Blur’s Good Brush 7.0 pro中的画笔替换当前的画笔？”提示，单击“确定”按钮即可载入本套笔刷。千万不要单击“追加”按钮，这样可以完全替换Photoshop的原始笔刷，保证新画笔不被打乱，然后将画笔库名称显示为大列表或者小列表，这样才能看清画笔的名称分类和使用方式（如图1-15所示）。

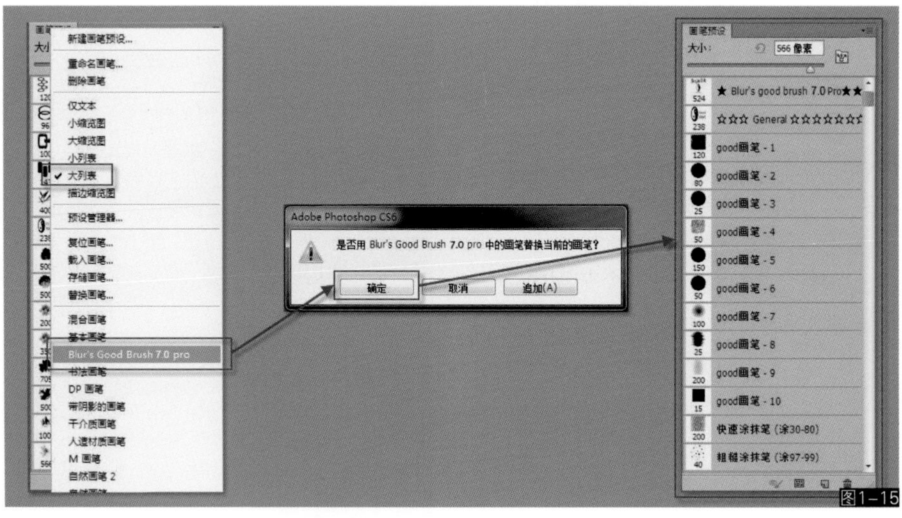

图1-15

2. Blur’s Good Brush 7.0 pro画笔标注信息

在画笔库中名称上无特别标注的普通画笔直接按名称选择使用即可，特殊型画笔根据其使用的目的都分别有相关后缀标注，需要识别其后缀来使用它们，否则将得不到正确的效果，具体后缀标注功能如下。

- 滤色/颜色减淡

带有“滤色/颜色减淡”标注的画笔指需要将画笔叠加模式（注意不是图层叠加属性，关于叠加模式运用后面有详细介绍）设置为“滤色”或“颜色减淡”。这类画笔通常用于绘制发光特效，需要设置到此叠加模式才能产生正确的增亮效果。但是要注意设置为此模式的画笔必须在单层上使用才能获得正确的效果（如图1-16所示）。

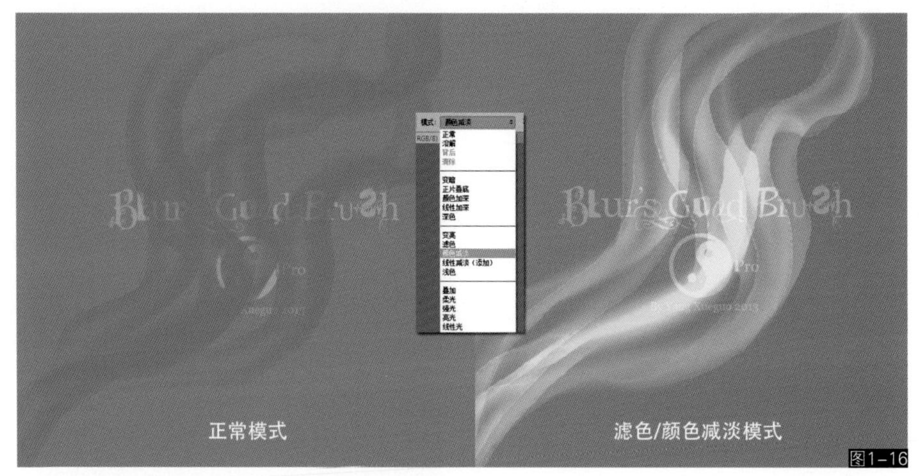

图1-16

- 正片叠底

带有“正片叠底”标注的画笔指这类画笔需要多层渲染或是变暗处理。比如水彩笔或者国画笔，将画笔叠加模式设置为“正片叠底”后每一笔上色都将变为透明加深效果，也就是失去色彩的覆盖功能，反复对一个地方上色就会越画越深（如图1-17所示）。

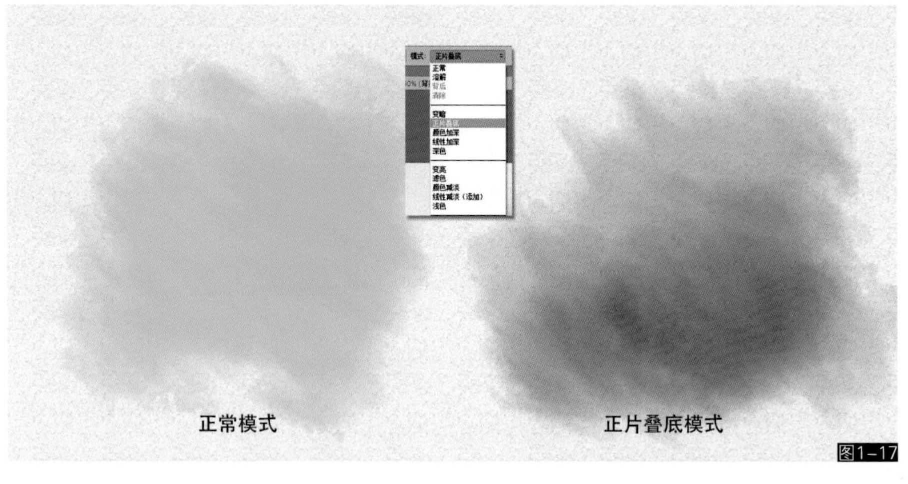

图1-17

● 涂

带有“涂”标注的画笔代表这类笔不是画笔工具，而是涂抹工具。涂抹工具主要用于混合色彩和涂抹出某类特殊效果，是绘画中极为重要的技法之一，标注中的数字代表最佳涂抹强度范围，只有设置在这个范围内才能获得最佳的效果（如图1–18所示）。

图1–18

● 混

带有“混”标注的画笔提示我们需要切换混合器画笔来绘画，即进入Photoshop的高级混色绘画模式，这样在绘画过程中就会自动产生颜料的干湿效应了（如图1–19所示）。

图1–19

● R

带有“R”标注的画笔代表可以自由旋转画笔来控制落笔的角度。比如画一片叶子，我们可以旋转数位笔来确定这片叶子画上去的朝向。需注意这个功能必须在支持旋转倾斜感应的数位板上才能实现（如图1–20所示）。

图1–20

- T

带有“T”标注的画笔代表可以通过倾斜数位笔来控制笔触的某些特殊效果。比如水彩笔或国画笔，我们可以在绘画过程中通过倾斜画笔角度来控制笔触的干湿变化或形状变化，以此来实现同一支笔每一次下笔都能得到不同效果的目的。需注意这个功能必须在支持旋转倾斜感应的数位板上才能实现（如图1–21所示）。

图1–21

- D

带有“D”标注的画笔表示此画笔带有双色控制，即在绘画之前将Photoshop的前景色和背景色设置好需要的色彩，在绘画过程中通过控制数位笔的压感轻重来让这两个色彩自然渐变。如水彩笔，双色控制可以非常逼真地实现水色晕染效果（如图1–22所示）。

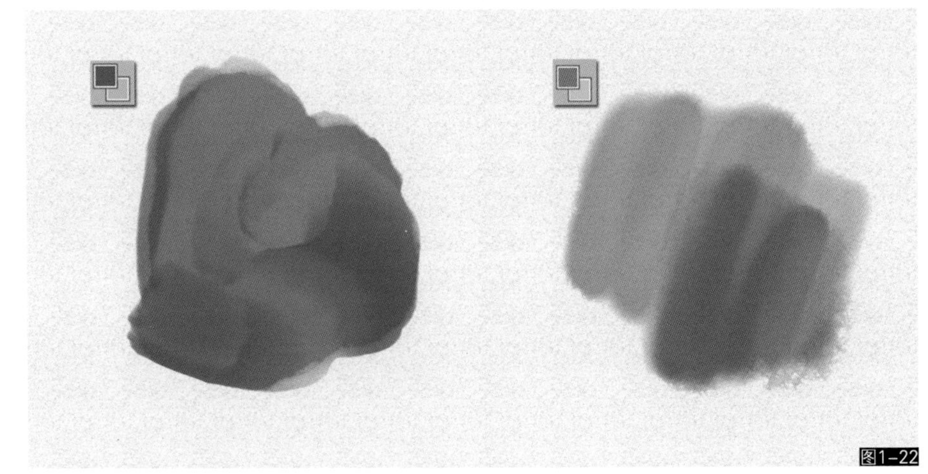
图1–22

3. 拾色器辅助功能

Photoshop的拾色器系统非常不利于绘画，每次选色都要频繁开启关闭，因此需要借助外挂插件来帮助我们方便地进行绘画。PaintersWheel是一款非常不错的Photoshop免费拾色器插件，我们可以用它来得到和Painter中一样的拾色功能，非常方便，可以在作者的网站下载Photoshop CS6或更高版本（LENWHITE. COM）。在这里感谢作者的慷慨奉献，如果你喜欢这个工具请在作者网站上捐赠至少5美元的费用，以支持此工具能够长久地获得开发。除此之外，也可以购买更为强大的商业版拾色器插件Coolorus，官方网站为http://coolorus.com/（如图1–23所示）。

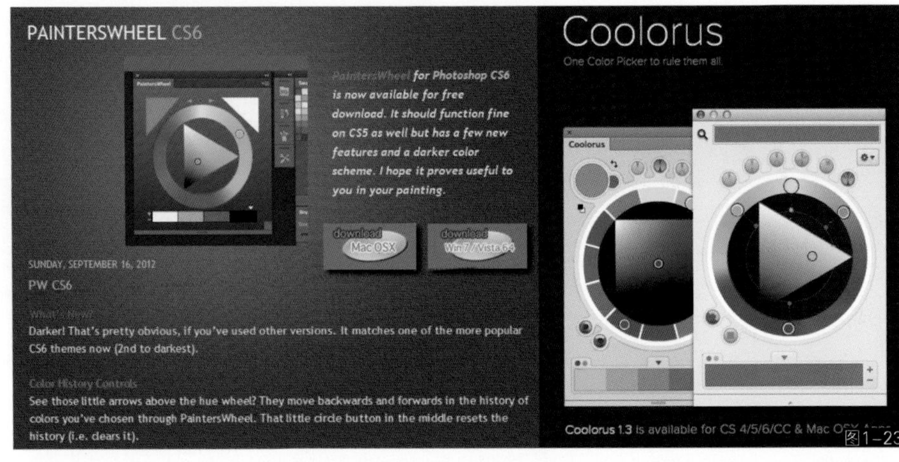

图1–23

PaintersWheel的安装非常简单，将PaintersWheel整个文件夹复制至Photoshop安装目录的/Program Files/Adobe/PhotoshopCS6/Plug-ins/Panels文件夹中，然后启动Photoshop，在“窗口”菜单中找到“扩展功能”，勾选其中的“PaintersWheel”选项即可（如图1-24所示）。

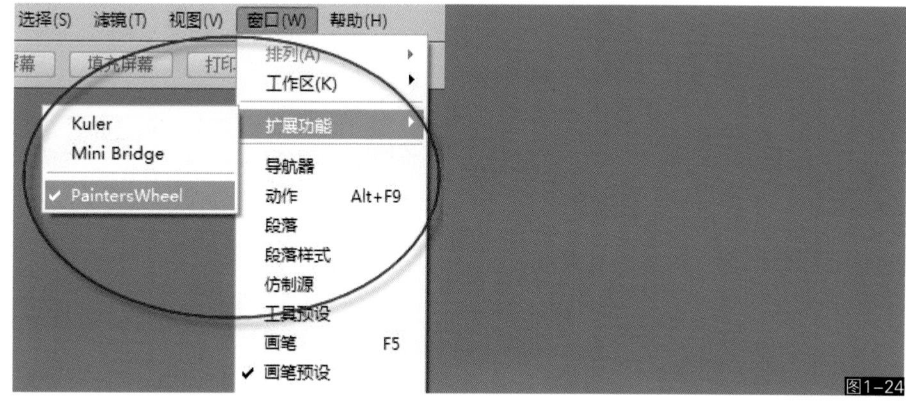

图1-24

4. 新手预设

对于刚刚接触Photoshop绘画的人，本系列画笔库还增设了“新手预设”功能，目的在于帮助新手根据自身需要快速地使用画笔作画。你不需要了解专业库设置和为该使用哪一支画笔而烦恼，每一支画笔都已将画笔的所有功能设置到了最佳状态，包括画笔类型、所需叠加模式和强度范围等，只需要选择相应画笔直接画即可。新手预设适用于PhotoshoCS 3至CC版本，但是没有包含Blur's Good Brush 6.0和7.0的功能（如图1-25所示）。

画味
我第一次用ps画画
我是初学者
我想画风景
我想画国画
我想画人物肖像
我想画水彩
我想画油画
我想玩特效
我想要传统绘画方式
我想用于平面设计辅助
我想做草图设计
一般流程

图1-25

新手预设库的安装非常简单，将所有预设文件（文件类型为*.tpl）文件复制至Photoshop安装目录，如：Adobe\Adobe Photoshop CS6 (64 Bit)\Presets\Tools，启动Photoshop就能在工具预设面板找到这些预设项目。需要注意请将预设显示方式修改为“大列表”或“小列表”，这样才能看清工具用途，载入预设时必须使用“替换”方式，这样就能避免和Photoshop默认的预设混淆了（如图1-26所示）。

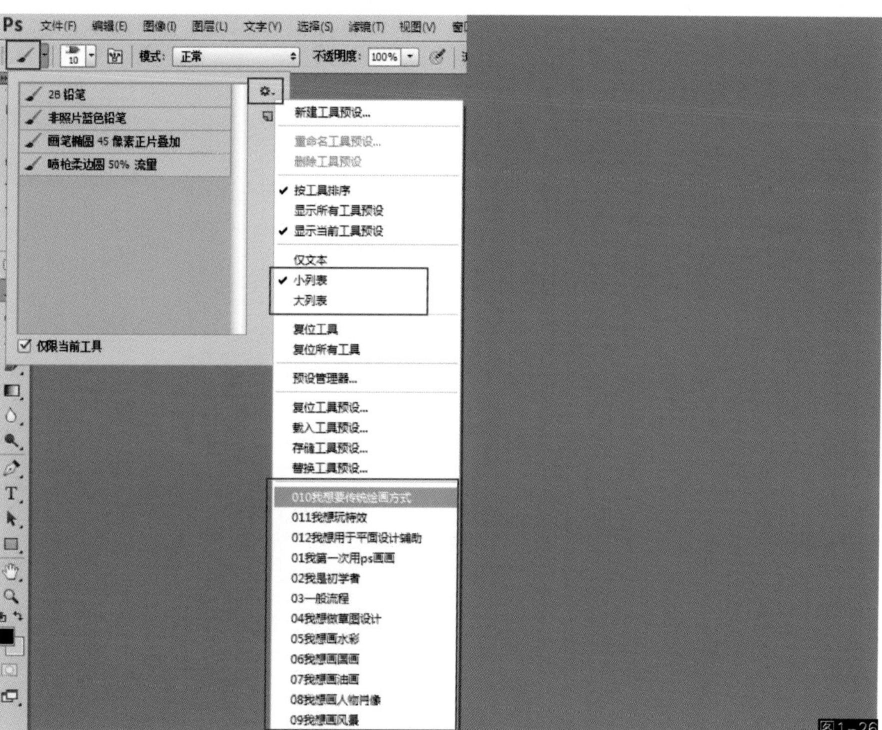

图1-26

不同的预设库按照名称就能了解如何使用。比如首次接触数字绘画可以选择“我第一次用ps画画”，有一点基础的可以选择“我是初学者”，一般性绘画需求的可以选择“一般流程”等。右图是运用“画味”预设完成的具有独特风格韵味的一幅作品（如图1–27所示）。

图1–27

五、Photoshop绘画辅助功能介绍

1. 叠加模式

叠加模式是Photoshop绘画中非常重要的一个功能，它分为图层叠加模式（如图1–28所示）和画笔叠加模式（如图1–29所示），两种模式所产生的结果都是一样的。叠加模式主要用于控制上下层色彩之间的透明叠加关系，通过它可以绘制或者合成出很多特殊的效果，是数字绘画中极为重要的上色手段。

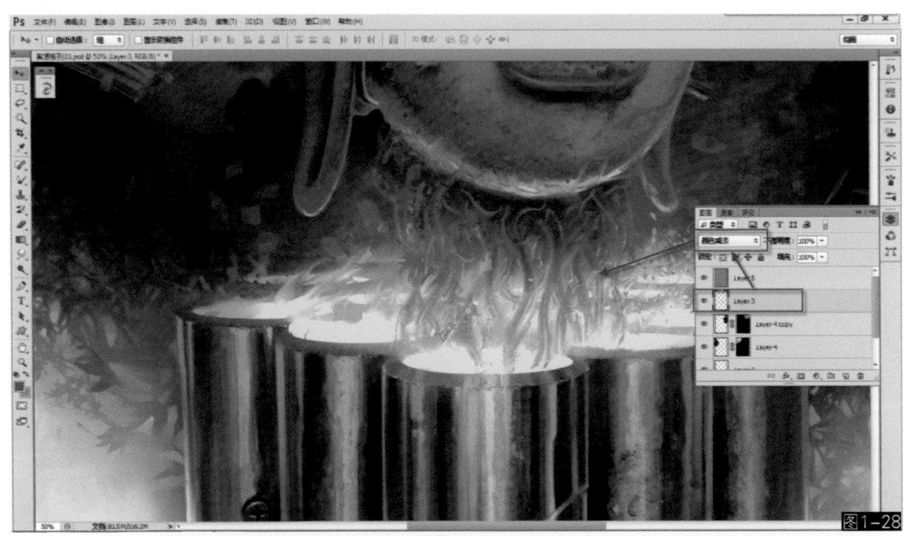
图1–28

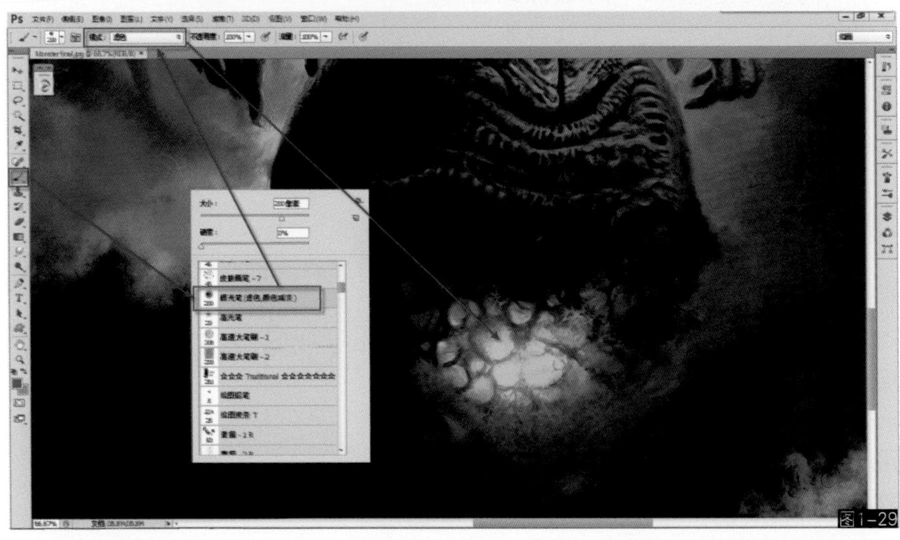
图1–29

Photoshop叠加模式一共分为六大类，分别是：

- 正常模式

正常模式包含“正常”和“溶解”两种模式。正常模式就是常规普通模式，其特点是上层色彩覆盖下层色彩（如图1–30所示）。

图1–30

- 变暗模式

变暗模式包含“变暗”“正片叠底”“颜色加深”“线性加深”和“深色”5种模式，其特点是上层深色会透明叠加到下层色彩，使下层色彩变暗。在变暗模式中，上层的色彩越亮则上层越透明，如果上层为纯白色，将变为全透明等同于去除纯白色。变暗模式常用于水彩上色、扫描素描稿上色、降低画面亮度等需要（如图1–31所示）。

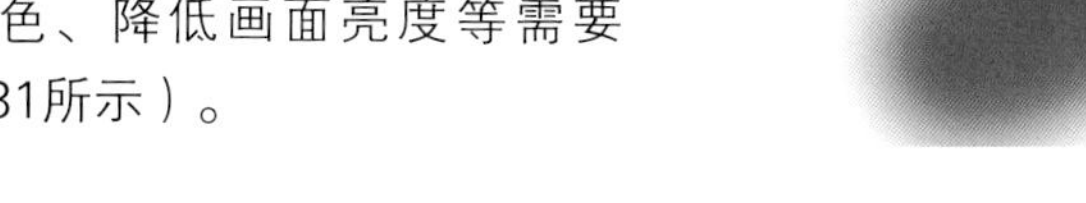
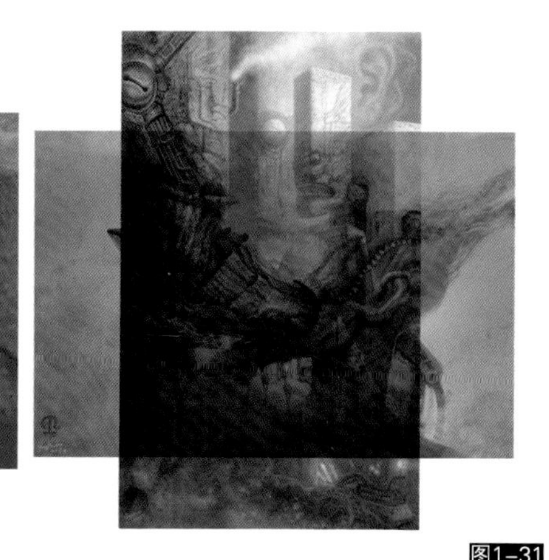

图1–31

- 变亮模式

变亮模式包含“变亮”“滤色”“颜色减淡”“线性减淡（添加）”和“浅色”5种模式，其特点是上层亮色会透明叠加到下层色彩，使下层色彩变亮。在变亮模式中，上层的色彩越暗则上层越透明，如果上层为纯黑色，将变为全透明等同于去除纯黑色。变亮模式常用于绘制发光等效果（如图1–32所示）。

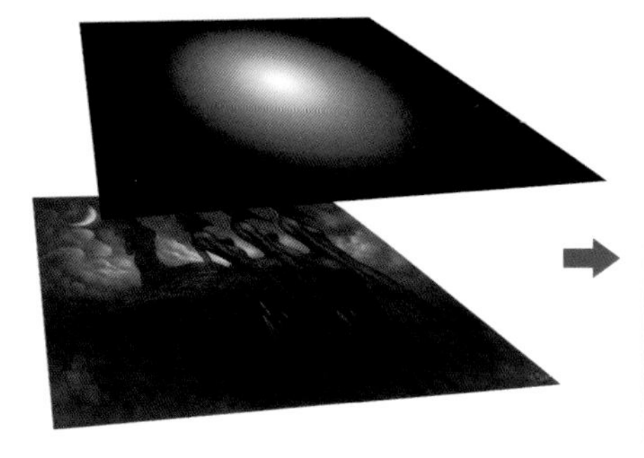

图1–32

- 等量模式

等量模式包含“叠加”“柔光”“强光”“亮光”“线性光”“点光”和“实色混合”7种模式，其特点是上层亮色叠加下层亮色会更亮，上层暗色叠加下层暗色就更暗。等量模式常用于调整画面色调、素描上色、叠加纹理等（如图1–33所示）。

图1–33

● 反向模式

反向模式包含“差值”“排除”“减去”和“划分”4种模式，其特点是上层色彩叠加到下层色彩会产生反色效果，常用于制作负片等效果（如图1-34所示）。

图1-34

● 色彩影响模式

色彩影响模式包含“色相”“饱和度”“颜色”和“明度”4种模式，其主要用于调节色彩，即使用上层色彩去影响或替换下层色彩（如图1-35所示）。

叠加模式的选择除了特定笔刷所标注要求的模式外，可根据直观效果进行选择，可以灵活掌握，在后面章节的内容中我们将逐步学习叠加模式的具体运用。

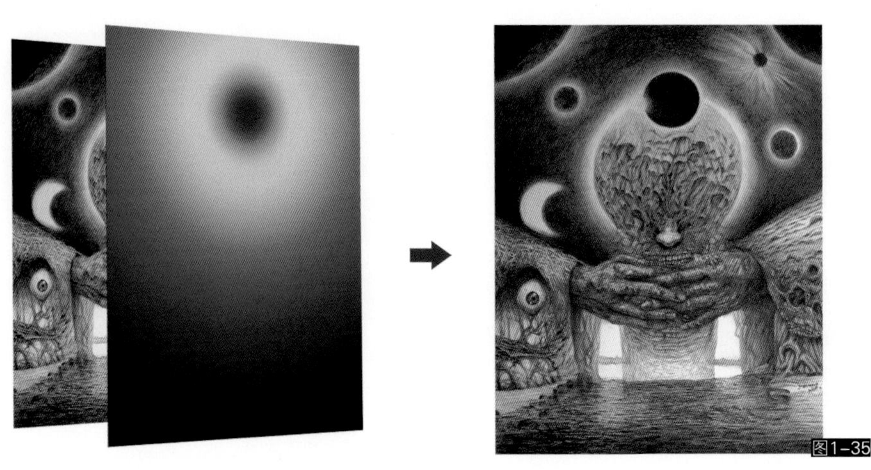
图1-35

2. 纹理深度转换

纹理深度转换是指将普通二维平面色彩转换为带光照信息的立体图像的方法。在Photoshop绘画中我们经常使用这个方法转化平面纹理为立体影像去塑造真实的细节，如浮雕、石纹、泥土、雕刻、建材表面等（如图1-36所示）。

图1-36

纹理转换效果的运用将在纹理画笔章节中具体学习。

3. 3D辅助

Photoshop可以导入由三维软件生成的模型作为绘画元素或者绘画中的参照物，以此来解决绘画中的人体解剖、透视、结构等难题（如图1–37、图1–38所示）。

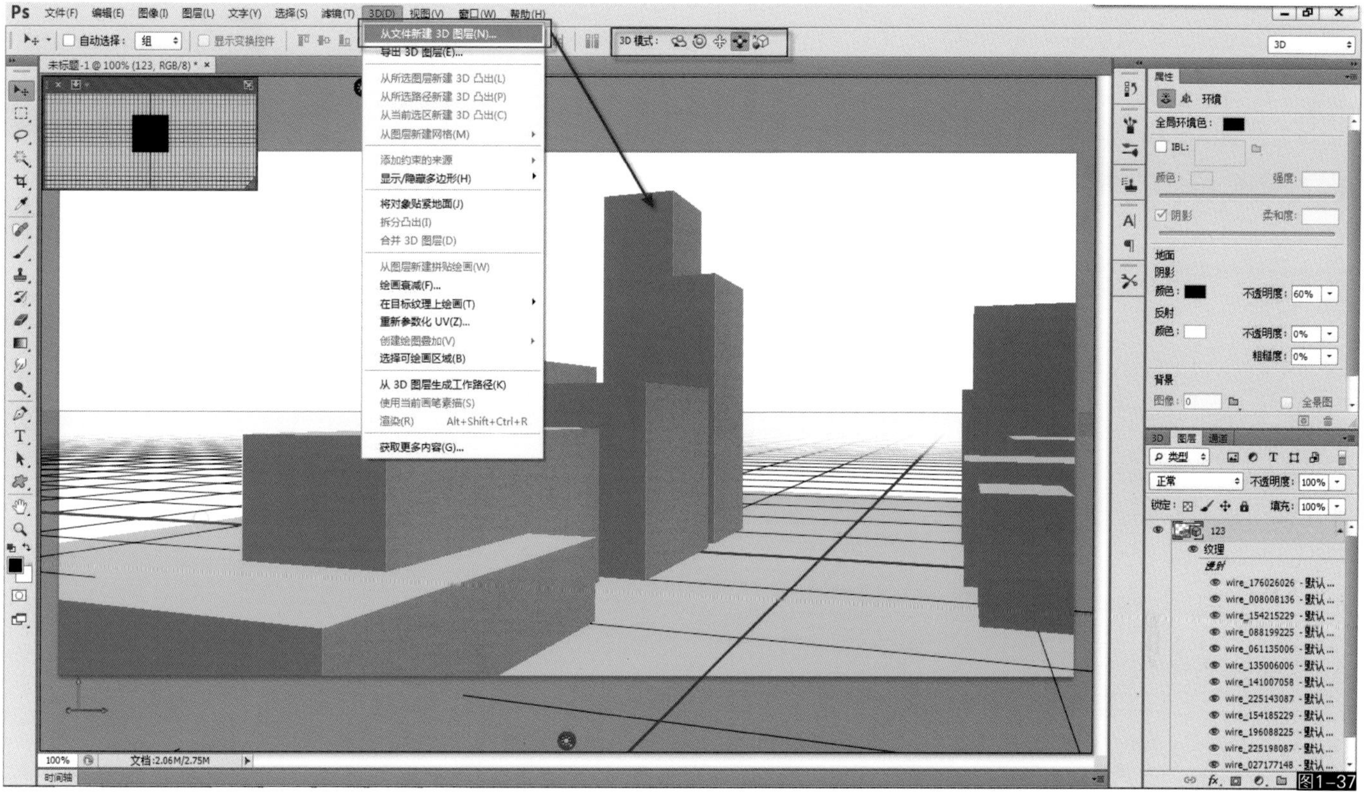

图1–37

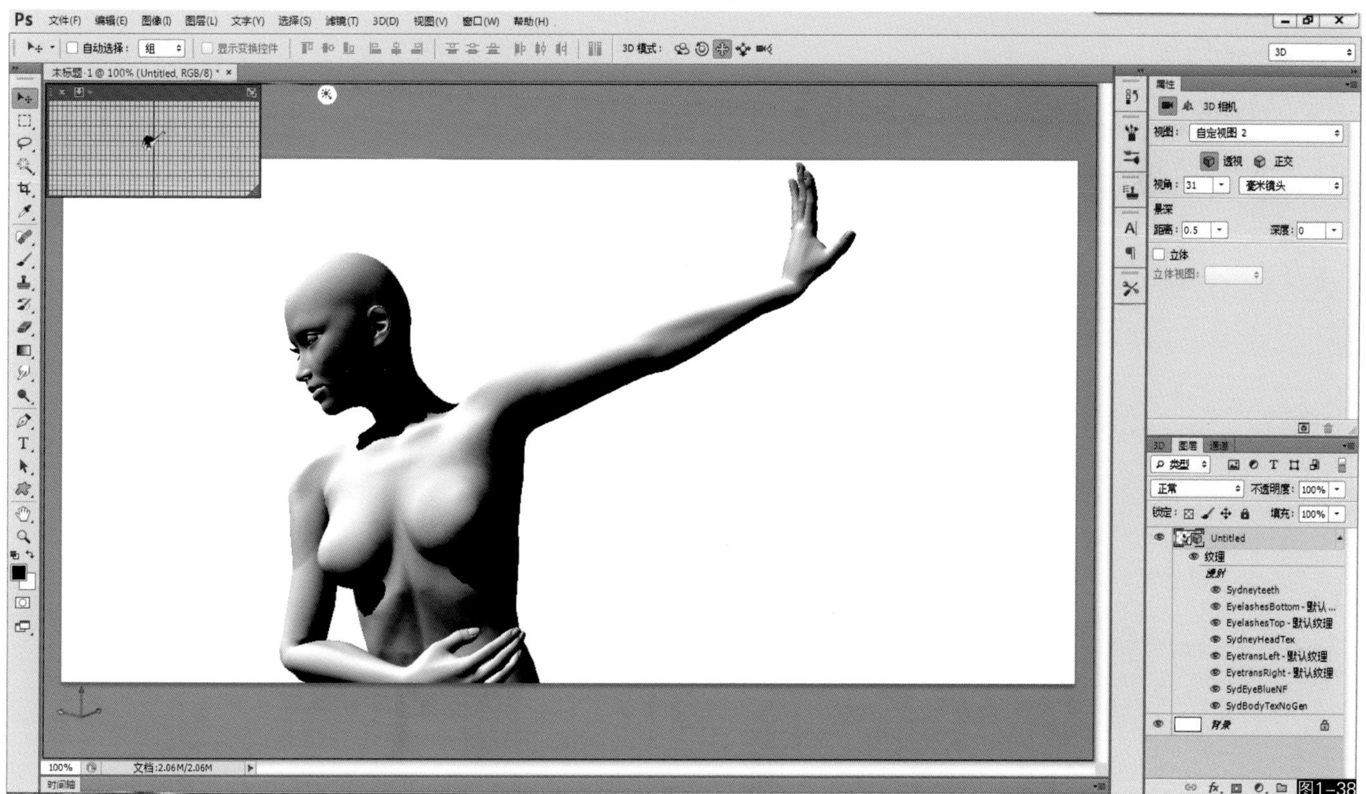

图1–38

3D模型数据导入需要在Photoshop扩展版中才能实现，普通版本不带有3D模块。

第 2 章

General 类画笔速查与运用

一、General画笔库分类速查与快速练习

General画笔是日常作画中最常用的画笔库，主要用于一般色彩和结构的描绘，适用性非常广泛，可以任意结合到任何一种绘画流程中，我们需要熟悉每一支画笔的上色特性才能掌握好它的运用。

1.good 画笔-1

good画笔-1为方形硬边画笔，适合用于表现块面结构或硬边结构，适合绘制大色块结构，同时也非常适合绘制山峰和建筑物这类锐利边缘的结构。它带有很好的渐变过渡压感，可以描绘多层次色彩，是最为常用的画笔之一（如图2-1所示）。

图2-1

2. good画笔-2

good画笔-2为圆形硬边画笔，适合绘制角色、动物、布料等软性圆润但是需要清晰边缘结构变化的物体，也是最为常用的画笔之一（如图2-2所示）。

图2-2

3.good画笔-3

good画笔-3为粗线条勾线笔，适合用于勾形打稿，也可以用于描边勾线等（如图2-3所示）。

图2-3

4. good画笔-4

good 画笔-4为模仿毛刷型画笔，适合表现色彩层次多变的质地或者松散自然物等，常用于描绘丰富的色彩过渡细节和带有传统绘画感的质感，在肖像一类需要丰富渐变表现的绘画中较为常用（如图2-4所示）。

图2-4

5. good画笔-5

good画笔-5适合表现场景中地面或天空结构的透视变化，用它为场景上色可以轻易地描绘出远近透视感，是描绘场景的常用笔刷（如图2-5所示）。

图2-5

6. good画笔- 6

good画笔-6常用于描绘剪影造型，如角色轮廓等，因不带任何渐变，因此可以完整地还原造型结构，同时也可以用于修饰造型结构的边缘，填色等（如图2-6所示）。

图2-6

7. good画笔-7

good画笔-7是柔性喷枪画笔，适合表现柔软物体，比如衣物、云彩、气体、皮肤、阴影等结构，同时也是绘制柔和光泽渐变的重要画笔（如图2-7所示）。

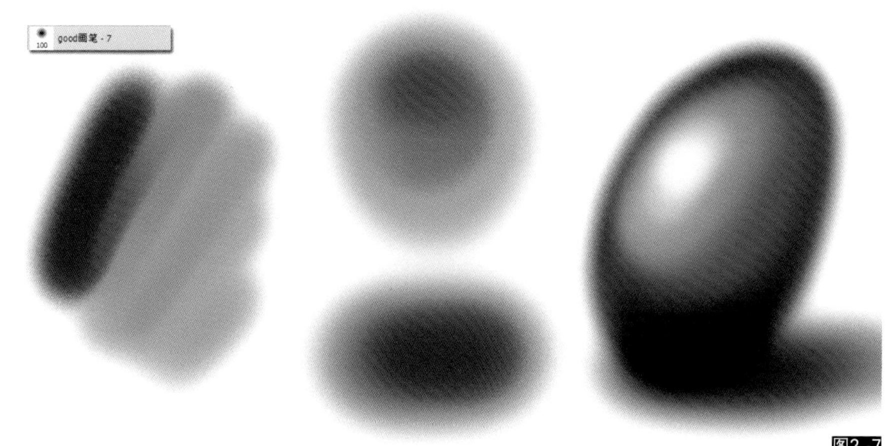

图2-7

8. good画笔-8

good画笔-8是表现块面细节的画笔，非常适合用于描绘建筑结构和自然结构等细小结构的表现，如石头、地形、雕塑等，也适合描绘结构上的细微纹理或是用于勾线等（如图2-8所示）。

图2-8

9. good画笔-9

good画笔-9用于绘制透明渐变笔触，类似日式卡通动漫插画填色风格，适合表现柔润的结构感（如图2-9所示）。

图2-9

10. good画笔-10

good画笔-10用于描绘带节奏变化的线条，适合用于打形起稿或者是需要表现随意线条感的造型等（如图2-10所示）。

图2-10

11. 快速涂抹笔（涂30-80）

快速涂抹笔（涂30-80）用于涂抹混合大面积的色彩，适合高分辨率画面混色，最佳涂抹强度范围为30~80，涂抹的时候运笔的快慢会导致色彩混合的连续性，运笔速度稍微缓慢一些为好（如图2-11所示）。

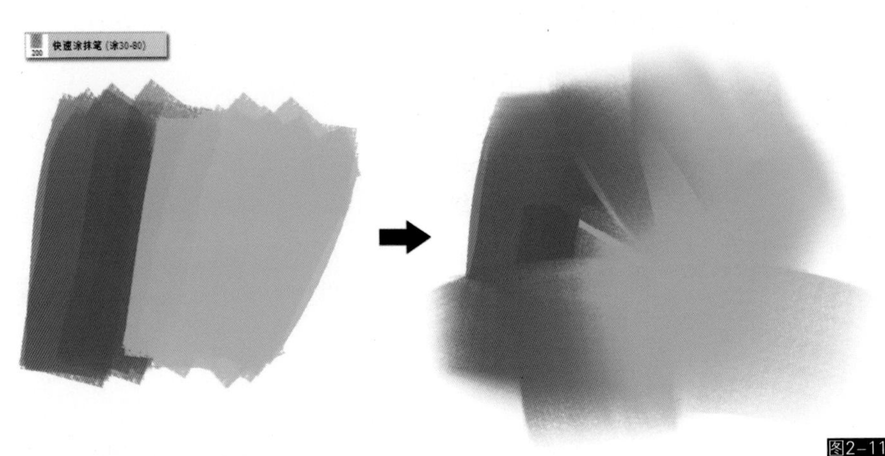

图2-11

12. 粗糙涂抹笔（涂30-99）

粗糙涂抹笔（涂30-99）用于涂抹混合带有粗糙颗粒状的色彩变化，最佳涂抹强度范围为30~99，适合混合带有粗糙质地的结构，也适合混合气体、植物等松散的效果（如图2-12所示）。

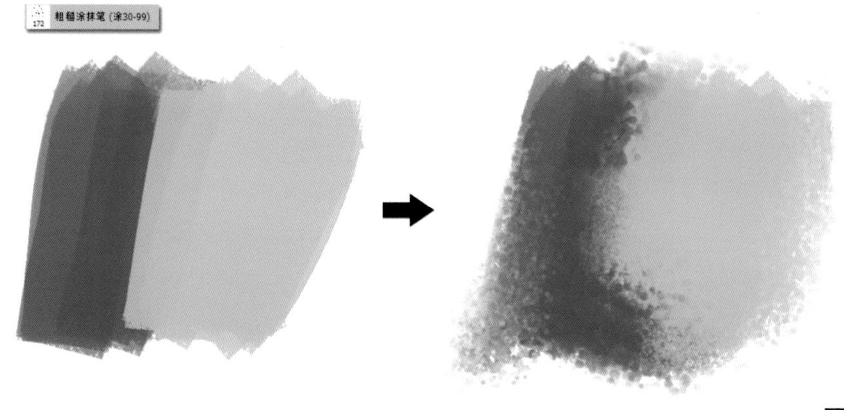

图2-12

13. 平滑涂抹笔（涂80-99）

平滑涂抹笔（涂80-99）用于涂抹相对平滑的色彩混合，最佳涂抹强度范围为80~99，适合运用在需要充分混合色彩的画面中。注意过分增大此工具的尺寸将导致画笔响应速度降低（如图2-13所示）。

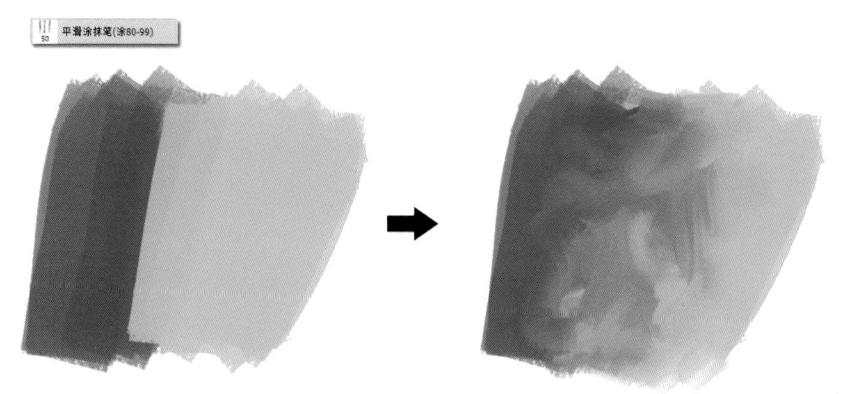

图2-13

14. 模糊涂抹笔（涂30-99）

模糊涂抹笔（涂30-99）用于涂抹需要完全柔和混合的色彩，最佳涂抹强度范围为30~99，适合用于表现虚化的色彩过渡，如气体、金属光泽或光线等。绘制时如果需要非常平滑的模糊感，可以将涂抹压力强度缩小，来回交叉用笔进行涂抹（如图2-14所示）。

图2-14

15. 层次化涂抹笔（40-99）

层次化涂抹笔（40-99）用于涂抹带有深浅层次的色彩或纹理变化，最佳涂抹强度范围为40~99，适合表现肖像画中的背景层次或者多层次纹理细节变化等（如图2-15所示）。

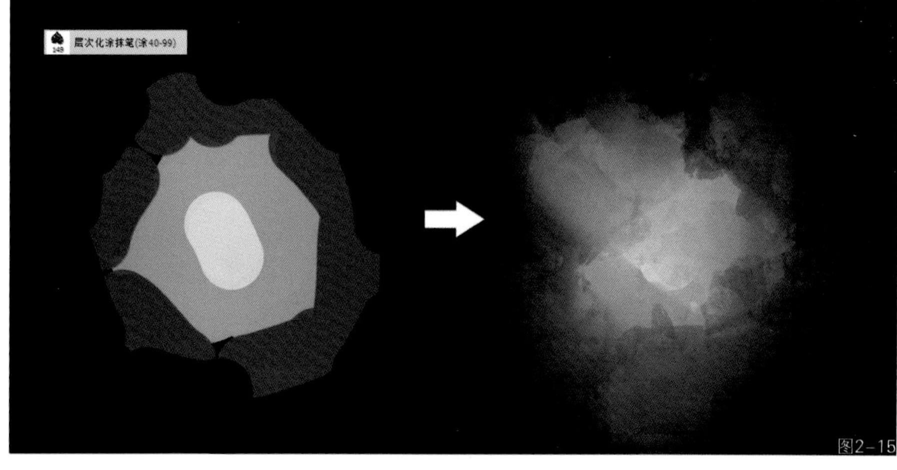

图2-15

笔刷练习小插曲

下面通过一个小练习来学习画笔的基本运用方法。在使用good 系列画笔作画的时候需要充分了解画笔的特性来绘制不同的元素，尽量避免只按照习惯和直观感觉来随意选择画笔。我们首先学习绘制一个简单的云朵和地形场景，通过它们了解这些画笔具体的功能。

01 新建一个1,200像素x600像素，72分辨率的画布，首先选择good画笔–5绘制出云层的大体结构。由于此画笔的特性，我们很容易画出远近的透视感，从笔触的结构中就能发现，近的宽，远的窄（如图2–16所示）。

图2–16

02 按照云朵走向绘制更多的结构，注意笔触的用笔方向，good画笔–5需要按云层走向绘制才能堆积出云朵的正确透视感。如果纵横交错乱画一气原有的结构感就会打乱，因此画画时如何正确使用笔法是非常关键的，需要多加思考（如图2–17所示）。

图2–17

03 继续深入描绘结构的细节，这步仍然保持用笔的一致性，先不要破坏堆积起的透视感（如图2–18所示）。

图2–18

04 使用good画笔–2绘制云朵的轮廓细节。good画笔–2的圆形笔触非常适合描绘圆团状的云朵结构，在之前塑造好的大板块透视基础上很容易画出云的体积感和透视关系。这就是笔刷运用的一种规律，尤其对于初学者来说需要充分思考笔触形状和所画对象之间的关系(如图2–19所示)。

图2–19

05 接下来使用good画笔–7调节整体的色彩过渡与氛围。将喷枪范围调大一些，细致地处理明暗之间的过渡区域和总体受光背光结构，用此画笔来降低硬边笔触造成的机械结构感，让云看上去更加柔和（如图2–20所示）。

图2–20

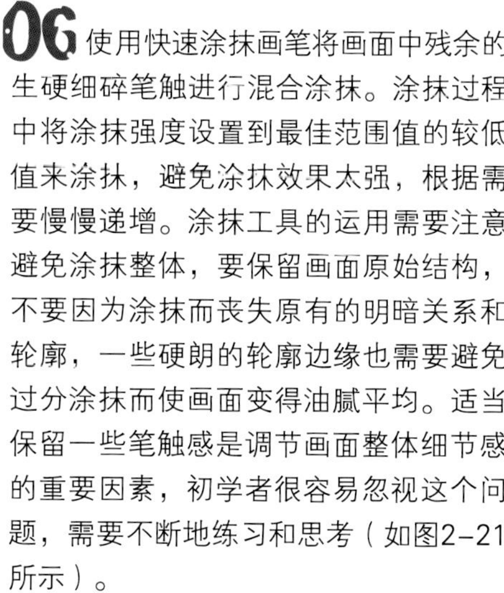

06 使用快速涂抹画笔将画面中残余的生硬细碎笔触进行混合涂抹。涂抹过程中将涂抹强度设置到最佳范围值的较低值来涂抹，避免涂抹效果太强，根据需要慢慢递增。涂抹工具的运用需要注意避免涂抹整体，要保留画面原始结构，不要因为涂抹而丧失原有的明暗关系和轮廓，一些硬朗的轮廓边缘也需要避免过分涂抹而使画面变得油腻平均。适当保留一些笔触感是调节画面整体细节感的重要因素，初学者很容易忽视这个问题，需要不断地练习和思考（如图2–21所示）。

图2–21

07 按照之前的步骤不断地深入云层亮部小范围的细节描绘，每一个小细节都是整体结构的再加工，所使用的画笔和处理方式都是一样的，但是注意细节须服务整体，不要因为专注细节而破坏全局（如图2–22所示）。

图2–22

08 最后使用good画笔–1和good画笔–3为画面增加一些地形效果。good画笔–1能很好地描绘出地形的自然轮廓结构，good画笔–3可以勾勒出细节的结构起伏变化（如图2–23所示）。

图2–23

小结：通过这个小练习我们能够看到，画笔需要根据所画元素的特性来选择和计划，运笔的方式也是按照笔刷属性和所画对象来决定的。学画初期切勿在混乱的思维和不了解工具的前提下胡乱用笔，好的用笔习惯的养成将逐步提高绘画的技能和增强创新的能力。

16. 皮肤画笔–1

皮肤画笔–1是绘制人物皮肤质感的专用系列画笔，带有皮肤颗粒质感，可以轻松地绘制出真实的皮肤质地。皮肤画笔–1是用于绘制人物皮肤基本色彩结构的第一支画笔，也可以理解为皮肤上色流程第一步使用的画笔（如图2–24所示）。

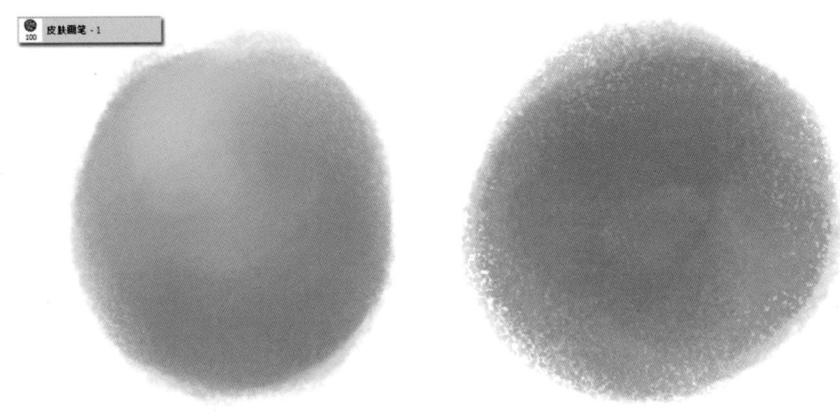

图2–24

17. 皮肤画笔–2

皮肤画笔–2是皮肤画笔中用于绘制皮肤柔和过渡的画笔，适合描绘皮肤中间色和暗部的衔接（如图2–25所示）。

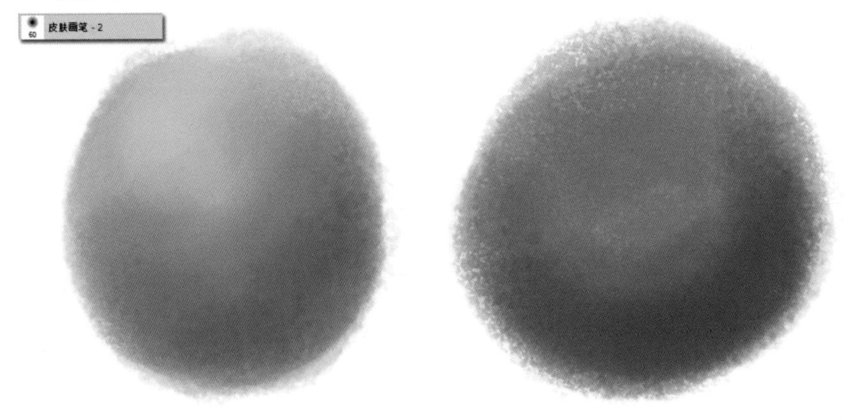

图2–25

18. 皮肤画笔-3

皮肤画笔-3用于表现皮肤暗部和亮部的皮纹质感，一般情况下可作为皮肤绘制的第三阶段的画笔，即皮肤明暗画完后添加纹理细节的画笔。也可以用于描绘基本色彩结构，这里并不需要完全按照设置使用，可以灵活掌握（如图2-26所示）。

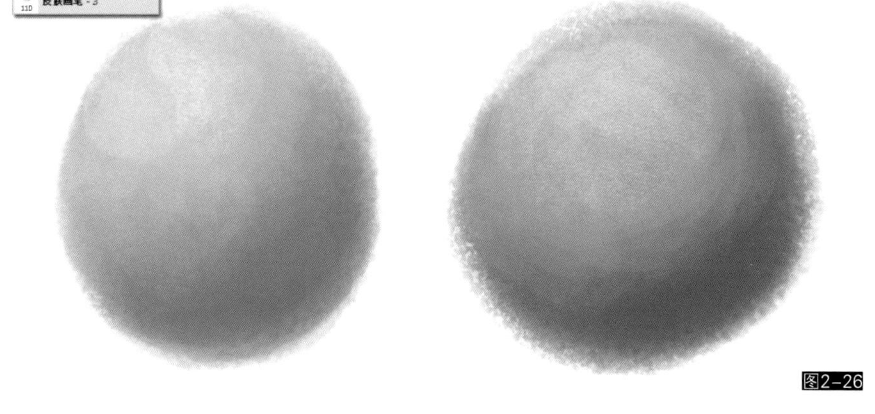

图2-26

19. 皮肤画笔-4（正片叠底）

皮肤画笔-4（正片叠底）用于叠加皮肤中的暗色斑点和色彩沉积区域，属于皮肤绘画中的第四阶段（如图2-27所示）。

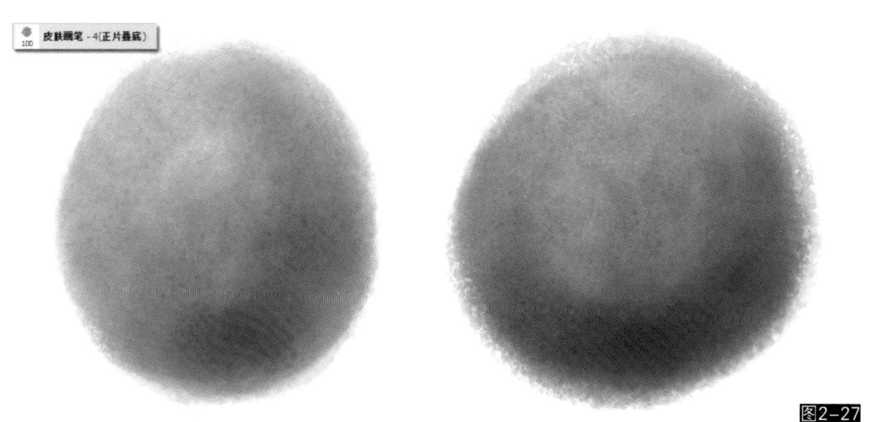

图2-27

20. 皮肤画笔-5

皮肤画笔-5用于绘制皮肤中的褶皱和深纹，适用于第二步以后阶段（如图2-28所示）。

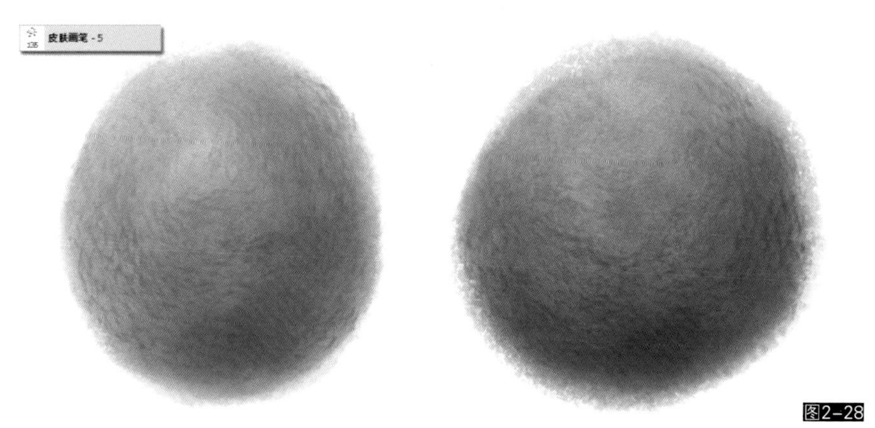

图2-28

21. 皮肤画笔-6

皮肤画笔-6专门用于绘制皮肤高光，属于一般皮肤绘制流程中最重要的一步，是可以表现皮肤质感的重要画笔（如图2-29所示）。

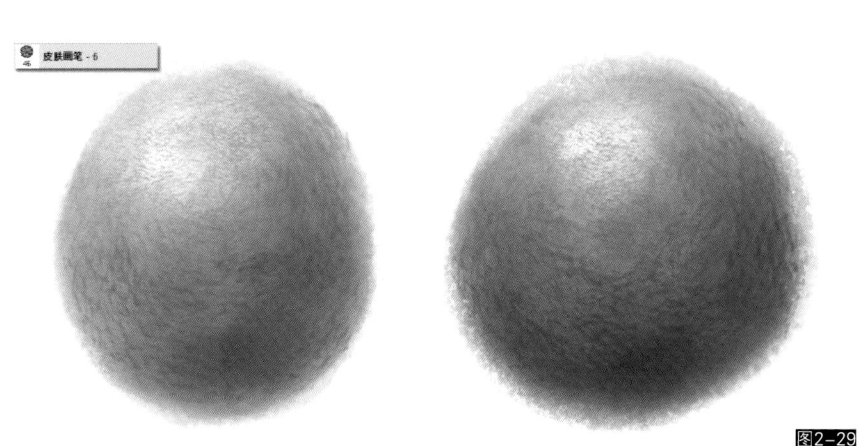

图2-29

22. 皮肤画笔-7

皮肤画笔-7用于加强皮肤毛孔的细节表现，适合增强皮肤局部特写时的质感，可以在最后阶段使用（如图2-30所示）。

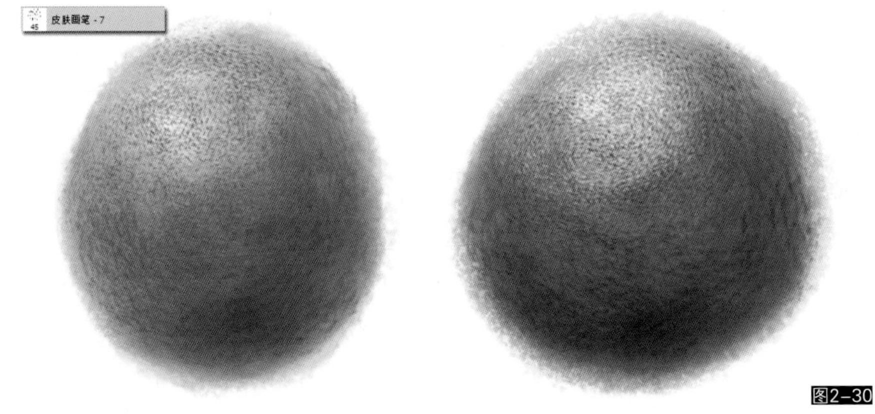

图2-30

笔刷练习小插曲

皮肤画笔的使用有一定的流程和顺序，按照笔刷属性来绘制不同的皮肤层级才能将皮肤的质感表现得逼真到位。下面我们通过分析一个皮肤绘制的实例来了解它们的运用。

01 首先使用good画笔-3绘制大致的人脸轮廓，然后使用good画笔-2绘制大块面的头发和背景色，最后使用皮肤画笔-1为角色绘制一些皮肤的基础色调。我们可以看到绘制上去的笔触产生了一定的颗粒感，基本接近皮肤的质地（如图2-31所示）。

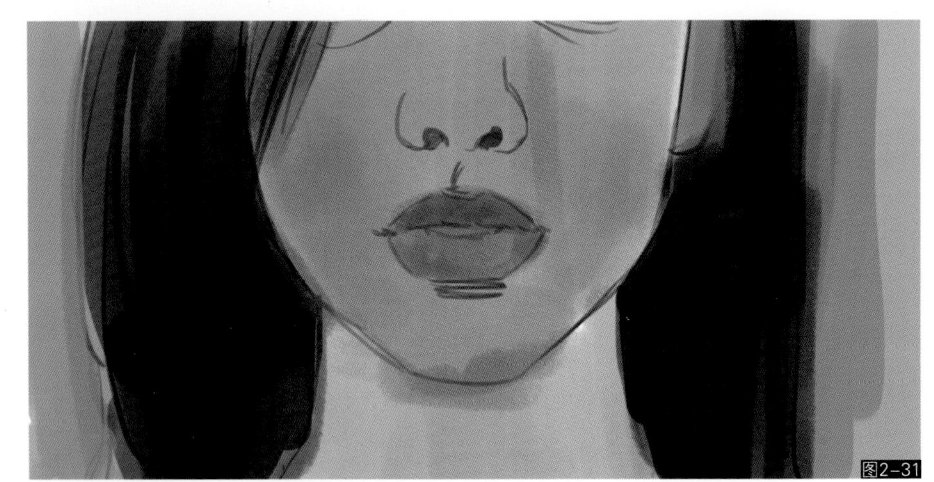

图2-31

02 继续使用皮肤画笔-1绘制出大致的色彩明暗，明暗之间的色彩过渡和影子可以选择皮肤画笔-2来处理。绘制的时候不要怕把颜色画出轮廓线，后期可以通过头发颜色把脸型修正回来（如图2-32所示）。

图2-32

03 使用皮肤画笔-3为面部和嘴唇受光面绘制一些亮色。注意要循序渐进，不要一次性画得过亮。皮肤画笔-3不要设置得太小，应该以适合脸部的结构大小整块地刷上去，不要细碎地反复堆砌，要干净利落地体现面与面的转折关系。嘴唇线条可以使用good画笔-3勾勒（如图2-33所示）。

图2-33

04 将人物镜像翻转来画以检查人脸的对称问题，这一步继续使用皮肤画笔-1、皮肤画笔-2、皮肤画笔-3深入刻画细节。注意用笔的朝向应该顺着结构的走向来画，也就是不管横向用笔还是竖向用笔都沿着结构的走向排列（如图2-34所示）。

图2-34

Tip

笔触运用和结构的关系应该是这样的，如果乱用一气就会造成结构混乱，下图是两种常用的排列方式（如图2-35所示）。

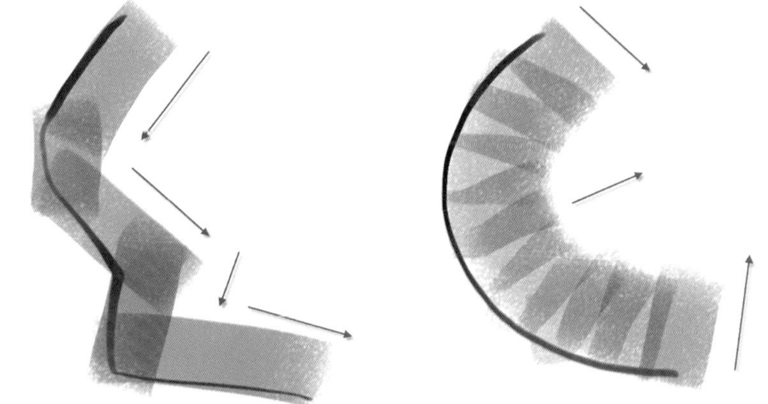
图2-35

05 最后使用good画笔-7、good画笔-8来配合描绘嘴唇的细节和局部的细节阴影。待所有结构细致处理完毕，可以使用皮肤画笔-3、皮肤画笔-6来为脸部增加一层淡淡的高光层次。由于并不是绘制男性皮肤，因此这一层绘制需要掌握好用笔轻重和色彩亮度，不要让毛孔颗粒质感显得过强而影响皮肤光滑感，至此本幅练习绘制完成（如图2-36所示）。

图2-36

小结：通过这个小练习我们了解了皮肤画笔在实际绘画中的运用步骤，这里并不需要大家一步步按照图例中的流程去模仿，只需要搞清楚画笔运用的方法和流程就能在自己的作画过程中去实践，举一反三，以尝试更多的不一样的绘制方法。

23. 辉光笔（滤色/颜色减淡）

辉光笔（滤色/颜色减淡）属于极为常用的特效画笔，用于为画面添加柔光特效或者处理画面的色彩虚实变化，也适合用于描绘过渡色彩和柔和的阴影等。需要注意使用辉光笔需要将画笔叠加模式设置为“滤色”或者“颜色减淡”才能获得正确的结果；另外“滤色”模式下色彩饱和度丢失严重，使用色彩纯度较高的暗色来画才能表现出具体的发光色，否则都偏向白色，发光类画笔都要注意这个问题（如图2–37所示）。

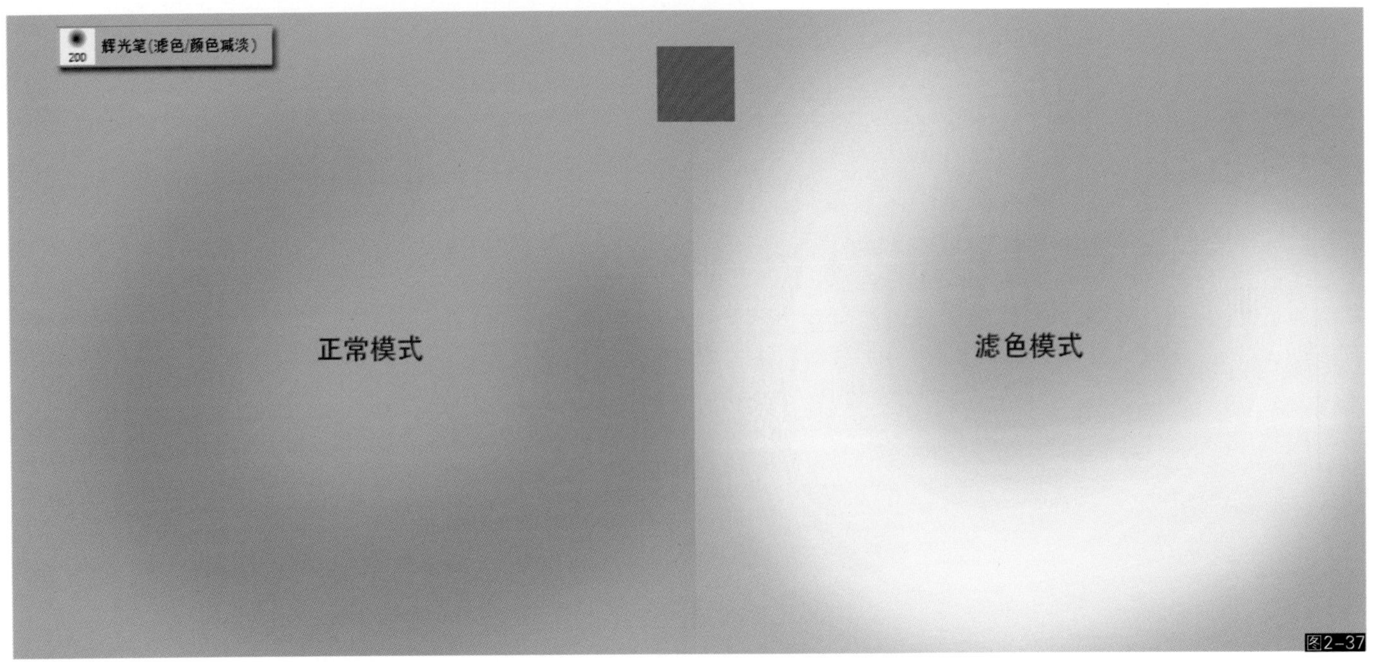

图2–37

24. 高光笔

高光笔专门用于绘制光滑的高光，如金属、漆壳、水面、塑料、珠宝等（如图2–38所示）。

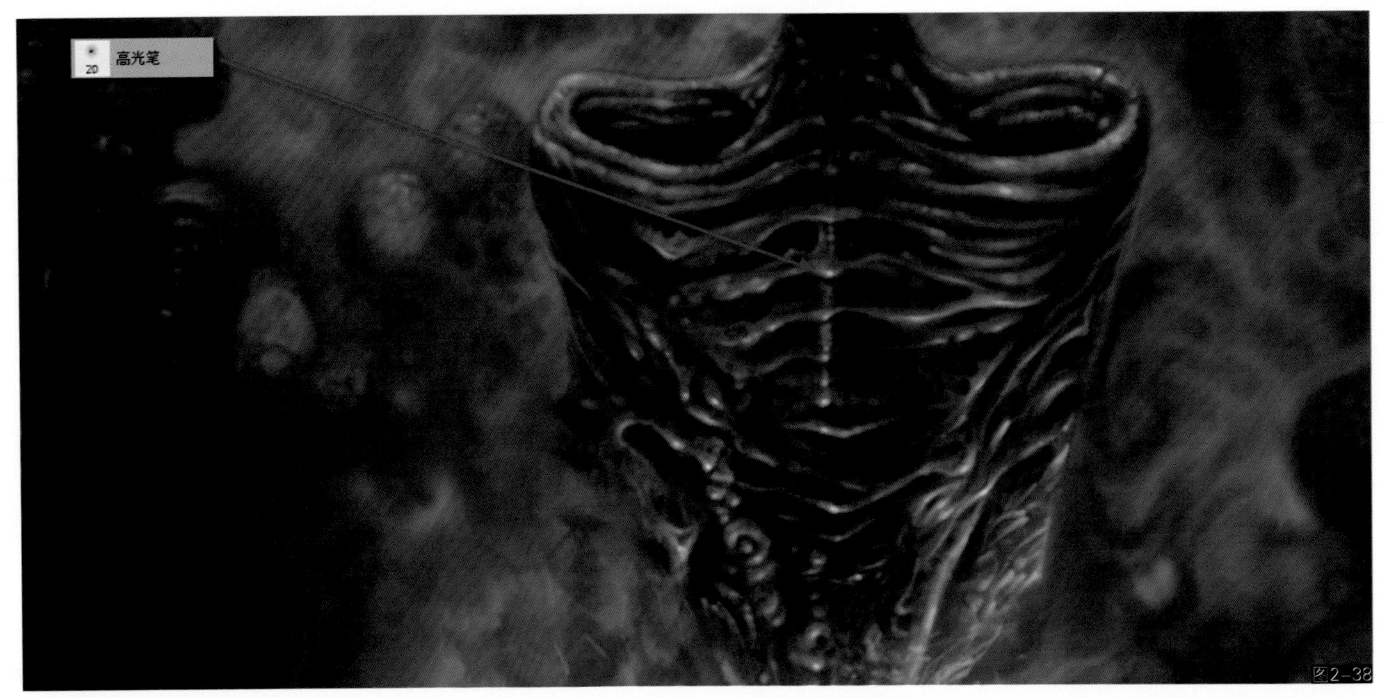

图2–38

25. 高速大笔刷-1

高速大笔刷-1用于绘制高分辨率情况下的基本上色效果，如基本色、背景色、色彩平铺等，可以以较快的响应速度来上色，最大程度地弥补因为电脑配置不高而产生的延迟。注意运笔较快时笔触相对稀疏，运笔较慢时笔触密集，需要掌握好用笔规律（如图2-39所示）。

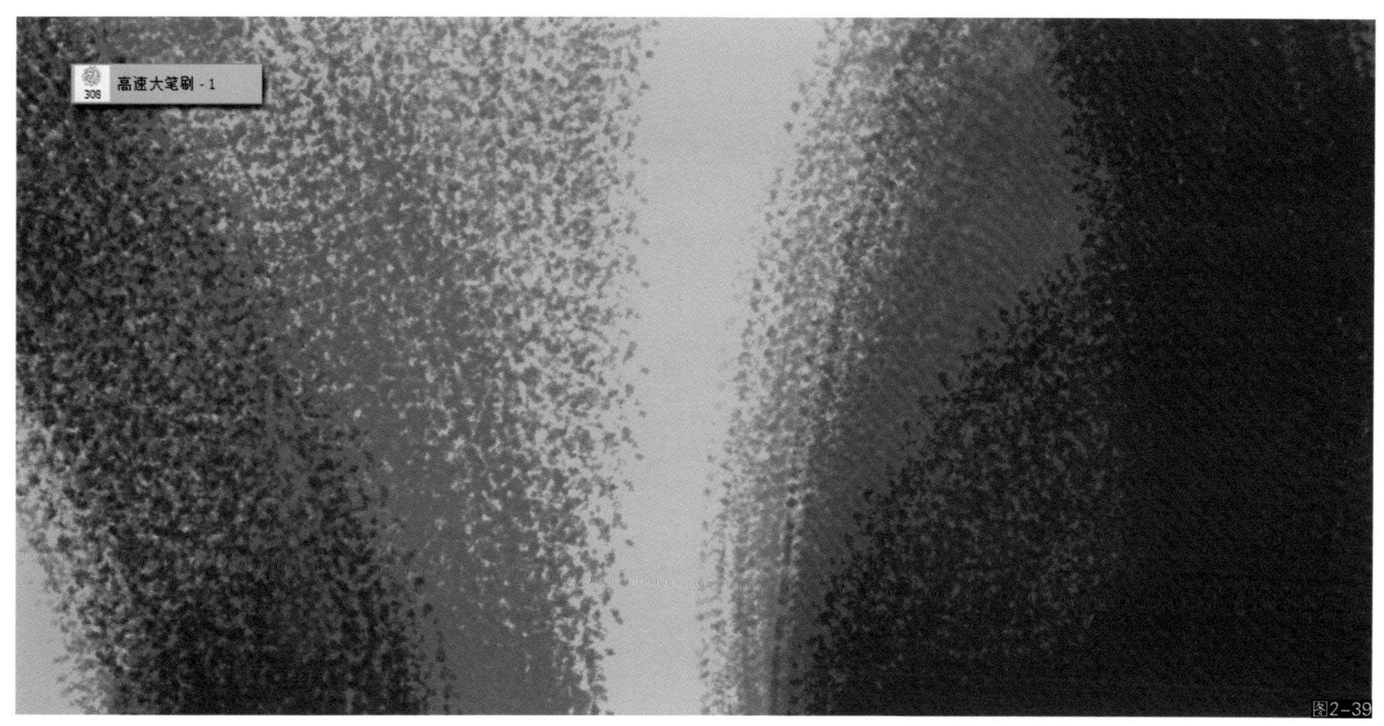

图2-39

26. 高速大笔刷-2

高速大笔刷 2和高速大笔刷-1一样，只不过是方形结构，运用方式一样（如图2-40所示）。

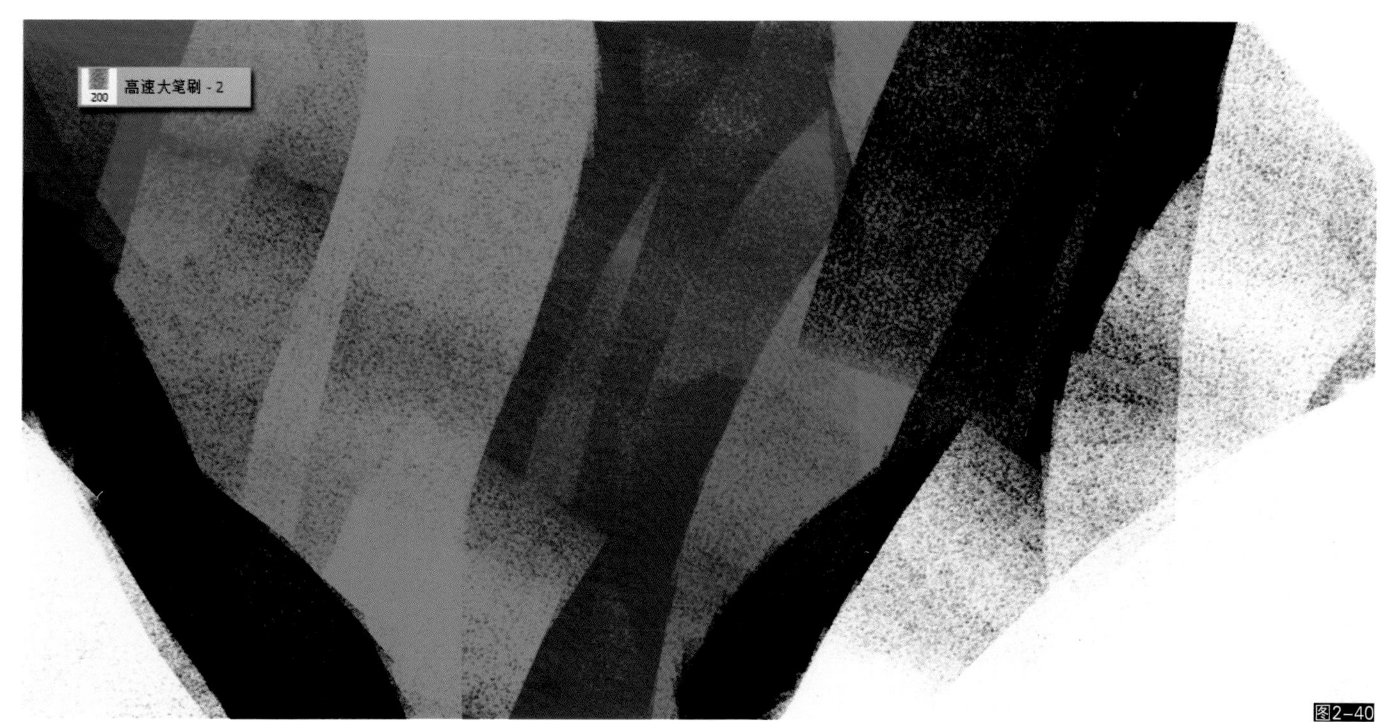

图2-40

二、作品《Concrete 7》创作分析

下面通过一个完整实例来分析General类画笔的综合使用方法。在分析过程中尽量以看懂为目的来了解笔刷运用的规律，并不需要严格按照步骤去临摹（如图2-41所示）。

图2-41

01 首先使用勾线类画笔勾勒出角色和场景的大致形态，然后使用good画笔-1、good画笔-2和good画笔-4为画面增加一个基本色调，也可以使用高速大笔刷来平铺色彩。用笔不要太平均，笔触多留下一些虚实变化和纹理之感为好，这一步只需要将色彩大层次关系表达清楚即可（如图2-42所示）。

图2-42

02 使用涂抹工具涂抹和混合当前笔触，同时不断加入新的色彩。涂抹时切勿均匀涂抹，只涂抹需要自然过渡的区域，不要把结构涂散，适当保留一些粗糙笔触区域以平衡画面的质感对比与画面的韵味（如图2-43所示）。

图2-43

03 背景色彩层次也使用涂抹工具来处理，注意在两个不同造型之间涂抹时不要破坏相互间的造型关系。如背景色与主体色，应该在涂抹过程中相互调整和修饰造型结构（如图2-44所示）。

图2-44

04 角色皮肤的质感可以在涂抹出大致的明暗色调基础上再使用皮肤画笔工具慢慢加工，注意高光的细致描绘，这是体现质感的重要环节（如图2-45所示）。

图2-45

05 硬结构元素适合使用方块形画笔去塑造，这里使用的是good画笔-1和good画笔-8。用good画笔-1绘制大致结构，然后再用good画笔-8去慢慢切割细节变化，有些细节如裂缝等也可以使用good画笔-3和good画笔-10来描绘，可灵活掌握（如图2-46所示）。

图2-46

06 坚硬物体的细节和纹理一般使用good画笔-8绘制即可，运笔的方式应该以短促的线和交叉短线为主，但是不要忽略结构的走向，应按照所画元素的结构规律排列，这样我们就能够绘制出坚硬自然的细节变化了。如果使用圆笔或是软性画笔很容易把结构的硬朗感画丢，很多初学者在画笔的运用上经常出现这一问题（如图2-47所示）。

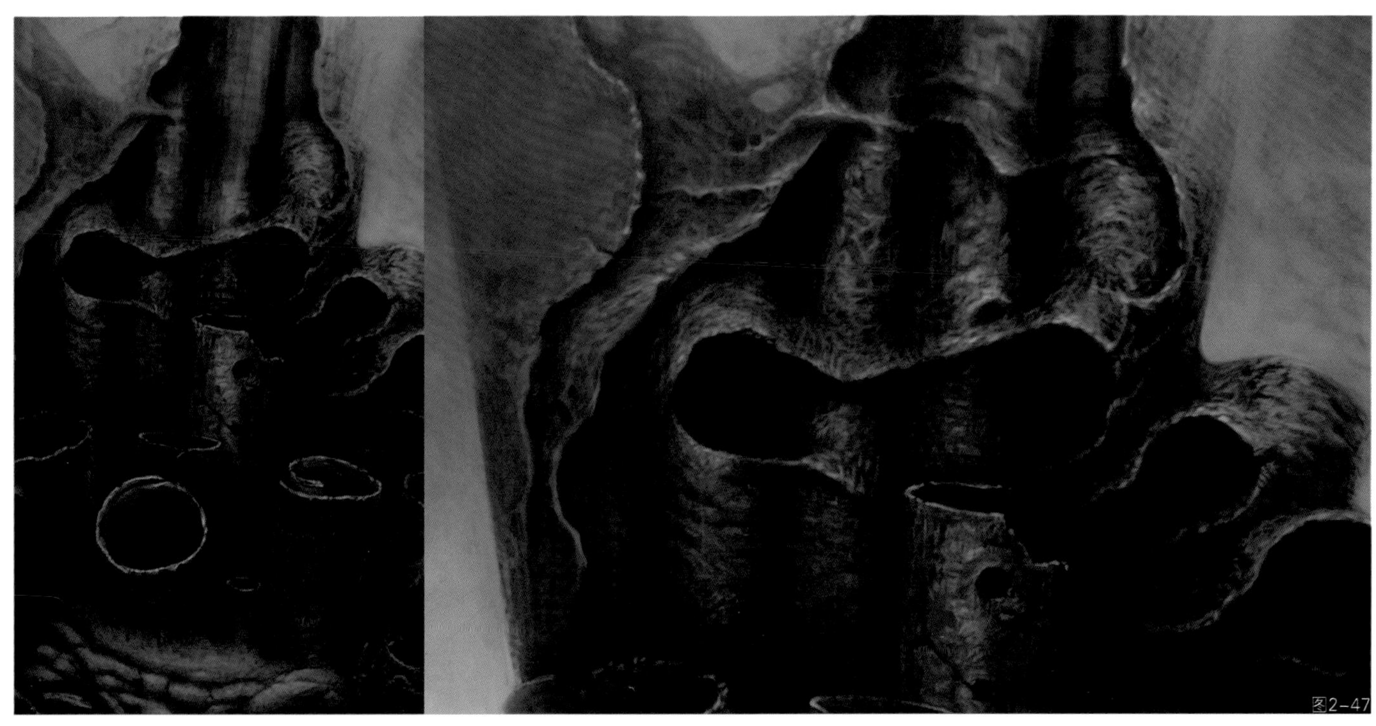

图2-47

07 使用辉光画笔为受光部分添加一层光晕，这样画面看上去就更加明亮通透了。辉光画笔是后期经常使用的工具，用于增加光晕特效和调节画面层次，但是要注意叠加模式的运用，“滤色”模式相对较好控制，但是“颜色减淡”模式如果过分使用画面将曝光过度（如图2-48所示）。

图2-48

08 最后使用good画笔-7绘制出一些软性的烟雾效果，这样画面整体就有软硬的对比感了，至此完成本作品的分析（如图2-49所示）。

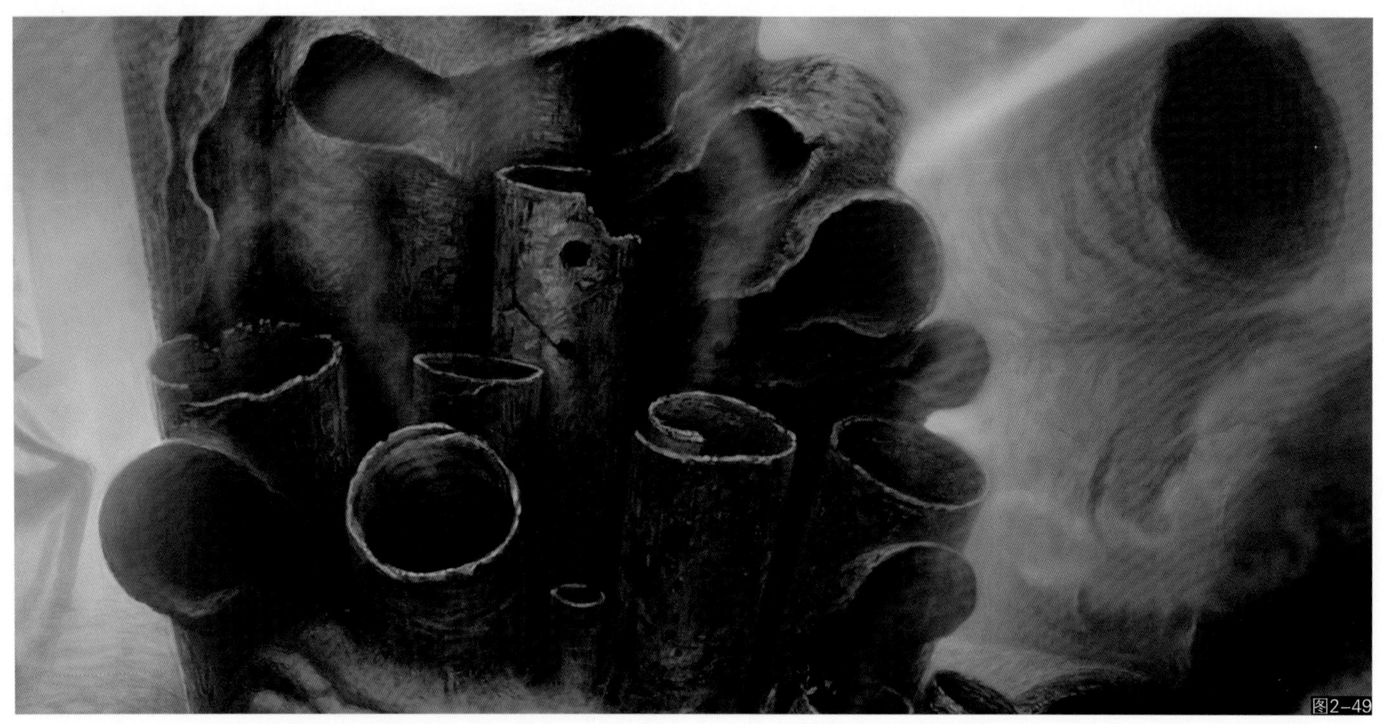
图2-49

三、总结

General类画笔属于日常作画中最容易掌握的一类画笔，对于数字绘画初学者来说也是最容易学习的一类画笔。在练习时一定要先熟悉每一支画笔的属性与用途，在明白笔刷设置的前提下再选择使用，当达到一定的熟练度后，才能逐渐将其运用多元化，引申出更多的用法。

以上教学的目的并不是要大家一步一步去临摹，或是死记硬背记住画笔的运用顺序，而是通过分析一个作品的创作过程让大家了解工具运用的规律和基本方法。通过这些教学我们应该学会不同工具的适用性和特点，这里所介绍的流程只是这些工具的基本使用规律，通过不断深入地探索和实践这些工具的运用组合将变得丰富多彩。

第3章

Traditional 类画笔速查与运用

一、Traditional画笔库分类查询与快速练习

Traditional画笔是专门用于模拟传统绘画的仿真笔刷，如铅笔、水彩笔、中国画笔、书法笔、油画笔等，笔刷类型众多，使用方法也比较多样，只有充分了解其使用特点才能画出理想的效果。

1. 绘图铅笔（正片叠底）

绘图铅笔（正片叠底）用于模拟传统绘图铅笔和绘图纸质感，适合创作打稿和进行素描绘画模拟，也可以当作彩色铅笔来用，使用时通过选择的色彩明度来决定铅笔的硬度。比如选择深灰黑色可以模拟出2B铅笔的效果，如果选择纯黑色则看起来像6B铅笔的效果（如图3-1所示）。

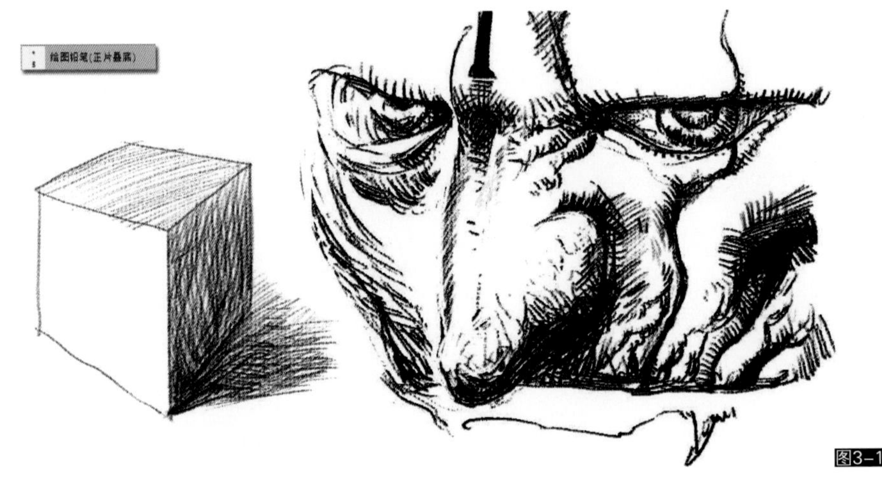

图3-1

2. 绘图炭条 T

绘图炭条 T用于模拟传统炭条素描画和绘图纸质感。此画笔带有“T”控制，可以通过改变数位笔的倾斜度来控制笔触形状（如图3-2所示）。

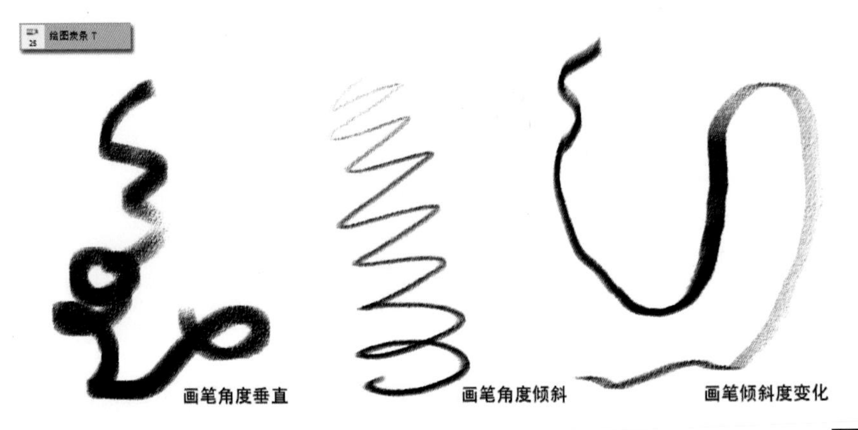

图3-2

3. 素描-1R 、素描-2R

素描-1R和素描-2R用于模拟传统铅笔素描效果，都带有“R”控制，可以旋转画笔来确定下笔的方向。其中素描-1R用于绘制线条比较重和锐利的线条组，素描-2R用于模拟较轻和带有轻微混合的线条组（如图3-3所示）。

图3-3

4. 钢笔

钢笔用于绘制速写、线描、漫画等传统钢笔绘画或书写效果（如图3-4所示）。

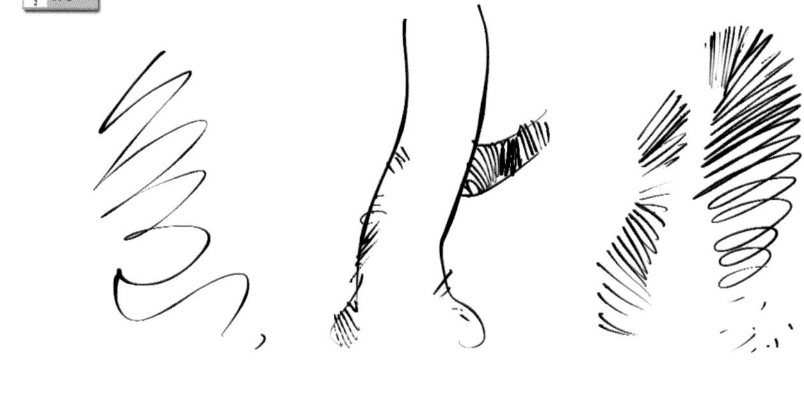

图3-4

5. 马克笔（正片叠底）R

马克笔（正片叠底）R 用于模拟工业设计中常用的马克笔效果。此画笔带有“R”控制，可以旋转数位笔来控制笔触的朝向（如图3-5所示）。

图3-5

6. 大滚筒

大滚筒用于模拟油漆滚筒的效果，适合表现大画面的色彩平铺或者墙面绘画粉刷等效果。运笔时注意不要太快以免造成断笔（如图3-6所示）。

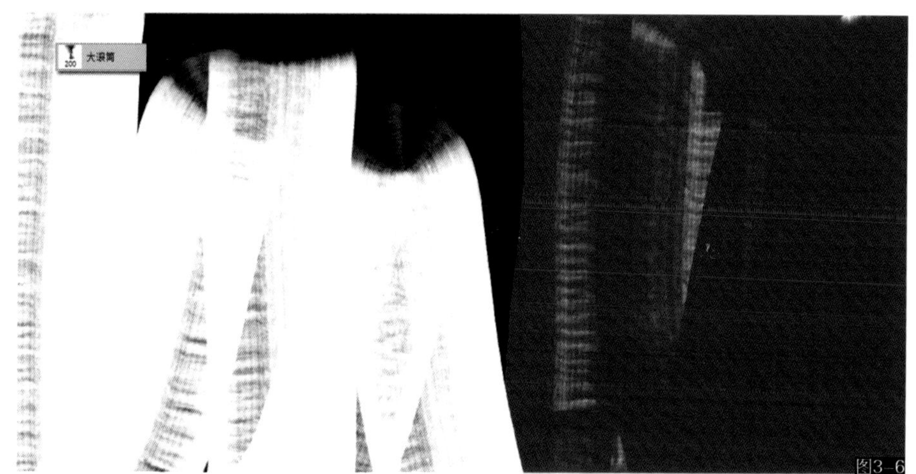

图3-6

7. 喷笔R T

喷笔R T用于模拟传统气泵喷枪画笔，此画笔带有“R”和“T”控制，可以同时旋转和倾斜画笔来控制喷射角度变化（如图3-7所示）。

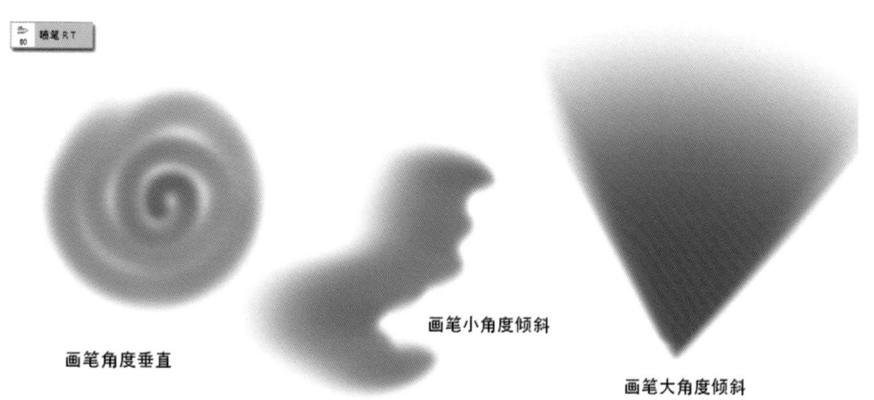

图3-7

8. 方形色粉笔 T

方形色粉笔 T用于模拟传统色粉笔、油画棒等画笔的笔触效果。此画笔带有“T”控制，可以通过改变数位笔的倾斜角度来控制画笔的形状和流量变化（如图3–8所示）。

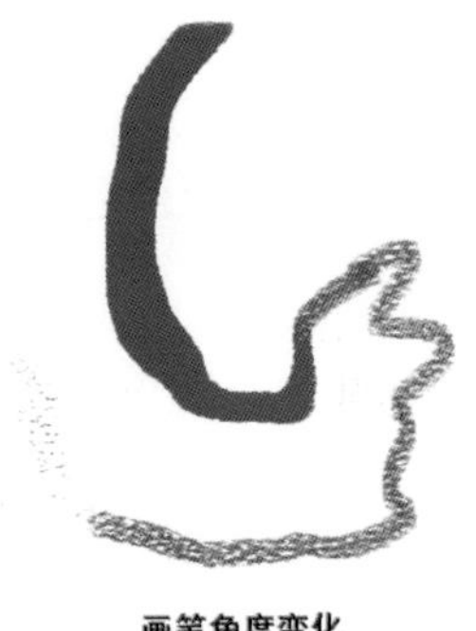

画笔角度垂直　画笔角度倾斜　画笔角度变化

图3–8

9. 圆形色粉笔 T

圆形色粉笔 T的所有笔刷属性同上（如图3–9所示）。

画笔角度垂直　画笔角度倾斜　画笔角度变化

图3–9

10. 三角形色粉笔 T

三角形色粉笔 T的所有笔刷属性同上（如图3–10所示）。

画笔角度垂直　画笔角度倾斜　画笔角度变化

图3–10

11. 蜡笔/油画棒

蜡笔/油画棒用于模拟蜡笔或油画棒的大面积上色效果。色感相比色粉笔更黏稠一些，适合平铺背景色，也可以缩小笔触尺寸勾勒细节，可灵活运用（如图3–11所示）。

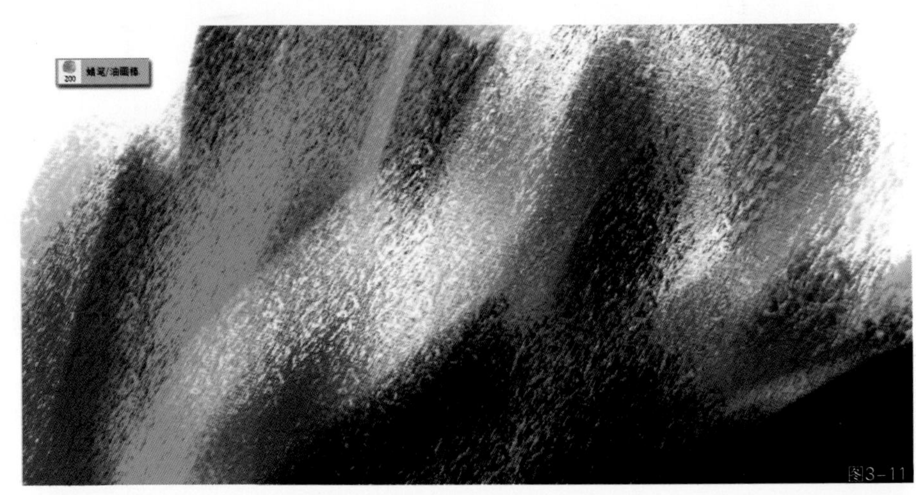

图3–11

笔刷练习小插曲

下面通过一个小练习来熟悉上面所讲的几支画笔的用法，我们将要绘制一张手绘风格浓郁的风景画。

01 新建一个1 600 x 800 像素，72分辨率的画布，运用铅笔或者炭条绘制出场景的大致轮廓（如图3-12所示）。

图3-12

02 使用三种色粉笔为画面添加基本的色彩调子。由于是模拟传统绘画，因此作画方式上也应该遵循传统绘画的流程。上色主要以一遍一遍覆盖为主，不要使用涂抹工具，这样才能保证风格的统一（如图3-13所示）。

图3-13

03 使用色粉笔继续深入刻画，刻画细节时画笔要相对垂直画板，否则将会产生过硬的纹理。对这类画笔多加练习才能控制自如（如图3-14所示）。

图3-14

04 由于没有渐变效果和混合效果，明暗之间的色彩过渡只能靠色彩的亮度慢慢衔接来处理。这一步需要多一点耐心绘制，现实中色粉笔和油画棒作画也是如此（如图3-15所示）。

图3-15

05 画结构的时候尽量保证使用笔触去拼接或是切割，笔触要体现出块面的感觉，下笔干脆不要反复涂抹。这也是传统绘画中的用笔规律（如图3-16所示）。

图3-16

06 可以使用铅笔来绘制小细节，这样更容易画出细致的小点、短线等变化。要注意这种仿真类画笔都会随着绘制的次数不断地消磨消退（注意左上方小图中的画笔状态），如果需要恢复，退出这支笔再次选择即可，至此本练习绘制完成（如图3-17所示）。

图3-17

12.干水彩笔-1（正片叠底）T

干水彩笔-1（正片叠底）T用于模拟传统水彩画笔触效果。干水彩笔笔触干净利落适合勾勒细节和线条。此画笔带有“T”控制，可以通过倾斜数位笔来控制笔触的变化。同时需要注意将画笔模式切换为“正片叠底”，这样才能得到正确的透明效果（如图3-18所示）。

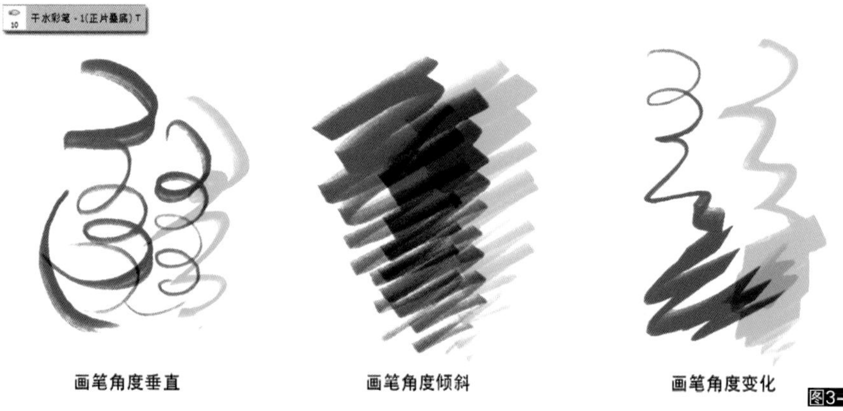

画笔角度垂直　画笔角度倾斜　画笔角度变化

图3-18

13. 干水彩笔-2（正片叠底）D T

干水彩笔-2（正片叠底）D T用于模拟传统水彩画笔触效果，比干水彩笔-1更加湿润一些。此画笔同时带有“D”和“T”控制，可以将前景色和背景色设置为不一样的色彩，通过数位笔的压感来控制变换。同时需要注意数位笔的倾斜角度变化，这样就能画出丰富的色彩变化和笔触感了（如图3-19所示）。

画笔角度垂直　画笔角度倾斜　画笔角度变化

图3-19

14. 干水彩笔-3（正片叠底）D T

干水彩笔-3（正片叠底）D T用于模拟传统水彩画笔触效果，比上面两支画笔的湿度更高一些，色彩仍然是双色控制。同时此笔带有“T”控制，可以通过倾斜画笔来控制笔触的干湿变化（如图3-20所示）。

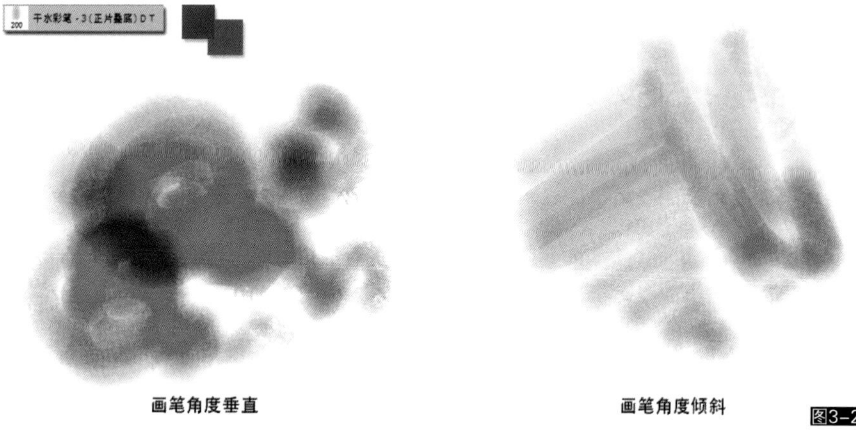

画笔角度垂直　画笔角度倾斜

图3-20

15. 湿水彩笔-1（正片叠底）D

湿水彩笔-1（正片叠底）D 用于模拟传统水彩画笔触效果。湿水彩笔颜色会有扩散和晕开变化，可以通过数位笔压力来控制。同时此笔带有“D”控制，可以设置前景色和背景色来绘制出自然的双色晕效果。如果将背景色设置为画布色则可以加强笔刷的湿润感和透明度，比如画布为白色，那么背景色就设置为白色。这种设置适用于所有带“D”控制的画笔（如图3-21所示）。

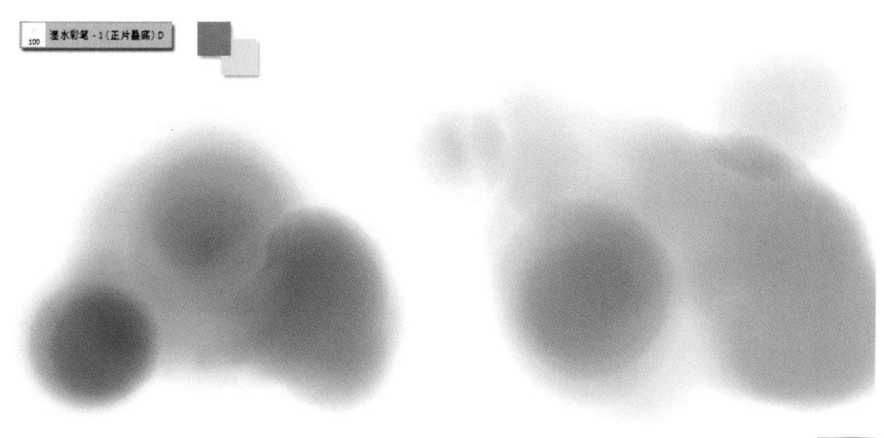

图3-21

16. 湿水彩笔-2（正片叠底）D T

湿水彩笔-2（正片叠底）D T用于模拟传统水彩笔画触效果，笔刷属性设置同上，适合表现水彩画中的自然结构，如花草树木等（如图3-22所示）。

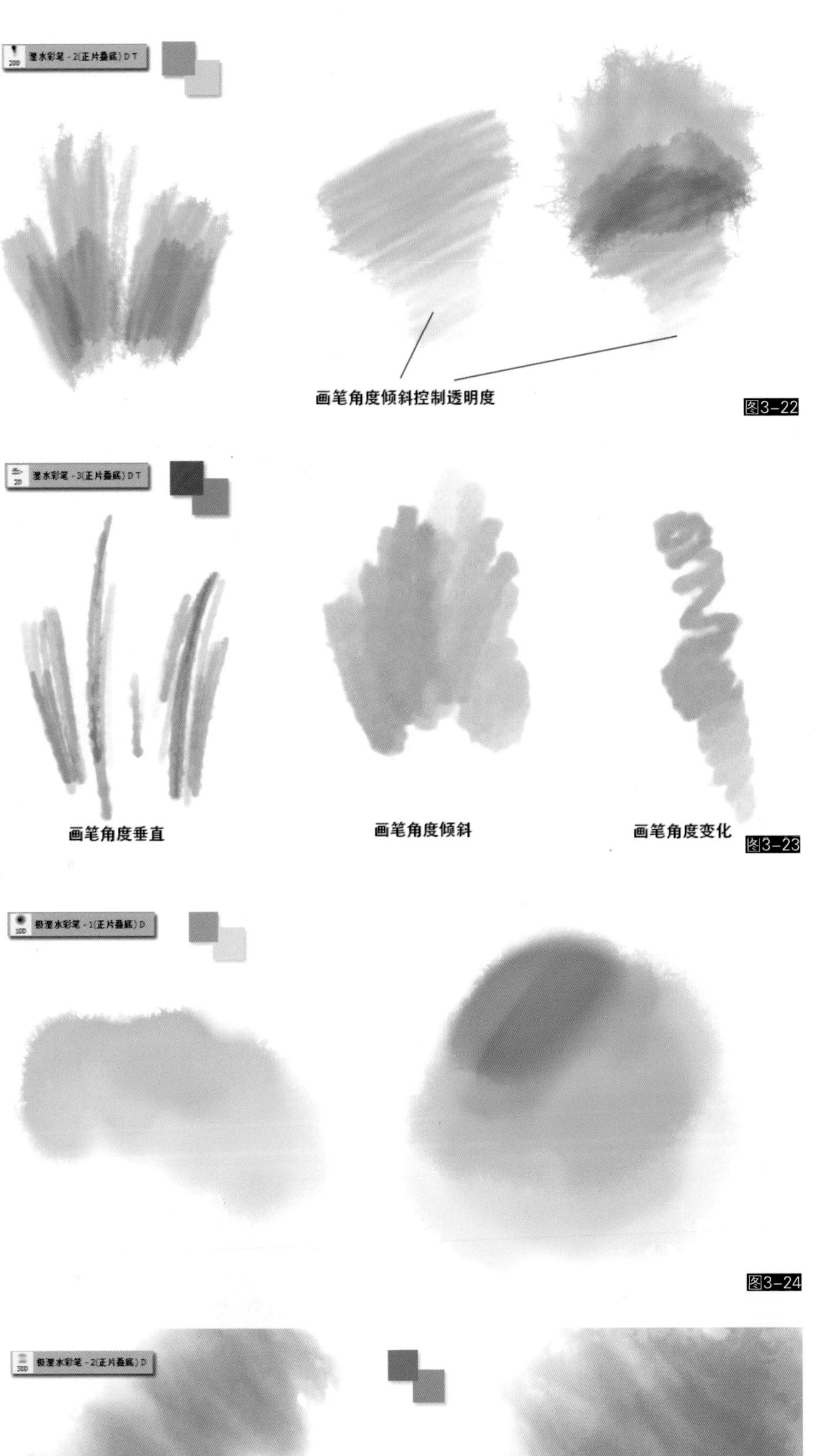

图3-22

图3-23

图3-24

17. 湿水彩笔-3（正片叠底）D T

湿水彩笔-3（正片叠底）D T用于模拟传统水彩画笔触效果，笔刷属性设置同上，适合表现水彩画中的湿润细节描绘，也适合局部色彩平铺。注意湿水彩笔-3的“T”控制仍然是控制笔触的形状变化，而不是透明度（如图3-23所示）。

18. 极湿水彩笔-1（正片叠底）D

极湿水彩笔-1（正片叠底）D 用于模拟传统水彩画笔触效果，此画笔适用于水彩画中的大色调平铺和色彩融合，用于表现水色交融的效果。使用时注意“D”控制的双色设置和数位笔压感控制的透明度变化，用笔时每次落笔时间要长一些，待色彩混合到需要的程度再起笔，这样其湿润混色效果才能在单笔上体现出来（如图3-24所示）。

19. 极湿水彩笔-2（正片叠底）D

极湿水彩笔-2（正片叠底）D用于模拟传统水彩画笔触效果，笔刷属性设置同上，适合平铺大色调和表现大面积水色晕染效果。用笔时每次落笔时间要长一些，待色彩混合到需要的程度再起笔，这样其湿润混色效果才能在单笔上体现出来（如图3-25所示）。

图3-25

20. 水彩大笔刷-1（正片叠底）D R

水彩大笔刷-1（正片叠底）D R用于模拟传统水彩画笔触效果，适合平铺大面积的较干燥色彩。“D”为双色控制，“R”代表笔触旋转控制，可以通过旋转数位笔来控制笔触的落笔方向。用笔时每次落笔时间要长一些，待色彩混合到需要的程度再起笔（如图3-26所示）。

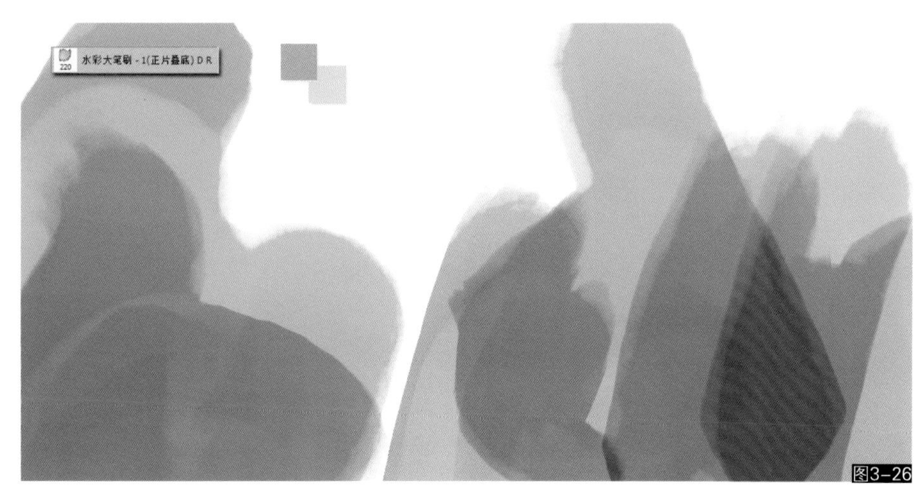

图3-26

21. 水彩大笔刷-2（正片叠底）D

水彩大笔刷-2（正片叠底）D用于模拟传统水彩画笔触效果，适合平铺大面积的湿润色彩，还能表现色彩沉积的颗粒细节。通过“D”双色设置和数位笔压感来控制水色变化。用笔时每次落笔时间要长一些，待色彩混合到需要的程度再起笔，这样画笔的湿润混色效果才能在单笔上体现出来（如图3-27所示）。

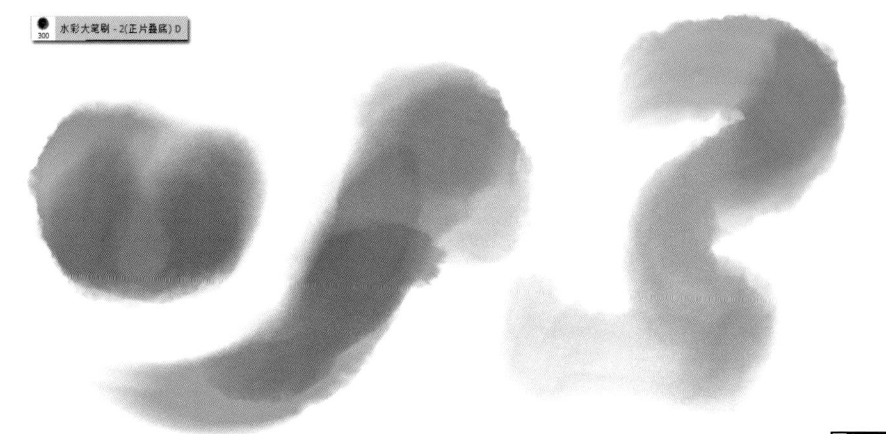

图3-27

22. 水彩大笔刷-3（正片叠底）D T

水彩大笔刷-3（正片叠底）D T用于模拟传统水彩画笔触效果，适合平铺大面积的湿润色彩，带有毛笔刷绘画感。可以通过“D”控制来产生双色混合效果，还可以通过“T”来控制笔触形状和水色的透明变化。运笔时干脆利落才能得到理想的笔锋效果（如图3-28所示）。

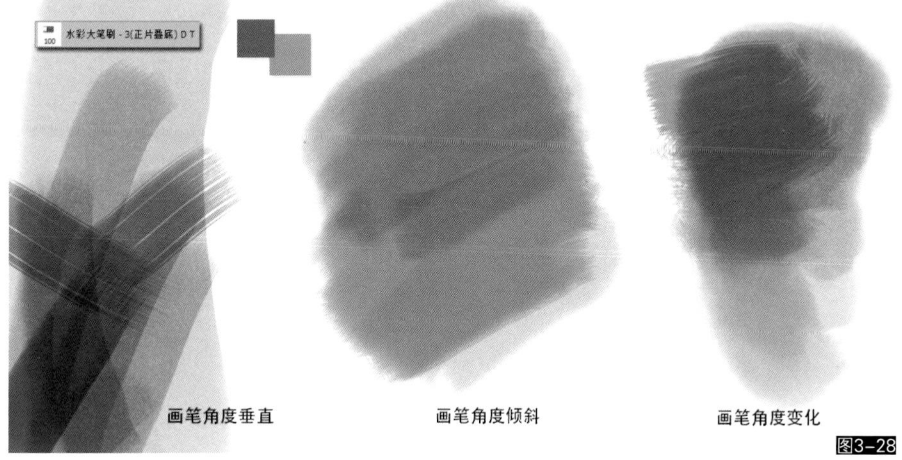

图3-28

23. 水晕（涂30-99）

水晕（涂30-99）用于模拟传统水彩画中的水洗效果，即清水溶解干涸色彩。此画笔为涂抹工具，最佳涂抹强度范围为30~99，是水彩画中必备的后期润色工具，绘画中有些干湿变化不一定要一次画完，可以在后期调整（如图3-29所示）。

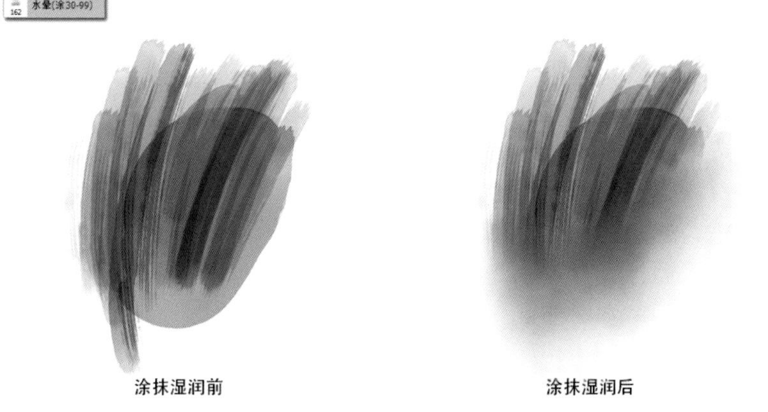

图3-29

24. 水渍-1（正片叠底）T

水渍–1（正片叠底）T用于模拟传统水彩画中的色晕效果，即滴色或者溶色效果。可以通过“T”控制来掌握溶色的方向，用笔时每次落笔时间要长一些，待色彩混合到需要的程度再起笔，这样其湿润效果才能在单笔上体现出来（如图3–30所示）。

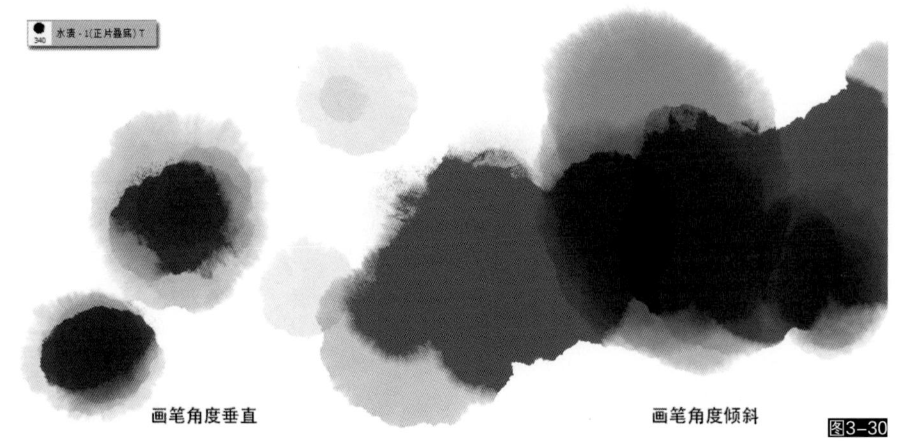

图3–30

25. 水渍-2（正片叠底）D T

水渍–2（正片叠底）D T用于模拟传统水彩画中的色晕效果，即滴色或者溶色效果。可以通过“D”控制来产生双色混合效果，还可以通过“T”来控制笔触的形状和透明度变化。用笔时每次落笔时间要长一些，待色彩混合到需要的程度再起笔，这样其湿润效果才能在单笔上体现出来（如图3–31所示）。

图3–31

26. 喷洒（正片叠底）D T

喷洒（正片叠底）D T用于模拟传统水彩画中的泼洒效果，即笔刷甩色或者弹色动作。此画笔也带有“D”和“T”控制，注意画笔的操控方式（如图3–32所示）。

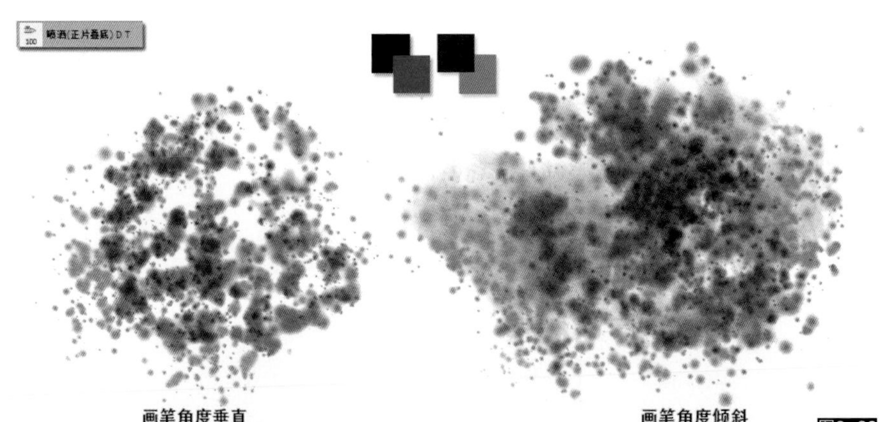

图3–32

27. 盐（滤色/颜色减淡）

盐（滤色/颜色减淡）用于模拟传统水彩画中常用的撒盐技法，盐溶解在水色中可以处理出颗粒质感的肌理效果。注意此笔的叠加模式和所有水彩笔都不一样，为“滤色”或“颜色减淡”（如图3–33所示）。

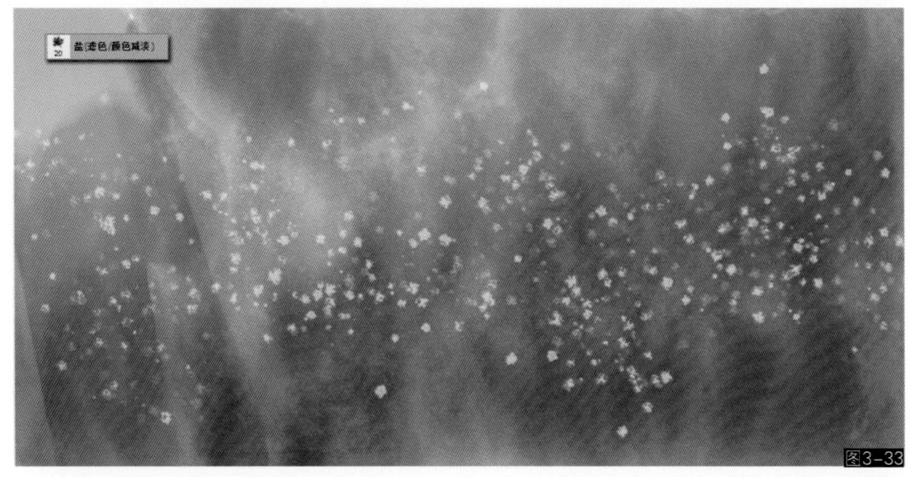
图3–33

笔刷练习小插曲

下面通过一个小练习来熟悉上面所讲的水彩画笔的用法。我们将要绘制一个骷髅结构，通过它来具体分析各类水彩笔的使用技巧。

01 水彩笔属于运行比较慢的笔刷，练习时画布尽量不要设置得太大，首先新建一个1,200像素x1,600像素，72分辨率的画布，接下来新建一个图层，用铅笔画笔组绘制出轮廓和结构，然后使用选择工具将背景部分选中，这是绘制水彩画的必要步骤，目的在于遮挡住色彩的不同区域，以免相互影响（如图3–34所示）。

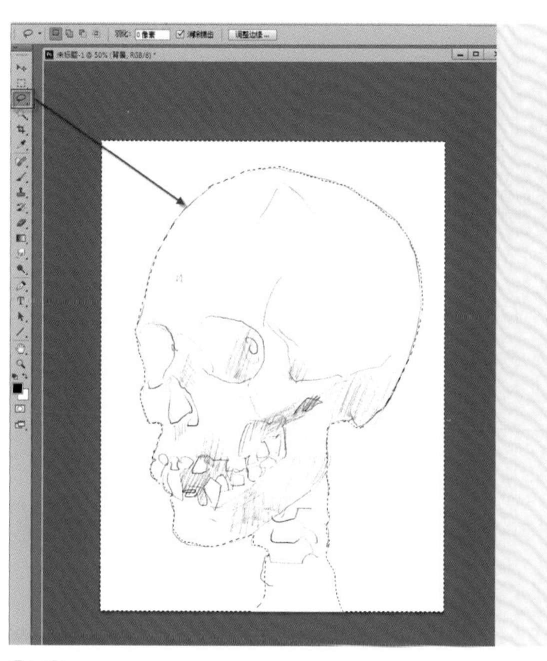

图3–34

02 回到背景层使用水彩大笔刷或者湿水彩笔为背景上色，为了能够体现很好的水色融合效果，要对色彩进行双色设置。注意两种颜色设置得接近一些会得到很好的自然过渡效果，色彩也需要从淡色开始运用，一层一层叠加，不要一次画得很深。这和真正的水彩画法是一样的道理，运笔的时候尽量每一笔都停留时间长一些，也就是一笔下去多来回混合一下再起笔，因为后一笔总是会让前一笔的叠加区域变深。由于没有真实的"水"存在，因此每次下笔都要通过持续时间和轻重来"制作"出水色交融的变化，需要多多练习（如图3–35所示）。

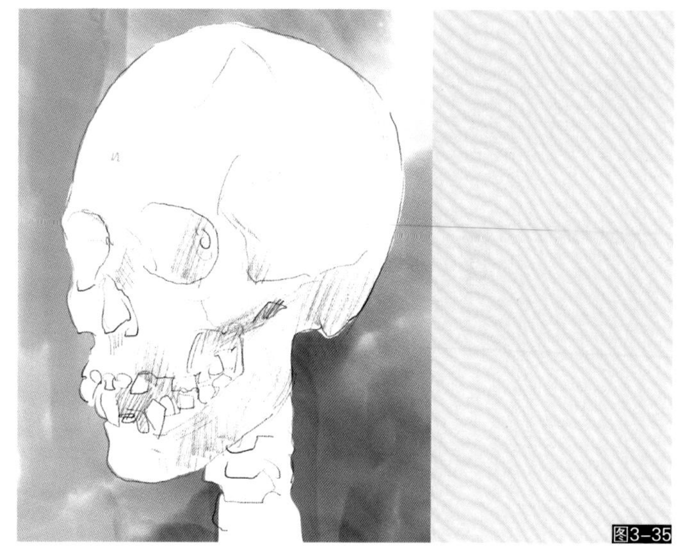

图3–35

03 将选择区域反选至骷髅区域（快捷键Ctrl+Shift+I），仍然使用湿水彩笔或者水彩大笔刷为角色绘制基本色彩，原则仍然是淡色慢慢叠加。这里有个窍门，如果想让带有"D"控制的画笔使用单色上色，将背景色设置为白色即可（如图3–36所示）。

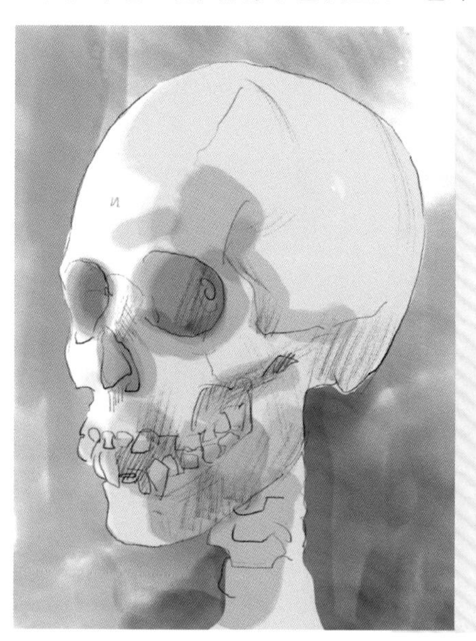

图3–36

04 慢慢用稍重的颜色绘制阴影区域，笔触前后叠加的区域会比较生硬，先不要管它，将所需色彩画上去即可。用笔和之前的教学一样，沿着造型的结构来画，块面大一些，避免琐碎和混乱（如图3–37所示）。

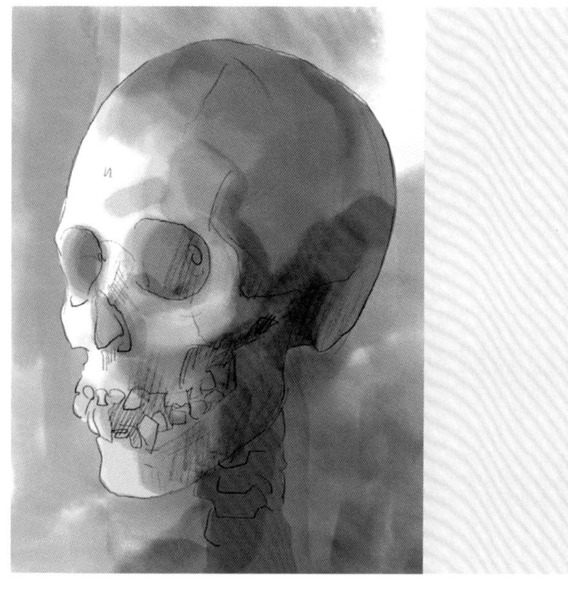

图3–37

05 使用双色笔继续深入地刻画丰富色彩的变化，每一次上色都会造成前后笔触交叠区域变深，可以使用“水晕”涂抹工具来将其混合消失。水晕工具就是清水的功效，用于后期处理色彩的湿润变化，对于处理过渡层次极为重要（如图3–38所示）。

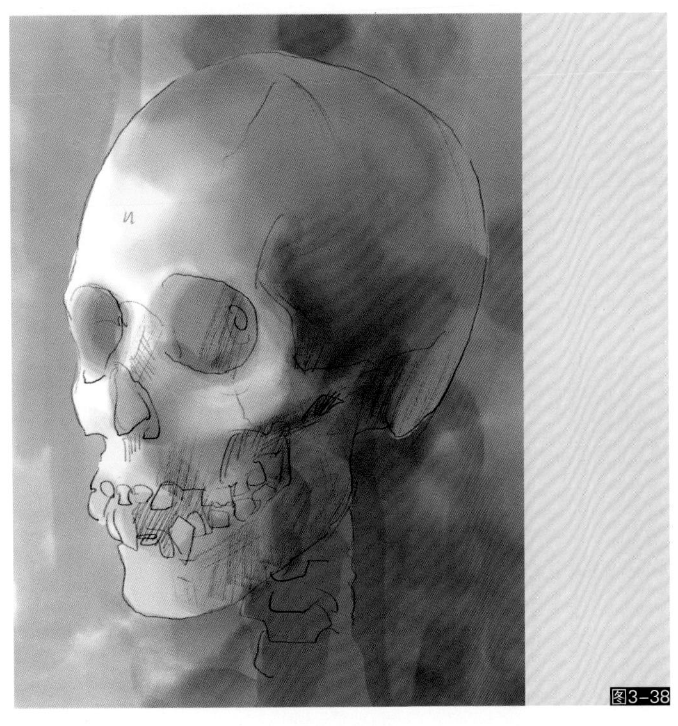
图3–38

06 接下来使用干水彩笔慢慢从深色的细节开始刻画，也可以适当配合湿润的水彩笔来处理过渡部分（如图3–39所示）。

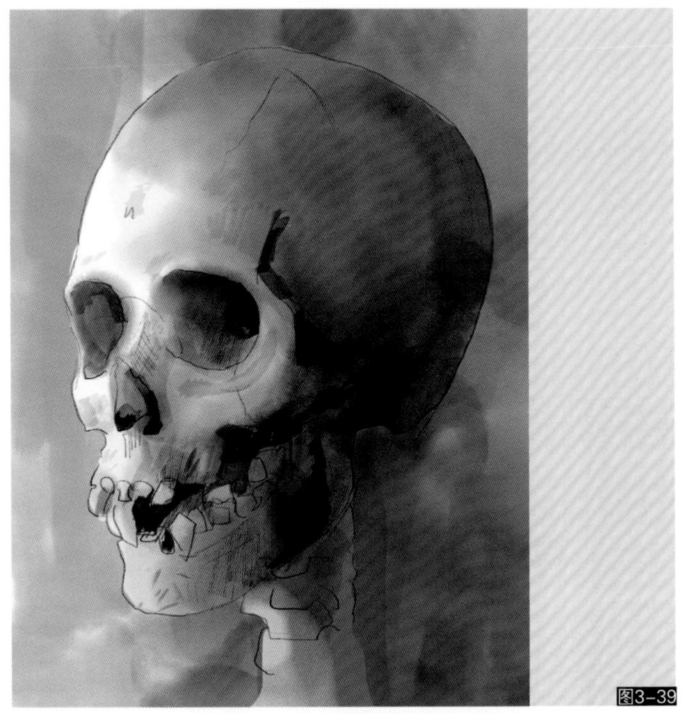
图3–39

07 将铅笔层透明度调淡一些，或者删除，然后合并所有图层，这样有利于背景、轮廓和骷髅色彩间的融合，使画面看上去更自然。继续使用“水晕”工具柔化生硬的笔触使其湿润化。在数字绘画中很多效果要靠“做”出来，并不是一步就能画成的，这是一个典型的例子（如图3–40所示）。

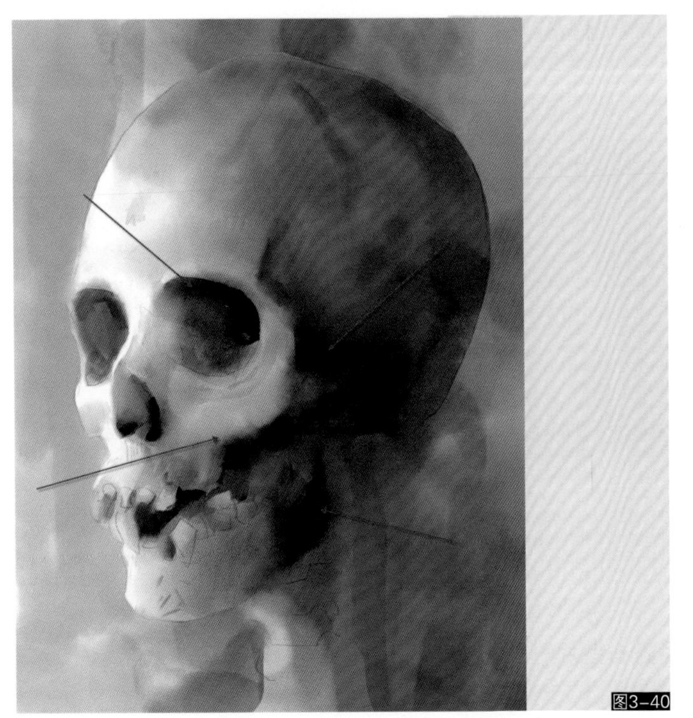
图3–40

08 对于不小心画太深的区域，可以将画笔的叠加模式切换成“滤色”或“颜色减淡”修正回来。这也是数字水彩画中的一个技巧，类似于传统绘画中的水洗过程，也需要多加练习后灵活运用（如图3–41所示）。

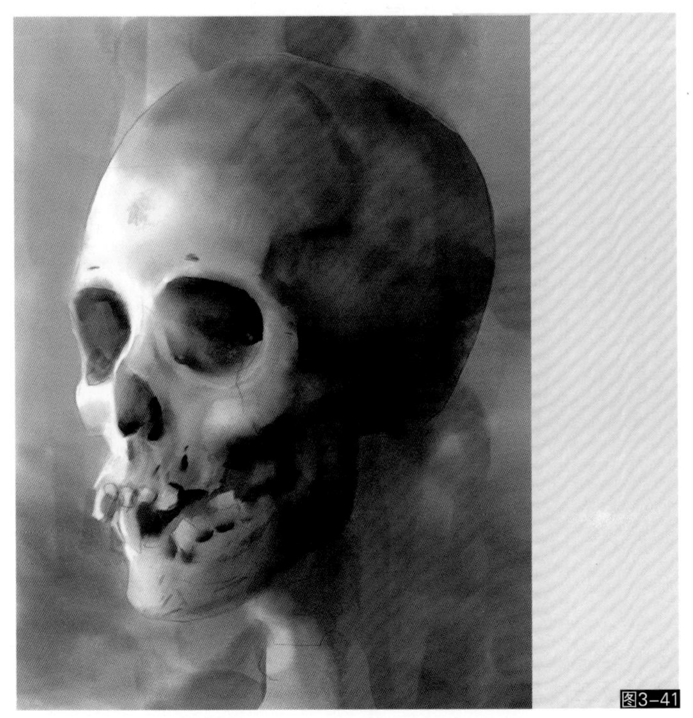
图3–41

09 继续使用同样的方式来慢慢深入细节。干水彩笔适合绘制细节，大块面和湿润水彩笔适合多层罩染调节大色调，水晕涂抹工具专门处理生硬的过渡区域，这样反复进行就能不断深入刻画细节表现（如图3-42所示）。

10 采用干水彩笔描绘细小斑点。注意用笔的姿势，在绘制裂缝一类的结构时需要垂直于画板才能得到较细的笔触，所有带“T”控制的画笔都要注意这一点，不要只使用习惯的一种姿势作画。同时使用水渍、喷洒、盐等画笔为画面增加一些肌理变化，丰富画面的质感。注意绘制时如果觉得颜色太重，可以降低画笔的透明度，同时注意这几种笔的正确叠加模式设置（如图3-43所示）。

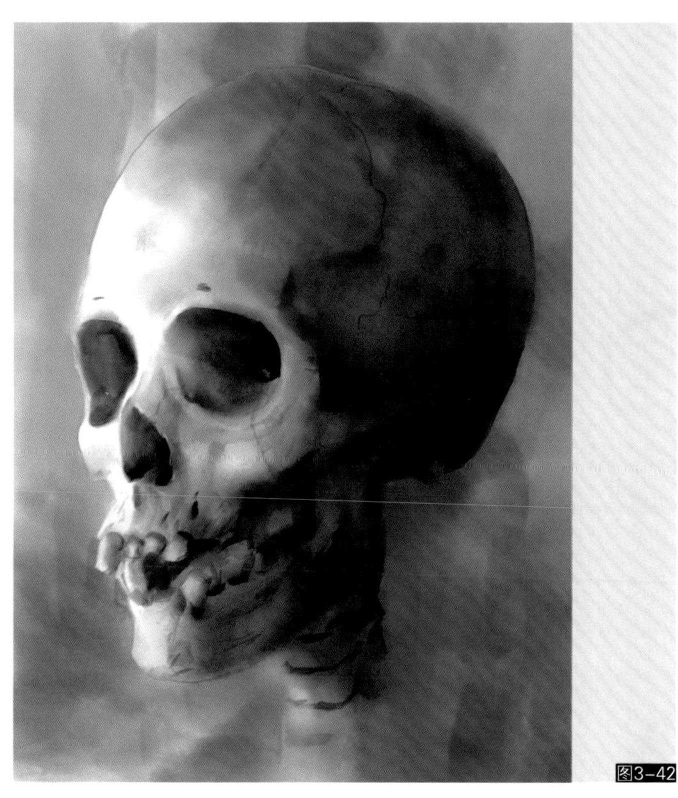

图3-42

图3-43

11 最后新建一个图层，使用填充工具为图层添加一个水彩纸纹理，然后将图层的叠加模式改为“柔光”，图层填充强度可以根据需要增减。至此，一幅逼真的水彩画绘制完成（如图3-44所示）。

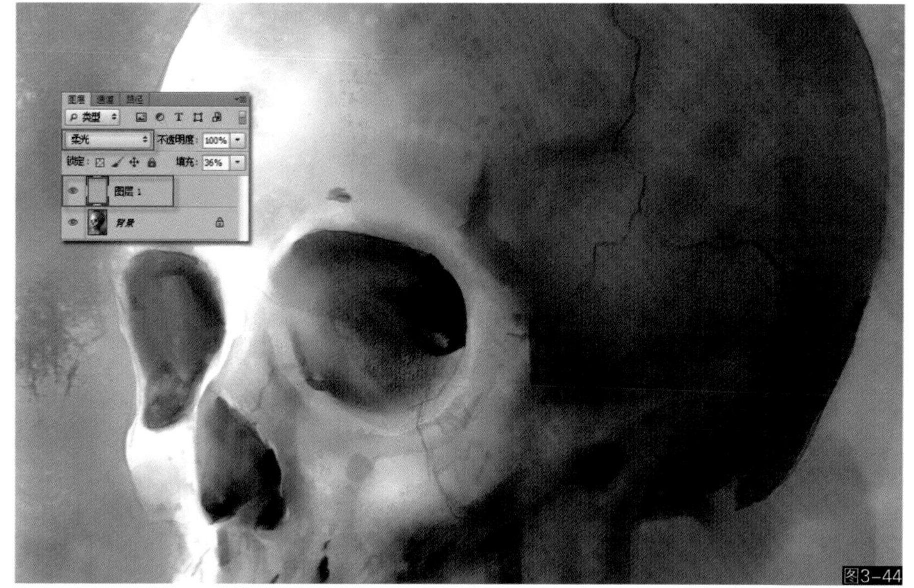

图3-44

小结：水彩笔的应用面非常广，这个练习只是介绍了其中最典型的一种上色流程，更多的运用需要大家拓展思路，举一反三才能将其运用得更好。

28. 国画勾线笔(正片叠底) T

国画勾线笔(正片叠底) T 用于绘制传统国画中的细线条，可以用于表现国画绘画中的一切线条，也可以用来写小楷。可以通过“T”倾斜控制来变换笔锋效果（如图3-45所示）。

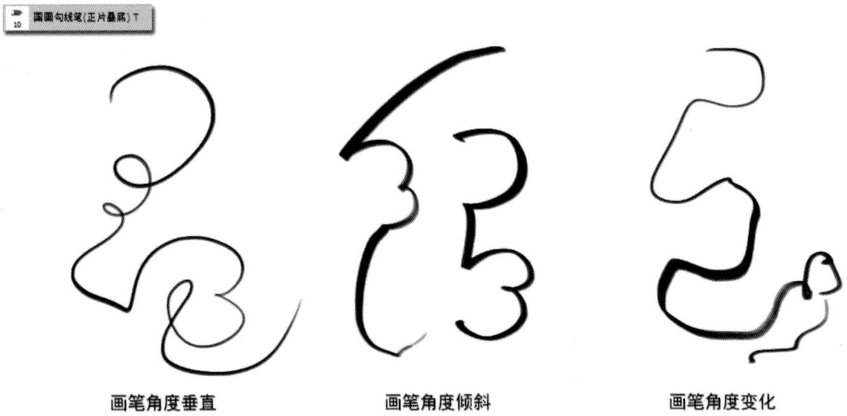

画笔角度垂直　画笔角度倾斜　画笔角度变化

图3-45

29. 规整国画笔-1（正片叠底）R

规整国画笔-1（正片叠底）R用于绘制传统国画中的一般笔触效果，笔触变化相对较少，墨迹比较干，适合绘制规则结构和书写毛笔字等。“R”控制可以让每一笔笔触都保持一些细微变化，避免雷同（如图3-46所示）。

图3-46

30. 规整国画笔-2（正片叠底）

规整国画笔-2（正片叠底）用于绘制传统国画中的一般笔触效果，笔触粗细变化和墨迹干湿变化较丰富，适合描绘线条和轮廓结构等效果（如图3-47所示）。

图3-47

31. 规整国画笔-3（正片叠底）

规整国画笔-3（正片叠底）用于绘制传统国画中的一般笔触效果，可以模拟墨迹在绘画过程中自然随机晕开的变化，同时伴有枯笔变化。运笔时通过下笔的轻重来掌握变化，适合写字和画形（如图3-48所示）。

图3-48

32. 规整国画笔-4（正片叠底）T

规整国画笔-4（正片叠底）T用于绘制传统国画中的一般笔触效果，用于绘制墨迹浓厚的笔触，可以同时用于写字和绘图。需要注意的是此笔的“T”属性是用于控制提笔时的墨迹量和笔锋变化的。如果画笔垂直绘制时通过压感控制提笔，收笔时笔触是变尖的；如果收笔的同时画笔轻微倾斜，笔触除了变尖同时墨迹量也会随之减少。这和真实的毛笔绘画有一定区别，需要多加练习才能绘制出比较理想的收尾变化（如图3-49所示）。

33. 规整国画笔-5（正片叠底）

规整国画笔-5（正片叠底）用于绘制传统国画中的一般笔触效果，笔触变化相对较少，用于表现比较湿润的墨迹效果，适合书写和绘画（如图3-50所示）。

34. 规整国画笔-6（正片叠底）R T

规整国画笔-6（正片叠底）R T用于绘制传统国画中的一般笔触效果，适合绘制花、草、竹叶、树干等自然物件。此笔的“R”和“T”控制着笔触形状、粗细、透明度、方向的变化，需要多加练习才能熟练掌握其运笔规律（如图3-51所示）。

35. 规整国画笔-7（正片叠底）R

规整国画笔-7（正片叠底）R用于绘制传统国画中的一般笔触效果，此笔笔触较大，适合绘制诸如山脉、地形、石头或动植物的湿润色块效果。落笔前可以通过“R”控制落笔方向（如图3-52所示）。

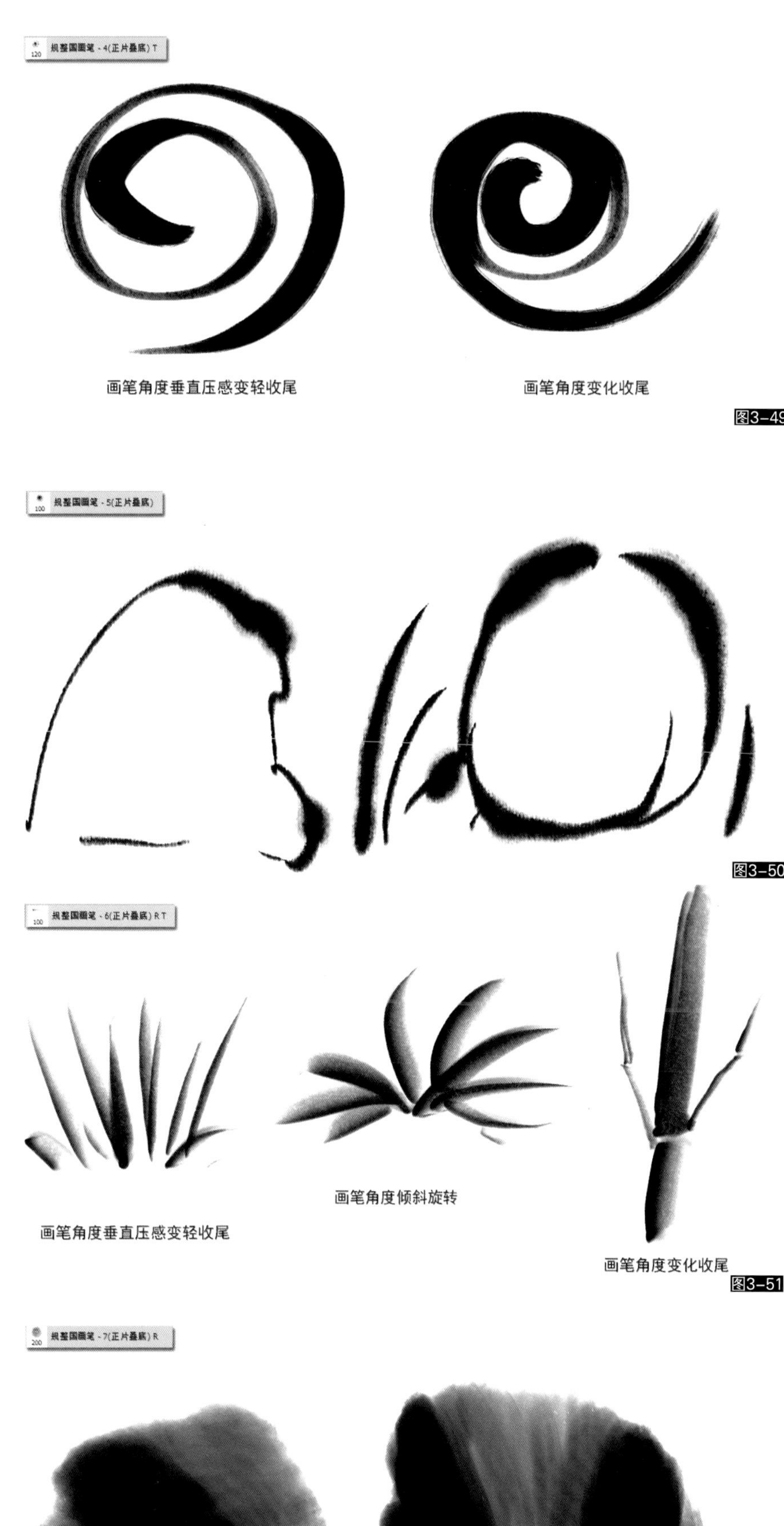

图3-49
图3-50
图3-51
图3-52

36. 潦草国画笔-1（正片叠底）R T

潦草国画笔-1（正片叠底）R T用于绘制传统国画中的干墨枯笔效果，适合书写和绘画运用。后缀“R”代表落笔的方向控制，“T”需要使用画笔倾斜度来控制提笔的墨量变化。如果需要产生自然的虚化变细效果，要在提笔时让压感强度变轻的同时轻微倾斜画笔，注意倾斜度不要太大，以免笔触断开。很多国画笔都需要注意这一点，多加练习才能控制自如（如图3-53所示）。

图3-53

37. 潦草国画笔-2（正片叠底）T

潦草国画笔-2（正片叠底）T用于绘制传统国画中的干墨枯笔效果，适合书写和绘画运用。此笔较上一支笔更加湿润，没有旋转控制，后缀“T”需要使用画笔倾斜度来控制提笔的墨量变化。注意倾斜度不要太大，以免笔触消失，多加练习才能熟练运用（如图3-54所示）。

图3-54

38. 潦草国画笔-3（正片叠底）

潦草国画笔-3（正片叠底）用于绘制传统国画中的干墨枯笔效果，主要适合绘画运用，常用于绘制自然随意的元素。不需要任何旋转或角度控制，只需要控制压感的浓淡变化（如图3-55所示）。

图3-55

39. 潦草国画笔-4（正片叠底）R T

潦草国画笔-4（正片叠底）R T用于绘制传统国画中的干墨枯笔效果，适合于绘画运用，常用于表现较大面积的干枯墨笔效果。后缀“R”代表落笔的方向控制，“T”需要使用画笔倾斜度来控制笔触的形状变化。运笔时可以稍微迅速一些以得到自然的干枯收尾效果，需要多加练习才能控制自如（如图3-56所示）。

图3-56

40. 墨迹晕染（正片叠底）

墨迹晕染（正片叠底）用于绘制传统国画中的湿墨晕染效果，适合于绘画运用。这个笔类似于水彩笔的晕染效果，常用于表现国画中的湿润淡色墨迹（如图3-57所示）。

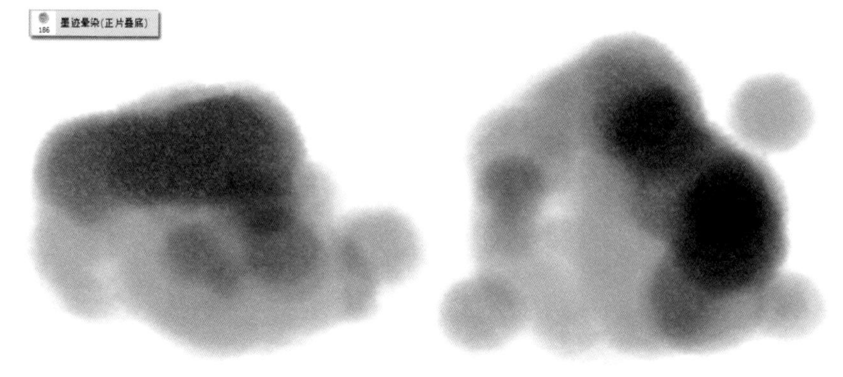

图3-57

41. 滴墨（正片叠底）

滴墨（正片叠底）用于绘制传统国画中的墨迹晕开效果，适合于绘画运用，常用于表现国画中的点墨如画慢慢晕开的效果（如图3-58所示）。

图3-58

42.墨迹喷溅-1（正片叠底）T

墨迹喷溅-1（正片叠底）T用于绘制传统国画中的墨迹泼洒效果，常用于国画中的肌理表现。后缀“T”控制的是泼洒的透明度变化，如需要虚实结合的墨点，那么运笔时就要随时改变画笔的倾斜角度来控制（如图3-59所示）。

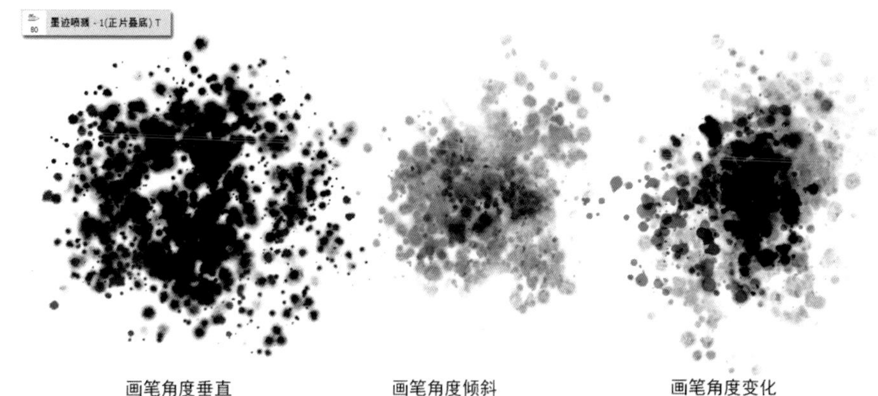

图3-59

43. 墨迹喷溅-2（正片叠底）T

墨迹喷溅-2（正片叠底）T用于绘制传统国画中的墨迹泼洒效果，常用于绘画中的大面积肌理表现。后缀“T”控制的是泼洒的湿度和密度变化，如需要虚实结合的泼墨效果，那么运笔时就要随时改变画笔的倾斜角度来控制（如图3-60所示）。

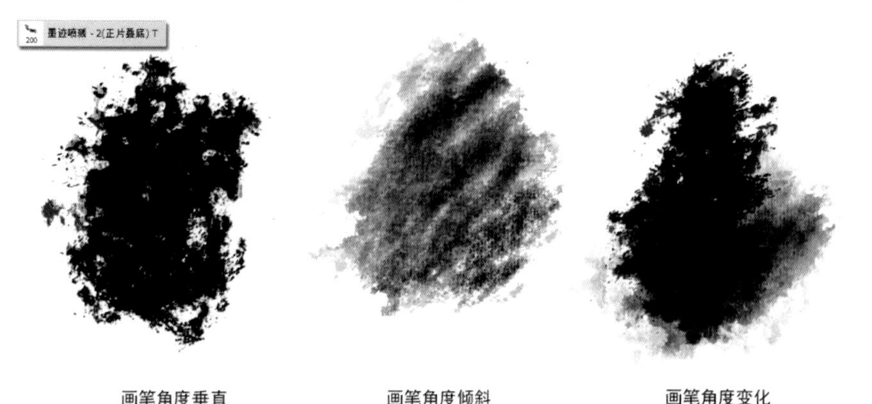

图3-60

44. 墨迹喷溅-3（正片叠底）R T

墨迹喷溅-3（正片叠底）R T用于绘制传统国画中的墨迹泼洒效果，常用于绘画中的肌理表现。后缀“T”控制的是泼洒的透明度变化和斜度，“R”控制的是喷洒的方向，需要倾斜和旋转数位笔来灵活控制（如图3-61所示）。

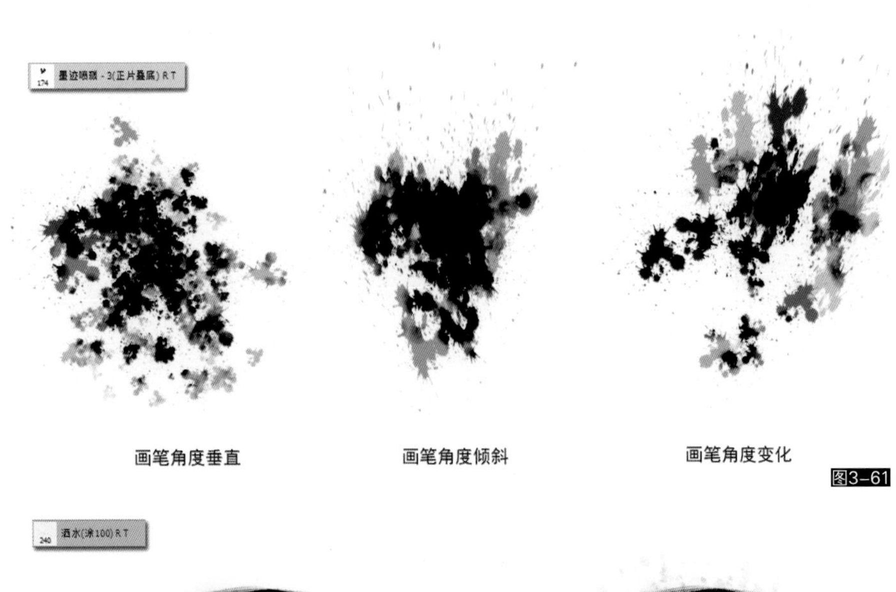

图3-61

45. 洒水（涂100）R T

洒水（涂100）R T用于模拟传统国画中的清水泼洒效果，常用于绘画中的水墨肌理表现，属于涂抹工具，涂抹强度为100。后缀“T”控制的是泼洒的斜度，“R”控制的是喷洒的方向，需要倾斜和旋转数位笔来灵活控制。此工具也可以在水彩画中使用（如图3-62所示）。

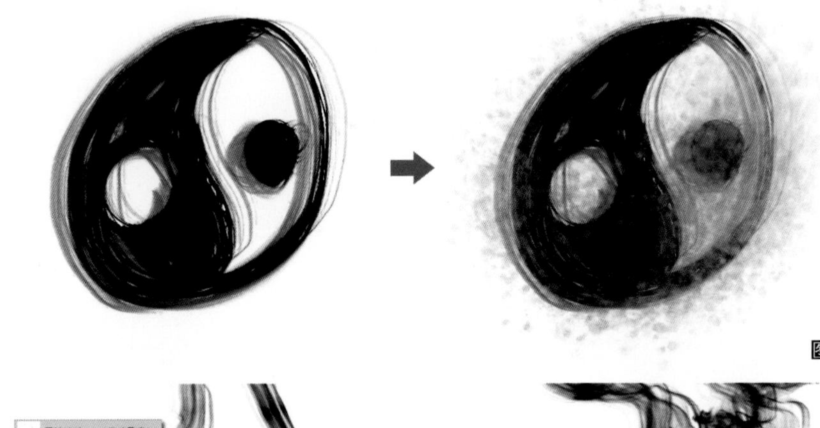

图3-62

46. 墨迹流动-1（正片叠底）

墨迹流动-1（正片叠底）用于模拟墨滴入水中溶解散开的流动特效，常用于表现绘画中关于墨滴在清水中运动晕染的特殊表现。属于国画笔触中的抽象类画笔，运笔时需要掌握好压感的轻重变化（如图3-63所示）。

图3-63

47. 墨迹流动-2（正片叠底）

墨迹流动-2（正片叠底）用于模拟墨滴入水中溶解散开的流动特效。和墨迹流动-1具有同样的属性，属于国画笔触中的抽象类画笔，但墨迹流动要更加浓稠一些（如图3-64所示）。

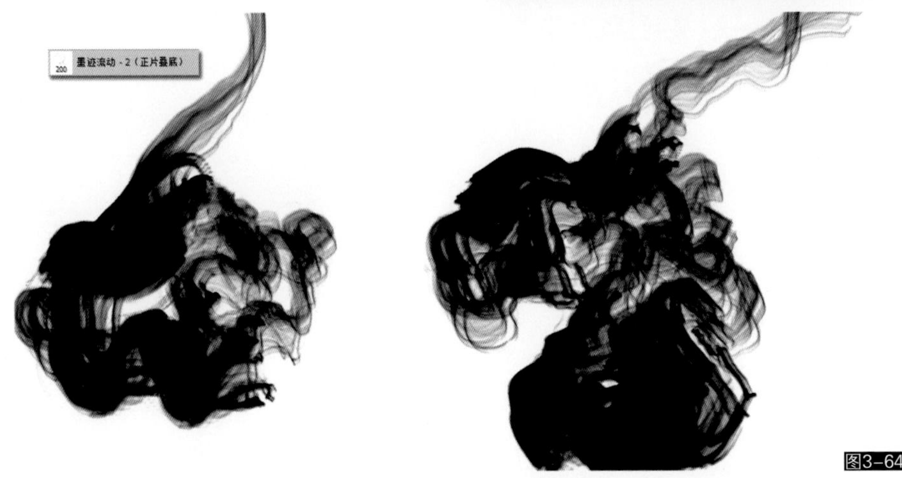

图3-64

48. 墨韵-1（正片叠底）

墨韵-1（正片叠底）用于模拟传统国画中的墨色变化和晕染等综合效果，属于国画笔触中的抽象类画笔，可以广泛用于国画绘画的诸多方面，调节画面调性和韵味。这类画笔运笔效果类似于水彩笔，每一笔都需要多停留在画布上来控制水色的浓淡混合变化，不要急于提笔，需要多加练习，熟练运用才能绘制出理想的效果（如图3-65所示）。

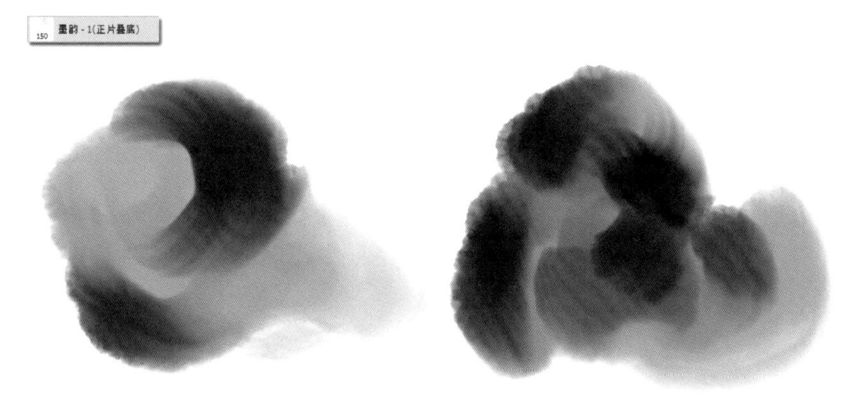

图3-65

49. 墨韵-2（正片叠底）

墨韵-2（正片叠底）用于模拟传统国画中的墨色变化和晕染等综合效果，属于国画笔触中的抽象类画笔，可以广泛用于国画绘画的诸多方面，调节画面调性和韵味等。比墨韵-1更突出水墨的流动感，运用方式一样（如图3-66所示）。

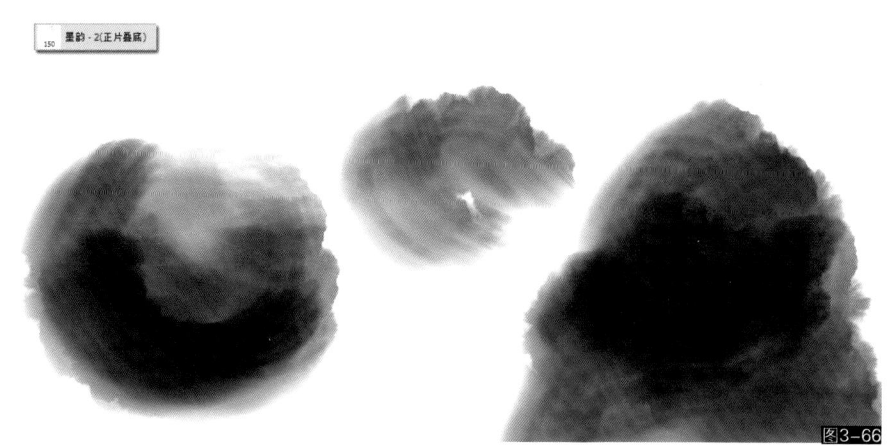

图3-66

50. 墨韵-3（正片叠底）

墨韵-3（正片叠底）用于模拟传统国画中的墨色变化和晕染等综合效果，属于国画笔触中的抽象类画笔，可以广泛用于国画绘画的诸多方面，调节画面调性和韵味等，适用于表现大面积的淡墨水色效果（如图3-67所示）。

图3-67

笔刷使用小提示

下面通过一些案例来了解一下国画笔的正确使用方法。

- 用笔姿势

国画笔的最佳用笔姿势和传统画法一样，尤其是带“T”和“R”控制的画笔，笔刷垂直于或倾斜于绘图板都将得到完全不一样的结果。需要不断练习来适应这类笔的使用感，这样才能在关键时刻画出满意的笔锋效果，同时绘画体验也就更接近于传统国画（如图3–68所示）。

图3–68

图3–69

- 起笔、收笔

国画或书法是非常讲究笔锋变化的，尤其是收笔的过程，需要强调浓淡虚实等变化。大部分国画笔直接通过数位板压感就能得到轻重粗细的干湿效应，但是要注意有些带“T”控制的笔触，需要反复练习起笔时的倾斜角度才能获得较好的收尾效果。尤其是透明度和枯笔的起笔，每一笔轻重控制和角度控制都应一气呵成，不要断笔，倾斜角度也不宜太大（如图3–69所示）。

- 线条、色彩和纹理

所有条状画笔都可以用作轮廓表现，按照画风选择合适的笔触即可。上色晕染类笔触如用于绘制彩色的国画，可以打开此画笔设置里面的“颜色动态”属性，将前景和背景的控制方式改为“钢笔压力”，这样就产生了双色“D”控制，可以使用双色效应作画，增强画面的色彩感。纹理塑造类画笔也可如此设置来丰富其湿度变化。同时这些笔也不一定只作为国画笔来用，给它们其他色彩就能当作水彩笔使用，因为属性设置都是非常相似的。因此，不要总限定在一个模式里，水彩笔反之亦然（如图3–70所示）。

图3–70

- 注意事项

国画笔属于运行较慢的一类画笔，绘制时不要使用分辨率过大的画布作画，运笔不要太快，笔刷尺寸也不要修改得太大以免运行迟缓。对于较慢的电脑来说，如果笔刷速度跟不上，可以通过增加画笔笔尖形状面板的“间距”值来改善，但是增加得越大笔刷质量将越差。

混合器画笔模式

混合器画笔工具是Photoshop的高级绘画模式，它的特点是可以直接在绘画过程中将笔触所带的色彩进行自动混合，产生逼真的颜料干湿效应，为创作带来逼真的传统作画体验。因此，混合器画笔不再像之前的画笔那样很多效果需要后期通过涂抹工具来实现，在绘画过程中就要随时注意画笔干与湿的设置来控制颜料的变化，也就是说要按照最传统的真实作画方式来画画。

混合器画笔的设置非常简单，主要是控制色彩的干湿变化，可以直接使用预设值快速控制，也可以自定义设置调节至自己喜欢的效果。但是此笔一开始会比较不习惯，需要一定时间去适应黏稠的颜料变化，一旦熟练掌握其规律，就会爱不释手。下面将要介绍的油画系列画笔就需要在混合器画笔模式下使用（如图3-71所示）。

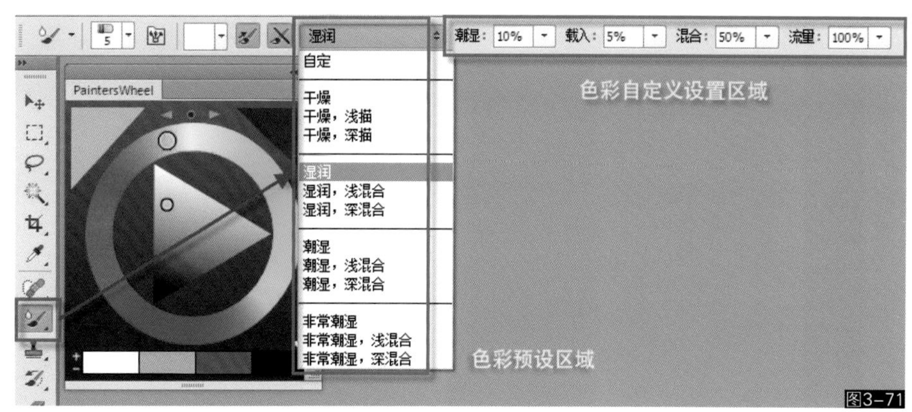

图3-71

自定义参数“潮湿”控制着颜料黏稠度；“载入”控制着画笔上颜料的多少；“混合”控制着混合强度；“流量”控制画笔整体透明度。

51. 超小号油画笔（混）T

超小号油画笔（混）T用于表现传统油画效果，常用于描绘油画中的线条、毛发、植物、高光、纹理等细微的小结构。使用时注意控制“T”的倾斜度来变换笔锋，色彩的混合度不要太高，以免画不出色彩（如图3-72所示）。

画笔角度垂直　画笔角度倾斜　画笔角度变化

图3-72

52. 小号油画笔（混）R T

小号油画笔（混）R T用于表现传统油画效果，常用于描绘小结构的色块或是过渡，比如角色的鼻子、眼睛、嘴巴等不大的结构。色彩干湿度可以根据情况灵活掌握，同时注意笔锋的“R”和“T”控制（如图3-73所示）。

画笔角度垂直　画笔角度倾斜　画笔角度变化

图3-73

53. 中号油画笔（混）R T

中号油画笔（混）R T用于表现传统油画效果，常用于描绘油画中的大色块结构，如绘制肖像时整个人的色块填充等。使用时注意控制“R”和“T”的方向和倾斜度来变换笔锋，色彩的混合度根据需要来设置（如图3-74所示）。

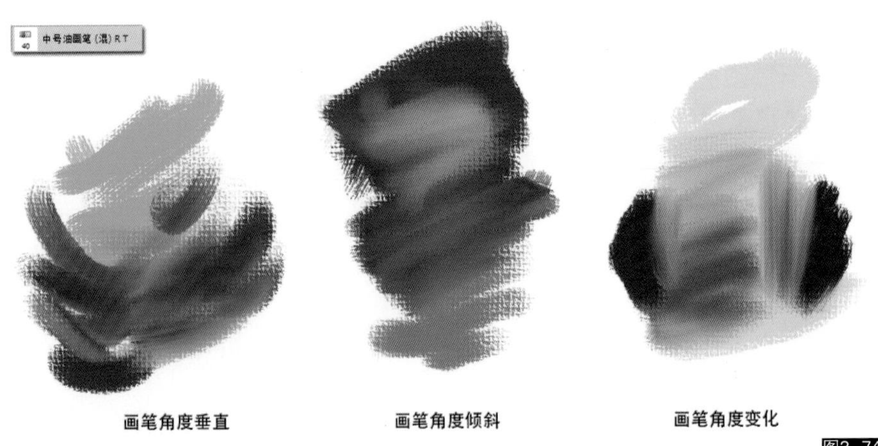

图3-74

54. 大号油画笔（混）R T

大号油画笔（混）R T用于表现传统油画效果，常用于描绘油画中的背景色彩，如天空色彩、背景填色等大色块。使用时注意控制“R”和“T”的方向和倾斜度来变换笔锋，色彩的混合度根据具体需要来设置（如图3-75所示）。

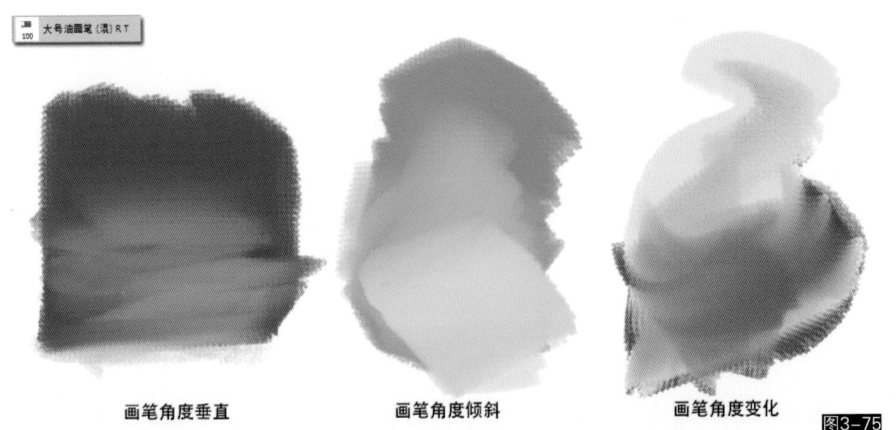

图3-75

55.细节油画笔（混）

细节油画笔（混）用于表现传统油画效果，属于规则的圆形油画毛笔，适合描绘平滑稳定的细致结构，常用于绘制平滑的过渡和规则的结构等，属于作画后期不断深入刻画细节过渡的用笔（如图3-76所示）。

图3-76

56.刮刀上色笔（混）R

刮刀上色笔（混）R用于表现传统油画效果，模拟油画刮刀涂抹浓重色彩的效果，常用于绘制浓厚的大色块，适合表现背景或大块面结构。注意使用时画笔载入量和流量都要设置到最高，同时通过“R”控制用刀的方向（如图3-77所示）。

图3-77

57. 斜面刮刀（涂92-99）R T

斜面刮刀（涂92-99）R T用于表现传统油画效果，模拟常规油画刮刀涂抹混合色彩的效果，常用于混合色彩过渡，调和色彩渐变等，绘制油画效果时极为常用。其中“R”控制用刀方向，“T”控制斜面倾斜大小，最佳涂抹强度为92~99（如图3-78所示）。

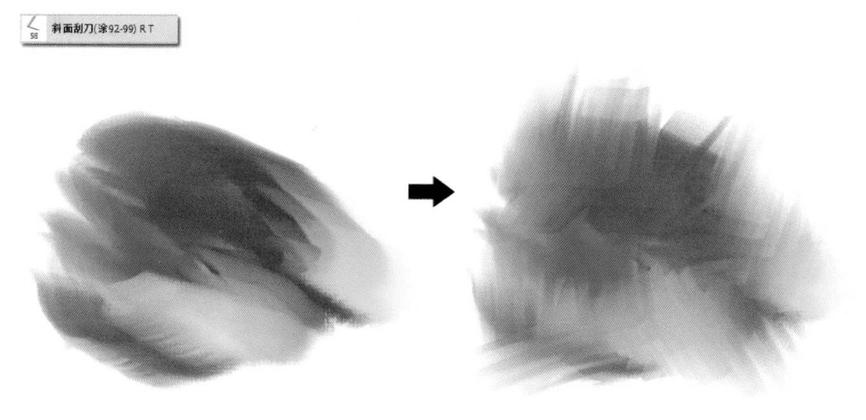

图3-78

58. 干燥混合笔（涂80-98）R

干燥混合笔（涂80-98）R用于表现传统油画效果，模拟干净的干燥扇形画笔混合色彩的效果，用于处理两个色彩间的柔和色彩过渡，适合绘制皮肤、云雾、光线等光滑质感。其中“R”控制用笔的混合方向，最佳涂抹强度为80~98（如图3-79所示）。

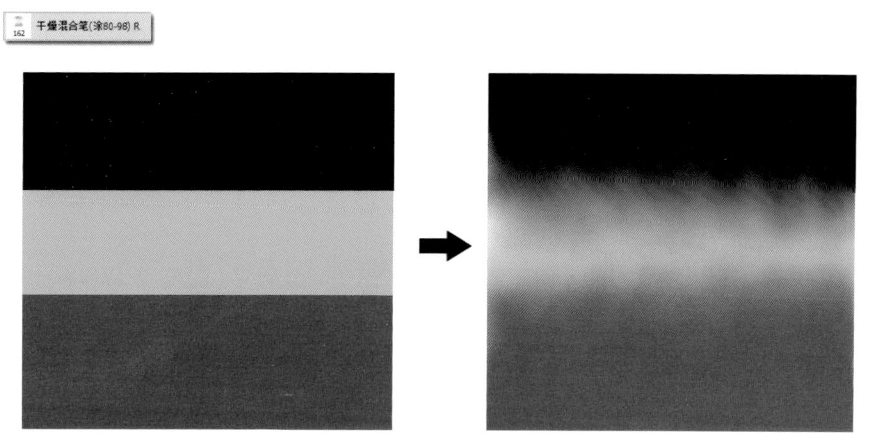

图3-79

59. 湿润混合笔（涂90-99）R

湿润混合笔（涂90-99）R用于表现传统油画效果，模拟湿润混合油混合湿润颜料的效果，常用于绘制皮肤、云雾、色彩散开等光滑半透明质感的细节过渡。最佳涂抹强度为90~99（如图3-80所示）。

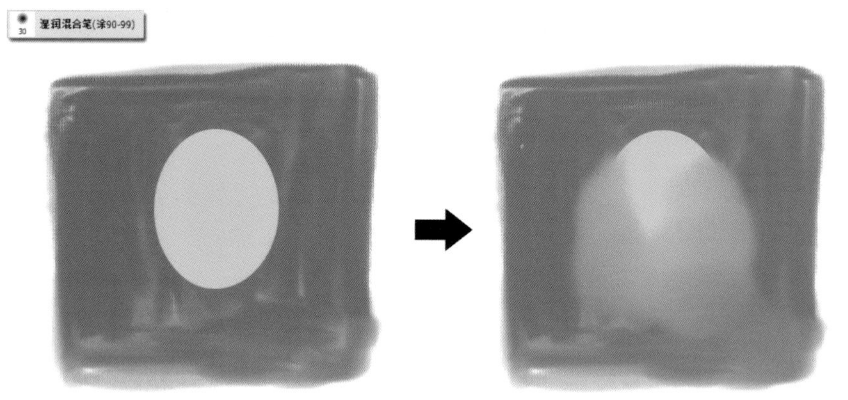

图3-80

笔刷练习小插曲

下面通过一个小练习来熟悉上面所讲的油画笔的具体用法。我们将要绘制一个肖像，通过它来具体分析“数字油画”的技巧。

01 油画笔也属于运行相对较慢的画笔类型，画布过大会影响练习的速度。因此新建一个1 500 x 2 000 像素，72分辨率的画布，然后使用铅笔工具绘制出人物的基本轮廓与大致素描关系，可以适当地多表现出一些光影结构，为后期上色提供一个依据（如图3-81所示）。

02 接下来新建一个图层，为其填充深暖灰色，然后将图层叠加模式修改为“正片叠底”，这样就有了一个画面的基本色调，最后合并所有图层让其变为单层。既然是油画模拟，创作方式也要遵循传统油画的创作过程，尽量避免使用花俏技法，这样绘制起来才更接近传统绘画的感觉，充满乐趣，同时还能锻炼绘画的胆量。需要注意的是不要直接在白色背景上色，因为白色也会混合到所画的颜色中（如图3-82所示）。

图3-81

图3-82

03 使用小号和中号油画笔上色，最好为相对块面化的色彩，上色过程需要沿着所画的结构变换用笔方向，不要来回反复涂抹。这一步画笔的色彩湿度低一些，混合度也低一些，不需要色彩有很大的融合，重在色彩填充满结构（如图3-83所示）。

04 继续使用小号和中号油画笔刻画暗部色、中间色、亮部色三个层次的色彩。如果遇到大块面颜色也可以使用大号油画笔和刮刀上色笔绘制。绘制角色时可以水平镜像画面来检查角色面部的结构是否正确，如有问题及时修正（如图3-84所示）。

图3-83

图3-84

Tip

油画笔的使用有很多需要注意的小窍门。如拾色器，普通画笔模式下拾色器只能拾取单色，但是在混合器画笔模式下，拾色器可以拾取区域颜色。这对于油画的绘制尤为重要，通过区域色的拾取可以绘制出更加丰富多变的色彩（如图3-85所示）。

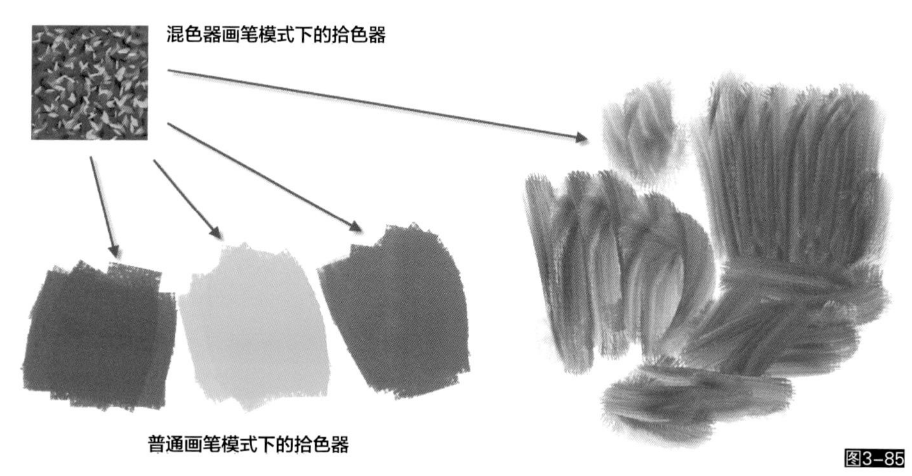

图3-85

05 三个色彩层次都绘制得差不多时就可以使用超小号油画笔刻画一些细节结构。衔接过渡性色彩可以使用混合器画笔模式的区域拾色器来选取已有的色彩，这样可以得到更加丰富的色彩变化，并不需要每一笔色彩都单独指定（如图3-86所示）。

06 使用小号和超小号画笔慢慢深入刻画细节。这一步可以将画笔的色彩湿度、混合度设置得高一些。注意湿度混合度的强度值非常敏感，一般强度设置为1时就能得到明显的变化，不要设置得太高，以免丢失色彩，同时将载入量和流量值设置得高一些（如图3-87所示）。

07 使用斜面刮刀和干燥混合笔对前面堆积的生硬色彩进行混合。这是非常重要的一步，混合可以为皮肤质感带来非常平滑的过渡处理，同时再一次丰富色彩层次。但是切记不要过分涂抹造成整体油腻感，涂抹强度设置也要循序渐进（如图3-88所示）。

图3-86

图3-87

图3-88

08 继续使用超小号油画笔结合干燥混合笔绘制面部的细节变化。尤其是胡须部分，非常适合使用超小油画笔结合区域拾色器来处理，同时使用刮刀上色笔或者大号油画笔绘制其他元素的基本色彩，绘制原则仍然是沿结构用笔，运笔干脆准确，不要反复拖拉来回涂抹（如图3-89所示）。

09 接下来一些需要非常光滑的过渡区域，如鼻梁的光泽，可以使用湿润混合笔来稍作处理，然后再使用细节油画笔慢慢刻画面部细微结构。细节油画笔相比超小油画笔更加平滑稳定，可控性更好，适合修整规则的结构，如眼皮、脸型、影子、纹理、高光点等，需要多加练习与琢磨（如图3-90所示）。

图3-89

图3-90

10 绘制大色块-绘制小色块-涂抹混合-细节描绘-再涂抹，这是数字仿真油画绘制的几个基本过程，反复运用就可以不断地深入刻画直到满意为止，这样的画笔练习需要多多重复（如图3-91所示）。

11 最后运用细节油画笔为皮肤绘制一些毛孔高光、斑点、皱纹等细节，让重要部分突出更强的视觉表现。由于是表现纯粹的油画感，这里不推荐使用皮肤画笔套件来表现皮肤质地。这样可以保证油画的协调质感，同时也能充分地锻炼用笔的技能，至此完成此幅作品的练习（如图3-92所示）。

图3-91

图3-92

接下来继续使用油画笔来绘制一个场景练习。

图3-93

01 新建一个3 000 x1 500像素，分辨率为72的画布，然后填充蓝灰色纯色。这样可以为画面增加基本色调，为后续色彩提供依据，这样所绘制的颜色都将会产生蓝色调的混合。继续使用比较干燥的油画大笔刷绘制出基本的云朵、海面和悬崖结构（如图3-93所示）。

02 继续使用大号和中号油画笔为悬崖和海面绘制出更多的色彩变化。这一步可以采用湿度较高的色彩作画，这样做的目的在于混合出丰富的色彩基调，让画面变成一个大“调色盘”。对于后期来说很多色彩可以直接在这个“调色盘”上取色来用（如图3-94所示）。

图3-94

03 使用小号油画笔添加更多的悬崖细节。绘制细节时颜料设置不要太湿，混合度也相应地设置到10以下，这样结构感较容易控制一些。运笔不要来回涂抹，可以以排线的方式排列块状笔触（如图3-95所示）。

图3-95

04 云层也采用相同的步骤来画，使用大号或中号油画笔刷出云层的板块结构，使用较湿润的色彩进行混合，但是不要过分混合而画丢明暗结构（如图3-96所示）。

图3-96

Tip

在绘制比较细致的结构时，如果完全使用干燥的画笔虽然可以画出细的结构，但是会丢失色彩混合的连续性。窍门是将湿度和混合度都设置为1，这样既能控制好结构同时又有色彩混合的效果深入细节（如图3-97所示）。

图3-97

05 对于云层柔和的过渡变化和岩石笔触的过渡衔接使用斜面刮刀和干燥混合笔来处理。注意涂抹混合时不要均匀地到处都抹一遍，这样会造成画面的油腻感。涂抹一般不要去破坏关键结构的轮廓，如云朵的亮部（如图3-98所示）。

图3-98

06 使用小号和细节油画笔仔细描绘小细节。使用湿度和混合度设置为1的色彩绘制岩石，云彩的细节可以使用混合度较高的色彩设置以获得柔软的质感变化（如图3-99所示）。

图3-99

07 使用混合度较弱的色彩绘制云层的高光，然后再使用湿润混合笔将其颜色融合进周边的色彩中。湿润混合笔在这里起到的是加油湿润晕染的效果（如图3-100所示）。

图3-100

08 细心地进一步加入更多细节，其他区域的颜色可以使用区域拾色器选取现成的色彩去扩展。这样可以保证色调的一致性，同时又有变化。每一个结构都要保证其边缘结构的锐度，如细碎石头结构和地形边缘等。初学者往往会将物体的各轮廓结构画软或是画丢，在混合器画笔模式中尤为容易发生，需要特别注意（如图3-101所示）。

图3-101

09 使用小号油画笔以短线的方式绘制海浪细节，然后再使用斜面刮刀或干燥混合笔涂抹将其混合进海面色彩中。这是处理油画笔触生硬的常用方法，云层的色彩也是同样的处理过程。到这里大家应该能够基本掌握油画笔的使用规律了，每一种画笔都需要多多琢磨反复练习（如图3-102所示）。

图3-102

10 最后一步加入云彩的光线与海面的反光。仍然使用涂抹方式塑造其微妙的过渡，用刮刀和干燥混合笔将云层亮色涂抹刮至海面下方，即得到了柔和的体积光效果，至此本幅练习绘制完成（如图3-103所示）。

图3-103

最后来介绍一下油画绘画中厚重颜料堆积效果的制作方法。普通单层作画虽然能塑造出油画风格感，但是绘制不出传统油画中最显著的一个效果，就是厚重颜料堆积的浮雕感。因此需要结合“后期制作”来辅助生成这个效果。在画画时只需要新建一个图层，然后将其图层样式更改为“斜面和浮雕”，然后在这层绘制的笔触就能带有立体感了，非常简单（如图3-104所示）。

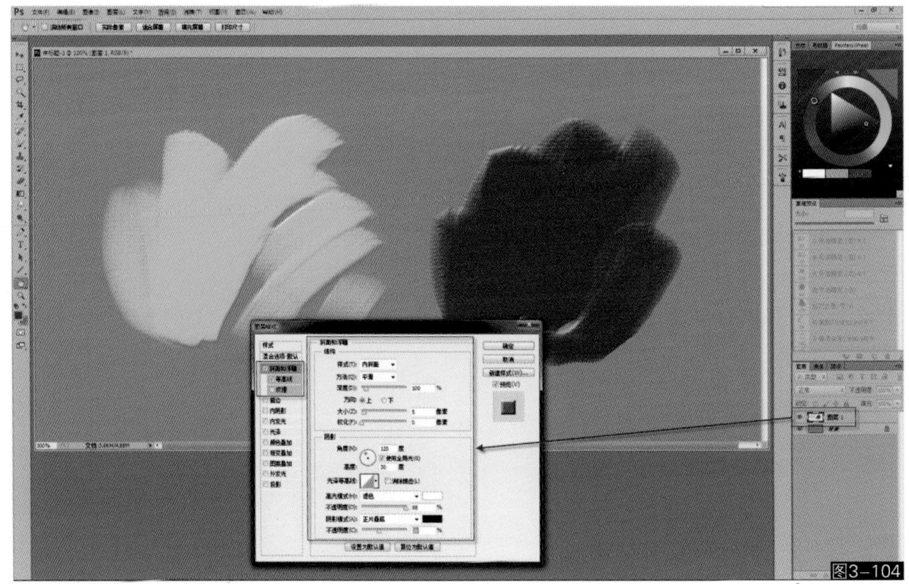
图3-104

继续新建图层重复以上步骤就能不断地累积堆积笔触。如果需要产生各层间的色彩混合，在绘画时可以勾选画笔的“对所有图层取样”选项。绘制完成后合并所有图层，再使用油画刮刀就能得到非常逼真的传统油画颜料浮雕质感了（如图3-105所示）。

图3-105

二、总结

Traditional类画笔属于数字绘画中较难掌握的一类画笔工具，每一种笔我们都需要仔细查看其属性和具体的使用方法，通过不断练习才能较好地驾驭它们，同时在技法上大部分情况下我们都要按照传统绘画的方式来绘制，如单层作画、反复罩染、涂抹混合等，这样才能保持传统画的特色与感觉。但是有些地方也得运用非传统的手法去实现，如加水、加油、修正等过程，必须使用叠加或涂抹等方式去“做”出来，并不是所有画都是一笔画成的，需要灵活掌握。水彩笔和国画笔虽然属于两种不同绘画风格的画笔，但是笔刷属性都属于水色相溶型毛笔，因此在实际运用中两类笔的界定并不用严格区分，可以相互配合使用。

本章的教学和前一章一样都是介绍笔刷在实际创作中的用法，不要照葫芦画瓢，应以看懂其原理与方法为主，将其运用到自己的绘画创作中。以上教学重在介绍工具的使用和探讨绘画技法上的研究，并未太多涉及到绘画理论的运用与教学，因此在学习工具使用的同时应该多学习绘画相关的基础理论知识以结合到技法的实践中。

第 4 章

Mixer 类画笔速查与运用

一、Mixer画笔库分类速查与快速练习

Mixer画笔叫作混合器画笔，在上一章的油画笔中已有介绍和运用。其特点是在绘画过程中产生颜色的自动混合效应，模拟真实作画时的颜料效果。Mixer系列画笔是作为综合绘画需要而设置的，它并不以模仿某一类绘画风格为目的，可以将它们看作是综合画笔中的good系列画笔的混合版，可以单独使用也可以结合到所有绘画风格的需要中配合使用，其目的就是为了绘制出丰富多变的色彩表现。

1. 圆形混合器笔（混）

圆形混合器笔（混）为圆形硬边画笔，可以绘制出非常柔润的笔触。如果将颜料湿度和混合度设置得高一些可以画出非常均匀的过渡感，适合表现软性质地，如皮肤、云彩、日式卡通插画、儿童插画、漫画等（如图4-1所示）。

图4-1

2. 方形混合器笔（混）

方形混合器笔（混）为方形硬边画笔，可以绘制出非常柔润锋利的笔触。如果将颜料湿度和混合度设置得高一些可以画出非常均匀的过渡感，适合表现块面结构，如建筑、自然物、机械等。这个画笔还常用于绘画初期色彩块面结构的搭建（如图4-2所示）。

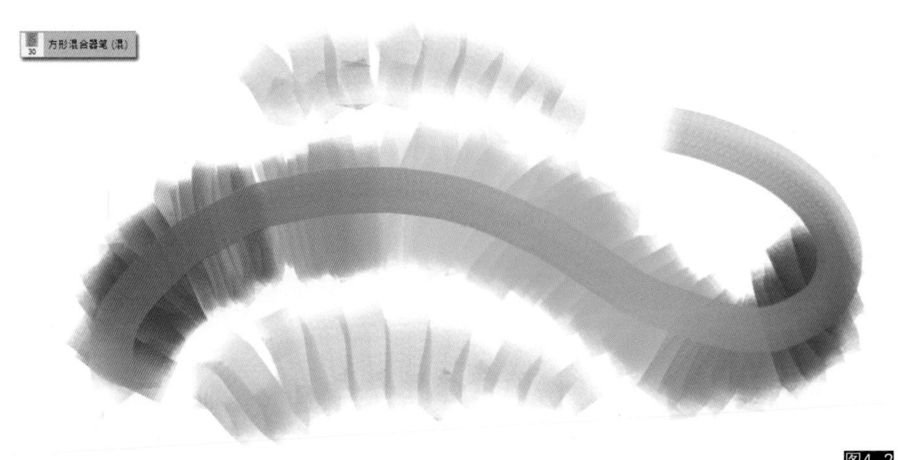

图4-2

3. 细节混合器笔（混）R

细节混合器笔（混）R多用于表现自然物的细节，如地形、云层、植物、衣物等，适合表现多变的结构，使用时可以灵活掌握。此画笔带有“R”控制，可以根据用笔旋转变化绘制出不同朝向的笔触（如图4-3所示）。

图4-3

4. 过渡混合器笔（混）

过渡混合器笔（混）为非常湿润柔和的画笔，适合表现非常均匀的色彩过渡，比如天色的渐变、肤色的渐变、气体渐变、光晕等；也可以表现湿润的色彩变化，如水彩或油画等。使用时需要将色彩湿度和混合度都设置得高一些（如图4-4所示）。

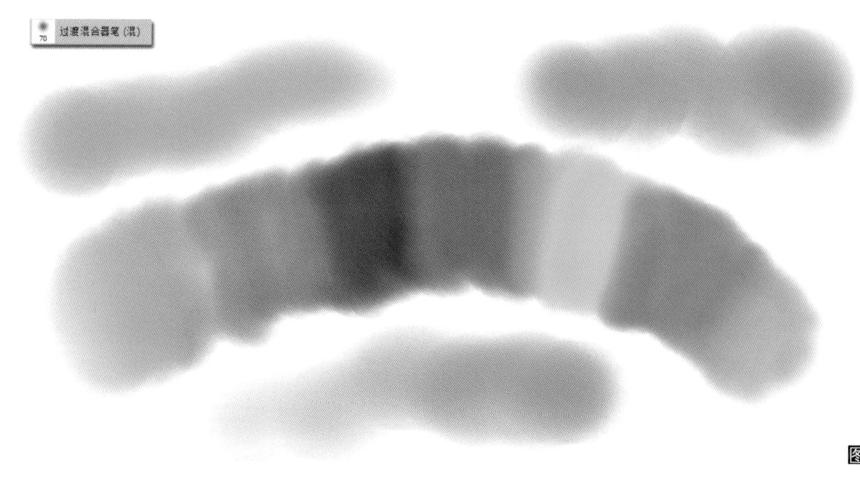

图4-4

5. 柔和混合器笔（混）

柔和混合器笔（混）为非常湿润柔和但是边缘较硬的画笔，适合表现非常均匀的色彩过渡，常用于日式卡通漫画、插画、动画等风格的上色表现（如图4-5所示）。

图4-5

6. 块面混合器笔（混）

块面混合器笔（混）用于描绘画面中的硬结构和细节，如石头、建筑、机械、地形等。使用时不要将色彩的混合度和湿度设置得太高，以免丢失色彩，这个画笔需要清晰表现才能起到应有的作用（如图4-6所示）。

图4-6

7. 软毛混合器笔（混）

软毛混合器笔（混）用于模拟软毛笔绘制黏稠色彩的效果，常用于表现带有肌理感的笔触，适合绘制自然纹理结构，为画面增加细节的质感，如石头表面、墙面、树皮、土地等。也可以配合油画笔使用，表现干枯的奔放笔触效果等（如图4-7所示）。

图4-7

8. 线条混合器笔（混）

线条混合器笔（混）是在混合器模式下的勾线笔，常用于描绘细节与轮廓。和常规勾线笔不一样的是，此笔可以在勾线的同时融合色彩，产生色彩丰富的线条风格。适合绘制诸如头发、树枝、草等类型的结构（如图4–8所示）。

图4–8

9. 纹理混合器笔–1（混）

纹理混合器笔–1（混）专门用于为画面添加颗粒纹理质感，常用于表现皮肤。在绘制角色时可以配合皮肤系列画笔来使用，可以产生非常好的色彩融合效果，丰富皮肤色彩过渡。也可以配合油画笔描绘人物肖像的逼真皮肤质地等（如图4–9所示）。

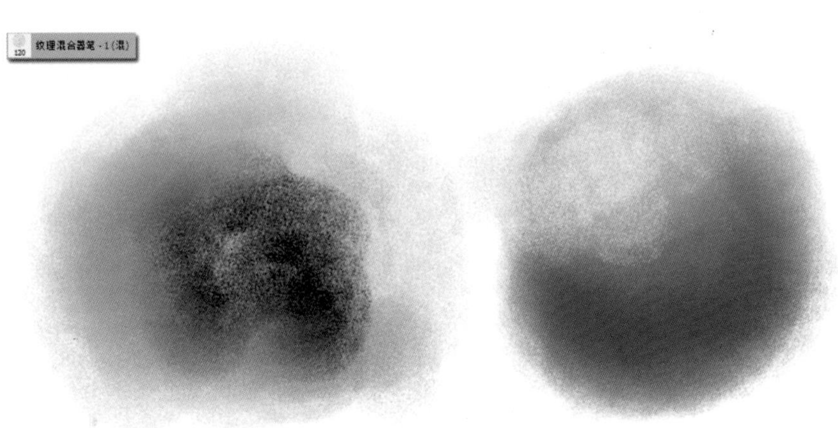

图4–9

10. 纹理混合器笔–2（混）

纹理混合器笔–2（混）专门用于为画面添加粗糙纹理质感，常用于表现自然纹理，如生锈金属、石头、混凝土、污渍等，也可以用于画面做旧处理和配合油画模式做肌理等（如图4–10所示）。

图4–10

笔刷练习小插曲

下面通过一个练习来学习Mixer画笔的使用方法，我们将要对一张扫描的插画作品进行上色来分析Mixer类画笔的具体运用方法。

01 在Photoshop中导入一张用铅笔画在纸上的素描稿。这是数字绘画中比较常见的绘画流程，先用铅笔打稿然后采用数字方式上色，尤其对于Mixer模式来说，扫描稿件更容易体现出丰富的色彩层次，有利于下一步的色彩融合（如图4-11所示）。

图4-11

02 新建一个图层为其填充暖灰色，然后将图层叠加模式改为“正片叠底”，最后再合并为一个图层，这样就有了一个色彩基调。这个过程是Mixer模式下非常必要的一个步骤，目的在于每一笔颜色都能有暖色的介入，保持色调的和谐一致性，同时混合出更多的色彩来使用（如图4-12所示）。

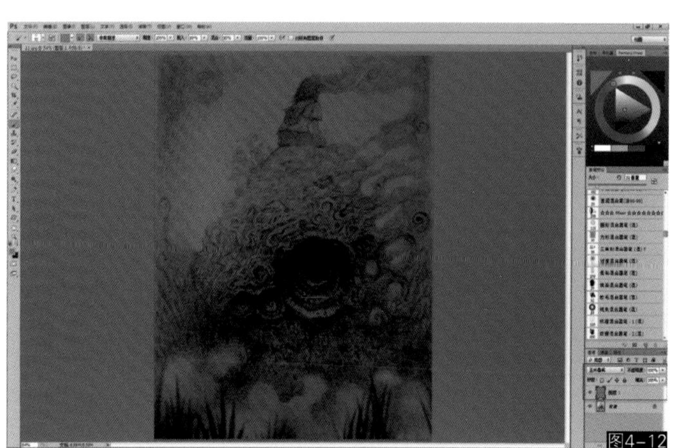
图4-12

03 使用圆形混合器笔，设置一个湿润度和混合度中等的色彩进行天色的平铺，可以尝试多种近似色的混合来丰富色彩变化。如果觉得色彩融合得不够充分，可以适当提高湿润度。实际作画中湿润度和混合度的比例关系应该多做测试才能较好地掌握其规律，一般情况下湿润度过高容易把画面画脏，混合度过高容易丢失色彩，需要灵活掌握（如图4-13所示）。

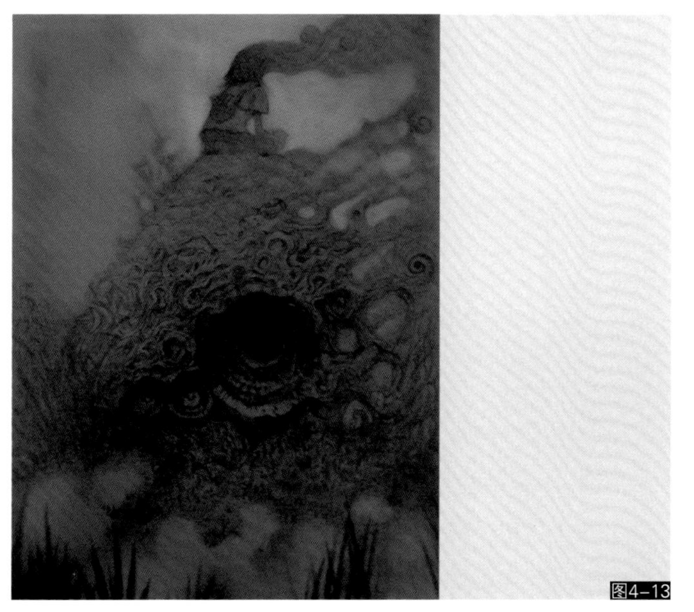
图4-13

04 继续使用圆形混合器笔添加下半部分的背景色。不要怕上色后把线稿抹掉，相反有些笔触抹到线稿中还能使整体光影结构之间融合得更加自然，因此可以适当放开来画（如图4-14所示）。

图4-14

05 使用较小的方形混合器笔绘制细节，如云和人物。需要具体填色并不需要充分衔接色的时候，可以降低颜料湿度和混合度来保证让色彩画上去，初学者经常因为湿度和混合度设置不当导致上色效果微弱，这里需要多做色彩的设置测试才能逐步积累用色的经验（如图4-15所示）。

图4-15

06 当绘制到具体细节的时候，需要使用块面混合器笔来画，这样才能保证以色彩饱和的笔触去塑造具体的结构。接下来拾取背景天色和树根色进行混合，再拾取混合出的新色彩就可以作为树根结构的主色调来使用。这就是Mixer模式的特点，“老”色彩不断混合出新色彩（如图4-16所示）。

图4-16

07 继续使用块面画笔深入刻画其他细节。在刻画较硬的边缘时，如洞口的高光部分，需要降低色彩湿度和混合度以保证色彩能够充分地画上去，笔触也要选择线条或是块面一类实体结构的混合器画笔去描绘（如图4-17所示）。

图4-17

08 在绘制画面下方的光点和草等随意结构时，可以使用细节或者线条混合器画笔来画。由于这支笔可以旋转控制画笔实现多种笔触的变化，因此非常适合绘制这一类结构。绘制时可以适当增加湿度和混合度比例，以实现较大的色彩融合（如图4-18所示）。

图4-18

09 使用纹理混合器笔-2为画面的空白区域和下半部分适当增加一些纹理，使用深色或者浅色皆可。这样做的目的是为了让画面看上去不要太光滑，有些颗粒化质感的画面看上去会更有细节感（如图4-19所示）。

10 使用线条混合器笔仔细地描绘角色的头发和飞散的纸张。在描绘这类细致结构的时候尽量降低色彩的湿度和混合度以保证色彩能够准确地绘制上去，不要因为湿度过高而丢失结构感把画面弄脏，但是也不能完全关闭混合度和湿度导致色彩变僵硬（如图4-20所示）。

11 继续使用线条混合器笔或者块面混合器笔绘制更多的细节，如蝴蝶元素和强化物体边缘结构等（如图4-21所示）。

图4-19

图4-20

图4-21

12 最后一步使用一个技巧来产生涂抹虚化的效果。使用圆形混合器笔，将色彩的湿度和混合度都设置为100，这样画笔就变成了一个涂抹工具，可以用它来修整诸如背景色、结构、光效等区域的色彩变化。这是Mixer画笔模式中一个非常重要的技法，可以让生硬的笔触瞬间变柔和，也可以调节色彩的层次变化（如图4-22所示）。至此，本幅作品绘制完成（如图4-23所示）。

图4-22

图4-23

二、作品《共生》创作实例分析

下面通过一个完整的创作实例再次分析Mixer混合器画笔在实际创作中的运用（如图4-24所示）。

图4-24

01 首先使用General类画笔绘制一个黑白的草稿。这一步并不需要色彩混合效果，因此可以选择普通的good系列画笔来绘制。使用素描上色的方法是数字绘画中非常常用的一种上色流程，尤其对于色彩掌握不是太好的画者来说，先解决素描关系再添加色彩关系是一条相对简单的途径（如图4-25所示）。

图4-25

02 接下来选择General类画笔中适合铺大色的画笔，将画笔叠加模式改为“叠加”或者“正片叠底”，然后选择需要的颜色在底层素描上绘制色彩。“叠加”模式适合绘制较亮的色彩，“正片叠底”模式适合绘制较暗的色彩，如大象部分就是亮部，而背景和绿地就需要变暗（如图4-26所示）。

图4-26

03 下一步进入Mixer混合器画笔模式，使用方形或者块面混合器画笔绘制基本结构和色彩。可以直接拾取上一步使用叠加模式产生的色彩绘制到画面中，就好似一个大调色盘一样，拾取旧的颜色绘制混合出新的色彩，逐步丰富画面颜色变化。这一步上色以大色块为主，不必追求细节，笔触色彩设置得不要太湿，以免画丢结构感（如图4-27所示）。

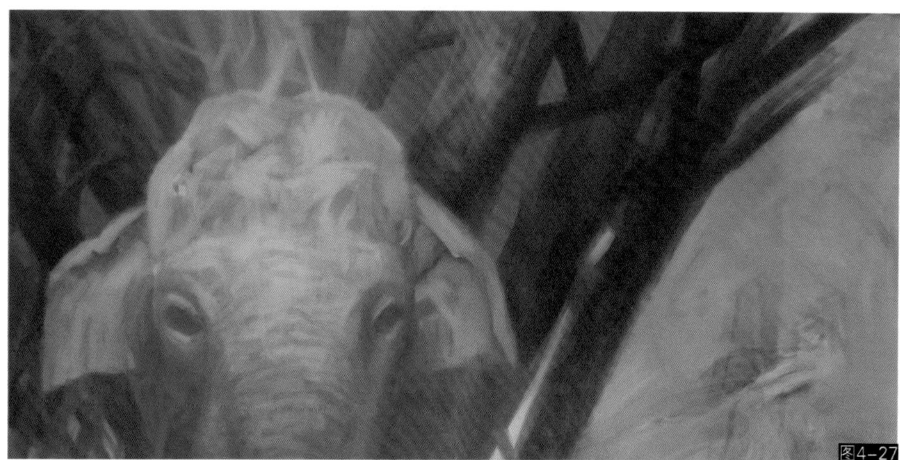
图4-27

04 接下来其他元素也以混合色彩为主的方式进行绘制，目的是尽可能地丰富画面的色彩层次，注意各元素间的色彩过渡和相互影响（如图4-28所示）。

图4-28

05 接下来继续使用方形混合器画笔堆砌云彩基本结构。采用大色块堆积造型感，将色彩的湿度和混合度设置得较低一些，前期步骤都不需要太高的色彩混合（如图4-29所示）。

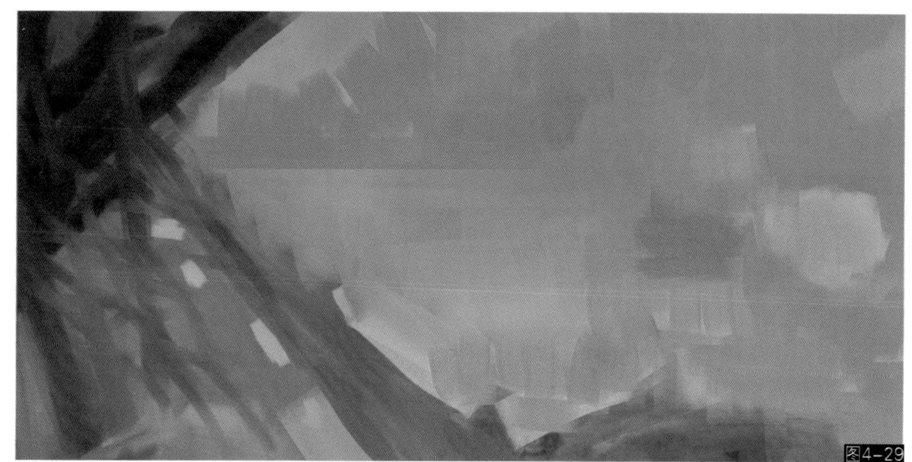
图4-29

06 当整体画面的色块绘制到一定程度后，可以逐步使用小色块画笔，在色彩中等湿润的混合度下逐步深入细节。如需要涂抹混合可以将画笔的湿度和混合度都设置为100，此方法在之前的练习中有所介绍（如图4-30所示）。

图4-30

07 树叶和其他大象的绘制流程与之前都是一样的。在Mixer模式绘画中很多画者仍然习惯于画好线条轮廓后慢慢在轮廓中用笔来回涂抹填充色彩，这是极其不对的。混合器模式虽然可以对色彩进行丰富地调和，但是过分地用画笔反复涂抹会造成画面变脏，同时丢失结构感。这也是很多初学者掌握不好这种画笔的原因，因此下笔应该以大色块堆积为主，学会用色彩去堆积结构，然后再逐步降低笔触尺寸慢慢深入细节，切忌来回反复涂抹或者在勾勒好的轮廓中机械地填色（如图4-31所示）。

图4-31

08 下半部分初期的上色也同样遵循上一步的原则，不要害怕色彩不小心画出参照的结构，出错的造型可以在后期逐步使用背景色修剪回来，同时这也是产生画面虚实变化的重要步骤，有时适当保留这些虚掉的“出错”部分反而可以增强画面的虚实对比感。这一步绘画应该放松心态和笔法，大胆作画（如图4-32所示）。

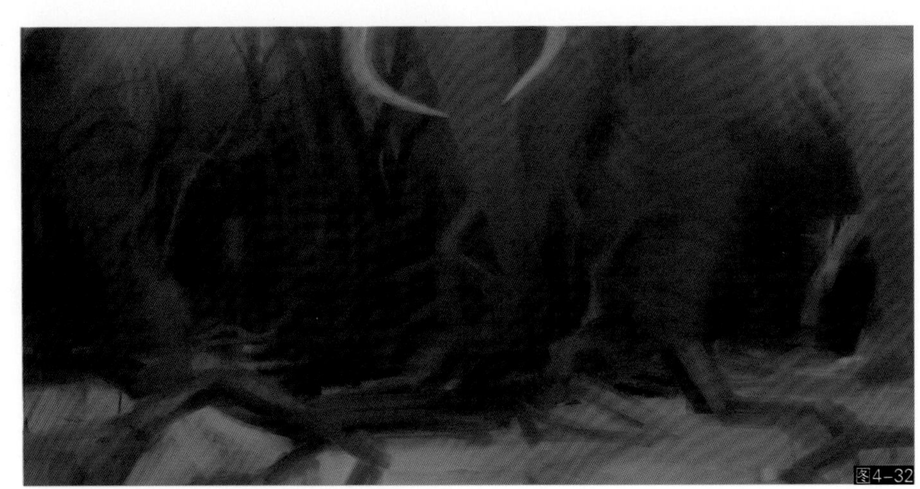
图4-32

09 接下来逐一深入细节描绘，使用块面混合器笔慢慢深入每一个结构的体面描绘。方形混合器笔、块面混合器笔和线条混合器笔适合绘制每一个细微的结构与转折；圆形混合器笔适合处理色彩间的过渡衔接；柔和混合器笔和过渡混合器笔适合微调虚化部分，如光线与气氛等；细节混合器笔适合描绘树叶一类的多变自然结构（如图4-33所示）。

图4-33

10 同样使用细节混合器笔或块面混合器笔来绘制地面植物与树根等结构（如图4-34所示）。

图4-34

11 右图是左侧大象绘制的流程变化。我们可以发现，在混合器画笔模式下色彩所反映出来的层次变化非常丰富，但是总体色彩感却又柔和统一（如图4-35所示）。

图4-35

12 右图是中心大象的绘制流程演示。由于是画面主要结构，细节的营造上应该是最多和最细致的，同时色彩也应该是最突出的，饱和度和明度都比较高，刻画这类硬朗结构仍然以块面混合器笔为主（如图4-36所示）。

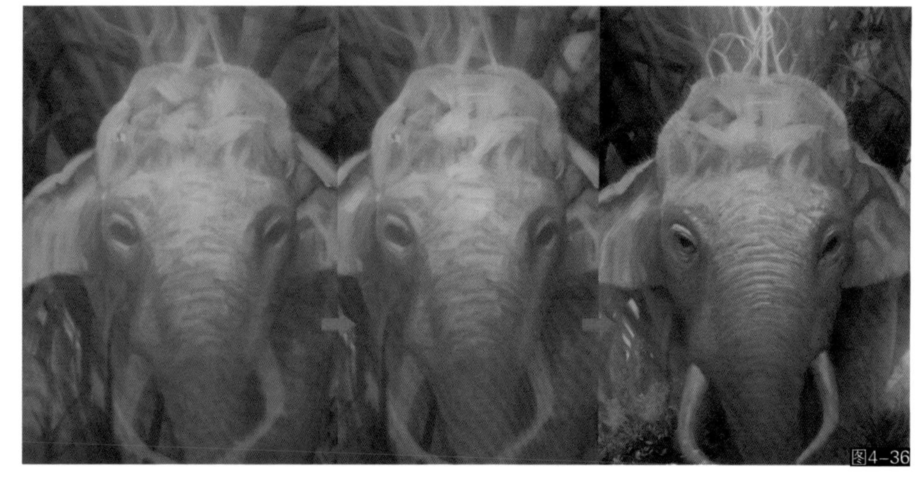
图4-36

13 下图是整幅画面的细节绘制流程演示，注意观察每一部分的具体变化，注意整体色彩的统一性（如图4-37所示）。

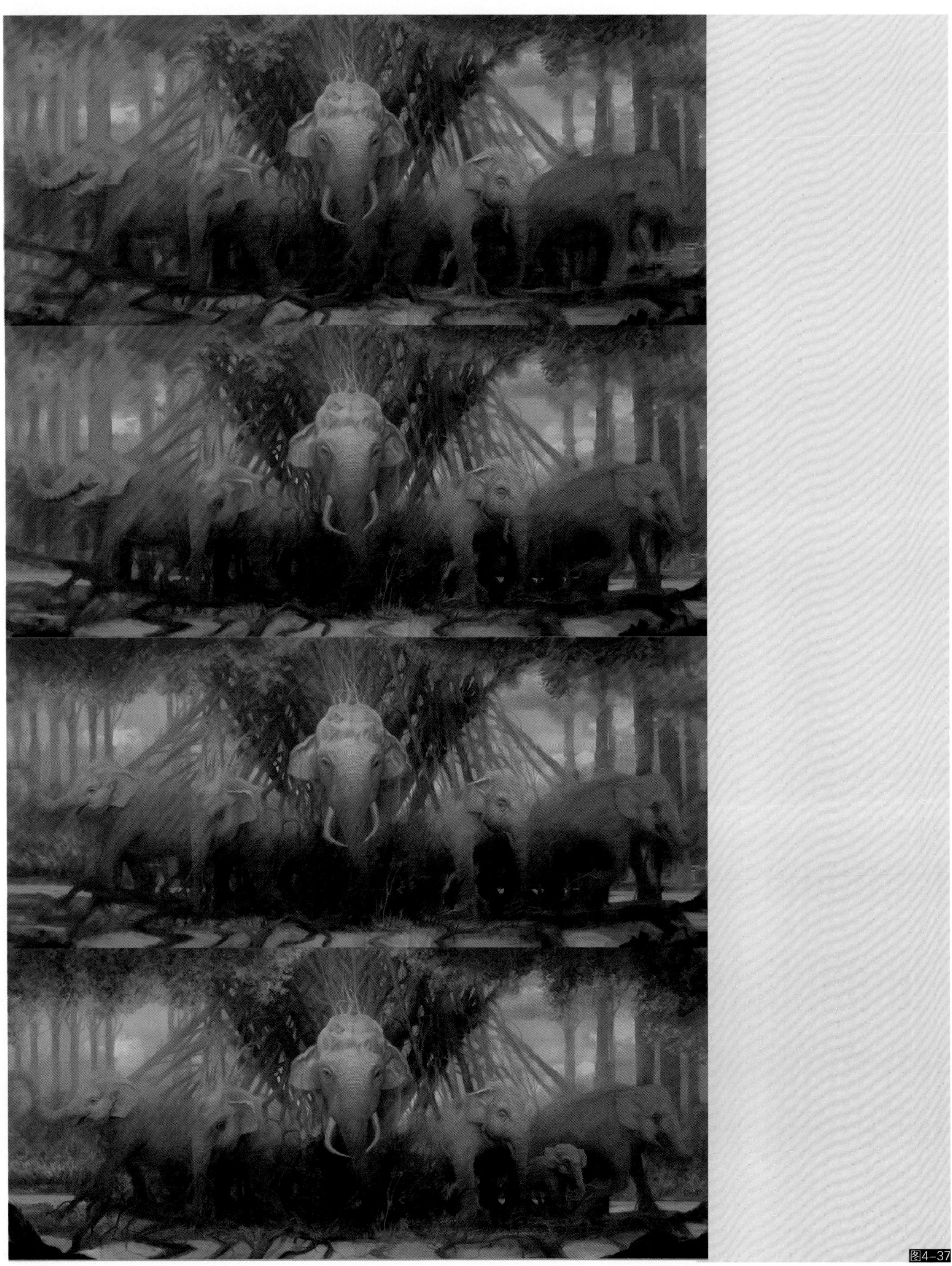

图4-37

14 接下来使用块面混合器笔绘制花草和鸟等细致的结构。注意飞鸟上使用了湿度和混合度都为100的圆形混合器笔涂抹出了运动的模糊感（如图4-38所示）。

图4-38

15 由于并不是模拟特定类型的传统绘画，因此可以使用General类画笔中的辉光笔为画面增加一层淡淡的柔光效果，以此丰富画面的视觉表现（如图4-39所示）。关于辉光笔的运用请参阅第2章的内容，至此本幅创作完成。

图4-39

三、Mixer画笔高级使用技巧

Mixer画笔最有特色且最强大的地方应该算是其影像载入功能，即Mixer画笔模式可以通过截取任何图像的结构和色彩来进行绘制。通常Photoshop普通画笔模式只能截取图像的形状来自定义为一支画笔，而且只能使用单色进行作画，而Mixer画笔模式可以同时截取图像的形状和色彩信息，这样就能通过类似仿制一样的方式用一种图像去绘制出另外一种图像，非常强大（如图4-40所示）。

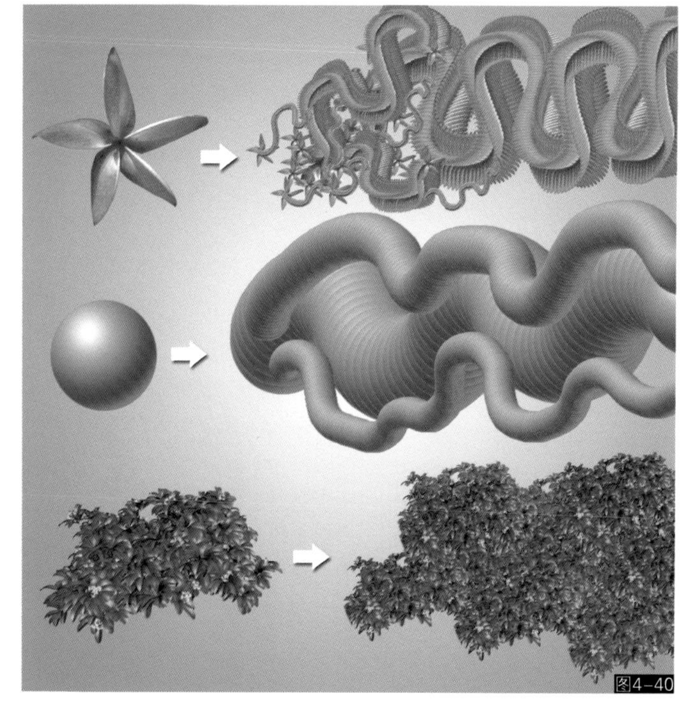
图4-40

下面通过一些实例详细讲解Mixer画笔提取图像作为画笔的具体方法。

01 新建一个画布，然后新建一个图层，在这个图层上选择一个圆形区域，然后用渐变工具拉出一个球体的渐变效果，这样就形成了一个实体的球（如图4-41所示）。

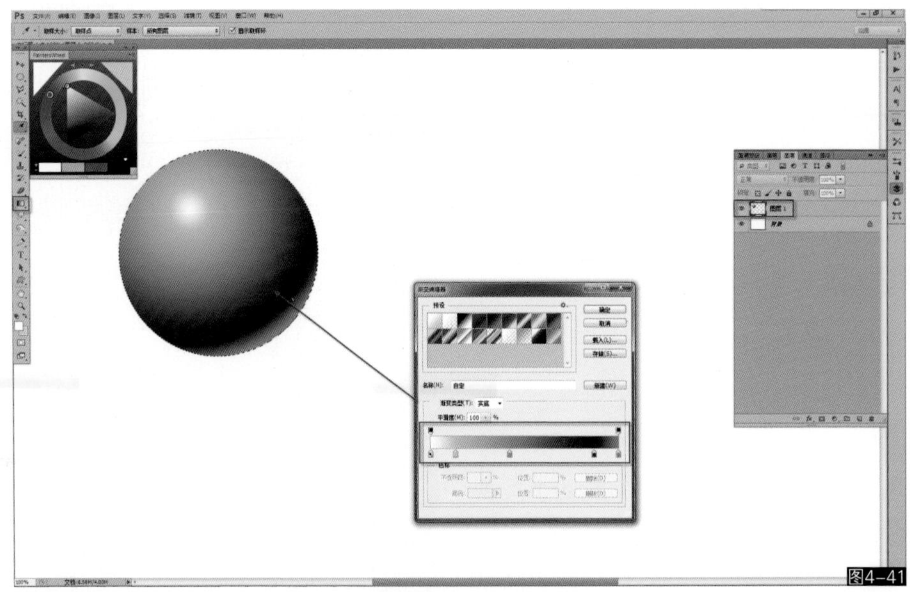

图4-41

02 接下来进入Mixer画笔模式，选择good画笔-6，这个画笔是一个简单的圆形画笔，非常适合捕捉图像结构。Mixer画笔需要设置为没有混合效果，流量设置为100%，这样才能完全提取图像（如图4-42所示）。

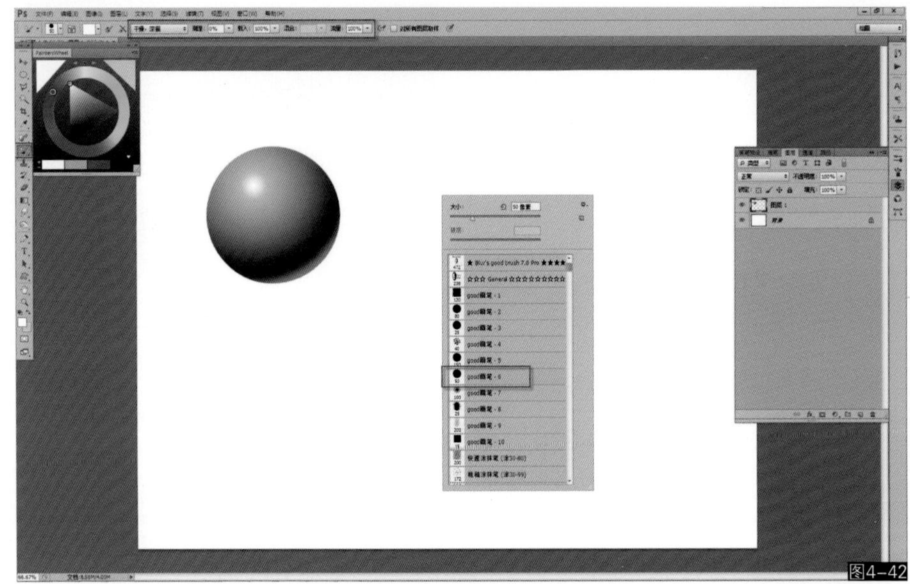

图4-42

03 将画笔大小设置到能够足够包含整个圆球结构，然后按住Alt键，画笔即切换到拾色器模式。将拾色器中心对准圆球中心然后吸取它的图像，这样就能在Mixer画笔的“当前载入画笔”预览窗口中看到截取的圆球结构了（如图4-43所示）。

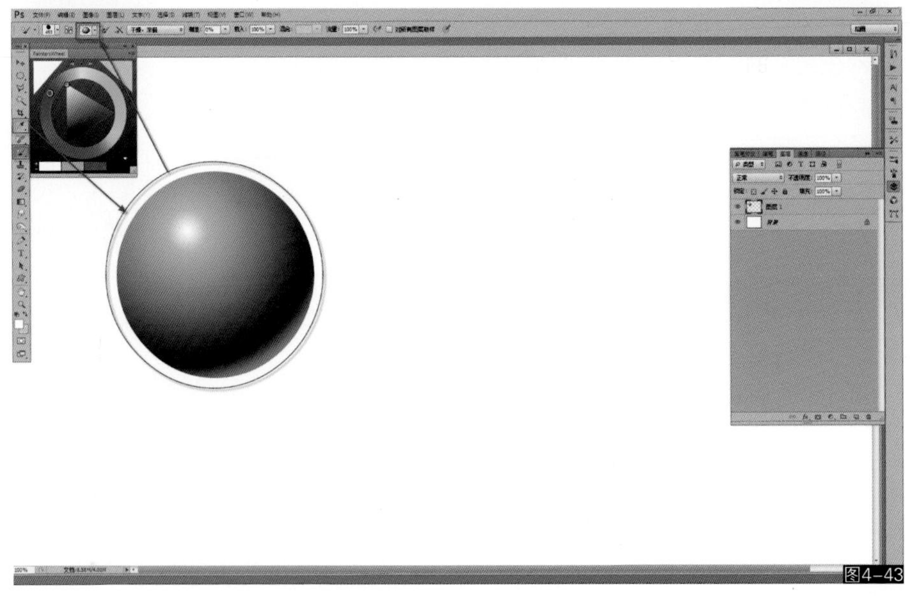

图4-43

04 接下来就可以直接绘制出以球体结构（包括颜色）为画笔形状的笔触效果了。打开画笔设置面板，缩小画笔形状间距还可以得到排列更加紧密的笔触结构（如图4-44所示）。

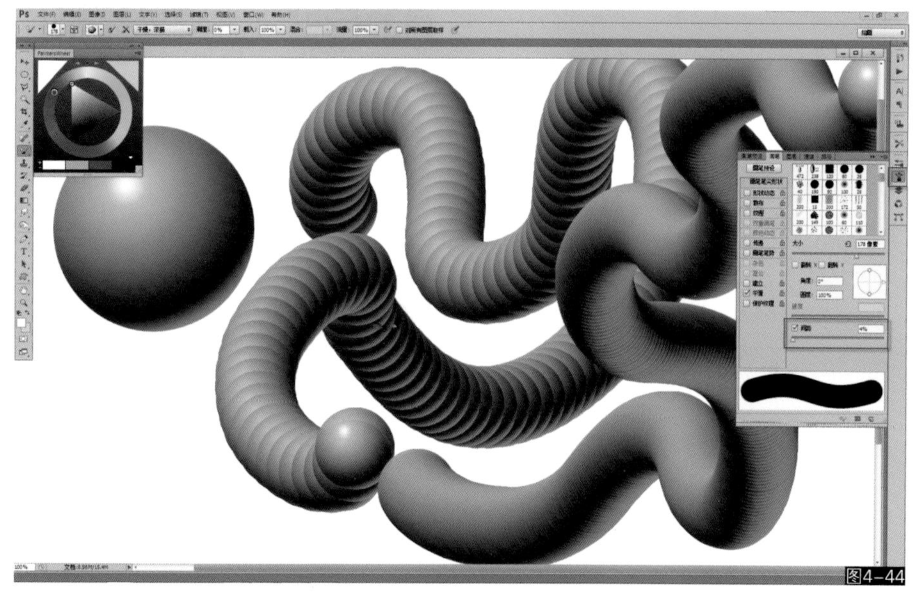
图4-44

05 设置画笔的钢笔压力控制即可得到粗细变化的笔触（如图4-45所示）。

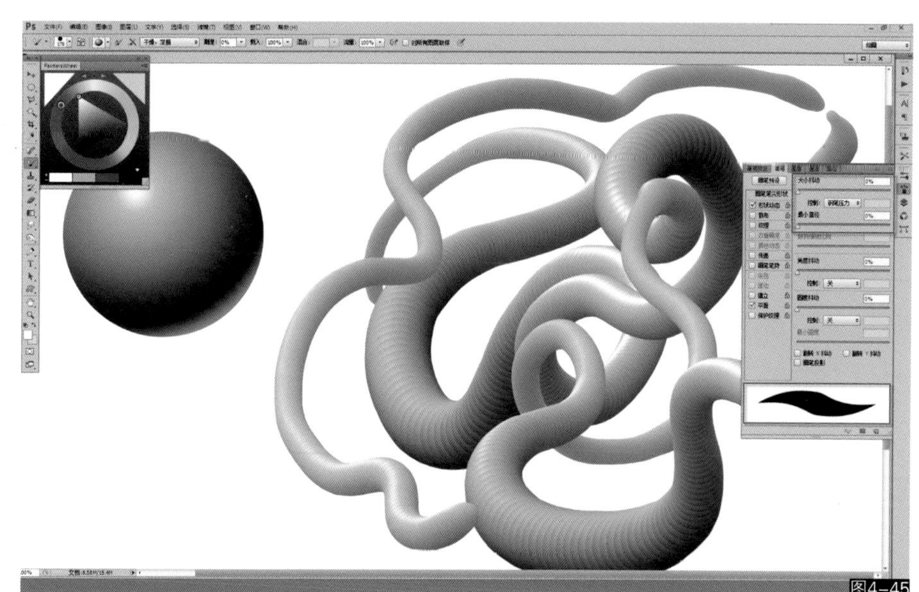
图4-45

06 开启画笔的散布控制即可得到分散变化的笔触层次（如图4-46所示）。

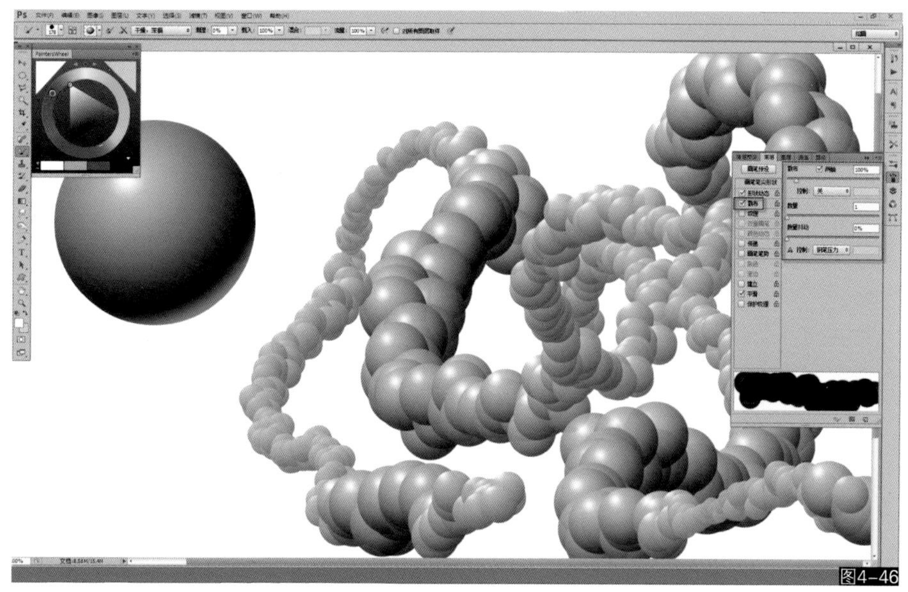
图4-46

07 接下来切换任意画笔，我们会发现，所有画笔结构都变成了圆球状的色彩效果。实际上我们提取的只是一个带有色彩信息的附加结构，它可以叠加在任何一支画笔结构上使用，因此我们可以利用这个特殊的功能提取任何图像的颜色从而绘制出丰富多彩的色彩特效（如图4–47所示）。

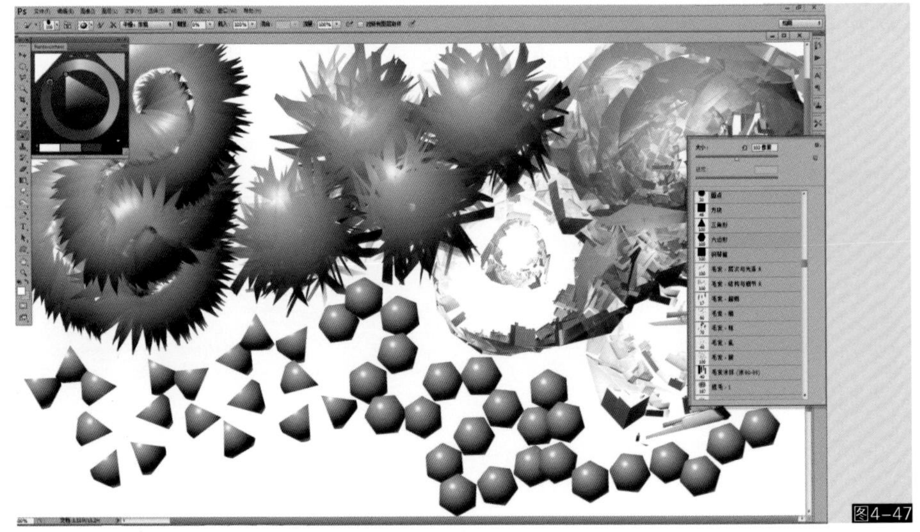
图4–47

08 接下来我们将要学习如何绘制一个管状结构，使用任意画笔在新图层上绘制一个管状物的基本构成元素（如图4–48所示）。

图4–48

09 使用圆形的Mixer画笔将其提取，然后按住Shift键就能绘制出直线圆管结构。由于提取的图像只是替换画笔的颜色部分，并不是将其形状定义为了一支画笔，因此图像结构的变化不能够进行旋转缩放等控制，当笔触有角度变化时便会产生笔触连接不起来的问题（如图4–49所示）。

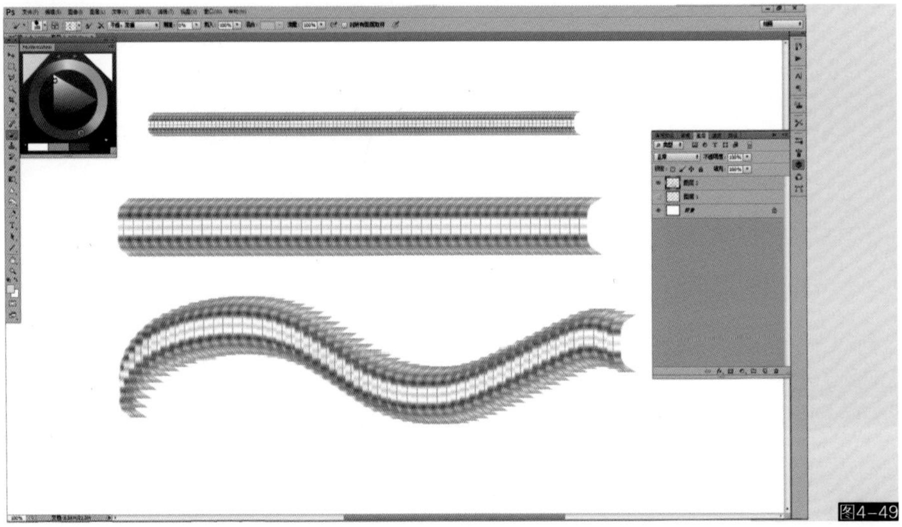

图4–49

10 介于上述问题，我们可以使用编辑选项中的“操控变形”功能来实现管子的弯曲变化，添加后可以看到管子图层变成了一个多边形可控结构（如图4–50所示）。

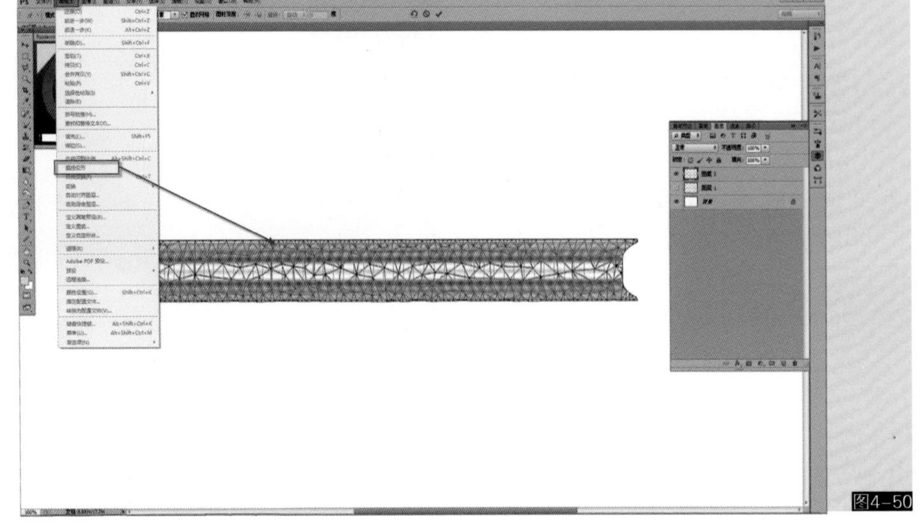
图4–50

11 直接单击这些多边形区域就能加入若干操控点，移动操控点即可改变圆管曲度（如图4-51所示）。

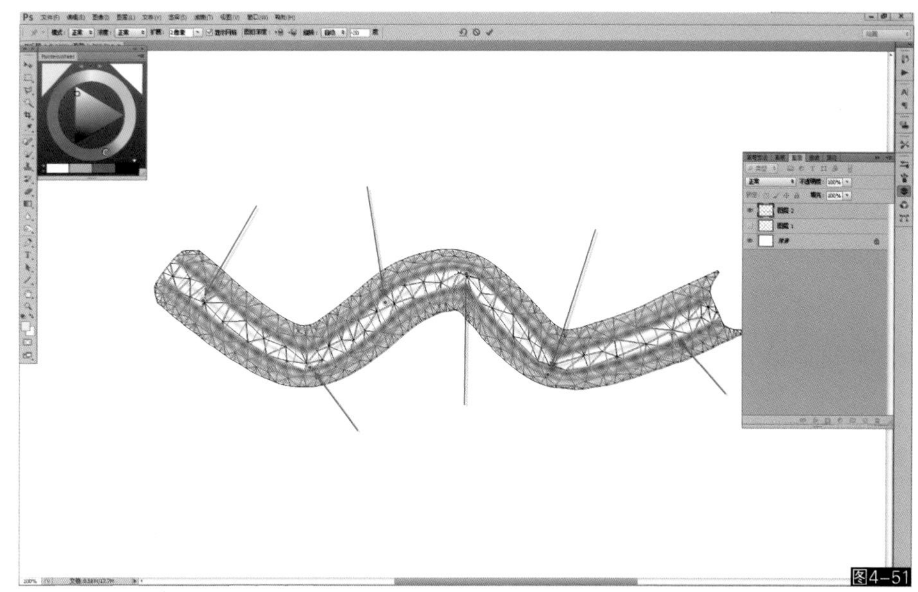
图4-51

12 改变画笔大小和笔触间距绘制出不同的管状结构（如图4-52所示）。

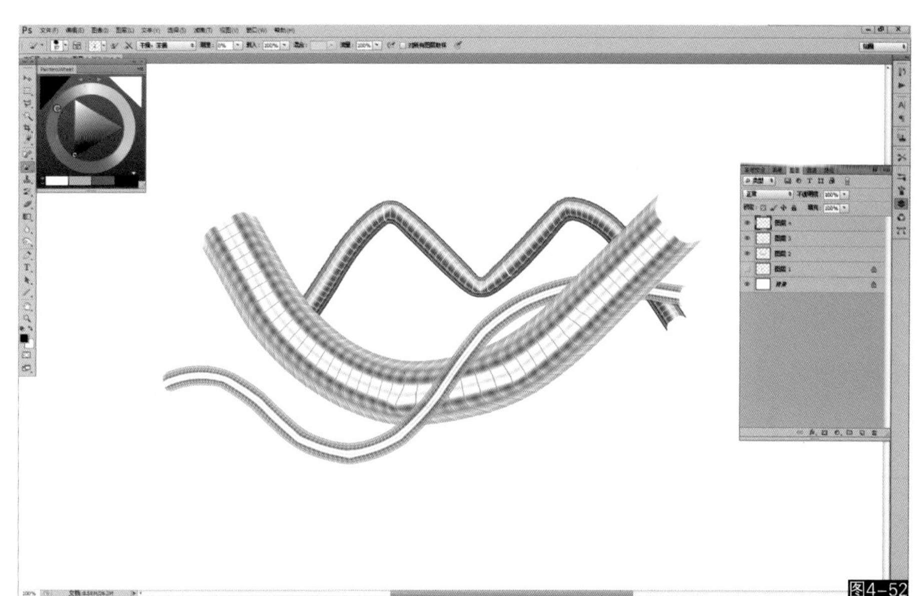
图4-52

13 使用任何形状的画笔都可以对图像进行提取，然后将色彩运用到实际绘画中。这样做可以极为方便地使用真实色彩来作画，尤其在一些写实绘画中，用这样的方法可以轻松达到事半功倍的效果。右图为使用形状类画笔提取后绘制的植物效果（如图4-53所示）。

图4-53

14 使用带有黏稠混合效果的设置，可以提取真实绘画的图像绘制出逼真的仿真笔触效果，在模拟传统绘画中非常实用（如图4-54所示）。

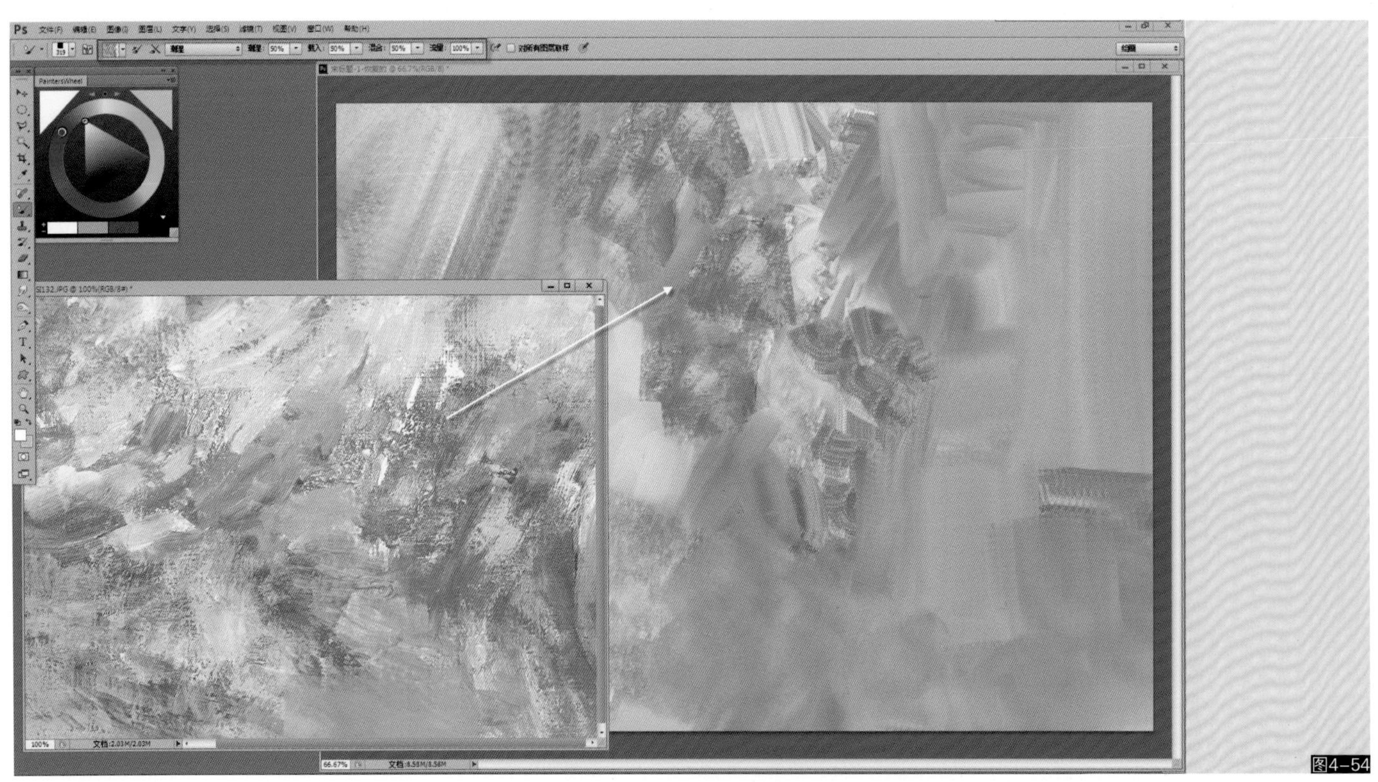

图4-54

15 可以同时使用多张图像进行提取，就像一个调色盘一样，使用不同的色彩相互融合来绘制出色彩层次丰富多变的画面效果，即使是不太协调的色彩，也能够在混合过程中逐渐和谐统一（如图4-55所示）。

图4-55

16 使用不同画笔细心描绘，在这里主要使用Mixer类画笔，细心将两张图像的色彩进行提取和融合，如有需要可以使用更多的图像进行提取，这样整幅画面看上去就非常像传统绘画的效果了；同样我们也可以在Mixer模式选择任意传统画笔工具来描绘不同的效果，值得多多尝试，灵活运用（如图4–56所示）。

图4–56

四、总结

Mixer画笔是Photoshop中非常重要的组成部分，初期使用会觉得难以控制，我们可以首先练习好普通类画笔的运用，当掌握了相对成熟的笔刷技法再回过头来使用Mixer画笔就会发现它的优势，尤其是对于色彩的控制和理解，会在这个绘画模式中进一步得到增强；Mixer模式不要仅仅只是拘泥于Mixer本身的画笔，通过它的色彩提取功能我们可以将其引申到所有画笔的层面，根据所画对象选择适合的画笔工具来实现自己希望达到的效果。因此了解整套画笔工具的具体特点与分工是非常必要的，同时坚持不断地练习与勤思考，是提高绘画能力的唯一途径。

第 5 章

Stylize 类画笔速查与运用

一、Stylize画笔库分类速查与快速练习

Stylize称为风格化画笔，风格化的意思是让绘画产生个性化独特的味道和风格强烈的画风，风格化画笔均为抽象化的笔触，从点、线、面到纹理类画笔一应俱全。可以独立使用此系列画笔作画也可将其结合到其他绘画或平面设计中配合使用，同时也可以运用此画笔拓展绘画思路，创新绘画流程，改变绘画习惯等，属于非常灵活多变的一种画笔类型。

1. 风格实线笔

风格实线笔用于表现带有风格化的线条，在绘制过程中会自动产生节点效果，适合用于描绘轮廓或者毛发等效果（如图5-1所示）。

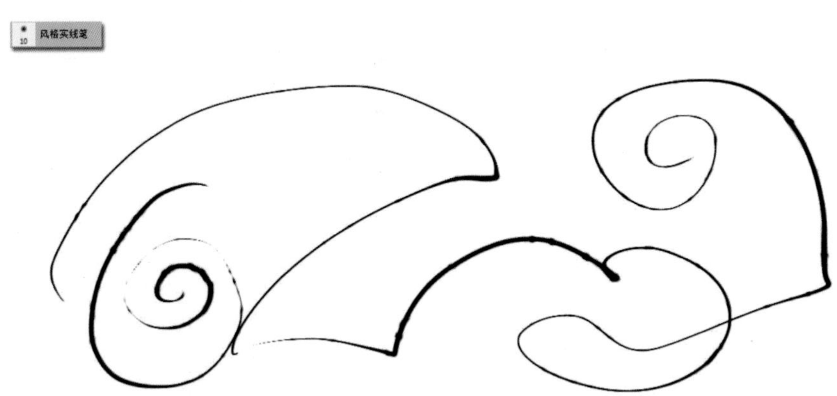

图5-1

2. 风格虚线笔

风格虚线笔用于表现带有风格化的线条，绘制时线条会根据用笔的轻重和快慢产生虚实变化，运笔越快线条虚化越明显，适合用于描绘轮廓或者毛发等效果（如图5-2所示）。

图5-2

3. 构图笔-1 R

构图笔-1 R用于随机组合画面的构成感，在场景绘画中使用居多，可以绘制出较为随意的自然板块结构，每次下笔都可以有不同的组合形式，适合表现地形、山脉等空间感较强的场景初期构图。“R”控制可以根据需要旋转画笔来确定结构体的方向（如图5-3所示）。

图5-3

4. 构图笔-2 R

构图笔-2 R用于随机组合画面的构成感，在场景绘画中运用居多，可以绘制出较为随意的自然板块结构，每次下笔都可以有不同的组合形式，适合表现地形、山脉等空间感较强的场景初期构图。“R”控制可以根据需要旋转画笔来确定结构体的方向，相比构图笔-1R带有线条状纹理细节（如图5-4所示）。

图5-4

5. 构图笔-3 R

构图笔-3 R用于随机组合画面的构成感，在场景绘画中运用居多，可以绘制出较为随意的自然板块结构，每次用笔都能有不同的组合形式，适合表现地形、山脉等空间感较强的场景初期构图。"R”控制可以根据需要旋转画笔来确定结构体的方向，构图笔-3R形状变化更丰富一些，可利用笔触两端描绘一些初期细节（如图5-5所示）。

图5-5

6.圆形条纹笔

圆形条纹笔用于表现画面中的粗糙表面，此笔触带有条状纹理，适合绘制自然物的肌理感，如石纹、皮革、泥土、树皮等，可以拓展思维去运用（如图5-6所示）。

图5-6

7. 三角线条笔

三角线条笔可以绘制出极具风格的三角形笔触，可以配合圆形条纹笔和方形条纹笔描绘细节，同时也可以用于其他任何绘画表现（如图5-7所示）。

图5-7

8. 方形条纹笔

方形条纹笔用于表现画面中的粗糙表面或自然结构，此笔触带有条状纹理，常用于大面积色彩的平铺或是堆积结构体，同时也非常适合描绘自然元素等（如图5-8所示）。

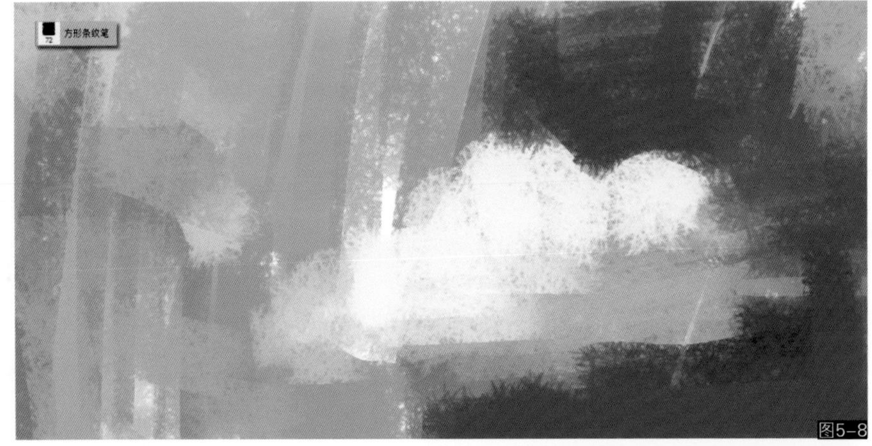

图5-8

9.丝绸条纹笔

丝绸条纹笔用于描绘带纹理的丝带状笔触，常用于绘制流畅的线条感，也可配合圆形条纹笔和方形条纹笔描绘细致结构与层次过渡等（如图5-9所示）。

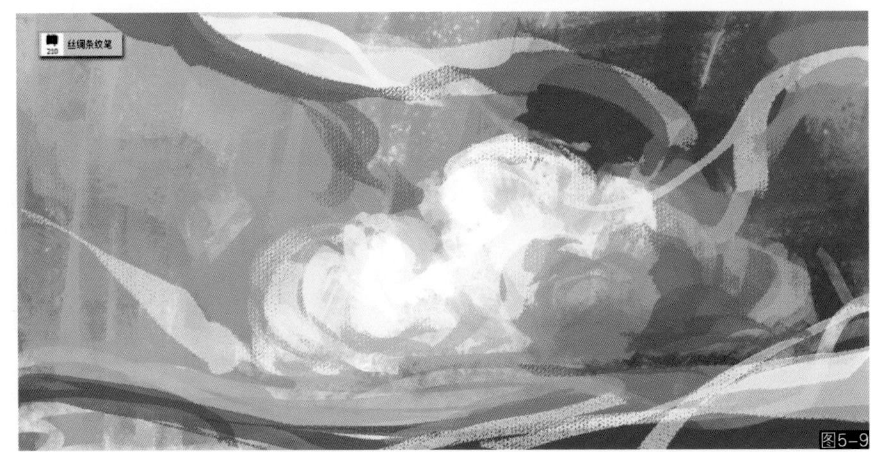

图5-9

10.风格化混色笔-1（涂96-100）

风格化混色笔-1（涂96-100）用于涂抹混合带有风格化的色彩过渡，可以涂抹出粗细不均的线条，适合涂抹小范围的结构细节，最佳涂抹强度范围为96~100（如图5-10所示）。

图5-10

11. 风格化混色笔-2（涂96-100）

风格化混色笔-2（涂96-100）用于涂抹混合带有风格化的色彩过渡，可以涂抹出均匀的线条组，使画面产生有趣的图案感，最佳涂抹强度范围为96~100（如图5-11所示）。

图5-11

12. 风格化混色笔-3（涂90-98）

风格化混色笔-3（涂90-98）用于涂抹混合带有风格化的色彩过渡，可以涂抹出丝绸状色彩结构，适合涂抹飘逸结构或者处理色彩层次变化，最佳涂抹强度范围为90~98（如图5-12所示）。

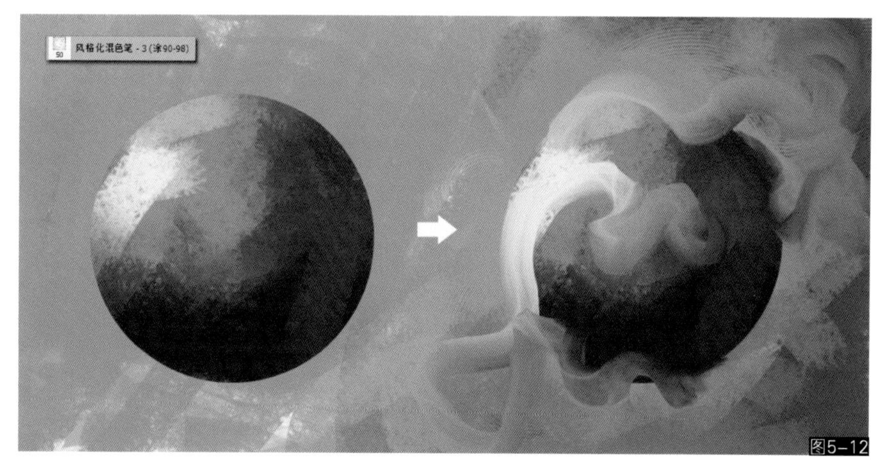

图5-12

13. 风格化混色笔-4（涂97-99）

风格化混色笔-4（涂97-99）用于涂抹混合带有风格化的色彩过渡，可以涂抹出块面状的均匀色彩过渡，常用于处理背景色的层次变化，可以快速将生硬的色彩变柔和，最佳涂抹强度范围为97~99（如图5-13所示）。

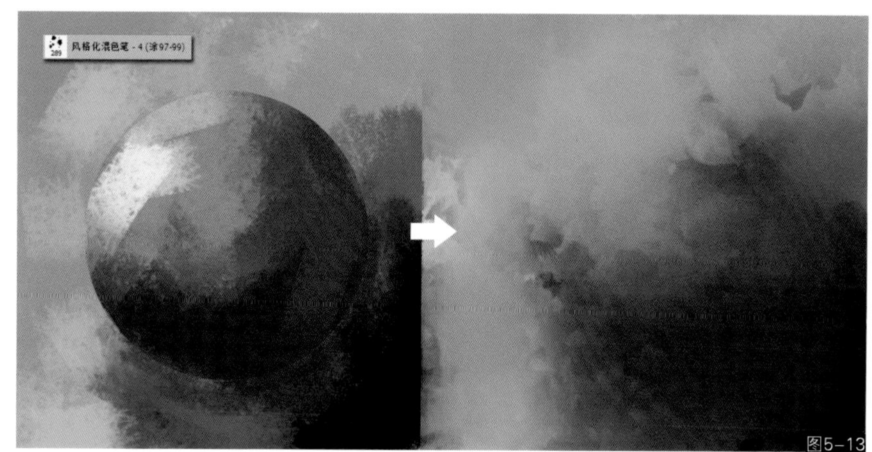

图5-13

14. 凌乱线条笔 R T

凌乱线条笔 R T可以绘制方向多变的短线条组，常用于表现自然散乱的笔触结构，运笔时注意通过“R”和“T”的控制来改变笔触结构（如图5-14所示）。

图5-14

15. 凌乱方块笔 R T

凌乱方块笔 R T可以绘制方向多变的方块组，常用于表现自然散乱的笔触结构，运笔时注意通过“R”和“T”的控制来改变笔触结构（如图5-15所示）。

图5-15

16. 凌乱像素笔

凌乱像素笔可以绘制出松散的正方形像素组，常用于表现自然散乱的笔触结构或马赛克拼贴图像（如图5-16所示）。

图5-16

17.侵蚀三角笔 R T

侵蚀三角笔 R T用于绘制散乱的三角形结构，适合表现自然元素，如树木、叶子等。注意侵蚀的意思是指随着绘画的推进笔触会不断磨平消失，形状也会随之变化，就像色粉笔一样。再加上“R”和“T”的控制，可以绘制出非常多变的笔触形状，需要多加练习以掌握其运用的规律（如图5-17所示）。

图5-17

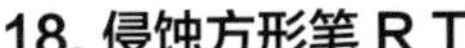

18. 侵蚀方形笔 R T

侵蚀方形笔 R T用于绘制散乱的方形结构，适合表现自然元素，如树木等。注意侵蚀的意思是指随着绘画的推进笔触会不断磨平消失，形状也会随之变化，如方形侵蚀面会变成三角形、梯形等，就像色粉笔一样。再加上“R”和“T”的控制，可以绘制出非常多变的笔触形状，需要多加练习以掌握其运用的规律（如图5-18所示）。

图5-18

19.梦幻喷笔 R T

梦幻喷笔 R T属于创意型的喷枪，可以描绘出带有线条和颗粒状的柔性笔触，可以通过“R”和“T”来控制喷枪的方向变化，常用于表现气体或光线等效果（如图5-19所示）。

图5-19

20. 速度条纹笔

速度条纹笔用于表现带有强烈速度感的抽象元素，如风、光线、飞鸟、下雨、下雪、飘散、节奏等，可根据画面需要灵活运用（如图5-20所示）。

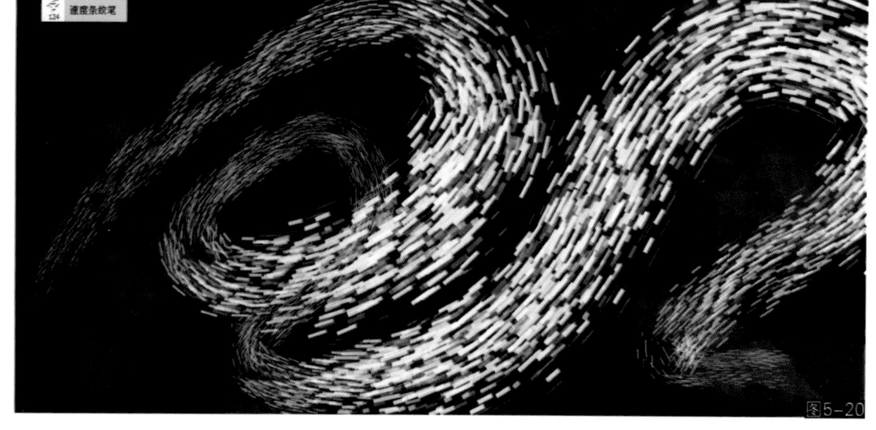

图5-20

21. 线形抽象笔

线形抽象笔用于表现带有强烈线条节奏感的抽象元素，没有特定使用要求，可根据画面需要灵活运用（如图5-21所示）。

图5-21

22. 丝绸抽象笔

丝绸抽象笔用于表现类似布料运动感的元素，如丝绸、飘带、薄纱、舞动的光线、转动的韵律等抽象元素（如图5-22所示）。

图5-22

23. 滚筒笔 R

滚筒笔 R用于模拟油漆滚筒或者印刷滚筒产生的笔触效果，适合平铺背景色彩或者堆砌结构体等（如图5-23所示）。

图5-23

24. 破碎条纹笔

破碎条纹笔用于表现自然松软的结构，如自然界中的植物、纹理、杂乱的肌理等，常用于画面中的细节处理或风格营造等（如图5-24所示）。

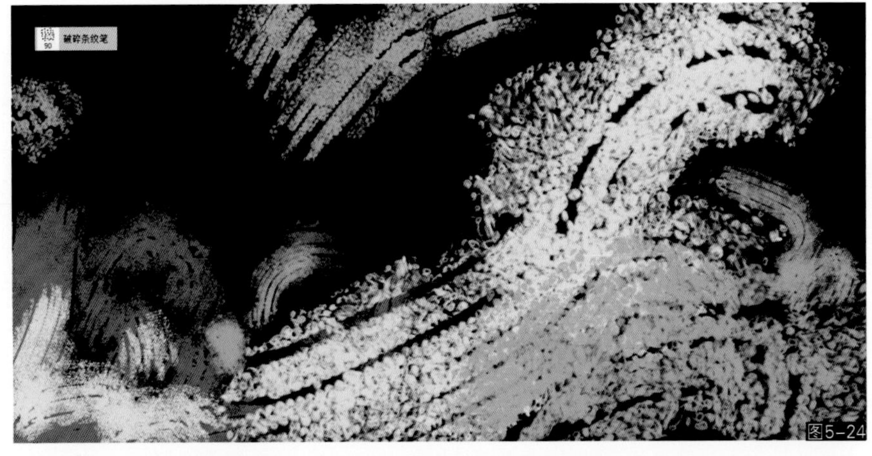

图5-24

25. 网格抽象笔

网格抽象笔用于表现带有网纹奏感的抽象元素，没有特定使用要求，可根据画面需要灵活运用（如图5-25所示）。

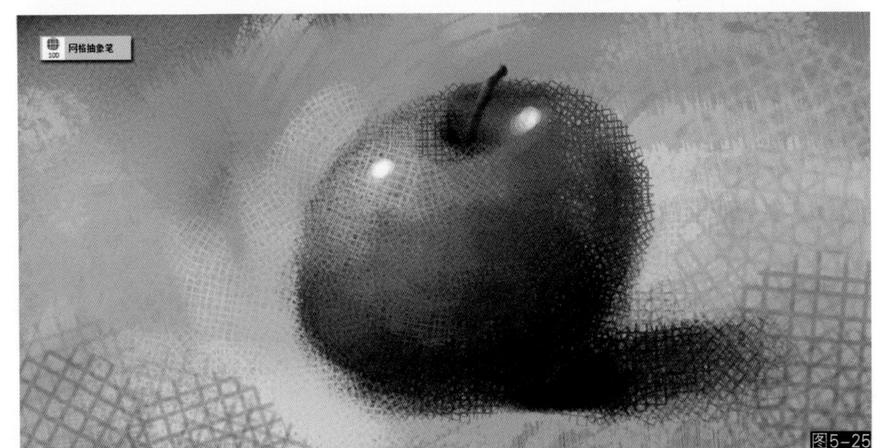

图5-25

26. 圆形线条笔

圆形线条笔用于表现带有圆形线条节奏感的抽象元素，适合表现跳跃的韵动元素，可根据画面需要灵活运用（如图5-26所示）。

图5-26

27.彩虹笔

彩虹笔用于表现彩虹状圆条形笔触，很像一条条蠕虫，常用于绘制可爱风格的线条或者背景抽象色彩结构等（如图5-27所示）。

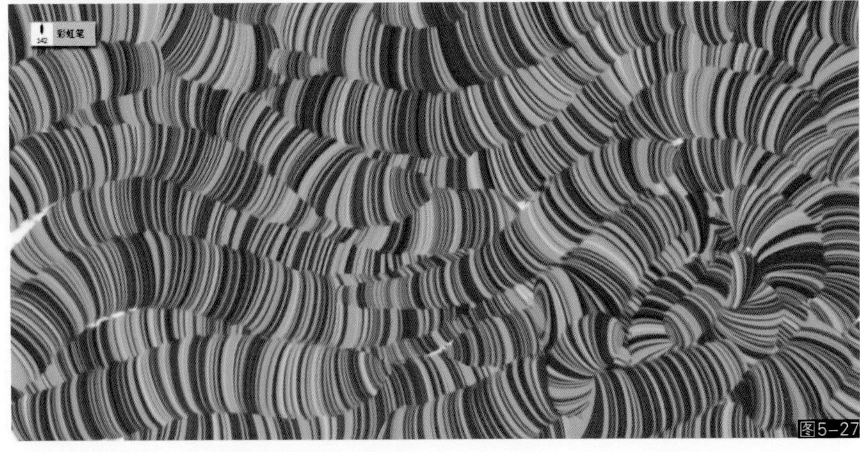

图5-27

28. 奶酪结构笔

奶酪结构笔适合表现任何松软或者坚硬的结构元素，适合绘制自然结构，塑造独特的方块韵味（如图5-28所示）。

图5-28

29. 刀锋线条笔

刀锋线条笔用于描绘带有锐利渐变的线条，常用于描绘头发、植物、结构线、布料等（如图5-29所示）。

图5-29

30.纸片抽象笔

纸片抽象笔用于描绘抽象的纸片飞舞效果，为画面增加动感和个性化元素，可以根据需要灵活运用（如图5-30所示）。

图5-30

31. 碎片抽象笔-1

碎片抽象笔-1用于描绘有动感的碎块飞舞效果，适合表现画面中的松散或飘散元素，丰富画面细节、动感和韵味（如图5-31所示）。

图5-31

32. 碎片抽象笔-2

碎片抽象笔-2用于描绘有动感的碎块飞舞效果，适合表现画面中的松散元素，丰富画面细节和韵味（如图5-32所示）。

图5-32

33. 植物抽象笔-1

植物抽象笔-1专门用于描绘抽象化的植物，如树丛、草丛、森林等，也可用于描绘凌乱的画面结构等（如图5-33所示）。

图5-33

34. 植物抽象笔-2 R T

植物抽象笔-2 R T专门用于描绘抽象化的植物，如树木、花草、花丛等。此画笔带有“R”和“T”控制，可以通过旋转画笔和改变倾斜度来控制笔触的朝向和大小变化（如图5-34所示）。

图5-34

35. 植物抽象笔-3

植物抽象笔-3专门用于描绘抽象化的植物，较适合绘制草丛一类的元素（如图5-35所示）。

图5-35

36. 植物抽象笔-4

植物抽象笔-4专门用于描绘抽象化的植物，较适合绘制灌木丛一类的元素（如图5-36所示）。

图5-36

37. 硬结构抽象笔 R

硬结构抽象笔R用于绘制抽象的硬边结构、建筑结构、机械结构等，适合用于画面中的背景气氛营造、平面设计元素制作等，其带有“R”控制，可以旋转画笔来确定笔触的朝向（如图5-37所示）。

图5-37

38. 变形线笔

变形线笔用于描绘带有运动韵律的曲线效果，可以结合到画面中的运动元素中使用，或用来绘制特效线条等（如图5-38所示）。

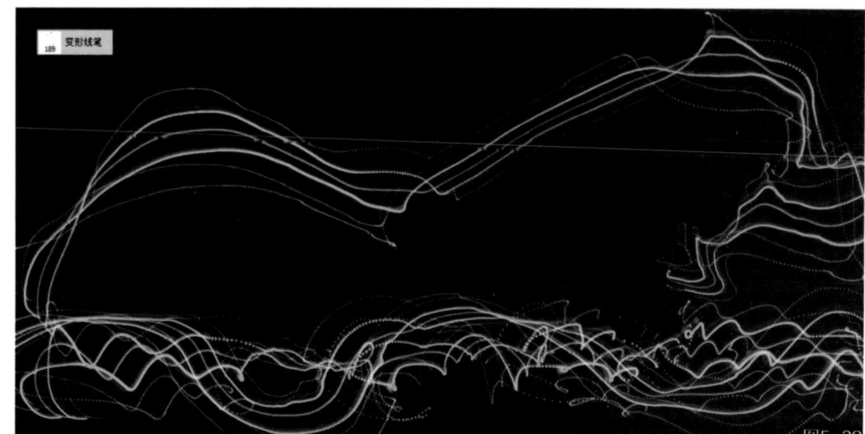

图5-38

39. 变形点笔

变形点笔用于描绘带有运动韵律的点状效果，可以结合到画面中的运动元素中使用，或配合特效画笔做效果（如图5-39所示）。

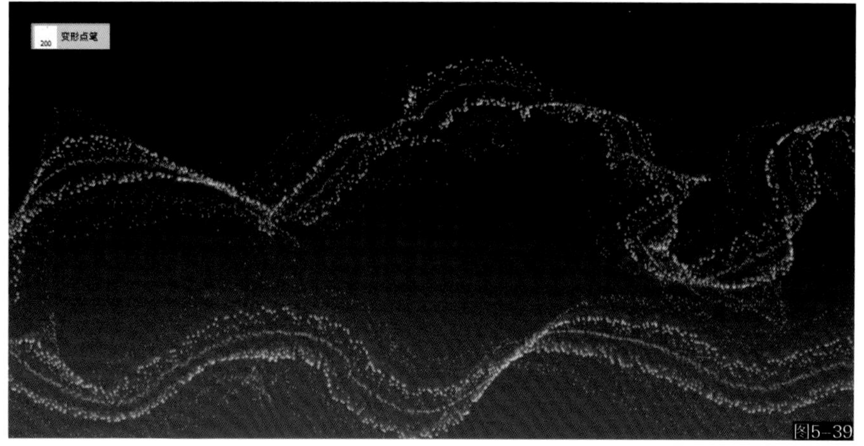

图5-39

40.4条线笔 R

4条线笔 R用于绘制4条线的线条组，常用于绘制纹理细节或者图案细节等，也可以用于画面风格化的处理。使用时注意使用“R”控制来掌握笔触的角度（如图5-40所示）。

图5-40

41. n条线笔

n条线笔用于绘制多条线的线条组，常用于绘制纹理细节或者图案细节等，也可以用于画面风格化的处理（如图5-41所示）。

图5-41

42. 素描线抽象笔

素描线抽象笔用于绘制类似于铅笔排线的结构，但是更加硬朗和抽象一些，适合用于表现背景中的线条纹理，或者用于塑造光影结构等，可以灵活掌握（如图5-42所示）。

图5-42

43. 交叉肌理线笔

交叉肌理线笔用于绘制十字交叉的线条组结构，适合描绘画面中的纹理结构感，尤其在自然场景的绘画中经常使用（如图5-43所示）。

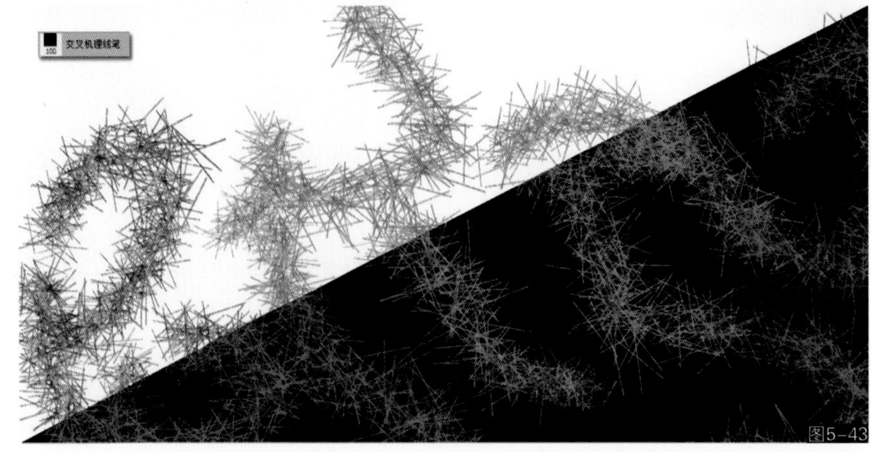

图5-43

44. 肌肉线条笔

肌肉线条笔用于绘制类似肌肉结构的线条，在人体或者动物绘画练习中尤为有用，可以先用它描绘出肌肉走向再绘制外表皮肤，同时也可以作为风格线条笔来使用（如图5-44所示）。

图5-44

45. 扫描线笔

扫描线笔用于绘制长条形线条纹理，常用于表现背景的网纹效果等（如图5-45所示）。

图5-45

46.柔光结构笔-1

柔光结构笔-1用于描绘带网点的柔化背景效果，也可以作为风格化的喷枪来使用（如图5-46所示）。

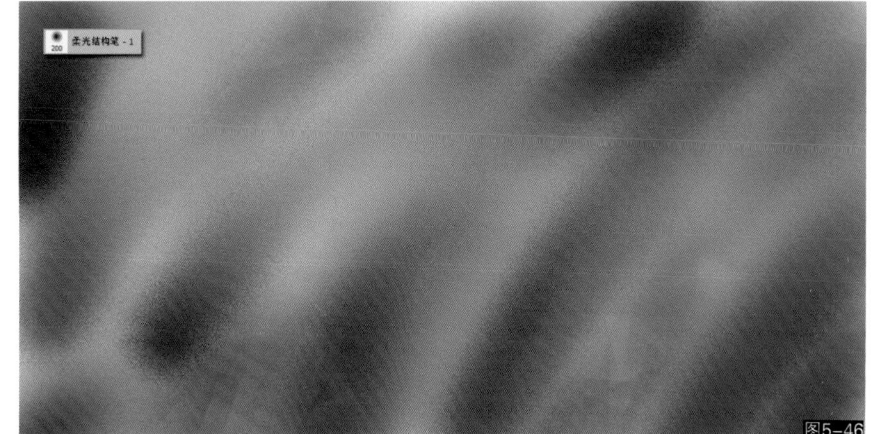

图5-46

47. 柔光结构笔-2

柔光结构笔-2用于描绘带网点的柔化背景效果，也可以作为风格化的喷枪来使用（如图5-47所示）。

图5-47

48. 柔光结构笔-3

柔光结构笔-3用于描绘带网点的柔化背景效果，也可以作为风格化的喷枪来使用（如图5-48所示）。

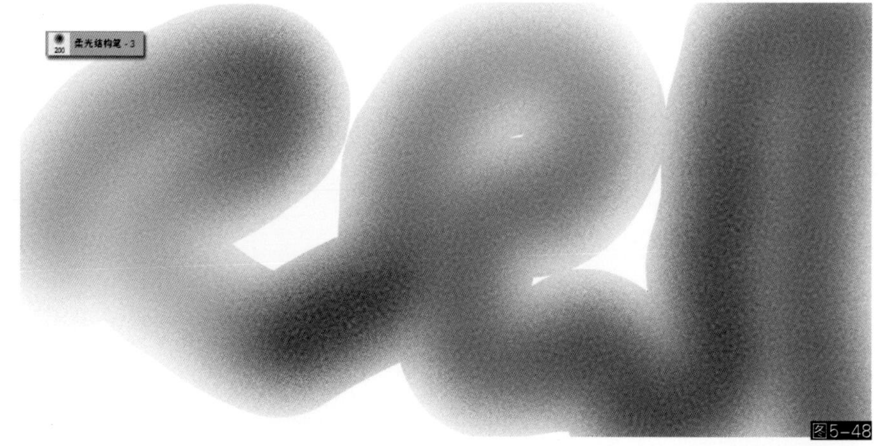

图5-48

49. 网点笔-1

网点笔-1用于模拟网点纸的效果，常用于漫画创作，也可以作为纹理风格笔来使用（如图5-49所示）。

图5-49

50.网点笔-2

网点笔-2用于模拟网点纸的效果，常用于漫画创作，也可以作为纹理风格笔来使用（如图5-50所示）。

图5-50

51.碎片结构涂抹笔（涂93-99）

碎片结构涂抹笔（涂93-99）是碎片抽象笔的涂抹版本，专门用于将完整结构打散，适合绘制破碎、飘散、解体等效果，最佳涂抹强度范围为93~99（如图5-51所示）。

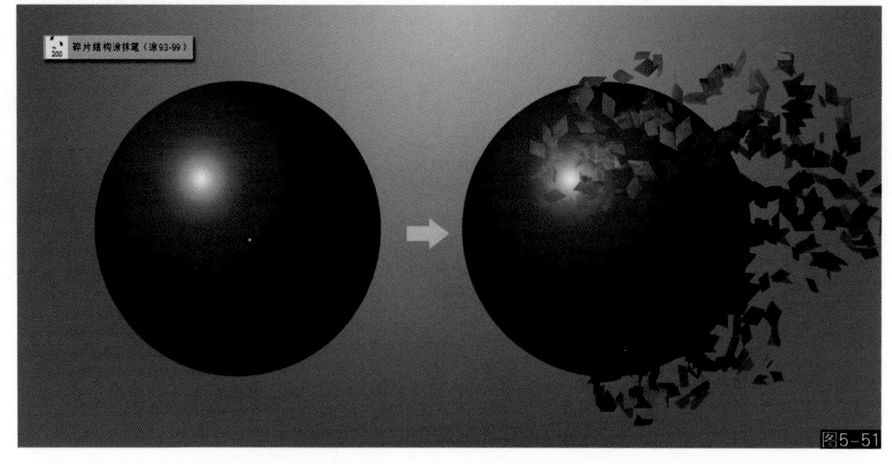

图5-51

52.圆形结构涂抹笔（涂93-99）

圆形结构涂抹笔（涂93-99）是圆形线条笔的涂抹版本，专门用于将完整结构打散，适合绘制破碎、飘散、解体等效果，最佳涂抹强度范围为93~99（如图5-52所示）。

图5-52

53. 线形结构涂抹笔（涂97-99）

线形结构涂抹笔（涂97-99）用于涂抹完整结构，将结构收缩而变成线条，适合绘制缝合、飘散、生长、褶皱等效果，最佳涂抹强度范围为97~99（如图5-53所示）。

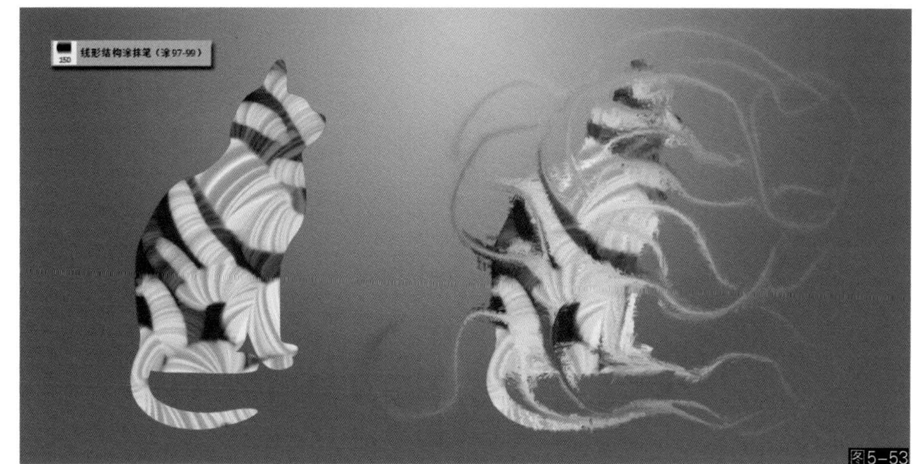

图5-53

54. 风吹细条涂抹笔（涂80-99）

风吹细条涂抹笔（涂80-99）用于涂抹完整结构，将结构打散变成风吹效果，适合表现飘散、风化、速度等效果，最佳涂抹强度范围为80~99（如图5-54所示）。

图5-54

Tip　笔刷练习小提示

Stylize风格化画笔的运用没有固定的要求，但是也有一些常用的画法需要了解。首先风格的塑造往往来自于作画的方式，运用随机化的原则来作画是形成风格的一种重要途径，如使用构图笔来随机创作地形（如图5-55所示），使用抽象风格类画笔来绘制随意的图案搭配以形成独特的风格韵味等（如图5-56所示）。

图5-55

图5-56

● 风格类型的画笔属于相对结构感散乱的画笔，在绘制的时候需要注意“放”和“收”的运用，即在一开始绘制时可以放松地运用结构或者纹理图案画笔将所需要的基本细节描绘出来，不必太注意形；当纹理和色彩堆积到一定程度时，就需要收结构边缘，以保证造型的准确性。这也是Stylize类画笔区别于其他画笔的特点，大部分情况下细节是在画整体之前就决定好基本构造，这种方法和常规绘画中的先画大结构再画细节的方式有很大的不同，这也是数字绘画流程中的一种重要转变（如图5-57所示）。

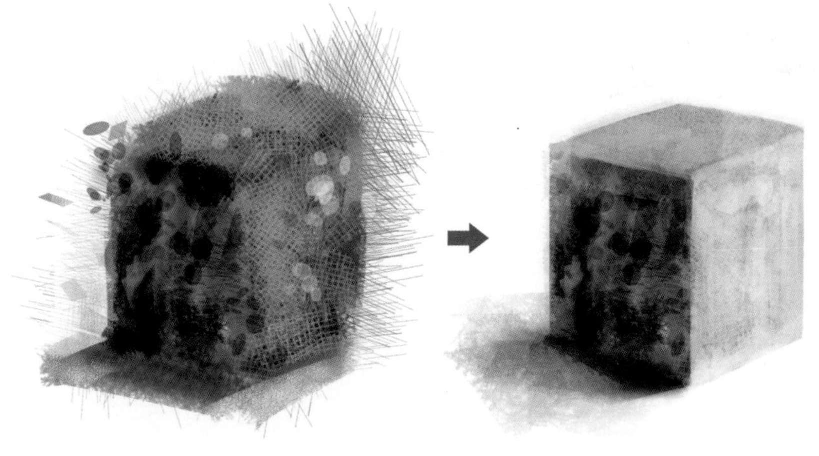

图5-57

二、Stylize画笔绘画过程分析1

下面通过一个创作实例来分析Stylize画笔在具体创作中的运用，我们将要把一张普通的素描作品转换成一张风格化强烈的数字绘画作品。

01 首先打开一张纸上绘制的素描扫描稿，这是一个爱抽烟的老奶奶角色的抽象变形创作，我们将运用合成和绘制等手段为其添加有趣的色彩和风格化的视觉效果处理（如图5-58所示）。

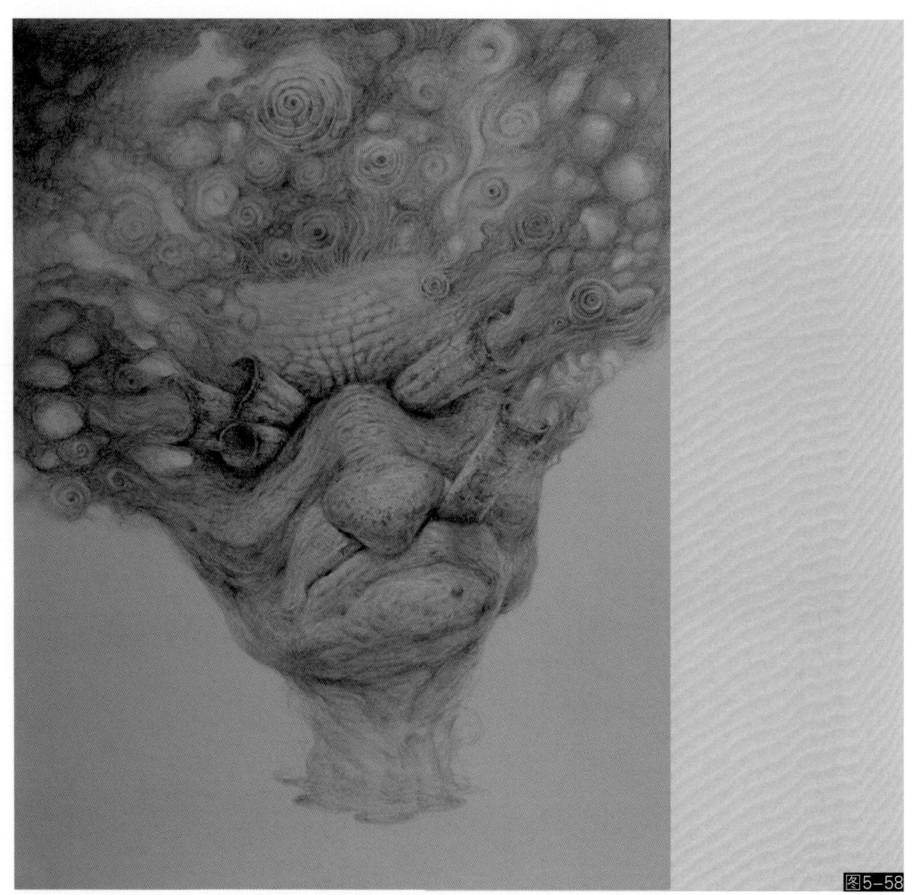

图5-58

02 新建一个图层，将图层叠加模式设置为“正片叠底”，然后在这个图层上为画面上色。这种上色方法在之前的章节中有所讲解，这里不再赘述（如图5-59所示）。

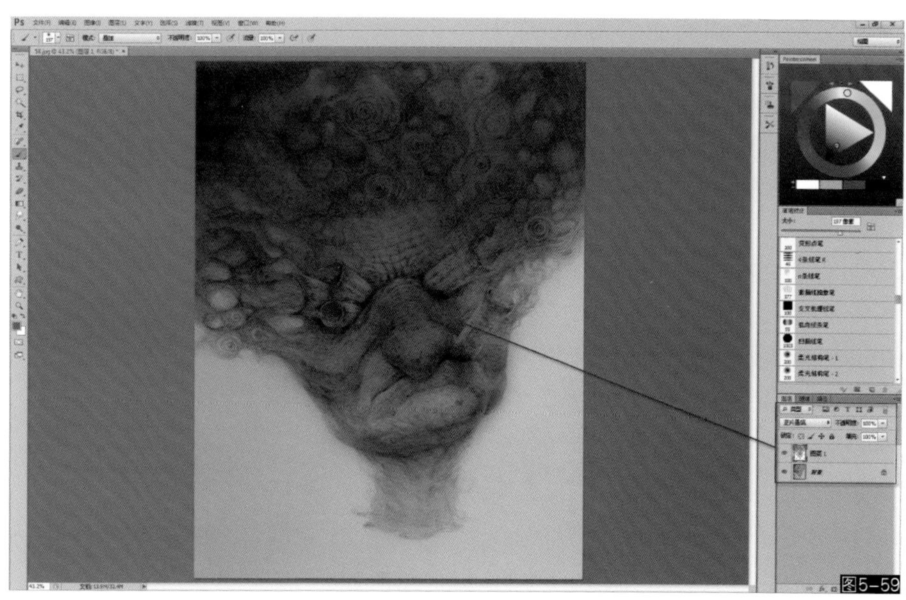

图5-59

03 上色完成后可以将图层合并，然后使用细节条纹笔和柔光结构笔调节背景的色彩层次，将背景变亮以突出人物轮廓（如图5-60所示）。

图5-60

04 使用各类风格化画笔为头发部分添加有趣的细节，注意点线面的配合关系，不要过分凌乱以造成混乱感，总体应形成放射状生长趋势，背景也可以适当用些浅色调笔触，避免单调（如图5-61所示）。

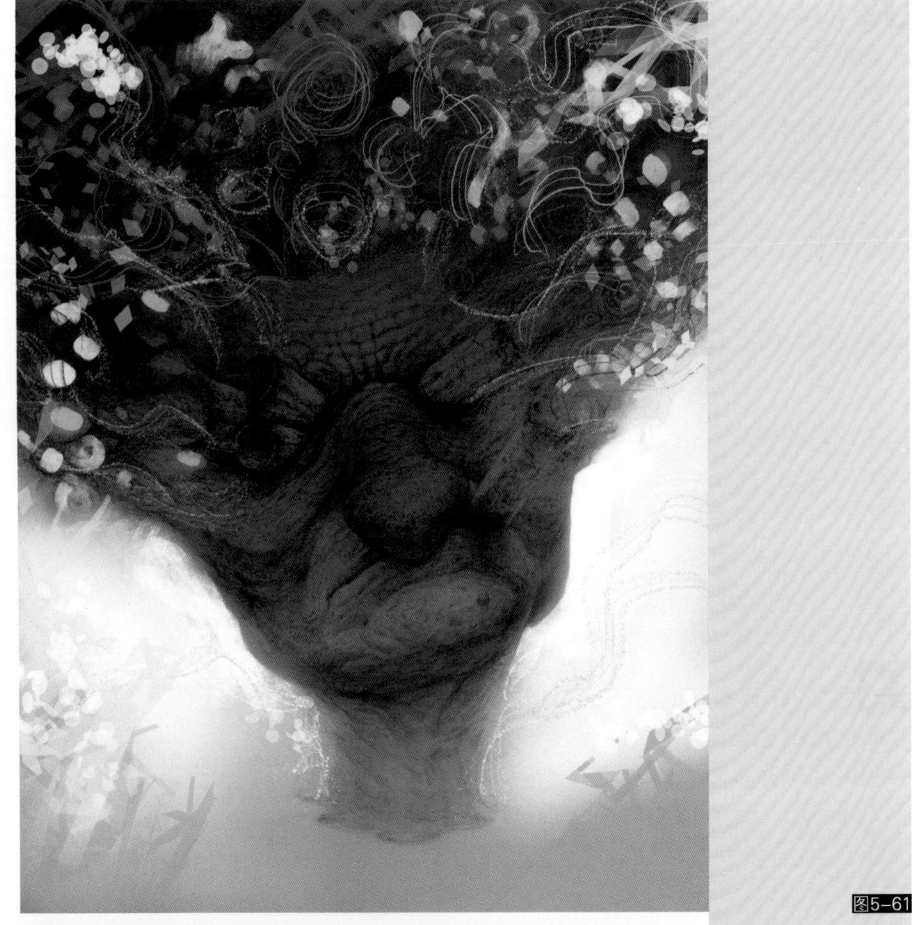

图5-61

05 使用风格化混色笔将这些色彩进行涂抹混合，使它们自然地融入到背景色中（如图5-62所示）。

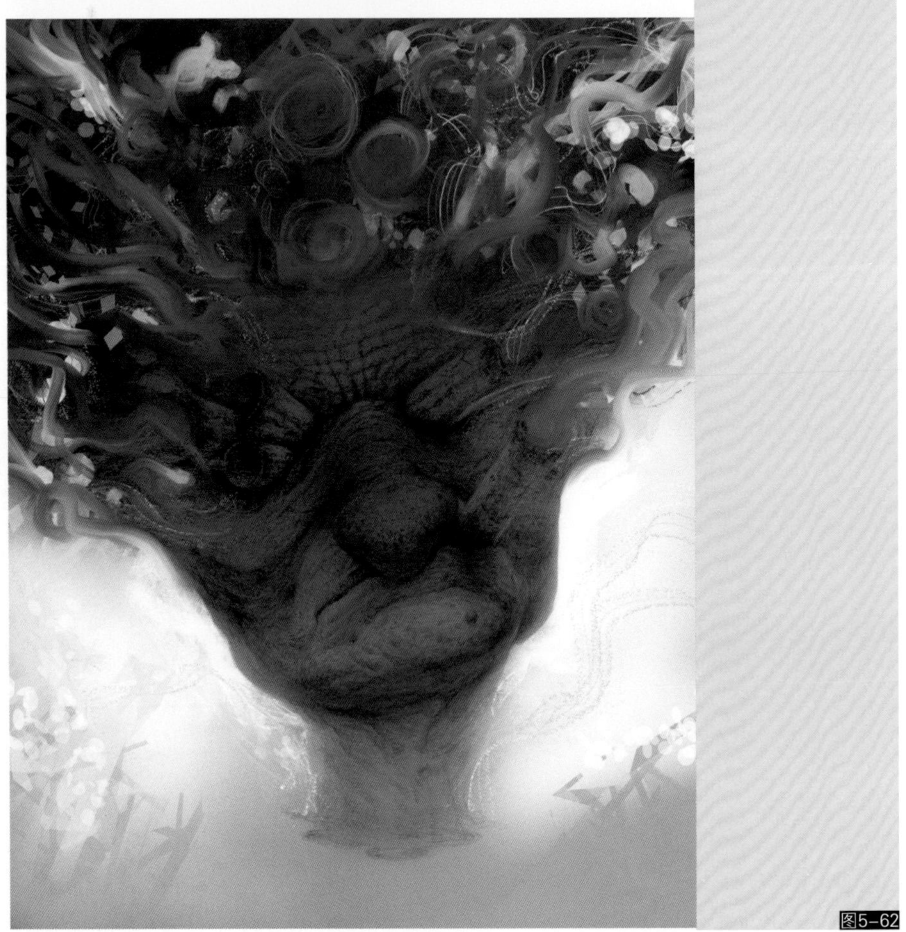

图5-62

06 接下来绘制角色面部。使用三角线条笔为其绘制受光面的结构，这样就产生了有特色的三角形笔触，摆脱了传统笔触感，产生了所谓的“风格”感。风格化的营造就是在绘制过程中不断地去尝试新的构成方式和作画程序（如图5-63所示）。

图5-63

07 同样使用风格化混色笔将生硬的笔触进行混合，混合好后再继续添加更多的笔触细节，然后再混合，慢慢地就能得到丰富的笔触层次。这一步需要“放”开来画（如图5-64所示）。

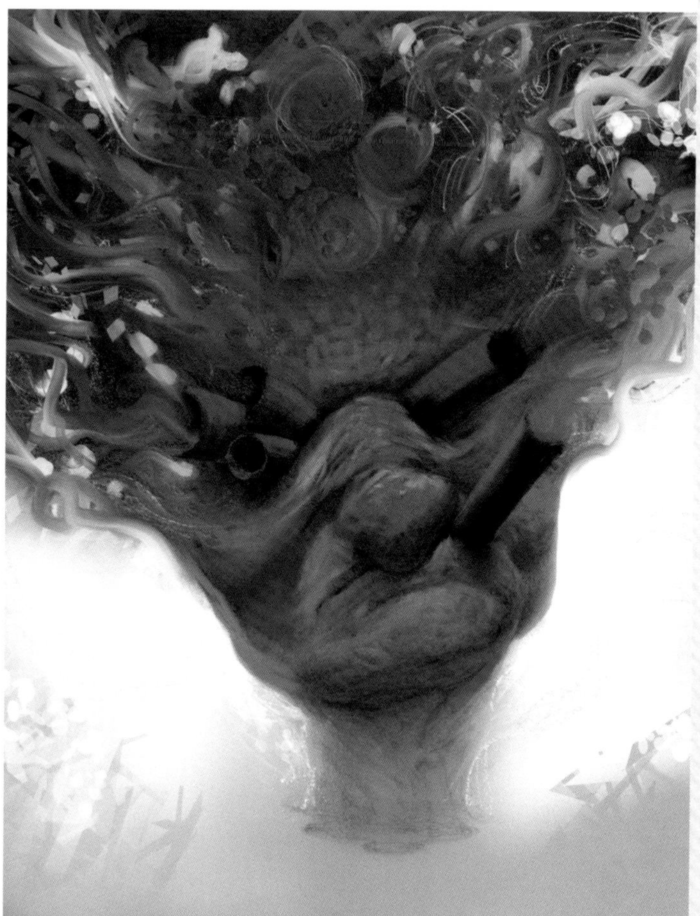

图5-64

08 继续使用三角线条笔丰富面部的受光区域，这一步可以适当增加高光结构（如图5-65所示）。

图5-65

09 接下来使用圆形条纹笔为高光部分增加一些纹理细节，增强皮肤的粗糙质感。细节的衔接变化仍然使用细节条纹笔来处理，它比较容易控制色彩层次关系。然后再次使用三角线条笔丰富头发部分的色彩变化（如图5-66所示）。

图5-66

10 使用柔光结构笔增强画面中的漫反射阴影层次，如需绘制较为严谨的细节结构，可以配合good系列画笔使用，同时可以使用各种不同的风格笔丰富画面的内容变化，如圆形线条笔等，可灵活掌握（如图5-67所示）。

图5-67

11 继续使用各种画笔丰富画面变化，为了突出画面的视觉表现，这里采用彩虹笔绘制管子里的烟雾效果（如图5-68所示）。

图5-68

12 使用柔光结构笔将叠加模式切换为“滤色”或“颜色减淡”来绘制柔和的光晕效果，同时可以使用“叠加”模式再次绘制红色光晕，以此强化头发部分的红色饱和度（如图5-69所示）。

图5-69

13 最后一步使用网点笔或者其他纹理类风格笔为画面增加一层特殊的网纹质感，以此强化画面的整体“风格”感，营造个性化的画面格调。然后添加上一些文字丰富画面构成，至此完成此幅创作（如图5-70、图5-71所示）。

图5-70

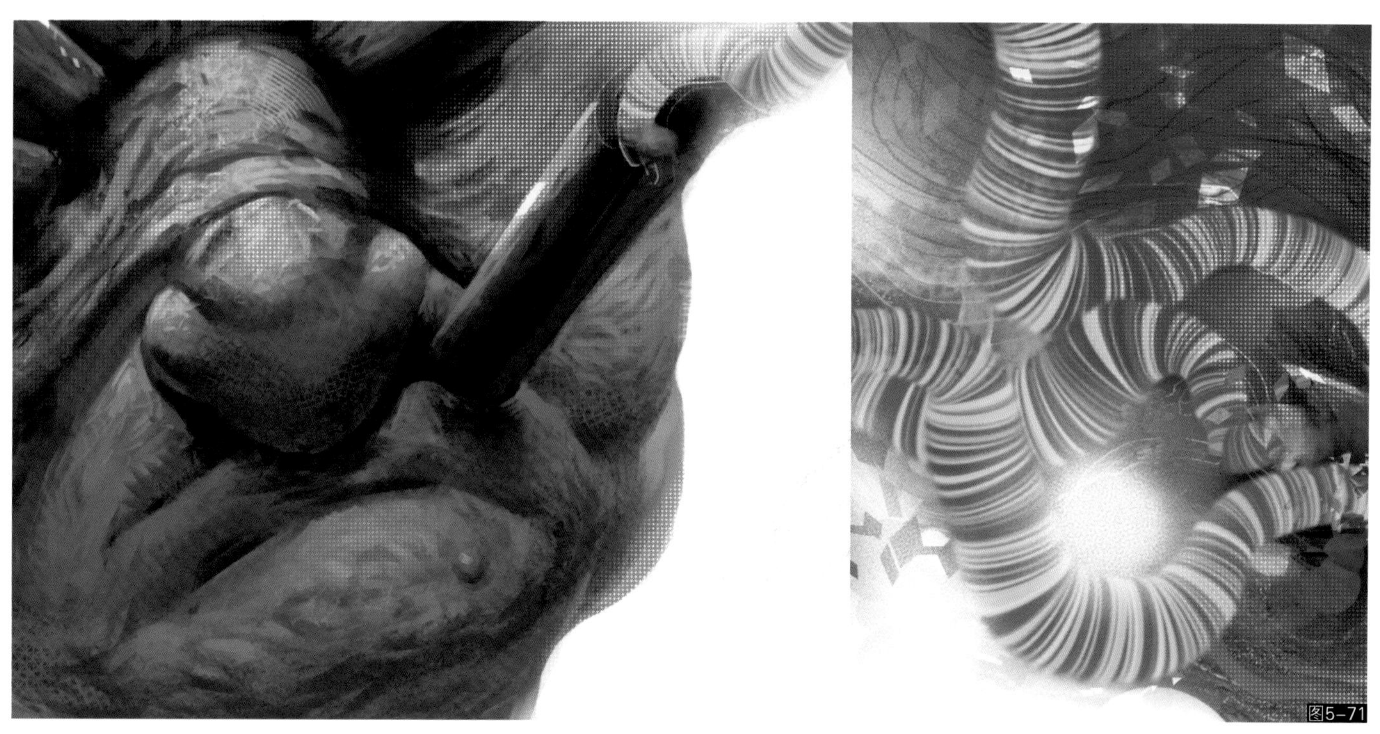

图5-71

小结：关于Stylize画笔的运用这里只介绍了一个一般的典型案例，通过这个案例我们能发现在绘制这种有明显风格特征的作品时，可以选择的工具非常多，并没有哪一个工具有特定要求的使用目的，每支画笔都可以成为绘制任何结构或色彩的工具。因此，对于Stylize画笔的运用我们还要拓展思维，大胆尝试与创新才能绘制出属于自己个性化的作品。

三、Stylize画笔绘画过程分析2

下面我们继续深入学习Stylize类画笔的运用方法。在这个实例中我们将学习游戏和电影概念设计中的常见画法，绘制一幅带有强烈个性化色彩的写实人物肖像，学习如何将其“风格化”表现。

01 首先绘制出人物肖像的基本轮廓与大致光影走向，但是不用面面俱到，能够看清楚大致造型即可（如图5-72所示）。

图5-72

02 接下来新建一个图层并填充基础环境色，色彩使用较暖的红褐色，这样较接近于人的肤色。同时将图层叠加模式设置为“正片叠底”，这样做的目的是先确定一个暗调子，让画面后续的色彩都以这个调子为依据。千万不要根据人物轮廓直接填色，更不要直接在纯白色底版上上色，太亮的背景容易干扰对色彩的观察（如图5-73所示）。

图5-73

03 接下来合并所有图层，我们需要在单层上作画，对于初学者来说这是非常有效的锻炼自己绘画胆量的一步，同时很多画笔叠加模式也只有在单层上作画才能得到正确的效果。继续选择柔性喷枪good画笔-7绘制帽子和人物头发部分的阴影。初期光影结构采用柔性画笔描绘可以较容易控制好光影大关系和层次感，是上光影第一步较为常用的方法。然后使用方形条纹笔描绘出冷灰色的背景层次，这样就得到了第一层“风格化”纹理变化（如图5-74所示）。

图5-74

04 接下来继续使用方块条纹笔绘制脸部和帽子的阴影层次，笔触要干净利落，不要在一个地方来回涂抹，画的时候要有“切”的感觉。局部背景可以使用圆形线条笔和网格抽象笔等画笔增加一些笔触变化。这一步也可以尝试使用任意适合的Stylize画笔来画，最终都会产生不同的风格化结果，需要自己多尝试（如图5-75所示）。

图5-75

05 接下来开始慢慢深入细节的描绘。选择较亮的肤色用细节条纹笔慢慢刻画人物面部的受光面，这一步仍然是“切”和“堆砌”的画法，笔触尽量根据人物的面部转折块面状的排列，用笔触堆砌出块面的体积变化，不要来回涂抹，同时注意高光色和中间色的分布关系。光影构造上只让人物的一半脸受光，另一半则隐藏在阴影中（如图5-76所示）。

图5-76

06 继续深入绘制基本色彩结构，右侧脸部仍然使用方形条纹笔大块面地进行上色（如图5-77所示）。

图5-77

07 继续使用细节条纹笔描绘面部的暗部、中间色和高光三个层次。细节条纹笔是Stylize画笔中用于描绘细节和过渡的画笔，它带有一定的肌理变化，可以产生轻微的纹理细节，非常实用。当然对于这一步也可以结合General画笔中的任意画笔来绘制这些细节，可以灵活掌握（如图5-78所示）。

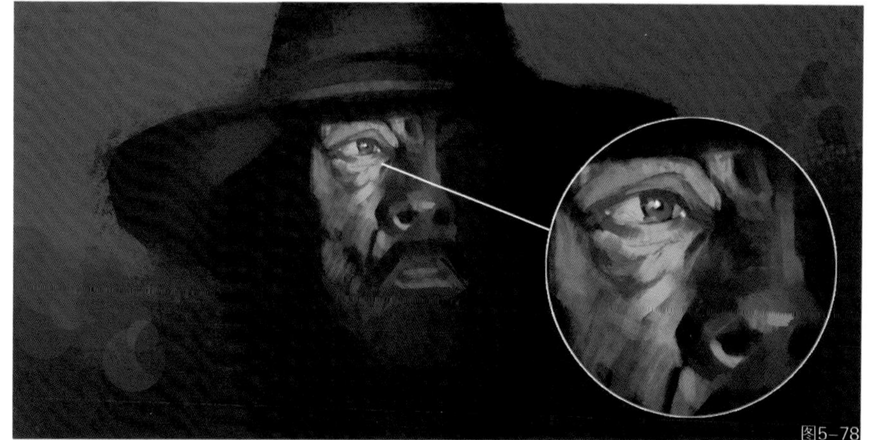
图5-78

08 一般在处理色彩过渡时通常会选择使用喷枪一类的柔性画笔来画。但是如果想要画面具备所谓的“风格化”，需要选择交叉肌理线笔来绘制人物面部色彩由明到暗的过渡。这样可以得到和使用喷枪一样的效果，但是更具有纹理感，风格感强烈。绘制过渡时可以降低画笔的透明度，这样可以画出较为丰富的层次，这就是风格化画笔的运用规律。同样也可以尝试使用其他风格化画笔来表现这一步（如图5-79所示）。

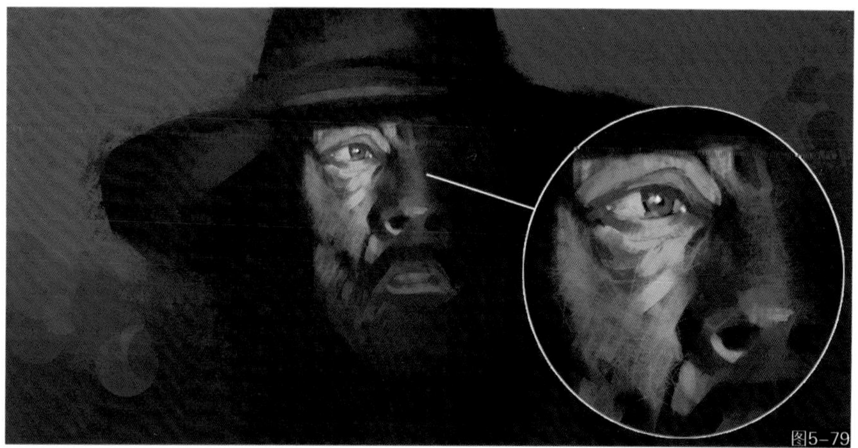
图5-79

09 使用刀锋线条笔点缀一些最亮的高光，目的在于丰富画面的不同笔触感，避免到处都一样。用笔也是不要来回涂抹，需要干净利落地把笔触摆在高光的受光位置上（如图5-80所示）。

图5-80

10 继续使用细节条纹笔深入刻画人物面部的光影层次和结构逻辑，同时描绘出嘴唇、牙齿、下巴和帽子上的细节。如果需要表现丰富的色彩层次，或是在原有色彩上融入其他的色彩，如暗部或鼻子、嘴唇处加入红色调，那么需要将画笔的透明度降低，慢慢地反复罩染来得到平滑的过渡（如图5-81所示）。

图5-81

11 使用三角线条笔描绘出一些头发线条，然后使用风格化混色笔-2在任意位置涂抹出一些色彩条纹，但是不要因此破坏已经画好的明暗结构，这样在丰富色彩过渡的同时还能增强画面的“风格”变化（如图5-82所示）。

图5-82

12 当画面接近完成时需要检查所有不自然的区域，如过于硬的笔触、不自然的结构、不理想的色彩渐变等，然后使用风格化涂抹笔仔细修饰这些地方，让画面经历一个从硬到软的过程产生虚实对比的变化。但是避免到处都平均涂抹一遍或是乱涂一气，把画面抹得过于油腻（如图5-83所示）。

图5-83

13 继续按照上述流程将人物结构修饰完善，然后使用交叉肌理线笔和圆形线条笔等描绘出背景中的抽象层次，丰富画面表现力。最后使用柔光结构笔将画笔叠加模式设置为“滤色”，为画面增加一些轻柔的光效，这样画面看上去就更加有柔性层次的对比了，至此本幅作品绘制完成（如图5-84所示）。

图5-84

四、总结

Stylize类画笔是所有类型画笔中使用方法最丰富多变的画笔，我们在练习过程中不要仅仅只是根据画笔名称的描述去选择，应该是从画笔绘制出来的具体笔触变化去考虑它适合用到绘画的哪个环节。Stylize画笔的作画过程我们要充分结合“放”与“收”的概念来考虑如何组织画面，“随机性”笔触结构的融合也是生成很多奇妙效果的重要方法。在练习过程中除了熟悉每一支画笔的特性之外，我们一定要打开思维，多做试验，再结合本章所演示的创作方法找到属于自己的作画风格。

第 6 章

Shape 类画笔速查与运用

一、Shape画笔库分类速查与快速练习

Shape类画笔称为形状类画笔，即表现各式各样的单一形状或者群集形状，如绘画中常见的几何体结构，经常用它塑造基础造型，还有绘画中较难表现的树木、花草、毛发、山石等自然元素也是Shape类画笔主要解决的难题。Shape类画笔可以独立使用，但是更多情况下用于配合其他类型画笔工作，需要使用其他类型画笔来处理衔接与层次逻辑等关系。

1. 圆点

圆点画笔用于绘制简单的圆形图案，常用于画面中的基础结构塑造或是圆形图案描绘等（如图6-1所示）。

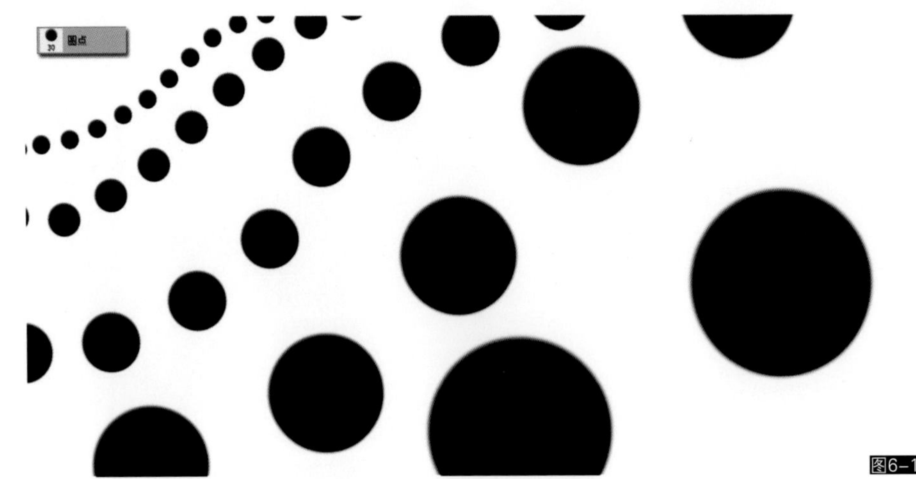

图6-1

2. 方块

方块画笔用于绘制简单的正方形图案，常用于画面中的基础结构塑造或是方形图案描绘等（如图6-2所示）。

图6-2

3. 三角形

三角形画笔用于绘制简单的三角形图案，常用于画面中的基础结构塑造或是三角形图案描绘等（如图6-3所示）。

图6-3

4. 六边形

六边形画笔用于绘制简单的六边形图案，常用于画面中的基础结构塑造或是六边形图案描绘等（如图6-4所示）。

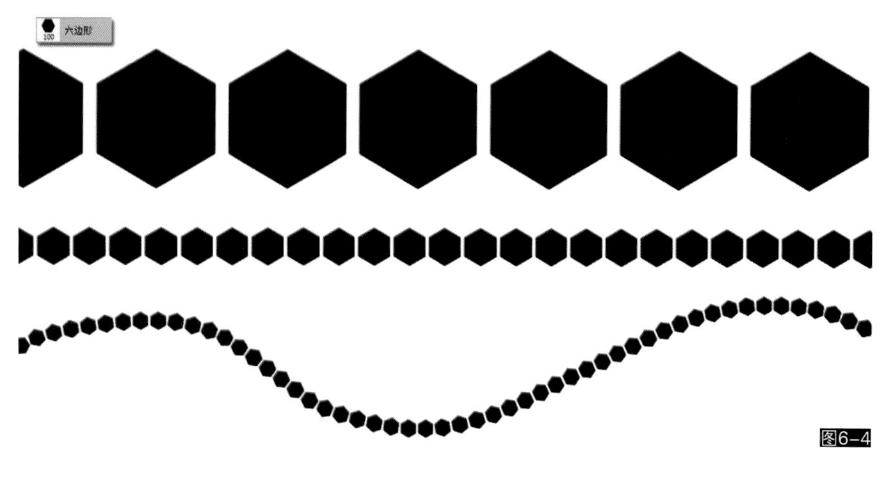

图6-4

5. 钢琴键

钢琴键画笔用于绘制简单的长条形图案，常用于画面中的基础结构塑造或是条状图案描绘等（如图6-5所示）。

图6-5

6. 毛发-层次与光泽 R

毛发-层次与光泽 R画笔是用于描绘头发或者较长毛发的专用系列画笔之一。“层次”指它常用于绘制毛发的第一步大层次结构；“光泽”指它还可以用于绘制毛发的高光和反光。此画笔带有“R”控制，可以通过改变画笔的角度来控制笔触形状（如图6-6所示）。

图6-6

7. 毛发-结构与细节 R

毛发-结构与细节 R画笔和上一支画类似，它可以进一步绘制出纤细的毛发感，同时也带有光影变化，常用于毛发绘制的第二步，在层次的基础上增加更多的线条结构与细节。此画笔也带有“R”控制，可以通过改变画笔的角度来控制笔触形状（如图6-7所示）。

图6-7

8. 毛发–超细

毛发–超细画笔用于绘制细丝状毛发结构，常用于刻画毛发中的细微层次，加强毛发飘逸效果。注意收笔时可以通过画笔压感来控制整簇毛发的粗细变化（如图6–8所示）。

图6–8

9. 毛发–细

毛发–细画笔一般用于绘制毛发效果中较细的结构。注意收笔时可以通过画笔压感来控制整簇毛发的粗细变化（如图6–9所示）。

图6–9

10. 毛发–粗

毛发–粗画笔一般用于绘制毛发效果中较粗的结构。注意收笔时可以通过画笔压感来控制整簇毛发的粗细变化（如图6–10所示）。

图6–10

11. 毛发–乱

毛发–乱画笔一般用于绘制毛发效果中较为混乱的结构，增强毛发的自然感。注意收笔时可以通过画笔压感来控制整簇毛发的粗细变化（如图6–11所示）。

图6–11

12. 毛发-簇

毛发-簇画笔用于描绘毛发的尖部，表现规整的毛发轮廓，也可以用于绘制短毛结构如眉毛、体毛、胡须、短发等（如图6-12所示）。

图6-12

13. 毛发涂抹（涂90-99）

毛发涂抹（涂90-99）涂抹工具专门用于将色彩结构转化为毛发效果，可以快速表现出层次非常丰富的毛发质感。它可以直接转化色块为毛发，也可以结合其他毛发画笔，在画好的毛发基础上增加毛发层次感、衔接性和自然变化等，非常有用。最佳涂抹强度范围为90~99（如图6-13所示）。

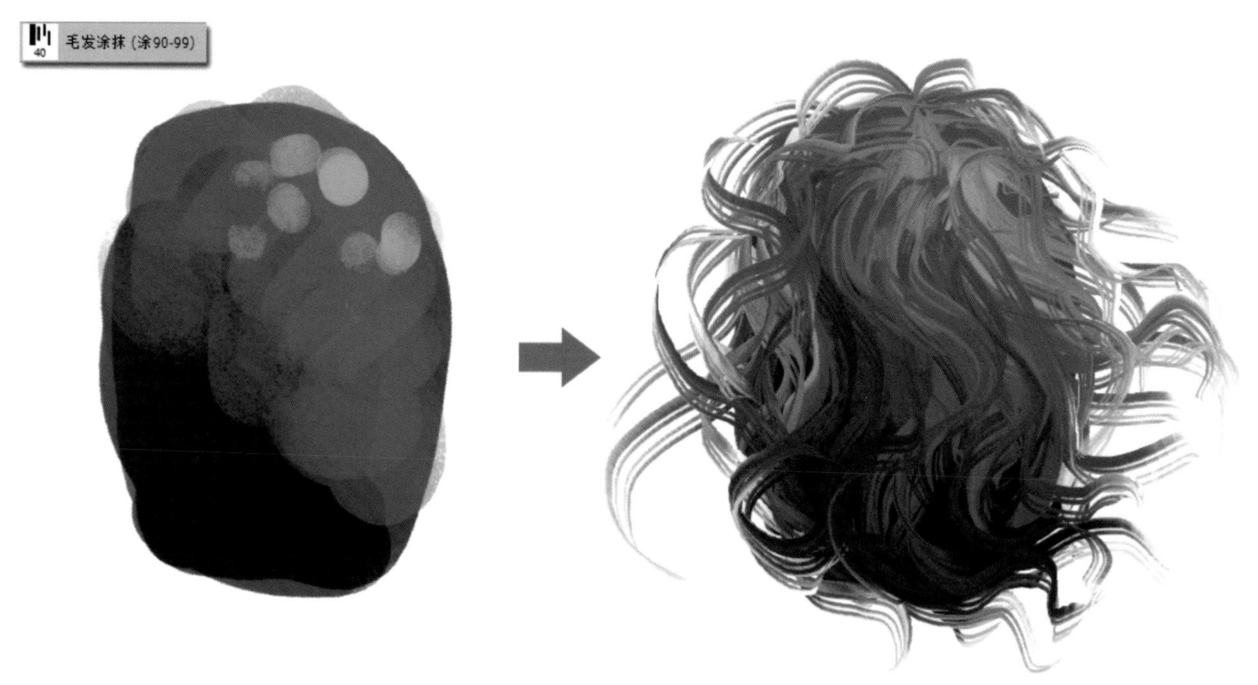

图6-13

笔刷练习小插曲

下面通过一个简单的毛发绘制教学来充分地认识一下毛发系列画笔使用的方法与规律。

01 首先使用good画笔先构建一个毛发生长的基本结构，这个基本体上的光影明暗将为毛发光影变化提供依据。这是绘制毛发效果时要注意的一个关键问题，凭空去绘制毛发结构对于初学者来说是很难掌握的（如图6-14所示）。

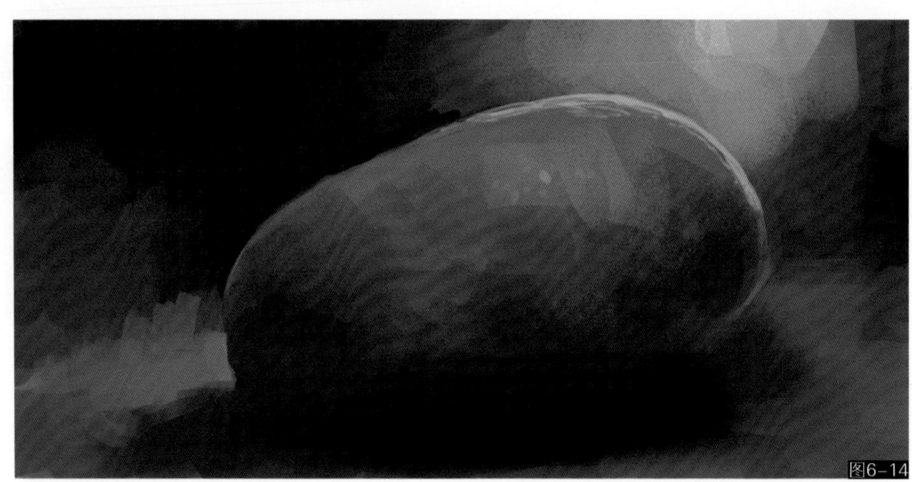

图6-14

02 使用毛发-层次与光泽画笔根据物体的明暗结构绘制出棕色的毛发结构，这支笔可以很容易地画出毛发的大致走向和光影层次感。初期构图笔刷尺寸可以稍微大一些，笔触太细会造成大结构的丢失（图6-15所示）。

图6-15

03 我们使用毛发-结构与细节画笔来丰富毛发的细节层次感。这支笔可以在层次与光泽画笔的基础上体现出更为细致的毛发线条结构，让毛发看上去更加实体化，而上一步的目的只是为了塑造基本光影结构。两支笔可以交替配合使用，在使用这些工具的过程中要明白使用它们的步骤与原理，循序渐进不要乱画（如图6-16所示）。

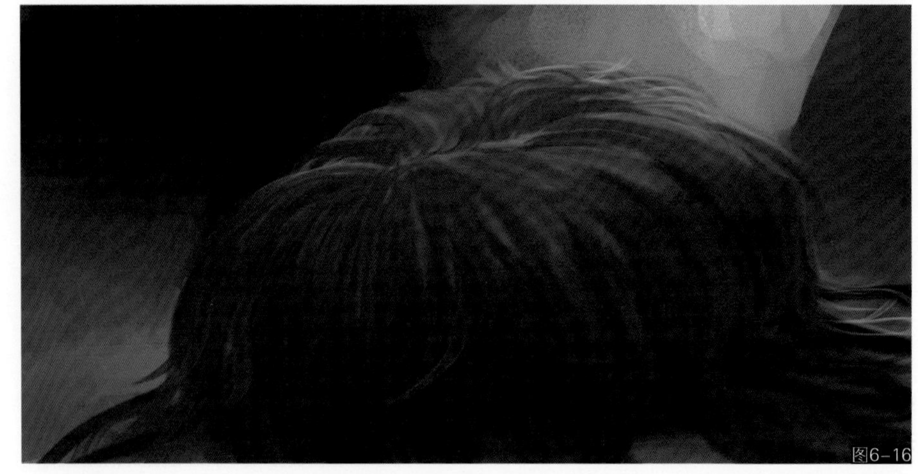

图6-16

04 继续使用毛发-结构与细节笔勾勒大致的光影结构。可以旋转画笔产生多变的笔触结构让毛发看上去有各种丰富的结构变化，但是不要过于注重单笔造型而把大的光影层次画乱（如图6-17所示）。

图6-17

05 当基本层次结构都画得差不多后，可以使用毛发-细或者毛发-粗画笔给画面添加一些毛发线条。不同于层次类画笔，这两支笔主要用于绘制出毛发的丝状结构，但是不宜画得太平均，这样会破坏画面的整体感。一般常绘制在受光比较明显的地方和暗部，中间层次不要过多地去描绘（如图6-18所示）。

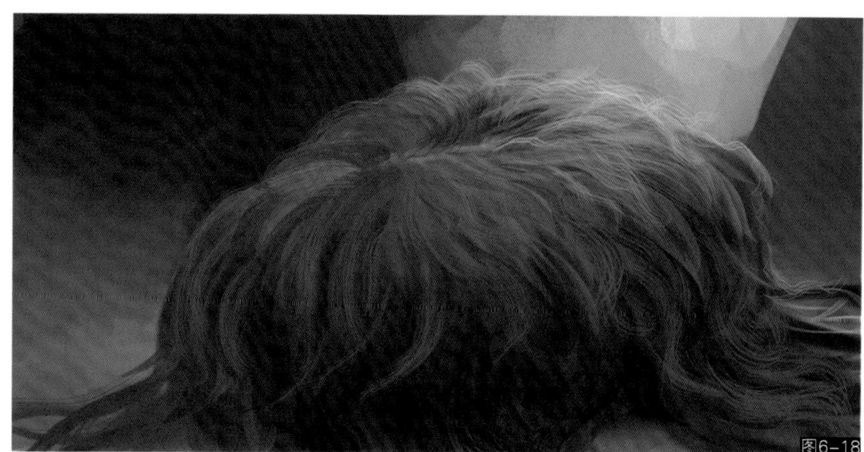

图6-18

06 继续使用毛发-细笔来深入细节描绘，同时使用毛发-簇画笔来增加一些翘起的毛发簇结构。这一步并不意味着就不再使用层次和结构毛发画笔，在勾勒细节的时候也需要随时处理与修整层次（如图6-19所示）。

图6-19

07 由于毛发-细或毛发-簇画笔画出来的毛发效果都比较硬，和之前的结构层次有种衔接不上的生硬感，因此需要使用毛发涂抹画笔来处理这些生硬的结构。它是一个非常重要的工具，除了起到衔接融合色彩的作用，还能延伸出更多的条状毛发线条，对于毛发的自然感塑造很有帮助。但是也不要过分均匀涂抹导致之前清晰的线条遭到破坏，需要反复练习（如图6-20所示）。

图6-20

08 再次使用毛发-层次与光泽画笔来增强毛发的暗部层次，这样做的目的在于调节毛发的体积感与层次感。这一步需要细心地梳理清楚之前步骤绘制的很多随意毛发结构之间的前后关系，用影子来控制变化（如图6-21所示）。

图6-21

09 使用毛发-超细画笔来绘制毛发细节，尤其是受光部分的毛发，需要用心地描绘光泽变化。任何细节描绘的过程都少不了毛发涂抹笔的配合，当绘制完较硬的细节后都要使用涂抹工具轻微做一下混合衔接（如图6-22所示）。

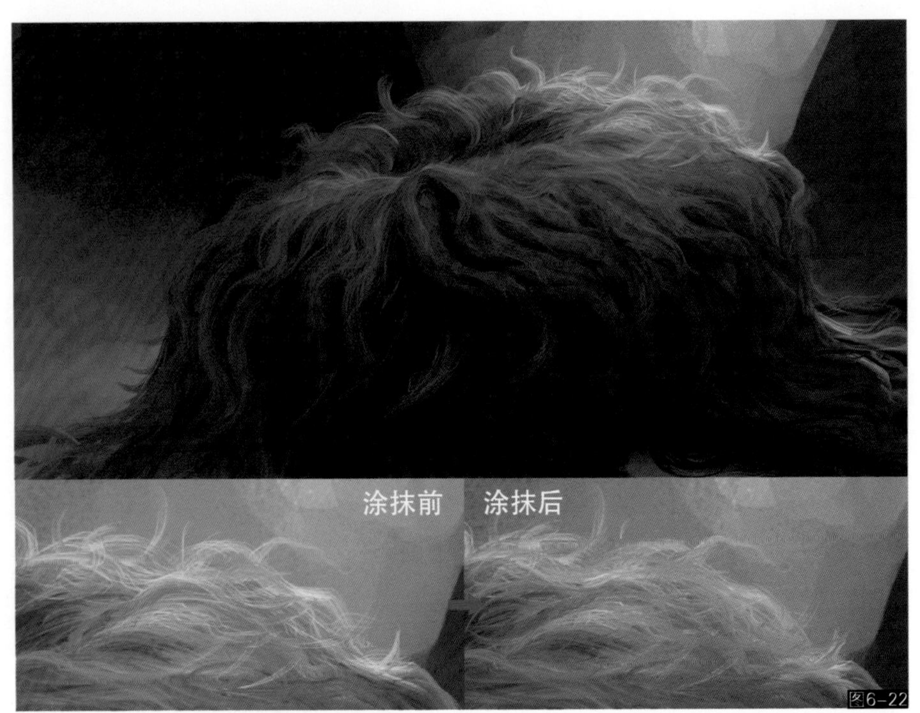

图6-22

10 接下来继续重复以上步骤，耐心地梳理毛发间的结构关系。最后使用一些辉光画笔特效来柔化背景的光线层次，这样我们就绘制出了逼真的毛发效果（如图6-23所示）。

图6-23

接下来我们继续尝试使用同样的流程和工具来绘制另一种柔顺的头发质感。

01 首先使用good画笔绘制出头发的基本光影结构（如图6-24所示）。

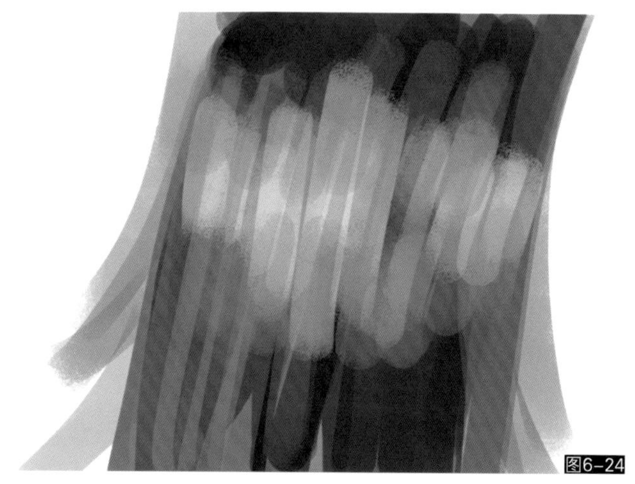
图6-24

02 使用毛发-层次与光泽画笔来绘制头发的基础质感与基本形状。用笔时可以干脆利落一些，不要扭曲抖动以体现头发的流畅质感（如图6-25所示）。

图6-25

03 使用毛发-结构与细节画笔继续丰富头发的细节层次，反复在结构中绘制更多更深的层次变化，注意高光部分，不要完全覆盖掉（如图6-26所示）。

图6-26

04 使用毛发-细画笔来增强发丝质感，注意这个画笔尽量只强调高光和暗部层次，不要均匀地绘制在所有层次结构上（如图6-27所示）。

图6-27

05 使用毛发涂抹工具来处理各色彩间的自然融合关系，同时还可以涂抹出更多的头发结构，这是毛发绘制中最为重要的一步（如图6-28所示）。

图6-28

06 最后使用毛发-层次与光泽和毛发-细或是超细等画笔细心地绘制头发的高光。在绘制这类顺滑的高光时，可以将画笔的透明度降低至40%~50%，然后使用“滤色”模式来绘制，这样就能反复叠加产生层次丰富的细致光泽。相反，如果需要压暗高光那么使用40%~50%的黑色画笔来覆盖（如图6-29所示）。

图6-29

小结：右图是使用上述绘画流程在实际创作中的运用。通过这样一种流程化的练习，我们可以在短期内绘制出比较理想的毛发效果，相比传统绘画方式更容易学习和掌握（如图6-30所示）。

图6-30

14. 短毛-1

短毛-1画笔专门用于绘制短毛动物等的浓密皮毛效果，如猫、狗、狼、老虎、狮子等（如图6-31所示）。

图6-31

15. 短毛-2

短毛-2画笔专门用于绘制短毛动物等的浓密皮毛效果，如猫、狗、狼、马、老虎、狮子等。相比上一支短毛画笔，短毛-2画笔更加松软飘逸一些。（如图6-32所示）。

图6-32

16. 短毛-3

短毛-3画笔专门用于绘制毛球状物体，如毛绒玩具、毛球、绒毛动物等。在处理色彩明暗关系时可以通过降低笔刷透明度来得到较好的毛发过渡感（如图6-33所示）。

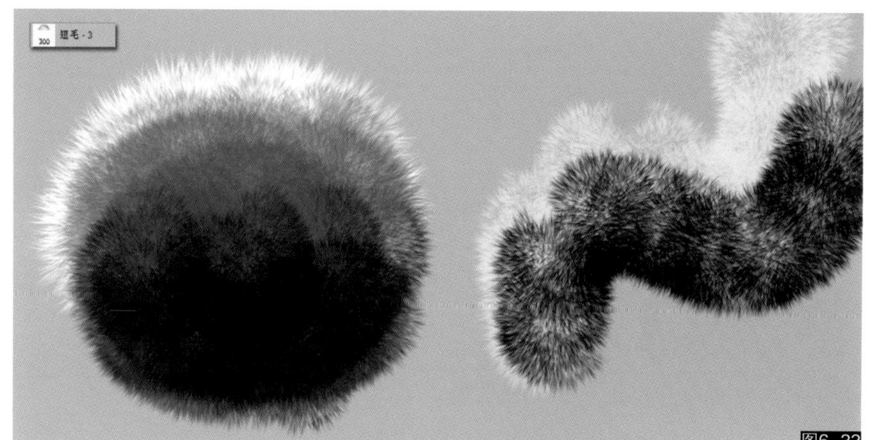

图6-33

17. 绒毛 R T

绒毛 R T画笔专门用于绘制松软的羽绒质感。注意此画笔带有“R”和“T”控制，可以旋转和倾斜画笔来控制绒毛的生长变化（如图6-34所示）。

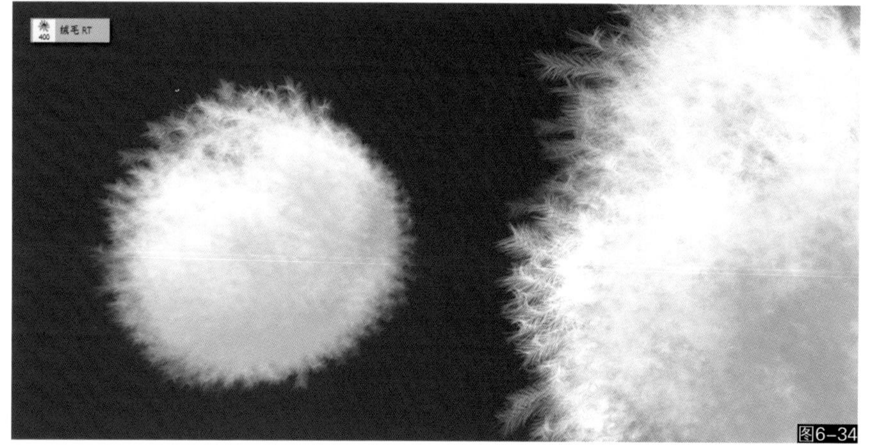

图6-34

18. 短毛涂抹（涂90-99）

短毛涂抹（涂90-99）工具和毛发涂抹工具一样是非常重要的毛发层次处理工具，常用于处理类似羊毛一类的短毛效果，以及人体毛发效果，如眉毛、头发等，经常用于层次关系的调整，也可以直接用来辅助绘制毛发（如图6-35所示）。

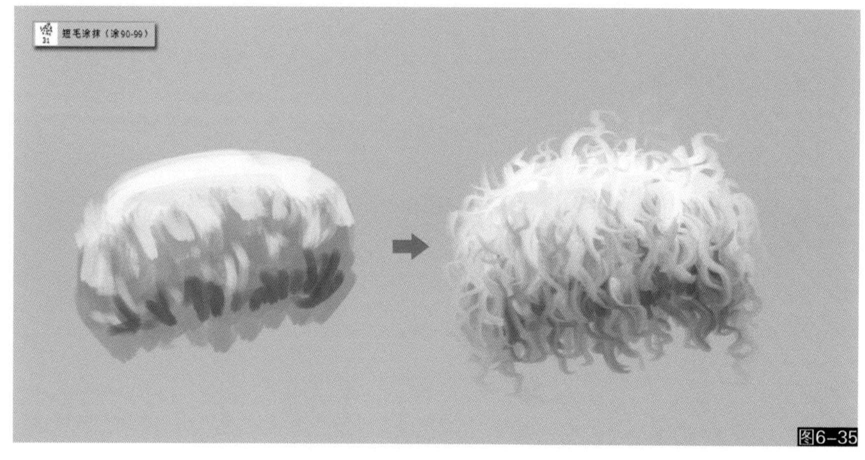

图6-35

笔刷练习小插曲

接下来通过一个绘画流程来分析讲解短毛画笔在实际创作中的运用，我们将要描绘一个大猩猩的肖像。

01 首先使用good画笔绘制一些基本色彩结构（对于good画笔的运用可以查阅第2章）。这一步的目的在于确定大的基色，色彩分为背景色、暗部色、受光色三部分，这样可以为后期上色提供依据（如图6-36所示）。

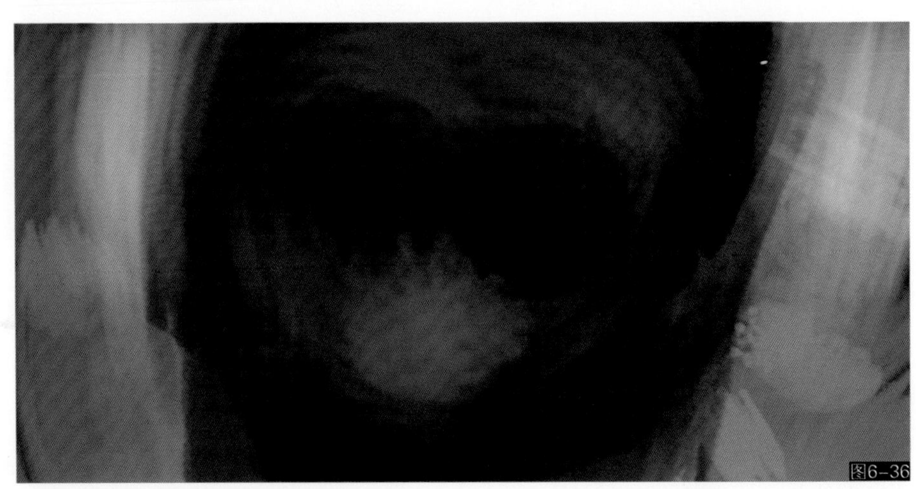
图6-36

02 接下来使用较小的good画笔描绘出大猩猩的主要暗部、中间色和高光三个层次结构。这里使用的是good画笔-4，使用其他画笔也一样，但是不要使用柔性画笔，要保持干净利落的结构感（如图6-37所示）。

图6-37

03 使用短毛-1或者短毛-2画笔来为角色增添一些基本的毛发结构。这不是最终的毛发结构，目的在于铺垫一层毛发的基础色彩和肌理（如图6-38所示）。

图6-38

04 使用较小的画笔慢慢深入面部细节描绘，毛发部分可以暂时忽略，上色时不用去避让毛发结构，只注意主体描绘（如图6–39所示）。

图6–39

05 继续深入刻画，眼窝中的柔和阴影部分可以使用good画笔–7处理过渡关系。画面中大部分的色彩都可以取自于画面中先前相互叠加出的各种中间色或是暗部色，这样可以保证画面色调的统一性（如图6–40所示）。

图6–40

06 逐渐加入高光来突出面部的质感，同时调整阴影的结构，区分出各个位置关系。注意高光层次不要一次画到位，慢慢地逐步提升，可以使用50%透明度的画笔慢慢叠加，画笔可以使用硬边结构的笔触，如good画笔–8等（如图6–41所示）。

图6–41

07 高光柔化除了运用笔触的相互叠加去处理外，也可以使用涂抹工具进行混合。方法很多，需要自己多多实践总结（如图6–42所示）。

图6–42

08 仔细刻画面部纹理和耳朵部分。新加入的色彩可以使用半透明笔触绘制在底色上后再使用吸管提取出来，这样就能很好地融入之前的色彩环境中，这个过程等同于混色。当然也可以直接使用混合器画笔来得到这样的效果（如图6-43所示）。

图6-43

09 当所有面部的色彩完成度较高时，可以使用短毛画笔在大猩猩的面部和头部绘制毛发结构。绘制时注意用笔的朝向，毛发尖部应该向外，第一层毛发绘制使用亮色来体现毛发的受光色，第二遍再使用较暗的色彩在之前毛发结构上压一遍，这样毛发看上去就不会太跳，有“长在”面部的感觉。这样的绘制方式适用于所有类型的毛发绘制流程（如图6-44所示）。

图6-44

10 接下来使用短毛涂抹工具去强化一些毛发部位，比如眉毛和胡须的结构，目的在于让毛发形成短的一簇簇的感觉，同时也起到自然衔接过渡的作用。最后使用辉光画笔从新调整一下背景的色彩层次和色彩变化，这样就完成了本幅作品的绘制（如图6-45所示）。

图6-45

小结：毛发类画笔的绘制方式基本相似，但是需要注意教学中每一步的流程，我们需要了解不同工具使用的环节与意义，通过实践与不断地练习去掌握这个规律。

19. 草-1

草-1画笔专门用于描绘常规草丛效果。使用时需注意运笔方向的控制，草的生长可以根据运笔方向产生跟随变化（如图6-46所示）。

图6-46

20. 草-2

草-2画笔专门用于描绘常规草丛效果。使用时需注意运笔方向的控制，草的生长可以根据运笔方向产生跟随变化（如图6-47所示）。

图6-47

21. 草-3

草-3画笔专门用于描绘干草丛效果。使用时需注意运笔方向的控制，草的生长可以根据运笔方向产生跟随变化（如图6-48所示）。

图6-48

22. 草-4

草-4画笔专门用于描绘浓密草丛效果。使用时需注意运笔方向的控制，草的生长可以根据运笔方向产生跟随变化（如图6-49所示）。

图6-49

23. 树枝-1

树枝-1画笔专门用于描绘常规粗树枝结构。使用时需注意运笔方向的控制，树枝的生长可以根据运笔方向产生跟随变化（如图6-50所示）。

图6-50

24. 树枝-2

树枝-2画笔专门用于描绘常规细树枝结构。使用时需注意运笔方向的控制，树枝的生长可以根据运笔方向产生跟随变化（如图6-51所示）。

图6-51

25. 树枝-3

树枝-3画笔专门用于描绘常规细树枝结构。使用时需注意运笔方向的控制，树枝的生长可以根据运笔方向产生跟随变化（如图6-52所示）。

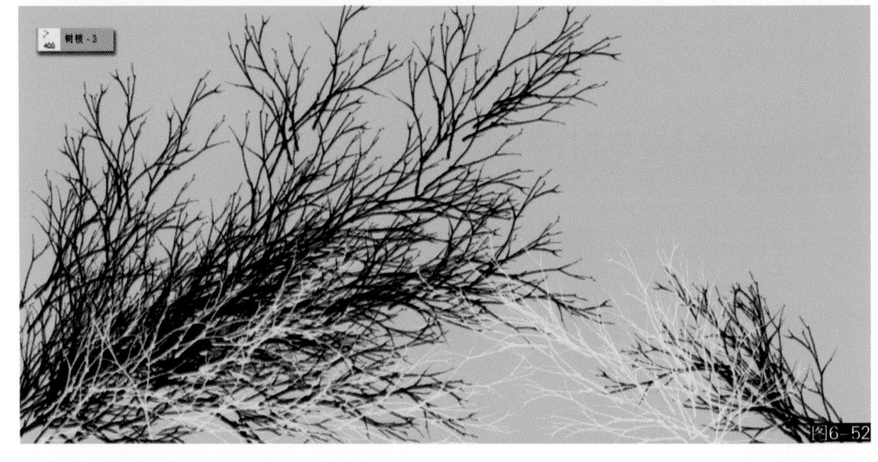

图6-52

26. 树枝-4 T

树枝-4 T画笔专门用于描绘常规的整棵树结构。此画笔带有“T”控制，使用时需注意运笔的倾斜度变化，树枝的生长可以根据运笔角度产生变化（如图6-53所示）。

图6-53

27. 叶子-1 T

叶子-1 T画笔专门用于描绘常规叶子结构。此画笔带“T”控制，使用时需注意运笔的角度变化，叶子的生长可以根据运笔的角度产生变化（如图6-54所示）。

图6-54

28. 叶子-2

叶子-2 画笔专门用于描绘常规叶子结构。此画笔适合在深色的结构上绘制叶子，模拟出生长附着的感觉（如图6-55所示）。

图6-55

29. 叶子-3 T

叶子-3 T画笔专门用于描绘常规叶子结构。此画笔带有“T”控制，使用时需注意运笔的角度变化，叶子的生长可以根据运笔的角度产生变化（如图6-56所示）。

图6-56

30. 叶子–4 T

叶子–4 T画笔专门用于描绘常规叶子结构。此画笔带有“T”控制，使用时需注意运笔的角度变化，叶子的生长可以根据运笔的角度产生变化（如图6–57所示）。

图6–57

31. 叶子–5 T

叶子–5 T画笔专门用于描绘常规叶子结构。此画笔带有“T”控制，使用时需注意运笔的角度变化，叶子的生长可以根据运笔的角度产生变化（如图6–58所示）。

图6–58

32. 叶子–6

叶子–6画笔专门用于描绘常规叶子结构，无特殊控制（如图6–59所示）。

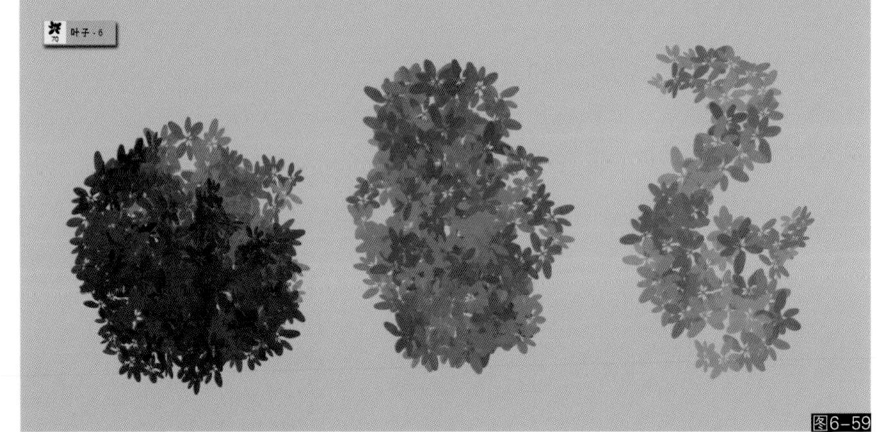

图6–59

33. 叶子–7

叶子–7画笔专门用于描绘常规叶子结构。使用时需注意运笔方向，叶子的生长可以根据运笔方向产生跟随变化（如图6–60所示）。

图6–60

34. 叶子–8

叶子–8画笔专门用于描绘常规叶子结构（如图6–61所示）。

图6–61

35. 叶子–9 T

叶子–9 T画笔专门用于描绘常规叶子结构。此画笔带有“T”控制，使用时需注意运笔的角度变化，叶子的生长可以根据运笔的角度产生变化（如图6–62所示）。

图6–62

36. 叶子–10

叶子–10画笔专门用于描绘常规叶子结构，无特殊控制（如图6–63所示）。

图6–63

37. 叶子–11 T

叶子–11 T画笔专门用于描绘常规叶子结构。此画笔带有“T”控制，使用时需注意运笔的角度变化，叶子的生长可以根据运笔的角度产生变化（如图6–64所示）。

图6–64

38. 叶子-12

叶子-12画笔专门用于描绘常规叶子结构。使用时需注意运笔方向，叶子的生长可以根据运笔方向产生跟随变化（如图6-65所示）。

图6-65

39. 叶子-13

叶子-13画笔专门用于描绘常规叶子结构。使用时需注意运笔方向，叶子的生长可以根据运笔方向产生跟随变化（如图6-66所示）。

图6-66

40. 叶子-14

叶子-14画笔专门用于描绘常规叶子结构。使用时需注意运笔方向，叶子的生长可以根据运笔方向产生变化（如图6-67所示）。

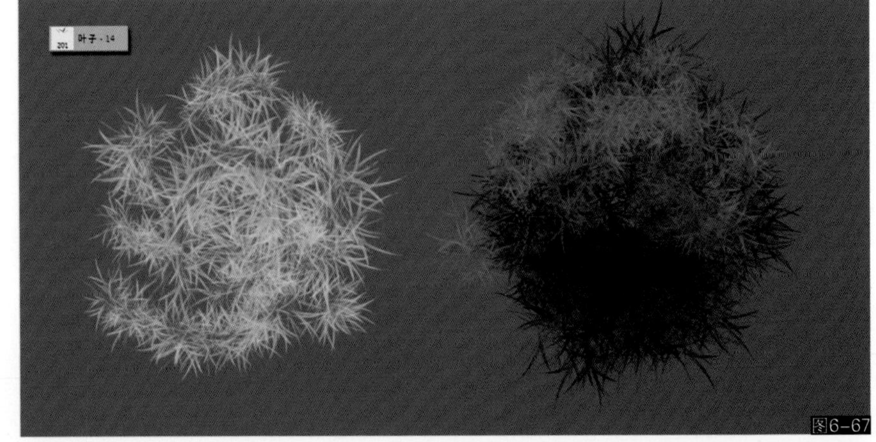

图6-67

41. 花朵

花朵画笔专门用于描绘常规花朵结构，可以结合叶子画笔使用（如图6-68所示）。

图6-68

42. 花瓣

花瓣画笔专门用于描绘花瓣飘散的效果（如图6-69所示）。

图6-69

43. 色彩转化树叶（涂93-99）

色彩转化树叶（涂93-99）工具是非常重要的叶子转化工具，可以将简单的色彩结构涂抹转化为层次多变的叶子结构。可以配合树叶系列画笔使用，也可以独立使用，最佳涂抹强度范围为93～99（如图6-70所示）。

图6-70

44. 色彩转化草丛（涂93-99）

色彩转化草丛（涂93-99）工具是非常重要的草丛转化工具，可以将简单的色彩结构涂抹转化为层次多变的草丛结构。可以配合草丛系列画笔使用，也可以独立使用，最佳涂抹强度范围为93～99（如图6-71所示）。

图6-71

45. 森林-平视 T

森林-平视 T画笔专门用于快速描绘常规平视树林场景。此画笔带有“T”控制，使用时需注意运笔的角度变化，树木尺寸可以根据运笔的角度产生变化（如图6-72所示）。

图6-72

46. 森林-斜视 T

森林-斜视 T画笔专门用于快速描绘常规斜视树林场景。此画笔带有“T”控制，使用时需注意运笔的角度变化，树木尺寸可以根据运笔的角度产生变化（如图6-73所示）。

图6-73

47. 森林-俯视

森林-俯视画笔专门用于快速描绘常规俯视树林场景。常用于表现鸟瞰视角（如图6-74所示）。

图6-74

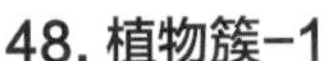

48. 植物簇-1

植物簇-1画笔专门用于表现各种类型的植物丛效果，没有特定使用要求，可以用于绘制树木、丛林、灌木丛、地衣和藤蔓等（如图6-75所示）。

图6-75

49. 植物簇-2

植物簇-2画笔专门用于表现各种类型的植物丛效果，没有特定使用要求，可以用于绘制树木、丛林、灌木丛、地衣和藤蔓等（如图6-76所示）。

图6-76

50. 植物簇-3 R T

植物簇-3 R T画笔专门用于表现各种类型的植物丛效果，没有特定使用要求，可以用于绘制树木、丛林、灌木丛、地衣和藤蔓等。此画笔带有“R”和“T”控制，需要掌握好笔刷角度和旋转来控制笔触变化（如图6-77所示）。

图6-77

51. 植物簇-4

植物簇-4画笔专门用于表现各种类型的植物丛效果，没有特定使用要求，可以用于绘制树木、丛林、灌木丛、地衣和藤蔓等（如图6-78所示）。

图6-78

52. 植物簇-5 R T

植物簇-5 R T画笔专门用于表现各种类型的植物丛效果，没有特定使用要求，可以用于绘制树木、丛林、灌木丛、地衣和藤蔓等。此画笔带有“R”和“T”控制，需要掌握好笔刷角度和旋转来控制笔触变化（如图6-79所示）。

图6-79

53. 植物簇-6

植物簇-6画笔专门用于表现各种类型的植物丛效果，没有特定使用要求，可以用于绘制树木、丛林、灌木丛、地衣和藤蔓等（如图6-80所示）。

图6-80

笔刷练习小插曲

下面通过一个实例来学习和逐步掌握植物类型画笔的使用方法，我们将要绘制一个森林中的场景。

01 首先使用good画笔将画面的大体色调进行平铺。注意地面植物结构，需要将植物受光色和阴影色进行大体区分，为后续上色提供依据（如图6-81所示）。

图6-81

02 接下来使用森林-平视 T画笔绘制远处的树林。由于是远景，色彩可以和天空融合一些，不要使用近处的绿色，避免层次混乱（如图6-82所示）。

图6-82

03 选择任意叶子画笔和植物簇画笔将地面植物的基本层次绘制出来。使用不同的植物画笔将表现出不一样的纹理结构和特色，可以灵活运用。在这里使用的是叶子-4和植物簇-4画笔（如图6-83所示）。

图6-83

04 继续调整好植物的明暗层次，最亮的受光区域集中在右侧位置，越往近处走叶子应该越来越暗，这样才有远近区别（如图6-84所示）。

图6-84

05 使用good画笔绘制树干。注意远近的色彩层次，远处的要接近天色一些，近处的可以较深一点，同时下半部分稍微有些植物的环境色影响（如图6-85所示）。

图6-85

06 继续深入描绘树干层次（如图6-86所示）。

图6-86

07 加入更多的树干层次，注意远处树干的色彩要更浅更接近远景色，局部可以偏向叶子色一些（如图6-87所示）。

图6-87

08 接下来开始细致描绘树叶细节，选择叶子系列画笔从画面最近的暗部层次开始描绘。这幅场景中最深的区域为正中的树干底部，先绘制出上面生长的树叶和杂草（如图6-88所示）。

图6-88

09 继续使用叶子画笔和植物簇画笔绘制近景、中景和远景的植物。注意绘制过程中树叶会遮蔽到树干结构，不要管它，不要去躲避，这样可以让植物更好地融入各种层次中，不对的地方后期再做处理（如图6-89所示）。

图6-89

10 中间层次的树叶绘制好后，再选择树干色彩把穿透近处树干的叶子遮盖掉，这样层次关系就正确了。同时使用较小的植物簇画笔强化中间最亮的受光部位（如图6-90所示）。

图6-90

11 尝试使用各种叶子画笔丰富画面中的细微结构变化(如图6-91所示)。

图6-91

12 使用叶子-14画笔描绘最近处四个角落的树叶，让画面空间感更加延展。还可以使用树枝画笔添加一些细小的树枝结构（如图6-92所示）。

图6-92

13 最后使用“正片叠底”模式的辉光画笔将画面的角落压暗，然后再使用“滤色”模式的辉光画笔强化背景间隙中的光晕和植物受光最强区域的黄绿色光晕。这样画面的层次感看上去就更加清晰柔和了，色彩相互之间也能很好地融为一体，至此本幅练习完成（如图6-93所示）。

图6-93

下面我们继续学习使用植物类画笔快速绘制一个树木场景。

01 首先使用任意画笔绘制出基本的天空背景，写实、写意、风格化皆可（如图6-94所示）。

图6-94

02 接下来使用树枝画笔绘制出树干的基本走向。注意运笔的方向变化将决定树枝的生长朝向。可以尝试使用不同的树枝画笔搭配（如图6-95所示）。

图6-95

03 当前树枝的分布只是一个基本的大概结构，需要使用good画笔对树干进行调整与强化，以获得正确的树形结构（如图6-96所示）。

图6-96

04 接下来使用叶子画笔根据树枝的分布与走向绘制树叶层次。注意树叶的大小要符合树干的比例和走势，不要胡乱地画上去，每一个密集树叶簇的根部都使用深色强化树叶丛的体积感（如图6-97所示）。

图6-97

05 继续使用叶子画笔或是植物簇画笔绘制其他树叶的结构，可以多做各种搭配尝试（如图6-98所示）。

图6-98

06 继续绘制最后的树叶结构，注意再小的树叶丛也要有明暗变化。树叶丛分布看似较为没有规律，其实我们可以将其视为一个简单的几何体，这样就能认清明暗的位置（如图6–99所示）。

图6–99

07 最后加上一些构图辅助元素和文字即完成本幅创作（如图6–100所示）。

图6–100

小结：植物类画笔的运用类似于形状的拼接过程，就像搭积木一样，需要根据所描绘对象选择合适的形状拼接上去。但是单纯的拼接组合很多情况下其光影结构和逻辑关系都是不对的，因此还需要配合其他画笔来对其进行修饰与调整。

54. 羽毛-1 T

羽毛-1 T画笔用于描绘常规的羽毛结构，如鸟类羽毛、羽毛飘散效果等。此画笔带有“T”控制，描绘时可以通过倾斜画笔角度控制羽毛透视变化（如图6-101所示）。

图6-101

55. 羽毛-2 T

羽毛-2 T画笔用于描绘常规的羽毛结构，如鸟类羽毛、羽毛飘散效果等。此画笔带有“T”控制，描绘时可以通过倾斜画笔角度控制羽毛透视变化（如图6-102所示）。

图6-102

56. 羽毛-3

羽毛-3画笔用于描绘常规的羽毛结构，如鸟类羽毛、羽毛飘散效果等。（如图6-103所示）。

图6-103

57. 羽毛-4 T

羽毛-4 T画笔专门用于描绘羽毛飘散效果。此画笔带有“T”控制，描绘时可以通过倾斜画笔角度控制羽毛透视变化（如图6-104所示）。

图6-104

58. 岩石构图笔-1 R

岩石构图笔-1 R用于绘制随机组合的岩石地形地貌初级结构，常用它随机组合出地形或是石头的基本层次结构，然后再结合其他画笔深入刻画细节，是场景绘画中重要的塑形画笔。此画笔带有“R”控制，可以旋转画笔来控制岩石的朝向（如图6-105所示）。

图6-105

59. 岩石构图笔-2

岩石构图笔-2 用于绘制随机组合的岩石地形地貌初级结构，常用它随机组合出地形或是石头的基本层次结构，然后再结合其他画笔深入刻画细节，是场景绘画中重要的塑形画笔（如图6-106所示）。

图6-106

60. 岩石构图笔-3 R

岩石构图笔-3 R用于绘制随机组合的岩石地形地貌初级结构，常用它随机组合出地形或是石头的基本层次结构，然后再结合其他画笔深入刻画细节，是场景绘画中重要的塑形画笔。此画笔带有“R”控制，可以旋转画笔来控制岩石的朝向（如图6-107所示）。

图6-107

笔刷练习小插曲

接下来通过2个小练习来分析讲解岩石构图笔在实际场景创作中的运用。

01 新建一个2,000像素×1,100像素的画布，使用任意喜欢的画笔绘制出天空的基本色调（如图6-108所示）。

图6-108

02 接下来使用岩石构图笔绘制出山脉地形的大致结构和色彩，注意运笔时不要总是沿一个方向，可以旋转画笔来控制岩石结构的变化，尽量让山体结构看上去自然多变（如图6-109所示）。

图6-109

03 继续使用岩石构图笔-3绘制较为细致的初期结构。这个画笔在绘制时可以产生细微的色彩随机偏移，为后期上色提供更多的色彩选择，很多中间色可以直接提取这里面的色彩，这样可以保证画面色调的协调统一（如图6-110所示）。

图6-110

04 使用good画笔将分散的结构整理出一个有序的顺序，但是不要过多遮盖掉自然的结构，同时调整出色彩的光影层次变化（如图6-111所示）。

图6-111

05 使用good画笔继续调节光色层次。将场景分为远中近三个层次，右方为受光区域并适当地绘制出一些小细节（如图6-112所示）。

图6-112

06 接下来选择受光最强烈部分，使用good画笔-1、good画笔-3、good画笔-8进行刻画。由于山体结构属于比较坚硬的质地，因此在结构处理上一定要用硬边的画笔进行刻画（如图6-113所示）。

图6-113

07 在绘制细节时可以局部放大去描绘结构的变化。山体结构比较琐碎，刻画时可以把它看成大小不一的简单几何体去描绘，如立方体、三角体、圆柱体等，这样就能较容易梳理清楚光影结构的变化（如图6-114所示）。

图6-114

08 以同样的方法描绘近处山体的结构（如图6-115所示）。

图6-115

09 整体细节描绘最细致的地方应该停留在受光最强的部分，阴影层次的细节不要过分描绘，有些地方甚至可以留白保持原样，这样画面才有收放的对比变化（如图6-116所示）。

图6-116

10 收尾时可以使用good画笔-8多强调一下细小结构的坚硬质地，如最深的阴影凹槽、细碎的石头体感、山体边缘等。不要怕麻烦，一定要耐心描绘，至此本练习完成（如图6-117所示）。

接下来我们快速地使用同样的方法来绘制另外一种类似的场景，这里将整个过程图展示给大家（如图6-118～图6-121所示）。

图6-117

图6-118

图6-119

图6-120

图6-121

小结：追求“随机性”是风格类和形状类画笔共有的重要特性，很多情况下随机组合可以创作出很多意想不到的效果。因此对于这类画笔的训练尤为重要，掌握好了我们会发现绘画过程不再枯燥乏味，很多好的创意都可以从随机过程中演变出来，需要不断加强对这些工具的理解与练习。

61. 巨石-1 RT

巨石-1 RT画笔专门用于快速描绘逼真的石头结构或者岩石表面，可以结合岩石构图笔来使用，也可以作为添加石纹细节的画笔使用。此画笔带有“R”和“T”控制，绘制时可以改变画笔角度和斜度控制石纹的走向（如图6-122所示）。

图6-122

62. 巨石-2

巨石-2画笔专门用于快速描绘逼真的石头结构或岩石表面，可以结合岩石构图笔来使用，也可以作为添加石纹细节的画笔使用（如图6-123所示）。

图6-123

63. 巨石-3 R

巨石-3 R画笔专门用于快速描绘逼真的石头结构或岩石表面，可以结合岩石构图笔来使用，也可以作为添加石纹细节的画笔使用。此画笔带有“R”控制，绘制时可以改变画笔角度控制石纹的走向（如图6-124所示）。

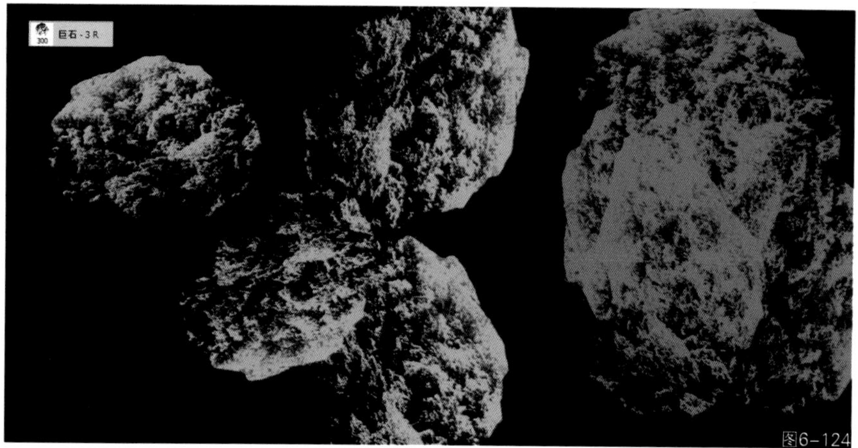
图6-124

64. 碎片-1 T

碎片-1 T画笔专门用于快速描绘石头或者建筑物的碎片形状，常用于表现坍塌、爆炸、破碎等效果。此画笔带有“T”控制，绘制时可以改变画笔斜度控制碎片的方向（如图6-125所示）。

图6-125

65. 碎片-2

碎片-2画笔专门用于快速描绘石头或者建筑物的碎片形状，常用于表现坍塌、爆炸、破碎等效果（如图6-126所示）。

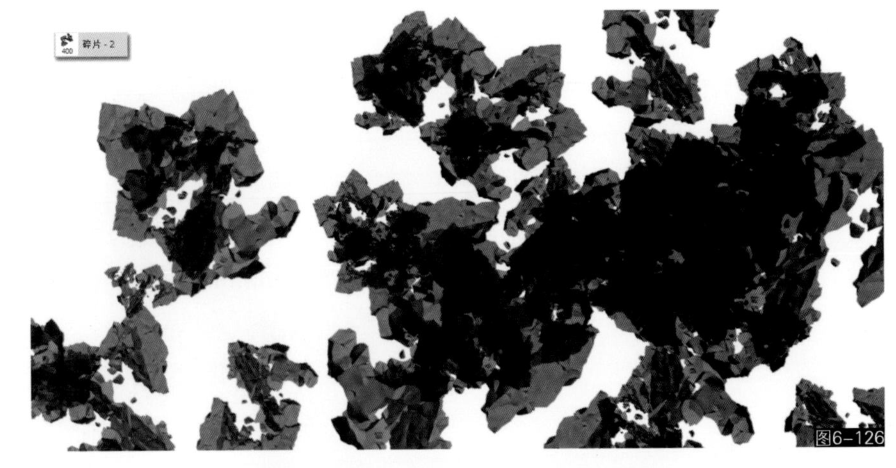
图6-126

66. 碎片-3

碎片-3画笔专门用于快速描绘石头或者建筑物的碎片形状，常用于表现坍塌、爆炸、破碎等效果（如图6-127所示）。

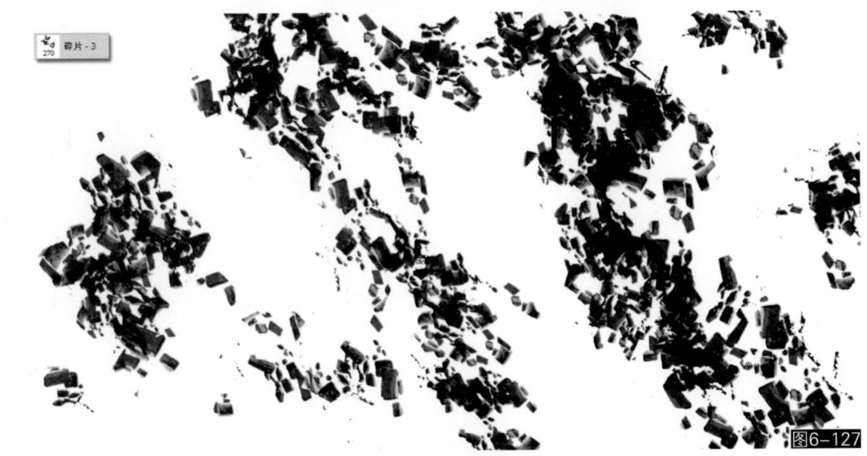
图6-127

67. 垃圾堆 R

垃圾堆 R画笔专门用于快速描绘垃圾堆、废墟等效果，常用于表现坍塌、爆炸、末日、战场等场景。此画笔带有“R”控制，绘制时可以改变画笔斜度来控制形状的方向（如图6-128所示）。

图6-128

68. 海浪 T

海浪 T画笔专门用于快速描绘海洋、湖泊、水塘等水面波纹效果。此画笔带有“T”控制，绘制时可以改变画笔斜度控制波浪的透视变化（如图6-129所示）。

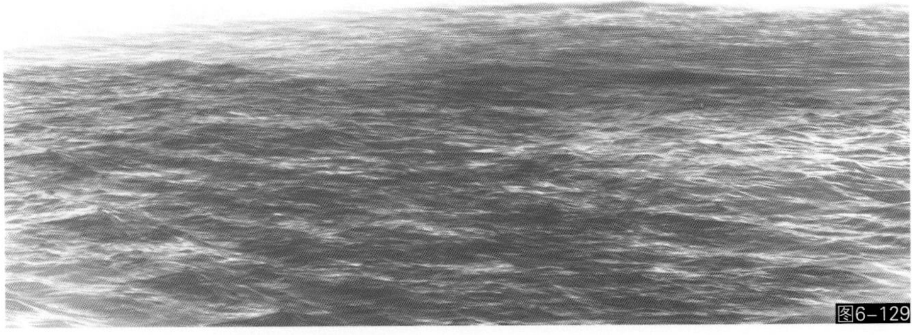
图6-129

69. 骷髅-1 R

骷髅-1 R画笔专门用于快速描绘正面骷髅结构。此画笔带有“R”控制，绘制时可以旋转画笔来控制骷髅的方向（如图6-130所示）。

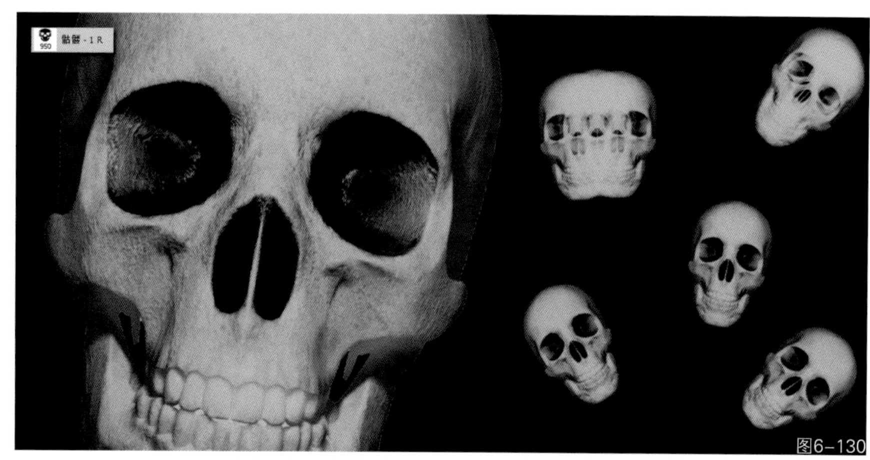

图6-130

70. 骷髅-2 R

骷髅-2 R画笔专门用于快速描绘侧面骷髅结构。此画笔带有“R”控制，绘制时可以旋转画笔来控制骷髅的方向（如图6-131所示）。

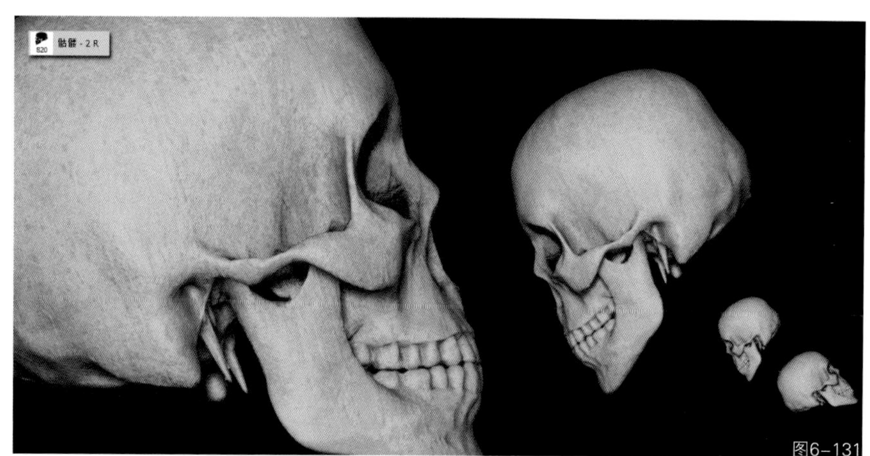

图6-131

71. 骷髅-3 R

骷髅-3 R画笔专门用于快速描绘群组骷髅结构。此画笔带有“R”控制，绘制时可以旋转画笔来控制骷髅的方向（如图6-132所示）。

图6-132

72. 气泡

气泡画笔专门用于快速描绘水底气泡升起的效果（如图6-133所示）。

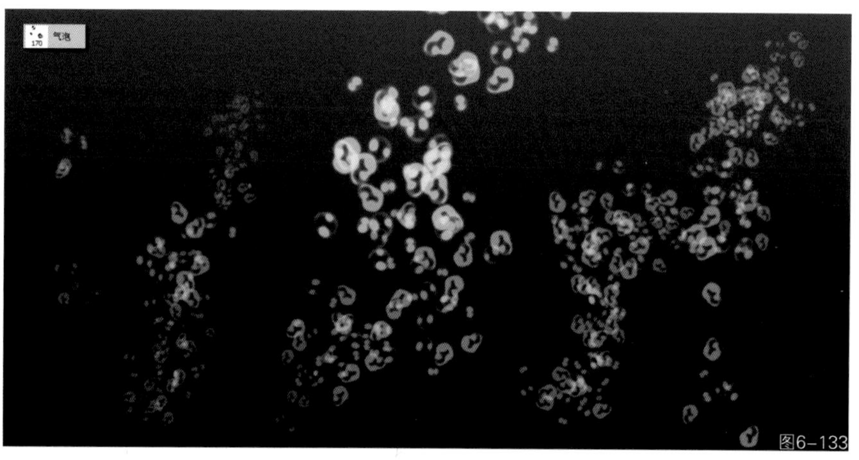

图6-133

73. 飞鸟

飞鸟画笔专门用于快速描绘飞翔的鸟群效果（如图6-134所示）。

图6-134

74. 蝴蝶

蝴蝶画笔专门用于快速描绘飞翔的蝴蝶群效果（如图6-135所示）。

图6-135

75. 飘带 D

飘带 D画笔专门用于快速描绘飘带结构。此画笔带有“D”控制，可以将前景色和背景色设置为不同色彩以表现出飘带的光泽（如图6-136所示）。

图6-136

76. 绳子

绳子画笔专门用于快速描绘绳索结构（如图6-137所示）。

图6-137

77. 拉链

拉链画笔专门用于快速描绘衣物的拉链结构（如图6-138所示）。

图6-138

78. 管子-1

管子-1画笔专门用于快速描绘金属管状结构（如图6-139所示）。

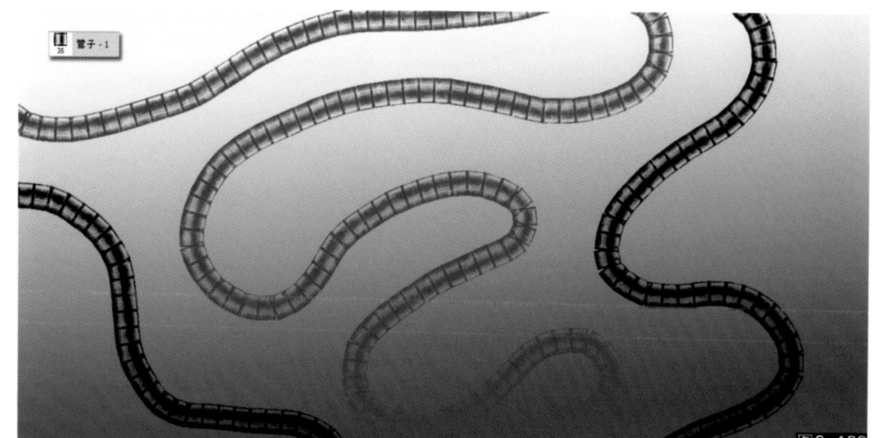

图6-139

79. 管子-2

管子-2画笔专门用于快速描绘金属管状结构（如图6-140所示）。

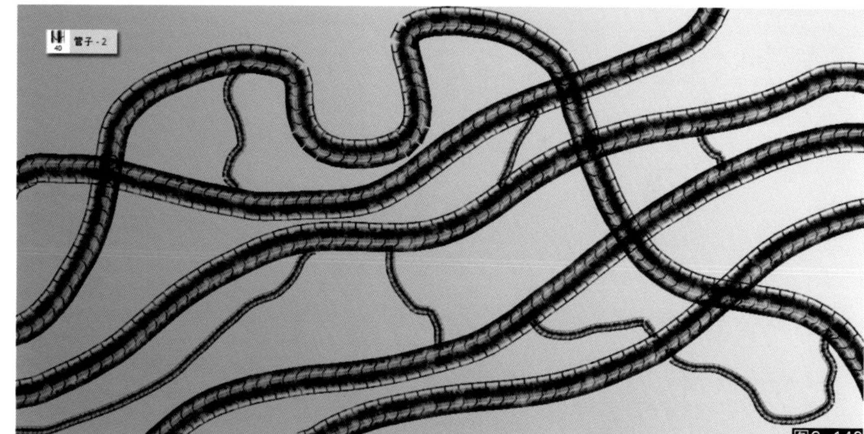

图6-140

80. 管子-3

管子-3画笔专门用于快速描绘金属管状结构（如图6-141所示）。

图6-141

81. 铁链子–1

铁链子–1画笔专门用于快速描绘铁链结构（如图6–142所示）。

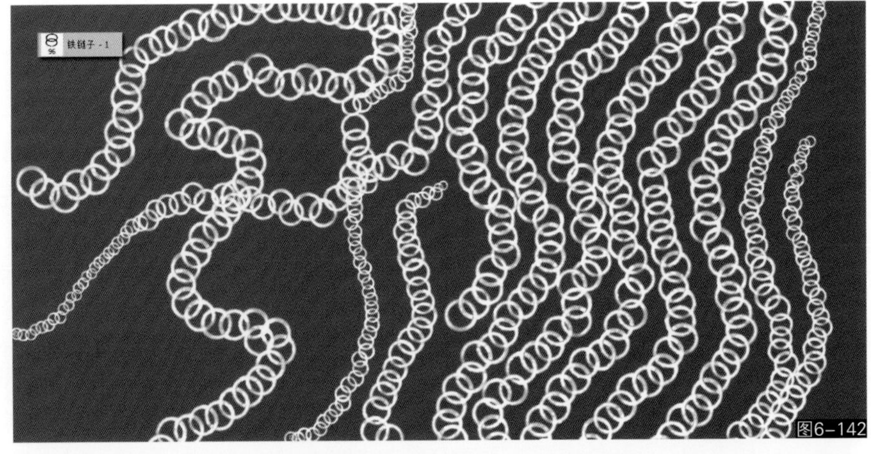

图6–142

82. 铁链子–2

铁链子–2画笔专门用于快速描绘铁链结构（如图6–143所示）。

图6–143

83. 铁链子–3

铁链子–3画笔专门用于快速描绘铁链结构（如图6–144所示）。

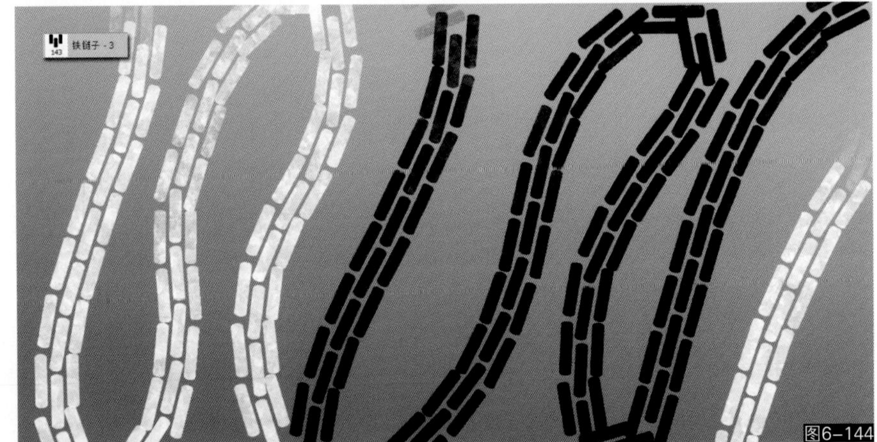

图6–144

84. 冰晶–1

冰晶–1画笔专门用于描绘冰雪结晶体效果（如图6–145所示）。

图6–145

85. 冰晶–2

冰晶–2画笔专门用于描绘冰雪结晶体效果（如图6–146所示）。

图6–146

86. 冰晶–3

冰晶–3画笔专门用于描绘冰雪结晶体效果（如图6–147所示）。

图6–147

87. 太阳

太阳画笔专门用于描绘太阳效果，如需要发光效果，需要将画笔叠加模式切换成“颜色减淡”（如图6–148所示）。

图6–148

88. 月亮 R

月亮 R画笔专门用于描绘月球效果，如需要发光效果，需要将画笔叠加模式切换成“颜色减淡”。此画笔带有“R”控制，可以旋转画笔控制月亮的角度变化（如图6-149所示）。

图6-149

二、总结

Shape类画笔是绘画中极为重要的一类画笔，有了它在绘制很多复杂自然元素的时候不用再为琐碎的造型伤脑筋，简单快速地就能描绘出多变的结构和色彩变化，是代表数字绘画先进理念的标志性功能之一。在学习过程中除了对各画笔的特性进行了解之外，我们还应该充分地思考如何将Shape类画笔融合到不同类型的绘画流程中，多多拓展它的运用，研究其更多的绘画方式。

第 7 章

FX 类画笔速查与运用

一、FX画笔库分类速查与快速练习

FX类画笔称为特效类画笔，专门用于绘画过程中特殊效果的表现，如云雾效果、流体效果、燃烧爆炸效果、发光闪光效果、闪电魔法效果等，是绘画后期效果处理的重要工具。灵活运用FX画笔可以极大地提升画面的视觉表现力，同时FX画笔也可以用于数码照片后期效果处理或动画、游戏特效素材绘制等，用途非常广泛。

1. 云朵-1

云朵-1画笔专门用于快速描绘常规的云朵或是云层结构，常用于描绘天空背景或是云雾特效等相关效果（如图7-1所示）。

图7-1

2. 云朵-2

云朵-2画笔专门用于快速描绘常规的云朵或是云层结构，常用于描绘天空背景或是云雾特效等相关效果（如图7-2所示）。

图7-2

3. 云朵-3

云朵-3画笔专门用于快速描绘常规的云朵或是云层结构，常用于描绘天空背景或是云雾特效等相关效果（如图7-3所示）。

图7-3

4. 云朵-4

云朵-4画笔专门用于快速描绘常规的云朵或是云层结构，常用于描绘天空背景或是云雾特效等相关效果（如图7-4所示）。

图7-4

5. 云朵-5

云朵-5画笔专门用于快速描绘常规的远方的云层结构，常用于描绘天空背景或是云雾特效等相关效果（如图7-5所示）。

图7-5

6. 3D云朵-1 R T

3D云朵-1 R T画笔专门用于快速描绘带空间透视变化的云朵或是云层结构，常用于绘制天空背景或是云雾特效等相关效果。此画笔带有“R”和“T”控制，可以利用画笔的旋转和倾斜来控制云朵的角度变化（如图7-6所示）。

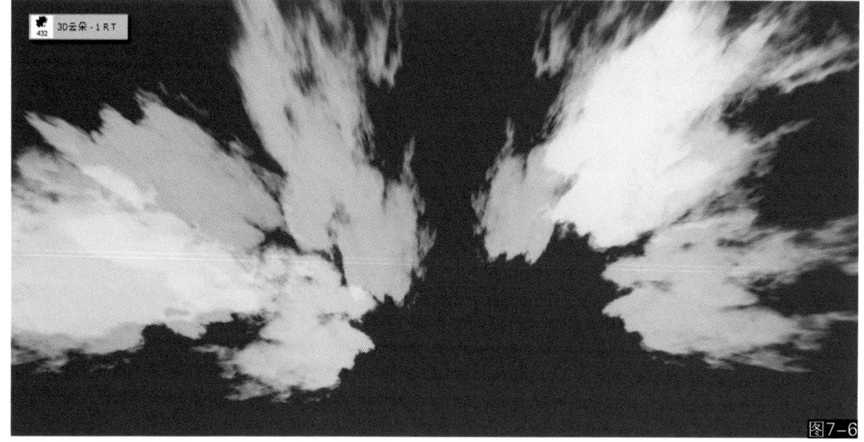

图7-6

7. 3D云朵-2 R T

3D云朵-2 R T画笔专门用于快速描绘带空间透视变化的云朵或是云层结构，常用于描绘天空背景或是云雾特效等相关效果。此画笔带有“R”和“T”控制，可以利用画笔的旋转和倾斜来控制云朵的角度变化（如图7-7所示）。

图7-7

8. 3D云朵-3 R T

3D云朵-3 R T画笔专门用于快速描绘带空间透视变化的云朵或是云层结构，常用于描绘天空背景或是云雾特效等相关效果。此画笔带有“R”和“T”控制，可以利用画笔的旋转和倾斜来控制云朵的角度变化（如图7-8所示）。

图7-8

笔刷练习小插曲

下面通过一个小例子来讲解云朵类特效画笔在实际绘画中的运用，我们将要绘制一个晴朗的自然场景。

01 新建一个画布，使用任意good画笔平铺天空和地面环境的色彩（如图7-9所示）。

图7-9

02 接下来使用云朵-1和云朵-2画笔绘制出一定的基本结构。这两支画笔使用率极高，既可以塑造基础结构，也可以刻画细节。画云并不要求一笔成型，云朵画笔的使用仍然是按照good画笔绘制的方式，从大结构堆积入手，逐渐细化（如图7-10所示）。

图7-10

03 使用云朵画笔绘制暗部色彩，天空中的高层浮云可以使用3D云朵画笔绘制（如图7-11所示）。

图7-11

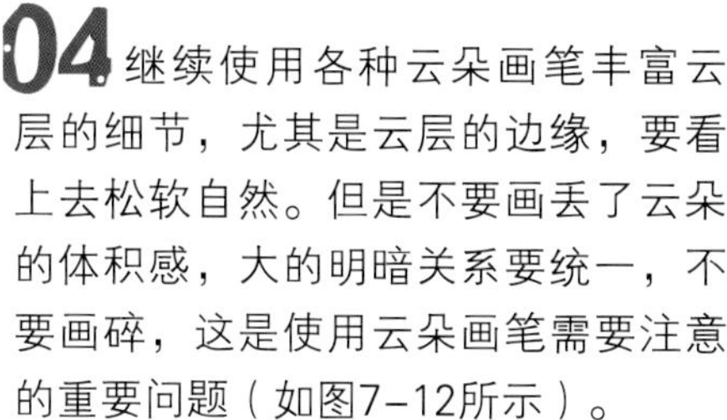

04 继续使用各种云朵画笔丰富云层的细节，尤其是云层的边缘，要看上去松软自然。但是不要画丢了云朵的体积感，大的明暗关系要统一，不要画碎，这是使用云朵画笔需要注意的重要问题（如图7-12所示）。

图7-12

05 之前的步骤都是放开画的，目的在于追求自然的随机变化，但是云体结构比较散乱。这一步需要局部使用good画笔-4或good画笔-7对其进行收形，即细致地描绘和处理云朵的体积和逻辑关系（如图7-13所示）。

图7-13

06 收形描绘细节的过程不要完全将之前云朵画笔留下的自然部分涂抹或是覆盖，应该选择轮廓部分处理，中间色尽量不去做过多描绘，保持原有细节，暗部调整最好使用good画笔-7。软性画笔在调节层次关系时尤为有用，当然也可以使用其他众多同类型画笔（如图7-14所示）。

图7-14

07 最后在整体云层的结构绘制完成后，可以再次使用云朵系列画笔在高光和中间色部分强化一些云层质感，包括使用3D云朵画笔描绘更丰富的高空薄云。但是不宜过多描绘，更不要破坏到云朵边缘的结构，云朵画好后可以加入一些衬托的地形结构，至此本幅练习绘制完成（如图7–15所示）。

图7–15

通过上例我们学会了云朵笔刷的一些基本运用，下面继续使用云朵画笔来绘制一个更为复杂的场景，以此强化对此系列画笔运用的熟练度。

01 首先绘制一个天空的基本色调（如图7–16所示）。

图7–16

02 使用云朵–4画笔绘制出云层的基本结构，注意透视的变化，近处的云要大，远处的云要小和细长。对于这一步，使用不同的云朵画笔来画初期结构将决定后来云层的不同风格表现，可以都做一下尝试（如图7–17所示）。

图7–17

03 使用其他云朵和3d云朵画笔丰富云层的不同变化，但是要保持原有的整体结构，不要画得太散太乱。同时云层色彩不要直接使用最亮的颜色，可以使用较灰的颜色描绘，亮色可以在后期逐步添加（如图7–18所示）。

图7–18

04 使用云朵-5画笔描绘远方的细碎云层结构，色彩深浅要有变化，不要太过单一（如图7-19所示）。

图7-19

05 基本色彩描绘好之后，这一步选择云朵-1或云朵-2画笔慢慢添加云层的暗部色彩。这两支画笔除了直接用于描绘云层大结构之外，也常用于描绘云层细节光影层次或修整云层边缘轮廓等（如图7-20所示）。

图7-20

06 继续添加暗部细节，注意暗部的位置应该是所有云层底部的区域。绘制时要把云看作多个球体来对待，这样就能较容易把握上色的位置（如图7-21所示）。

图7-21

07 云层暗部的色彩融合可以使用云朵-3画笔来处理。这支笔经常用于绘制云层色彩过渡，也可以用于强化云层分散的边缘细节等（如图7-22所示）。

图7-22

08 当所有云层的色彩结构绘制完毕后，使用good画笔或是其他画笔慢慢修饰和描绘云层具体的结构变化，调节其相互之间的逻辑和连接关系等。这里使用good画笔-4从云层暗部阴影开始绘制（如图7-23所示）。

图7-23

09 下面这一步需要耐心地深入描绘云层的暗部细节，逐一描绘出云朵的体积感与具体形状，暗部结构的整理仍然是细心刻画的主要位置，同时处理好云层前后的相互遮挡关系（如图7-24所示）。

图7-24

10 如果使用了硬边画笔在描绘结构的过程中容易造成比较粗糙的笔触痕迹，需要使用涂抹画笔将过于混乱粗糙的笔触部分涂抹平滑，这样才能呈现云层的松软质感，但是不要过多涂抹，否则导致画面出现油腻感；还有一种云层过渡的处理方式，如上一个实例使用柔性画笔如good画笔-7或辉光画笔，也可以解决这个问题，可灵活掌握（如图7-25所示）。

图7-25

11 使用较小的画笔耐心地描绘云朵内部结构，暗部层次要通透，不要全是一种色彩关系。不要过多地修饰云层边缘，因为初期绘制的随机结构已经很自然了，不要过分人为修改，保持这种自然的结构。细致地绘制一些较小的高光位置能够体现出非常不错的节奏感和细节感。最后添加一些地形元素作为衬托，至此本幅练习绘制完成（如图7-26所示）。

图7-26

小结：云朵画笔的运用非常类似于Shape类画笔，绘画时追求的是“随机性”和“自然性”原则，通过笔触的自由搭配组合来决定所画的内容。

9. 雾气-1

雾气-1画笔专门用于快速描绘场景雾气特效，也可以配合云朵、烟雾、爆炸等画笔来使用（如图7-27所示）。

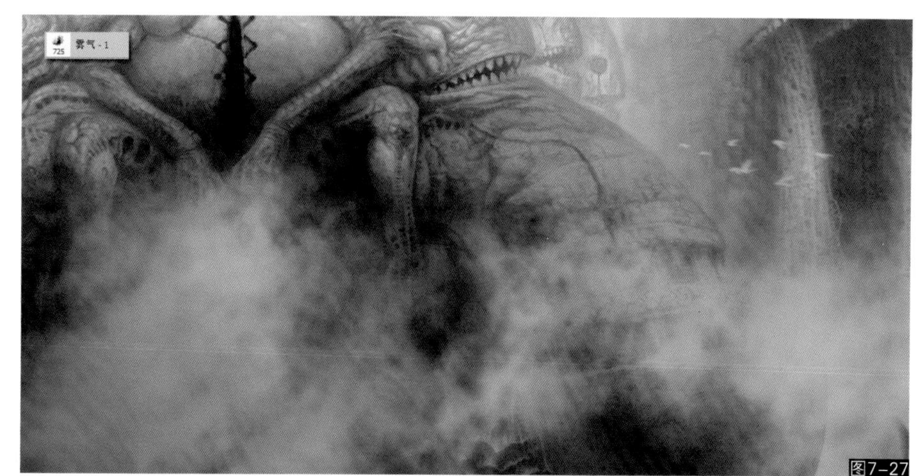

图7-27

10. 雾气-2

雾气-2画笔专门用于快速描绘场景雾气特效，也可以配合云朵、烟雾、爆炸等画笔来使用（如图7-28所示）。

图7-28

11. 3D雾气 R T

3D雾气 R T画笔专门用于快速描绘带空间透视变化的雾气结构，常用于描绘大场景的雾气特效。此画笔带有“R”和“T”控制，可利用画笔的旋转和倾斜来控制雾气的角度变化（如图7-29所示）。

图7-29

12. 烟雾升腾-1

烟雾升腾-1画笔专门用于快速描绘向上升起的烟柱特效，如篝火烟雾、烟囱、燃烧爆炸、热气等（如图7-30所示）。

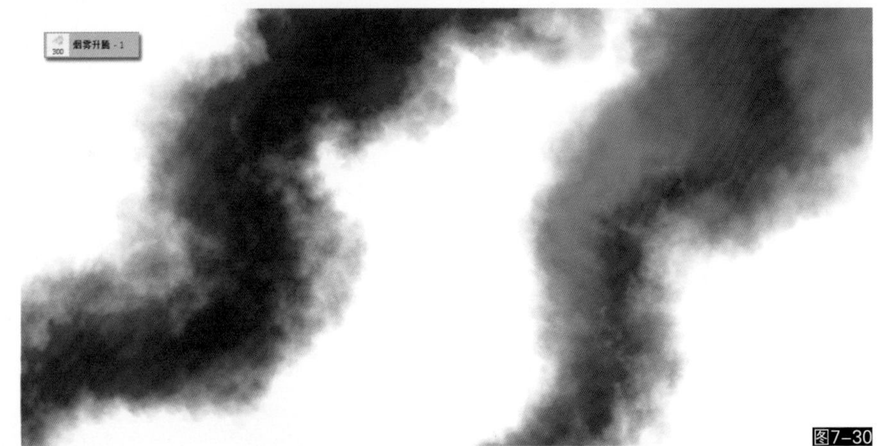

图7-30

13. 烟雾升腾-2 D

烟雾升腾-2 D画笔专门用于快速描绘向上升起的烟柱特效，如篝火烟雾、烟囱、燃烧爆炸、热气等。此画笔带有“D”控制，可以使用双色设置来控制烟雾的色彩变化（如图7-31所示）。

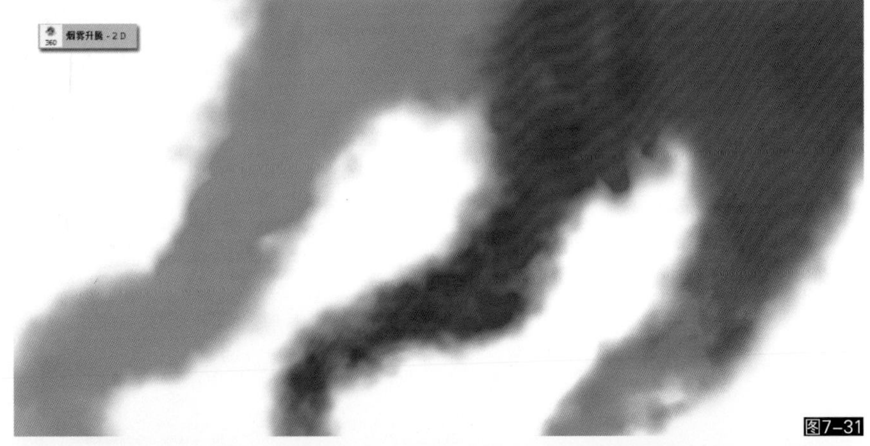

图7-31

14. 香烟缭绕-1（滤色）

香烟缭绕-1（滤色）画笔专门用于快速描绘向上升起的烟雾特效，也可以用于描绘蚊香、枪口、炮口、引信等冒烟特效。注意此笔的叠加模式为“滤色”，为了得到最佳效果，绘制时画笔的透明度不要设置为100%，应该从低透明度慢慢画到高透明度。必要时可以配合“模糊”滤镜或使用涂抹画笔来柔化烟雾，可灵活掌握（如图7-32所示）。

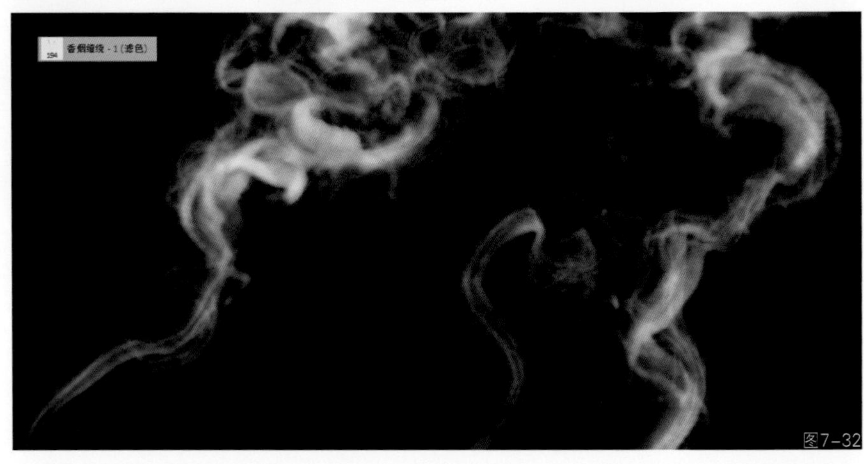

图7-32

15. 香烟缭绕-2（滤色）

香烟缭绕-2（滤色）画笔专门用于快速描绘向上升起的烟雾特效，也可以用于描绘蚊香、枪口、炮口、引信等冒烟特效。注意此笔的叠加模式为“滤色”，为了得到最佳效果，绘制时画笔的透明度不要设置为100%，应该从低透明度慢慢画到高透明度。必要时可以配合“模糊”滤镜或使用涂抹画笔来柔化烟雾，可灵活掌握（如图7-33所示）。

图7-33

16. 烟雾喷射

烟雾喷射画笔专门用于快速描绘喷射中的烟雾效果，如飞机或导弹的尾迹、焰火、火箭等，也可以结合喷火画笔来使用（如图7-34所示）。

图7-34

17. 地面扬尘

地面扬尘画笔专门用于快速描绘地面扬起的烟雾和灰尘效果，此笔适合用于表现汽车轮胎和地面摩擦产生的尘土，也可以表现楼房坍塌和坠地时的地面扬尘等效果（如图7-35所示）。

图7-35

18. 地震坍塌 RT

地震坍塌 RT画笔专门用于快速描绘建筑物坍塌产生的碎片和灰尘效果，常用于表现地震、山崩、摧毁、爆炸、世界末日等效果，可以灵活地和其他画笔配合使用。此笔带有“R”和“T”控制，可以改变画笔的角度和斜度来控制坍塌的方向（如图7-36所示）。

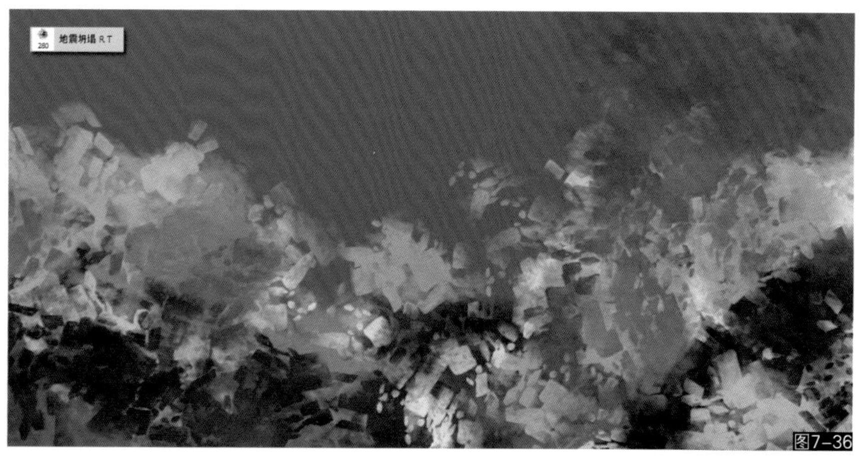

图7-36

19. 浓烟 R

浓烟 R画笔专门用于快速描绘高密度烟雾和灰尘等效果，常用于表现火山爆发、爆炸、山崩地裂、末日、浓密云层等效果，可以和其他画笔配合使用。此画笔带有“R”控制，可以旋转画笔角度来控制烟雾簇的朝向（如图7–37所示）。

图7–37

20. 风暴D

风暴D画笔专门用于快速描绘龙卷风、暴风、烟圈、魔法等运动中的烟雾效果，可以和其他画笔配合使用。此画笔带有“D”控制，可以使用双色设置来控制烟雾的明暗变化和色彩变化（如图7–38所示）。

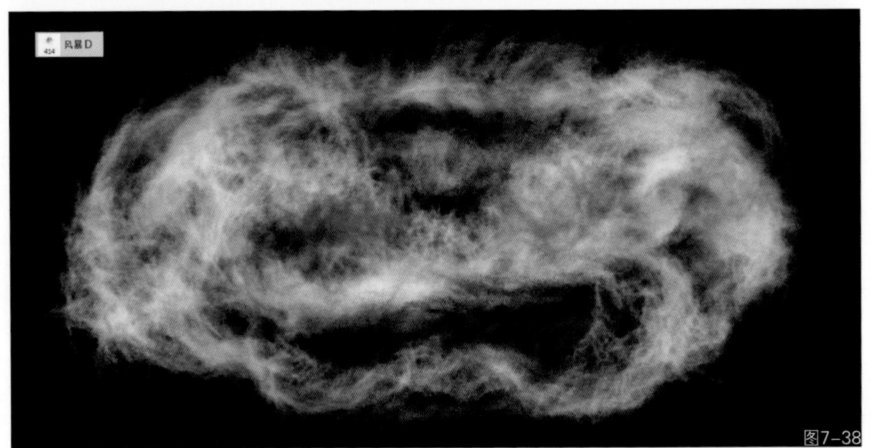

图7–38

21. 大气层

大气层画笔专门用于快速描绘卫星云图中的大气效果，常用于绘制星球图像，也可以用于描绘气体流动的相关效果等（如图7–39所示）。

图7–39

22. 爆炸（滤色/颜色减淡）

爆炸（滤色/颜色减淡）画笔专门用于快速绘制爆炸时的火光冲击效果。注意绘画时需要将画笔的模式切换为“滤色”或“颜色减淡”。如要得到明亮的发光效果，需要在一个位置反复用笔（如图7–40所示）。

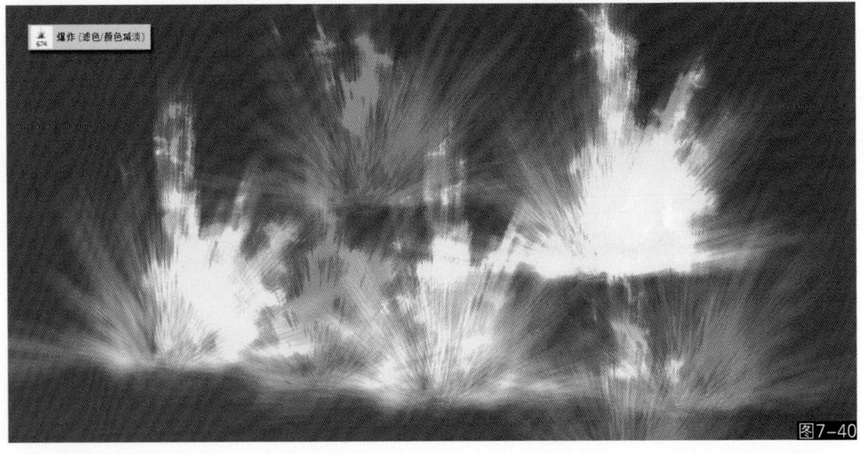

图7–40

23. 核爆（滤色/颜色减淡）RT

核爆（滤色/颜色减淡）RT画笔专门用于快速绘制核弹或者汽油弹等爆炸效果。注意绘画时需要将画笔的模式切换为“滤色”或“颜色减淡”，绘制时可以先使用“滤色”模式画上基本色，然后再使用“颜色减淡”模式增加其亮度。如要得到非常明亮的发光色，需要在一个位置反复用笔。此画笔带有“R”和“T”控制，可以通过改变画笔角度和斜度来控制火焰变化（如图7-41所示）。

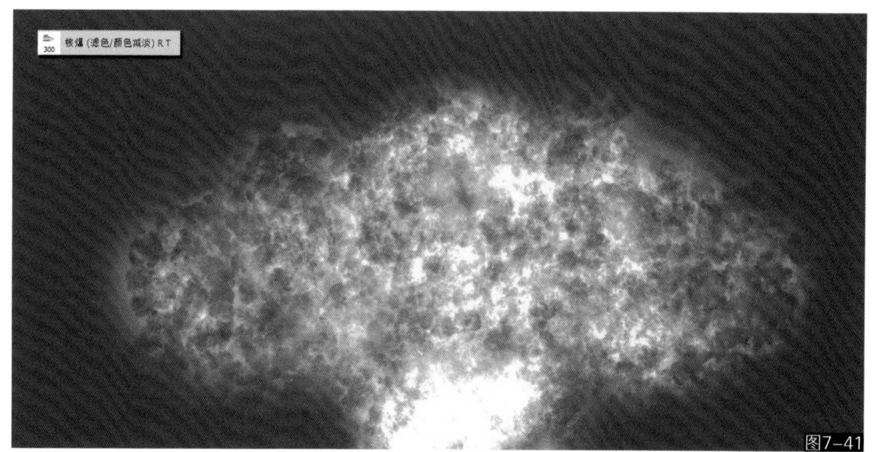

图7-41

24. 火焰-1（颜色减淡-添加）

火焰-1（颜色减淡-添加）画笔专门用于快速绘制常规的火焰燃烧效果。注意在绘制时此笔的叠加模式应设置为“颜色减淡-添加”，才能获得正确的效果。也可以根据不同情况使用普通的“滤色”和“颜色减淡”模式（如图7-42所示）。

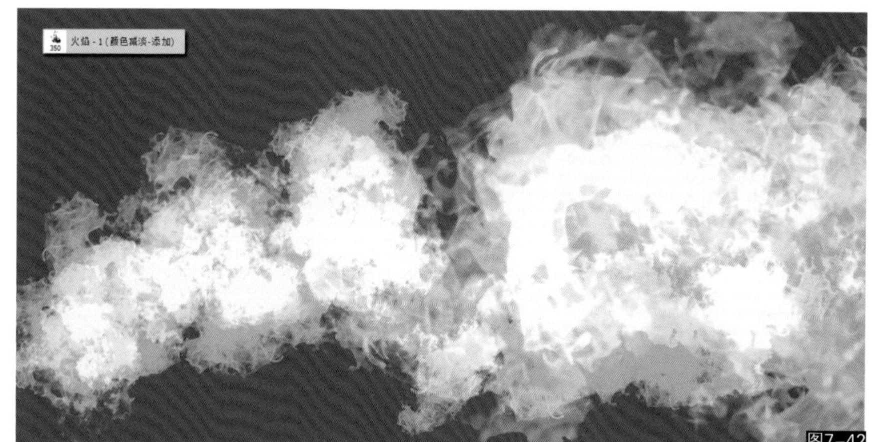

图7-42

25. 火焰-2（颜色减淡-添加）

火焰-2（颜色减淡-添加）画笔专门用于快速绘制常规的火焰燃烧效果。注意在绘制时此笔的叠加模式应设置为“颜色减淡-添加”，才能获得正确的效果。也可以根据不同情况使用普通的“滤色”和“颜色减淡”模式（如图7-43所示）。

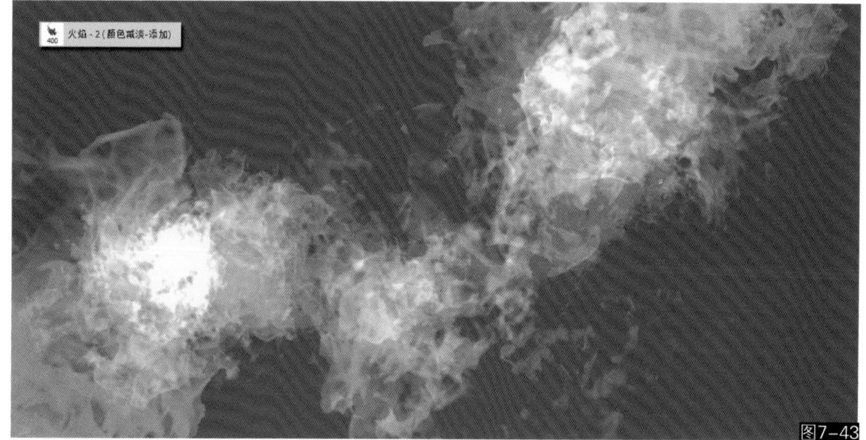

图7-43

26. 火焰-3（颜色减淡-添加）

火焰-3（颜色减淡-添加）画笔专门用于快速绘制向上升腾运动的火焰燃烧效果。注意在绘制时此画笔的叠加模式应设置为“颜色减淡-添加”，才能获得正确的效果。也可以根据不同情况使用普通的“滤色”和“颜色减淡”模式（如图7-44所示）。

图7-44

27. 火焰-4（颜色减淡-添加）

火焰-4（颜色减淡-添加）画笔专门用于快速绘制较为奇幻化的火焰燃烧效果。注意在绘制时此画笔的叠加模式应设置为“颜色减淡-添加”，才能获得正确的效果。也可以根据不同情况使用普通的“滤色”和“颜色减淡”模式（如图7-45所示）。

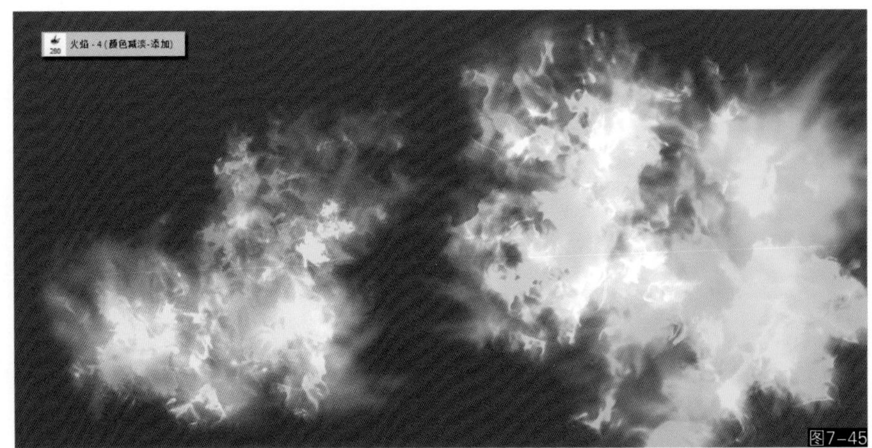

图7-45

28. 火焰-5（颜色减淡-添加）RT

火焰-5（颜色减淡-添加）RT画笔专门用于快速绘制较为奇幻化的火焰燃烧效果。注意在绘制时此画笔的叠加模式应设置为“颜色减淡-添加”，才能获得正确的效果。也可以根据不同情况使用普通的“滤色”和“颜色减淡”模式。此画笔带有“R”和“T”控制，可以通过改变画笔的旋转和倾斜度来控制火焰形状的变化（如图7-46所示）。

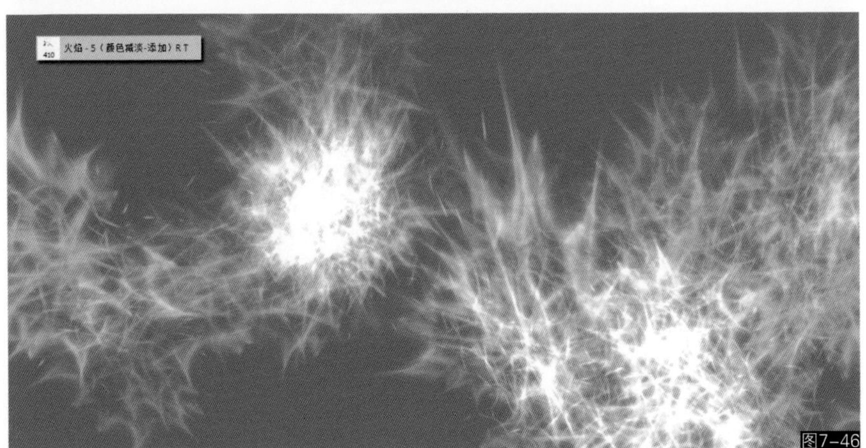

图7-46

29. 喷火（颜色减淡-添加）D

喷火（颜色减淡-添加）D画笔专门用于快速绘制火焰喷射效果，如火焰喷射器、火龙等。注意在绘制时此笔的叠加模式应设置为“颜色减淡-添加”，才能获得正确的效果。也可以根据不同情况使用普通的“滤色”和“颜色减淡”模式。此画笔带有“D”控制，可以通过双色设置来让火焰形状产生色彩变化，如需要透明变化，可将其中一色改为纯黑色（如图7-47所示）。

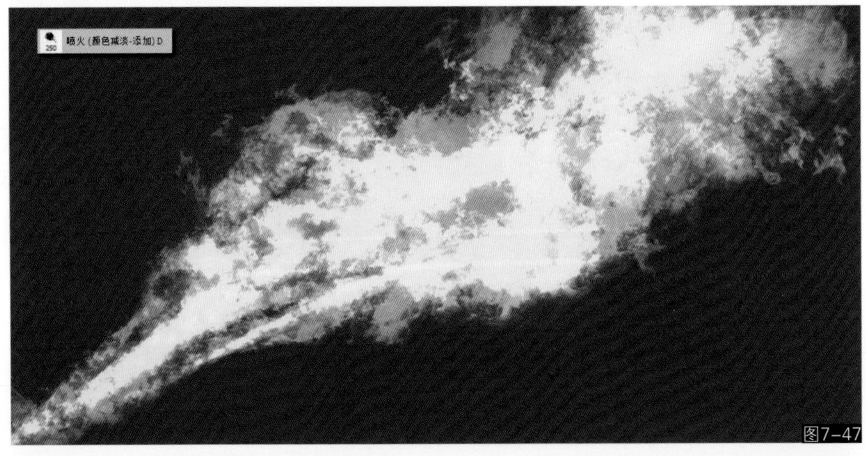

图7-47

30. 枪口/炮口火光（颜色减淡）

枪口/炮口火光（颜色减淡）画笔专门用于快速绘制枪口或者炮口喷出的火光，也可用于绘制爆炸等效果。注意在绘制时此画笔的叠加模式应设置为“颜色减淡”，才能获得正确的效果。绘制时可以先使用“正常”模式画上基本色，然后再使用“颜色减淡”模式增加其亮度（如图7-48所示）。

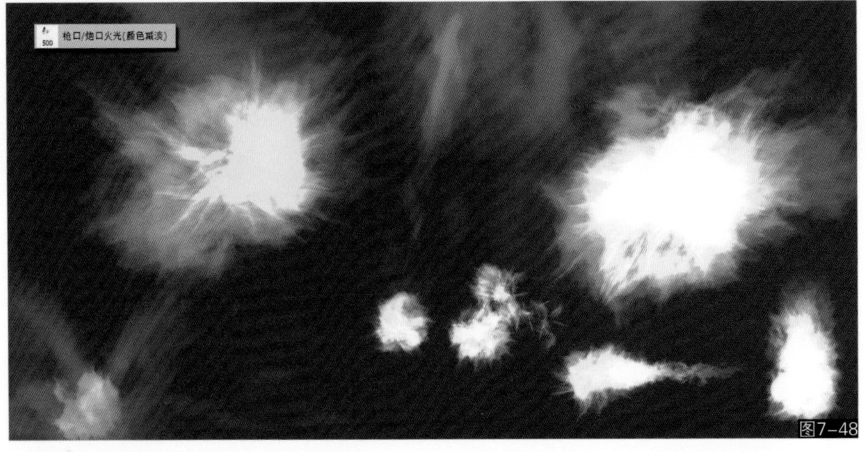

图7-48

31. 火星（滤色/颜色减淡）

火星（滤色/颜色减淡）画笔专门用于快速绘制火焰燃烧时或是爆炸时产生的火星飞溅效果。注意在绘制时此笔的叠加模式应设置为“滤色”或“颜色减淡”，才能获得正确的效果（如图7-49所示）。

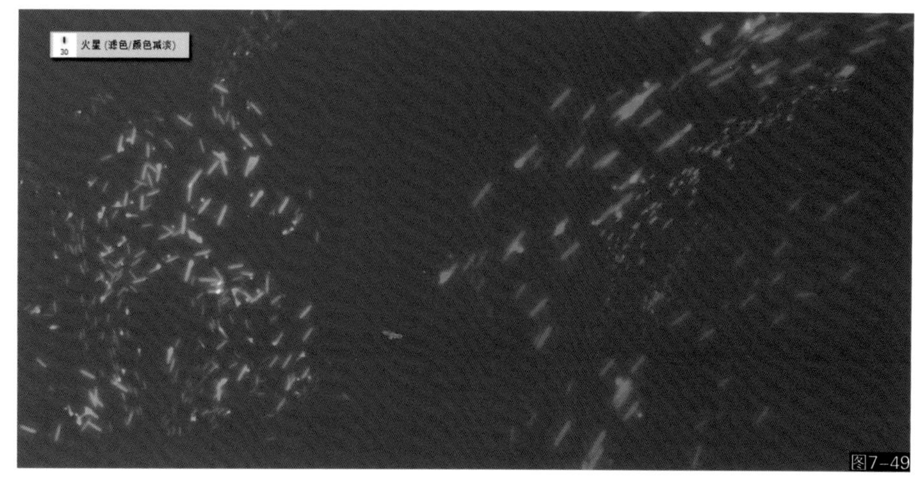

图7-49

笔刷练习小插曲

下面通过一些实际案例来学习烟雾类画笔和火焰画笔的具体使用方法。

01 通常情况下的火焰和烟雾效果很容易实现，一般都是绘制完成基础图像后再后期添加。先打开一幅绘制完成的画面，注意添加火焰的区域最好是亮色区域，也就是说已经绘制好火焰照明的环境效果（如图7-50所示）。

图7-50

02 接下来使用任意火焰画笔添加火焰即可。绘制时不要一笔画完，火焰中心的明亮部分需要多绘制几笔才能体现出发光的效果（如图7-51所示）。

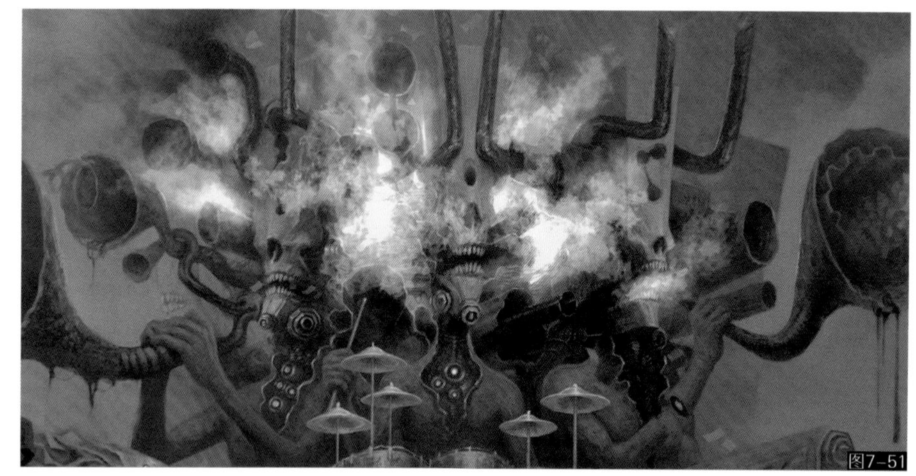
图7-51

03 使用烟雾画笔和火星画笔添加燃烧火焰的附属物，这样看上去就比较逼真了，绘制时要注意切换不同画笔的正确叠加模式。需要特别注意的是，使用特效类画笔改变的都是画笔本身的叠加模式，需要在单层上作画才能获得正确的效果。如果新增加了图层，那么画笔的叠加模式设置就失去了作用，应该使用图层叠加模式，最终效果基本是一致的（如图7–52所示）。

图7–52

下面的学习更深入一些，我们将使用系列画笔绘制一个壮观的爆炸效果。

01 首先使用铅笔勾勒一幅爆炸效果的基本结构（如图7–53所示）。

图7–53

02 绘制这类发光效果的背景色不能使用白色，因此需要绘制出基本的色彩层次（如图7–54所示）。

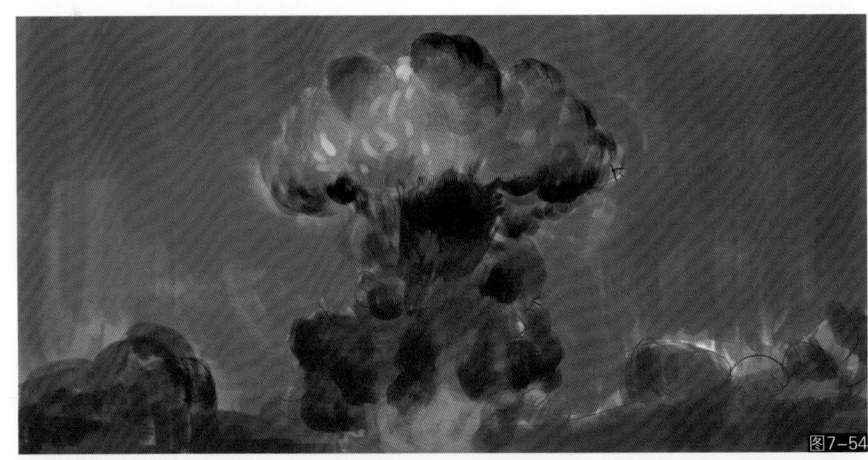
图7–54

03 使用烟雾画笔或者云朵画笔沿着基本结构绘制出烟雾的体积变化。在本例中使用的是烟雾升腾–1和烟雾升腾–2画笔（如图7–55所示）。

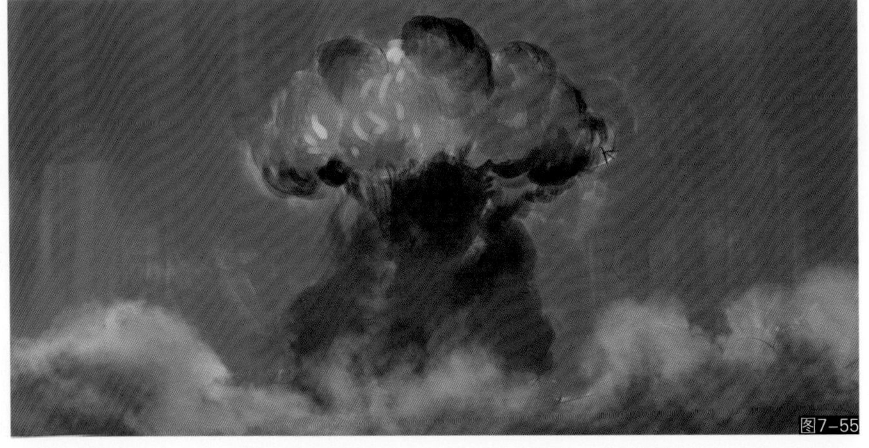
图7–55

04 使用云朵-2画笔慢慢深入刻画烟雾的结构细节，同时调整背景色的深浅度来对比烟雾的明暗变化。这个场景的受光大致是顶光源的效果，因此阴影部分都是垂直朝下的（如图7-56所示）。

图7-56

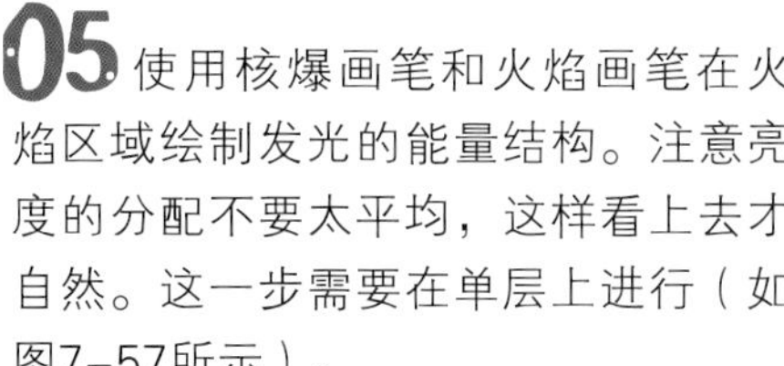

05 使用核爆画笔和火焰画笔在火焰区域绘制发光的能量结构。注意亮度的分配不要太平均，这样看上去才自然。这一步需要在单层上进行（如图7-57所示）。

图7-57

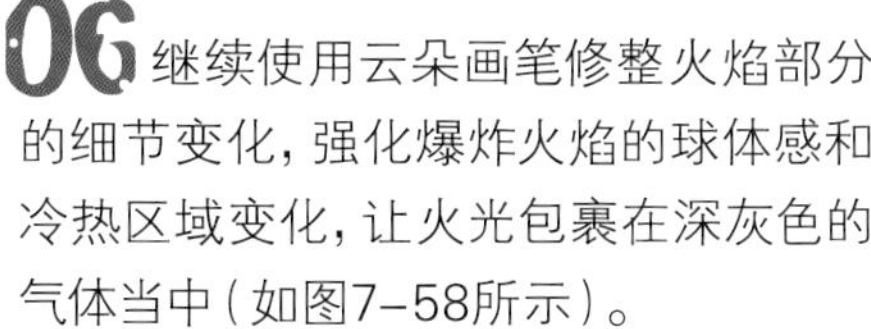

06 继续使用云朵画笔修整火焰部分的细节变化，强化爆炸火焰的球体感和冷热区域变化，让火光包裹在深灰色的气体当中（如图7-58所示）。

图7-58

07 使用good画笔慢慢修饰烟雾的细节结构。烟雾画笔绘制的结构和云朵画笔一样，都比较松散，一些结构感比较明确的造型需要用good画笔慢慢整理修饰逻辑关系。和画云是一样的流程，这一步中使用的是good画笔-4（如图7-59所示）。

图7-59

08 在使用good画笔修整细节的时候应该保留之前核爆、火焰和烟雾画笔留下的自然细节变化，不要完全覆盖或是涂抹，新增加的细节应该沿着原来随机产生的细节来变化，这是避免画面生硬的一个重要因素（如图7-60所示）。

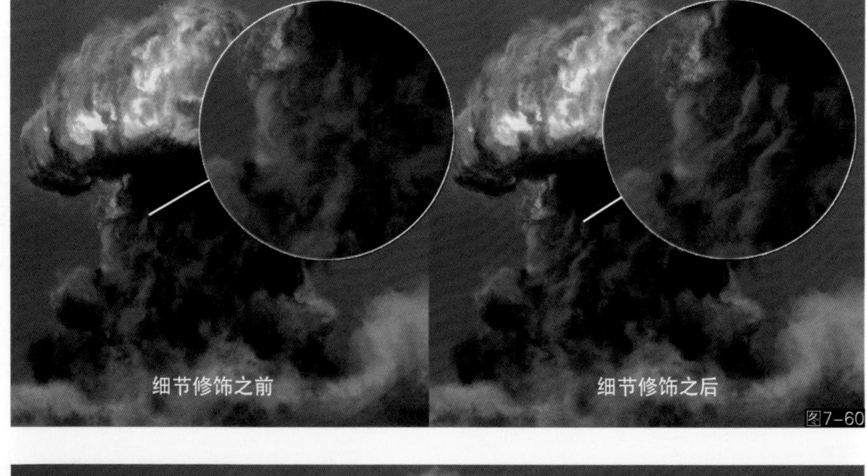

图7-60

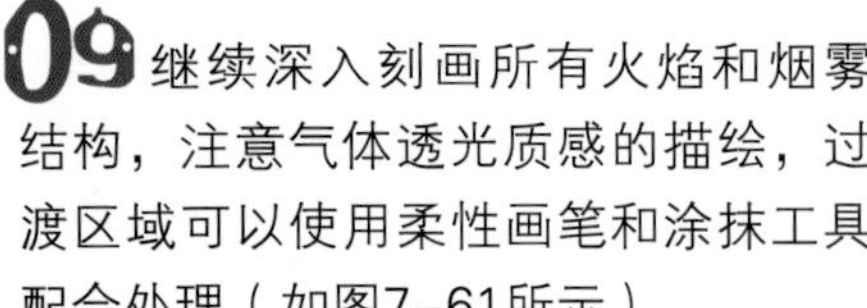

09 继续深入刻画所有火焰和烟雾结构，注意气体透光质感的描绘，过渡区域可以使用柔性画笔和涂抹工具配合处理（如图7-61所示）。

图7-61

10 最后一步使用辉光画笔，将画笔模式设置为“滤色”，然后在火焰部位添加一些爆炸高热产生的发光特效，这样气体的通透质感就更加强烈了（如图7-62所示）。

图7-62

32. 烛焰（滤色/颜色减淡）

烛焰（滤色/颜色减淡）画笔专门用于快速绘制蜡烛或是打火机之类的火焰效果。注意在绘制时此笔的叠加模式应设置为“滤色”或“颜色减淡”，才能获得正确的效果（如图7-63所示）。

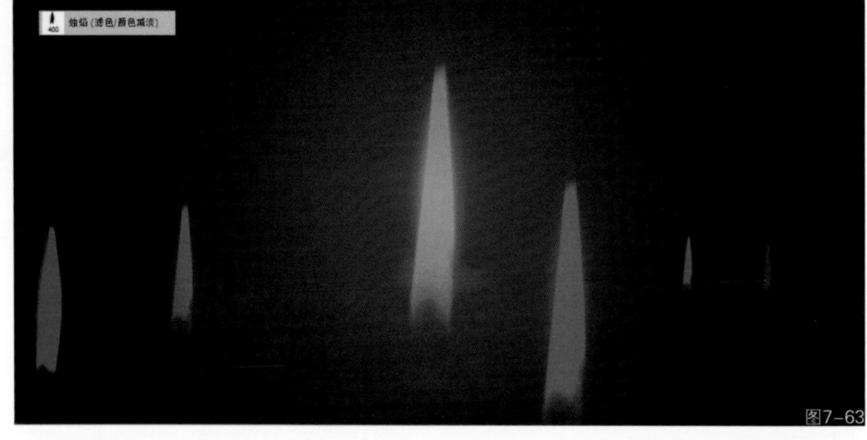

图7-63

33. 喷水

喷水画笔专门用于快速绘制水流喷洒效果，如水管、喷水枪、瀑布、泼溅等效果（如图7-64所示）。

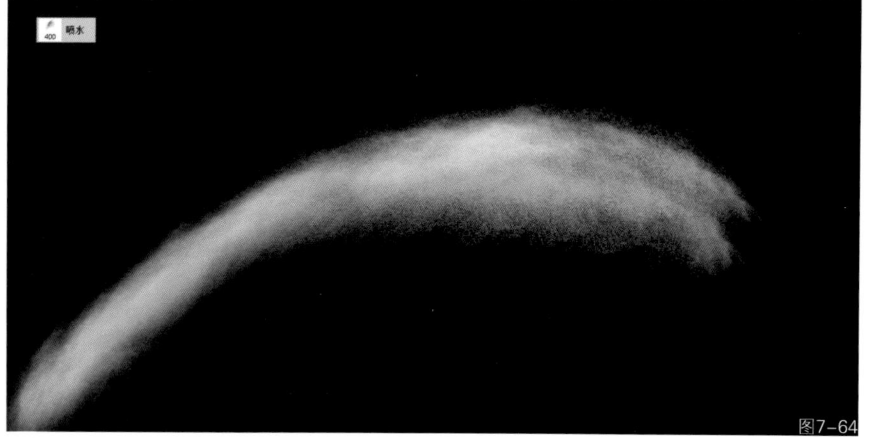

图7-64

34. 流体

流体画笔专门用于快速绘制常规液体喷溅流动效果，如清水、红酒、血液、油等物质（如图7-65所示）。

图7-65

35. 瀑布-1

瀑布-1画笔专门用于快速绘制常规瀑布效果。注意绘制右视点的瀑布运笔要自上而下，绘制左视点的瀑布运笔要自下而上，这样才能绘制出水流的正确透视变化（如图7-66所示）。

图7-66

36. 瀑布-2 D

瀑布-2 D画笔专门用于快速绘制常规瀑布效果，可以表现较为宽广的瀑布效果。此画笔带有“D”控制，可以将前景色和背景色设置为不同的颜色来体现瀑布的阴影层次，如白色和灰蓝色。将此画笔用于带阴影图层特效的新层时可以绘制出层次感更为逼真的水花效果（如图7-67所示）。

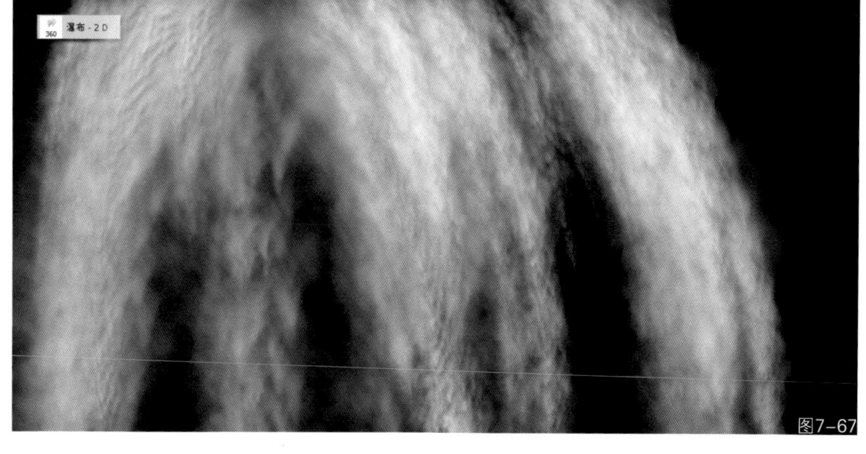

图7-67

37. 水花泼溅-1 R

水花泼溅-1 R画笔专门用于快速绘制物体或液体坠落水面产生的水花泼溅效果，也适合绘制海浪拍打岩石激起的水花效果等。此画笔带有“R”控制，可以旋转画笔角度来控制水花溅起的方向（如图7-68所示）。

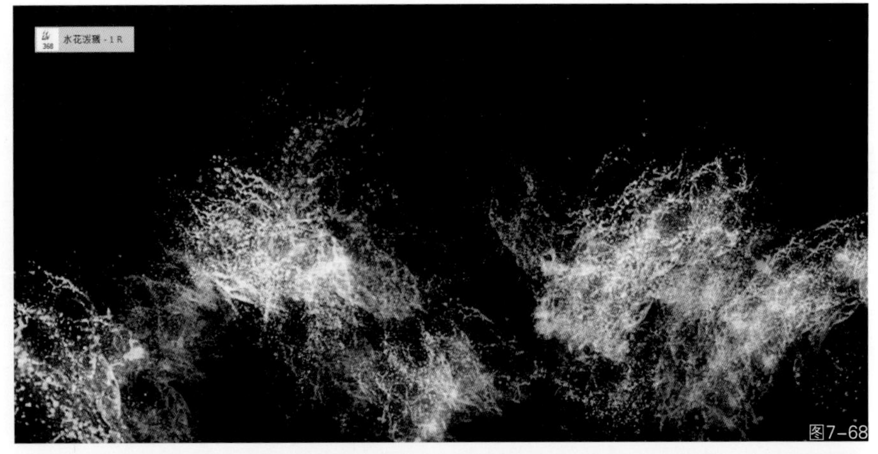

图7-68

38. 水花泼溅-2

水花泼溅-2画笔专门用于快速绘制物体或液体坠落水面产生的水花泼溅效果，也适合绘制海浪拍打岩石激起的水花或泥浆等效果（如图7-69所示）。

图7-69

39. 水花泼溅-3

水花泼溅-3画笔专门用于快速绘制溪流、瀑布、海浪浪尖等流动液体产生的水花和泡沫飞溅效果（如图7-70所示）。

图7-70

40. 水花泼溅-4

水花泼溅-4画笔专门用于快速绘制物体或液体坠落水面产生的水花泼溅效果，也适合绘制海浪拍打岩石激起的水花或泥浆等效果。和其他画笔相比它更适合绘制较高较大面积的水花（如图7-71所示）。

图7-71

41. 水花泼溅–5 R

水花泼溅–5 R画笔专门用于快速绘制物体或液体坠落水面产生的水花泼溅效果，也适合绘制海浪拍打岩石激起的水花或泥浆等效果。和其他画笔相比它更适合绘制较高较大面积的水花。此画笔带有“R”控制，可以通过旋转画笔来控制喷溅的方向（如图7–72所示）。

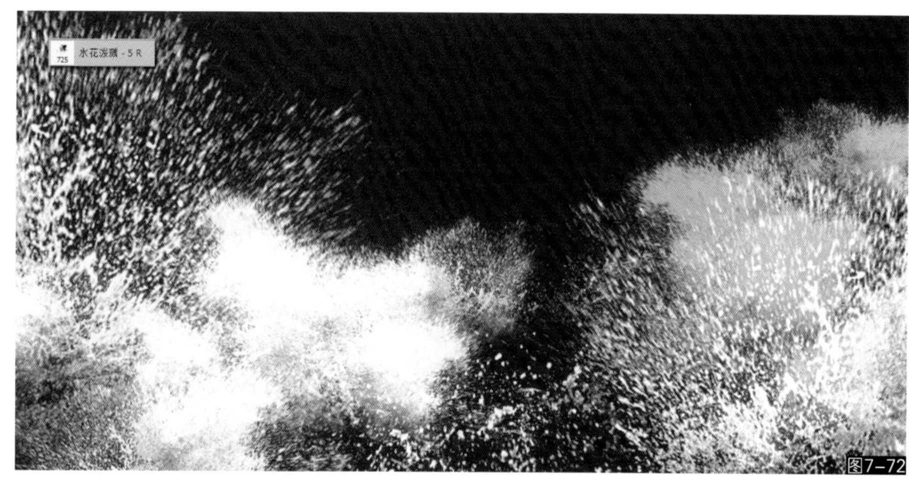

图7–72

42. 水花泼溅–6 R T

水花泼溅–6 R T画笔专门用于快速绘制物体或液体坠落水面产生的水花泼溅效果，也适合绘制海浪拍打岩石激起的水花或泥浆以及喷血等效果。此画笔带有“R”和“T”控制，可以通过旋转和倾斜画笔来控制喷溅的方向（如图7–73所示）。

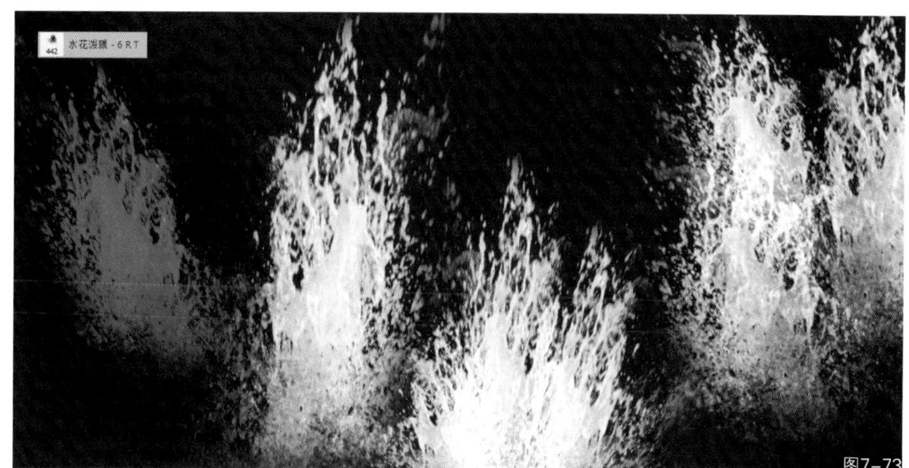

图7–73

43. 水花泼溅–7

水花泼溅–7画笔专门用于快速绘制液体相互碰撞或喷溅所产生的较高喷溅效果，如深水炸弹爆炸、水花挤压喷溅、水花大面积激起等，可以和其他水花画笔配合使用（如图7–74所示）。

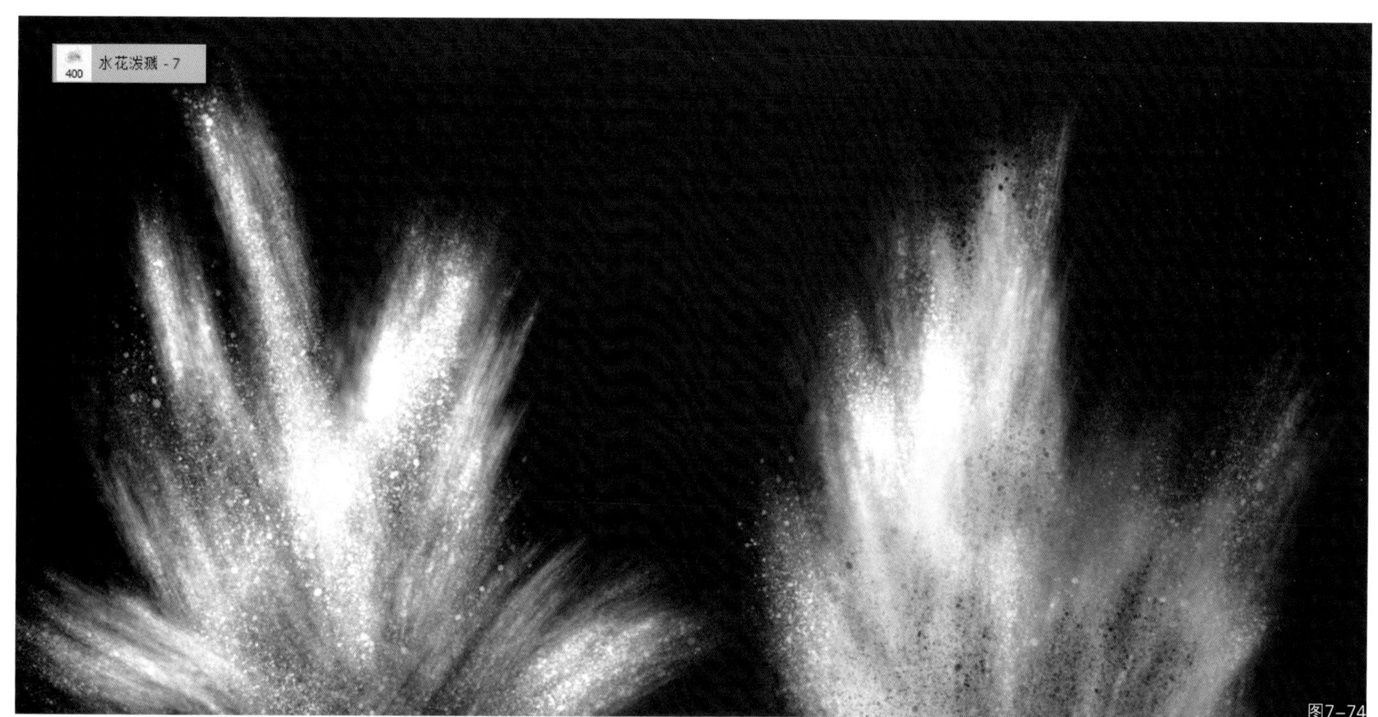

图7–74

笔刷练习小插曲

下面通过一个实例来练习水花类画笔在实际中的运用，我们将要表现一个电影场景中的机械概念设计图。

01 首先绘制一个基本环境，使用任意画笔将天空和海面的基本色彩确定好。在设计这类概念图的过程中，要特别强调绘画的效率，因此很多细节的描绘可以简化，不需要任何地方都面面俱到，可以通过各类笔刷本身的属性来处理细节的视觉表现（如图7–75所示）。

图7–75

02 接下来使用硬边类画笔描绘出飞船的基本结构，不要去勾勒轮廓线，而是整体描绘出基本的剪影状结构和大致的暗部结构（如图7–76所示）。

图7–76

03 在绘制这类硬结构的时候，应该使用多边形选择工具先准确地选中需要描绘的面，然后再使用画笔描绘光影。这样可以保证所画的结构绝对硬朗，同时光影变化也会较好控制，以此保证将机械体描绘出到位的坚硬质感和厚重体感（如图7–77所示）。

图7–77

04 使用上述方法，将整体光影结构的大致效果描绘出来。重点是描绘视觉中心的机头部分，因为这是所有视觉的重心，尤其是中间色和高光区域，需要重点描绘，而暗部可以大致忽略，保留其之前的大结构即可。这也是常规快速绘画中需要注意的基本方法，要学会主次的取舍（如图7-78所示）。

图7-78

05 接下来使用模糊涂抹画笔将飞船下部涂抹混合一下，为下面描绘水流和水花效果提供一个基础层次。同时这一步也起到调节画面结构变化的作用，不要让所有结构看上去都非常具体，我们需要将某些不重要的结构“藏”起来，这样才能体现虚实的对比（如图7-79所示）。

图7-79

06 当所有结构的细节描绘完毕后，使用辉光和高光画笔绘制一些发光体，包括高光的辉光等，以此丰富画面的视觉表现。注意描绘光线时需要将画笔的叠加模式切换成“滤色”或“颜色减淡”，可灵活掌握（如图7-80所示）。

图7-80

07 接下来开始描绘水花和泼溅效果。首先使用喷水画笔描绘出机体两侧流淌的较细水流。绘制时不要只用一个色彩，水花也要体现出明暗的受光变化（如图7-81所示）。

图7-81

08 继续使用喷水画笔描绘机体下部和机翼的水流，下部水流面积要更大，要使用大笔触描绘，同时整体在阴影中，要用较深的色彩描绘（如图7-82所示）。

图7-82

09 接下来描绘水面水花的溅起效果，可以尝试使用水花泼溅系列画笔来描绘，但是注意离水面较低的水花最好使用水花泼溅-2或水花泼溅-3画笔来描绘。绘制时注意不同水花画笔的属性，有些需要注意用笔的方向顺序，有些则需要旋转和倾斜画笔来控制喷溅方向，水花的大小层次感也要有所变化，不要都是同样的尺寸或色彩，需要多加练习（如图7-83所示）。

图7-83

10 机翼两侧较大的喷溅效果可以使用水花泼溅-7画笔来描绘，绘制时水花会根据用笔的朝向发生变化，可以通过画笔绘制方向控制水花溅起的角度等。同时海面白色水花的下方可以用喷枪画笔描绘出一些较蓝的色彩，这样才能体现出水的透光之感（如图7-84所示）。

图7-84

11 最后一步使用辉光画笔在机体周围的背景中绘制出一些柔光层次，包括海面水花较为集中的区域也画上一些这样的软性成分。绘制时需要将叠加模式切换为“滤色”，这样空气的湿润质感才能更好地体现出来，至此完成此练习（如图7-85所示）。

图7-85

小结：FX系列画笔很多情况下都是运用在绘画的后期处理过程，因此对于之前章节所讲解的笔刷运用需要先扎实地掌握好，才能在这一步发挥出其应有的优势，否则很难在考虑整体的前提下用好特效画笔。对本系列工具的学习与练习应该循序渐进，不要跳跃式阅读。

44. 镜头光效 – 1 (滤色/颜色减淡)

镜头光效 – 1（滤色/颜色减淡）画笔专门用于表现相机和摄像机镜头拍摄发光体时产生的各种物理光学特效，如辉光、光晕、星光、射线、景深等，常用于描绘画面中的背景灯光效果或者发光体特效等，也可以用于辅助3d动画、游戏特效和视频后期特效的制作等（如图7–86所示）。

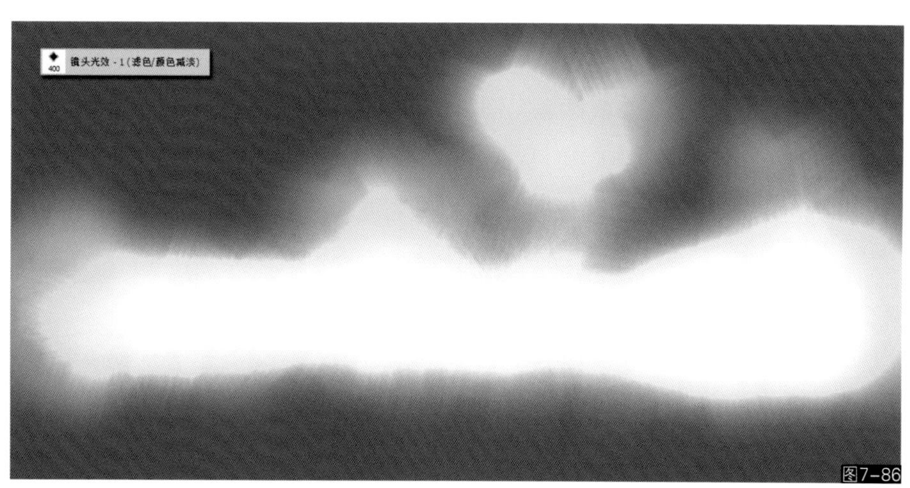

图7–86

45. 镜头光效 – 2 (滤色/颜色减淡) R

镜头光效 – 2（滤色/颜色减淡）R画笔专门用于表现相机和摄像机镜头拍摄发光体时产生的各种物理光学特效，如辉光、光晕、星光、射线、景深等，常用于描绘画面中的背景灯光效果或者发光体特效等，也可以用于辅助3d动画、游戏特效和视频后期特效的制作等。此画笔带有“R”控制，可以旋转画笔控制光斑的角度（如图7–87所示）。

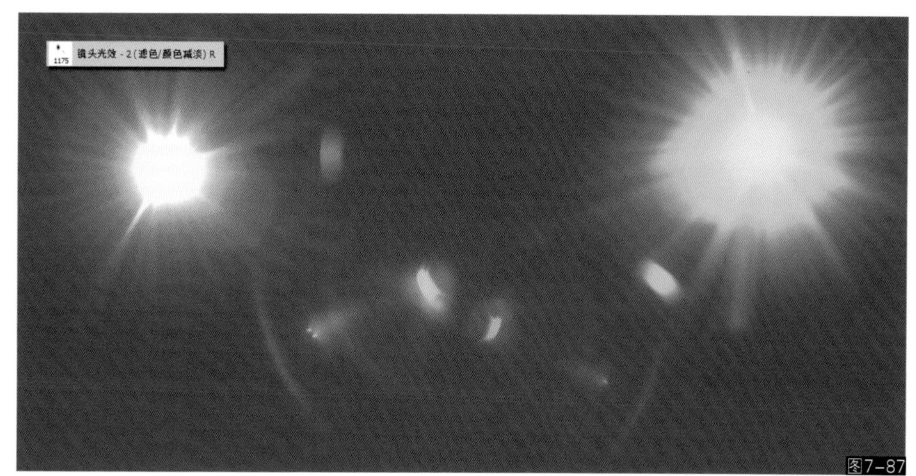

图7–87

46. 镜头光效 – 3 (滤色/颜色减淡)

镜头光效 – 3（滤色/颜色减淡）画笔专门用于表现相机和摄像机镜头拍摄发光体时产生的各种物理光学特效，如辉光、光晕、星光、射线、景深等，常用于描绘画面中的背景灯光效果或者发光体特效等，也可以用于辅助3d动画、游戏特效和视频后期特效的制作等（如图7–88所示）。

图7–88

47. 镜头光效 - 4 (滤色/颜色减淡)

镜头光效 - 4 (滤色/颜色减淡）画笔专门用于表现相机和摄像机镜头拍摄发光体时产生的各种物理光学特效，如辉光、光晕、星光、射线、景深等，常用于描绘画面中的背景灯光效果或者发光体特效等，也可以用于辅助3d动画、游戏特效和视频后期特效的制作等（如图7–89所示）。

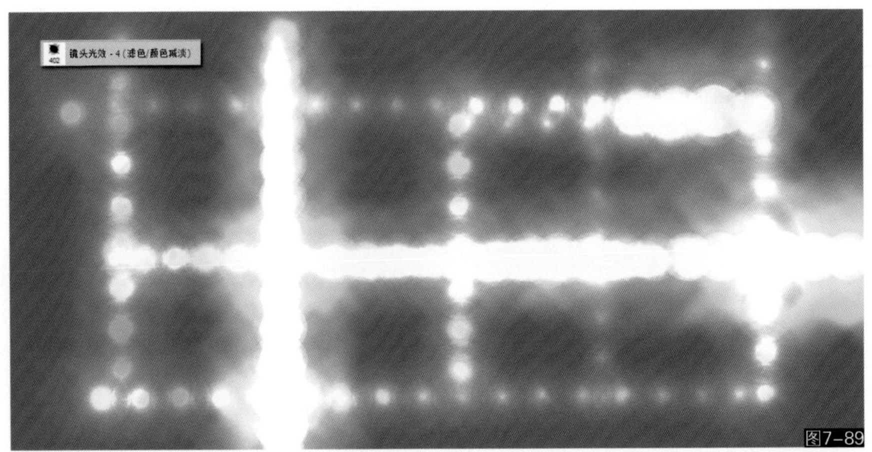
图7–89

48. 镜头光效 - 5 (滤色/颜色减淡) R

镜头光效 - 5 (滤色/颜色减淡）R画笔专门用于表现相机和摄像机镜头拍摄发光体时产生的各种物理光学特效，如辉光、光晕、星光、射线、景深等，常用于描绘画面中的背景灯光效果或者发光体特效等，也可以用于辅助3d动画、游戏特效和视频后期特效的制作等。此画笔带有“R”控制，可以旋转画笔控制光斑的角度（如图7–90所示）。

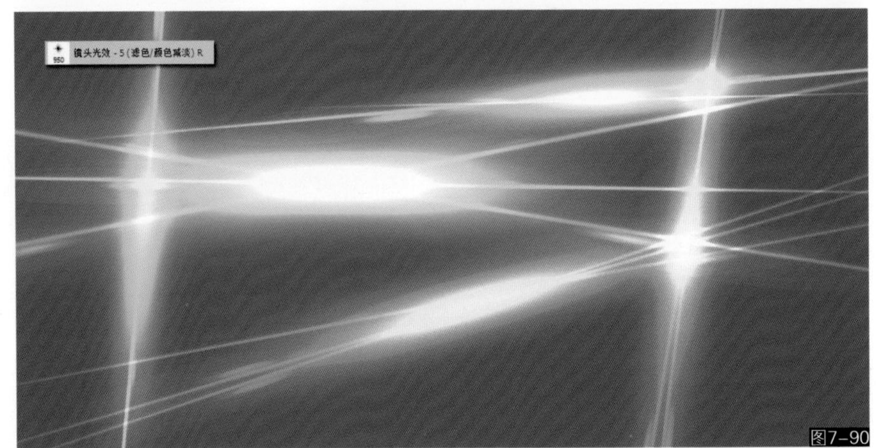
图7–90

49. 镜头光效 -6 (滤色/颜色减淡)

镜头光效 - 6(滤色/颜色减淡)画笔专门用于表现相机和摄像机镜头拍摄发光体时产生的各种物理光学特效，如辉光、光晕、星光、射线、景深等，常用于描绘画面中的背景灯光效果或者发光体特效等，也可以用于辅助3d动画、游戏特效和视频后期特效的制作等（如图7–91所示）。

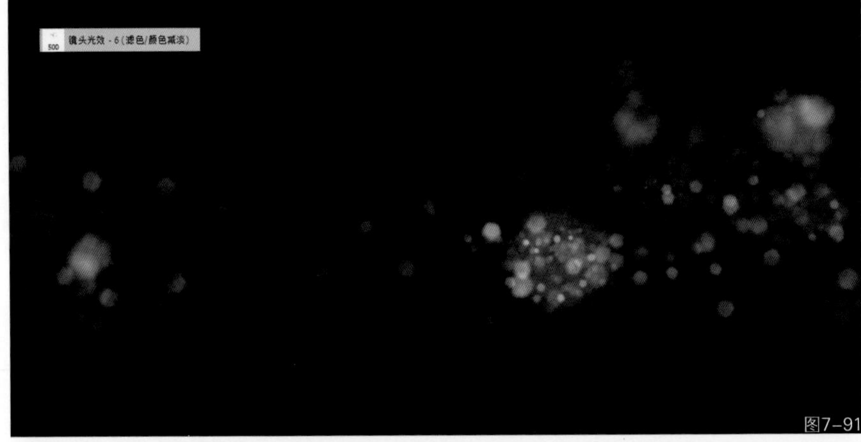
图7–91

50. 镜头光效 -7 (滤色/颜色减淡)

镜头光效 - 7(滤色/颜色减淡)画笔专门用于表现相机和摄像机镜头拍摄发光体时产生的各种物理光学特效，如辉光、光晕、星光、射线、景深等，常用于描绘画面中的背景灯光效果或者发光体特效等，也可以用于辅助3d动画、游戏特效和视频后期特效的制作等（如图7–92所示）。

图7–92

51. 特斯拉-1(滤色/颜色减淡)

特斯拉-1(滤色/颜色减淡)画笔专门用于表现电弧和闪电效果（如图7-93所示）。

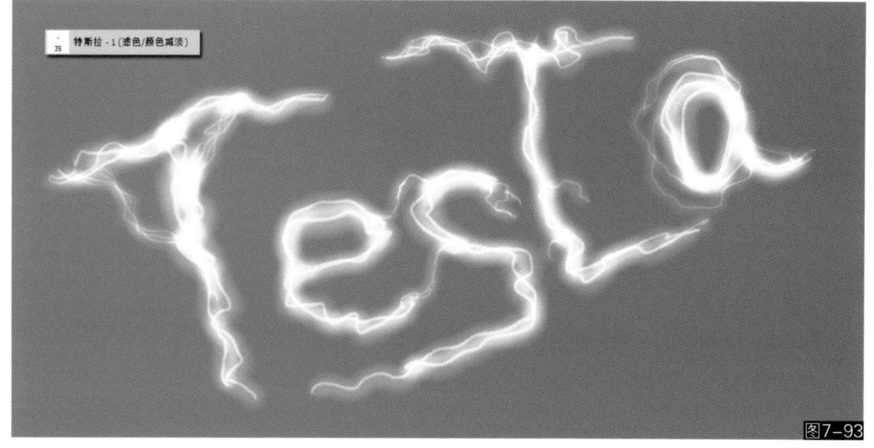

图7-93

52. 特斯拉-2（滤色/颜色减淡）R

特斯拉-2(滤色/颜色减淡)R画笔专门用于表现电弧和闪电效果。此画笔带有“R”控制，绘制闪电时需要旋转画笔来控制每一段闪电结构的朝向与拼接（如图7-94所示）。

图7-94

53. 特斯拉-3（滤色/颜色减淡）

特斯拉-3(滤色/颜色减淡)画笔专门用于表现剧烈的电弧或闪电效果（如图7-95所示）。

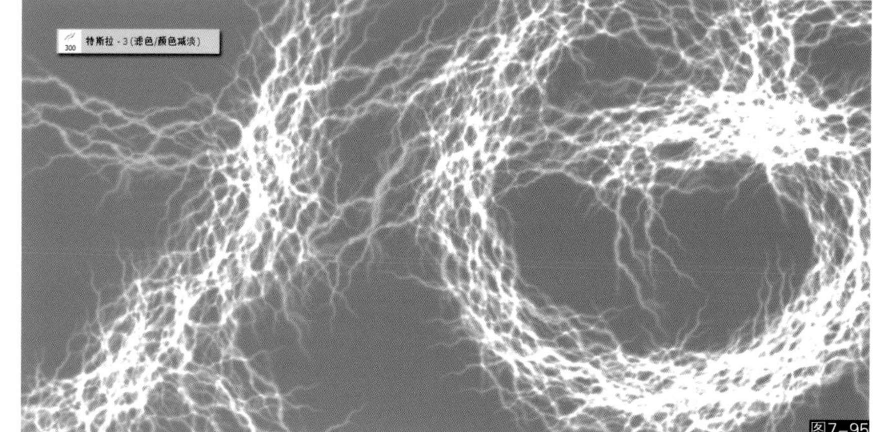

图7-95

54. 特斯拉-4（滤色/颜色减淡）

特斯拉-4(滤色/颜色减淡)画笔专门用于表现剧烈球形电弧和球形闪电效果等（如图7-96所示）。

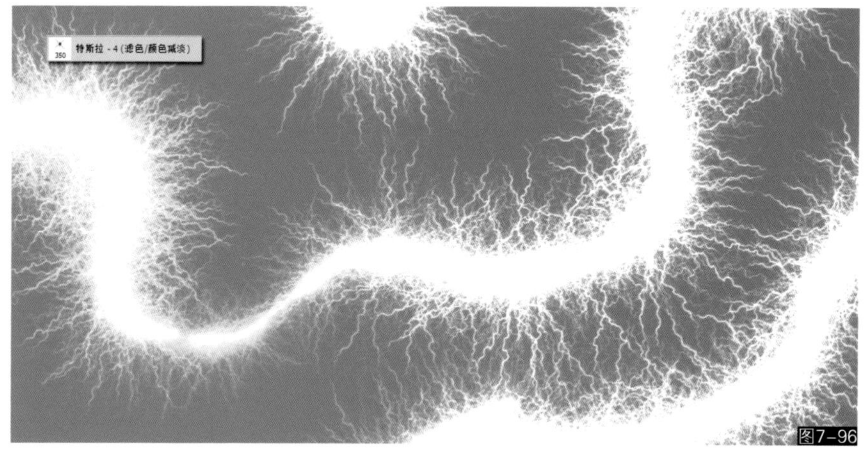

图7-96

55. 能量–1（滤色/颜色减淡）

能量–1 (滤色/颜色减淡)画笔专门用于表现各种奇幻抽象的能量体结构（如图7–97所示）。

图7–97

56. 能量–2（滤色/颜色减淡）

能量–2 (滤色/颜色减淡)画笔专门用于表现各种奇幻抽象的能量体结构（如图7–98所示）。

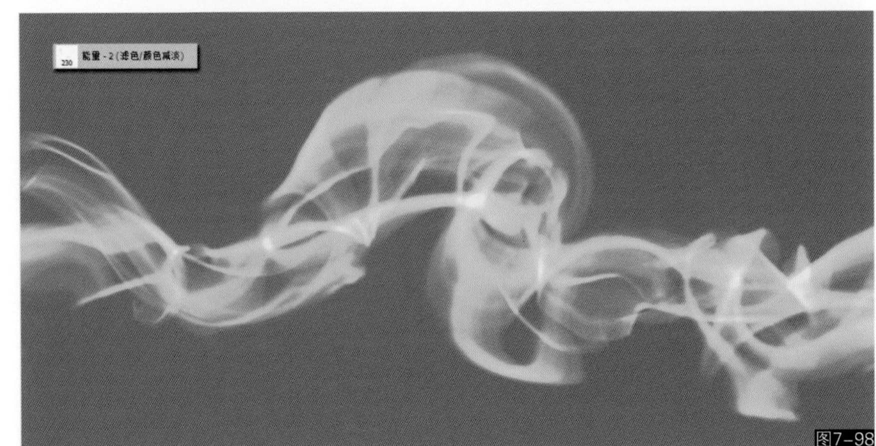

图7–98

57. 能量–3（滤色/颜色减淡）

能量–3 (滤色/颜色减淡)画笔专门用于表现各种奇幻抽象的能量体结构（如图7–99所示）。

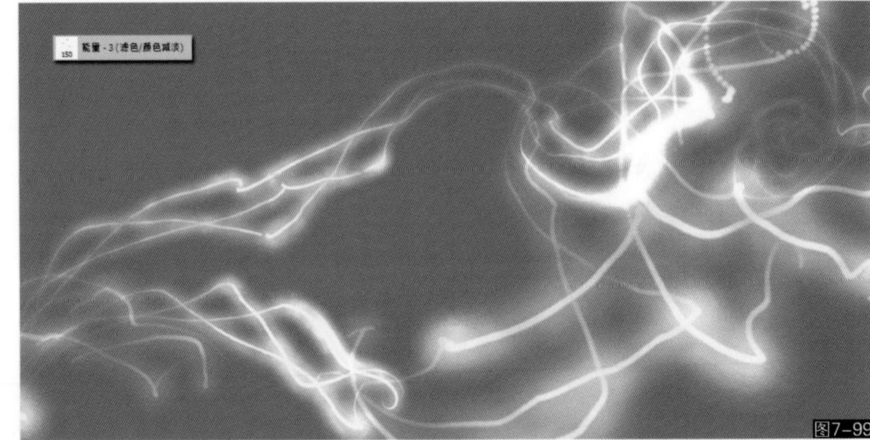

图7–99

58. 魔法–1（滤色/颜色减淡）

魔法–1(滤色/颜色减淡)画笔专门用于表现各种奇幻插画或是游戏电影设计中的魔法效果(如图7–100所示)。

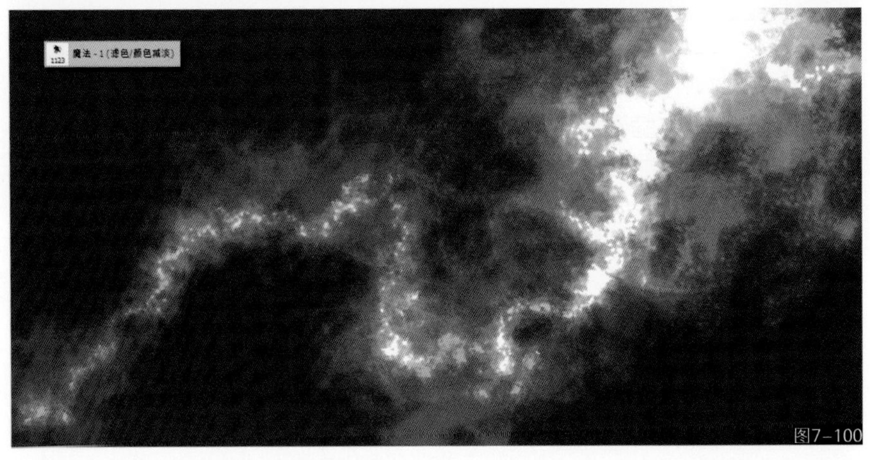

图7–100

59. 魔法–2（滤色/颜色减淡）

魔法–2(滤色/颜色减淡)画笔专门用于表现各种奇幻插画或是游戏电影设计中的魔法效果（如图7–101所示）。

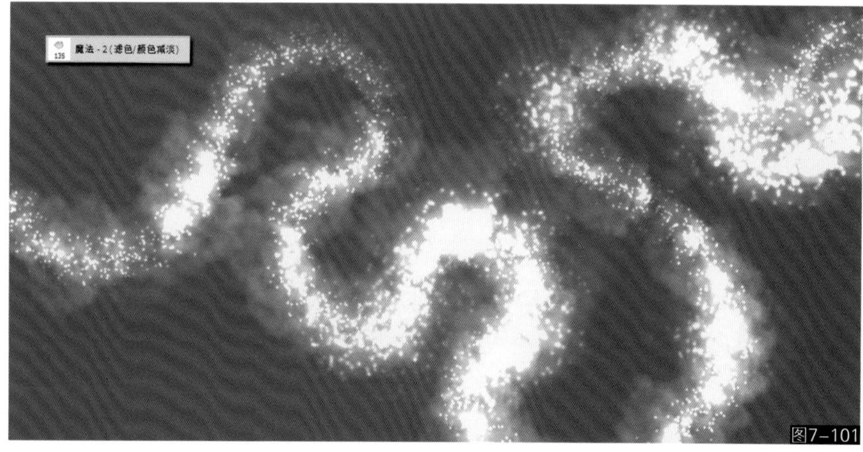

图7–101

60. 魔法–3（滤色/颜色减淡）

魔法–3(滤色/颜色减淡)画笔专门用于表现各种奇幻插画或是游戏电影设计中的魔法效果（如图7–102所示）。

图7–102

61. 魔法–4（滤色/颜色减淡）R T

魔法–4(滤色/颜色减淡)R T画笔专门用于表现各种奇幻插画或是游戏电影设计中的魔法效果。此画笔带有“R”和“T”控制，可以通过改变画笔角度和斜度来控制笔触形状的变化（如图7–103所示）。

图7–103

62. 魔法–5（滤色/颜色减淡）

魔法–5(滤色/颜色减淡)画笔专门用于表现各种奇幻插画或是游戏电影设计中的魔法效果（如图7–104所示）。

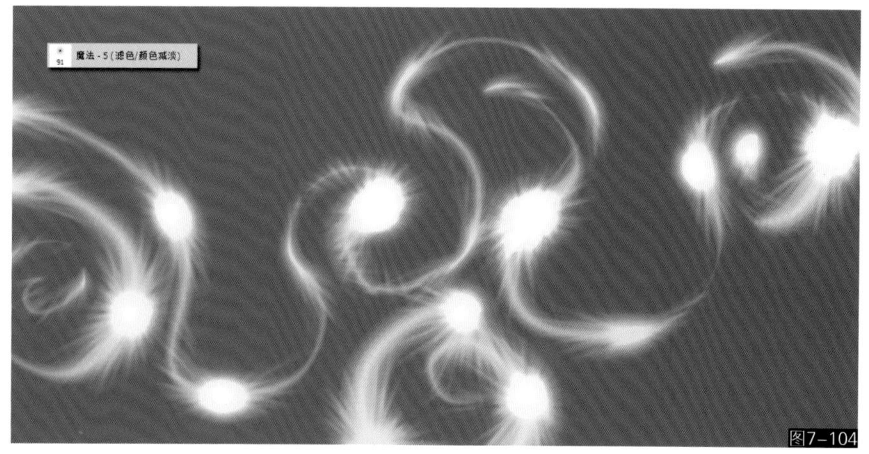

图7–104

63. 魔法-6（滤色/颜色减淡）

魔法-6(滤色/颜色减淡)画笔专门用于表现各种奇幻插画或是游戏电影设计中的魔法效果（如图7-105所示）。

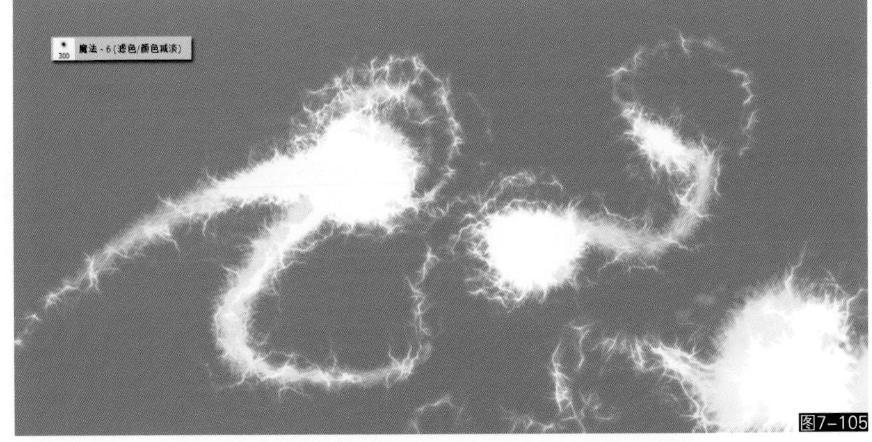
图7-105

64. 魔法-7（滤色/颜色减淡）R T

魔法-7(滤色/颜色减淡)R T画笔专门用于表现各种奇幻插画或是游戏电影设计中的魔法效果。此画笔带有“R”和“T”控制，可以通过改变画笔角度和斜度来控制笔触形状的变化（如图7-106所示）。

图7-106

65. 魔法-8（滤色/颜色减淡）R T

魔法-8(滤色/颜色减淡)R T画笔专门用于表现各种奇幻插画或是游戏电影设计中的魔法效果。此画笔带有“R”和“T”控制，可以通过改变画笔角度和斜度来控制笔触形状的变化（如图7-107所示）。

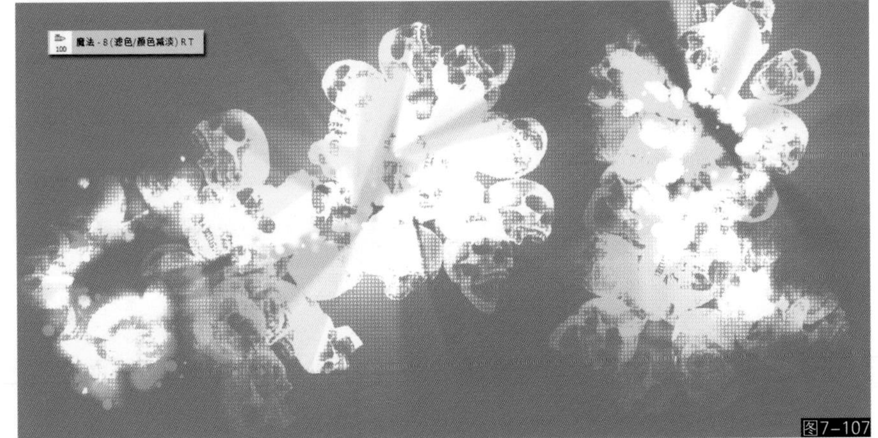
图7-107

66. 射线-1（滤色/颜色减淡）R T

射线-1(滤色/颜色减淡)R T画笔专门用于表现各种光线产生的体积光射线，如灯光、太阳、爆炸、能量体等。此画笔带有“R”和“T”控制，可以通过改变画笔角度和斜度来控制笔触形状的变化（如图7-108所示）。

图7-108

67. 射线-2（滤色/颜色减淡）R T

射线-2（滤色/颜色减淡）R T画笔专门用于表现各种光线产生的体积光射线，如灯光、太阳、爆炸、能量体等。此画笔带有“R”和“T”控制，可以通过改变画笔角度和斜度来控制笔触形状的变化（如图7-109所示）。

图7-109

68. 极光-1（滤色/颜色减淡）R

极光-1（滤色/颜色减淡）R 画笔专门用于表现地球南北极的大气极光效果，也可以绘制同种类型的抽象光线效果等。此画笔带有“R”控制，可以通过改变画笔角度来控制笔触方向的变化（如图7-110所示）。

图7-110

69. 极光-2（滤色/颜色减淡）

极光-2（滤色/颜色减淡）画笔专门用于表现地球南北极的大气极光效果，也可以绘制同种类型的抽象光线效果等（如图7-111所示）。

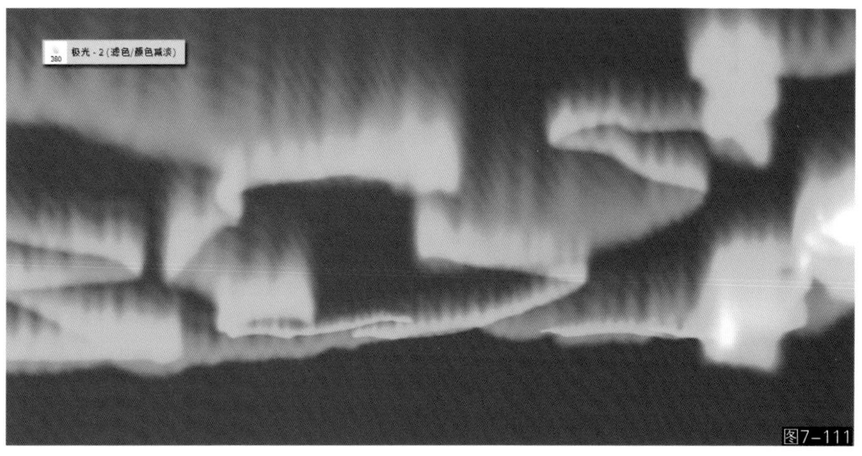

图7-111

70. 雨点

雨点画笔专门用于绘制下雨效果，用笔的朝向决定雨点的角度。如需要较为明亮的雨滴效果，可以将画笔的叠加模式切换为“滤色”（如图7-112所示）。

图7-112

71. 雪花

雪花画笔专门用于绘制下雪效果，用笔的朝向决定雪花的角度。如需要较为明亮的雪花效果，可以将画笔的叠加模式切换为“滤色”（如图7-113所示）。

图7-113

72. 浮尘

浮尘画笔专门用于绘制空中飘浮的灰尘效果，可以表现出不同距离感的灰尘层次，也可以配合镜头特效画笔使用。如需要较为明亮的灰尘效果，可以将画笔的叠加模式切换为“滤色”（如图7-114所示）。

图7-114

73. 沙尘-1

沙尘-1画笔专门用于绘制沙尘暴或是龙卷风等效果，也可以表现某些魔法效果。如需绘制层次感较为丰富的沙尘，可以降低笔刷透明度来绘制层次变化，绘制完成后为画面添加一个“锐化”滤镜可以增强沙尘的颗粒感（如图7-115所示）。

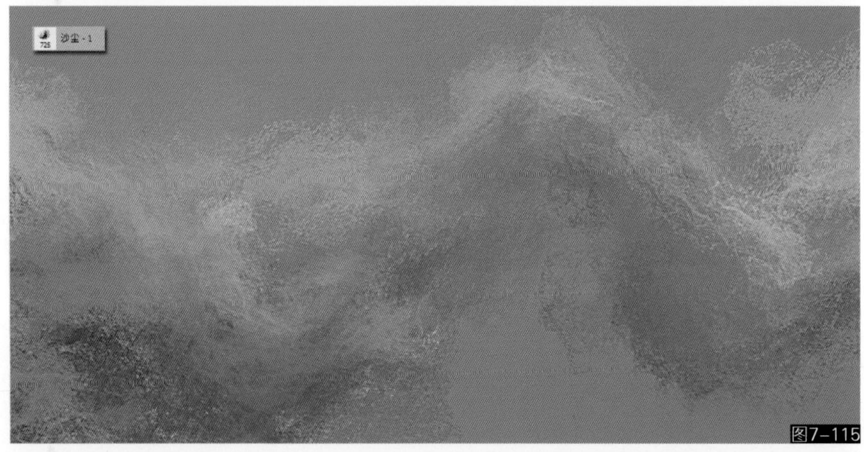

图7-115

74. 沙尘-2

沙尘-2画笔专门用于绘制沙尘暴或是沙子飘散等效果，也可以表现某些魔法效果等。如需绘制层次感较为丰富的沙尘，可以降低笔刷透明度来绘制层次变化（如图7-116所示）。

图7-116

75. 星辰-1（滤色/颜色减淡）R

星辰-1（滤色/颜色减淡）R画笔专门用于描绘星空效果。此画笔带有“R”控制，可以通过改变画笔角度来控制星星的方位（如图7-117所示）。

图7-117

76. 星辰-2（滤色/颜色减淡）

星辰-2（滤色/颜色减淡）画笔专门用于描绘较亮的星空效果，也可以配合某些魔法画笔使用（如图7-118所示）。

图7-118

77. 星辰-3（滤色/颜色减淡）

星辰-3（滤色/颜色减淡）画笔专门用于描绘太空中的星辰效果，也可以配合某些魔法画笔使用（如图7-119所示）。

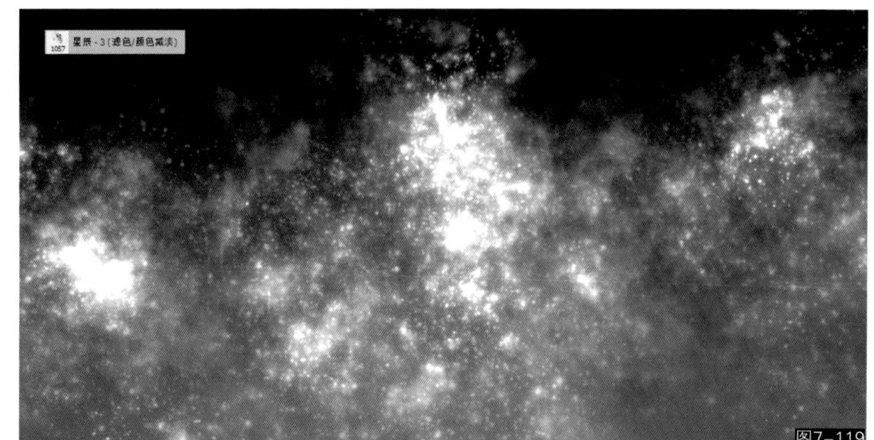

图7-119

78. 星云-1（滤色/颜色减淡）D T

星云-1（滤色/颜色减淡）D T画笔专门用于描绘太空中的星云效果，也可以配合某些魔法画笔使用。此画笔带有“D”和“T”控制，可以使用前景色和背景色双色设置来绘制出丰富的星云色彩，然后利用画笔倾斜度控制星云的形状。绘制时可以先使用“滤色”模式画上基本色，然后再使用“颜色减淡”模式增加其亮度（如图7-120所示）。

图7-120

79. 星云-2（滤色/颜色减淡）

星云-2（滤色/颜色减淡）画笔专门用于描绘太空中的星云效果，也可以表现类似时光隧道的画面效果等。绘制时可以先使用“滤色”模式画上基本色，然后再使用“颜色减淡”模式增加其亮度，以画笔中心点为原点然后使用“放射状画圈”的方式来控制星云的形状（如图7-121所示）。

图7-121

80. 星云-3（滤色/颜色减淡）

星云-3（滤色/颜色减淡）画笔专门用于描绘太空中的大面积星云效果。绘制时可以先使用“滤色”模式画上基本色，然后再使用“颜色减淡”模式增加其亮度。（如图7-122所示）。

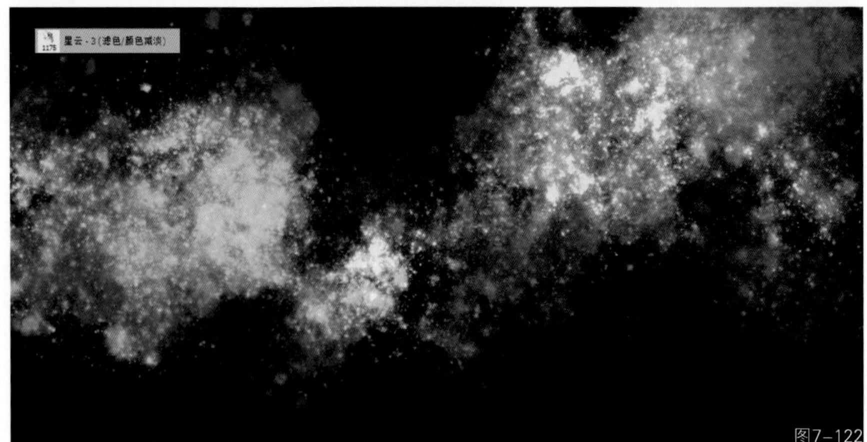

图7-122

81. 星云-4（滤色/颜色减淡）

星云-4（滤色/颜色减淡）画笔专门用于描绘太空中的大面积星云气体效果。绘制时可以先使用“正常”模式画上基本色，然后再使用“滤色”和“颜色减淡”模式增加其亮度，最后再回到“正常”模式调节总体暗部层次。（如图7-123所示）。

图7-123

82. 等离子体 - 1（滤色/颜色减淡）RT

等离子体 - 1 (滤色/颜色减淡) RT画笔专门用于描绘宇宙射线、特殊能量爆发、能量武器、魔法等视觉特效。此画笔带有“R”和“T”控制，可以旋转画笔角度和控制画笔斜度来画出不同透视效果的能量体结构（如图7-124所示）。

图7-124

83. 等离子体 – 2 (滤色/颜色减淡) R T

等离子体 – 2 (滤色/颜色减淡) RT画笔专门用于描绘宇宙射线、特殊能量爆发、能量武器、魔法等视觉特效。此画笔带有“R”和“T”控制，可以旋转画笔角度和控制画笔斜度来画出不同透视效果的能量体结构（如图7–125所示）。

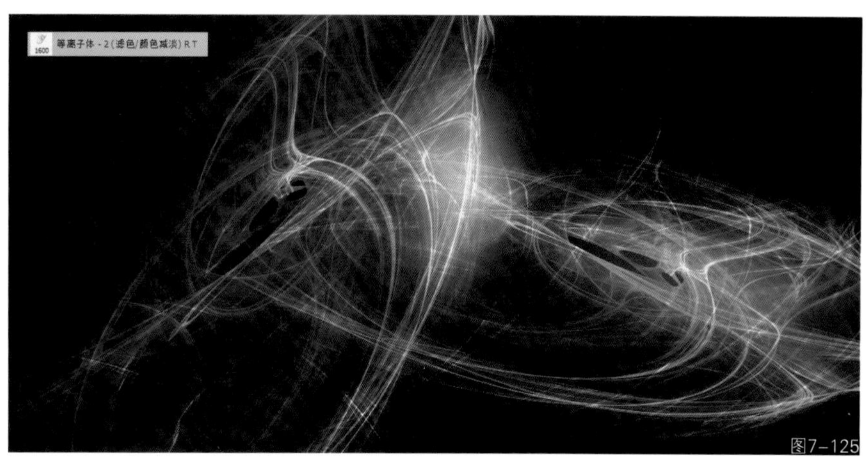

图7–125

84. 等离子体 – 3 (滤色/颜色减淡) R T

等离子体 – 3 (滤色/颜色减淡) RT画笔专门用于描绘宇宙射线、特殊能量爆发、能量武器、魔法等视觉特效。此画笔带有“R”和“T”控制，可以旋转画笔角度和控制画笔斜度来画出不同透视效果的能量体结构（如图7–126所示）。

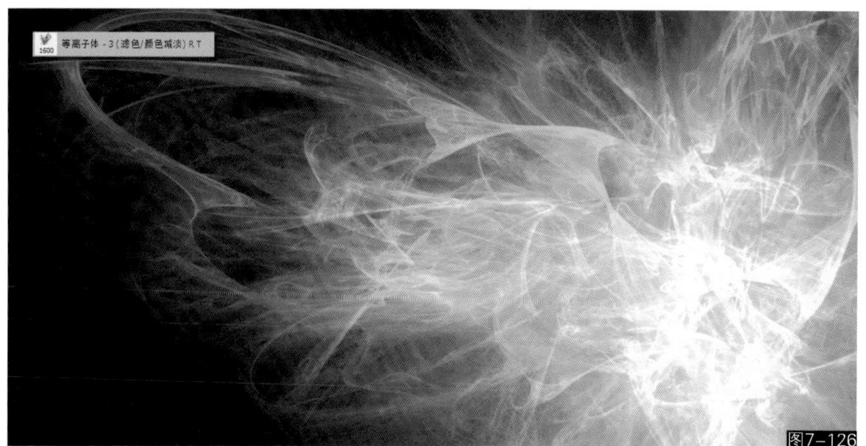

图7–126

85. 等离子体 – 4(滤色/颜色减淡) R T

等离子体 – 4 (滤色/颜色减淡) RT画笔专门用于描绘宇宙射线、特殊能量爆发、能量武器、魔法等视觉特效。此画笔带有“R”和“T”控制，可以旋转画笔角度和控制画笔斜度来画出不同透视效果的能量体结构（如图7–127所示）。

图7–127

86. 等离子体 – 5(滤色/颜色减淡) R T

等离子体 – 5 (滤色/颜色减淡) RT画笔专门用于描绘宇宙射线、特殊能量爆发、能量武器、魔法等视觉特效。此画笔带有“R”和“T”控制，可以旋转画笔角度和控制画笔斜度来画出不同透视效果的能量体结构（如图7–128所示）。

图7–128

笔刷练习小插曲

下面通过一个简单的宇宙场景范例来讲解星辰、星云、等离子体等画笔在实际创作中的运用方法。

01 新建一个画布，为它填充纯黑色背景，然后使用星云-4画笔绘制一些基本的星云结构。画笔的叠加模式应该设置为“正常”或“滤色”，“颜色减淡”模式在纯黑色背景下是无效的（如图7-129所示）。

图7-129

02 继续使用星云-4画笔增加亮部和暗部气体，将画笔设置为“滤色”模式绘制亮部，设置为“正常”模式绘制暗部。本实例只是绘画流程示范，练习时并不需要临摹成完全一模一样的结构（如图7-130所示）。

图7-130

03 使用两支星辰画笔添加一些星星的区域，绘制时将画笔叠加模式设置为“滤色”（如图7-131所示）。

图7-131

04 一些较为明亮的星云区域可以使用“星云”系列画笔添加，绘制时可以将画笔模式设置为“颜色减淡”，但是不要过分添加，以免颜色过亮（如图7-132所示）。

图7-132

05 接下来绘制恒星体，使用圆形选择工具选中一个区域（如图7-133所示）。

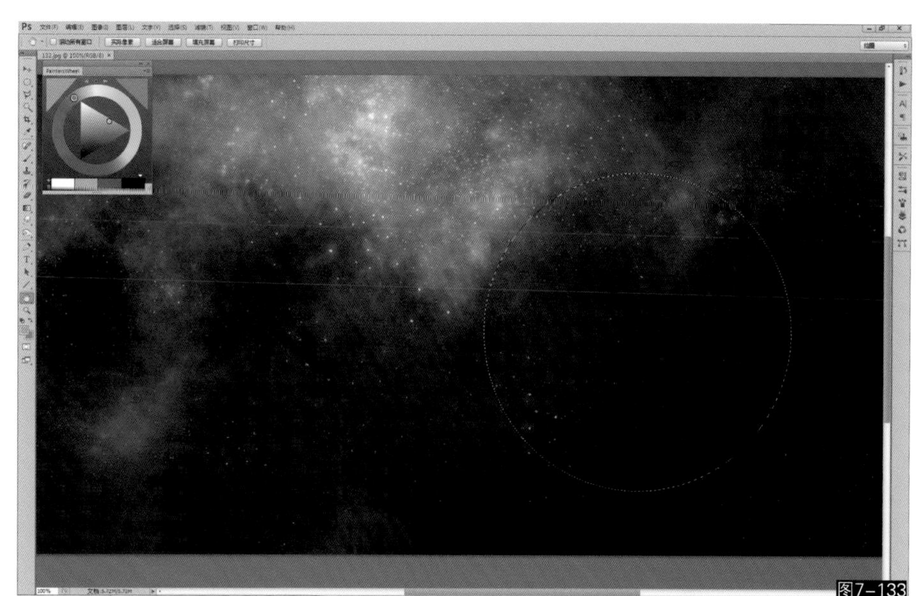
图7-133

06 使用大气层画笔添加一些深浅不一的橘红色气体结构，使用“正常”模式绘制（如图7-134所示）。

图7-134

07 继续使用大气层画笔，将画笔叠加模式设置为“颜色减淡”，绘制星球内部较亮的发光结构（如图7-135所示）。

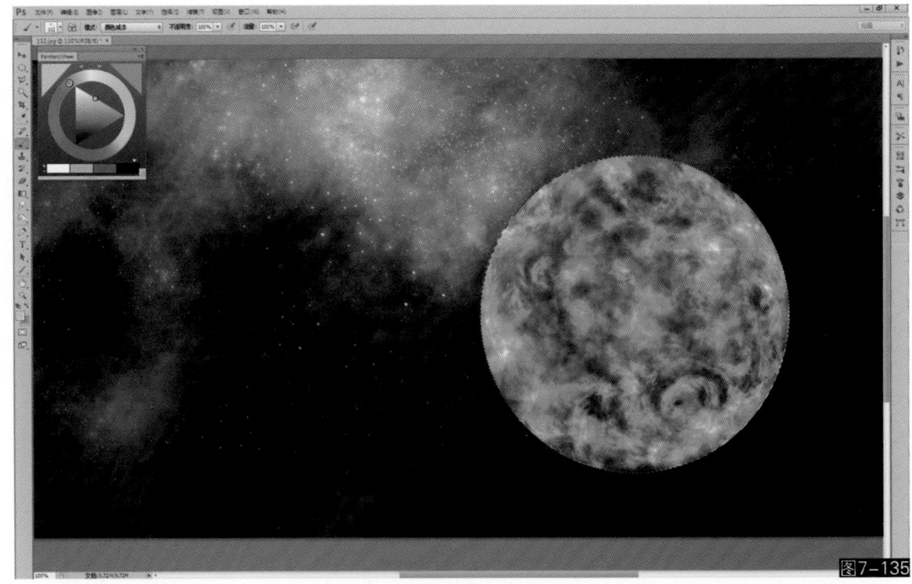
图7-135

08 平涂上去的画笔结构看上去没有“球体”的透视感，可以为其添加一个“球面化”滤镜，这样这颗恒星体看上去就有了“球体”的感觉（如图7-136所示）。

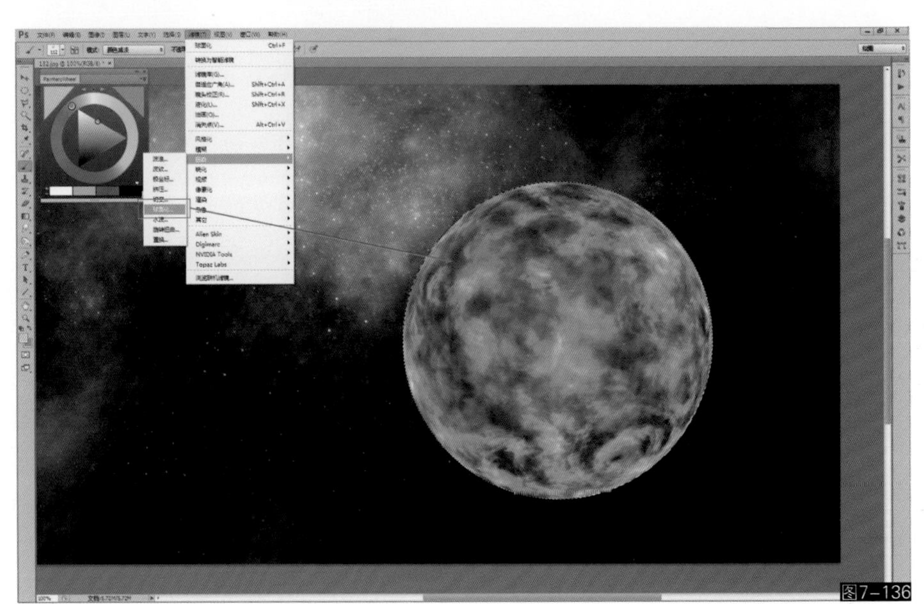
图7-136

09 取消选择集，然后新建一个图层绘制恒星表面喷发的等离子体，将新建的图层叠加模式设置为“颜色减淡”。一旦启用图层叠加模式，绘制时需要将画笔切换回“正常”模式才能得到正确的效果，很多初学者很容易犯这样的错误。接下来选择等离子体系列画笔为其添加一些红色的能量结构,这里首先使用的是等离子体-3画笔（如图7-137所示）。

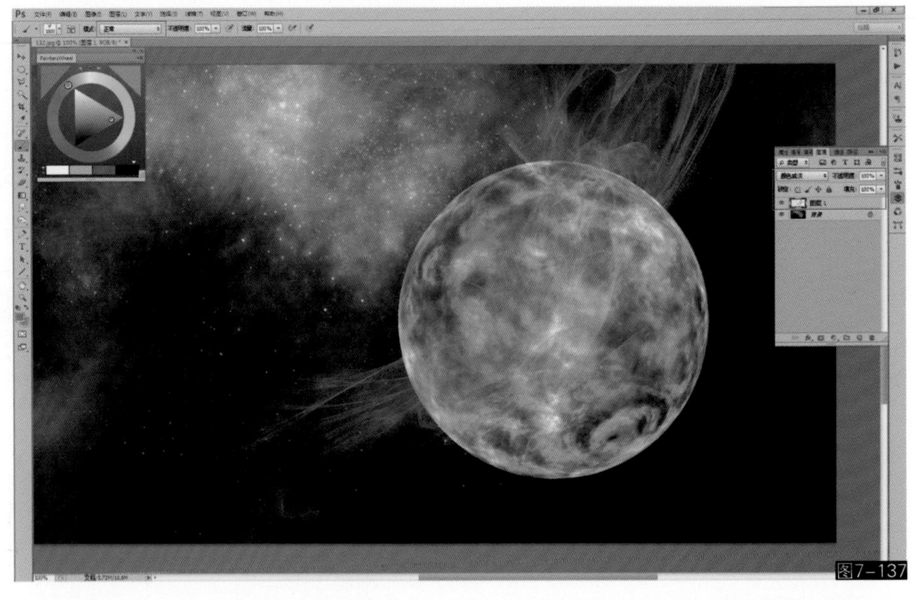
图7-137

10 下面绘制球体右下角的能量喷射效果。由于右下角区域为纯黑色，“颜色减淡”模式的图层无法叠加出色彩，因此需要另外新建一个“滤色”模式的图层，仍然使用“正常”模式的画笔在其上绘制。这也是绘画中经常出现的发光类特效叠加问题的常见处理方式（如图7-138所示）。

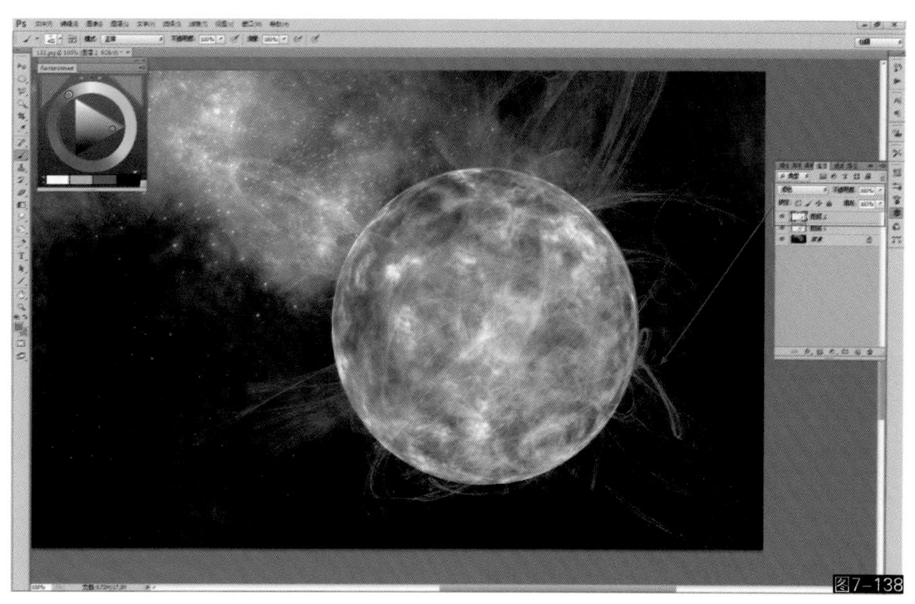
图7-138

11 合并所有可见图层，回到单层模式下使用画笔自身的叠加模式增加细节的发光效果。图层的叠加模式一般用于处理大致的发光效果，或者是出于分层处理的需要以便后期修改，而单层基础上直接使用画笔叠加模式绘制则发光效果与原画面融合得更加自然。在这一步中继续使用星云画笔和等离子体画笔增加一些球体边缘的能量结构，笔触缩小一些慢慢绘制，需要增亮的地方可以来回多画几遍，画笔叠加模式可以在“滤色”或“颜色减淡”中酌情选择（如图7-139所示）。

图7-139

12 接下来使用喷火画笔或是火焰画笔增强一些星球中灼热喷射的小细节。画笔模式使用“颜色减淡”，色彩可以设置为浅黄色或白色，但是不宜过多添加。也可以尝试使用其他任意相似的画笔来绘制这类效果（如图7-140所示）。

图7-140

13 最后使用射线-2画笔在较亮的星云区域添加一个较大的光束，这样画面整体感就更加自然柔和了，至此完成本次练习（如图7-141所示）。

图7-141

87.刀光剑影-1（滤色）

刀光剑影-1（滤色）画笔专门用于表现武侠题材中武器挥舞产生的拖尾效果，也可以用于表现物体快速移动时产生的尾迹效果等（如图7-142所示）。

图7-142

88. 刀光剑影-2（滤色）

刀光剑影-2（滤色）画笔专门用于表现武侠题材中武器挥舞产生的拖尾效果，也可以用于表现物体快速移动时产生的尾迹效果等（如图7-143所示）。

图7-143

89. 灵魂（滤色/颜色减淡）

灵魂（滤色/颜色减淡）画笔专门用于表现灵魂、鬼魂、彗星、流星、激光等效果。绘制时先绘制灵魂的头部，按住画笔随着画笔的笔触移动尾部会逐渐变细消失。绘制时按住Shift键可以绘制出直线结构（如图7-144所示）。

图7-144

90. 粒子系统-1

粒子系统-1画笔专门用于表现绘画中常见的喷溅、分散、散落、飘散、喷发、抽象元素构成等效果。它没有特定的使用方式，可以结合到任何元素的绘画表现中，目的在于丰富画面的视觉效果，表现有趣的画面构成（如图7-145所示）。

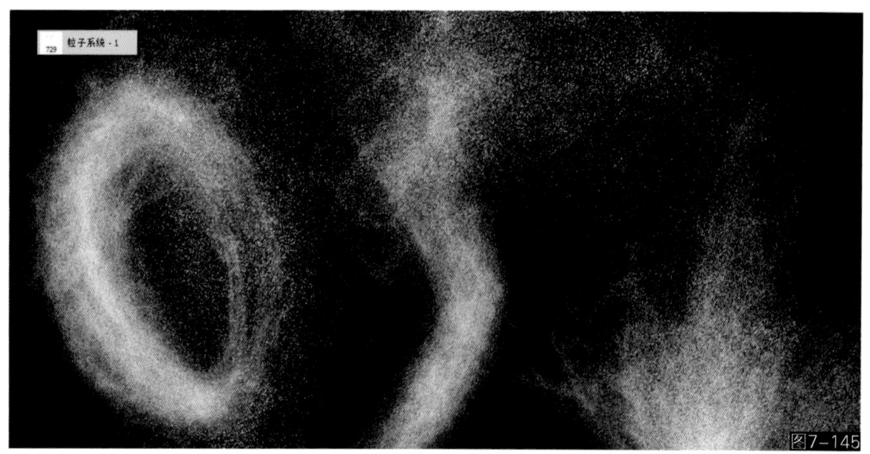

图7-145

91. 粒子系统-2

粒子系统-2画笔专门用于表现绘画中常见的喷溅、分散、散落、飘散、喷发、抽象元素构成等效果。它没有特定的使用方式，可以结合到任何元素的绘画表现中，目的在于丰富画面的视觉效果，表现有趣的画面构成（如图7-146所示）。

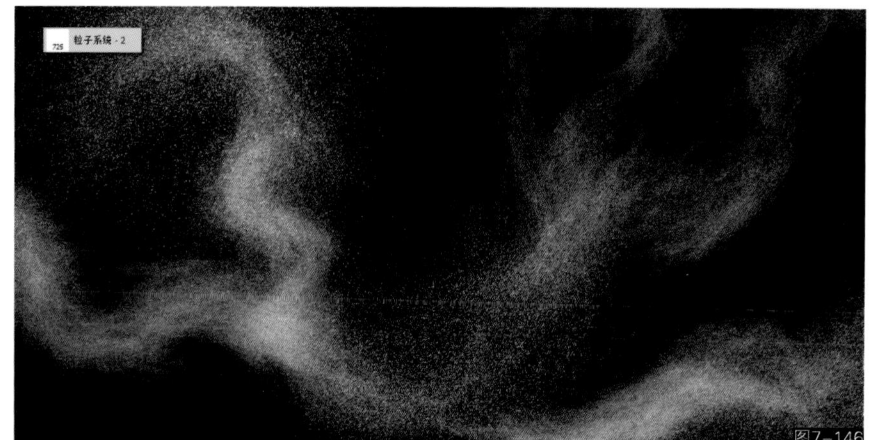

图7-146

92. 粒子系统-3

粒子系统-3画笔专门用于表现绘画中常见的喷溅、分散、散落、飘散、喷发、抽象元素构成等效果。它没有特定的使用方式，可以结合到任何元素的绘画表现中，目的在于丰富画面的视觉效果，表现有趣的画面构成（如图7-147所示）。

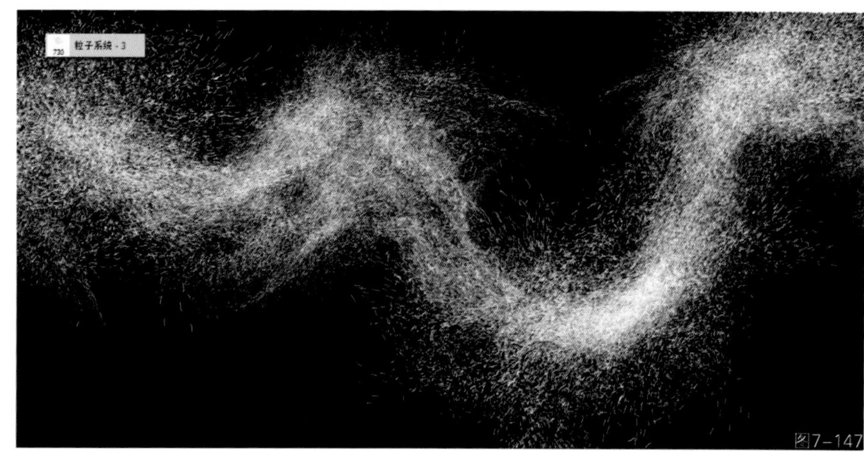

图7-147

93. 粒子系统-4

粒子系统-4画笔专门用于表现绘画中常见的喷溅、分散、散落、飘散、喷发、抽象元素构成等效果。它没有特定的使用方式，可以结合到任何元素的绘画表现中，目的在于丰富画面的视觉效果，表现有趣的画面构成（如图7-148所示）。

图7-148

94. 粒子系统-5

粒子系统-5画笔专门用于表现绘画中常见的喷溅、分散、散落、飘散、喷发、抽象元素构成等效果。它没有特定的使用方式，可以结合到任何元素的绘画表现中，目的在于丰富画面的视觉效果，表现有趣的画面构成（如图7-149所示）。

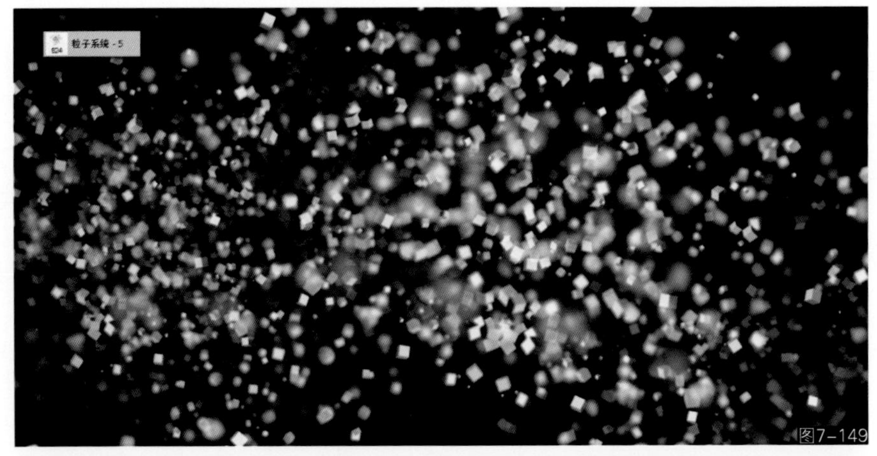

图7-149

95. 粒子系统-6

粒子系统-6画笔专门用于表现绘画中常见的喷溅、分散、散落、飘散、喷发、抽象元素构成等效果。它没有特定的使用方式，可以结合到任何元素的绘画表现中，目的在于丰富画面的视觉效果，表现有趣的画面构成（如图7-150所示）。

图7-150

96. 粒子系统-7

粒子系统-7画笔专门用于表现绘画中常见的喷溅、分散、散落、飘散、喷发、抽象元素构成等效果。它没有特定的使用方式，可以结合到任何元素的绘画表现中，目的在于丰富画面的视觉效果，表现有趣的画面构成（如图7-151所示）。

图7-151

97. 粒子系统-8

粒子系统-8画笔专门用于表现绘画中常见的喷溅、分散、散落、飘散、喷发、抽象元素构成等效果。它没有特定的使用方式，可以结合到任何元素的绘画表现中，目的在于丰富画面的视觉效果，表现有趣的画面构成（如图7-152所示）。

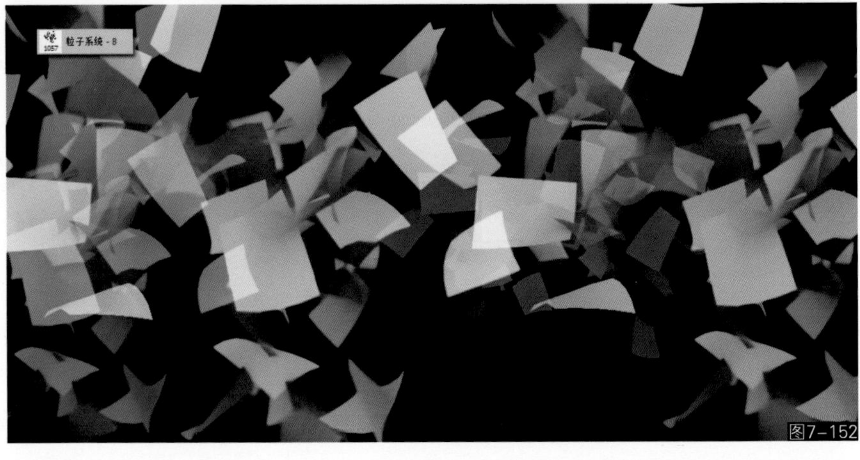

图7-152

98. 粒子系统-9

粒子系统-9画笔专门用于表现绘画中常见的喷溅、分散、散落、飘散、喷发、抽象元素构成等效果。它没有特定的使用方式，可以结合到任何元素的绘画表现中，目的在于丰富画面的视觉效果，表现有趣的画面构成（如图7-153所示）。

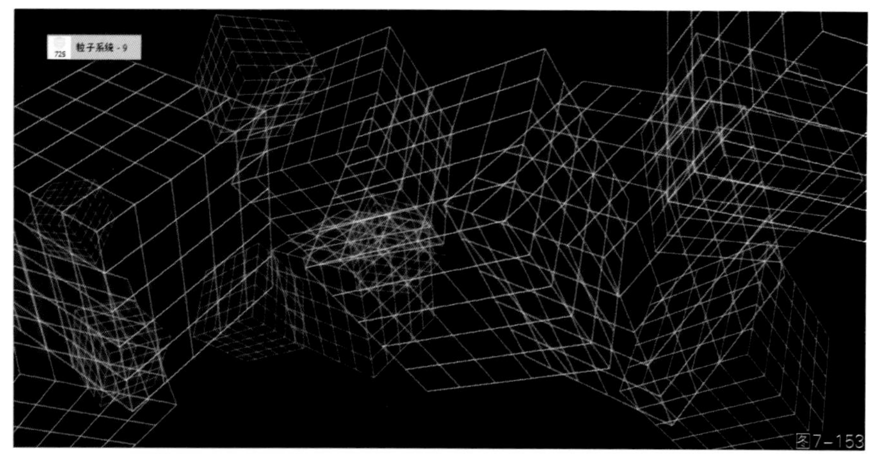

图7-153

99. 粒子系统-10

粒子系统-10画笔专门用于表现绘画中常见的喷溅、分散、散落、飘散、喷发、抽象元素构成等效果。它没有特定的使用方式，可以结合到任何元素的绘画表现中，目的在于丰富画面的视觉效果，表现有趣的画面构成（如图7-154所示）。

图7-154

100. 粒子系统-11 T

粒子系统-11 T画笔专门用于表现绘画中常见的喷溅、分散、散落、飘散、喷发、抽象元素构成等效果。它没有特定的使用方式，可以结合到任何元素的绘画表现中，目的在于丰富画面的视觉效果，表现有趣的画面构成。此画笔带有“T”控制，可以通过改变画笔倾斜度来控制笔触形状的变化（如图7-155所示）。

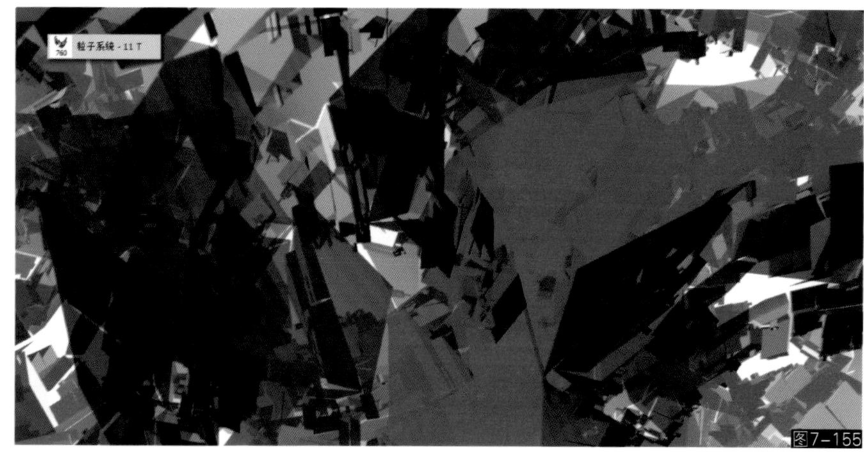

图7-155

101. 粒子系统-12

粒子系统-12画笔专门用于表现绘画中常见的喷溅、分散、散落、飘散、喷发、抽象元素构成等效果。它没有特定的使用方式，可以结合到任何元素的绘画表现中，目的在于丰富画面的视觉效果，表现有趣的画面构成（如图7-156所示）。

图7-156

102. 纤维化（涂92–99）

纤维化（涂92–99）涂抹工具用于将色块或是任何元素涂抹成为具有植物藤蔓感的细致结构，常用于表现植物层次或是抽象结构等。最佳涂抹强度范围为92~99（如图7–157所示）。

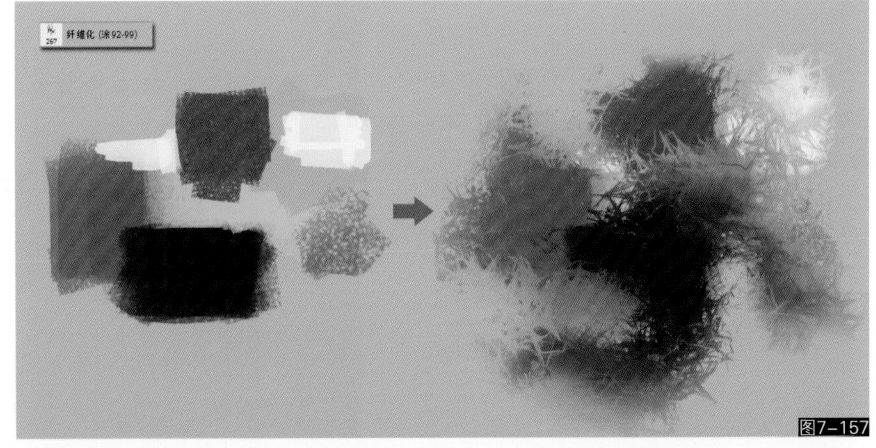

图7–157

103. 毛刺化（涂90–99）

纤维化（涂90–99）涂抹工具用于将色块或是任何元素涂抹成为具有毛刺质感的渐变结构，常用于处理过渡层次变化，类似于柔和涂抹工具，可以将色彩边缘结构打散。最佳涂抹强度范围为90~99（如图7–158所示）。

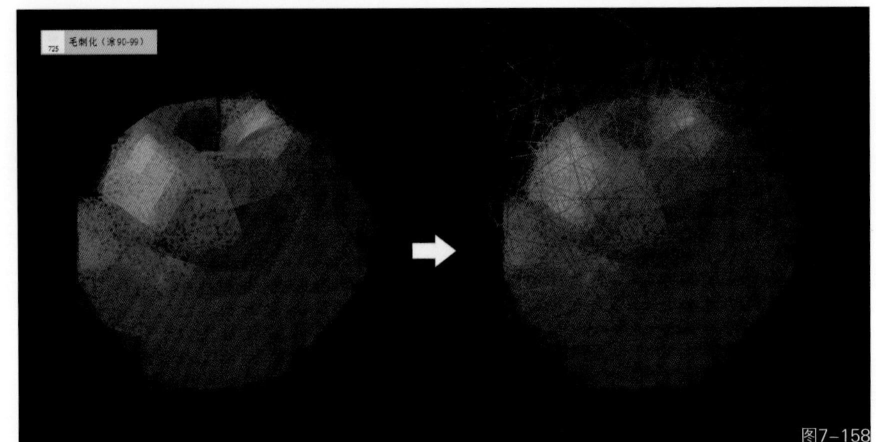

图7–158

104. 气化（涂40–99）

气化（涂40–99）涂抹工具用于将色块或是任何元素处理成散开的气态效果，如固体变气体、消失殆尽特效、魔法、燃烧等。最佳涂抹强度范围为40~99（如图7–159所示）。

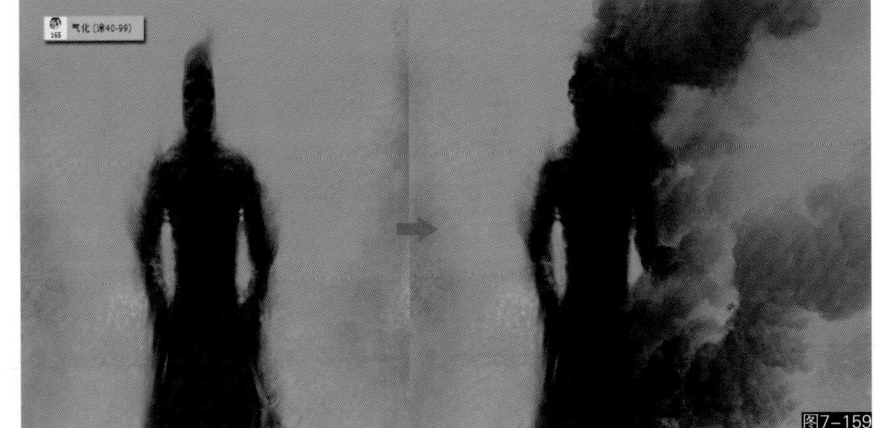

图7–159

105. 碎裂化（涂80–90）

碎裂化（涂80–90）涂抹工具用于将色块或是任何元素打碎，常用于表现坍塌、爆炸、废墟、地形等效果，可以结合其他相关画笔使用。最佳涂抹强度范围为80~90（如图7–160所示）。

图7–160

106. 结构化（涂90-99）

结构化（涂90-99）涂抹工具用于将色块或是任何元素处理成几何体错位结构，常用于抽象建筑结构感的画面气氛营造。最佳涂抹强度范围为90～99（如图7-161所示）。

图7-161

107. 运动模糊（涂10-80）

运动模糊（涂10-80）涂抹工具用于将色块或是任何元素处理为运动模糊的状态，如表现高速运动的物体、拖尾、震动等效果。涂抹强度根据运动的快慢来设置，最佳涂抹强度范围为10～80（如图7-162所示）。

图7-162

108. 柔光\景深涂抹（涂-变亮5-20）

柔光\景深涂抹（涂-变亮5-20）涂抹工具用于为画面添加柔光光晕和景深效果，常用于绘画和数码照片的镜头感处理。注意此工具在“正常”模式下为模糊效果，在“变亮”模式则是柔光效果，可交替使用。最佳涂抹强度范围为5～20（如图7-163、图7-164所示）。

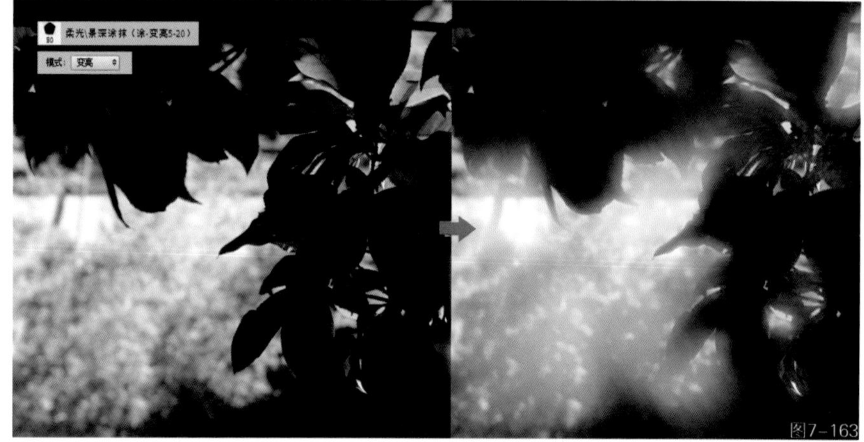
图7-163

图7-164

109. 能量扩散涂抹-1（涂-变亮9-50）

能量扩散涂抹-1（涂-变亮9-50）涂抹工具用于将画面的高光部分气化分解，常用于表现灵魂移位、燃烧发光、能量扩散、云雾散开等效果。注意此工具需要将叠加模式设置为“变亮”才能获得正确的效果。最佳涂抹强度范围为9～50（如图7-165所示）。

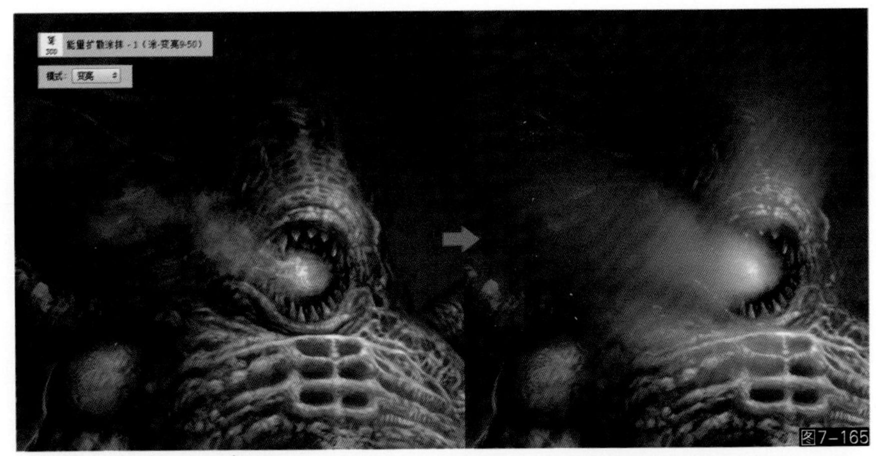
图7-165

110. 能量扩散涂抹-1（涂-变亮9-30）

能量扩散涂抹-1（涂-变亮9-30）涂抹工具用于将画面的高光部分气化分解，常用于表现灵魂移位、燃烧发光、能量扩散、云雾散开等效果。注意此工具需要将叠加模式设置为“变亮”才能获得正确的效果。最佳涂抹强度范围为9～30（如图7-166所示）。

图7-166

111. 绘画与抽象-1（涂20-99）

绘画与抽象-1（涂20-99）涂抹工具用于将数码照片快速转化成带有抽象绘画风格的画面效果，也可以用于绘画时处理笔触效果的辅助工具。涂抹时画笔大小和运笔方向决定了画风的变化，一般尽量使画笔面积大一点，转换出来才会较为自然。可以结合其他同系列画笔一起使用。最佳涂抹强度范围为20～99（如图7-167所示）。

图7-167

112. 绘画与抽象-2（涂20-50）

绘画与抽象-2（涂20-50）涂抹工具用于将数码照片快速转化成带有抽象绘画风格的画面效果，也可以用于绘画时处理笔触效果的辅助工具。涂抹时画笔大小和运笔方向决定了画风的变化，一般尽量使画笔面积大一点，转换出来才会较为自然。可以结合其他同系列画笔一起使用。最佳涂抹强度范围为20～50（如图7-168所示）。

图7-168

113. 绘画与抽象-3（涂30-99）

绘画与抽象-3（涂30-99）涂抹工具用于将数码照片快速转化成带有抽象绘画风格的画面效果，也可以用于绘画时处理笔触效果的辅助工具。涂抹时画笔大小和运笔方向决定了画风的变化，一般尽量使画笔面积大一点，转换出来才会较为自然。可以结合其他同系列画笔一起使用。最佳涂抹强度范围为30~99（如图7-169所示）。

图7-169

114. 绘画与抽象-4（涂30-99）

绘画与抽象-4（涂30-99）涂抹工具用于将数码照片快速转化成带有抽象绘画风格的画面效果，也可以用于绘画时处理笔触效果的辅助工具。涂抹时画笔大小和运笔方向决定了画风的变化，一般尽量使画笔面积大 点，转换出来才会较为自然。可以结合其他同系列画笔一起使用。最佳涂抹强度范围为30~99（如图7-170所示）。

图7-170

115. 绘画与抽象-5（涂30-99）

绘画与抽象-5（涂30-99）涂抹工具用于将数码照片快速转化成带有抽象绘画风格的画面效果，也可以用于绘画时处理笔触效果的辅助工具。涂抹时画笔大小和运笔方向决定了画风的变化，一般尽量使画笔面积大一点，转换出来才会较为自然。可以结合其他同系列画笔一起使用。最佳涂抹强度范围为30~99（如图7-171所示）。

图7-171

116. 绘画与抽象-6（涂30-99）

绘画与抽象-6（涂30-99）涂抹工具用于将数码照片快速转化成带有抽象绘画风格的画面效果，也可以用于绘画时处理笔触效果的辅助工具。涂抹时画笔大小和运笔方向决定了画风的变化，一般尽量使画笔面积大一点，转换出来才会较为自然。可以结合其他同系列画笔一起使用。最佳涂抹强度范围为30~99（如图7-172所示）。

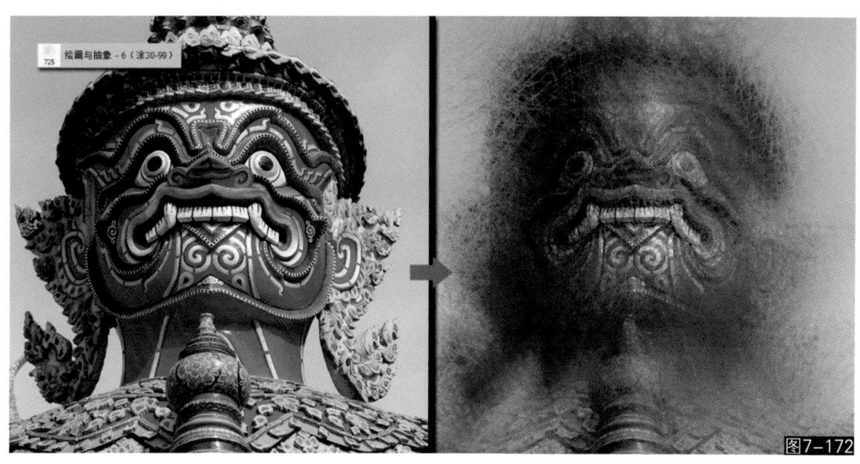

图7-172

117. 绘画与抽象-7（涂100）

绘画与抽象-7（涂100）涂抹工具用于将数码照片快速转化成带有抽象绘画风格的画面效果，也可以用于绘画时处理笔触效果的辅助工具。涂抹时画笔大小和运笔方向决定了画风的变化，一般尽量使画笔面积大一点，转换出来才会较为自然。可以结合其他同系列画笔一起使用。最佳涂抹强度为100（如图7-173所示）。

图7-173

118. 绘画与抽象-8（涂10-50）

绘画与抽象-8（涂10-50）涂抹工具用于将数码照片快速转化成带有抽象绘画风格的画面效果，也可以用于绘画时处理笔触效果的辅助工具。涂抹时画笔大小和运笔方向决定了画风的变化，一般尽量使画笔面积大一点，转换出来才会较为自然。可以结合其他同系列画笔一起使用。最佳涂抹强度范围为10～50（如图7-174所示）。

图7-174

119. 绘画与抽象-9（涂30-99）

绘画与抽象-9（涂30-99）涂抹工具用于将数码照片快速转化成带有抽象绘画风格的画面效果，也可以用于绘画时处理笔触效果的辅助工具。涂抹时画笔大小和运笔方向决定了画风的变化，一般尽量使画笔面积大一点，转换出来才会较为自然。可以结合其他同系列画笔一起使用。最佳涂抹强度范围为30～99（如图7-175所示）。

图7-175

120. 绘画与抽象-10（涂30-99）

绘画与抽象-10（涂30-99）涂抹工具用于将数码照片快速转化成带有抽象绘画风格的画面效果，也可以用于绘画时处理笔触效果的辅助工具。涂抹时画笔大小和运笔方向决定了画风的变化，一般尽量使画笔面积大一点，转换出来才会较为自然。可以结合其他同系列画笔一起使用。最佳涂抹强度范围为30～99（如图7-176所示）。

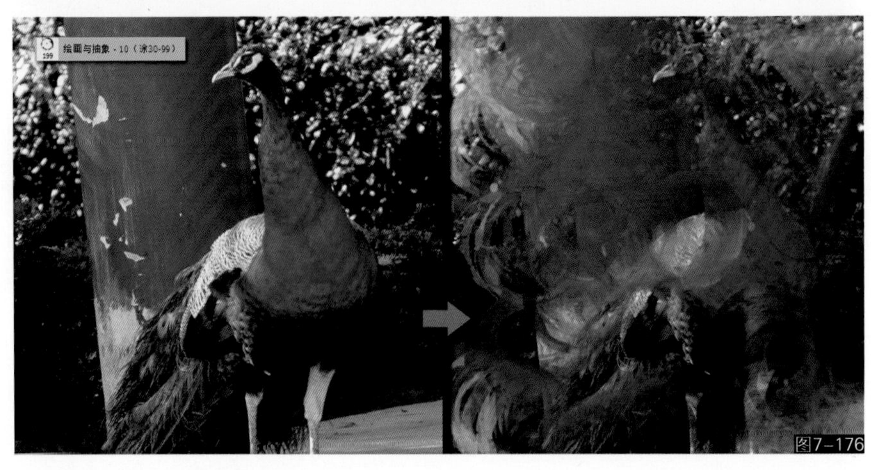

图7-176

笔刷练习小插曲

下面通过一个简单的实例来讲解如何使用特效涂抹工具将一张数码照片转换为逼真的绘画效果。

01 打开任意照片，照片尺寸不要太大，长边不超过3,000像素的照片绘制起来较为快速，过大的图片在配置较低的电脑上容易造成涂抹工具运行缓慢。在这个实例中我们将使用一张风景照片（如图7-177所示）。

图7-177

02 首先使用绘画与抽象-3和绘画与抽象-4涂抹工具涂抹树叶部分。这两支画笔可以涂抹出点状的笔触效果，很适合表现树叶这类自然分散形状，但是不要涂抹到电线杆和建筑物等直线硬边结构（如图7-178所示）。

图7-178

03 继续涂抹完成所有树叶部分，一些较为轻柔的笔触感可以结合绘画与抽象-8涂抹工具来使用。涂抹强度不要太高，30左右即可，涂抹运笔应该以顺时针或是逆时针画圈为主，这样可以保证笔触的均匀分布（如图7-179所示）。

图7-179

04 使用绘画与抽象–1涂抹工具为画面整体添加一个绘画效果转化。笔触尽量设置到画面总尺寸的1/3左右，整体覆盖方式以轻微的横向和纵向用笔短距离地反复“搓揉”将所有画面自然“打碎”，这样就更加接近自然的绘画感了（如图7–180所示）。

图7–180

05 使用绘画与抽象–5或绘画与抽象–6涂抹工具从天空蓝色部分向其他画面结构涂抹，同时可以相应处理地面和部分房屋等。这样可以将画面处理出更多的干湿手绘细节，看上去非常接近油画或是粉画的特殊效果（如图7–181所示）。

图7–181

06 为了更好地模拟出油画效果，新建一个图层为其填充一个布面肌理，然后将图层叠加模式设置为“叠加”，同时适当降低图层的透明度，这样看上去就非常像逼真的油画了。这种叠加底纹的方式适用于转化所有需要传统绘画感的图像，如水彩画我们可以叠加水彩纸纹等（如图7–182所示）。

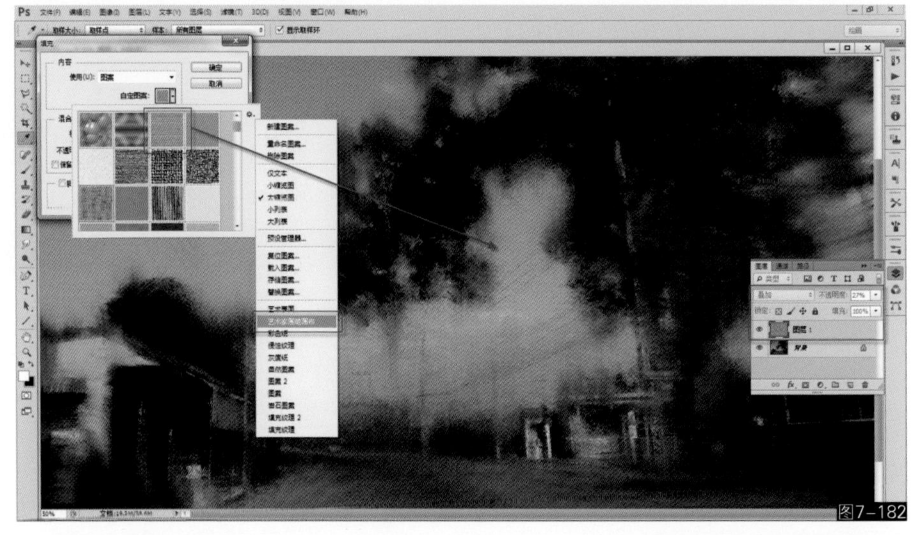

图7–182

07 至此本练习绘制完成（最终效果如图7-183所示）。

图7-183

二、FX特效画笔综合创作实例分析

下面我们针对FX系列画笔做一个完整的创作实例分析，学习其综合运用的方法。这个作品的主题叫作“第三只眼”，主要运用佛教主题元素来探讨冥想状态下的内在精神世界观，属于超现实主题创作的典型案例。它大量使用了FX画笔营造视觉特效（如图7-184所示）。

图7-184

01 首先使用good系列画笔勾勒一个创作的初步构想草图素描。这幅创作我们将使用后期叠加的方式进行上色，因此前期步骤只需要处理好素描关系即可（如图7-185所示）。

图7-185

02 一步一步绘制出明暗之间的过渡层次，大的光影层次可以使用大块面笔反复切割与组合，尽量不要来回反复涂抹（如图7-186所示）。

图7-186

03 接下来加入一些高光层次丰富脸部结构和周边结构（如图7–187所示）。

图7–187

04 采用低透明度的画笔细心地描绘柔和过渡层次。可以使用20%～30%的透明度来绘制，这是画过渡时常用的一种技法（如图7–188所示）。

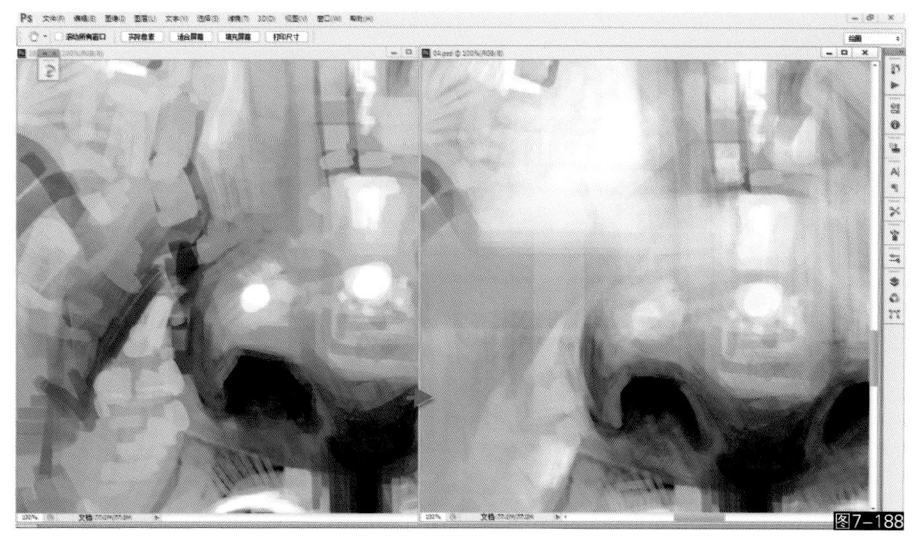
图7–188

05 继续使用上述方法细化面部，同时丰富其他结构，加入更多的元素，如骷髅等（如图7–189所示）。

图7–189

06 有些元素可以通过翻转画布来绘制，这样画起来会比较顺手，如树枝结构，同时这也是多角度观察构图的方法（如图7–190所示）。

图7–190

07 接下来使用喷枪或其他柔性画笔描绘柔和的火焰过渡，然后再使用风格化画笔中的线形结构涂抹工具涂抹出火焰能量变化的线条感和层次变化等。这是绘制丰富线条状柔和纹理的常用手段，当然这只是一种方法而已，不同的工具搭配会有完全不一样的风格体现，值得多多尝试（如图7–191所示）。

图7–191

08 完善基本元素的初期细节。规则结构尽量不要用手随意勾勒，一些元素如左眼和建筑方块等结构可以用套索工具选择后再绘制，保证其结构的清晰硬朗感，耐心将所有物体的基本光影层次表现出来为后期上色提供依据（如图7-192所示）。

09 接下来新建一个图层，将图层叠加模式切换为“正片叠底”，在这个图层上绘制出人物皮肤、背景建筑结构、眼睛和火焰等元素的基本色彩，通过“正片叠底”以变暗的方式叠加出整幅画面的暗部色彩（如图7-193所示）。

图7-192

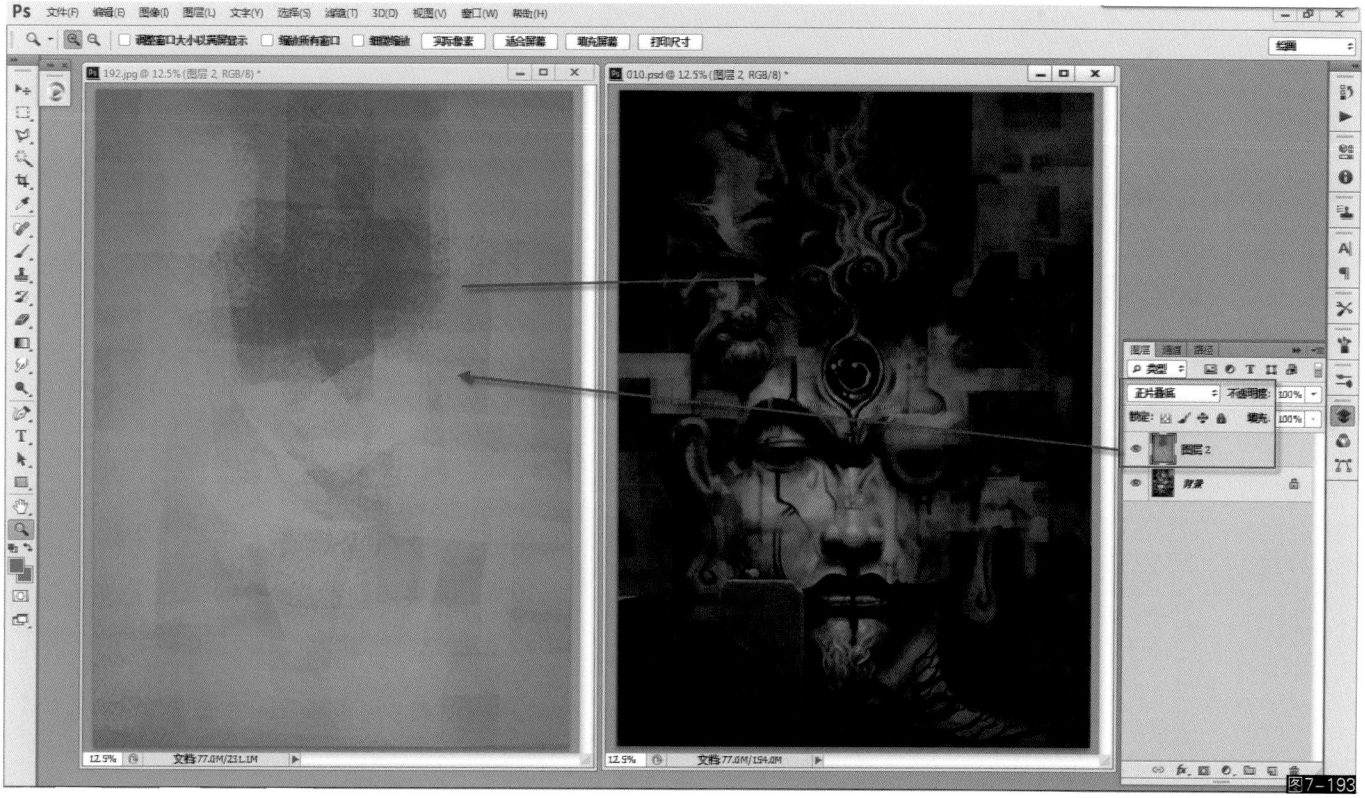

图7-193

10 使用能量画笔绘制橘红色和蓝色火焰色彩，第一层火焰特效使用“滤色”叠加模式来绘制，这样可以保证画面不会过亮。所有这种类型的发光效果初期都不要使用“颜色减淡”模式绘制，以确保画面整体的色彩平衡；眼睛部分的色彩可以使用柔性画笔描绘。需要注意的是这里凡是使用画笔叠加模式绘制的方式都是在单层上作画的过程，如果需要新建图层来绘制这些效果，则使用图层叠加模式设置，画笔模式需要切换回“正常”模式（如图7–194所示）。

图7–194

11 使用“滤色”叠加模式的辉光画笔为火焰部分增加一个较大面积的柔光。这样增强了这些能量体的整体光效，同时也让这些色彩相互之间融合得更加自然和谐（如图7–195所示）。

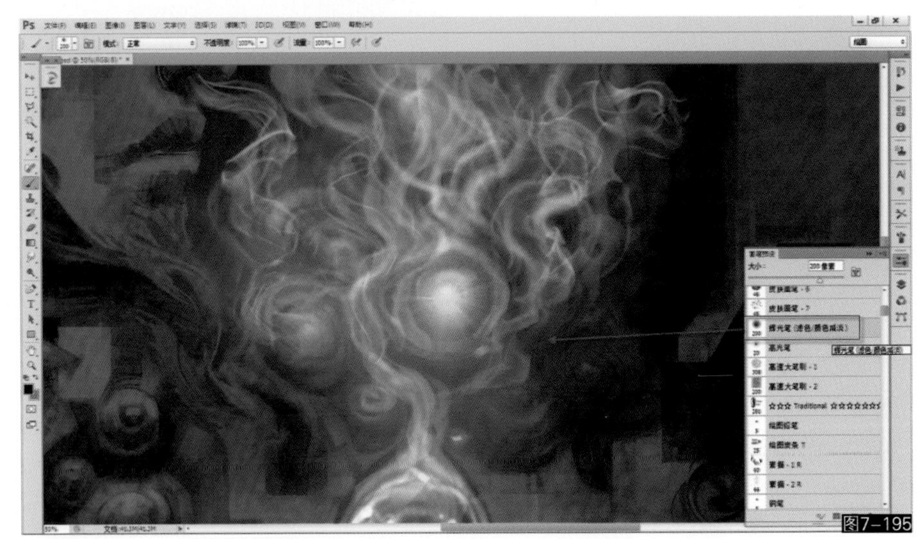
图7–195

12 使用毛刺化涂抹工具把火焰的边缘部分和背景之间进行涂抹。这样可以让画面整体看上去色彩过渡更加自然柔和，各元素之间的色彩都会有相互影响的细微变化，同时产生一种舒服的肌理细节（如图7–196所示）。

图7–196

13 使用粒子系统-7画笔在火焰中添加一些更为细碎的火焰结构，也可以尝试使用其他有趣的画笔来添加这些细节。目的是在不破坏画面整体结构的前提下让这些区域看上去更有细节感，尤其是当画面绘制得很大的时候，经常由于只照顾整体而忽视细节的表现。使用这样的方式可以使整幅作品更加耐看（如图7-197所示）。

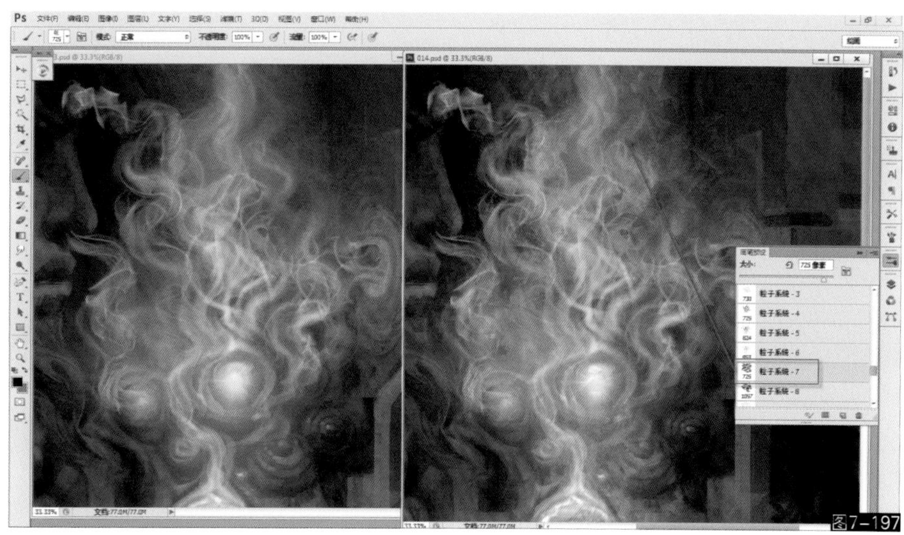
图7-197

14 继续使用毛刺化涂抹工具处理各个区域，这种带有纹理感的融合方式可以把各部位的色彩相互自然衔接并“藏”到各自的结构中。除了混合色彩之外也可以用于处理暗部和亮部的光影变化，简单来说就是将“硬”的结构涂“软”，类似于模糊涂抹工具，但是更加有风格化（如图7-198所示）。

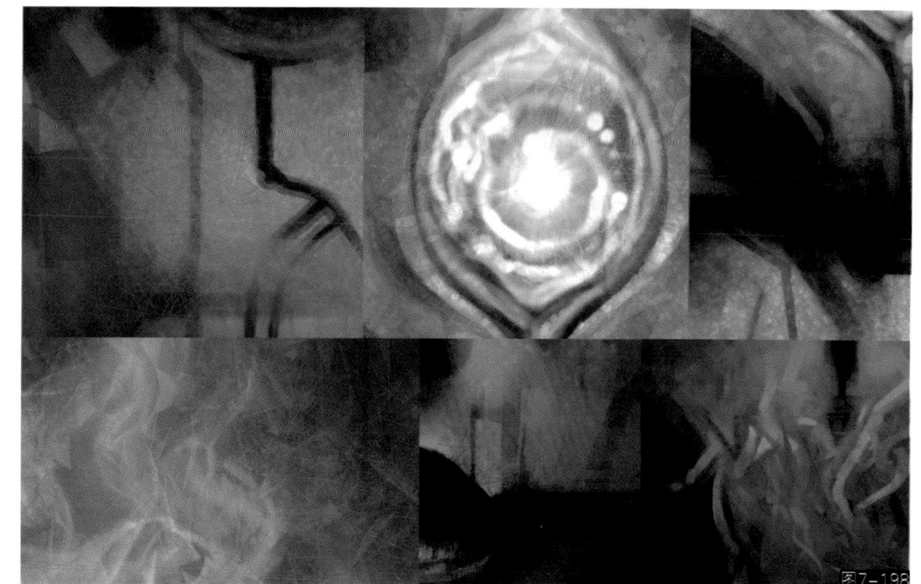
图7-198

15 一般结构继续使用方块状画笔描绘体积感与光影变化，面部结构由于想要突出皮肤的颗粒高光感，这里使用“滤色”模式下的粒子系统-5画笔进行一个整体的平铺。色彩可以交替使用冷暖色混合，但是不要过亮，以此突出皮肤的反光细节（如图7-199所示）。

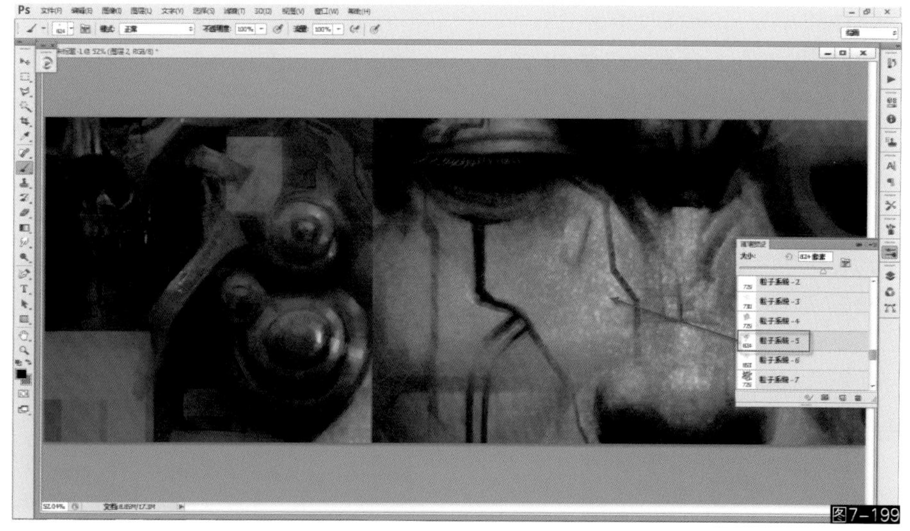
图7-199

16 暗部层次的描绘不要只是单色的平涂或是简单的渐变色处理，可以使用粒子系统-7画笔在这些区域添加一些抽象的纹理，色彩不要跳出整个背景结构，应以微弱对比的方式“藏”进去。这样当画面退远看时仍然是整体性很强的一个色彩，但是拉近看却有了丰富的细节，使得画面更加耐人寻味。这是提升画面“信息量”的有效手段，也是这些抽象画笔主要运用的方式之一（如图7-200所示）。

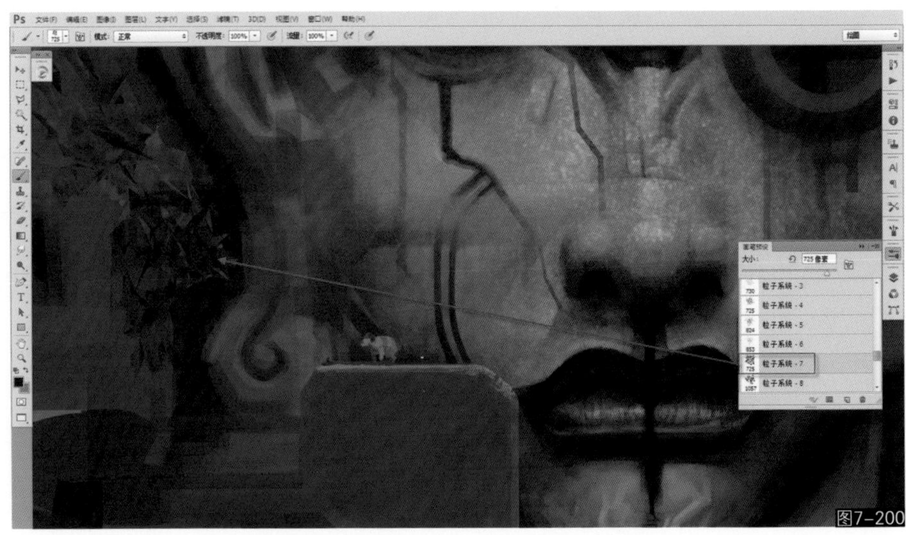

图7-200

17 继续使用同上的处理方式，随机形成的结构还有助于创作出更多的相关结构，丰富思维（如图7-201所示）。

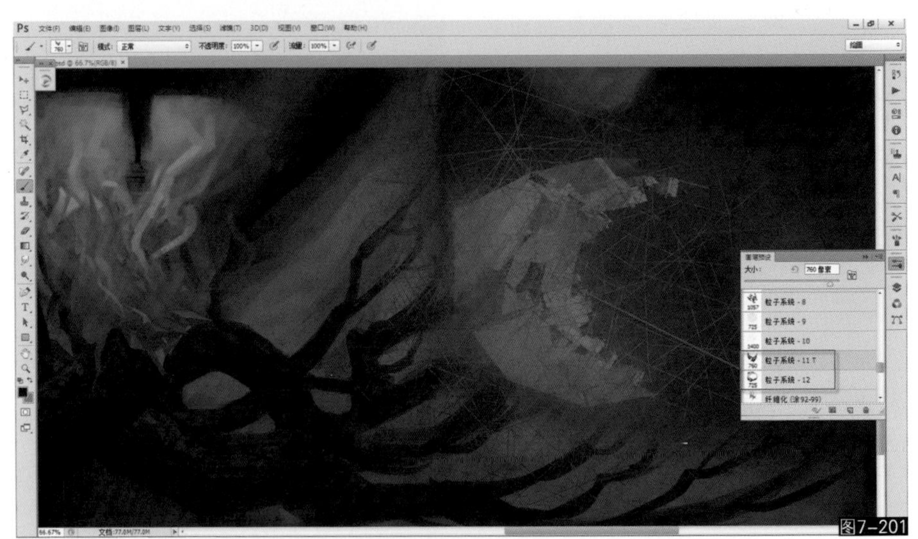

图7-201

18 继续深入刻画人物面部的细节，耐心描绘受光面与背光面的结构，面部色彩可以直接提取之前的混合叠加产生的色彩使用，这样可以保证整体色彩的和谐性；一些硬朗的结构如左眼，需要在选区状态下描绘，这样才能保证不把形画散。包括像嘴唇边缘一类的硬结构，一定要用较硬的画笔刻画，保证这些结构边缘清晰锐利；眼睛内的电弧特效使用特斯拉-1画笔描绘（如图7-202所示）。

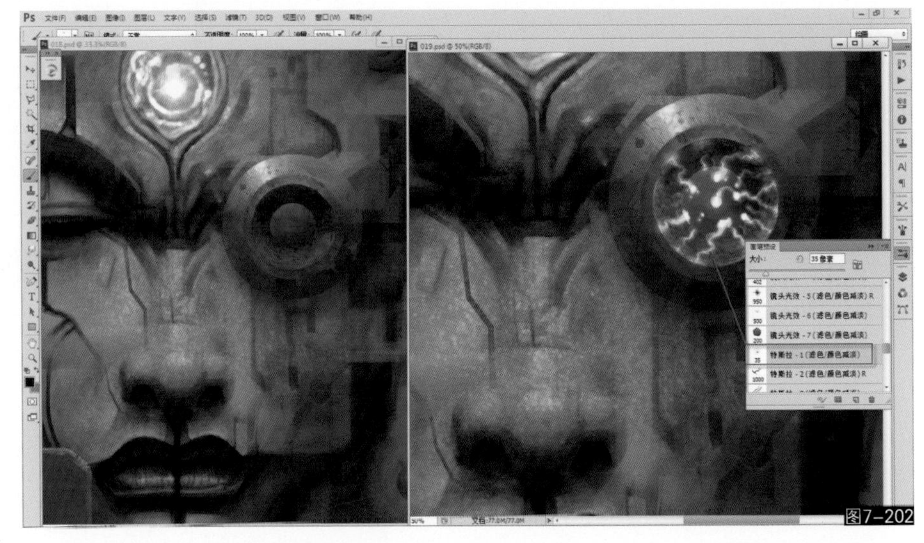

图7-202

19 使用“颜色减淡”模式的能量画笔适当增强火焰部分的发光强度，然后再使用镜头光效-2画笔在眼睛最亮的发光区域添加一个光斑效果，这样就确定了画面中心最亮的区域（如图7-203所示）。

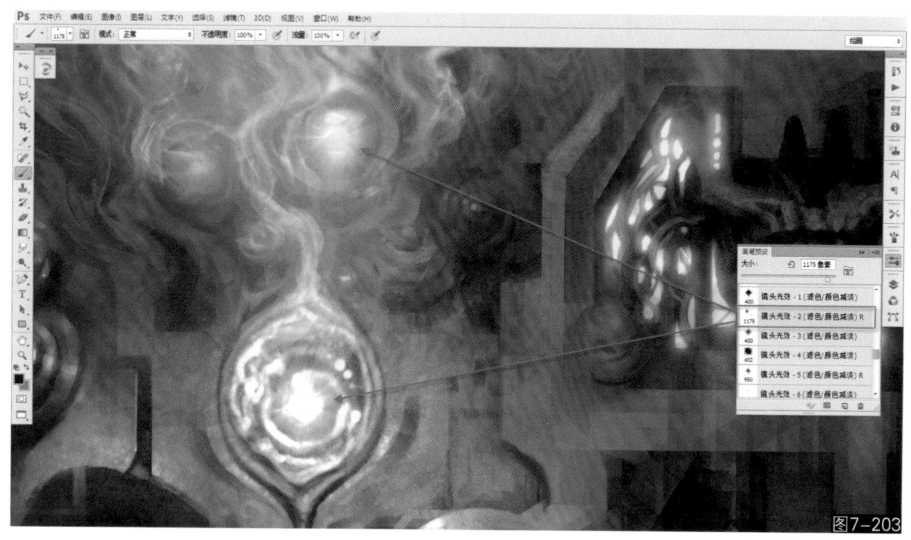
图7-203

20 为了使画面背景更加有通透感和层次感，需要将之前绘制上去的抽象结构变虚。这里可以使用辉光画笔在其色彩基础上再柔化一遍，以保证整体背景色柔而空灵，以此对比出更加强烈的主体物，这是处理背景层次感很重要的一个过程（如图7-204所示）。

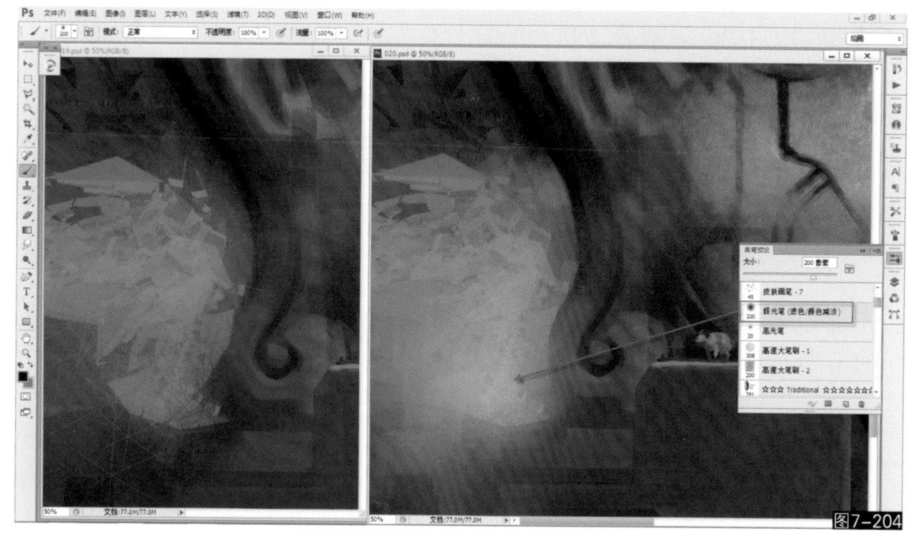
图7-204

21 继续使用上述方法慢慢细化背景元素，方块硬边结构仍然采用先选中选区再绘制的方式完成；树枝采用good画笔-8勾勒；花瓣采用花瓣画笔描绘；月亮采用月球画笔描绘；背景虚幻纸片结构采用粒子系统-8画笔描绘……背景和各元素之间使用辉光画笔融合色彩，突出光感氛围与物体“藏”在背景中的和谐调子（如图7-205所示）。

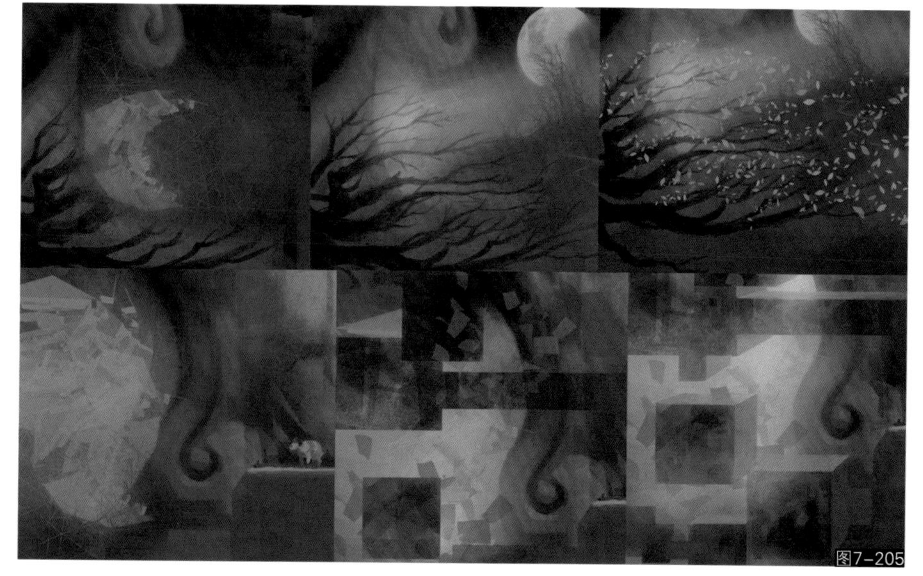
图7-205

22 接下来新建一个图层，再绘制一层较大的花瓣，然后为其添加一个“运动模糊”滤镜，这样看上去就更加有动感了。继续使用粒子系统画笔绘制一些沙尘状元素和三角形能量体丰富画面的运动感。绘制时可以单独分出一个图层绘制，将图层叠加模式设置为“滤色”，画完后再用橡皮擦工具将这些元素边缘擦柔和一些，这样就有了虚虚实实的视觉变化（如图7-206所示）。

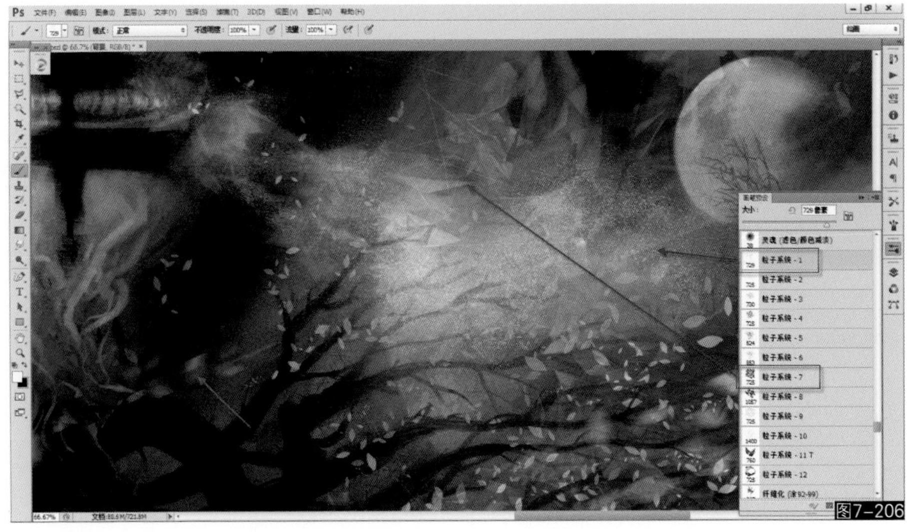
图7-206

23 使用good画笔慢慢强化人物面部高光细节，将人物鼻子和面部的分散颗粒状结构收平滑一下，鼻梁和鼻翼的高光增强，同时细化背景结构，用树枝画笔添加更多的细节（如图7-207所示）。

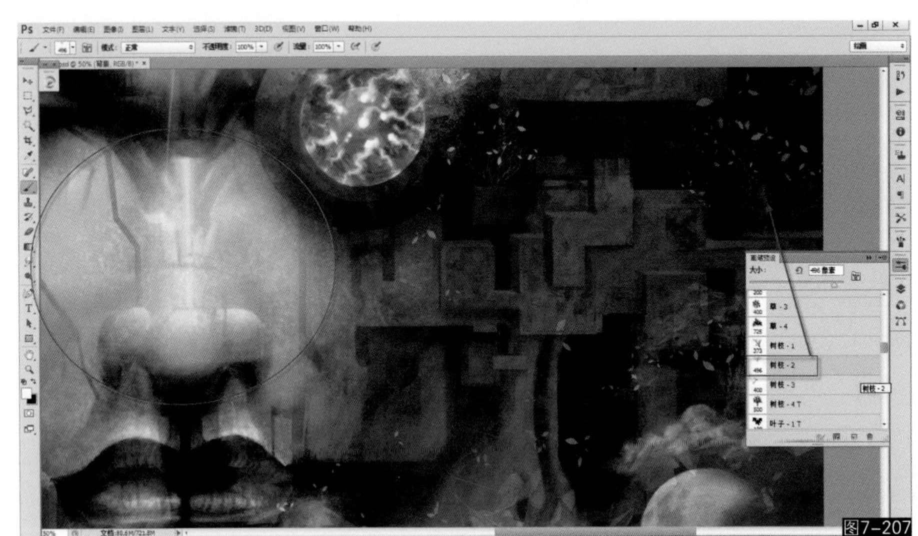
图7-207

24 接下来强化画面中心眼睛部分的光学特效。使用镜头光效-5画笔增加一个较大的十字交叉光线，这样看上去就更有视觉冲击力了（如图7-208所示）。

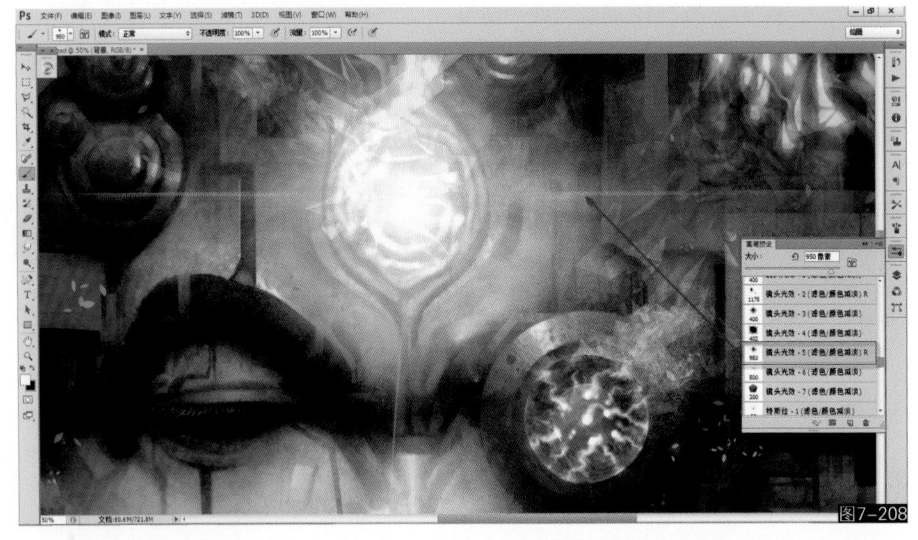
图7-208

25 使用等离子系列画笔在一些画面高亮区域增加一些能量体结构，进一步强化丰富的视觉变化。和前面讲过的技法一样，如果是笔刷直接合成这个效果需要合并所有图层，如果是图层叠加处理发光，那么笔刷切换回“正常”模式（如图7–209所示）。

图7–209

26 最后为画面添加一个照片层作为整幅画面的底纹，用于加强整体绘画质感。可以使用混凝土表面或涂满笔触的纸纹等照片，将纹理处理成黑白对比相对强烈的黑白影像，采用“叠加”模式叠到下层画面中，叠加的填充强度或透明度可以根据需要灵活设置。然后再使用同样的方法叠加一层单色，这样可以使画面整体偏向某一种色调。在这个实例中叠加的是20%的紫色，可以灵活掌握。这是绘画后期视觉效果调整的常用方法，至此完成整幅创作（如图7–210所示）。

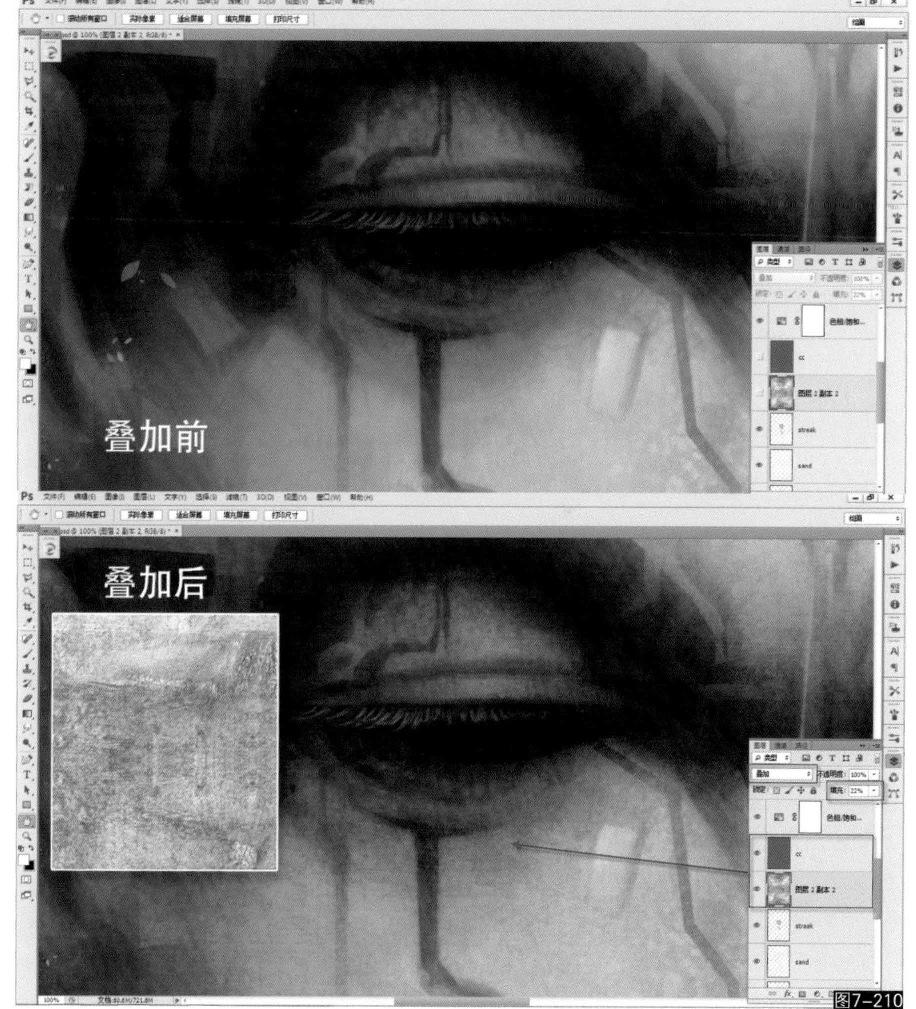

图7–210

三、FX画笔在3d动画制作中的运用

下面我们通过一些常用实例来讲解FX系列画笔在3d动画特效制作中的运用。本书中我们将以主流三维动画系统3ds Max为例，来讲解如何制作诸如云层、燃烧、烟尘、爆炸、风沙、闪光、太空等视觉效果。此贴图绘制流程适用于所有主流三维动画系统和游戏引擎，如Maya、c4d、XSI、UDK、Cry engine等。

1. 云层

01 打开配套光盘中提供的Cloud-star.max文件（需要3ds Max 2014或以上版本打开），这个场景由一个方块形面片粒子系统构成，按下6键可以打开粒子编辑器查看其节点构造。接下来运用FX画笔为其绘制一个云朵贴图贴在每一片面片上，将它从面片结构模拟为云层结构（如图7-211所示）。

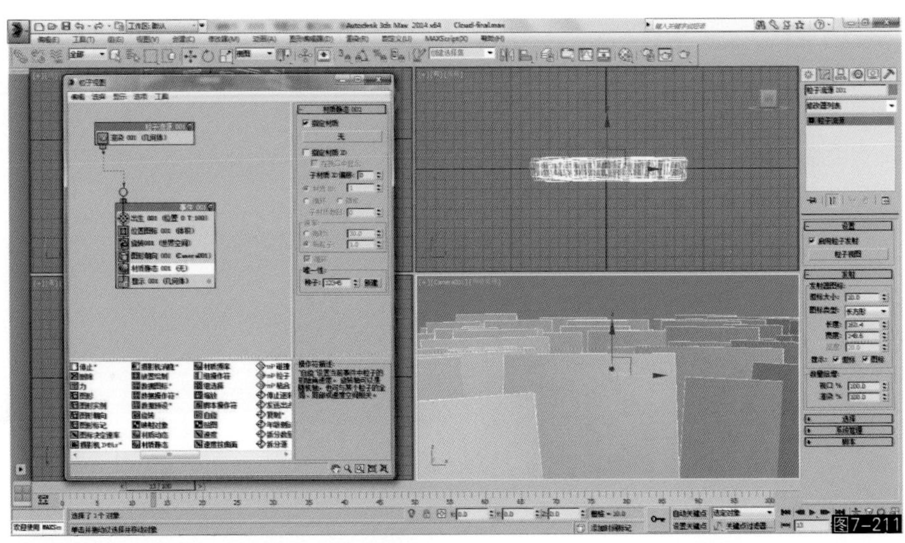
图7-211

02 在Photoshop中创建一个512像素×512像素的画布，使用云朵画笔绘制出一个云层的明暗结构。由于是面片贴图，这里所画的光影结构决定了最终3d粒子中云层的受光方向（如图7-212所示）。

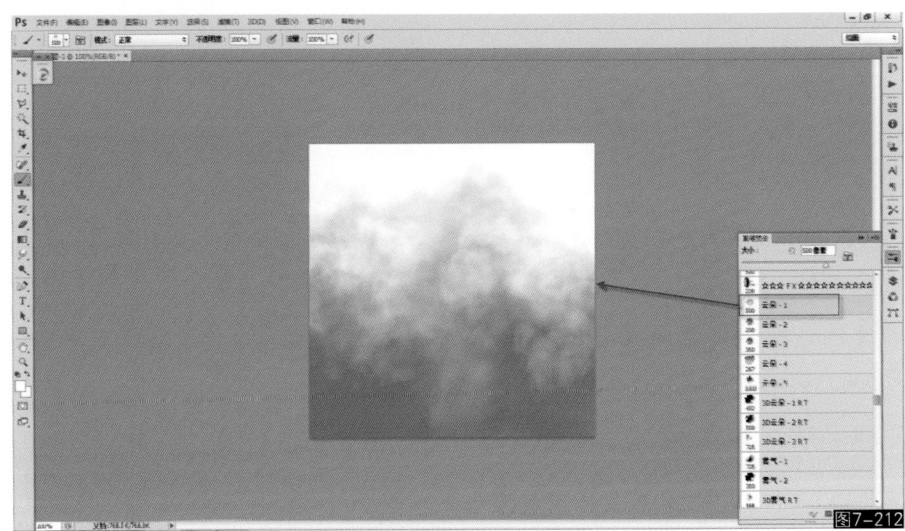
图7-212

03 云朵不能为方形，因此需要绘制一个镂空贴图将面片处理成云朵的结构。进入这张贴图的通道面板，新建一个Alpha通道，用白色将这个通道绘制成云朵的形状，注意Alpha通道中纯白色代表不透明，灰色代表半透明，黑色代表全透明。我们需要用色彩的亮度来控制云朵的最终形状，同时注意绘制时不要绘制到画布边缘处，以免产生方形边缘的硬切错误（如图7-213所示）。

图7-213

04 回到这个图像的RGB通道，将这幅图像保存为Targa图片格式，色彩级别选择32位/像素，这样就能将Alpha通道一起保存到图片中了。将图片命名为“cloud”（如图7-214所示）。

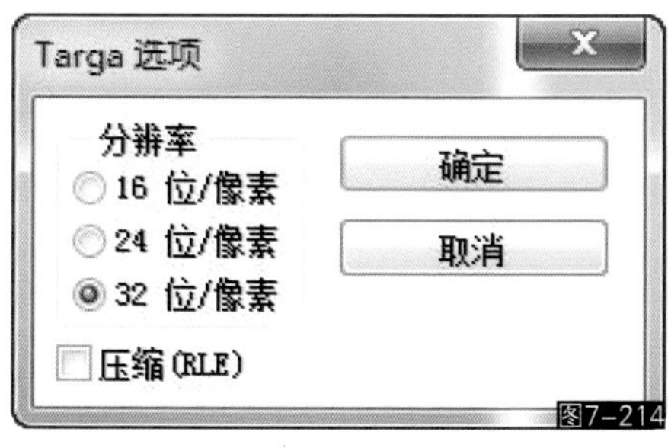

图7-214

05 回到3ds Max中，打开材质编辑器，选择一个材质球取名为“cloud”，然后将刚才绘制的cloud图片贴到这个材质的漫反射通道（如图7-215所示）。

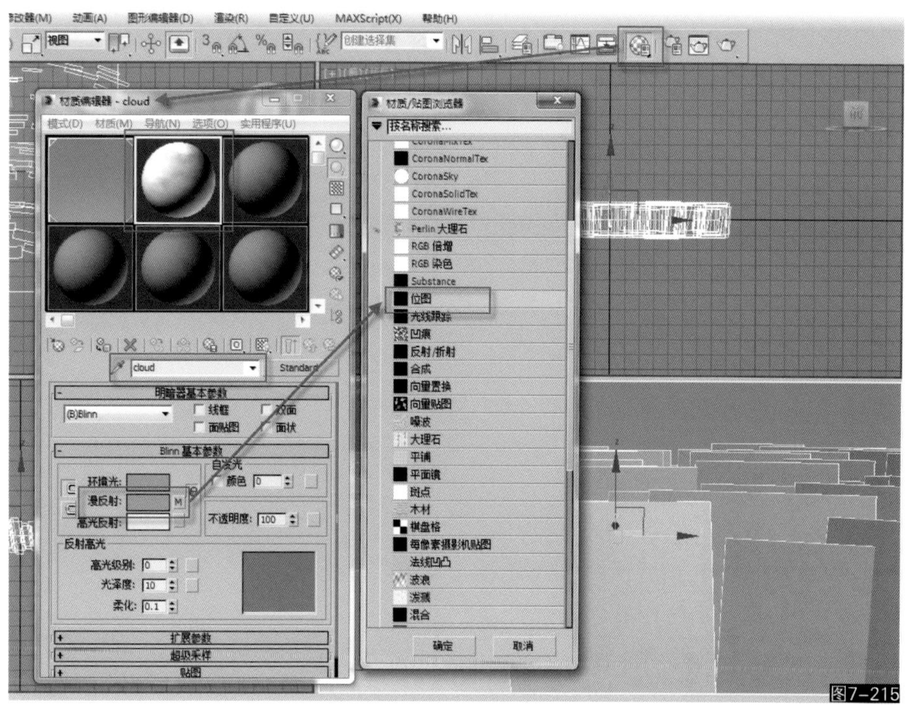
图7-215

06 再将这个贴图拖曳复制到不透明度通道，然后进入不透明度通道将其“单通道输出”设置为Alpha方式，这样我们就能看到云朵结构在材质球上显现了（如图7-216所示）。

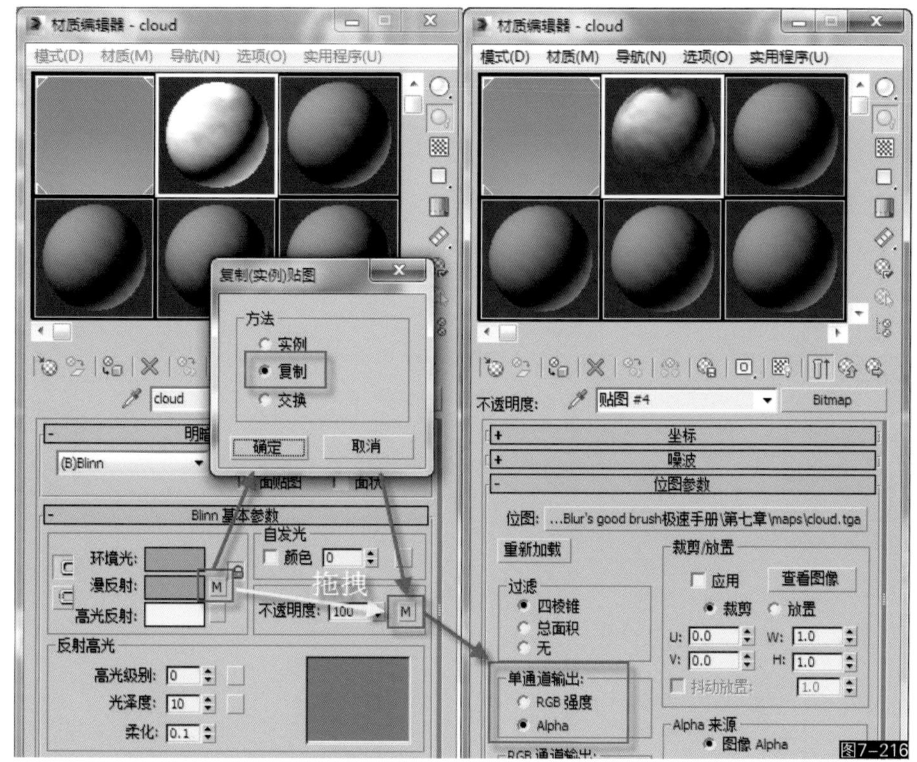

图7-216

07 返回到材质编辑器顶层，将材质自发光强度设置为100，这样云朵材质就不受灯光干扰了（如图7-217所示）。

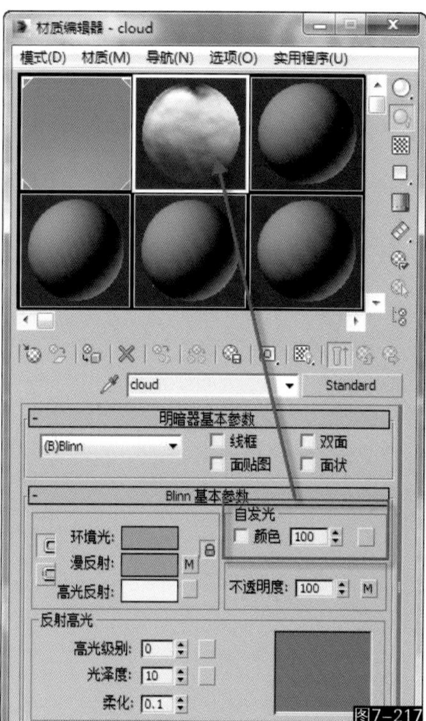
图7-217

08 打开粒子视图选择静态材质节点，将做好的cloud材质直接拖曳到它的材质通道，以实例方式复制过去，然后按下材质编辑器上的实时显示按钮，这样我们就能看到一片片的粒子方块全都变成逼真的云朵了（如图7-218所示）。

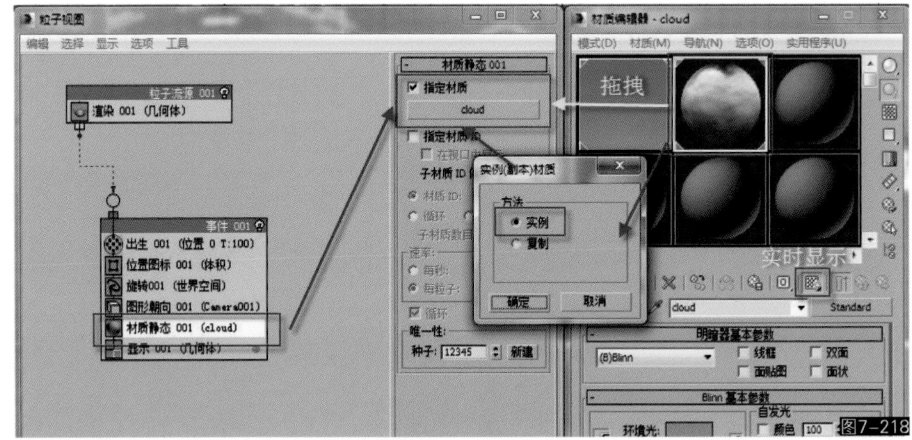

图7-218

09 可以再次调节图形朝向节点中的粒子面片大小来控制云朵尺寸，至此3d云朵特效制作完成。可以打开配套光盘中的Cloud-final.max文件查看最终效果（如图7-219所示）。

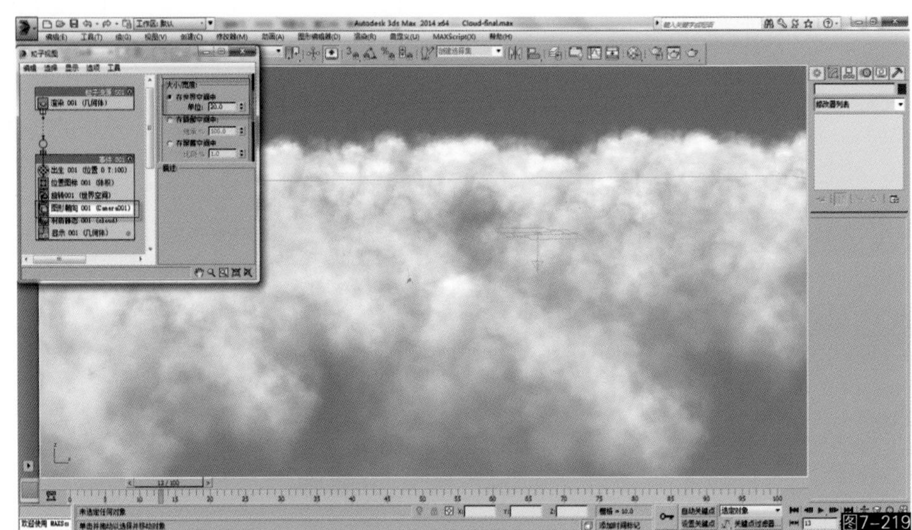
图7-219

在配套光盘中还带有另外一个3d云朵实例，同样用上述方式完成，可以打开Cloud-final-1.max文件查看（如图7-220所示）。

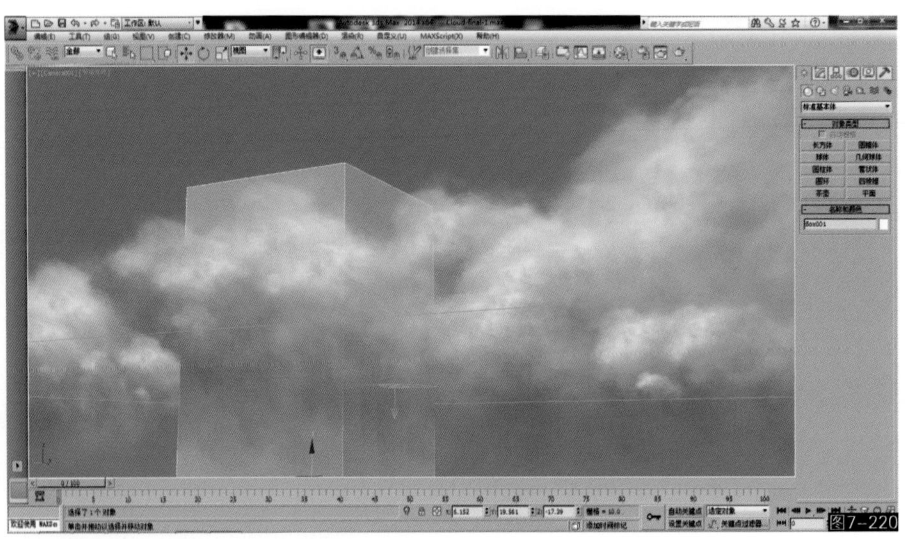
图7-220

2. 火焰

火焰特效的制作与云层一样，仍然是使用火焰画笔绘制出色彩和Alpha通道，然后贴到动态粒子面片，火焰的形状由Alpha通道的形状决定，火焰色彩可以使用贴图色彩配合灯光模拟。可以打开配套光盘中的Fire-final.max和Fire-final-1.max文件查看（如图7-221、图7-222所示）。

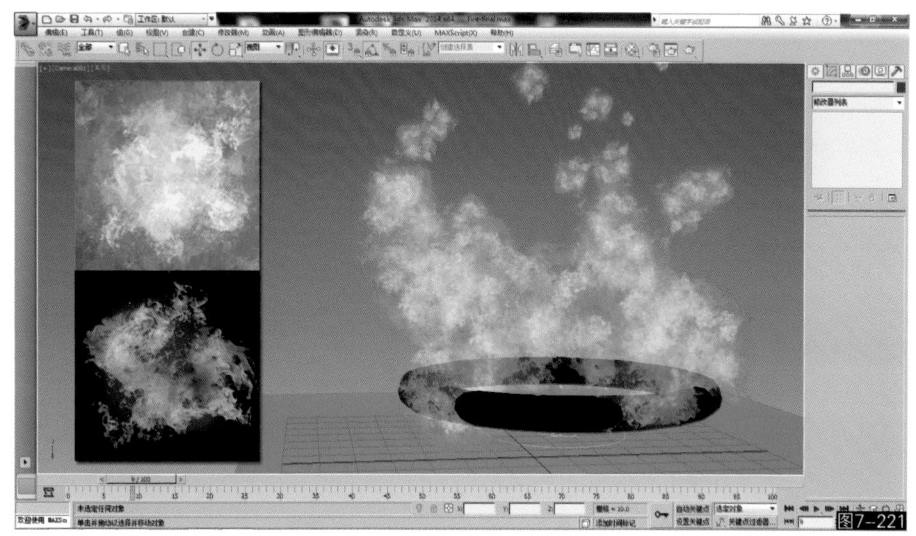
图7-221

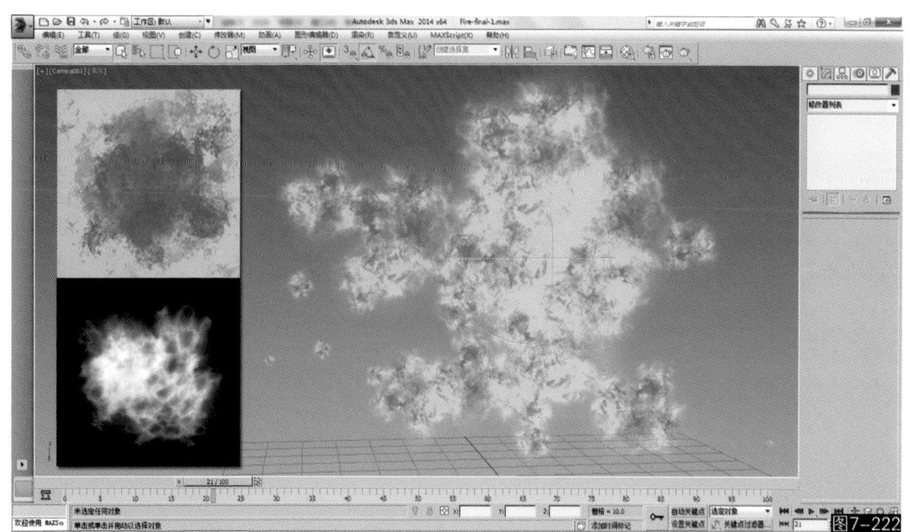
图7-222

3. 烟雾、灰尘

烟雾和灰尘特效主要使用云朵画笔配合雾气和浓烟画笔来描绘，较薄的烟雾效果可以将色彩贴图中心绘制得深一些，逐渐向外变亮，这样看上去烟雾就有很通透的气体感；而厚重的火山灰一类特效则需要将色彩效果绘制出明显的明暗变化，同时避免粒子面片旋转已获得稳定的气体阴影结构。可以打开配套光盘中提供的Smoke-final.max和Smoke-final-1.max文件查看（如图7-223、图7-224所示）。

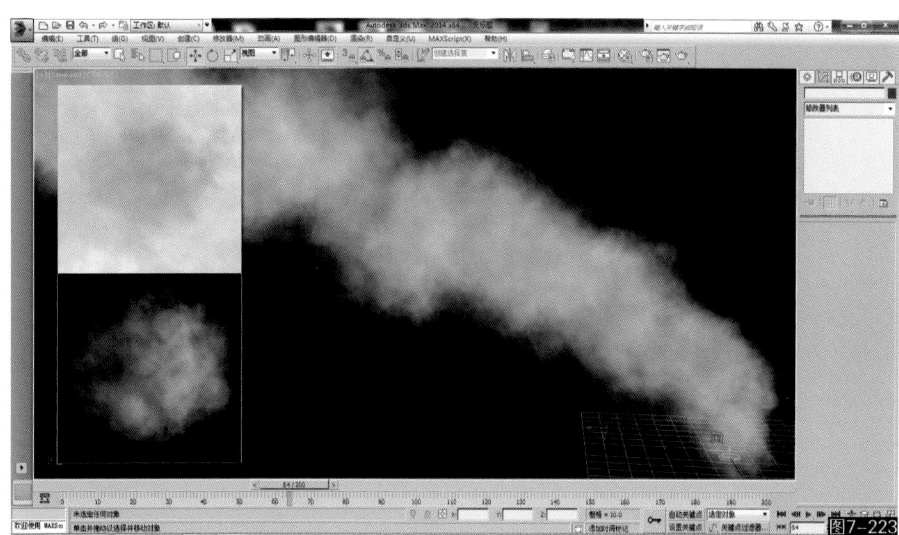
图7-223

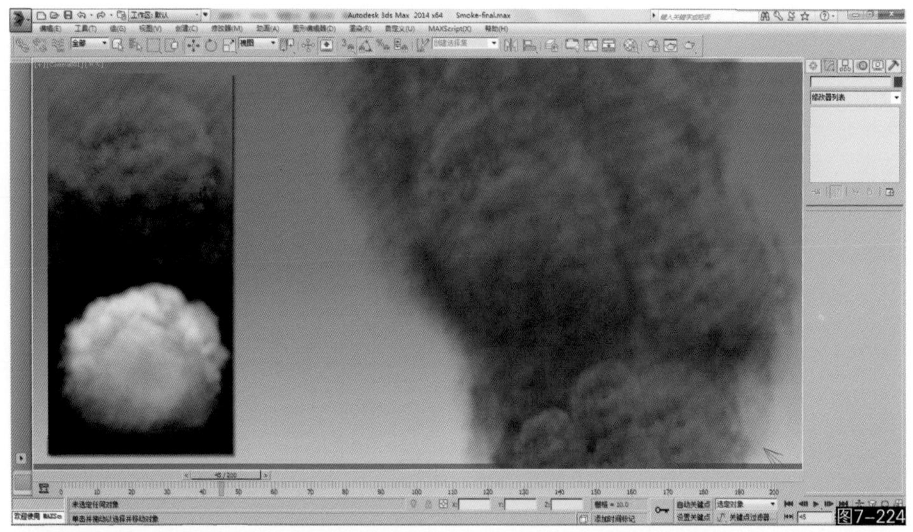
图7-224

4. 爆炸

爆炸特效可以使用核爆画笔绘制发光的火焰，然后结合云朵、雾气画笔绘制爆炸的火球Alpha结构。这个效果需要叠加两个粒子结构，一个粒子系统用于发射火球，另一个发射烟雾。因此需要绘制两套粒子贴图来使用，然后配合3ds Max的灯光产生发光效果。可以打开配套光盘提供的Bomb-final.max文件查看（如图7-225所示）。

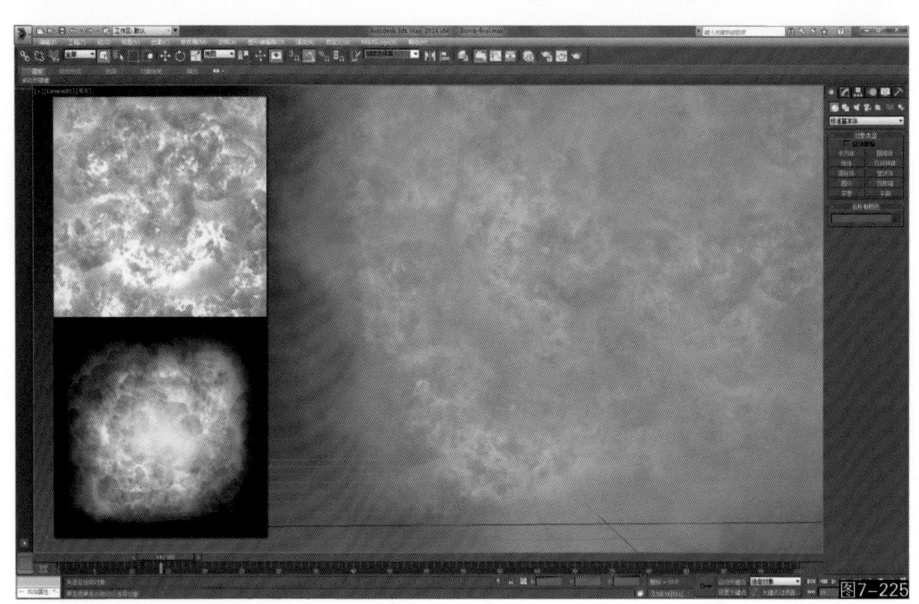
图7-225

5. 沙尘、水花、闪电、镜头光效、地面爆破、星云

不同的粒子行为配以同样的贴图绘制手段，可以灵活地将其组合成各式各样的特殊效果，这里为大家提供更多的范例进行参考与学习。我们需要多尝试不同的FX画笔组合运用，然后运用适合的粒子行为模拟出正确的运动效果。由于本书主要以绘画方法为主，三维系统的粒子运用请参阅其他相关专业书籍，在此不再赘述，大家可以打开配套光盘中提供的模型文件Sand-final.max、Splash-final.max、Lighting-final.max、Lens-final.max、Lens-final-1.max、Break-final .max、Nebula-final.max、Nebula-final-1.max（如图7-226～图7-233所示）查看效果。

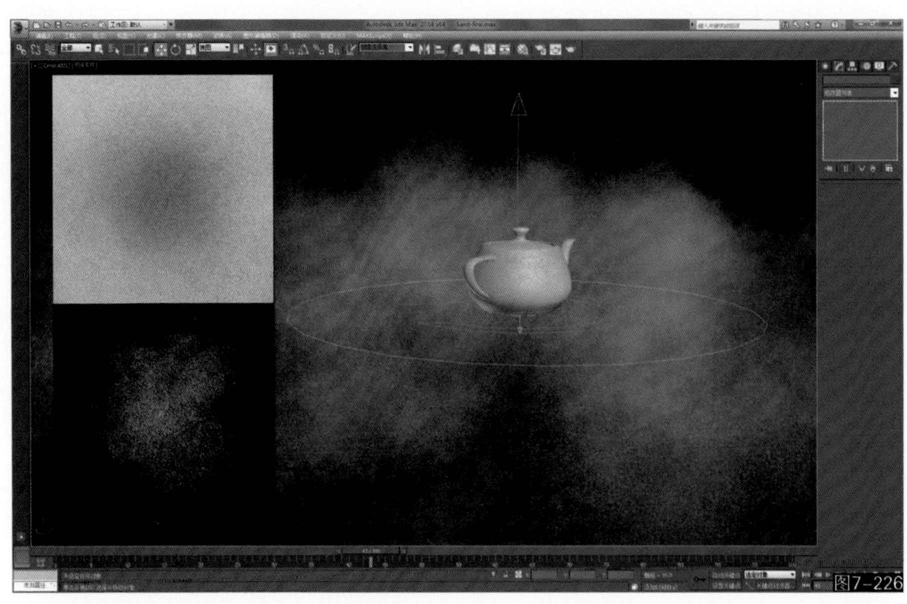
图7-226

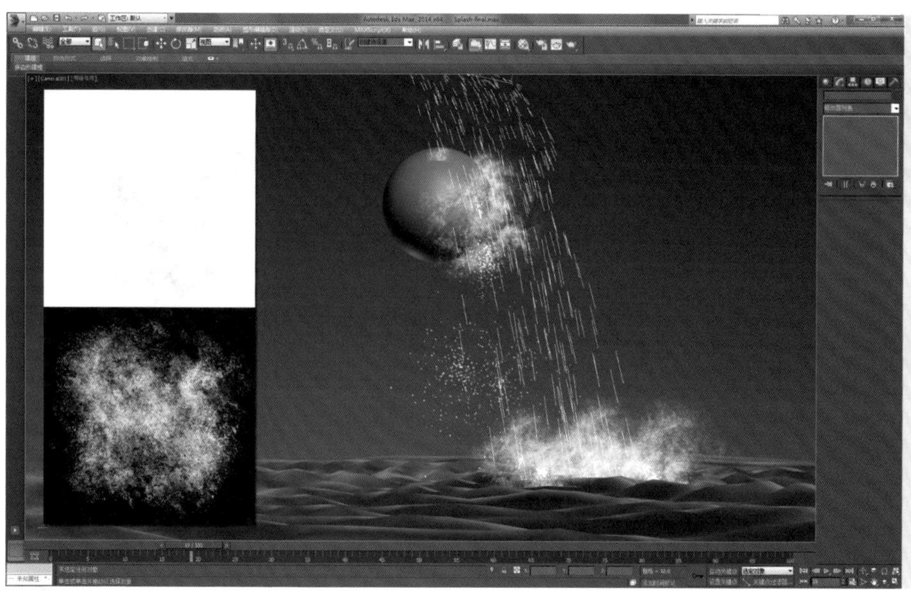

图7-227

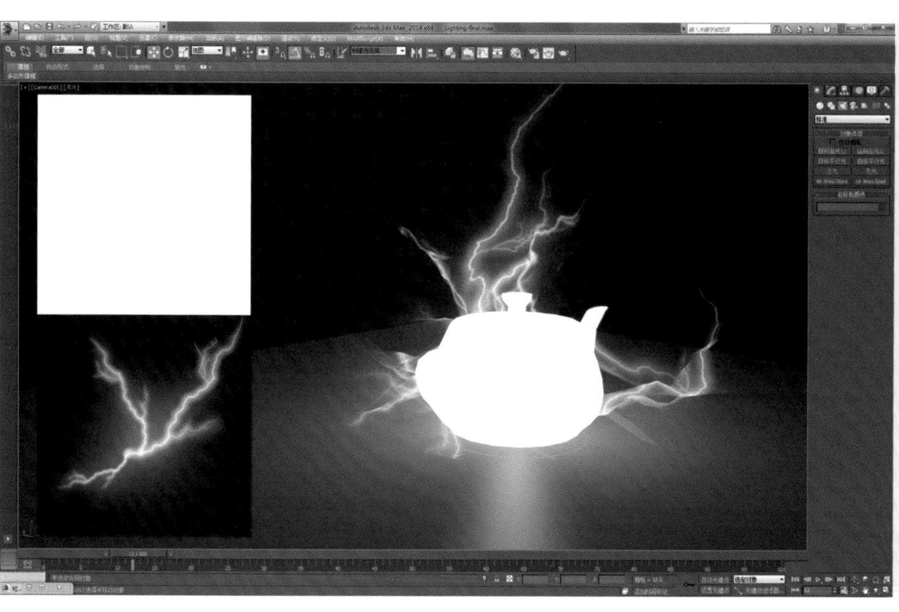

图7-228

图7-229

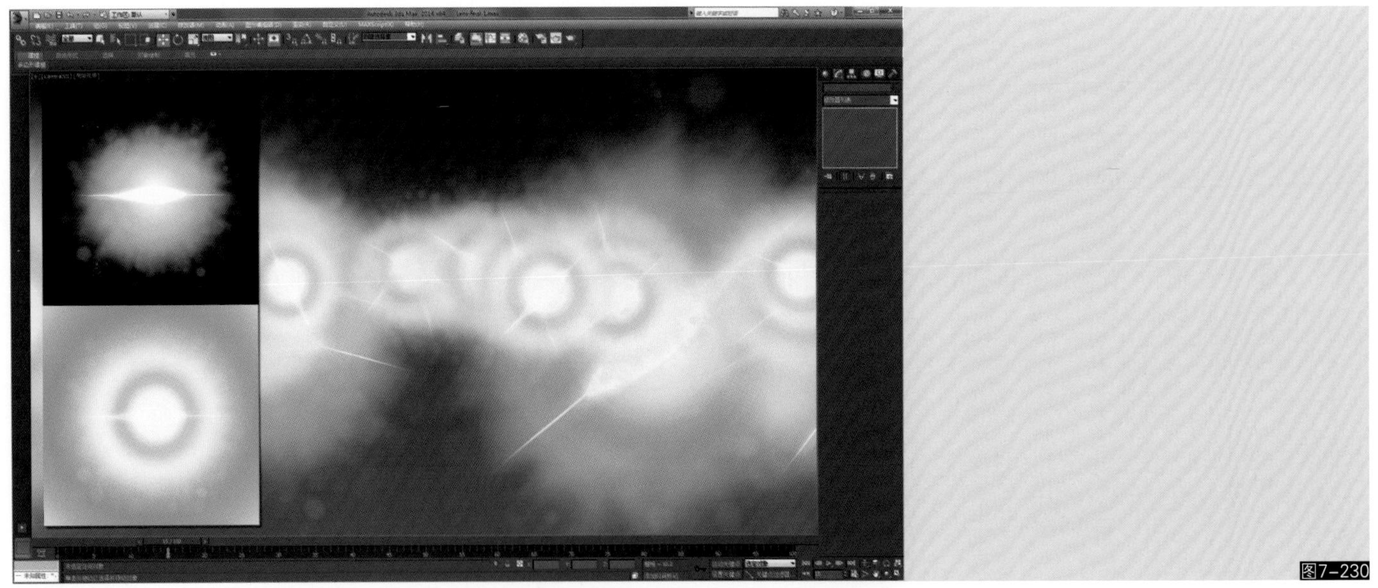
图7-230

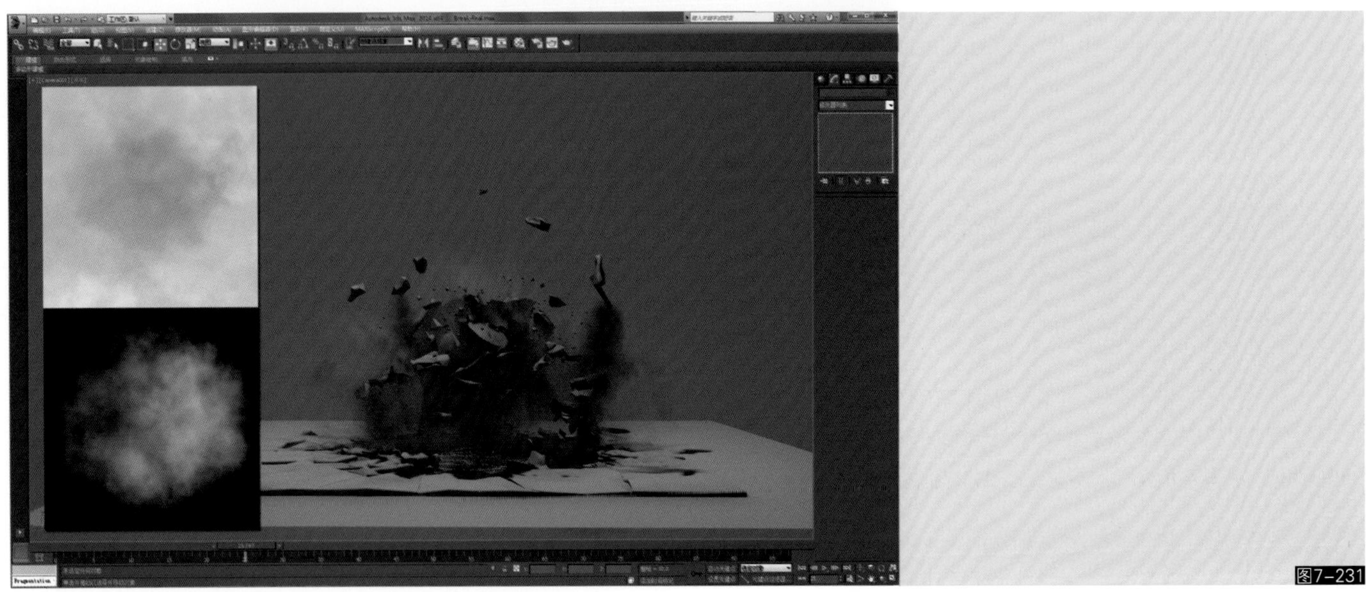
图7-231

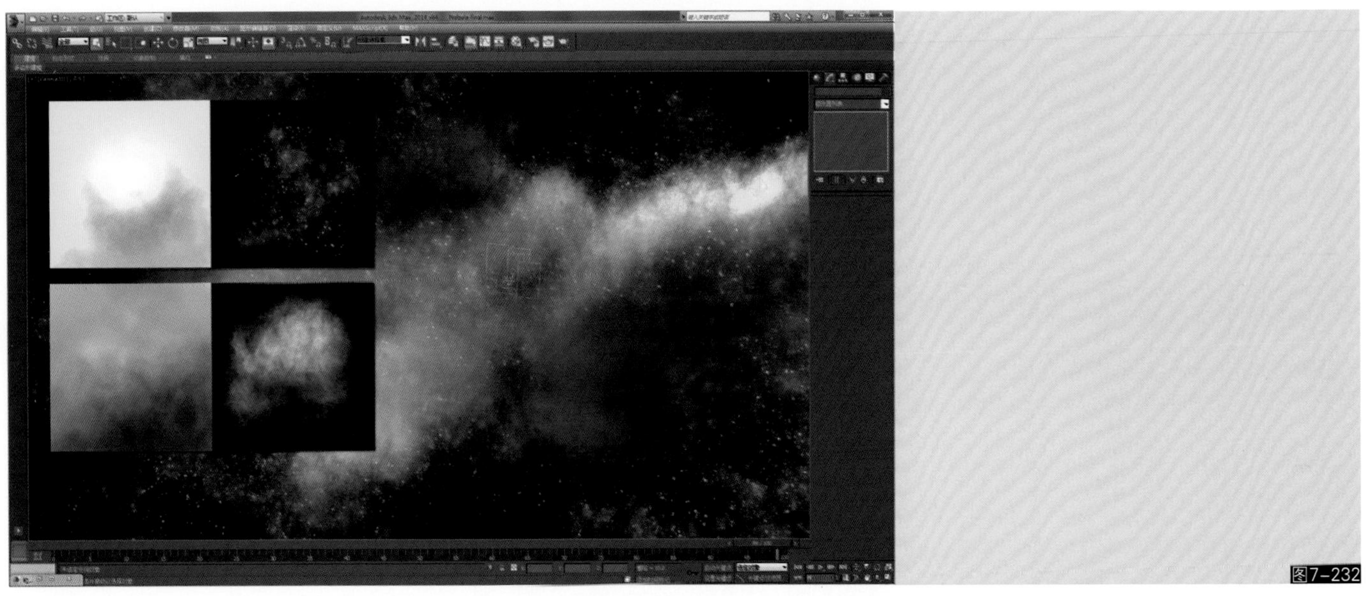
图7-232

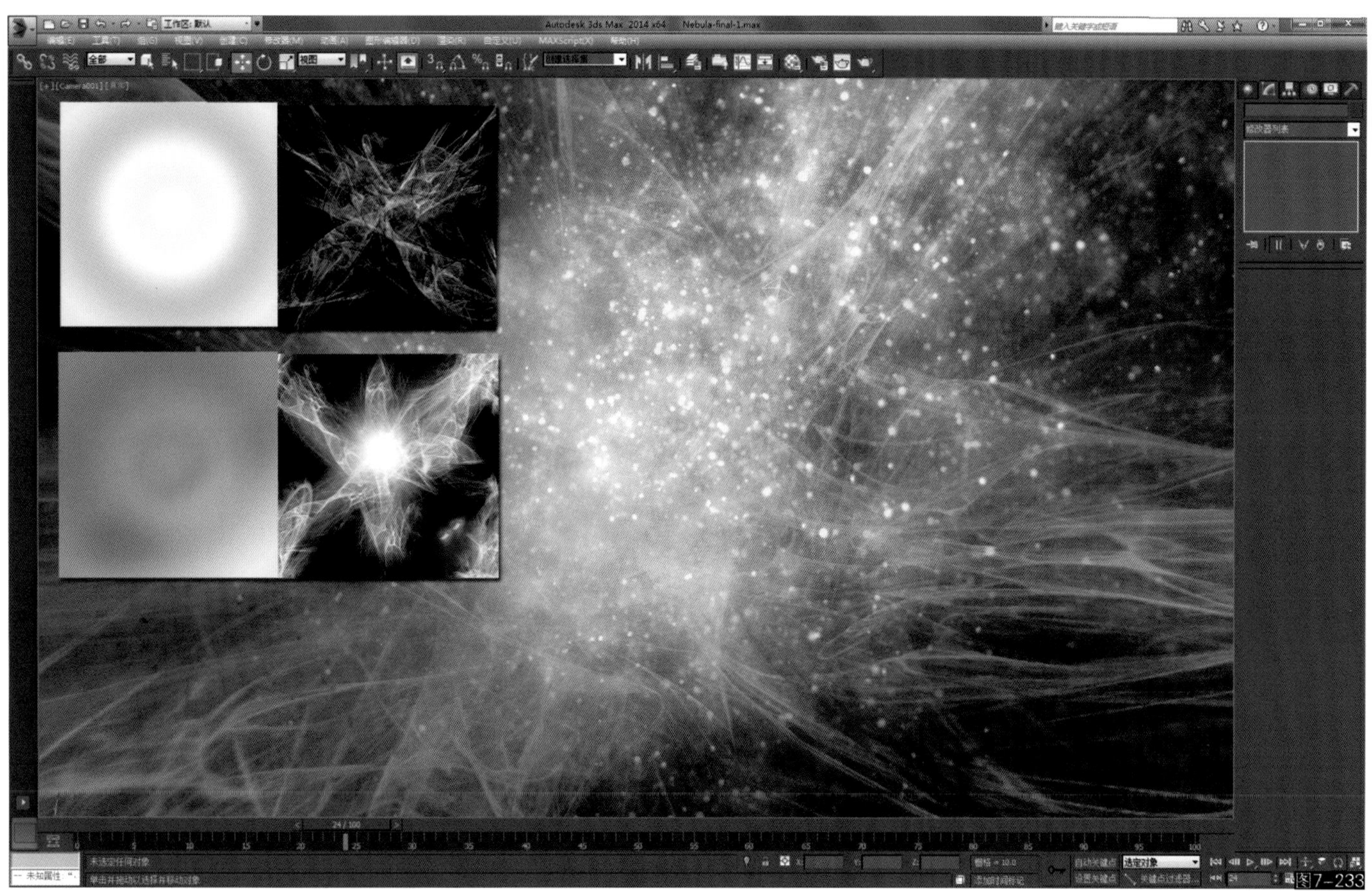

图7-233

四、总结

FX系列画笔代表着数字绘画的全新理念，是传统绘画流程难以企及的层面，它在使用方式上也颇为丰富，从常规绘制到图像后期处理再到其他相关领域的辅助制作等都有所涉及。因此，在学习过程中我们更需要加强绘画综合能力的训练，掌握好这些工具可以运用的领域，通过不断实践研究出适合自己的一套绘画方法。

第 8 章

Texture 类画笔速查与运用

一、Texture画笔库分类速查与快速练习

Texture主要用于绘制各类纹理效果，如建筑纹理、生物纹理、自然纹理、抽象纹理等，在绘画中主要用于画面纹理细节的处理，同时在3d和平面设计等领域也起着重要的作用，尤其是3d动画制作和游戏开发中的纹理贴图绘制，使用Texture可以起到事半功倍的作用。

1. 颜色》纹理-1（涂100）

颜色》纹理-1（涂100）涂抹工具主要用于将任何图像结构快速涂抹转化为自然纹理结构，使用时需要将涂抹强度设置为100（如图8-1所示）。

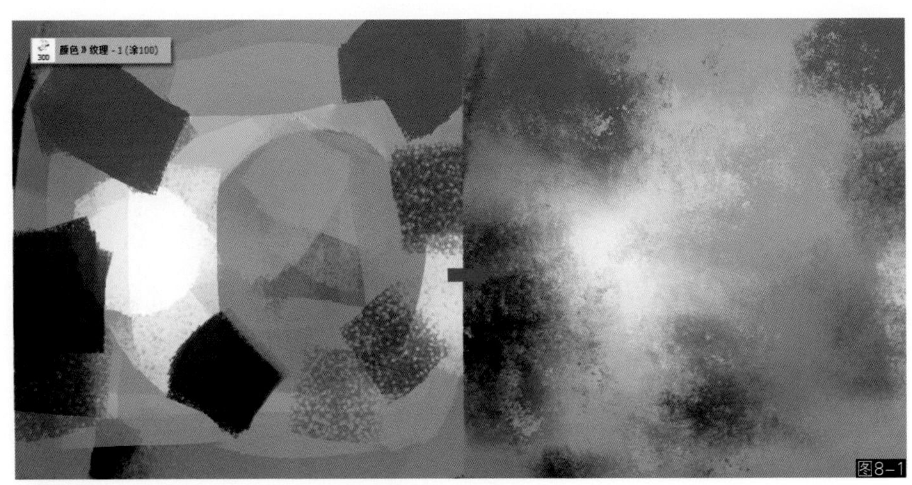

图8-1

2. 颜色》纹理-2（涂100）

颜色》纹理-2（涂100）涂抹工具主要用于将任何图像结构快速涂抹转化为自然纹理结构，使用时需要将涂抹强度设置为100。运笔速度干脆快速一些才能获得较好的纹理结构，切忌在一个位置慢速来回涂抹（如图8-2所示）。

图8-2

3. 颜色》纹理-3（涂100）

颜色》纹理-3（涂100）涂抹工具主要用于将任何图像结构快速涂抹转化为自然纹理结构，使用时需要将涂抹强度设置为100。运笔速度干脆快速一些才能获得较好的纹理结构，切忌在一个位置慢速来回涂抹（如图8-3所示）。

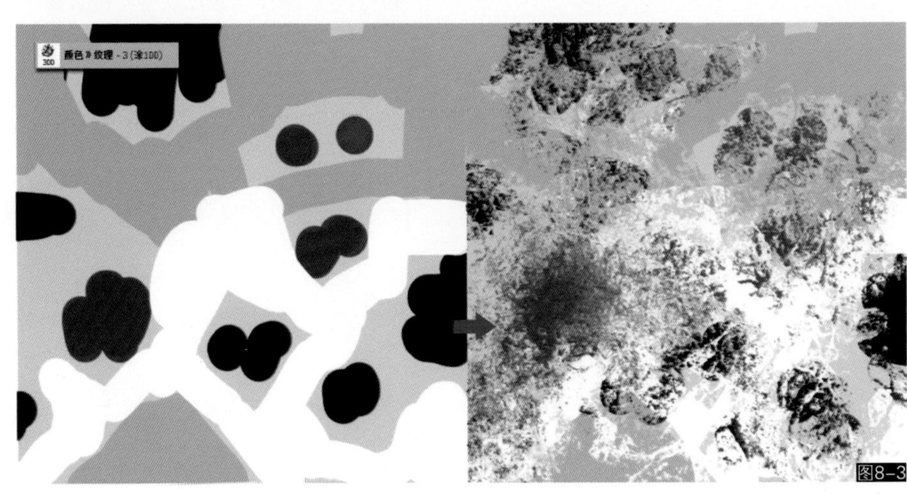

图8-3

Tip

三种纹理笔刷在使用时，运笔速度干脆快速一些才能获得较好的纹理结构，切忌在一个位置慢速来回涂抹。

4. 斑点-1

斑点-1画笔用于描绘点状的自然结构，如石纹、污点、泥土、砂石、颗粒结构、皮肤等效果，用途广泛（如图8-4所示）。

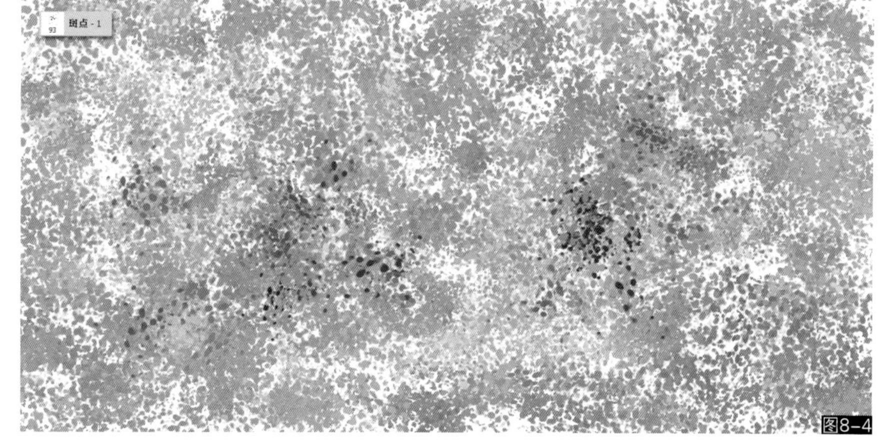

图8-4

5. 斑点-2

斑点-2画笔用于描绘点状的自然结构，如石纹、污点、泥土、砂石、颗粒结构、皮肤等效果，用途广泛（如图8-5所示）。

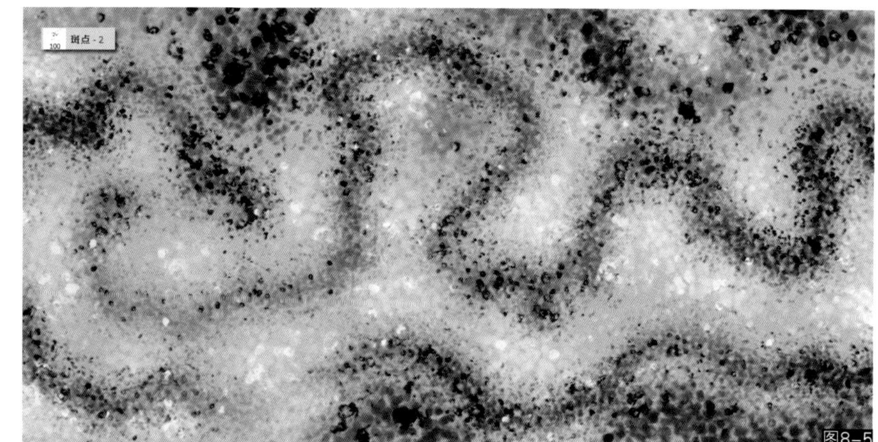

图8-5

6. 斑点-3

斑点-3画笔用于描绘点状的自然结构，如石纹、污点、泥土、砂石、颗粒结构、皮肤等效果，用途广泛（如图8-6所示）。

图8-6

7. 斑点-4

斑点-4画笔用于描绘点状的自然结构，如石纹、污点、泥土、砂石、颗粒结构、皮肤等效果，用途广泛（如图8-7所示）。

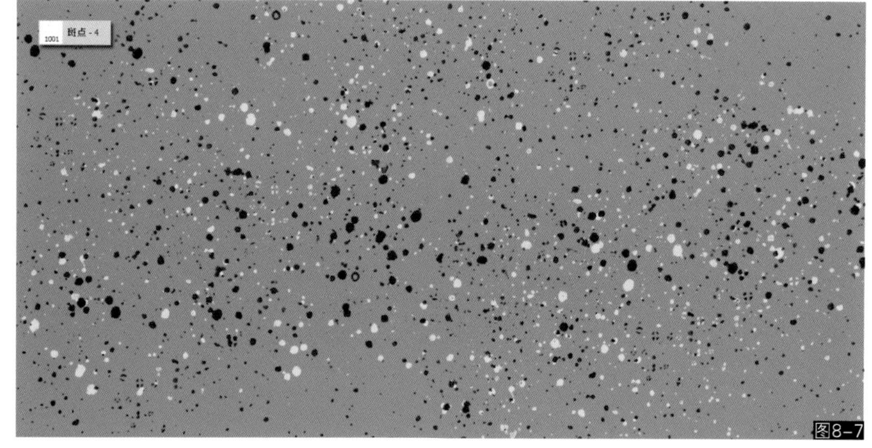

图8-7

8. 污渍-1

污渍-1画笔专门用于描绘物体上的污渍结构，可以根据画笔大小来表现各种结构上的旧化、磨损和受污等效果（如图8-8所示）。

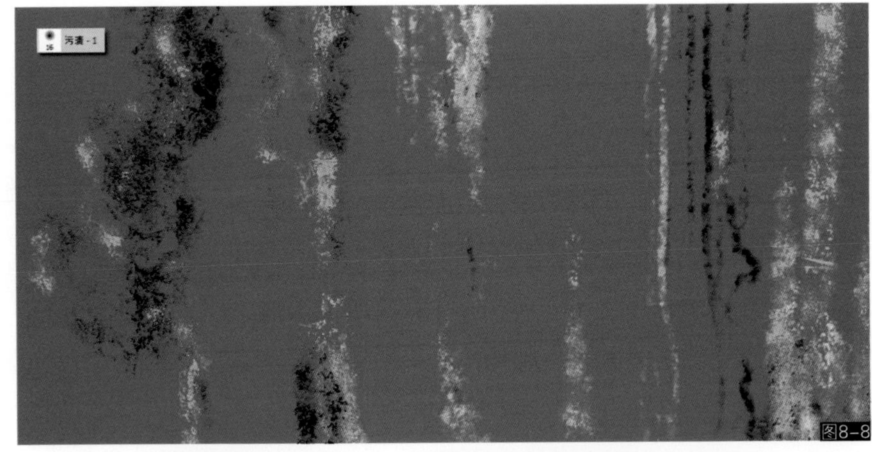
图8-8

9. 污渍-2 R

污渍-2 R画笔专门用于描绘物体上的污渍结构，可以根据画笔大小来表现各种结构上的旧化、磨损和受污等效果，运用上需要灵活掌握。此笔带有“R”控制，可以通过改变笔刷方向来控制污渍的走向（如图8-9所示）。

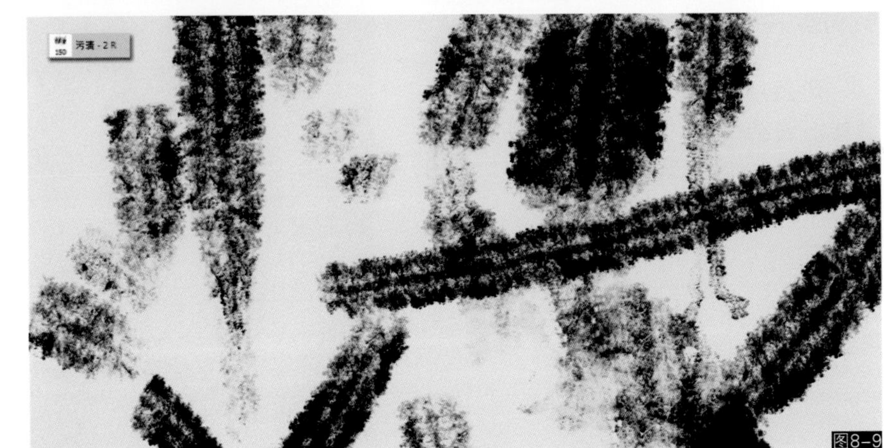
图8-9

10. 污渍-3

污渍-3画笔专门用于描绘物体上的污渍结构，可以根据画笔大小来表现各种结构上的旧化、磨损和受污等效果，运用上需要灵活掌握。如需要绘制垂直污渍，可以按住Shift键来绘制（如图8-10所示）。

图8-10

11. 污渍-4 R

污渍-4 R画笔专门用于描绘物体上的污渍结构，可以根据画笔大小来表现各种结构上的旧化、磨损和受污等效果，运用上需要灵活掌握。此笔带有“R”控制，可以通过改变笔刷方向来控制污渍的走向（如图8-11所示）。

图8-11

12. 污渍-5 R

污渍-5 R画笔专门用于描绘物体上的污渍结构，可以根据画笔大小来表现各种结构上的旧化、磨损和受污等效果，运用上需要灵活掌握。此笔带有“R”控制，可以通过改变笔刷方向来控制污渍的走向（如图8-12所示）。

图8-12

13. 污渍-6

污渍-6画笔专门用于描绘物体上的污渍结构，可以根据画笔大小来表现各种结构上的旧化、磨损和受污等效果，运用上需要灵活掌握（如图8-13所示）。

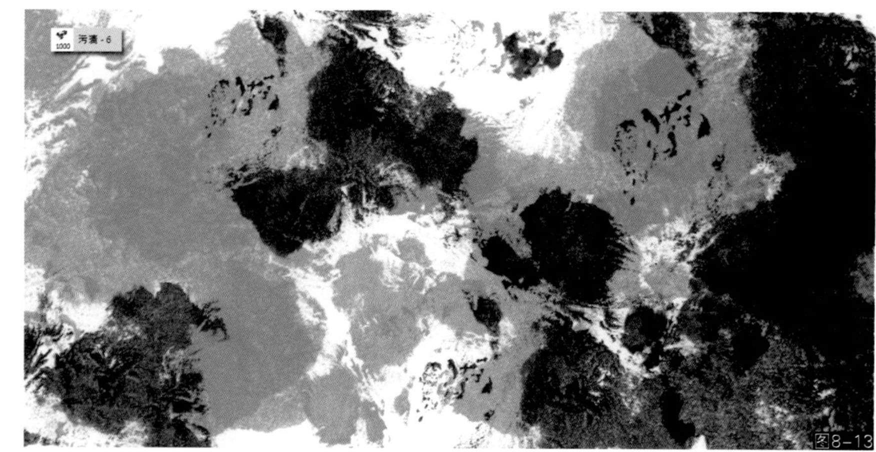

图8-13

14. 污渍-7

污渍-7画笔专门用于描绘物体上的污渍结构，可以根据画笔大小来表现各种结构上的旧化、磨损和受污等效果，运用上需要灵活掌握（如图8-14所示）。

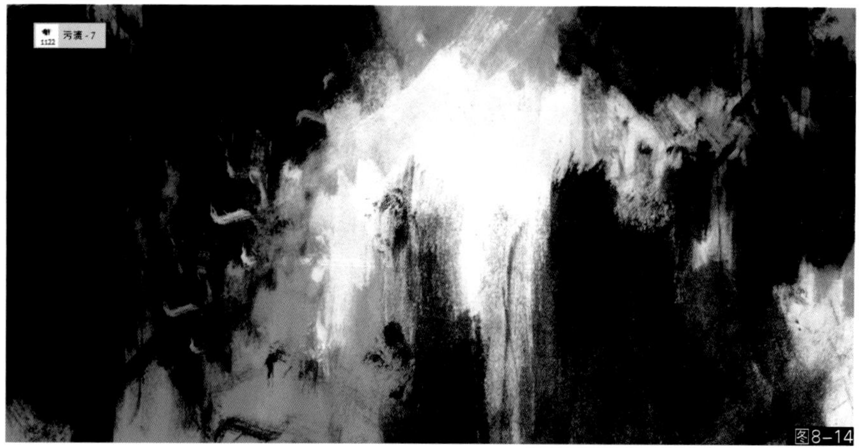

图8-14

15. 污渍-8

污渍-8画笔专门用于描绘物体上的污渍结构，可以根据画笔大小来表现各种结构上的旧化、磨损和受污等效果，运用上需要灵活掌握（如图8-15所示）。

图8-15

16. 污渍-9 R

污渍-9 R画笔专门用于描绘物体上的污渍结构，可以根据画笔大小来表现各种结构上的旧化、磨损和受污等效果，运用上需要灵活掌握。此笔带有“R”控制，可以通过改变笔刷方向来控制污渍的走向（如图8-16所示）。

图8-16

17. 腐化/发霉-1

腐化/发霉-1画笔专门用于描绘物体上的腐化、衰败、发霉、退色、微生物腐蚀等效果（如图8-17所示）。

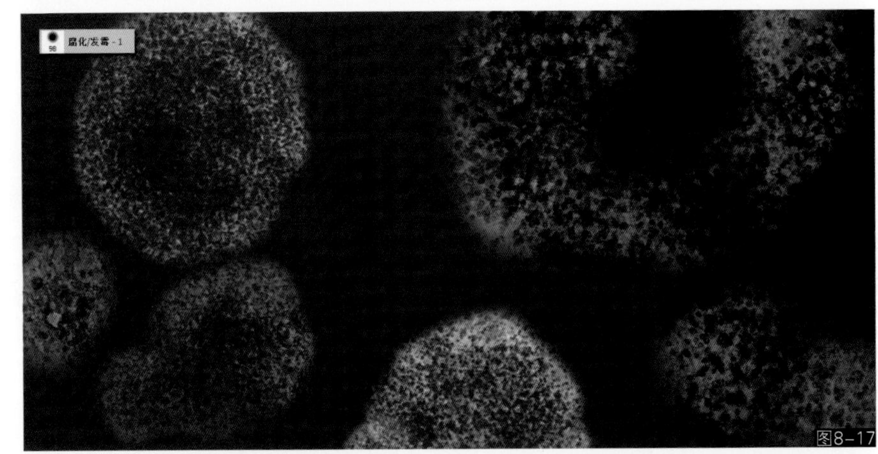

图8-17

18. 腐化/发霉-2

腐化/发霉-2画笔专门用于描绘物体上的腐化、衰败、发霉、退色、微生物腐蚀等效果（如图8-18所示）。

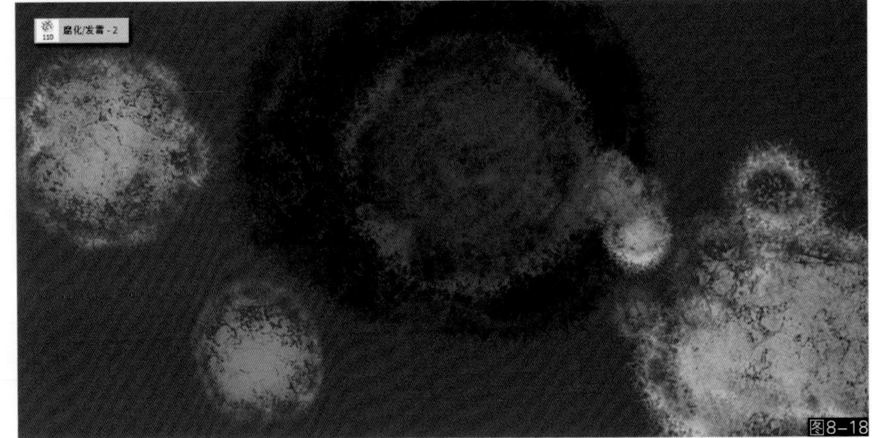

图8-18

19. 腐烂/溃烂-1（正片叠底）

腐烂/溃烂-1（正片叠底）画笔专门用于描绘生物体的伤口、腐烂、寄生、病变等效果，常用于表现受伤或是僵尸怪物一类的形象，绘画时需要将此画笔叠加模式切换为“正片叠底”（如图8-19所示）。

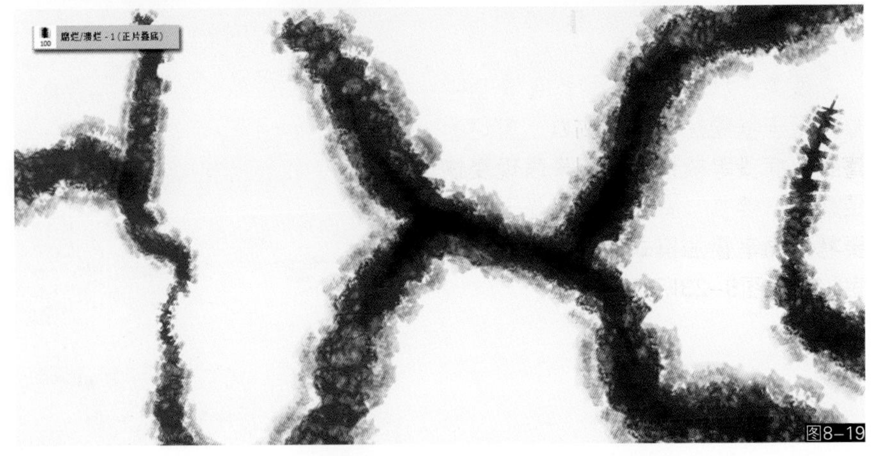

图8-19

20. 腐烂/溃烂-2（正片叠底）

腐烂/溃烂-2（正片叠底）画笔专门用于描绘生物体的伤口、腐烂、寄生、病变等效果，常用于表现受伤或是僵尸怪物一类的形象，绘画时需要将此画笔叠加模式切换为“正片叠底”（如图8-20所示）。

图8-20

21. 腐烂/溃烂-3（正片叠底）

腐烂/溃烂-3（正片叠底）画笔专门用于描绘生物体的伤口、腐烂、寄生、病变等效果，常用于表现受伤或是僵尸怪物一类的形象，绘画时需要将此画笔叠加模式切换为“正片叠底”（如图8-21所示）。

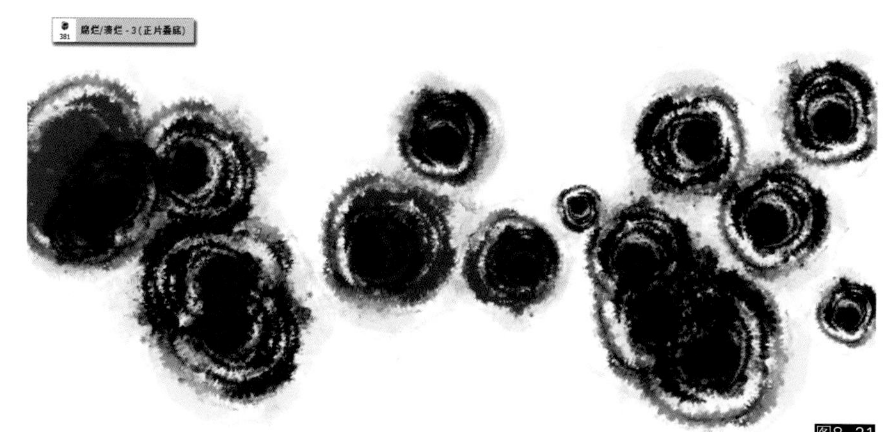

图8-21

22. 腐烂/溃烂-4（正片叠底）

腐烂/溃烂-4（正片叠底）画笔专门用于描绘生物体的伤口、腐烂、寄生、病变等效果，常用于表现受伤或是僵尸怪物一类的形象，绘画时需要将此画笔叠加模式切换为“正片叠底”（如图8-22所示）。

图8-22

23. 腐烂/溃烂-5（正片叠底）

腐烂/溃烂-5（正片叠底）画笔专门用于描绘生物体的伤口、腐烂、寄生、病变等效果，常用于表现受伤或是僵尸怪物一类的形象，绘画时需要将此画笔叠加模式切换为“正片叠底”（如图8-23所示）。

图8-23

24. 铁锈-1

铁锈-1画笔专门用于描绘金属上的锈迹，也可以表现污渍或是残破等效果（如图8-24所示）。

图8-24

25. 铁锈-2

铁锈-2画笔专门用于描绘金属上的锈迹，也可以表现污渍或是残破等效果（如图8-25所示）。

图8-25

26. 铁锈-3

铁锈-3画笔专门用于描绘金属上的锈迹，也可以表现污渍或是残破等效果（如图8-26所示）。

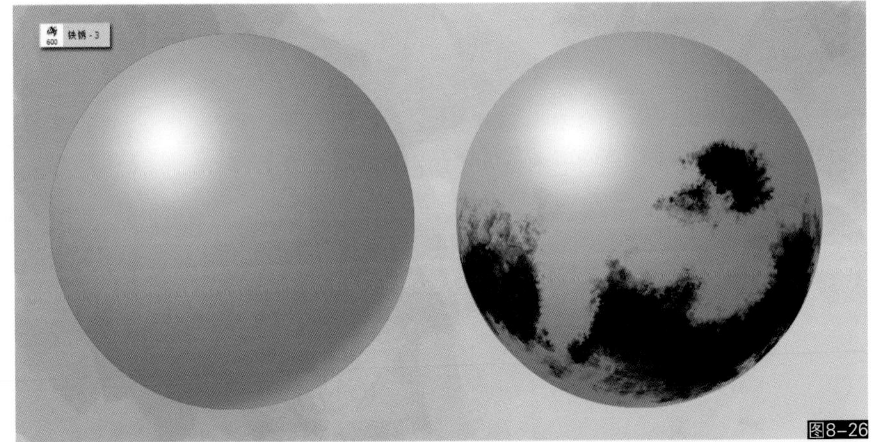

图8-26

27. 灰尘与旧化

灰尘与旧化画笔专门用于描绘物体上的灰尘、刮痕、破损、旧化等效果（如图8-27所示）。

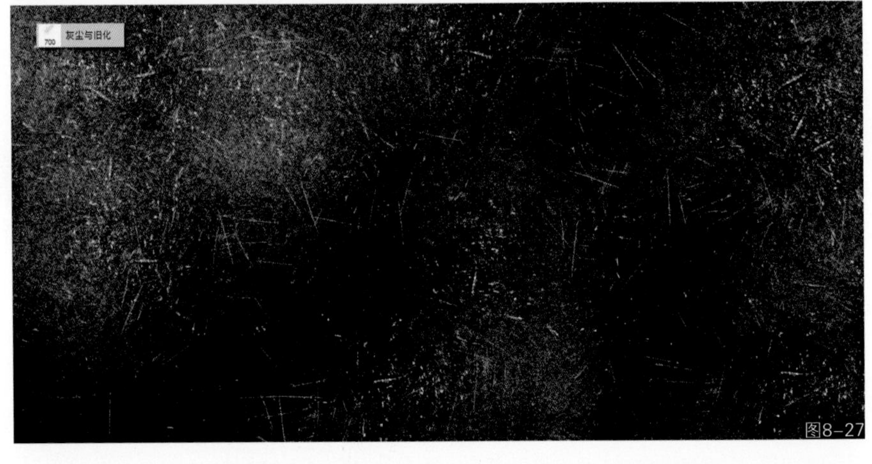

图8-27

28. 刮痕–1

刮痕–1画笔专门用于描绘物体相互之间碰撞摩擦产生的刮痕与磨损等效果（如图8–28所示）。

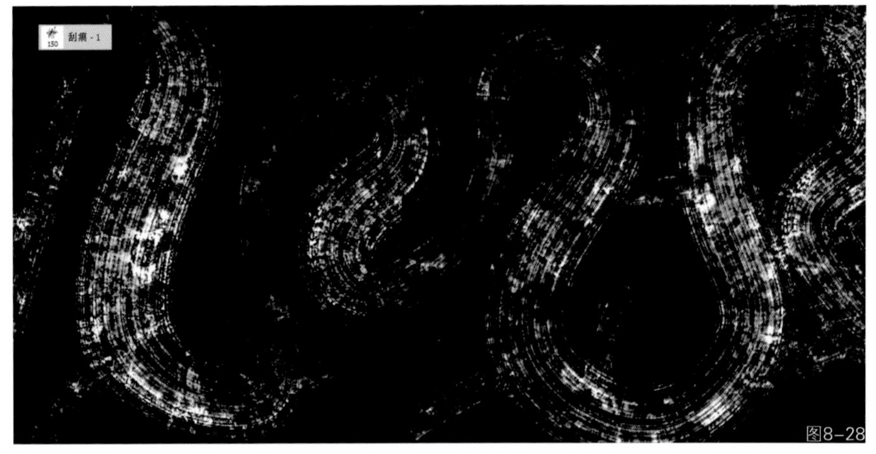

图8–28

29. 刮痕–3

刮痕–3画笔专门用于描绘物体相互之间碰撞摩擦产生的刮痕与磨损等效果（如图8–29所示）。

图8–29

30. 水渍–1（正片叠底/滤色）

水渍–1（正片叠底/滤色）画笔主要用于绘制污水侵染、颜料晕染和受潮等纹理效果。绘制时笔刷的“正片叠底”模式适合描绘较重污渍，而“滤色”模式适合描绘漂白或退色等效果，需灵活掌握（如图8–30所示）。

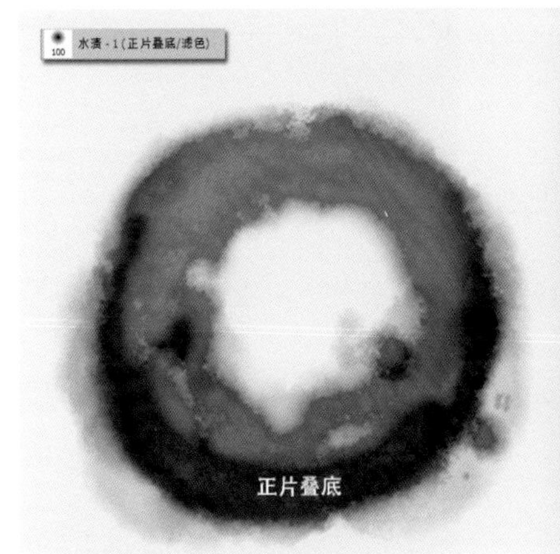

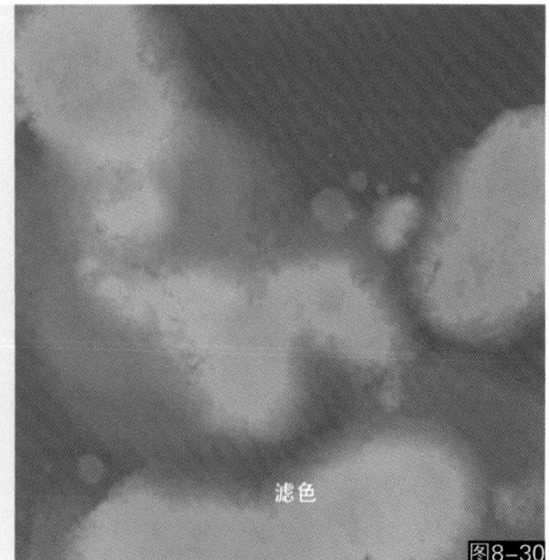

图8–30

31. 水渍–2（正片叠底/滤色）

水渍–2（正片叠底/滤色）画笔主要用于绘制污水侵染、颜料晕染和受潮等纹理效果。绘制时笔刷的“正片叠底”模式适合描绘较重污渍，而“滤色”模式适合描绘漂白或退色等效果，需灵活掌握（如图8–31所示）。

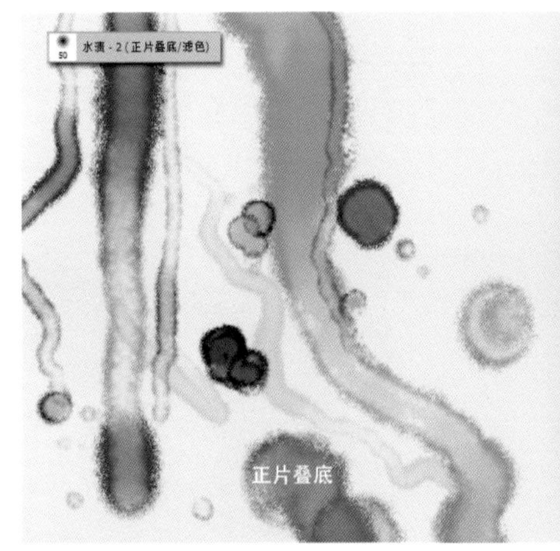

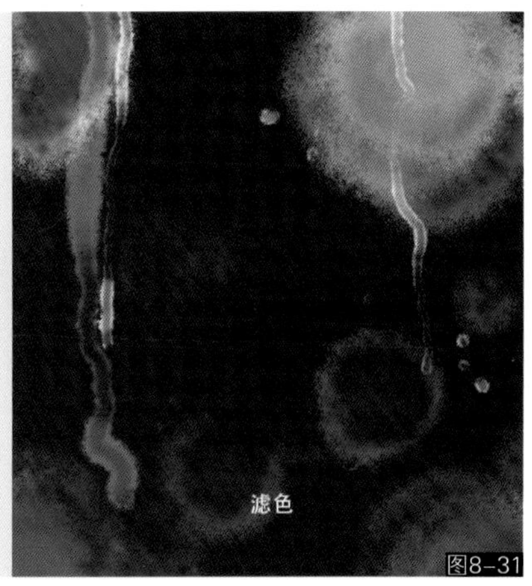

图8–31

32. 水渍-3（正片叠底/滤色）

水渍-3（正片叠底/滤色）画笔主要用于绘制污水侵染、颜料晕染和受潮等纹理效果。绘制时笔刷的“正片叠底”模式适合描绘较重污渍，而“滤色”模式适合描绘漂白或退色等效果，需灵活掌握（如图8-32所示）。

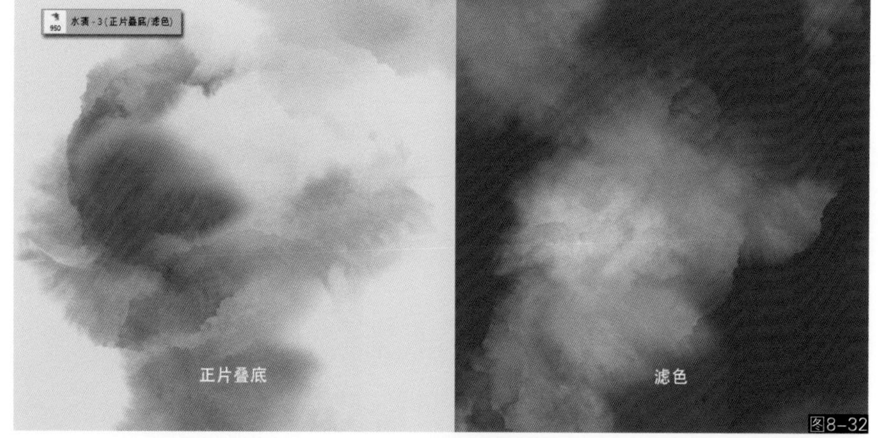

图8-32

33. 喷溅-1

喷溅-1画笔专门用于绘制液体喷洒效果，如血液、泥浆、颜料等（如图8-33所示）。

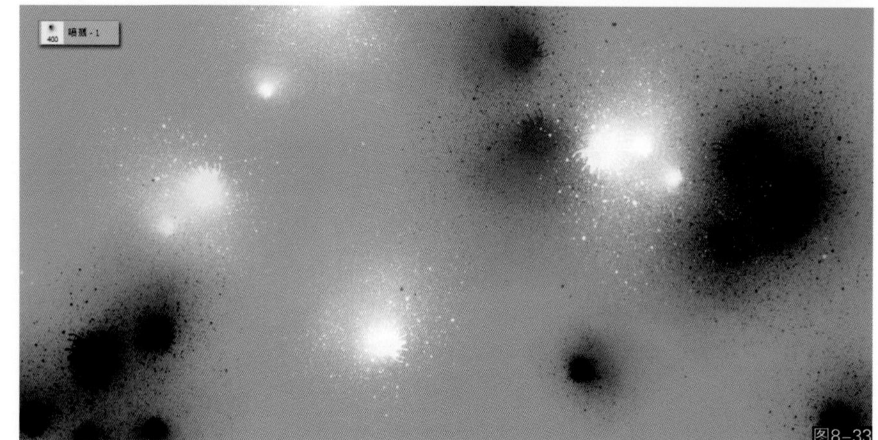

图8-33

34. 喷溅-2

喷溅-2画笔专门用于绘制液体喷洒效果，如血液、泥浆、颜料等（如图8-34所示）。

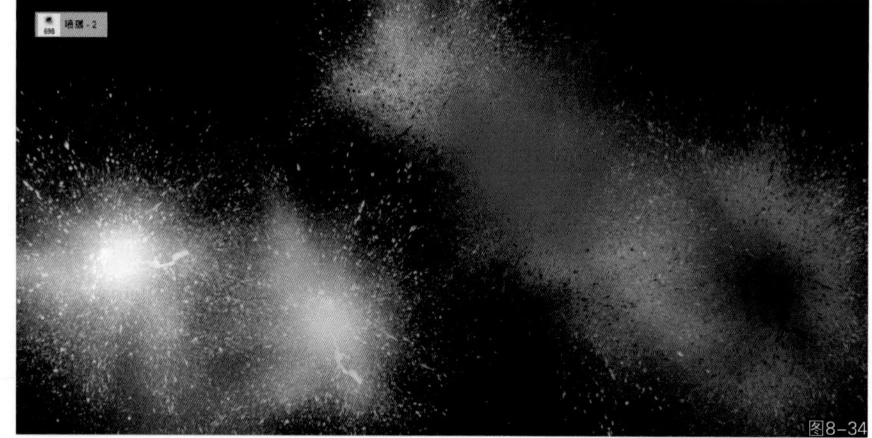

图8-34

35. 喷溅-3 R T

喷溅-3 R T画笔专门用于绘制液体喷洒效果，如血液、泥浆、颜料等。此画笔带有“R”和“T”控制，可以通过改变画笔角度和斜度来控制喷溅的方向（如图8-35所示）。

图8-35

36. 液体流淌-1（正片叠底）

液体流淌-1（正片叠底）画笔专门用于绘制单滴液体流淌效果，如水滴、血滴、油滴等。绘制时需要通过改变画笔的压感轻重来控制液体的浓淡变化，画笔叠加模式为“正片叠底”（如图8-36所示）。

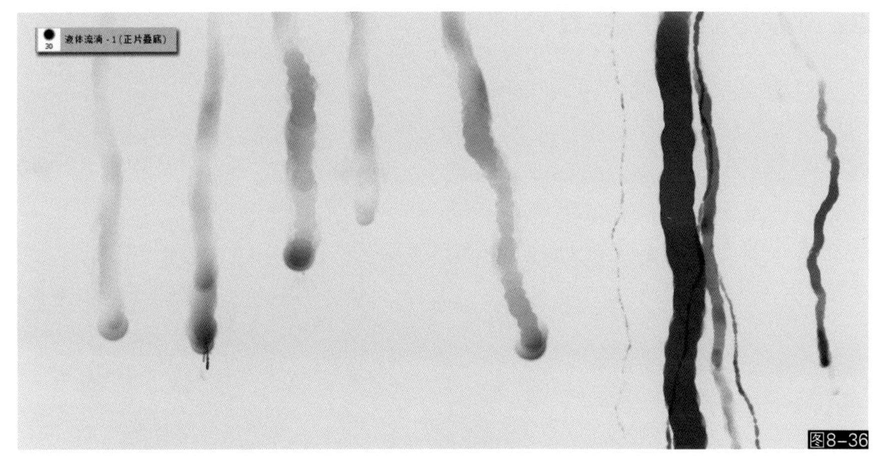
图8-36

37. 液体流淌-2（正片叠底）

液体流淌-2（正片叠底）画笔专门用于绘制单滴液体流淌效果，如水滴、血滴、油滴等。绘制时需要通过改变画笔的压感轻重来控制液体的浓淡变化，画笔叠加模式为“正片叠底”（如图8-37所示）。

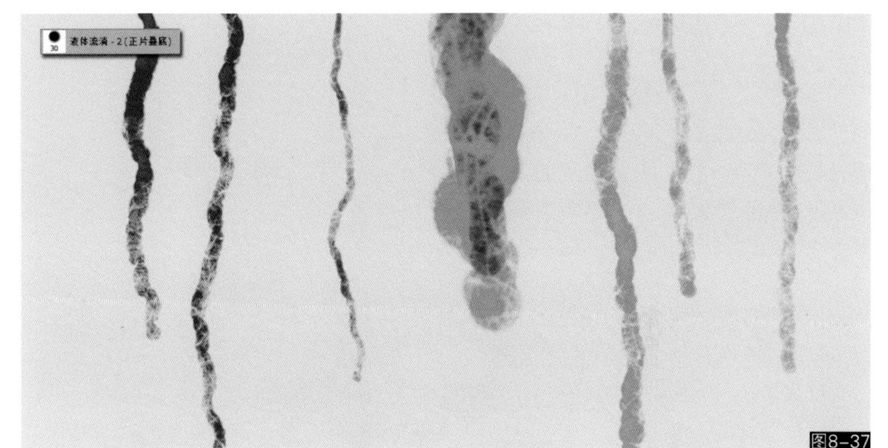
图8-37

38. 液体流淌-3（正片叠底）

液体流淌-3（正片叠底）画笔专门用于绘制单滴液体流淌效果，如水滴、血滴、油滴等。绘制时需要通过改变画笔的压感轻重来控制液体的浓淡变化，画笔叠加模式为“正片叠底”（如图8-38所示）。

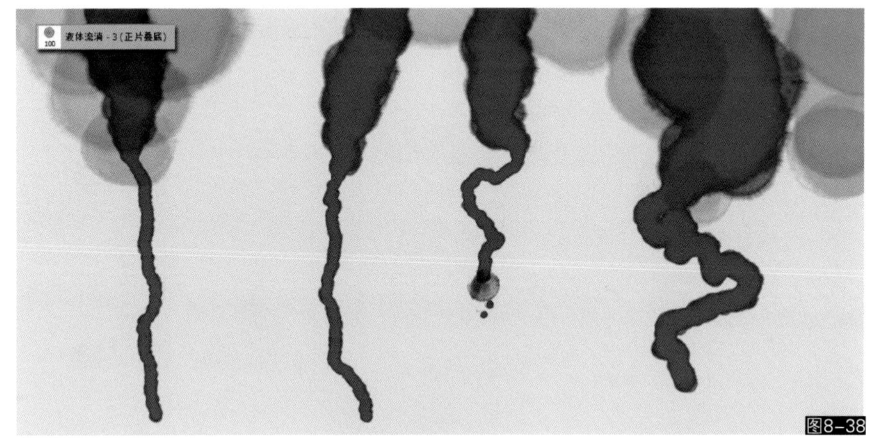
图8-38

39. 血渍-1（正片叠底）

血渍-1（正片叠底）画笔专门用于绘制血迹溅开效果，可以配合其他画笔丰富其变化，画笔叠加模式为“正片叠底”（如图8-39所示）。

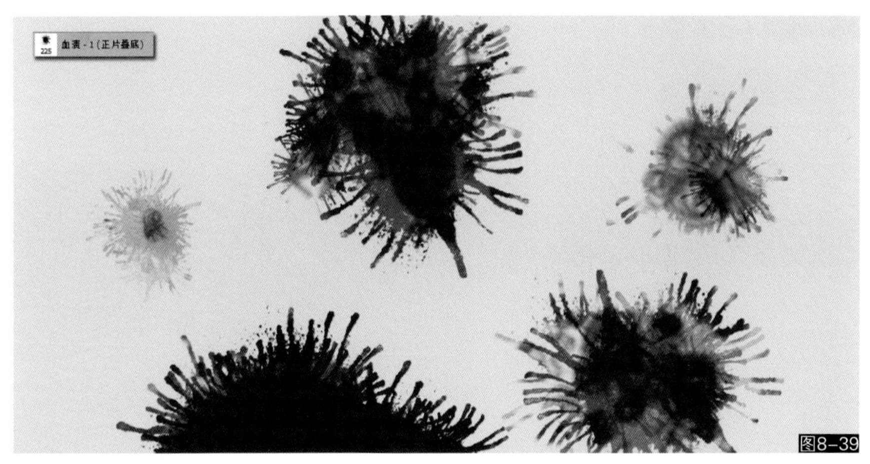
图8-39

40. 血渍-2（正片叠底）R T

血渍-2（正片叠底）R T画笔专门用于绘制血迹溅开效果。此画笔带有“R”和“T”控制，可以通过旋转和倾斜画笔来控制喷溅的方向，画笔叠加模式为“正片叠底”（如图8-40所示）。

图8-40

41. 血渍-3（正片叠底）R

血渍-3（正片叠底）R 画笔专门用于绘制血迹溅开效果。此画笔带有“R”控制，可以通过改变旋转画笔来控制喷溅的方向，画笔叠加模式为“正片叠底”（如图8-41所示）。

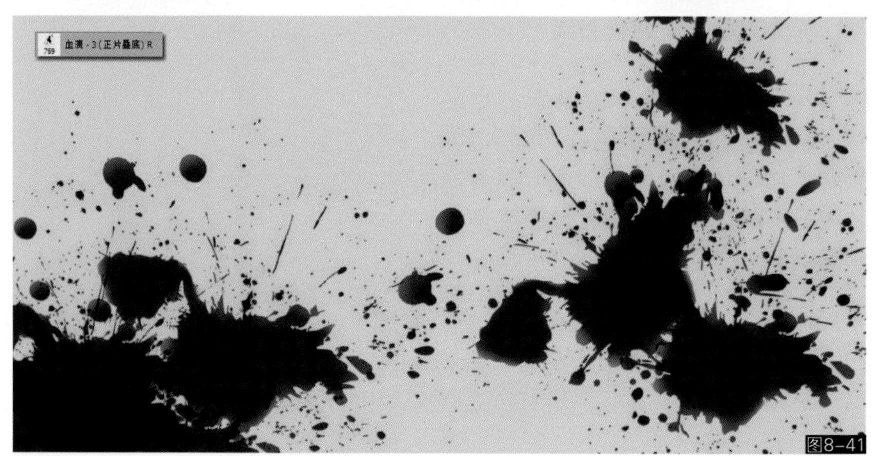

图8-41

42. 切口（正片叠底）

切口（正片叠底）画笔专门用于绘制生物体切开效果，如伤口、刀疤或撕裂等，画笔叠加模式为“正片叠底”（如图8-42所示）。

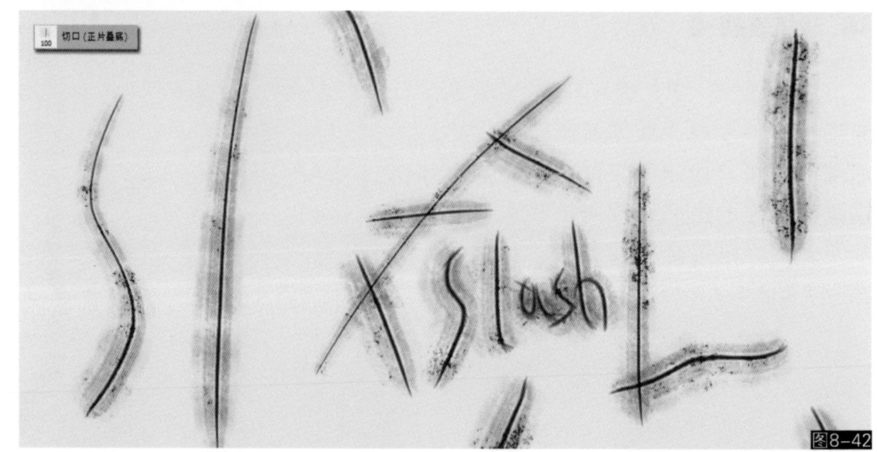

图8-42

43. 缝合（正片叠底）

缝合（正片叠底）画笔专门用于绘制伤口缝合效果，画笔叠加模式为“正片叠底”（如图8-43所示）。

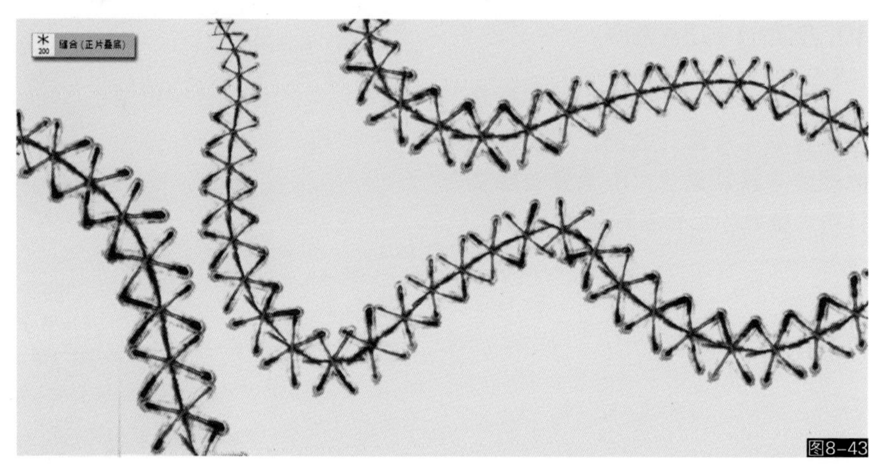

图8-43

44. 裂缝-1R

裂缝-1R画笔专门用于描绘建筑表面或是自然表面的干裂效果，如墙面、石头、地面等。此画笔带有“R”控制，可以通过旋转画笔来控制裂缝的方向（如图8-44所示）。

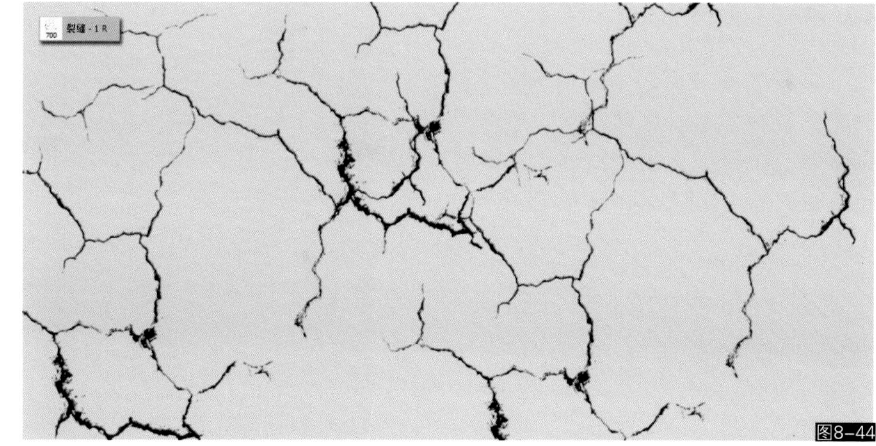

图8-44

45. 裂缝-2R

裂缝-2R画笔专门用于描绘建筑表面或是自然表面的干裂效果，如墙面、石头、地面等。此画笔带有“R”控制，可以通过旋转画笔来控制裂缝的方向（如图8-45所示）。

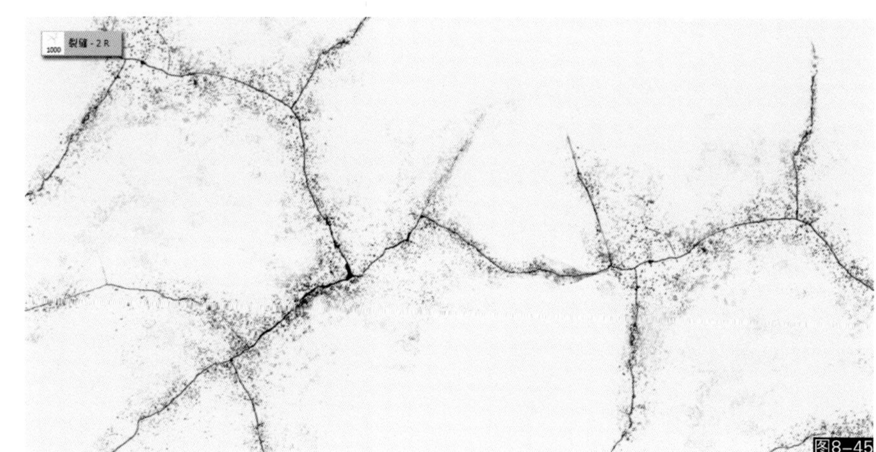

图8-45

46. 建筑表面-1

建筑表面-1画笔主要用于描绘一般建筑材料质感，如混凝土、石灰、旧漆等，也可以用来模拟旧化效果或锈迹效果等（如图8-46所示）。

图8-46

47. 建筑表面-2

建筑表面-2画笔主要用于描绘一般建筑材料质感，如混凝土、石灰、旧漆等，也可以用来模拟旧化效果或锈迹效果等（如图8-47所示）。

图8-47

48. 建筑表面-3

建筑表面-3画笔主要用于描绘一般建筑材料质感，如混凝土、石灰、旧漆等，也可以用来模拟旧化效果或锈迹效果等（如图8-48所示）。

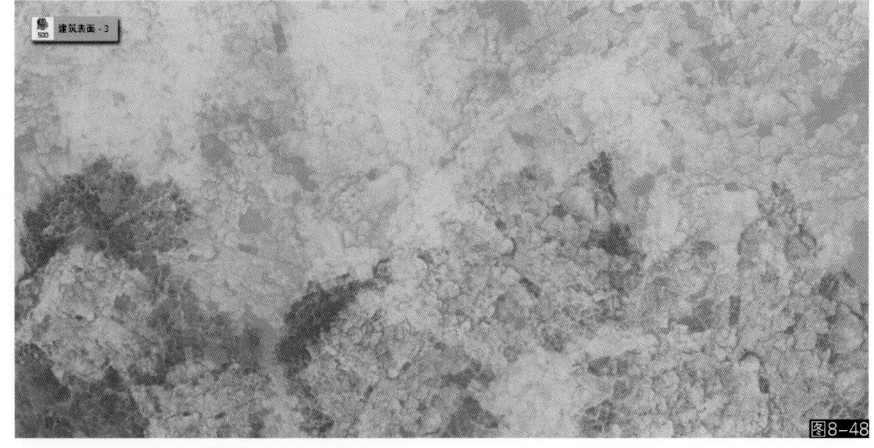

图8-48

49. 建筑表面-4

建筑表面-4画笔主要用于描绘一般建筑材料质感，如混凝土、石灰、旧漆等，也可以用来模拟旧化效果或锈迹效果等（如图8-49所示）。

图8-49

50. 泥土-1R

泥土-1R画笔主要用于描绘一般泥土质感，可以配合其他画笔来丰富泥土细节。此画笔带有“R”控制，可以通过旋转画笔角度来控制泥土纹理朝向（如图8-50所示）。

图8-50

51. 泥土-2 R T

泥土-2 R T画笔主要用丁描绘一般泥土质感，可以配合其他画笔来丰富泥土细节。此画笔带有“R”和“T”控制，可以通过改变画笔角度和斜度来控制泥土纹理变化（如图8-51所示）。

图8-51

52. 泥土-3 R T

泥土-3 R T画笔主要用于描绘一般泥土质感，可以配合其他画笔来丰富泥土细节。此画笔带有“R”和“T”控制，可以通过改变画笔角度和斜度来控制泥土纹理变化（如图8-52所示）。

图8-52

53. 岩石表面-1 R T

岩石表面-1 R T画笔主要用于描绘一般岩石质感，可以配合其他画笔来丰富石头细节。此画笔带有“R”和“T”控制，可以通过改变画笔角度和斜度来控制岩石的纹理方向（如图8-53所示）。

图8-53

54. 岩石表面-2

岩石表面-2画笔主要用于描绘一般岩石质感，可以配合其他画笔来丰富石头细节（如图8-54所示）。

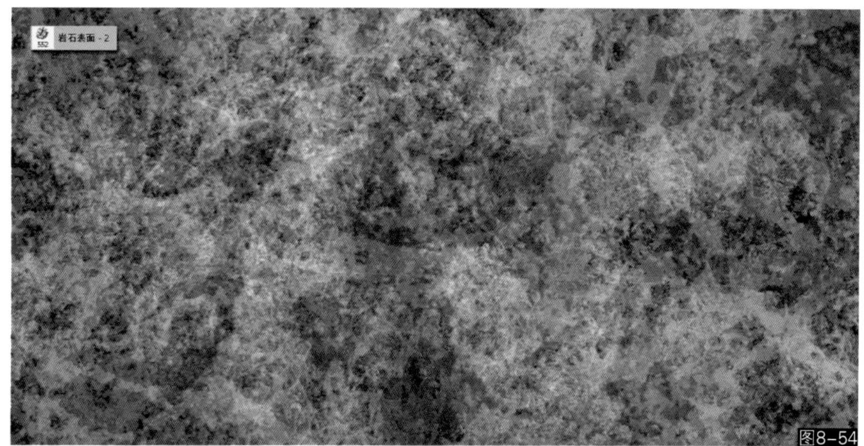

图8-54

55. 岩石表面-3 R

岩石表面-3 R画笔主要用于描绘一般岩石质感，可以配合其他画笔来丰富石头细节。此画笔带有“R”控制，可以通过改变画笔角度来控制岩石纹理的方向（如图8-55所示）。

图8-55

56. 岩石表面-4 R

岩石表面-4 R画笔主要用于描绘一般岩石质感，可以配合其他画笔来丰富石头细节。此画笔带有“R”控制，可以通过改变画笔角度来控制岩石纹理的方向（如图8-56所示）。

图8-56

57. 岩石表面-5 R T

岩石表面-5 R T画笔主要用于描绘一般岩石质感，可以配合其他画笔来丰富石头细节。此画笔带有“R”和“T”控制，可以通过改变画笔角度和斜度来控制岩石的纹理方向（如图8-57所示）。

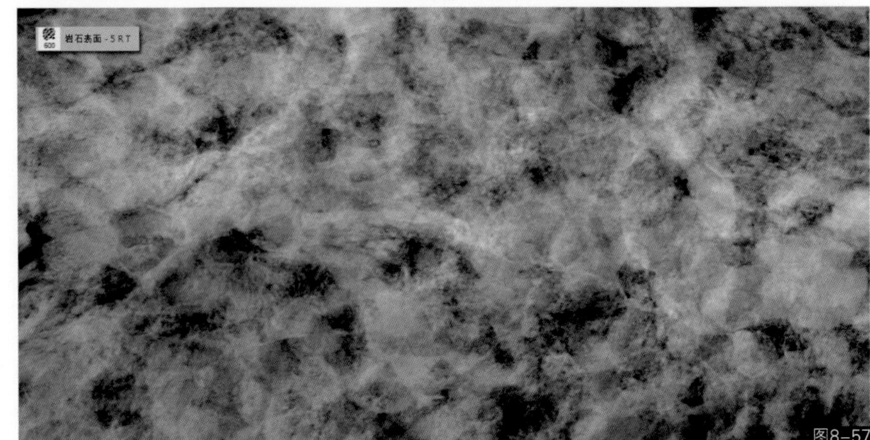

图8-57

58. 碎石 R

碎石 R画笔主要用于描绘一般碎石颗粒结构，如河滩中的石块、水底石块、碎石路面等。此画笔带有“R”控制，可以通过旋转画笔来控制结构的拼接变化（如图8-58所示）。

图8-58

59. 沙

沙画笔主要用于描绘一般沙粒结构，如沙滩、沙漠、砂岩表面等（如图8-59所示）。

图8-59

60. 旧木头-1 R

旧木头-1 R画笔主要用于描绘各类旧木头纹理，如木板、栅栏、树干、家具等。此画笔带有“R”控制，可以通过旋转画笔来控制结构的拼接变化（如图8-60所示）。

图8-60

61. 旧木头-2

旧木头-2画笔主要用于描绘各类旧木头纹理，如木板、栅栏、树干、家具等。按住Shift键可以绘制出笔直的木纹结构（如图8-61所示）。

图8-61

62. 旧木头-3 R

旧木头-3 R画笔主要用于描绘各类旧木头纹理，如木板、栅栏、树干、家具等。此画笔带有“R”控制，可以通过旋转画笔来控制结构的拼接变化（如图8-62所示）。

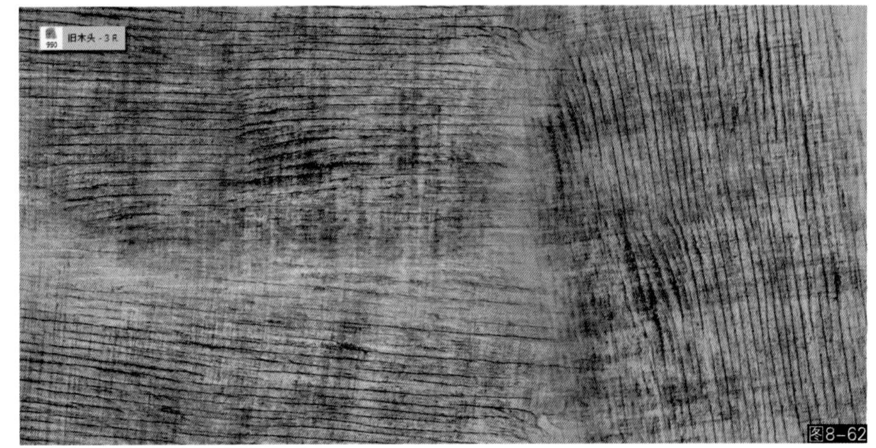
图8-62

63. 旧木头-4 R

旧木头-4 R画笔主要用于描绘各类旧木头纹理，如木板、栅栏、树干、家具等。此画笔带有“R”控制，可以通过旋转画笔来控制结构的拼接变化（如图8-63所示）。

图8-63

64. 树皮-1

树皮-1画笔主要用于描绘各类树皮纹理。按住Shift键可以绘制出笔直的木纹结构（如图8-64所示）。

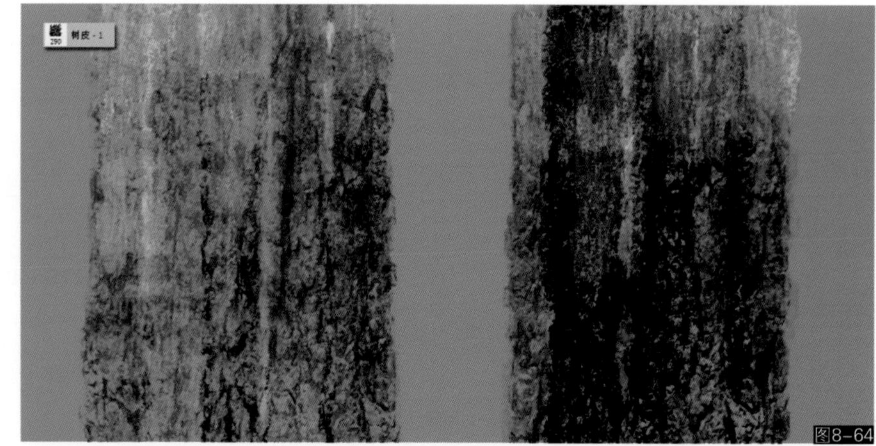

图8-64

65. 树皮-2

树皮-2画笔主要用于描绘各类树皮纹理（如图8-65所示）。

图8-65

66. 树皮-3

树皮-3画笔主要用于描绘各类树皮纹理（如图8-66所示）。

图8-66

67. 树皮-4 R

树皮-4 R画笔主要用于描绘各类树皮纹理。此画笔带有“R”控制，可以通过旋转画笔来控制结构的拼接变化（如图8-67所示）。

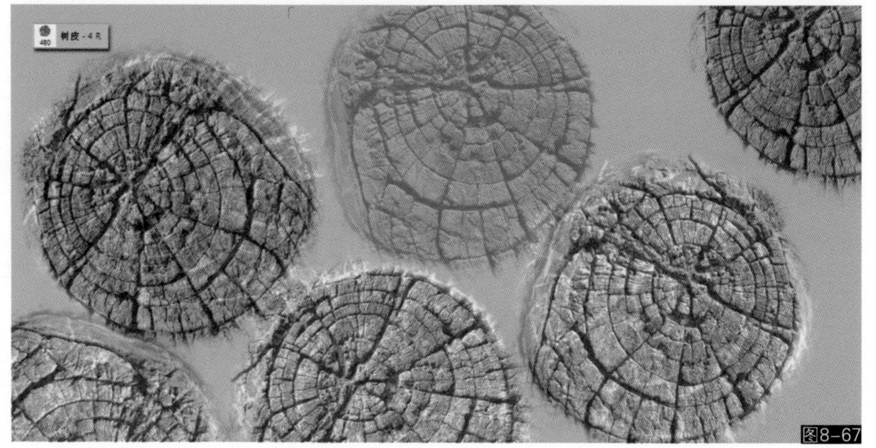

图8-67

68. 侵蚀表面-1

侵蚀表面-1画笔主要用于描绘一般旧化物体表面受到侵蚀、风化、锈蚀、腐蚀、磨损等效果，广泛用于各类纹理绘制中的结合（如图8-68所示）。

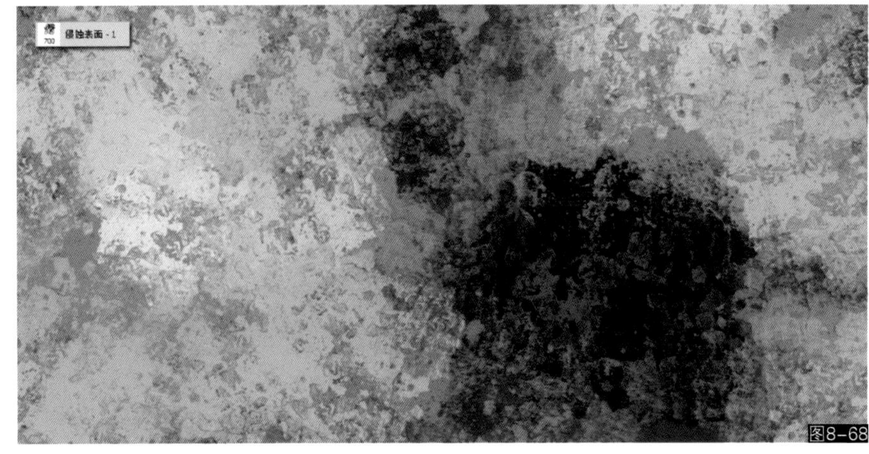

图8-68

69. 侵蚀表面-2 R

侵蚀表面-2 R画笔主要用于描绘一般旧化物体表面受到侵蚀、风化、锈蚀、腐蚀、磨损等效果，广泛用于各类纹理绘制中的结合。此画笔带有“R”控制，绘制时可以旋转画笔以控制纹理的方向（如图8-69所示）。

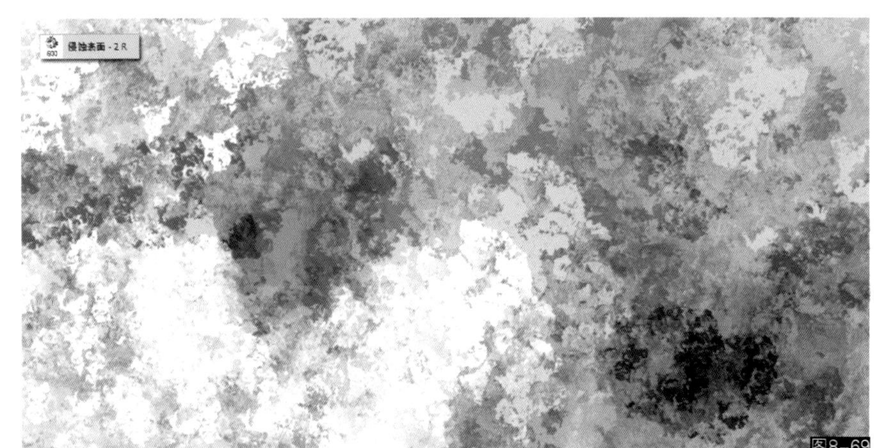

图8-69

70. 侵蚀表面-3 R

侵蚀表面-3 R画笔主要用于描绘一般旧化物体表面受到侵蚀、风化、锈蚀、腐蚀、磨损等效果，广泛用于各类纹理绘制中的结合。此画笔带有“R”控制，绘制时可以旋转画笔以控制纹理的方向（如图8-70所示）。

图8-70

71. 侵蚀表面-4 R

侵蚀表面-4 R画笔主要用于描绘一般旧化物体表面受到侵蚀、风化、锈蚀、腐蚀、磨损等效果，广泛用于各类纹理绘制中的结合。此画笔带有“R”控制，绘制时可以旋转画笔以控制纹理的方向（如图8-71所示）。

图8-71

72. 侵蚀表面-5 R

侵蚀表面-5 R画笔主要用于描绘一般旧化物体表面受到侵蚀、风化、锈蚀、腐蚀、磨损等效果，广泛用于各类纹理绘制中的结合。此画笔带有“R”控制，绘制时可以旋转画笔以控制纹理的方向（如图8-72所示）。

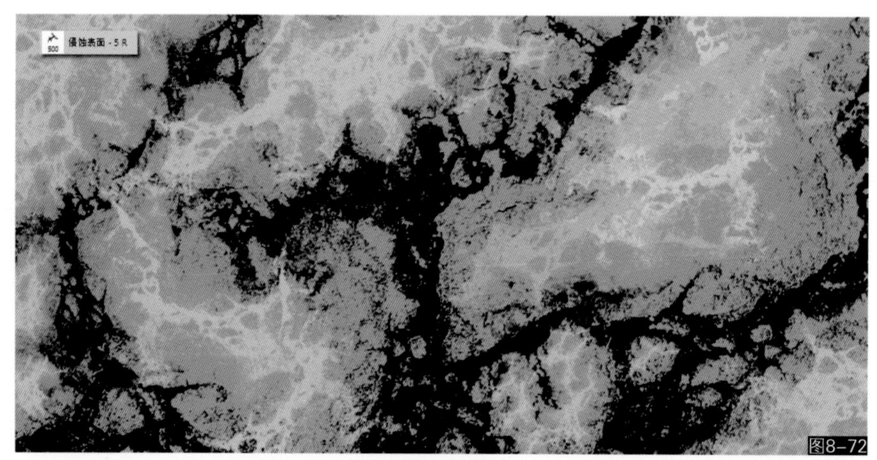
图8-72

73. 侵蚀表面-6 R

侵蚀表面-6 R画笔主要用于描绘一般旧化物体表面受到侵蚀、风化、锈蚀、腐蚀、磨损等效果，广泛用于各类纹理绘制中的结合。此画笔带有“R”控制，绘制时可以旋转画笔以控制纹理的方向（如图8-73所示）。

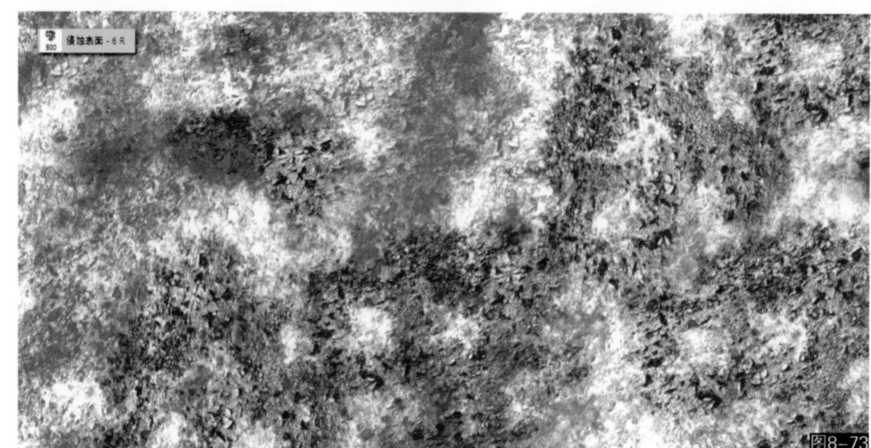
图8-73

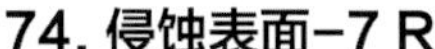

74. 侵蚀表面-7 R

侵蚀表面-7 R画笔主要用于描绘一般旧化物体表面受到侵蚀、风化、锈蚀、腐蚀、磨损等效果，广泛用于各类纹埋绘制中的结合。此画笔带有“R”控制，绘制时可以旋转画笔以控制纹理的方向（如图8-74所示）。

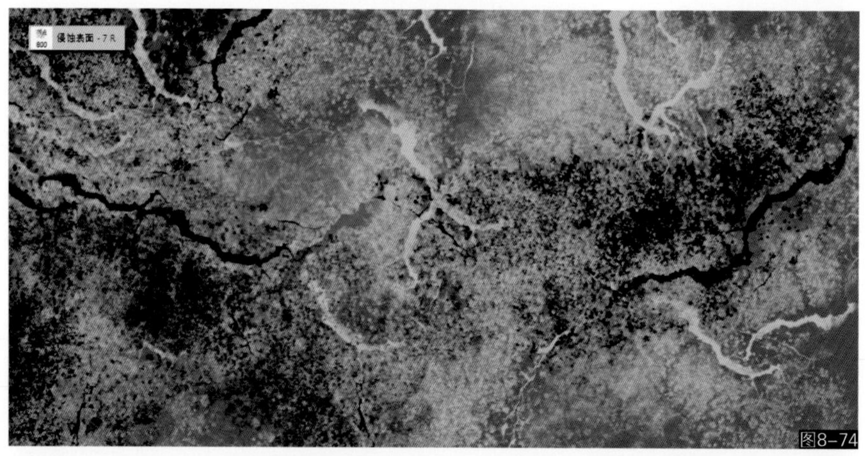
图8-74

75. 侵蚀表面-8 R

侵蚀表面-8 R画笔主要用于描绘一般旧化物体表面受到侵蚀、风化、锈蚀、腐蚀、磨损等效果，广泛用于各类纹理绘制中的结合。此画笔带有“R”控制，绘制时可以旋转画笔以控制纹理的方向（如图8-75所示）。

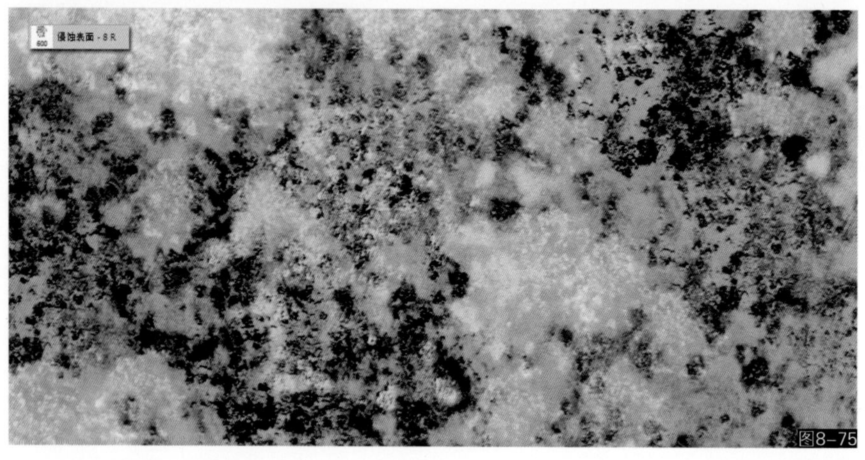
图8-75

76. 生物皮肤-1

生物皮肤-1画笔主要用于描绘一般生物体表面的皮肤或鳞甲等效果（如图8-76所示）。

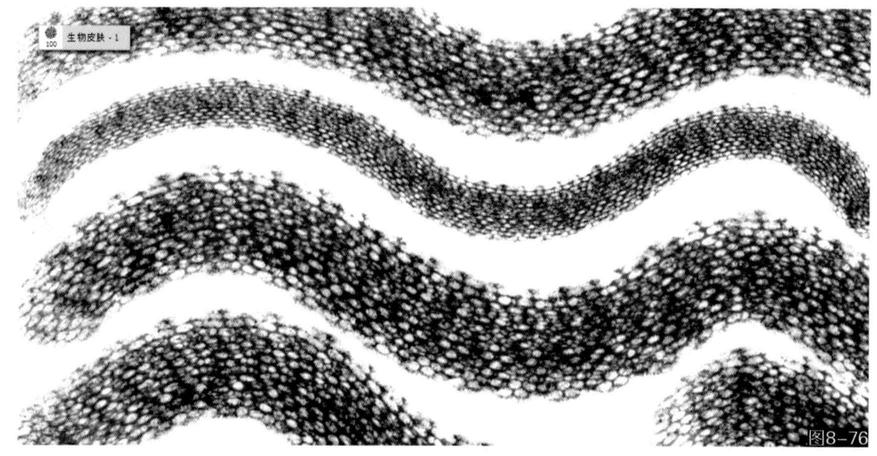

图8-76

77. 生物皮肤-2

生物皮肤-2画笔主要用于描绘一般生物体表面的皮肤或鳞甲等效果（如图8-77所示）。

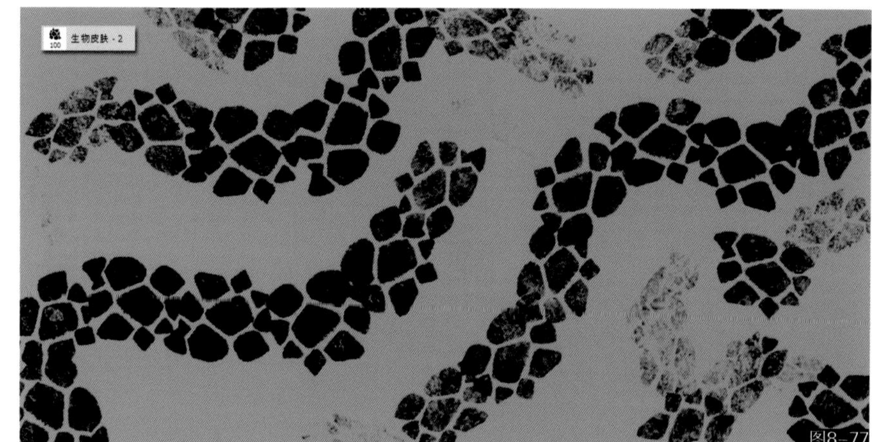

图8-77

78. 生物皮肤-3

生物皮肤-3画笔主要用于描绘一般生物体表面的皮肤或鳞甲等效果（如图8-78所示）。

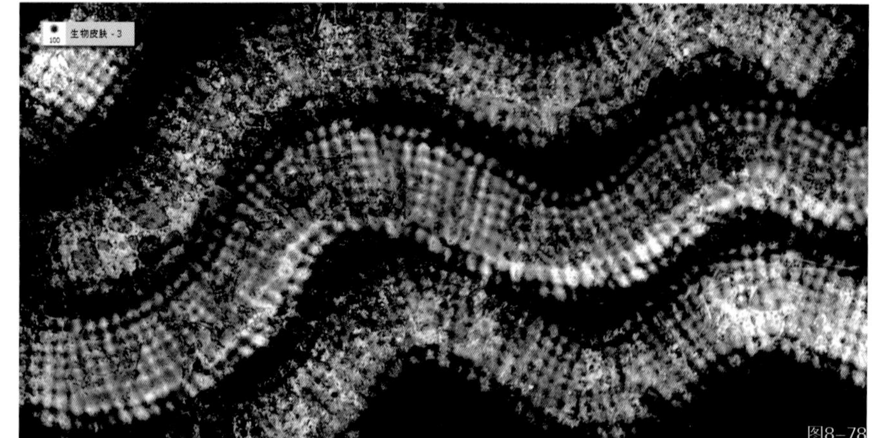

图8-78

79. 生物皮肤-4

生物皮肤-4画笔主要用于描绘一般生物体表面的皮肤或鳞甲等效果（如图8-79所示）。

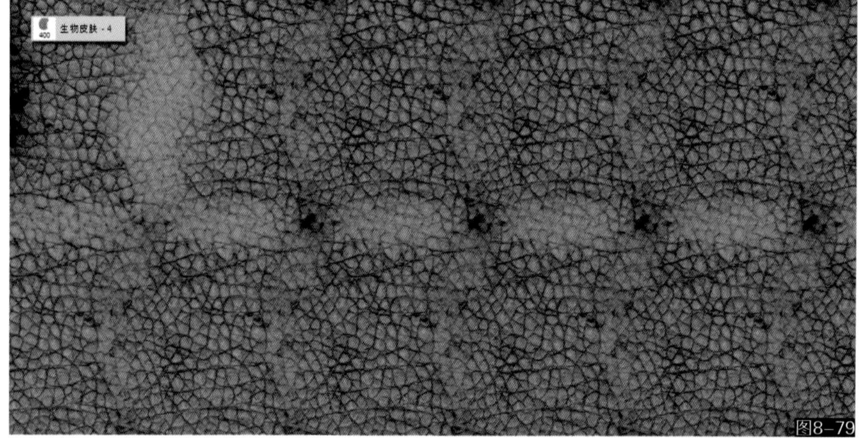

图8-79

80. 生物皮肤-5

生物皮肤-5画笔主要用于描绘一般生物体表面的皮肤或鳞甲等效果（如图8-80所示）。

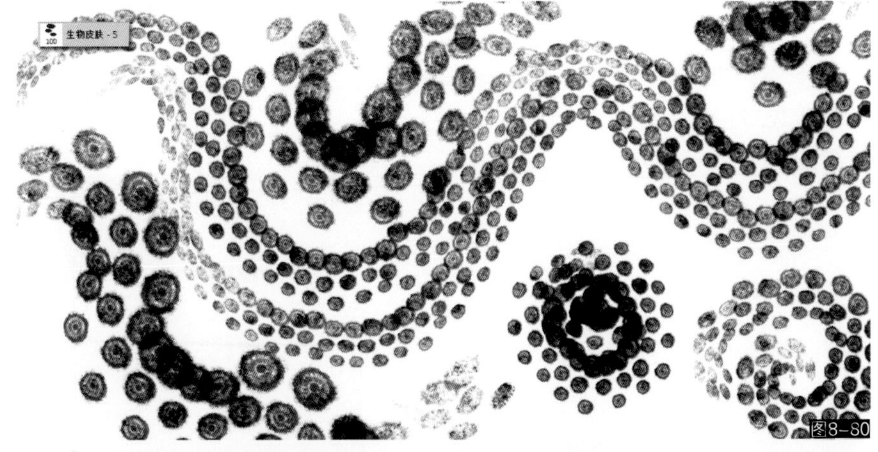

图8-80

81. 生物皮肤-6

生物皮肤-6画笔主要用于描绘一般生物体表面的皮肤或鳞甲等效果（如图8-81所示）。

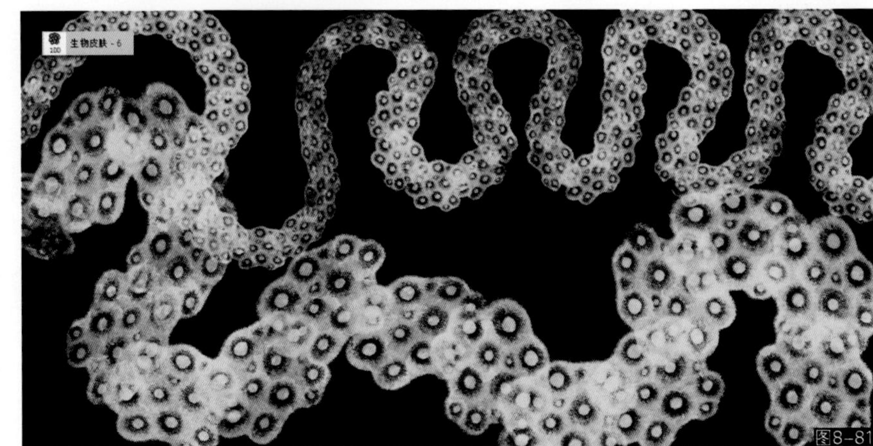

图8-81

82. 生物皮肤-7

生物皮肤-7画笔主要用于描绘一般生物体表面的皮肤或鳞甲等效果（如图8-82所示）。

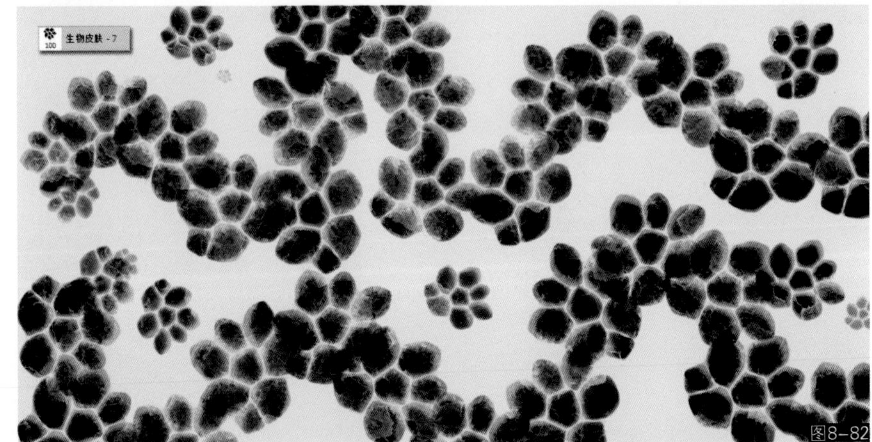

图8-82

83. 生物皮肤-8

生物皮肤-8画笔主要用于描绘一般生物体表面的皮肤或鳞甲等效果（如图8-83所示）。

图8-83

84. 生物皮肤-9

生物皮肤-9画笔主要用于描绘一般生物体表面的皮肤或鳞甲等效果（如图8-84所示）。

图8-84

85. 生物皮肤-10

生物皮肤-10画笔主要用于描绘一般生物体表面的皮肤或鳞甲等效果（如图8-85所示）。

图8-85

86. 有机体-1 R

有机体-1 R画笔主要用于描绘一般生物体有机结构，如内脏、细胞、黏液、纤维等，可以广泛结合到其他纹理画笔的运用当中。此画笔带有“R”控制，绘制时可以通过旋转画笔来控制纹理的方向（如图8-86所示）。

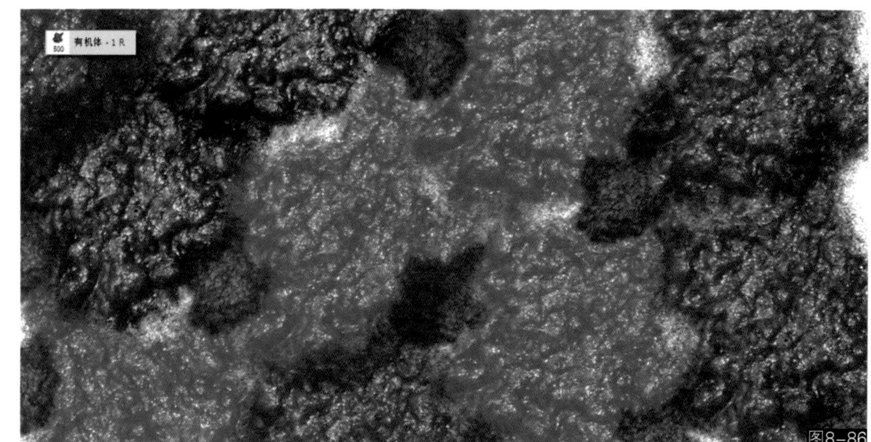

图8-86

87. 有机体-2 R

有机体-2 R画笔主要用于描绘一般生物体有机结构，如内脏、细胞、黏液、纤维、细菌等，可以广泛结合到其他纹理画笔的运用当中。此画笔带有“R”控制，绘制时可以通过旋转画笔来控制纹理的方向（如图8-87所示）。

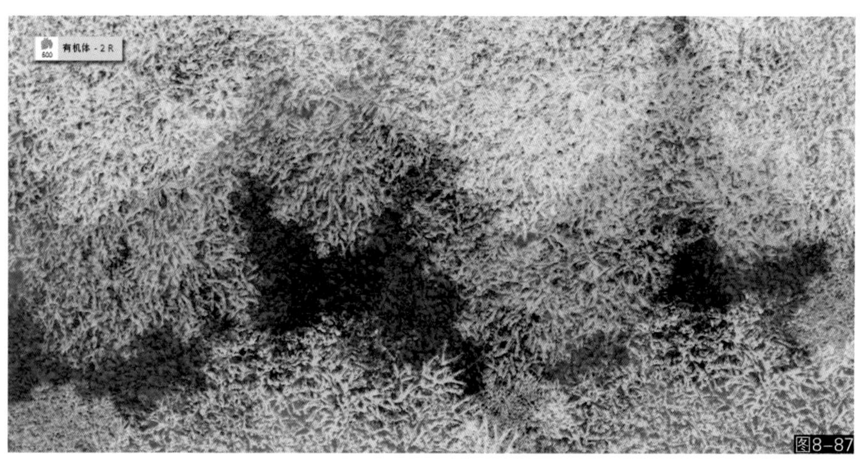

图8-87

88. 有机体-3

有机体-3画笔主要用于描绘一般生物体有机结构，如内脏、细胞、黏液、纤维、细菌等，可以广泛结合到其他纹理画笔的运用当中（如图8-88所示）。

图8-88

89. 有机体-4

有机体-4 画笔主要用于描绘一般生物体有机结构，如内脏、细胞、黏液、纤维、细菌等，可以广泛结合到其他纹理画笔的运用当中（如图8-89所示）。

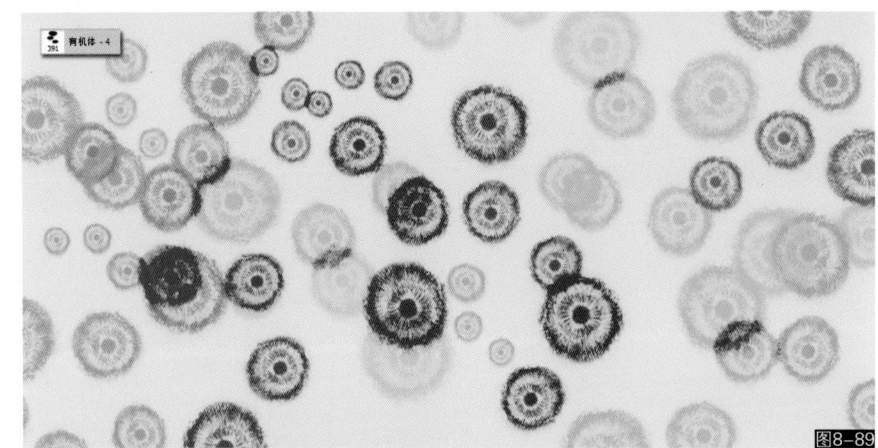
图8-89

90. 有机体-5

有机体-5 画笔主要用于描绘一般生物体有机结构，如内脏、细胞、黏液、纤维、细菌等，可以广泛结合到其他纹理画笔的运用当中（如图8-90所示）。

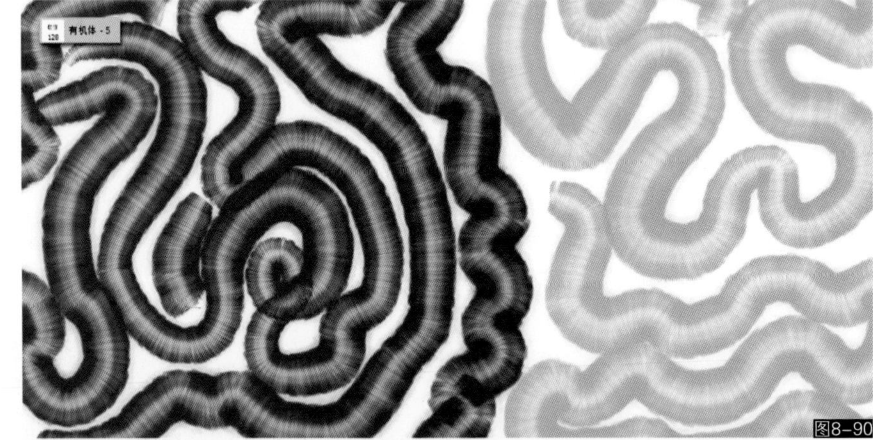
图8-90

91. 有机体-6 R

有机体-6 R画笔主要用于描绘一般生物体有机结构，如内脏、细胞、黏液、纤维、细菌等，可以广泛结合到其他纹理画笔的运用当中。此画笔带有“R”控制，绘制时可以旋转画笔以控制纹理的方向（如图8-91所示）。

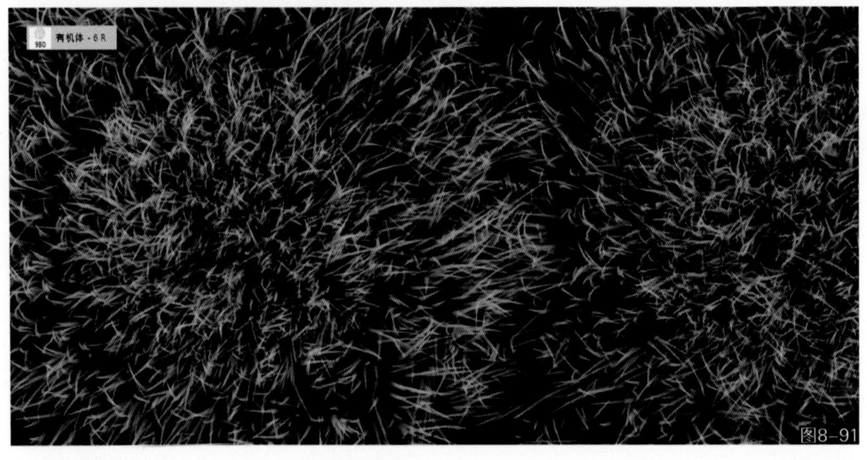
图8-91

92. 有机体-7 R

有机体-7 R画笔主要用于描绘一般生物体有机结构，如内脏、细胞、黏液、纤维、细菌等，可以广泛结合到其他纹理画笔的运用当中。此画笔带有“R”控制，绘制时可以旋转画笔以控制纹理的方向（如图8-92所示）。

图8-92

93. 有机体-8 R

有机体-8 R画笔主要用于描绘一般生物体有机结构，如内脏、细胞、黏液、纤维、细菌等，可以广泛结合到其他纹理画笔的运用当中。此画笔带有“R”控制，绘制时可以旋转画笔以控制纹理的方向（如图8-93所示）。

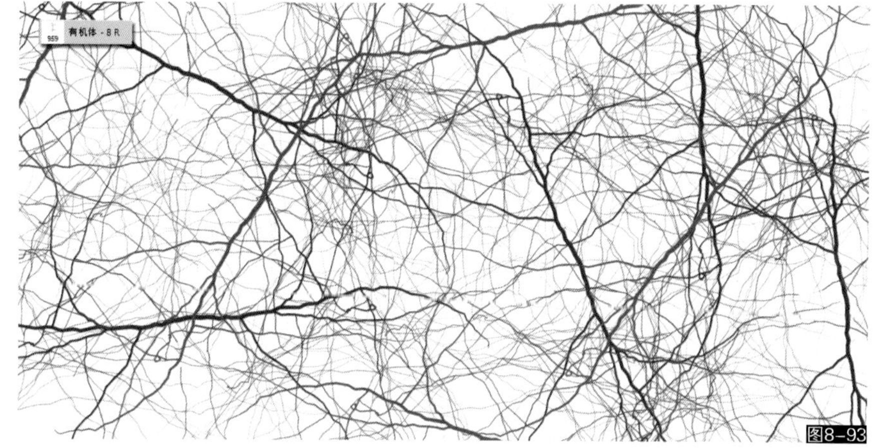
图8-93

94. 有机体-9 R

有机体-9 R画笔主要用于描绘一般生物体有机结构，如内脏、细胞、黏液、纤维、细菌等，可以广泛结合到其他纹理画笔的运用当中。此画笔带有“R”控制，绘制时可以旋转画笔以控制纹理的方向（如图8-94所示）。

图8-94

95. 有机体-10

有机体-10画笔主要用于描绘一般生物体有机结构，如内脏、细胞、黏液、纤维、细菌等，可以广泛结合到其他纹理画笔的运用当中（如图8-95所示）。

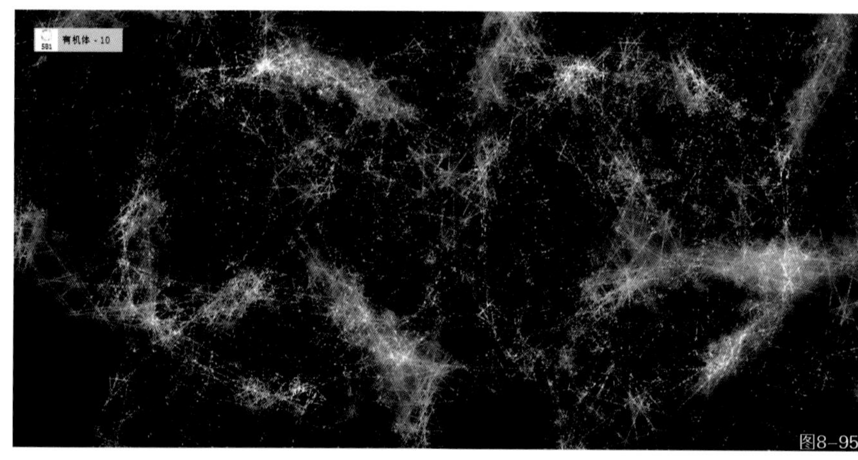
图8-95

96. 碎玻璃-1 R

碎玻璃-1 R画笔主要用于描绘玻璃破碎或子弹穿过玻璃碎裂等效果。此画笔带有“R”控制，绘制时可以旋转画笔以控制纹理的方向（如图8-96所示）。

图8-96

97. 碎玻璃-2 R

碎玻璃-2 R画笔主要用于描绘玻璃破碎或子弹穿过玻璃碎裂等效果。此画笔带有“R”控制，绘制时可以旋转画笔以控制纹理的方向（如图8-97所示）。

图8-97

98. 碎玻璃-3 R

碎玻璃-3 R画笔主要用于描绘玻璃破碎或子弹穿过玻璃碎裂等效果。此画笔带有“R”控制，绘制时可以旋转画笔以控制纹理的方向（如图8-98所示）。

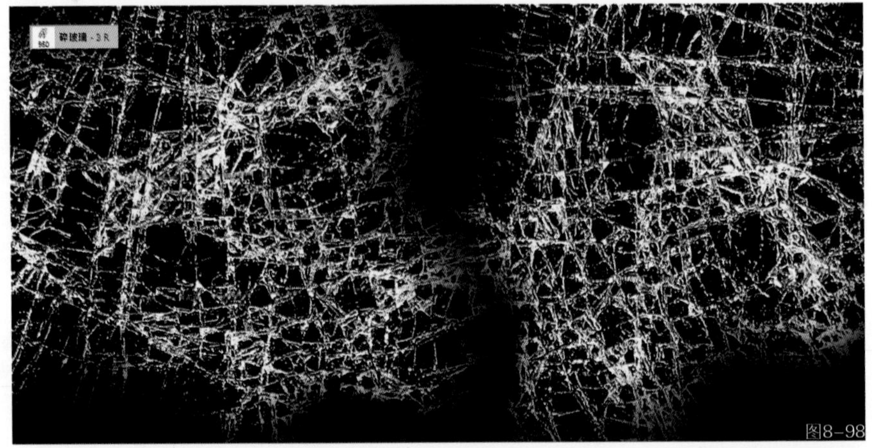
图8-98

99. 马赛克

马赛克画笔主要用于描绘马赛克墙砖或地砖等效果。按住Shift键可以绘制直线笔触（如图8-99所示）。

图8-99

100. 砖块-1

砖块-1画笔主要用于描绘砖墙效果。按住Shift键可以绘制直线笔触（如图8-100所示）。

图8-100

101. 砖块-2

砖块-2画笔主要用于描绘砖墙效果，按住Shift键可以绘制直线笔触（如图8-101所示）。

图8-101

102. 弹坑

弹坑画笔主要用于绘制子弹击中墙面产生的弹坑，也可以结合其他画笔绘制破碎效果等（如图8-102所示）。

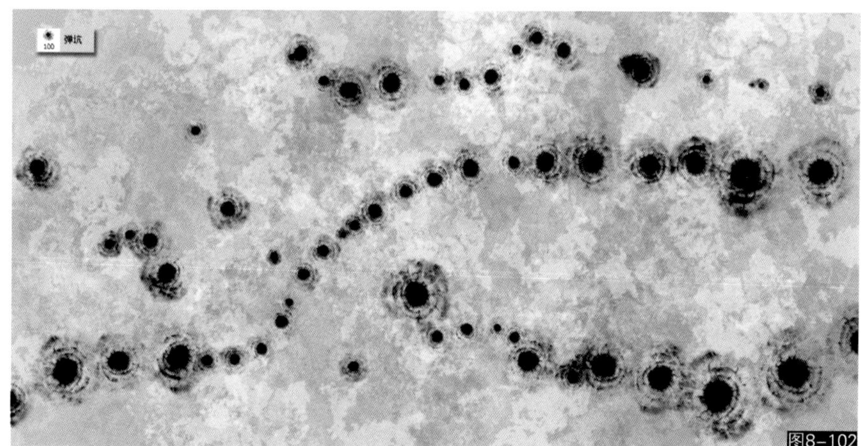

图8-102

103. 轮印

轮印画笔主要用于描绘轮胎在地面形成的压痕轨迹（如图8-103所示）。

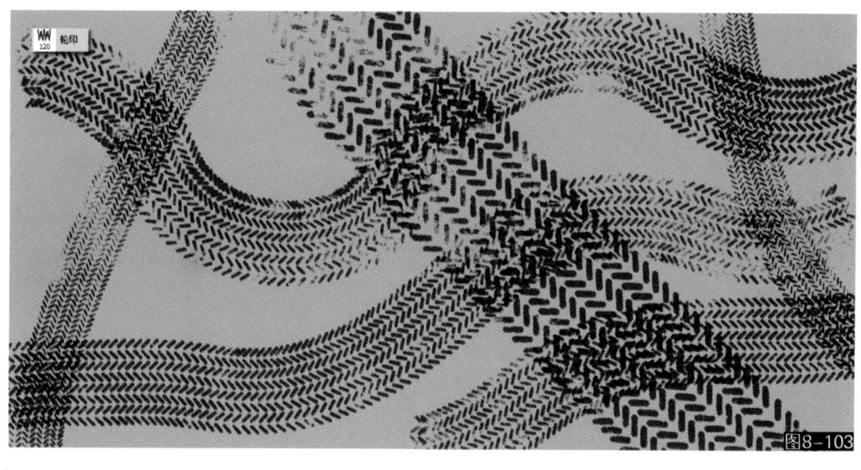

图8-103

104. 螺丝

螺丝画笔专门用于描绘单颗螺丝纹理（如图8-104所示）。

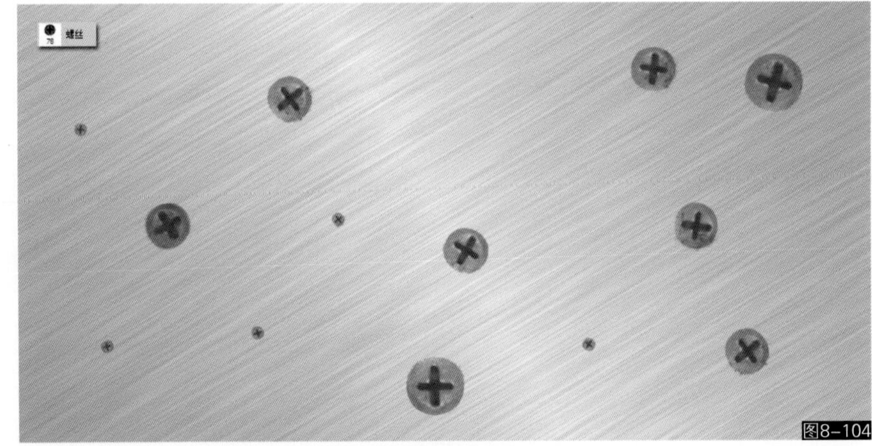
图8-104

105. 霜冻-1

霜冻-1画笔主要用于绘制霜冻或冰冻等结晶效果（8-105所示）。

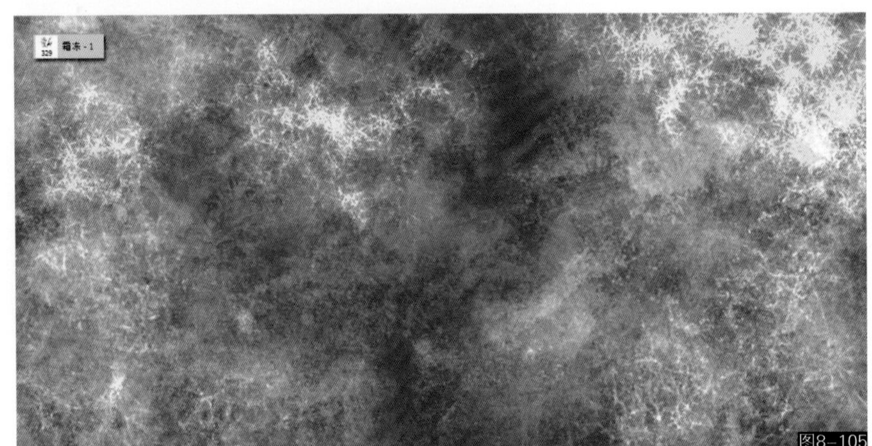
图8-105

106. 霜冻-2

霜冻-2画笔主要用于绘制霜冻或冰冻等结晶效果（8-106所示）。

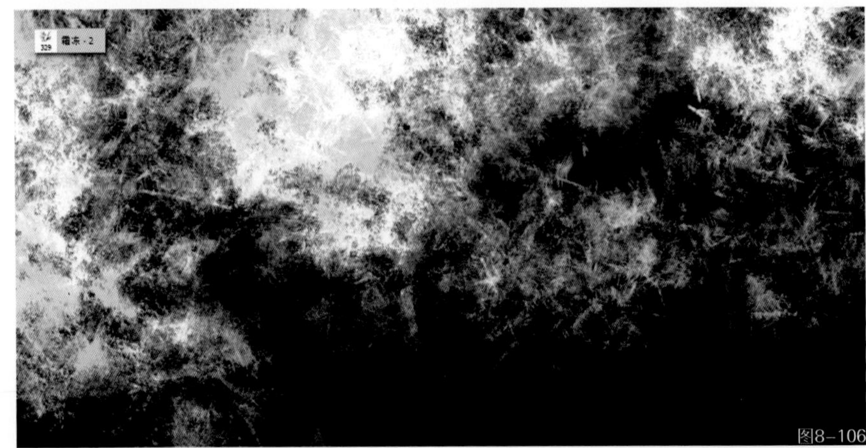
图8-106

107. 蛛丝 R

蛛丝 R画笔主要用于描绘蜘蛛网或各类丝状结构。此画笔带有“R”控制，可以通过旋转画笔来控制丝的透视变化（如图8-107所示）。

图8-107

108. 纺织物

纺织物画笔主要用于描绘衣物质感或是纺织品质感。按住Shift键可以绘制笔直的笔触（如图8–108所示）。

图8–108

109. 迷彩

迷彩画笔专门用于描绘军事或户外用迷彩类纹理，也可以用于描绘植物类纹理等（如图8–109所示）。

图8–109

110. 高度结构–1（变亮/正片叠底）

高度结构–1（变亮/正片叠底）画笔专门用丁绘制3d制作中的高度类贴图，如置换贴图、法线贴图、深度贴图、凹凸贴图等，主要目的在于塑造高低结构变化。一般情况下绘制时需要使用白色绘制高位，灰色绘制中位，黑色绘制低位，不需要使用色彩，黑白即可。笔刷的“变亮”模式用于叠加白色增加高度，相反使用“正片叠底”模式则是绘制深色用于降低高度。另外在绘制高质量的置换或法线贴图时需要使用16位的图像来绘制。高度结构–1属于自由描绘高度类画笔，适合表现圆润结构（如图8–110所示）。

111. 高度结构–2（变亮/正片叠底）

高度结构–2（变亮/正片叠底）画笔专门用于绘制3d制作中的高度类贴图，如置换贴图、法线贴图、深度贴图、凹凸贴图等，主要目的在于塑造高低结构变化。一般情况下绘制时需要使用白色绘制高位，灰色绘制中位，黑色绘制低位，不需要使用色彩，黑白即可。笔刷的“变亮”模式用于叠加白色增加高度，相反使用“正片叠底”模式则是绘制深色用于降低高度。另外在绘制高质量的置换或法线贴图时需要使用16位的图像来绘制。高度结构–2属于自由描绘高度类画笔，适合表现硬边结构（如图8–111所示）。

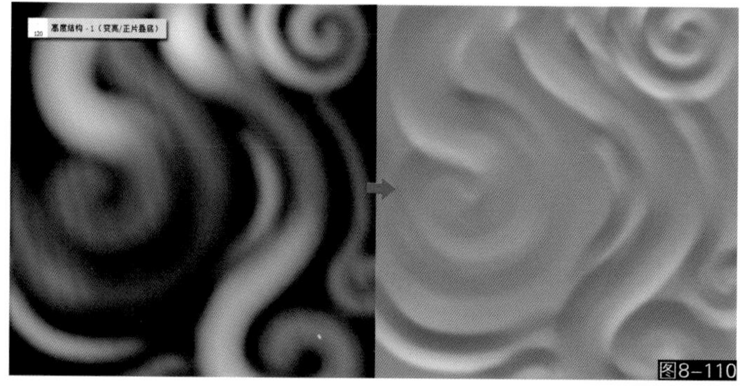

图8–110

图8–111

112. 高度结构-3（变亮/正片叠底）

高度结构-3（变亮/正片叠底）画笔专门用于绘制3d制作中的高度类贴图，如置换贴图、法线贴图、深度贴图、凹凸贴图等，主要目的在于塑造高低结构变化。一般情况下绘制时需要使用白色绘制高位，灰色绘制中位，黑色绘制低位，不需要使用色彩，黑白即可。笔刷的“变亮”模式用于叠加白色增加高度，相反使用“正片叠底”模式则是绘制深色用于降低高度。另外在绘制高质量的置换或法线贴图时需要使用16位的图像来绘制。高度结构-3适合描绘石头、泥土、旧化、地形等自然效果（如图8-112所示）。

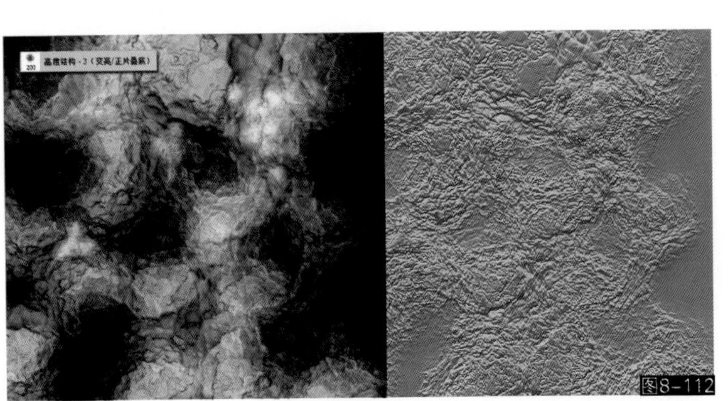

图8-112

113. 高度结构-4（变亮/正片叠底）R

高度结构-4（变亮/正片叠底）R画笔专门用于绘制3d制作中的高度类贴图，如置换贴图、法线贴图、深度贴图、凹凸贴图等，主要目的在于塑造高低结构变化。一般情况下绘制时需要使用白色绘制高位，灰色绘制中位，黑色绘制低位，不需要使用色彩，黑白即可。笔刷的“变亮”模式用于叠加白色增加高度，相反使用“正片叠底”模式则绘制深色用于降低高度。另外在绘制高质量的置换或法线贴图时需要使用16位的图像来绘制。高度结构-4适合描绘石头、泥土、旧化、地形等自然效果，此画笔带有“R”控制，可以通过旋转画笔角度来控制高度形状的方向（如图8-113所示）。

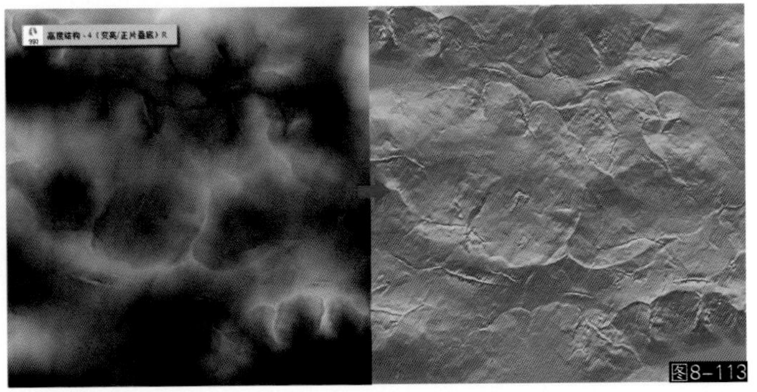

图8-113

114. 高度结构-5（变亮/正片叠底）R

高度结构-5（变亮/正片叠底）R画笔专门用于绘制3d制作中的高度类贴图，如置换贴图、法线贴图、深度贴图、凹凸贴图等，主要目的在于塑造高低结构变化。一般情况下绘制时需要使用白色绘制高位，灰色绘制中位，黑色绘制低位，不需要使用色彩，黑白即可。笔刷的“变亮”模式用于叠加白色增加高度，相反使用“正片叠底”模式则是绘制深色用于降低高度。另外在绘制高质量的置换或法线贴图时需要使用16位的图像来绘制。高度结构-5适合描绘石头、泥土、旧化、地形等自然效果，此画笔带有“R”控制，可以通过旋转画笔角度来控制高度形状的方向（如图8-114所示）。

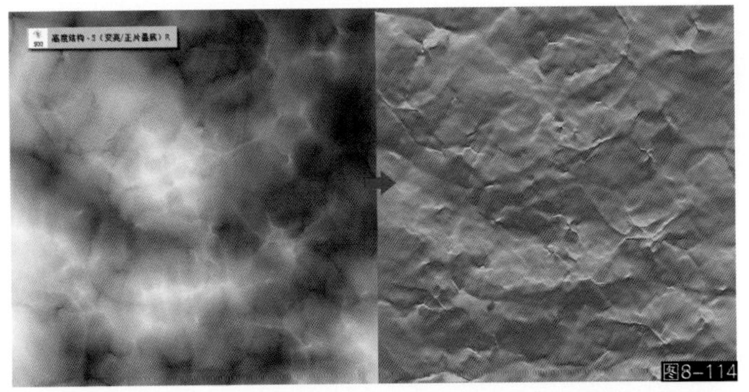

图8-114

115. 高度结构-6（变亮/正片叠底）R

高度结构-6（变亮/正片叠底）R画笔专门用于绘制3d制作中的高度类贴图，如置换贴图、法线贴图、深度贴图、凹凸贴图等，主要目的在于塑造高低结构变化。一般情况下绘制时需要使用白色绘制高位，灰色绘制中位，黑色绘制低位，不需要使用色彩，黑白即可。笔刷的“变亮”模式用于叠加白色增加高度，相反使用“正片叠底”模式则是绘制深色用于降低高度。另外在绘制高质量的置换或法线贴图时需要使用16位的图像来绘制。高度结构-6适合描绘碎石和地面等自然效果，此画笔带有“R”控制，可以通过旋转画笔角度来控制高度形状的方向（如图8-115所示）。

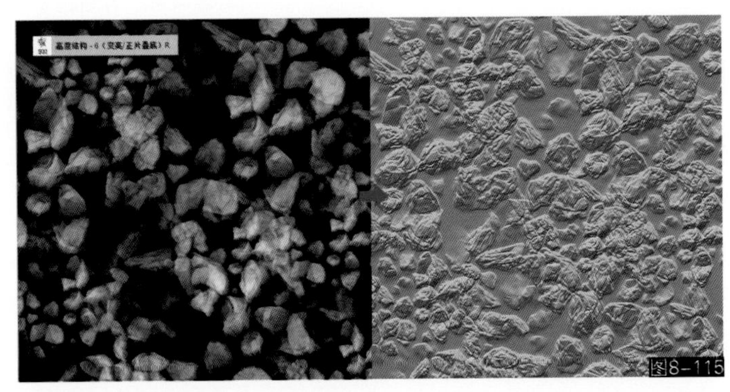

图8-115

116. 高度结构-7（变亮/正片叠底）

高度结构-7（变亮/正片叠底）画笔专门用于绘制3d制作中的高度类贴图，如置换贴图、法线贴图、深度贴图、凹凸贴图等，主要目的在于塑造高低结构变化。一般情况下绘制时需要使用白色绘制高位，灰色绘制中位，黑色绘制低位，不需要使用色彩，黑白即可。笔刷的“变亮”模式用于叠加白色增加高度，相反使用“正片叠底”模式则是绘制深色用于降低高度。另外在绘制高质量的置换或法线贴图时需要使用16位的图像来绘制。高度结构-7适合描绘泥土和碎石等自然效果（如图8-116所示）。

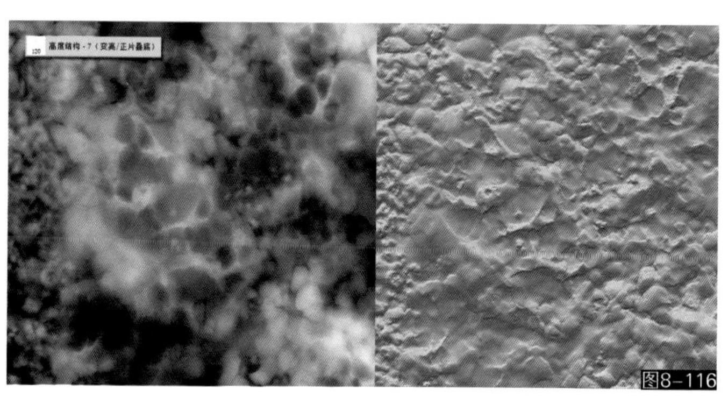

图8-116

117. 高度结构-8（变亮/正片叠底）R

高度结构-8（变亮/正片叠底）R画笔专门用于绘制3d制作中的高度类贴图，如置换贴图、法线贴图、深度贴图、凹凸贴图等，主要目的在于塑造高低结构变化。一般情况下绘制时需要使用白色绘制高位，灰色绘制中位，黑色绘制低位，不需要使用色彩，黑白即可。笔刷的“变亮”模式用于叠加白色增加高度，相反使用“正片叠底”模式则是绘制深色用于降低高度。另外在绘制高质量的置换或法线贴图时需要使用16位的图像来绘制。高度结构-8适合描绘碎石、破损建筑结构和地面等自然效果，此画笔带有“R”控制，可以通过旋转画笔角度来控制高度形状的方向（如图8-117所示）。

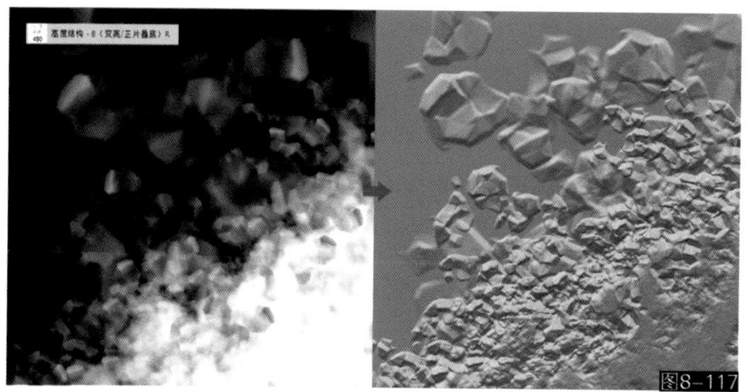

图8-117

118. 高度结构-9（变亮/正片叠底）R

高度结构-9（变亮/正片叠底）R画笔专门用于绘制3d制作中的高度类贴图，如置换贴图、法线贴图、深度贴图、凹凸贴图等，主要目的在于塑造高低结构变化。一般情况下绘制时需要使用白色绘制高位，灰色绘制中位，黑色绘制低位，不需要使用色彩，黑白即可。笔刷的“变亮”模式用于叠加白色增加高度，相反使用“正片叠底”模式则是绘制深色用于降低高度。另外在绘制高质量的置换或法线贴图时需要使用16位的图像来绘制。高度结构-9适合描绘地面、树皮、兽皮、有机物等自然效果，此画笔带有“R”控制，可以通过旋转画笔角度来控制高度形状的方向（如图8-118所示）。

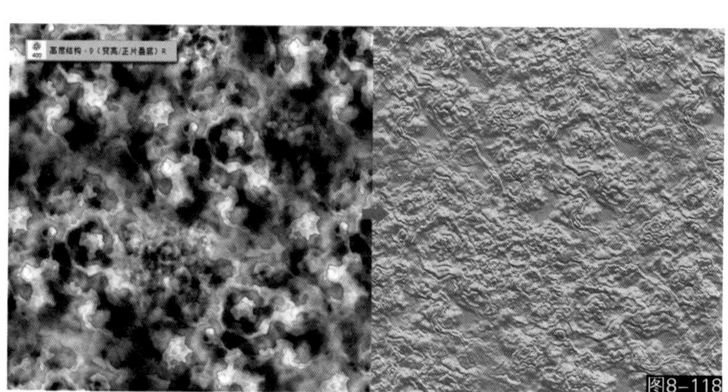

图8-118

119. 高度结构-10（变亮/正片叠底）R

高度结构-10（变亮/正片叠底）R画笔专门用于绘制3d制作中的高度类贴图，如置换贴图、法线贴图、深度贴图、凹凸贴图等，主要目的在于塑造高低结构变化。一般情况下绘制时需要使用白色绘制高位，灰色绘制中位，黑色绘制低位，不需要使用色彩，黑白即可。笔刷的“变亮”模式用于叠加白色增加高度，相反使用“正片叠底”模式则是绘制深色用于降低高度。另外在绘制高质量的置换或法线贴图时需要使用16位的图像来绘制。高度结构-10适合描绘碎石和岩石等自然效果，此画笔带有“R”控制，可以通过旋转画笔角度来控制高度形状的方向（如图8-119所示）。

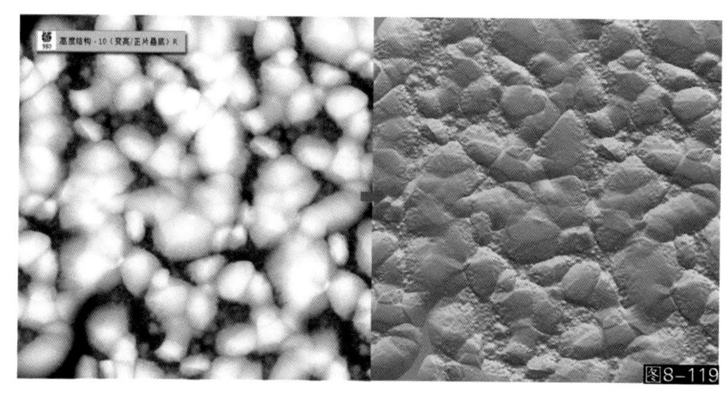

图8-119

二、Texture类画笔基础运用

下面通过一些简单的实例来学习Texture类画笔绘制纹理的基本思路与方法。

1. 混凝土纹理

01 首先新建一个1,024像素×1,024像素，分辨率为72的常规纹理贴图，然后使用任意画笔绘制出一些深浅不一的灰色调，色彩尽量接近常见的混凝土色彩搭配（如图8-120所示）。

02 接下来使用颜色》纹理系列画笔将色彩打散涂抹出细致的纹理结构，得到一个基本色彩结构和纹理结构（如图8-121所示）。

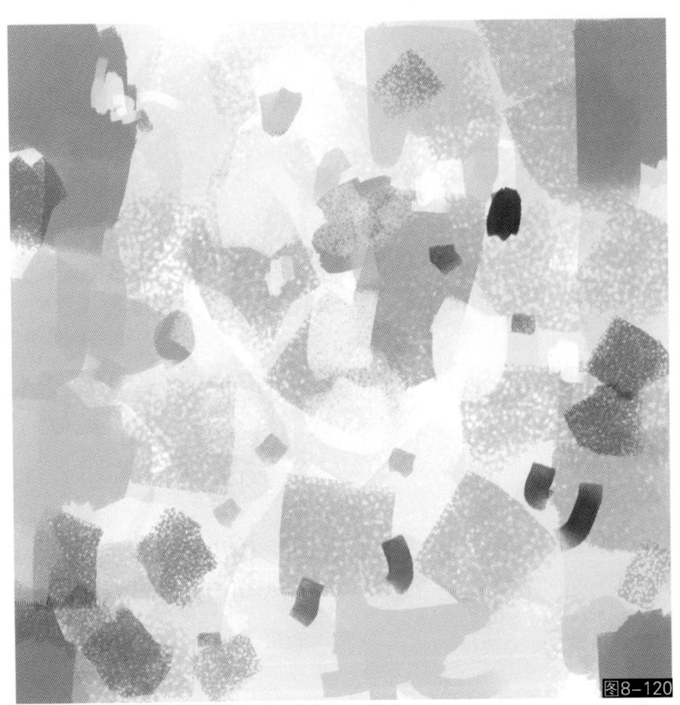

图8-120

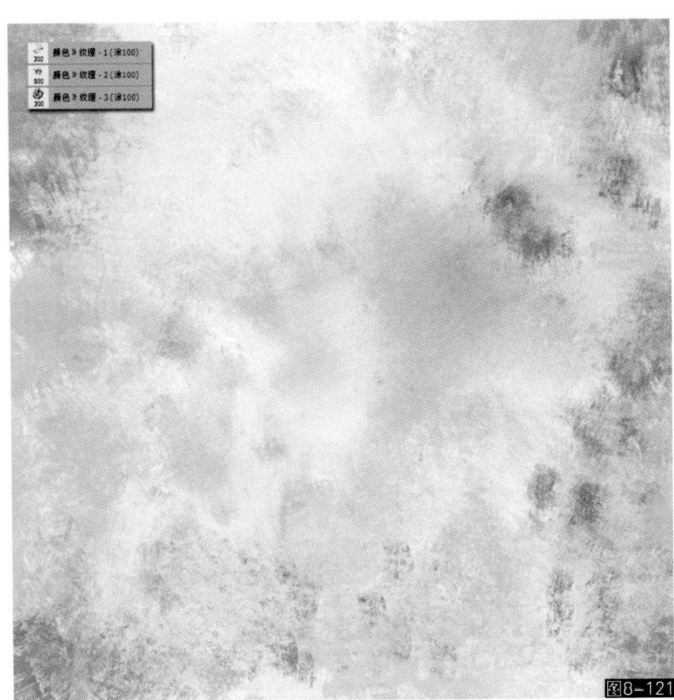

图8-121

03 使用建筑表面系列画笔为其丰富细节，绘制时将画笔叠加模式切换为“正片叠底”，这样可以在保持透明度的同时降低画面亮度（如图8-122所示）。

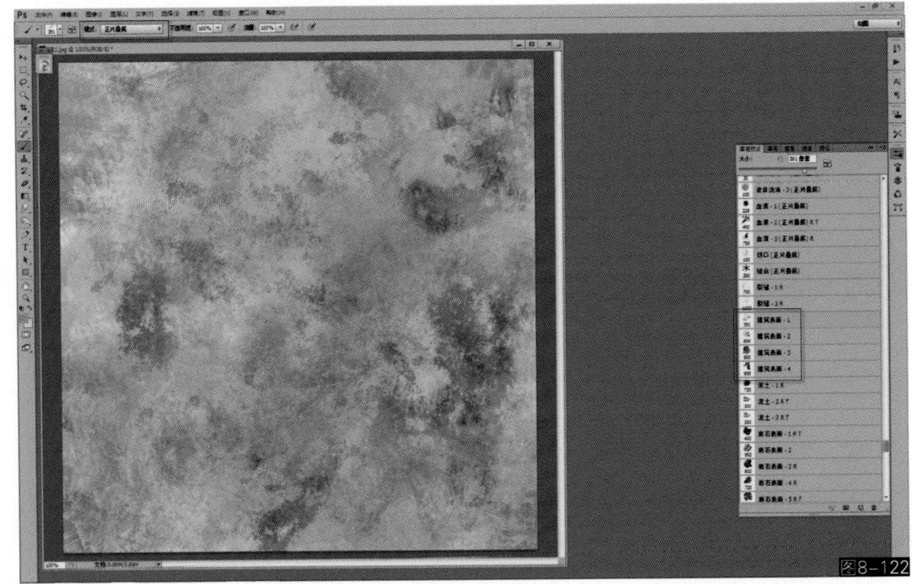

图8-122

04 使用斑点系列画笔增加一些细碎的明暗点状细节，进一步细化纹理的自然变化和细节感（如图8–123所示）。

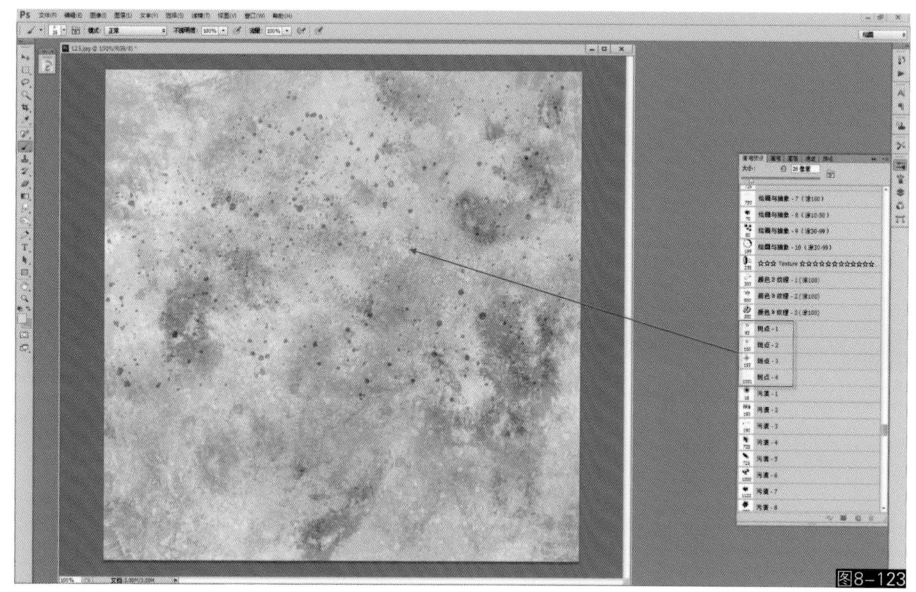

图8–123

05 使用“正片叠底”模式的裂缝画笔为纹理增加一些裂痕效果，这样看上去就更加真实了（如图8–124所示）。

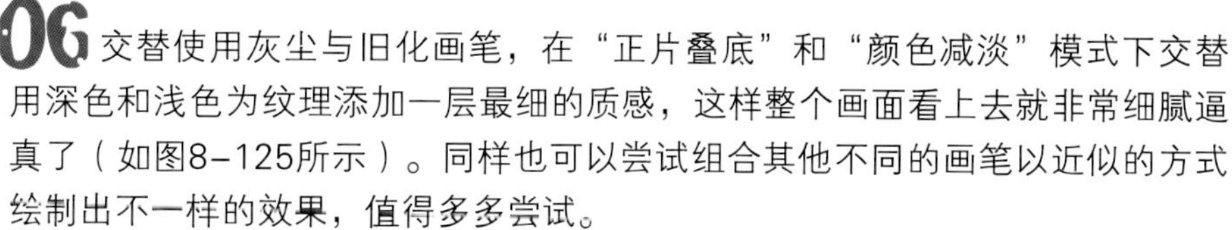

06 交替使用灰尘与旧化画笔，在“正片叠底”和“颜色减淡”模式下交替用深色和浅色为纹理添加一层最细的质感，这样整个画面看上去就非常细腻逼真了（如图8–125所示）。同样也可以尝试组合其他不同的画笔以近似的方式绘制出不一样的效果，值得多多尝试。

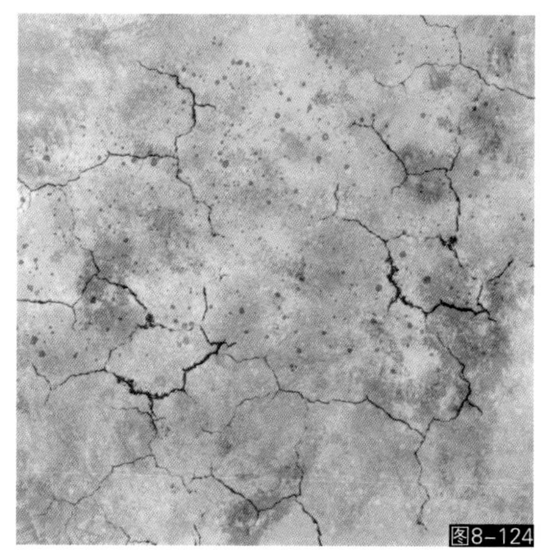

图8–124

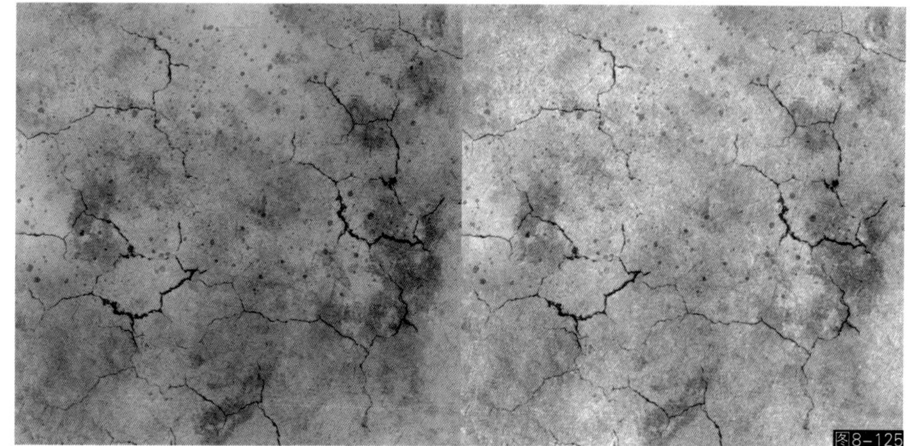

图8–125

07 如果需要转化为立体纹理，只需要为图像添加一个“光照效果”滤镜，然后打开任何一个纹理通道并设置其凸起或凹陷强度即可。最后通过灯光范围与强度设置调节其照明效果，至此完成本例练习（如图8–126所示）。

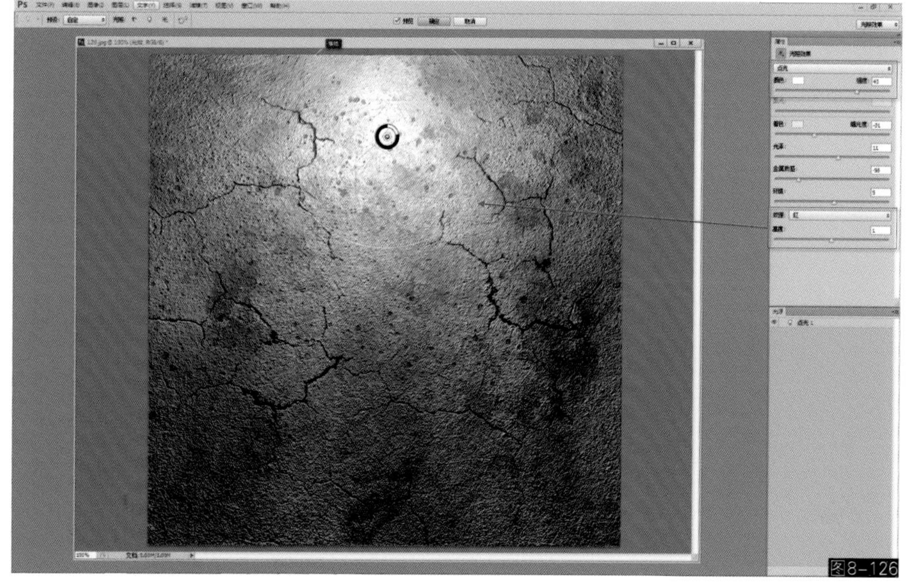

图8–126

2. 泥土地面

01 和上一个范例一样，新建一个1,024像素×1,024像素的图像，然后填充较暗的深褐色背景（如图8-127所示）。

图8-127

02 使用泥土-2 R T和泥土-3 R T画笔绘制第一层较浅的泥巴纹理。注意绘制时不要画得太平均，疏密要有自然的变化（如图8-128所示）。

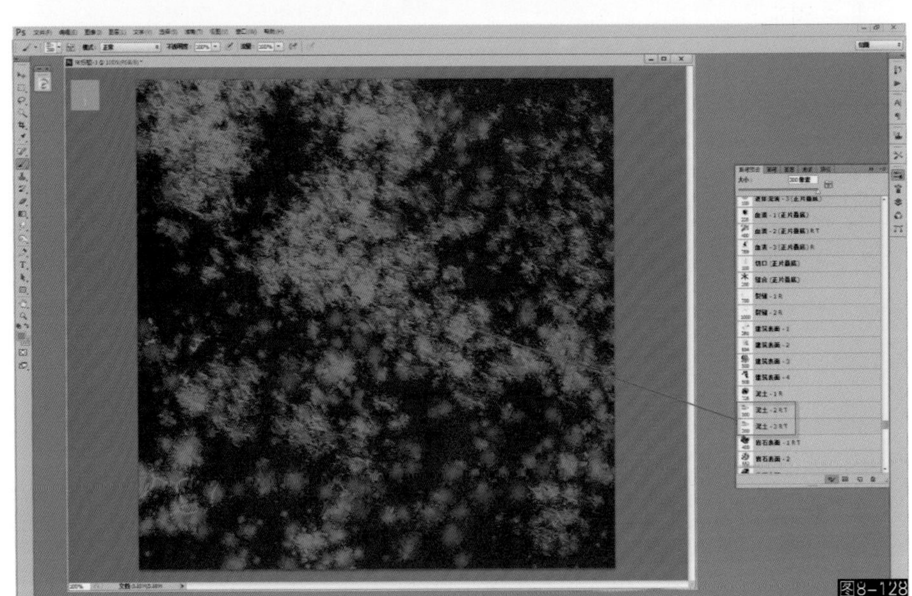

图8-128

03 继续使用泥土-2 R T或是泥土-3 R T 画笔描绘泥土纹理细节，将画笔叠加模式修改为“颜色加深”，然后选择一个较灰的暖色进行绘制，这样就能绘制出泥土的阴影部位。注意“颜色加深”模式属于较暗的叠加效果，绘制时笔刷透明度不要太高，应该循序渐进地递增（如图8-129所示）。

图8-129

04 回到“正常”模式的画笔，使用不同浅色的泥土-2 R T或泥土-3 R T画笔慢慢绘制出泥土的细节颗粒层次。可按照自己的喜好来处理，不用完全照搬例图中的效果（如图8-130所示）。

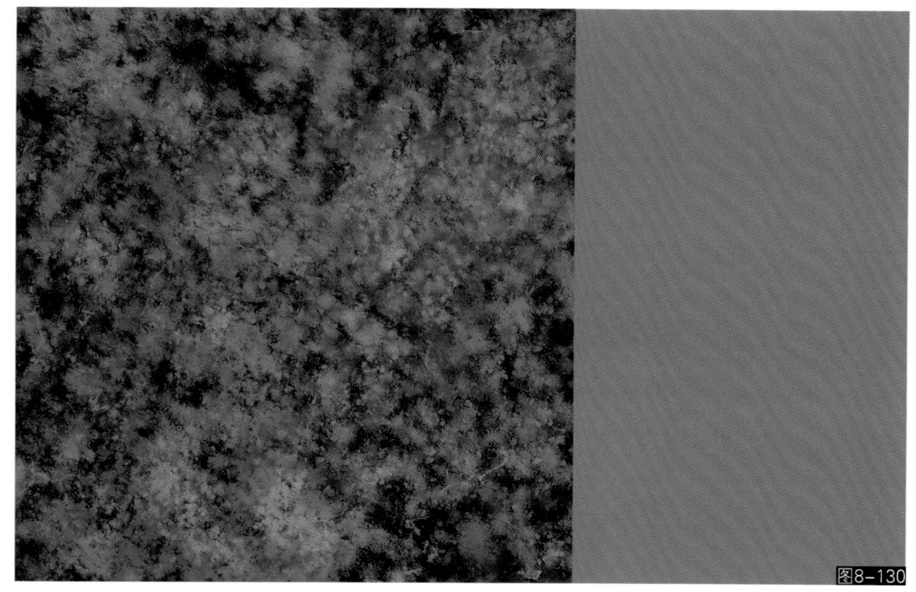

图8-130

05 使用泥土-1 R画笔为纹理增加一些较亮的条纹结构，为了不破坏原有结构，这里使用“颜色减淡”模式来绘制。同样注意使用的色彩不要太纯，以免破坏原有色彩结构，同时笔刷的透明度设置需要循序渐进，避免纹理过亮（如图8-131所示）。

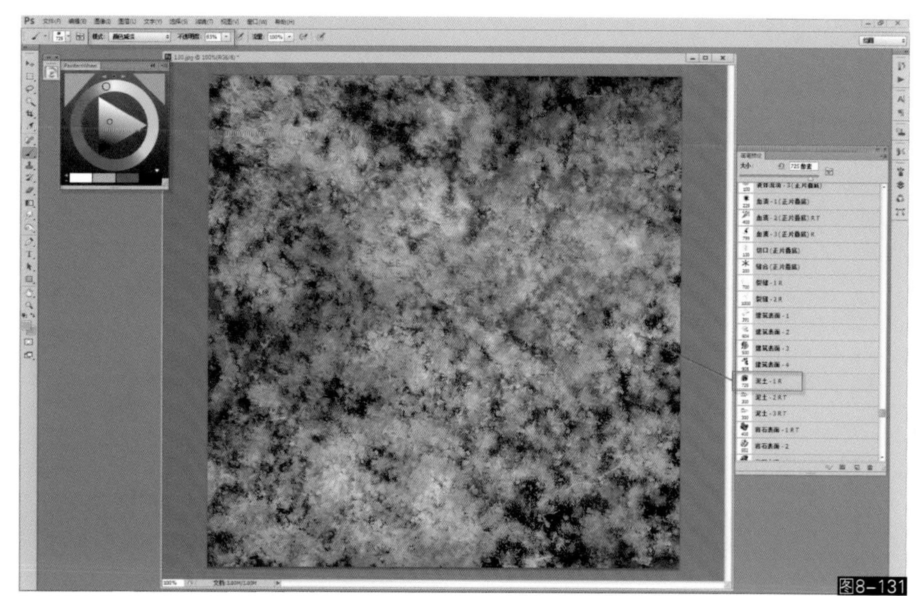

图8-131

06 将背景层复制一层作为备用，可以先将其隐藏。一般情况下过于细致的纹理在加入灯光效果后会变得非常细碎，完全丢失原有结构。因此，需要在背景层上先添加一个“高斯模糊”滤镜轻微模糊一下细碎的像素结构，然后再加入光照制作出凹凸效果（如图8-132所示）。

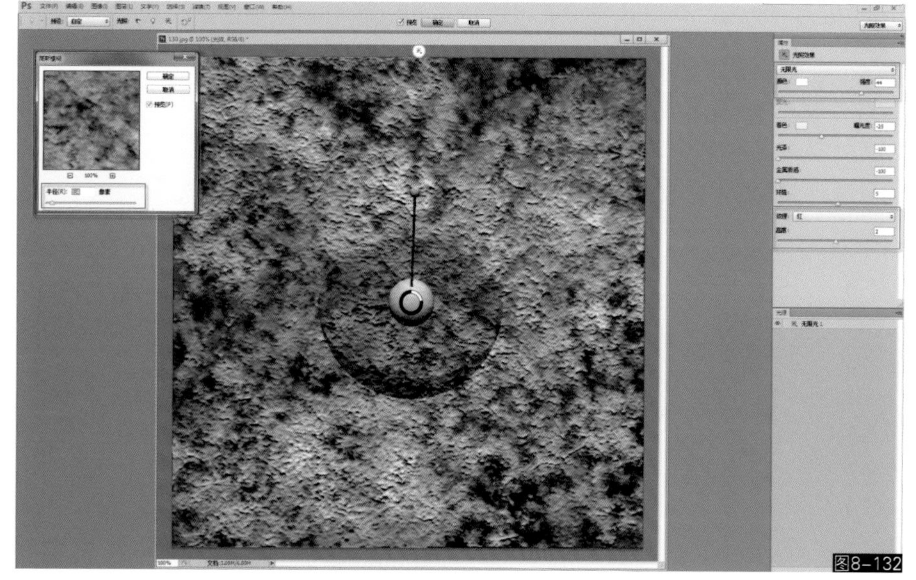

图8-132

07 最后显示刚才复制好的背景层，将这一层纹理的叠加模式设置为“深色”，这样在之前的纹理结构中就又叠加了一层细腻的颗粒状纹理。也可以尝试使用任意其他的叠加模式，保留一个自己满意的效果，至此完成本例的制作（如图8-133所示）。

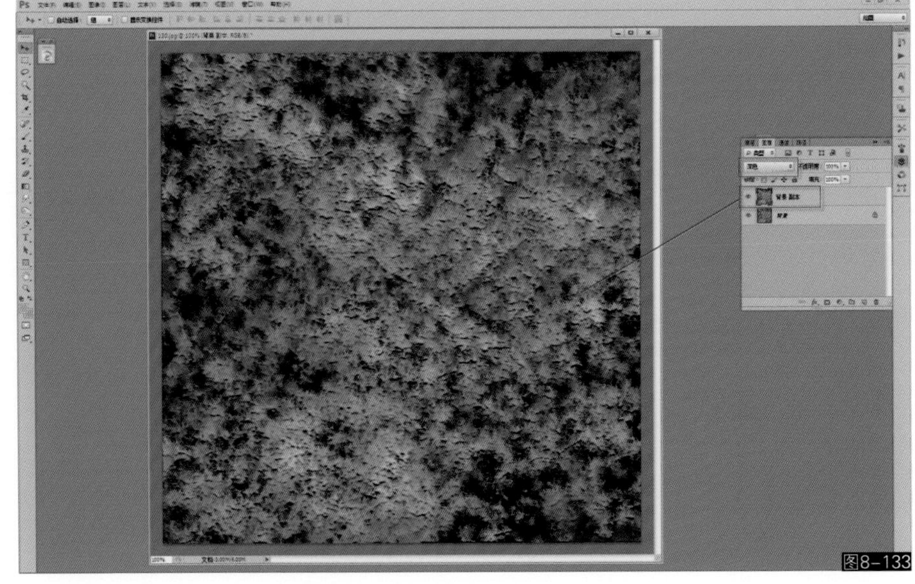

图8-133

3.金属纹理

01 新建一个1,024像素×1,024像素的画布，然后填充灰暖色的底色，为描绘锈色提供一个基本色（如图8-134所示）。

图8-134

02 使用侵蚀表面画笔绘制金属生锈的纹理，画笔叠加模式要设置为“正片叠底”，这样才会体现出变暗的效果（如图8-135所示）。

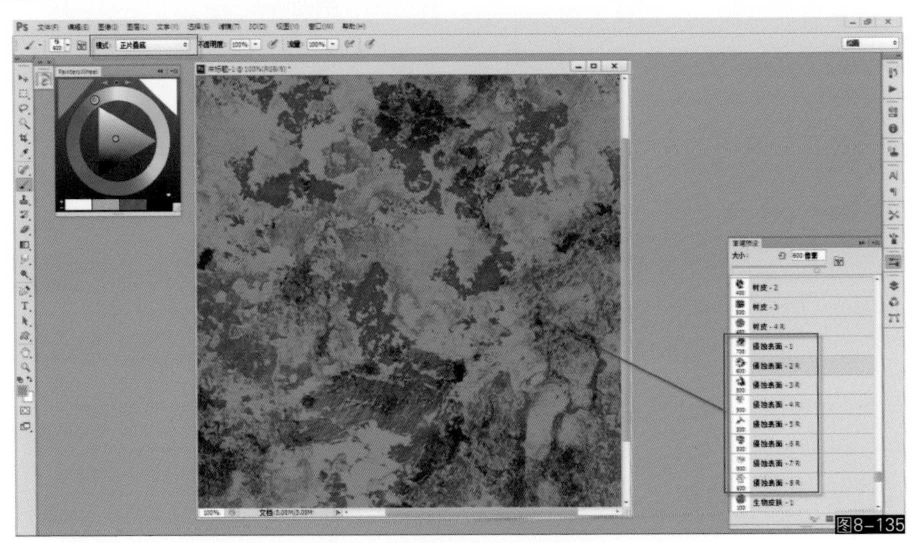

图8-135

03 接下来需要加强一些锈迹的细节表现和强化色彩饱和度。使用较红的颜色在原有纹理上再罩染几遍，然后再使用斑点系列画笔增加一些点状结构，这样锈迹看上去就更加自然细腻了（如图8-136所示）。

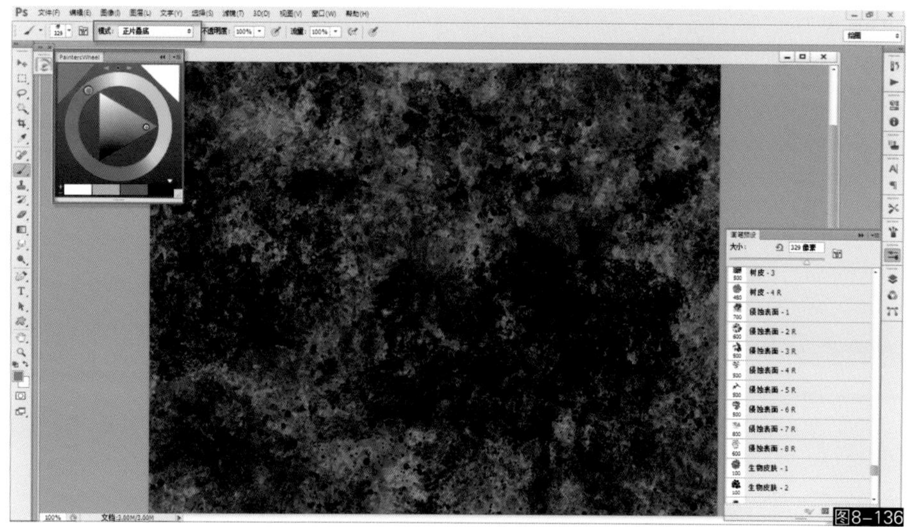
图8-136

04 如果觉得纹理较为灰暗，可以反过来使用“颜色减淡”模式的画笔添加一些较鲜亮的区域，但是不宜过多影响整休锈迹层次（如图8-137所示）。

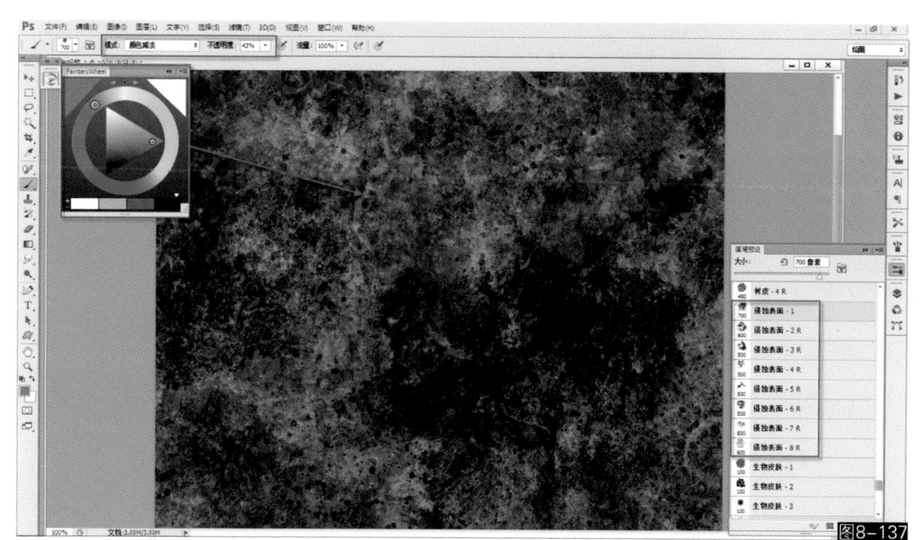
图8-137

05 接下来制作光亮的拉丝金属部分。新建一个图层，然后用一个渐变色彩填充整个图层（如图8-138所示）。

图8-138

06 使用“添加杂色”滤镜为画面增加一些颗粒结构，注意勾选“单色”选项（如图8-139所示）。

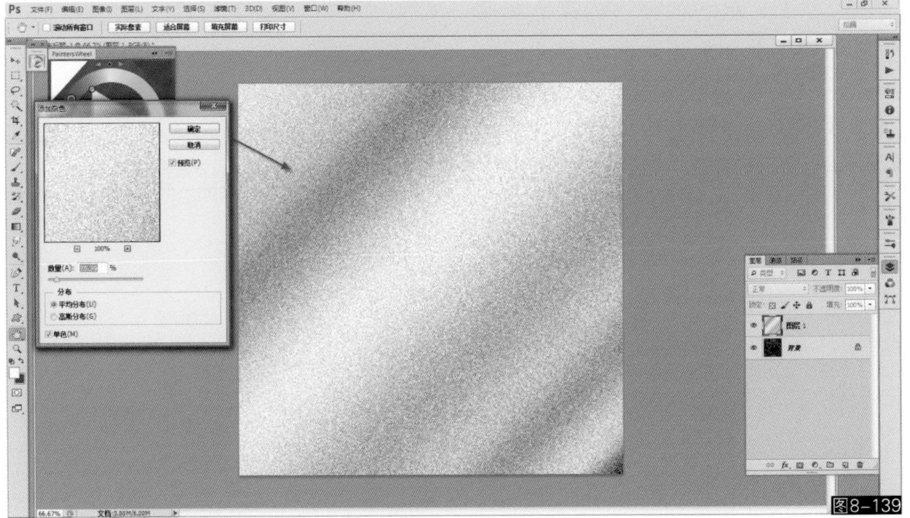

图8-139

07 接下来为渐变杂点添加一个“动感模糊”滤镜，这样看上去就非常像反光强烈的拉丝金属板了（如图8-140所示）。

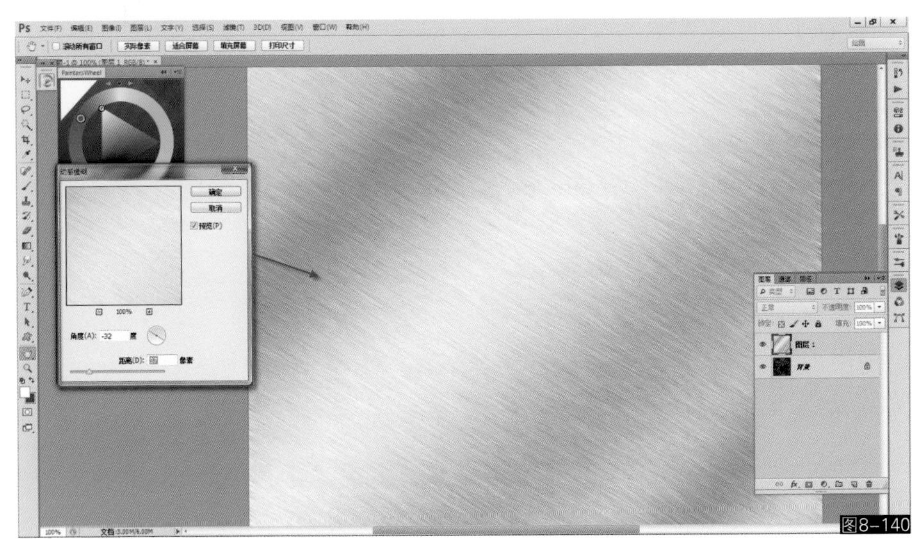

图8-140

08 选择橡皮擦工具，然后使用铁锈系列画笔配合灰尘与旧化、杂点等画笔将拉丝金属层局部擦除，这样就得到了金属锈化腐蚀的结构（如图8-141所示）。

图8-141

09 金属层的明暗关系如果需要调整，可以随时使用“曲线”功能调节其明暗强度的对比变化，以适配整体的协调性（如图8-142所示）。

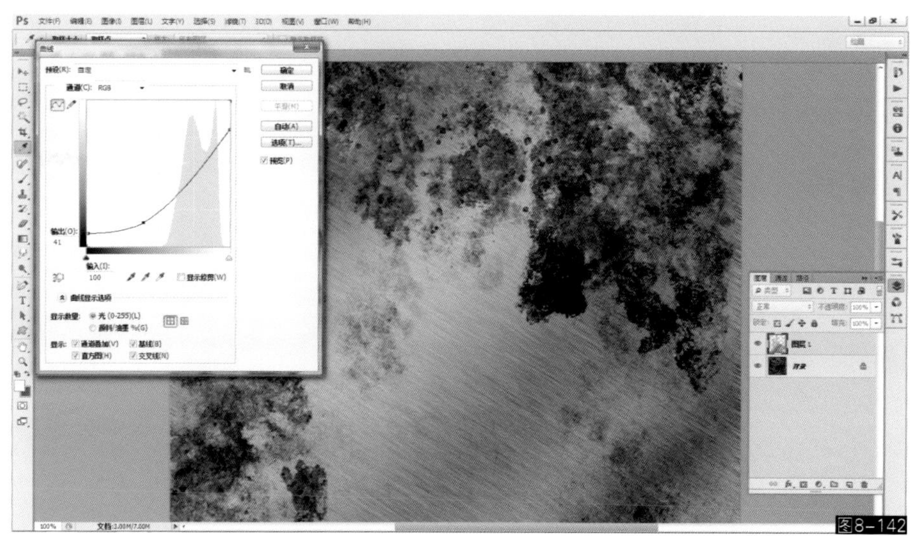

图8-142

10 接下来为拉丝金属层添加“斜面和浮雕”和“内阴影”图层样式，这样锈迹部分看上去就是突起的效果，生锈的效果就更加逼真了。也可以尝试改变“斜面和浮雕”和“内阴影”的受光角度等设置来生成不同特色的结构变化，并不需要完全按照本例的步骤进行，要学会举一反三，灵活运用（如图8-143所示）。

图8-143

11 下面单独为锈迹层添加一个“光照效果”滤镜，将光源设置为无限顶光，纹理通道的高度设置得低一些，这样锈迹本身的纹理也就有了凹凸变化（如图8-144所示）。

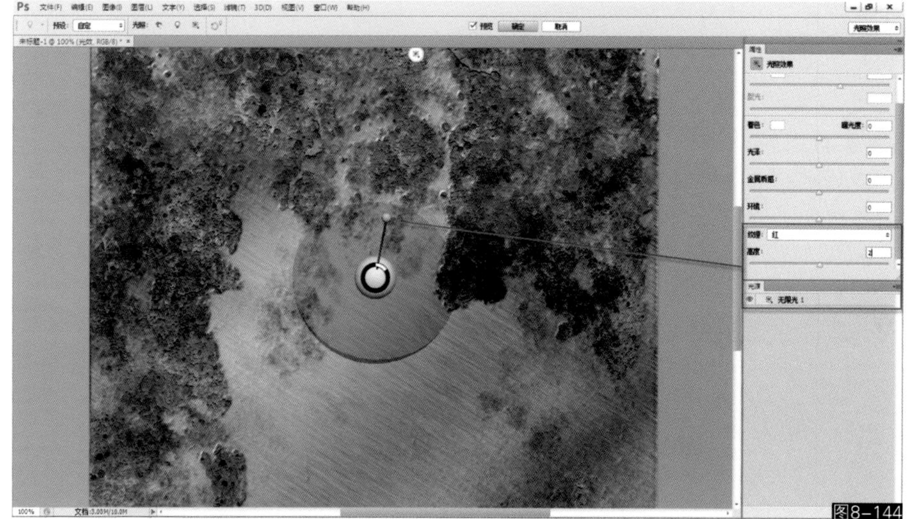

图8-144

12 最后将所有图层合并，使用特效类画笔增加一些强烈的高光反光。然后再使用刮痕画笔和灰尘与旧化等画笔添加一些更为细碎的结构，这样就得到了更加逼真的旧金属感。至此，本例练习结束（如图8-145所示）。

图8-145

大家可以按照上述方法尝试使用多种画笔组合搭配来绘制更多的金属质感，质感的营造需要多观察现实中的自然结构，然后再运用画笔的特性去模仿。右图是用这类画笔绘制的常见金属生锈效果（如图8-146所示）。

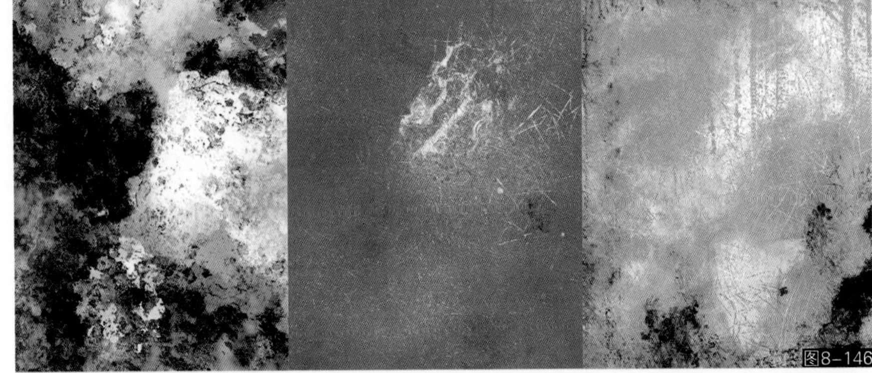
图8-146

4.石头纹理

01 首先创建一个1,024像素×1,024像素大小的画布，然后填充基本石头色彩，这里使用较暗的灰冷色调（如图8-147所示）。

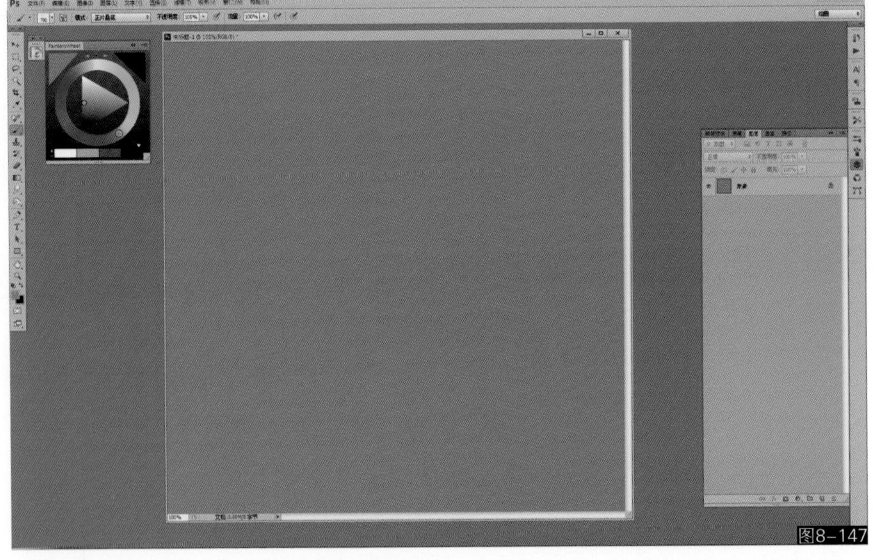
图8-147

02 使用斑点系列画笔平铺一些细碎的石头斑点纹理，可以使用“正片叠底”和“正常”模式交替绘制，这样色彩可以深浅不一地相互穿插（如图8–148所示）。

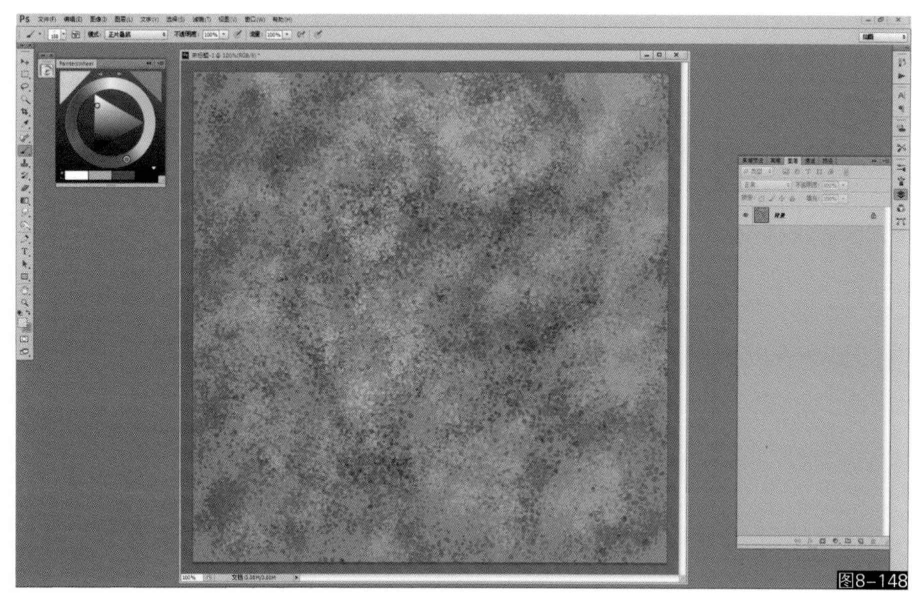
图8–148

03 使用岩石表面–1 R T画笔描绘第2层石头纹理，采用较暖一些的灰色，将画笔模式切换为“正片叠底”。注意笔触要较为稀疏不要排列太紧密，这样才能得到明暗之间的自然间隔（如图8–149所示）。

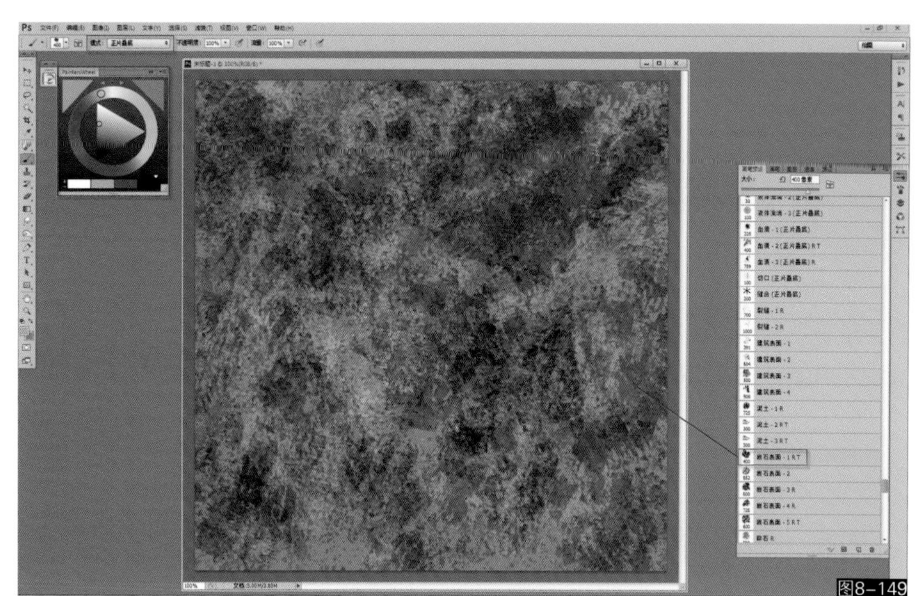
图8–149

04 使用岩石表面–2画笔添加第3层石头纹理，采用较暖的灰色，然后将画笔叠加模式设置为“线性减淡（添加）”。这样就融合了一层较亮的纹理，同时避免了底纹被覆盖，保留了整体细节（如图8–150所示）。

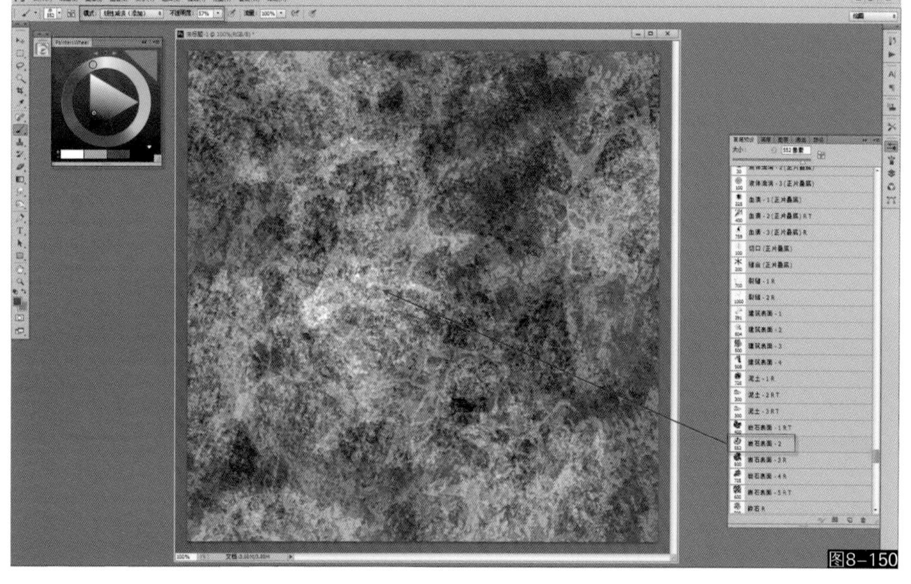
图8–150

05 接下来绘制一些具体的石头突起结构。使用“变亮”模式的岩石表面-5 R T画笔描绘一些灰暖色的突起结构，这样松散的纹理就呈现出一定的整体感了，但是笔触要疏密有致，不要完全覆盖（如图8-151所示）。

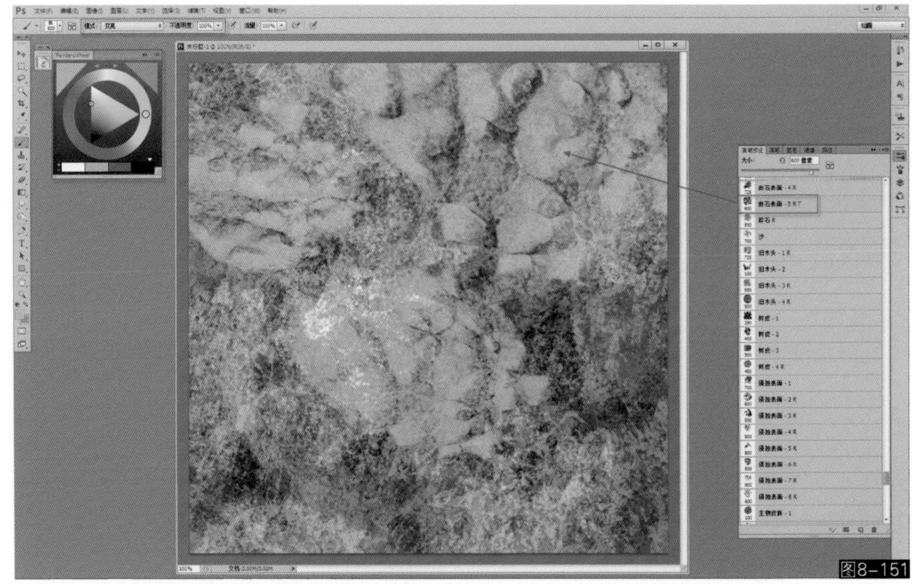

图8-151

06 使用“正片叠底”模式的侵蚀表面-5 R画笔为石头结构增加一些较深的沟槽结构，这样石纹的突起变化就更加具体突出了。也可以尝试使用其他类似画笔来描绘这一效果，不要拘泥于范例中的固定步骤（如图8-152所示）。

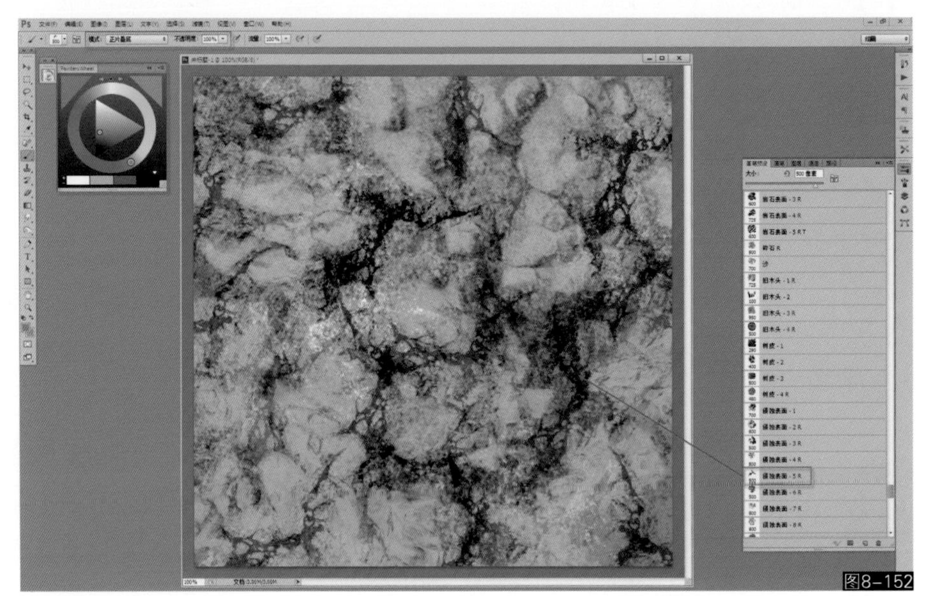

图8-152

07 使用斑点画笔强化一下石头突起结构最高点的高光强度，可以使用“颜色减淡”模式来绘制。在较暗的沟槽周围也可以继续使用斑点画笔用“正片叠底”模式描绘出一些散开的暗部斑点，以此柔化石头的阴影层次（如图8-153所示）。

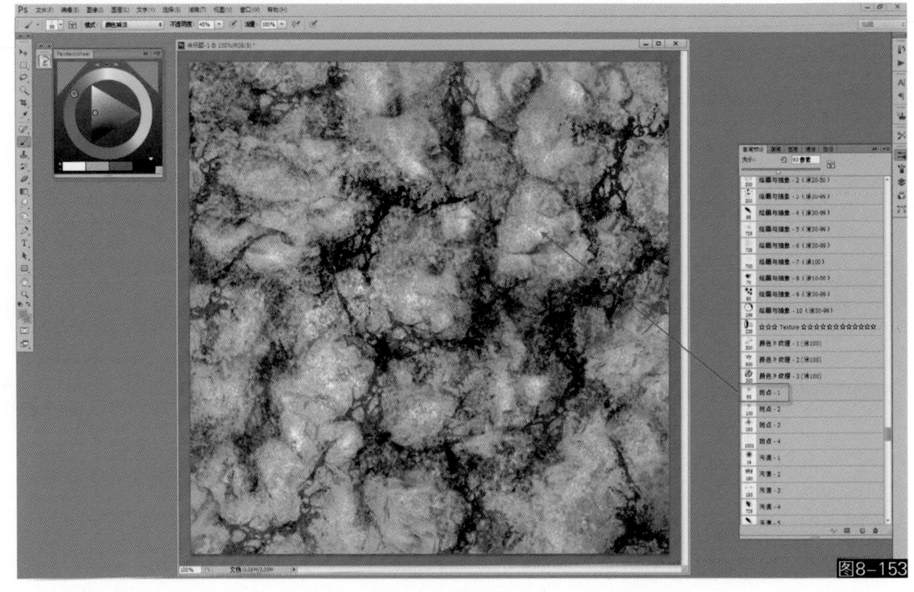

图8-153

08 最后加入更多的裂缝笔触来丰富细节，石纹整体的明暗对比可以后期用“曲线”或“色阶”功能调节。至此一个逼真的石头效果绘制完成（如图8–154所示）。

图8–154

小结：纹理画笔的使用非常灵活，有时候绘制某一类纹理并不一定都是只使用对应名称的纹理画笔去绘制，很多画笔都能同时配合使用，即使是名称和类型风马牛不相及，只要巧妙配合都能得到意想不到的绝佳效果。除此之外，纹理绘制非常注重画笔叠加模式的运用，我们一定要熟练地掌握不同叠加模式的特性，在适当的情况下选择正确的叠加模式来绘制才能正确表现出纹理的变化，这一点需要多加练习和理解。

三、纹理画笔在插画中的运用

接下来通过一些实例分析来学习纹理类画笔在实际绘画创作中的运用，首先我们来分析下面这幅插画作品Concrete 6（如图8–155所示）。

图8–155

01 这幅作品的绘画流程是首先将人物素描绘制在纸上，然后将照片导入Photoshop，使用good系列画笔对其进行一个基本色的平铺。绘画流程和之前章节中介绍的方法是一样的（如图8–156所示）。

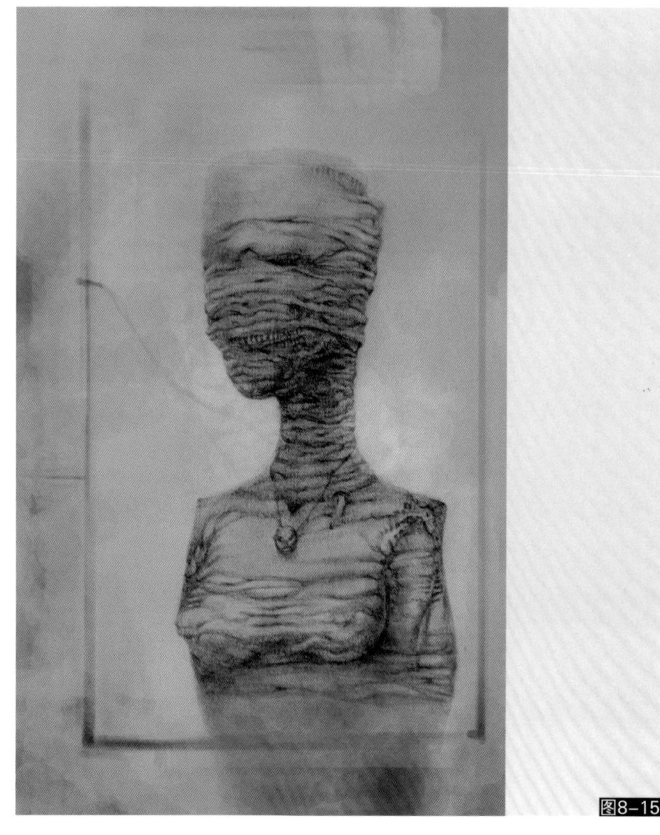
图8–156

02 画面中的规整结构需要使用选择工具选取一个区域然后再绘制，如这个案例中的镜子边框，之前案例中的机械结构也是采用的这种画法（如图8-157所示）。

03 对于人物细节的描绘，可采用硬边画笔如good画笔-8一类的画笔在原有素描的基础上细致刻画，画面总体受光设置为顶光源（如图8-158所示）。

图8-157

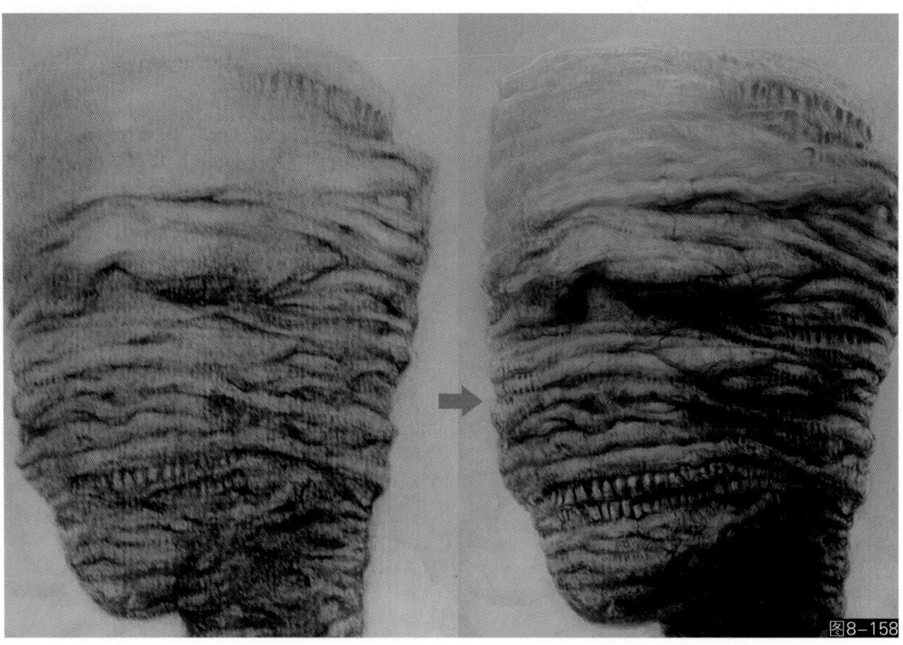
图8-158

04 接下来使用纹理画笔为背景添加一层类似混凝土或是石纹一类的效果。具体使用哪一支纹理笔并不需要过多逻辑性的思考，对于绘画来说只需要视觉上看着协调，任何一个笔触都是适合的（如图8-159所示）。

05 一般情况下纹理画笔有两个阶段的作用，一是为绘制下一步结构提供一个初期的纹理结构依据；另一个是在后期强化纹理细节的表现。对于这一步我们需要继续使用纹理感强烈的画笔强化纹理的走向（如图8-160所示）。

图8-159

图8-160

06 接下来我们需要根据之前绘制的纹理结构用good画笔深入细化纹理和结构之间的具体造型和逻辑关系。纹理绘制并不是简单地平铺或填充，很多情况下目的在于丰富细节的同时随机生成一种自然结构感，为后续深入刻画提供依据（如图8-161所示）。

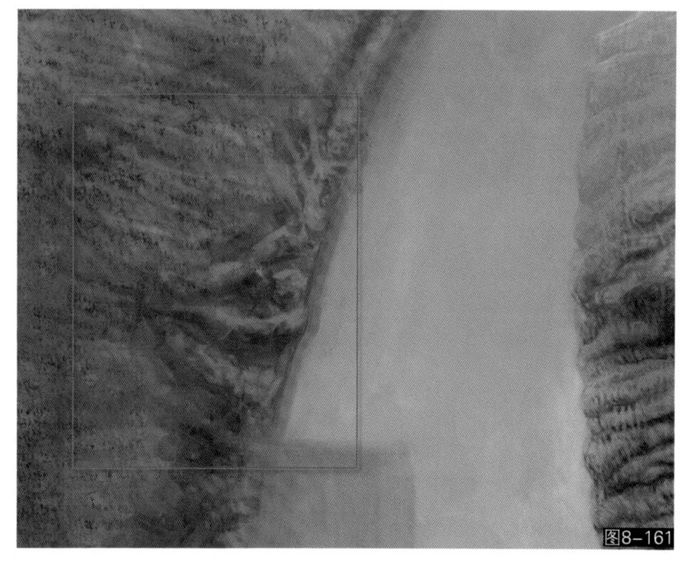
图8-161

07 这一步继续按照上述方法由随机纹理刻画出自然结构（如图8-162所示）。

图8-162

08 背景墙面的绘制也采用同样的方式。首先用旧化、腐蚀一类纹理画笔描绘较为随意自然的纹理结构，然后再根据随机结构的走向运用规整的画笔去修饰造型（如图8-163所示）。

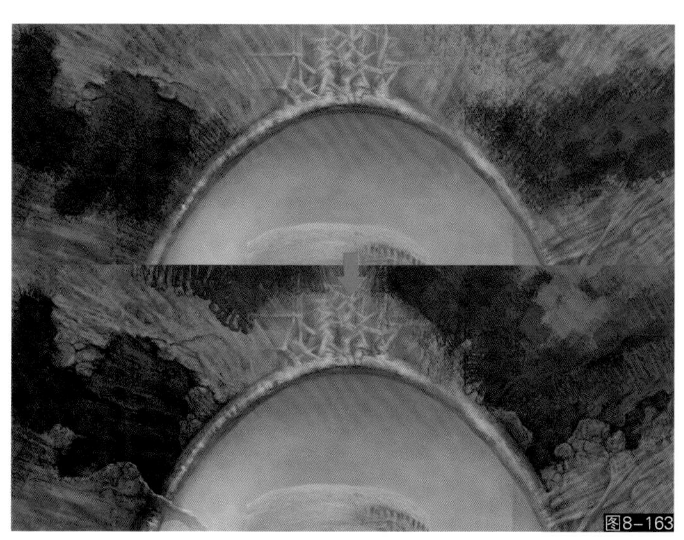
图8-163

09 纹理画笔所产生的结构并不可能适配每一张画面的需要，我们需要手工运用各种熟练的工具根据所要画的质感对其进行修饰，同时注意纹理画笔属于平面没有立体感的图像，后期修饰时要根据光源的需要强化纹理的明暗变化，将它的暗部、中间色、高光都要表现出来。如下图中突起的土块或者裂缝等，都能看到明确的光影变化，这一步需要耐心和细心（如图8-164所示）。

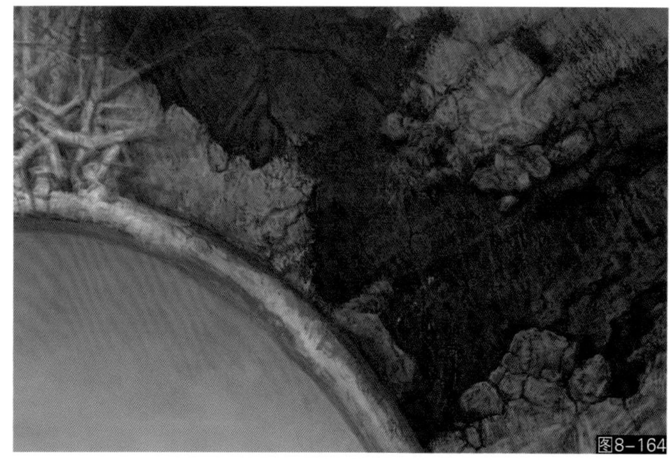
图8-164

10 当所有结构绘制完毕，纹理画笔运用的第二阶段就开始了。我们需要在结束阶段使用纹理画笔在这些绘制好的结构上淡淡地再叠加一层总体的纹理，但是不宜过多过平均，能够突出细节即可。画笔叠加模式可根据实际情况来灵活设置，本例分析完（如图8-165所示）。

图8-165

接下来继续分析纹理类画笔在其他类型作品中的运用，这里我们挑选一幅较为平面的作品来分析讲解，下图是插画作品God of Door（如图8-166所示）。

图8-166

01 首先直接在Photoshop中起稿，使用钢笔或是铅笔描绘出基本造型，一般情况不要直接在白色背景上描绘，我们需要给定一个基本的环境色调，这样画面总体看上去有个基本色（如图8-167所示）。

02 使用“正片叠底”和“颜色减淡”模式的画笔填充基本色，注意画面的总体明暗要有一个渐变趋势，最亮的部分要放在人物的中心处，如脸部（如图8-168所示）。

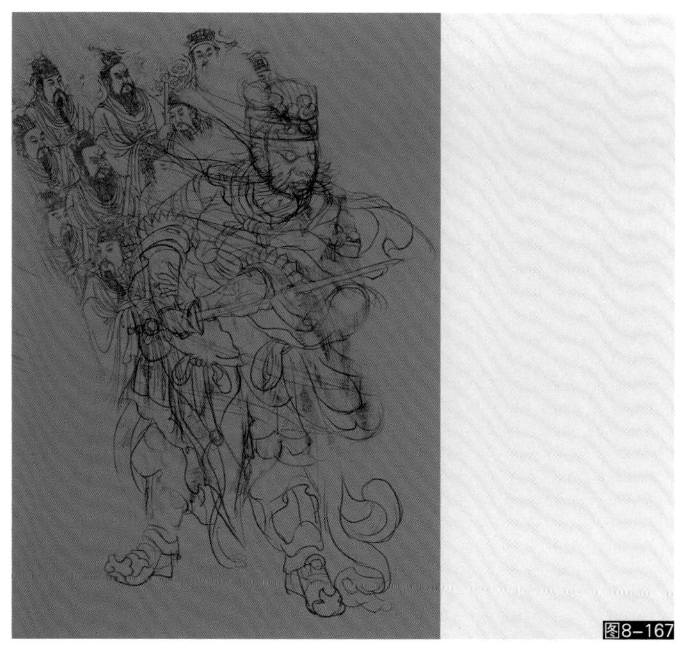

图8-167

图8-168

03 使用good画笔进行上色，除了角色面部区域需要绘制明暗变化外，其余部分都只需要平涂即可。这也是这幅作品的创意与风格，需要一种虚实结合的情景（如图8-169所示）。

图8-169

04 在深入调节背景层次的时候可以使用涂抹类工具制作出类似于纹理画笔绘制的效果。使用涂抹方式一方面可以融合色彩，另一方面可以将背景处理出一种肌理感，丰富画面的细节层次，使画面更加耐看（如图8-170所示）。

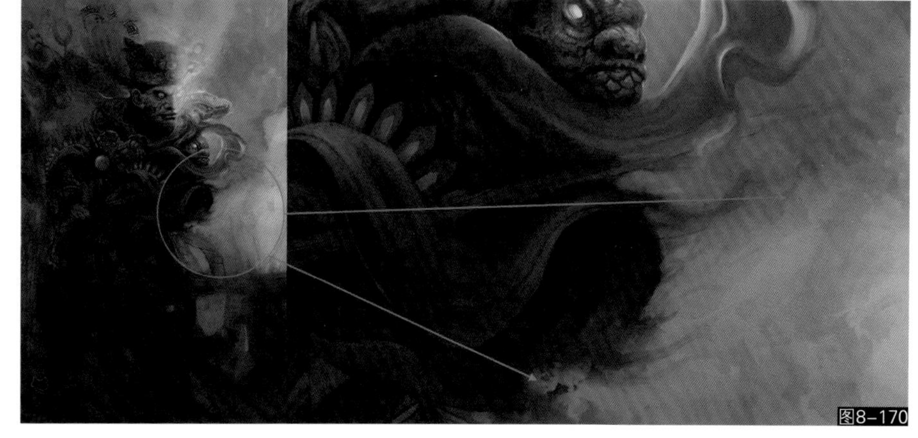

图8-170

05 接下来使用good系列画笔细致描绘所有细节，对于需要突出纹理质感的地方暂时可以不用去考虑，只需要把暗部、中间色和高光绘制出来即可（如图8-171所示）。

06 当基本色彩和大部分明暗细节都绘制完成后，可以使用纹理画笔为各个区域增添更加细致的纹理细节。但是不要平均地用一个纹理去整体覆盖，纹理画笔应该遵循原有结构的走向去描绘，让它自然融入到这些结构中，这样才不会破坏画面的整体感，起到纹理画笔应有的作用（如图8-172所示）。

图8-171

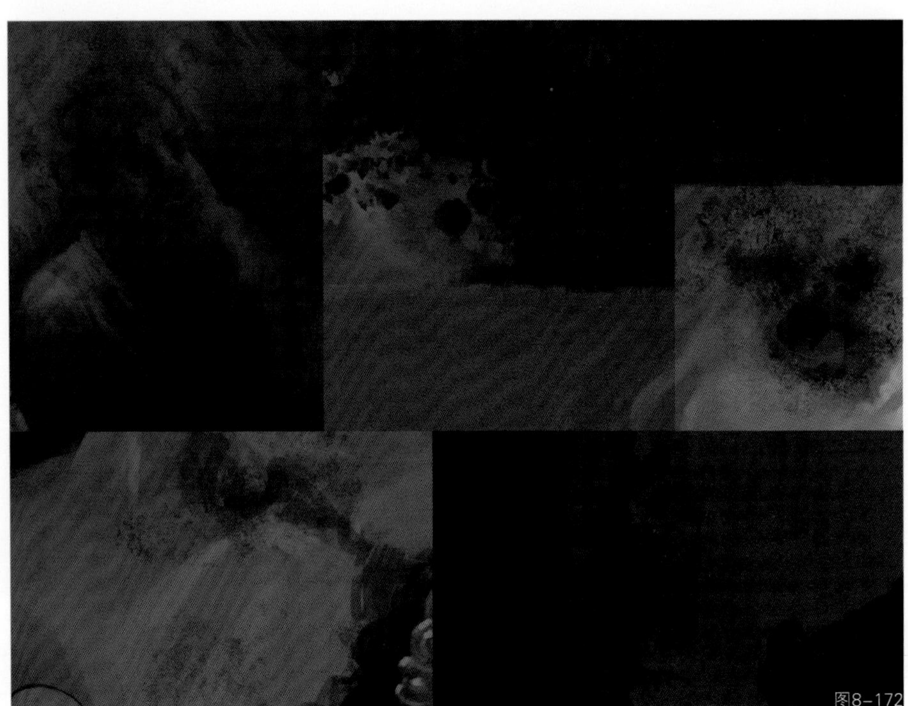
图8-172

07 接下来交替使用good画笔、纹理画笔、特效画笔将所有画面的细节描绘出来，各类画笔的运用请查看之前章节的相关介绍（如图8-173所示）。

08 当所有元素绘制完毕后，最后一步就是重点使用纹理画笔增强细节表现。根据所画对象选择合适的纹理画笔，尝试使用不同的画笔叠加模式或图层叠加模式对其进行描绘。一方面可以将某些需要虚化的区域处理自然；另一方面可以为画面增加耐看的细节表现，尤其是一些大块面色彩区域或需要具体突出质感的区域，需要沿着原有结构细心描绘。至此本例分析完成（如图8-174所示）。

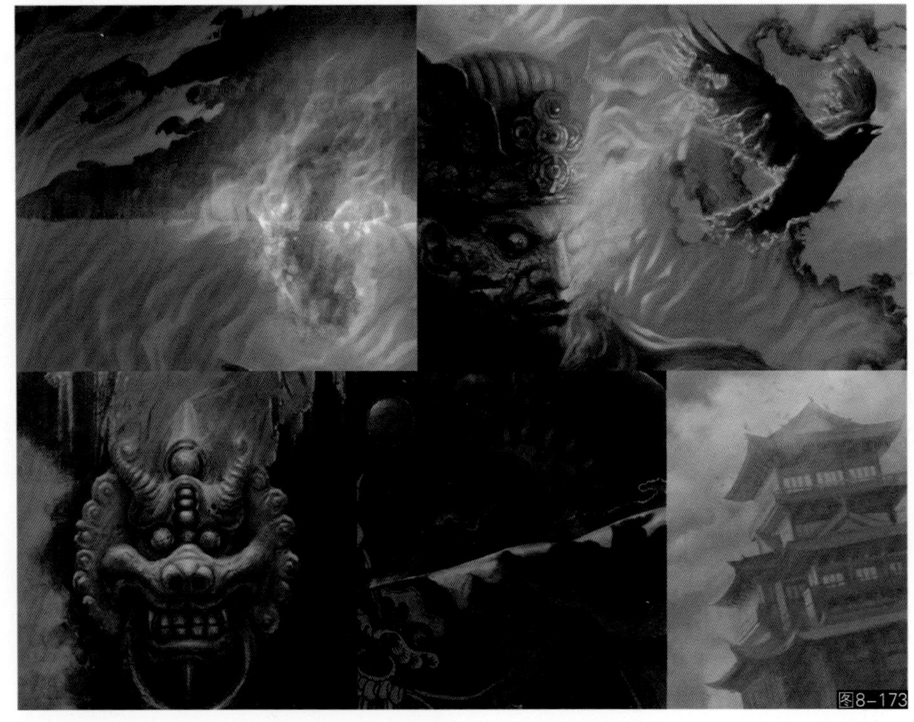
图8-173

图8-174

最后我们再来看一个创作实例的过程图，这是一幅非常强调细节质感表现的插画作品，到处都充满了需要自然表现的纹理构造，如中心位置的金属结构。绘制的过程大量依靠自然随机纹理绘制在先，然后再依据随意构成的纹理来整合具体结构的方法完成。绘制完毕后又再次使用纹理画笔按结构走向添加更多的细节，和之前的教学流程分析是一样的。这就是纹理画笔在绘画中的基本运用法则，学习过程中需要反复练习，熟练掌握才能灵活地运用好这些工具，同时也才能衍生出更多更有创意的使用方式（如图8-175、图8-176所示）。

图8-175

图8-176

四、纹理画笔在3d制作中的运用

下面通过一些实例来介绍如何运用纹理画笔为3d模型绘制材质贴图，将以3ds Max制作流程为例讲解不同层次贴图的绘制方法。

在3d贴图绘制流程中，法线贴图（Normal map）和置换贴图（Displacement map）的绘制是最为重要的。法线贴图广泛用于3d实时游戏或者3d虚拟现实画面的制作，通过特殊色彩通道和灯光照明配合的凹凸起伏效果来实现虚假结构感，是目前最为常用的实时3d画面细节处理手段之一（如图8-177所示）；置换贴图则是使用黑白图像来处理模型的凹凸起伏变化，常用于处理精细的3d模型细节渲染表现（如图8-178所示）。

图8-177

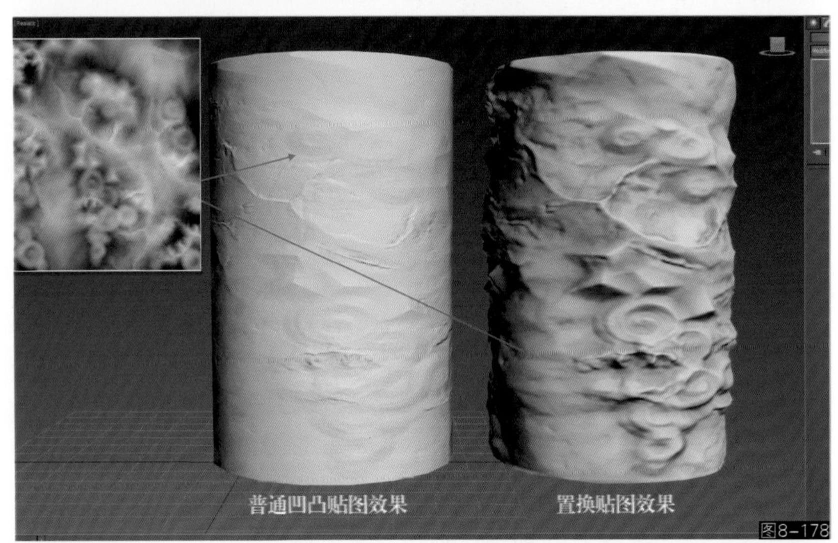

图8-178

对于法线贴图的绘制，首先需要安装Nvidia公司出品的免费Photoshop法线贴图转换插件NVIDIA Normal Map filter（需要确认电脑安装的是Nvidia系列显卡和Photoshop CS6及以上完整版）。大家可以下载“Photoshop_Plugins_8.55.0109.1800”或“Photoshop_Plugins_x64_8.55.0109.1800”（Photoshop 64位版）安装文件进行安装，新版本升级可以登录developer.nvidia.com搜索（如图8-179所示）。

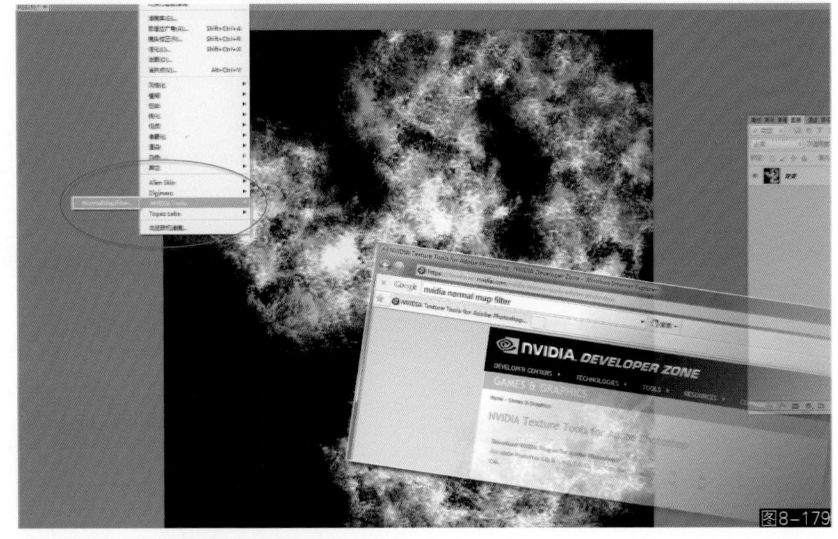

图8-179

如果电脑使用的是其他品牌的显卡，也可以搜寻其他免费的法线贴图转换程序，如XNormal（www.xnormal.net）、SSbump（http://ssbump-generator.yolasite.com）等，使用它们也可以方便快速地转化黑白影像为法线贴图（如图8-180所示）。

图8-180

01 首先创建一张16位颜色模式的1,024像素x1,024像素的图像。通常情况下我们绘画或处理图像时所使用的都是8位图像，但是在使用高度结构画笔转换法线贴图效果时8位图像经常会产生噪点或分层的低质量渐变色，因此对于需要转化高质量的法线贴图最好使用16位图像来绘制（如图8-181所示）。

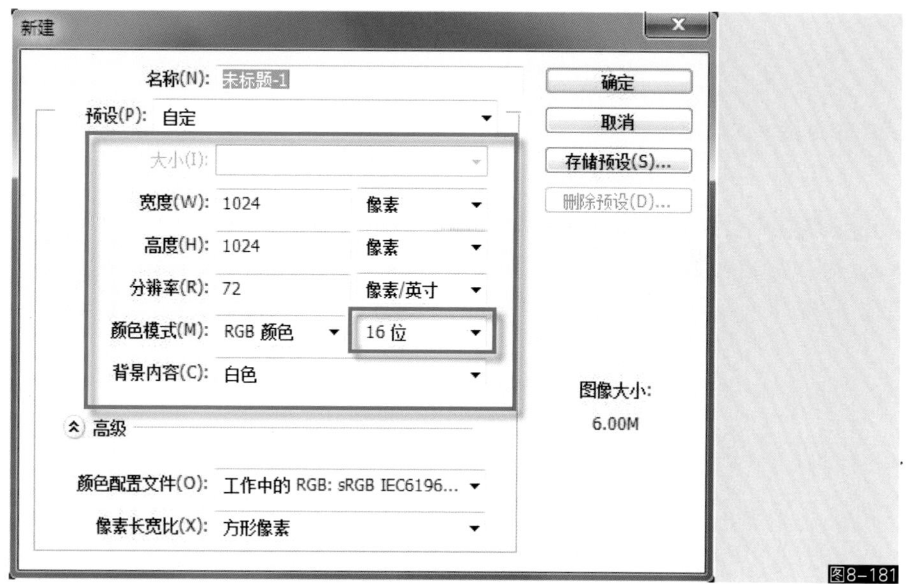

图8-181

02 接下来为背景填充纯黑色，然后使用高度结构-1画笔绘制一些白色结构。注意在绘制亮色的时候，画笔模式需要切换为“变亮”同时使用浅色；如需要绘制暗色，那么需要使用“正片叠底”模式，同时使用深色，画笔透明度需灵活掌握（如图8-182所示）。

图8-182

03 在转化法线贴图之前需要为图像先添加一个“表面模糊”滤镜，目的在于去除画笔绘制过程中产生的不平滑噪点，保证高度结构平滑转化。模糊的强度根据实际情况控制，一般不宜过高，以免破坏结构（如图8-183所示）。

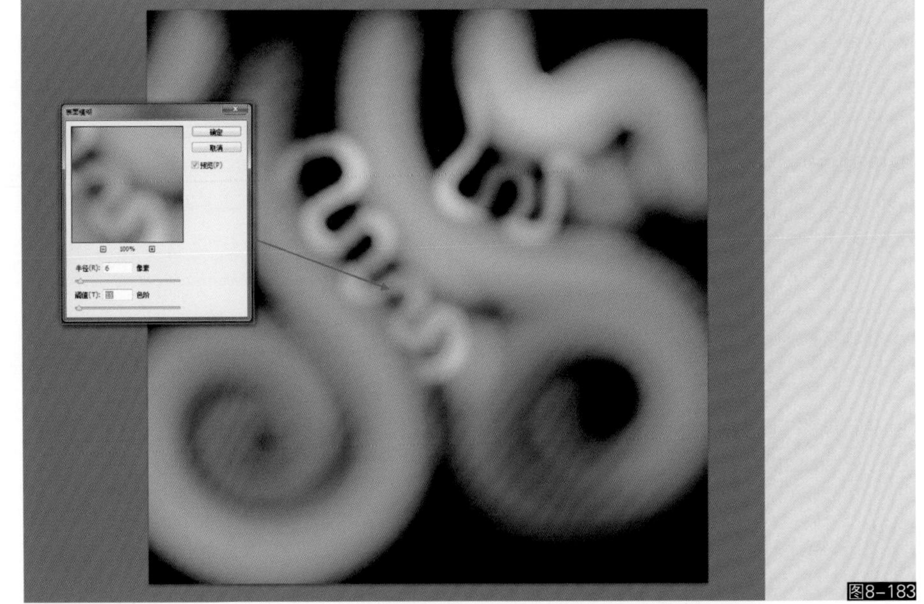

图8-183

04 接下来添加Nvidia Normal Map Filter滤镜转化当前黑白影像为法线贴图。滤镜参数中Filter Type为过滤方式，其中常用的为4 sample（较为精细锐化采样）、3x3（相对柔化采样方式）。如果勾选Invert Y（反转深度）那么可以调节法线贴图的凹凸方向变化。最后通过设置Scale值来控制法线突起或是下陷的强度，一般情况不要设置得太高，以免贴图效果失真（如图8-184所示）。

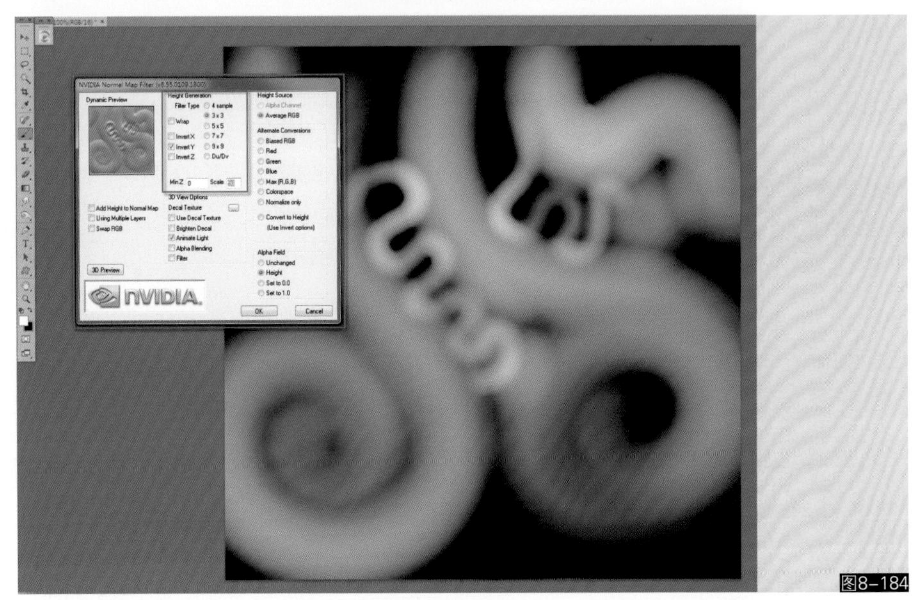

图8-184

05 这样我们就得到了一张有着奇特色彩变化的法线贴图，每一种色彩代表了不同方向的遮罩。16位图像文件尺寸通常都比较大，如果想要节省空间这里可以将其转换为8位图像，转换后视觉上细节并不会有太大损失，这样可以大大缩小文件尺寸（如图8-185所示）。

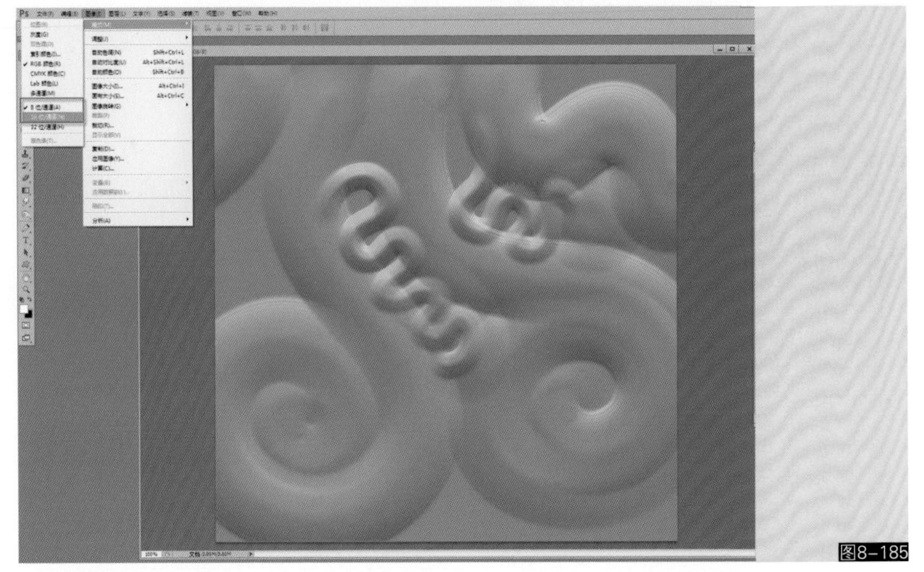

图8-185

06 将这张法线贴图保存为Targa文件格式，然后在3ds Max中新建一个几何体，将其贴到Max标准材质的法线贴图凹凸通道，然后开启材质的DX预览模式，这样就能看到法线贴图的实时效果了（如图8-186所示）。

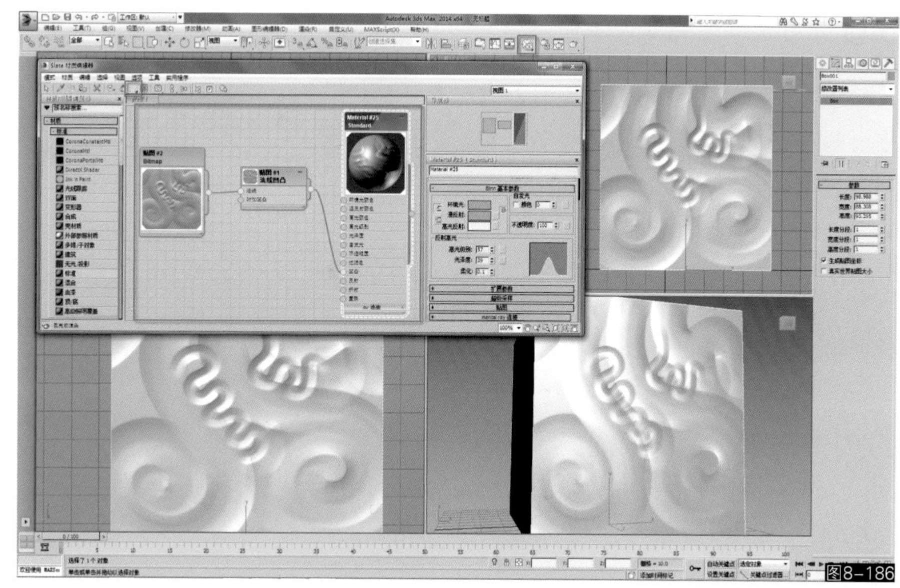
图8-186

下面通过一个具体实例来学习色彩贴图和法线贴图的具体绘制方法。

01 首先用3ds Max（3ds Max2014以上版本）打开配套光盘中提供的Rock ground star.max文件，这个场景中已经创建好了一个地面模型和实时的灯光效果等（如图8-187所示）。

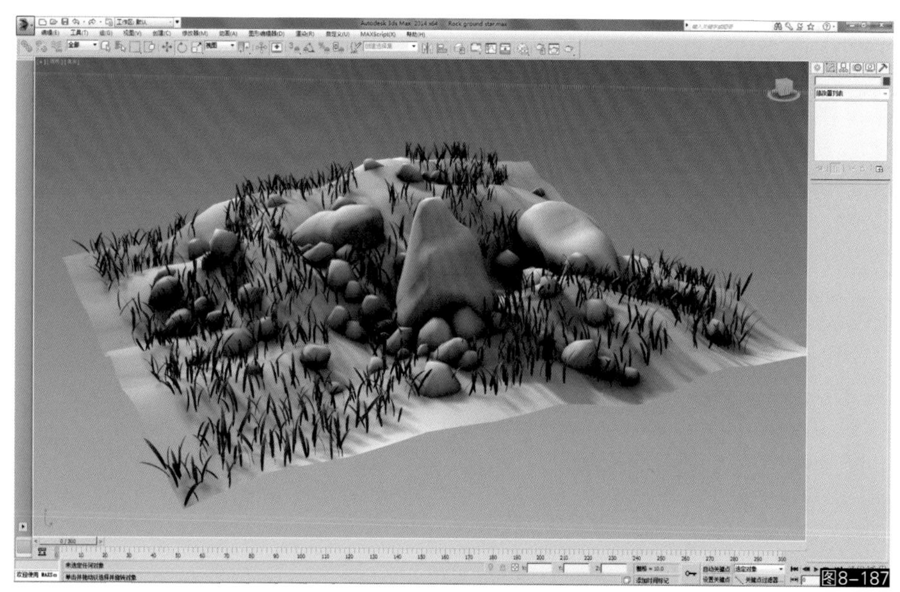
图8-187

02 接下来进入Photoshop绘制色彩贴图。新建一个1,024像素x1,024像素的画布，首先绘制地面泥土贴图。按照之前教学中所讲解的绘制流程，需要先给画布填充一个基本底色，这里由于在地面上有草的模型结构，因此这个底色选择墨绿色，让它有点植物的色彩基调（如图8-188所示）。

图8-188

03 使用有机体画笔为画面绘制一些细碎的植被结构，可以交替使用“变亮”或“变暗”等画笔叠加模式来绘制。局部也可以使用斑点画笔增加一些颗粒状结构，这一步可以自由掌握（如图8-189所示）。

图8-189

04 新建一个“图层1”，绘制泥土结构，将画笔叠加模式切换为“颜色减淡”，然后在这个新图层上使用灰黄色描绘出泥土的自然分布状态，注意要疏密有度以自然为主（如图8-190所示）。

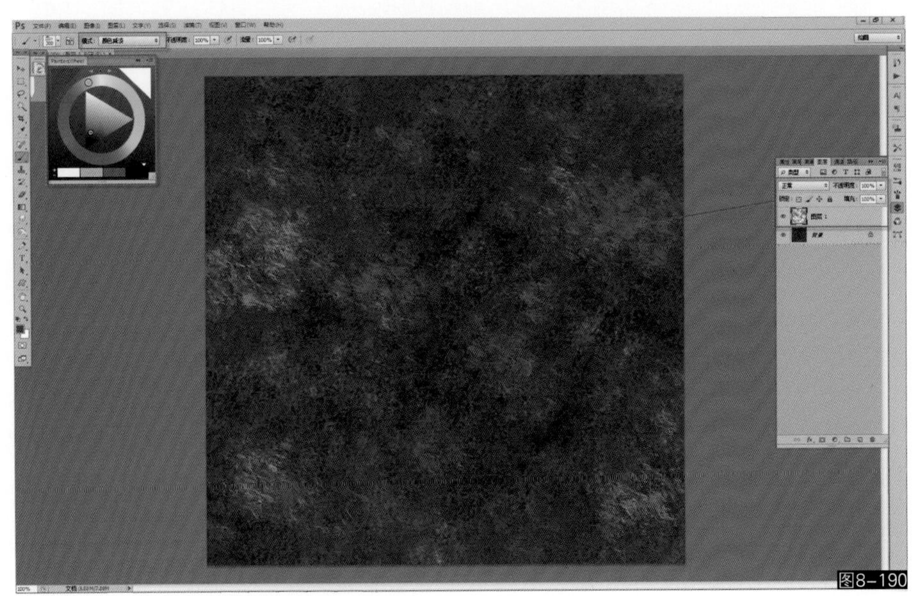
图8-190

05 接下来为“图层1”添加一个“内阴影”图层样式，这样这些植被纹理看上去就非常像生长在泥土里了（如图8-191所示）。

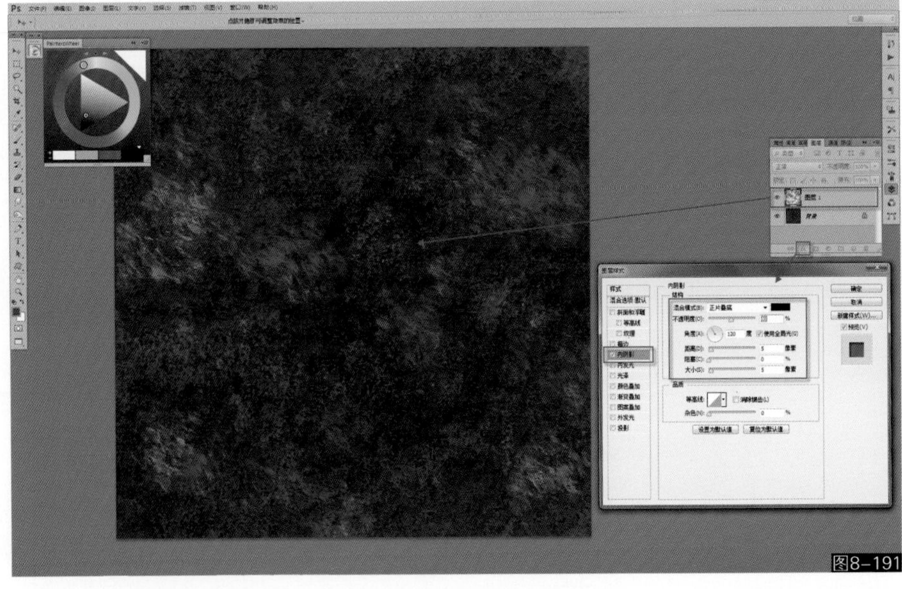
图8-191

06 再新建一个“图层2”，运用上述方法绘制更多的泥土结构，然后开启图层阴影特效来塑造立体感（如图8-192所示）。

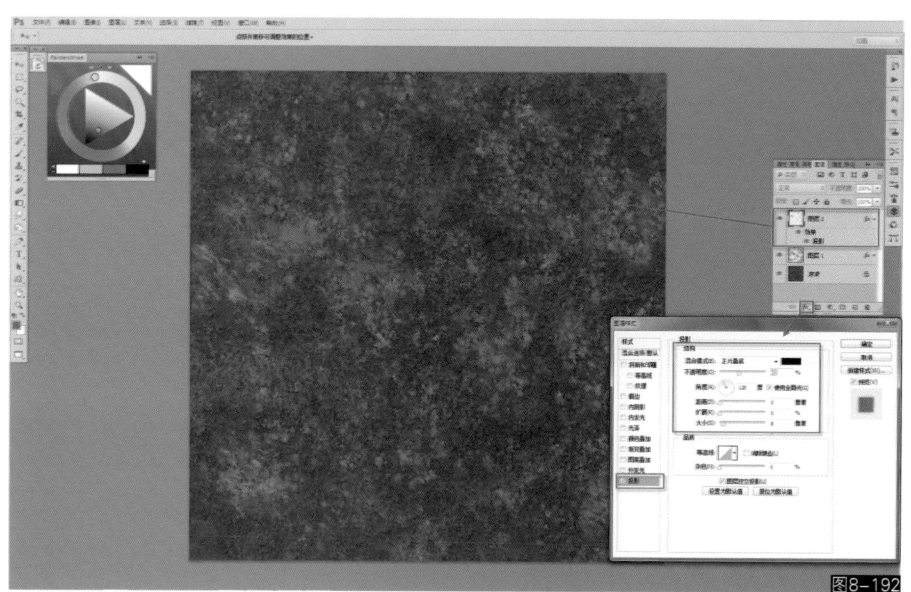
图8-192

07 新建“图层3”，用裂缝画笔增加泥土部分的干裂效果（如图8-193所示）。

图8-193

08 合并所有图层，为了使这张纹理贴图能够无限平铺延伸，需要先使用Photoshop的“位移”滤镜在水平和垂直方向上各移动500像素，将首尾连接的拼缝显示出来（如图8-194所示）。

图8-194

09 采取“继续绘制”或“仿制”的方式将这些拼缝处理掉，本例中我们使用仿制图章工具。直接按住Alt键提取画面的任意区域，然后再仿制到这些拼缝上即可消除这些缝隙，这个过程需要反复几次以确保完全消除缝隙。最后使用色阶工具增加整体亮度，然后将这张贴图保存为Targa格式，命名为“地面色彩”（如图8-195所示）。

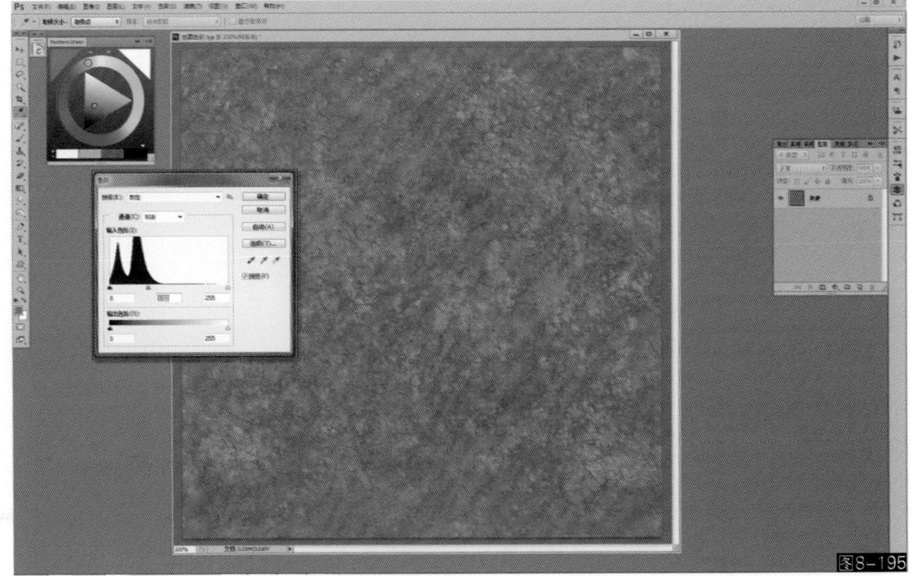
图8-195

10 接下来绘制法线贴图。首先不要关闭“地面色彩”贴图，将这张贴图进行去色调整，只需要黑白结构即可（如图8-196所示）。

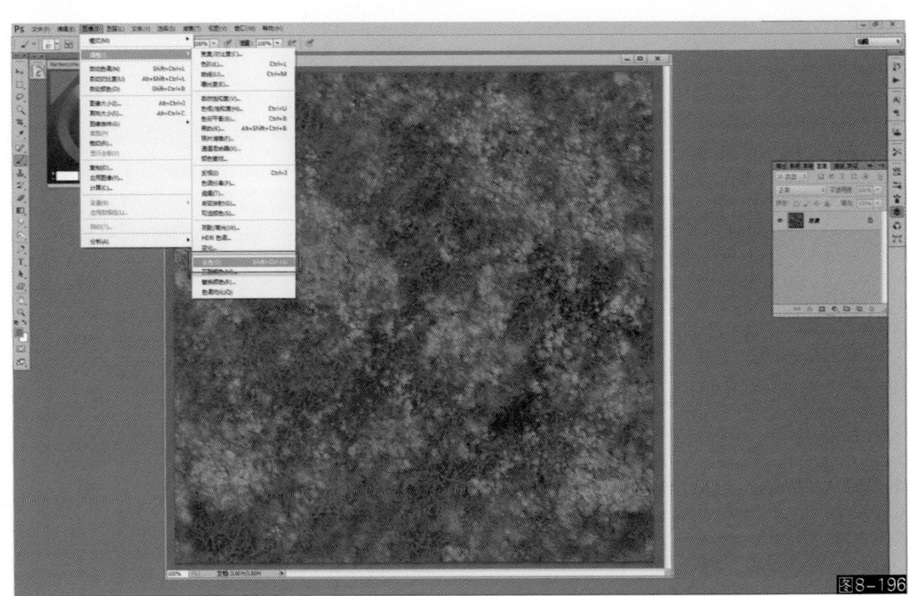
图8-196

11 对于这种并不需要平滑过渡本身就细碎多变的法线结构，不需要使用16位颜色模式，直接在8位色彩模式下描绘即可。接下来新建一个纯黑色的图层，将图层叠加模式设置为“变亮”，这样就露出了底层纹理。然后使用高度结构笔参照着底层结构细心绘制区域的起伏变化（如图8-197所示）。

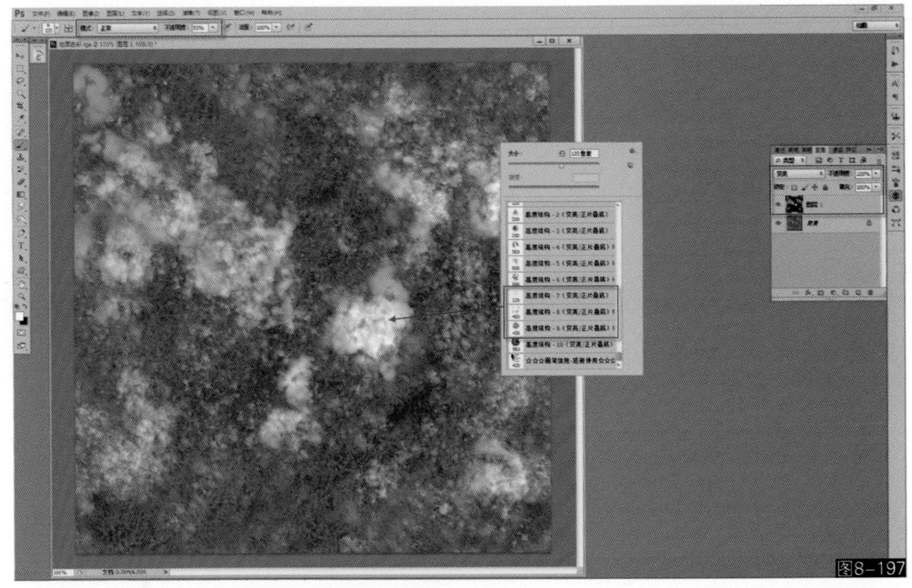
图8-197

Tip

使用高度结构笔细心描绘细节，不一定都使用白色描绘突起效果，有些地方可以使用黑色将高度降回去，画好后合并所有图层，然后继续使用位移加仿制的方式将图像处理成无缝贴图。注意位移参数“水平”和“垂直”最好都设置为整数，拼缝处理好后需要将贴图用负值位移回原来的位置，这样色彩和法线两层的贴图位置才能对齐（如图8-198所示）。

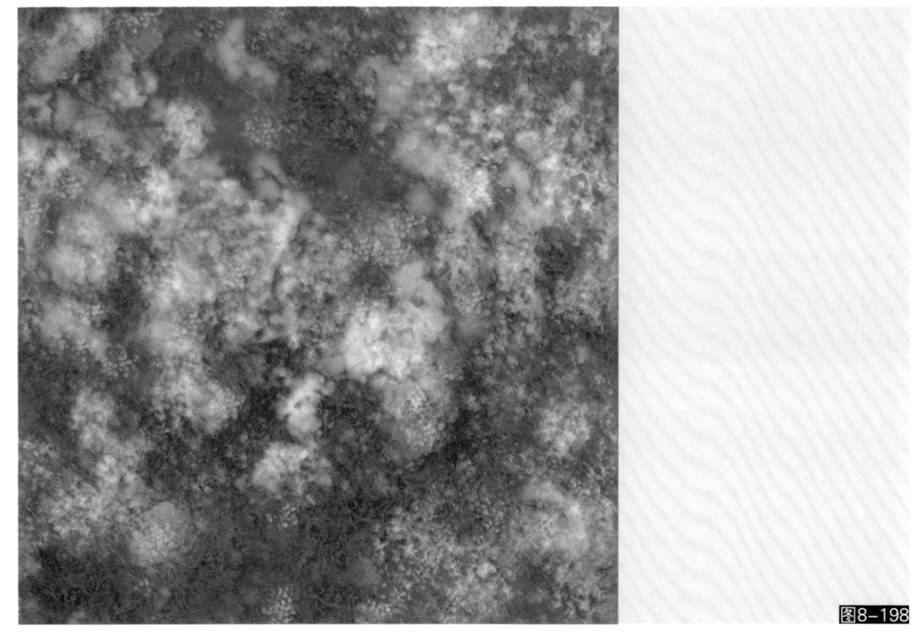

图8-198

12 接下来合并所有图层，在转化法线贴图之前需要使用“表面模糊”滤镜对画面中的细微杂质进行过滤与平滑处理，否则3d模型上的法线结构会过于细碎。模糊的强度可以根据最终效果灵活控制（如图8-199所示）。

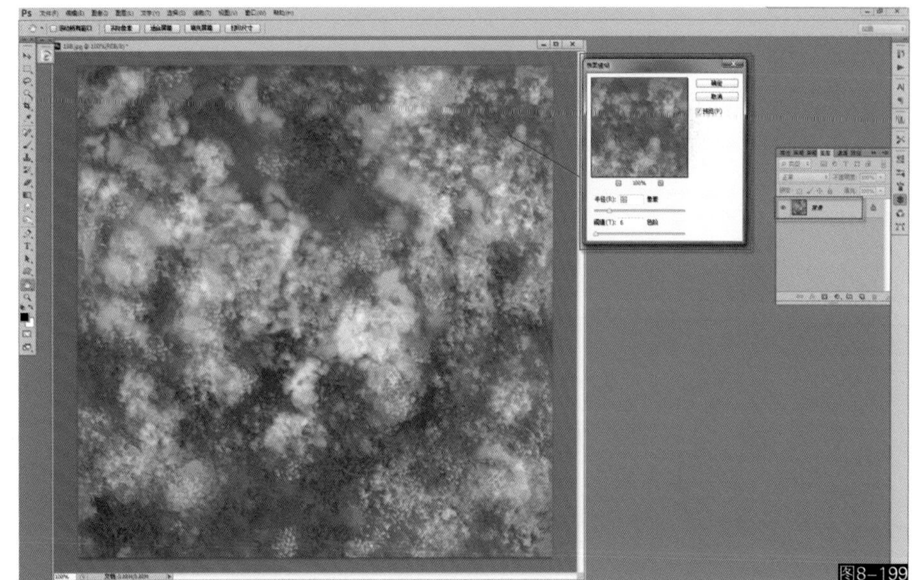

图8-199

13 转换黑白纹理为法线贴图，对于地面来说凹凸强度并不需要设置得过高，法线高度大致设置在30左右即可，实际测试后不够或者过高都可以返回Photoshop进行再次转化。最后将这张贴图保存为Targa格式，命名为“地面法线”（如图8-200所示）。

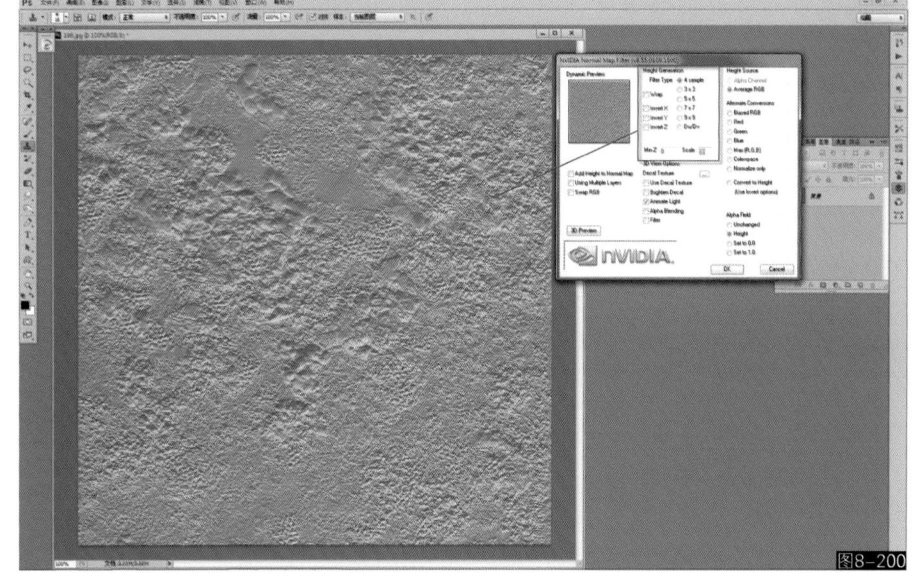

图8-200

14 接下来回到3ds Max，新建一个标准材质，将“地面色彩”贴图贴到材质的漫反射通道；将“地面法线”贴图贴到材质的法线凹凸通道，凹凸通道强度设置为100左右。然后将材质的DX预览按钮打开然后把这个材质赋予给地面物体，这样我们就能看到地面产生了凹凸结构变化（如图8-201所示）。

图8-201

Tip

无缝贴图的好处就是当分辨率不够的时候我们可以通过提高贴图平铺重复次数来增强纹理的细节表现（如图8-202所示）。

图8-202

15 接下来绘制石头的材质贴图。回到Photoshop，创建一幅1,024像素x1,024像素的图像，并填充暖灰色的底色（如图8-203所示）。

图8-203

16 使用侵蚀表面类和斑点类画笔绘制出石头的细碎纹理（如图8-204所示）。

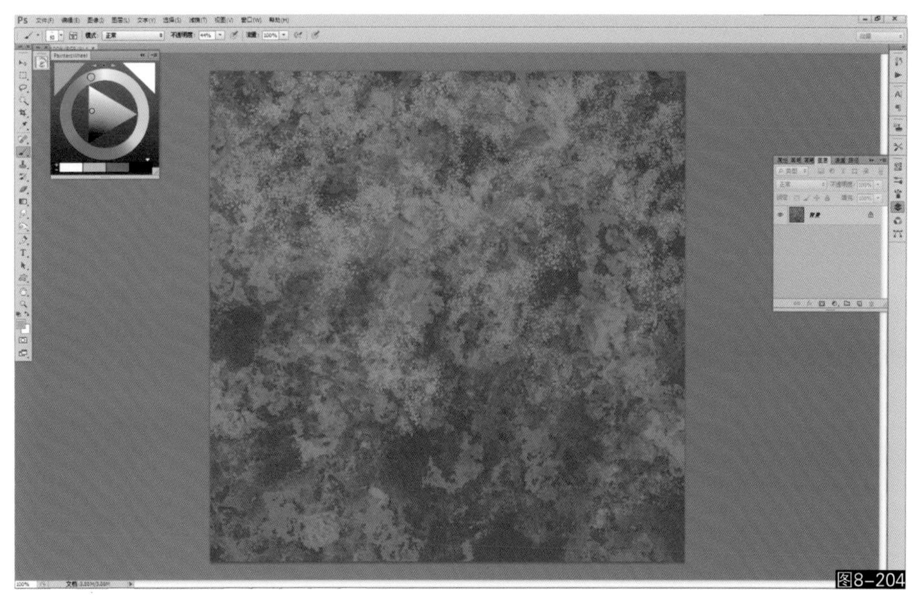

图8-204

17 使用岩石表面-4画笔强化石头的整体大结构（如图8-205所示）。

图8-205

18 继续使用其他岩石表面画笔强化细节纹理，注意深浅色的搭配，要有疏密层次变化，尽量接近自然（如图8-206所示）。

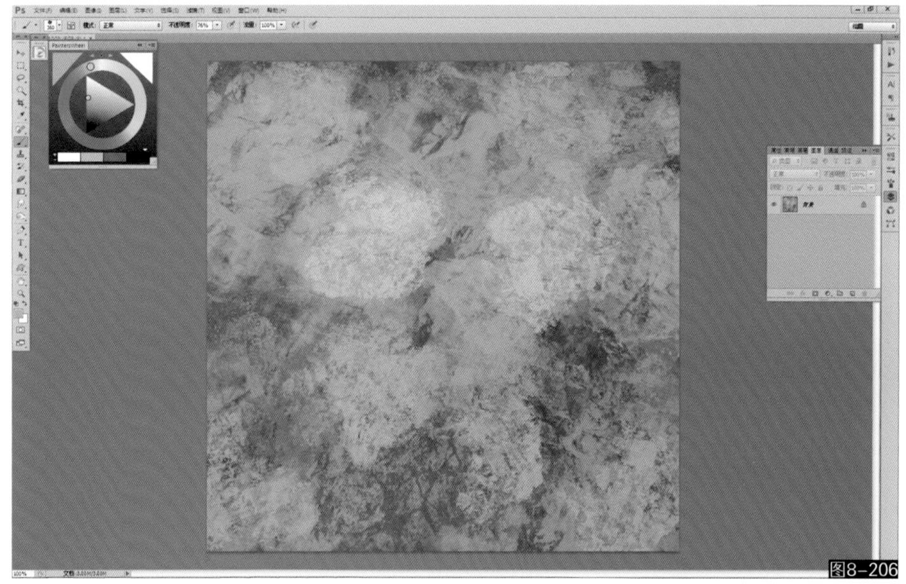

图8-206

19 使用“正片叠底”模式的腐化/发霉-2画笔，在石纹深色区域加入一些植物的色彩，这样可以使石头色和周边环境有个呼应（如图8-207所示）。

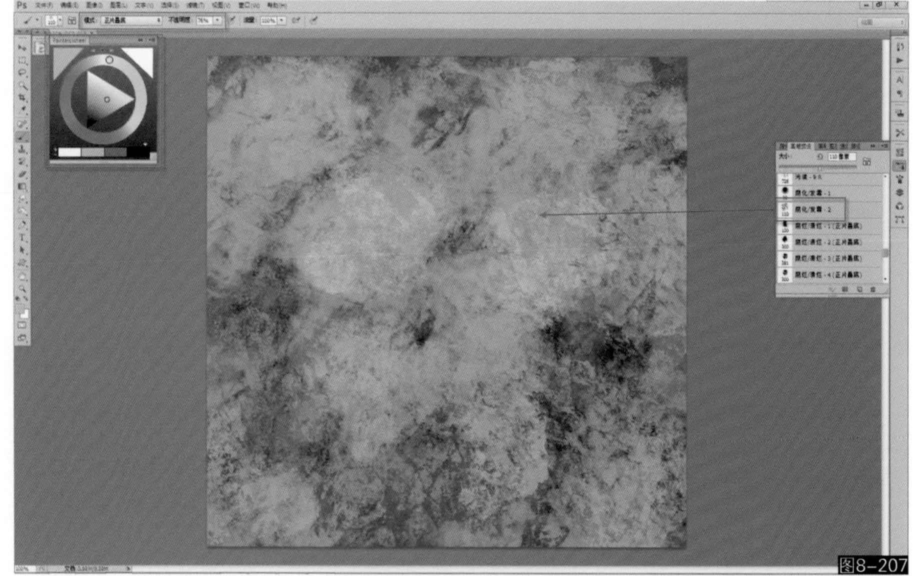

图8-207

20 继续使用斑点画笔，用深色和浅色强化石头表面的颗粒化纹理细节（如图8-208所示）。

图8-208

21 使用侵蚀表面-5 R画笔对岩石结构进行切割，细分出更多突起下陷的结构体（如图8-209所示）。

图8-209

22 使用裂缝画笔加入更多细碎的裂纹，裂纹最集中的地方应该分布在较暗的阴影区域（如图8-210所示）。

图8-210

23 最后使用“位移”滤镜和仿制图章工具对画面进行消缝处理，然后把图像保存为Targa格式，命名为“岩石色彩”（如图8-211所示）。

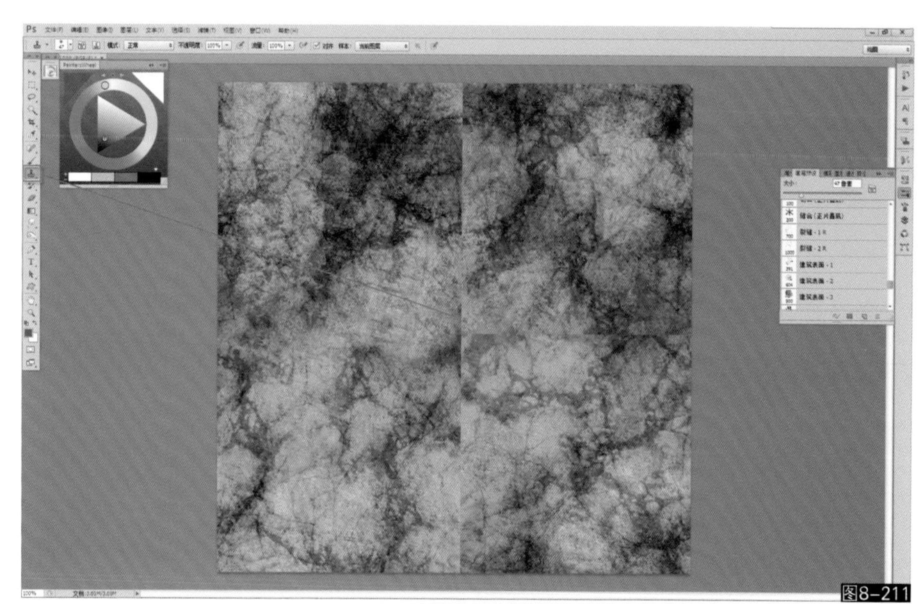

图8-211

24 下面绘制岩石的法线贴图。和地面贴图的绘制流程一样，先将岩石色彩贴图转换为黑白效果，然后再使用色阶工具将画面变暗，强化阴影部位（如图8-212所示）。

图8-212

25 接下来按照之前流程新建一个图层，使用高度结构画笔按照底层纹理的结构绘制岩石突起的法线效果（如图8-213所示）。

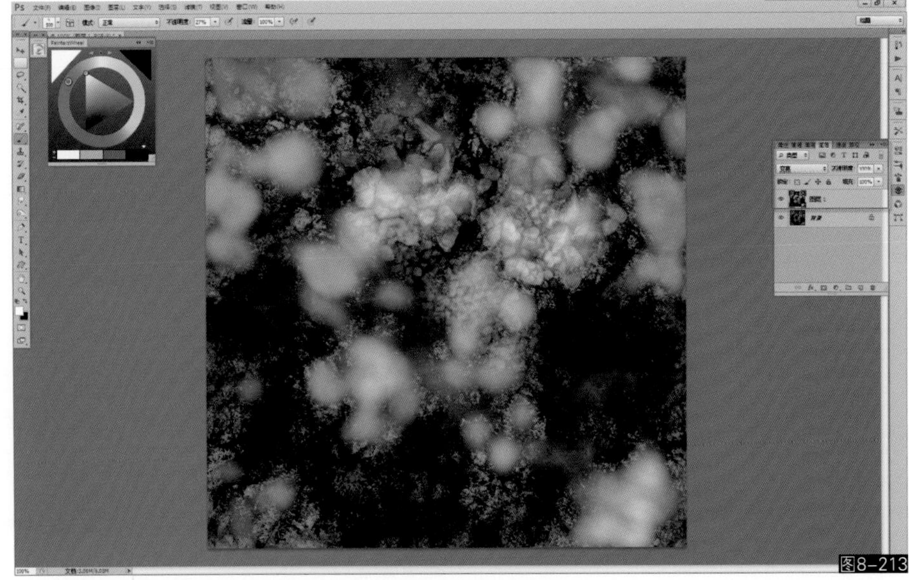
图8-213

26 细致描绘完成后，先合并所有图层，然后处理拼缝。和之前的流程一样，不要忘记“位移”后需要用反方向“位移”将贴图位置挪动到原来的位置上（如图8-214所示）。

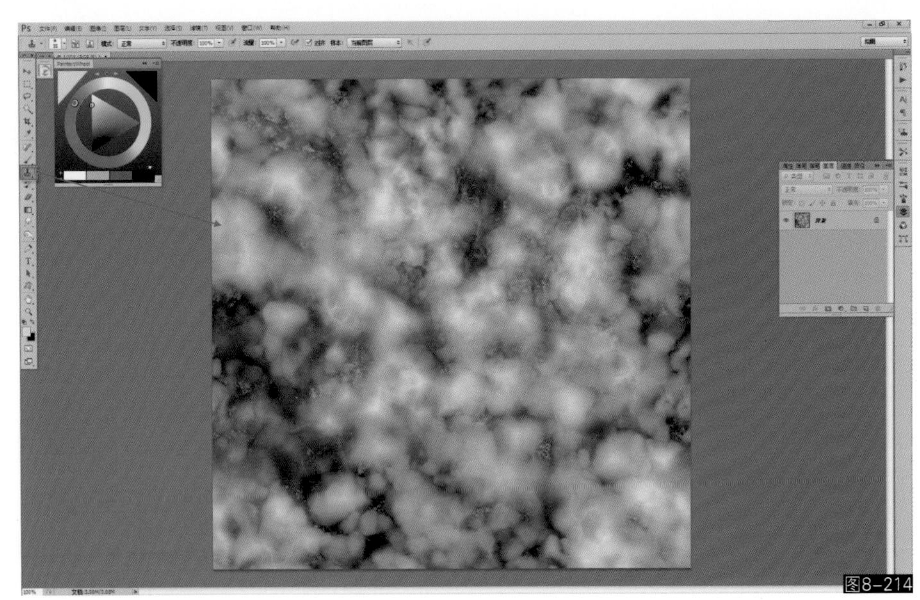
图8-214

27 转换法线贴图之前需要使用“表面模糊”滤镜对画面进行轻微的降噪处理，过滤过于细碎的颗粒。然后再添加Nvidia Normal Map Filter滤镜，将纹理转换为高度大概60左右的法线贴图。将图片保存为Targa格式，命名为“岩石法线”（如图8-215所示）。

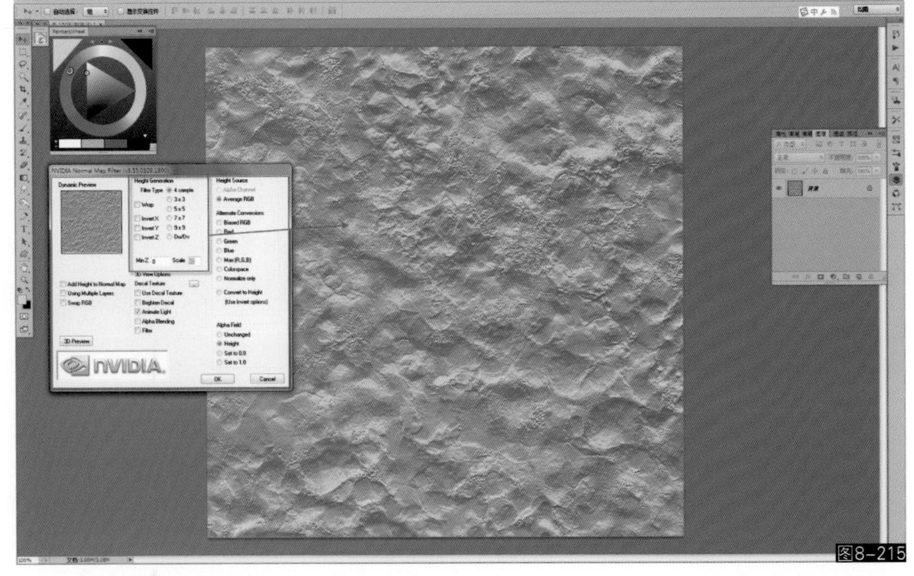
图8-215

28 再次打开“岩石色彩”贴图，将其修改为黑白效果，然后使用色阶工具增大黑白之间的对比度。这样就得到了一个高光强度贴图，图中纯黑色部分将不会有高光，白色部分高光最强。将其保存为Targa格式，命名为“岩石高光”。至此三个贴图制作完成（如图8-216所示）。

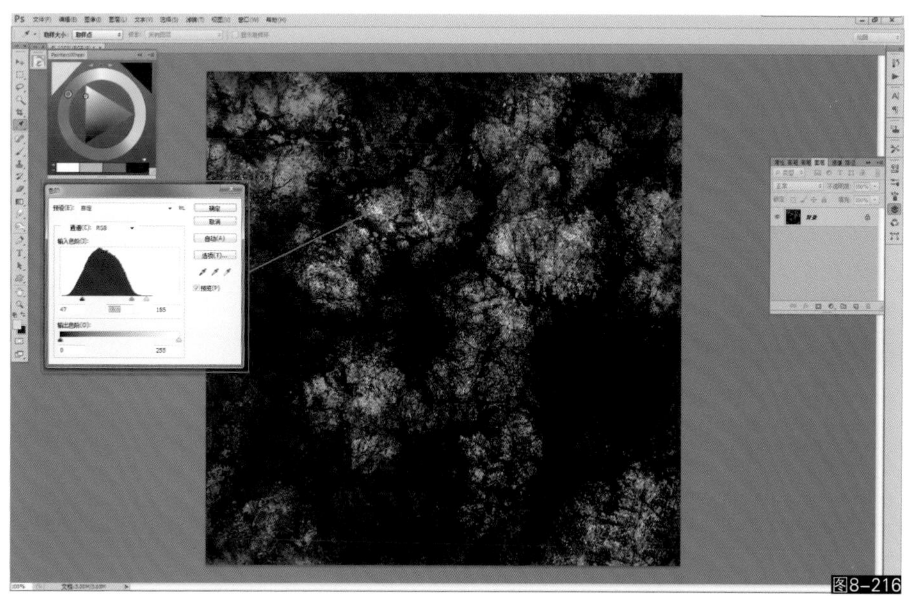
图8-216

29 接下来进入3ds Max，新建一个标准材质，将三张绘制好的贴图分别对应贴到材质的漫反射颜色、高光级别和凹凸通道，将凹凸强度设置为150，然后把这个材质赋予给场景中的所有石头模型。打开DX预览模式就能在视图中看到逼真的石头纹理了。贴图的平铺重复次数可以根据需要灵活调整（如图8-217所示）。

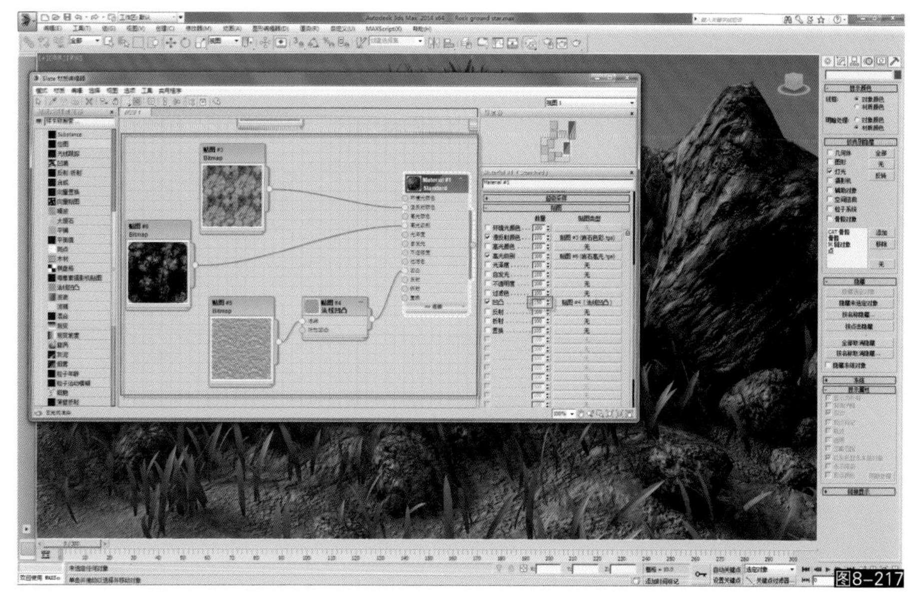
图8-217

30 可以为场景加入更多的光照氛围来测试不同情况下的材质效果，不理想的贴图细节可以随时返回Photoshop进行修改，至此本例学习结束。大家可以打开配套光盘中提供的Rock ground finished.max文件查看最终效果（如图8-218所示）。在配套光盘中还带有另外两个以同样方式绘制出来的建筑和自然结构场景文件，大家可以打开Concrete.max和Cool rock文件学习研究（如图8-219、图8-220所示）。

图8-218

图8-219

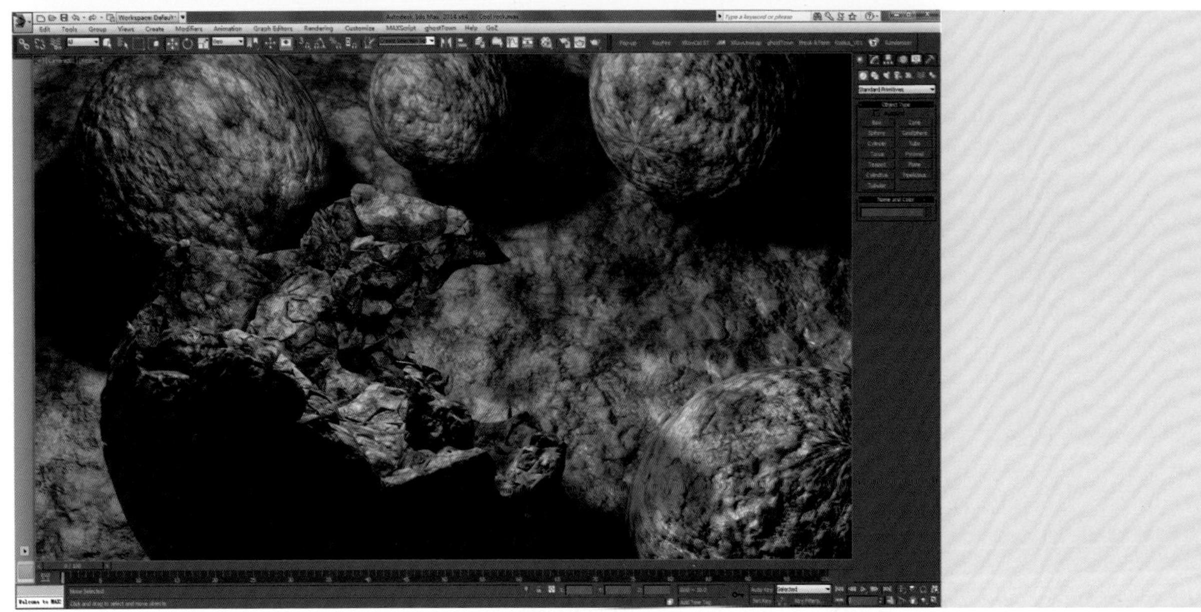

图8-220

五、纹理画笔与Zbrush的结合

纹理画笔除了可以和3d动画软件或是游戏引擎配合之外，在使用Zbrush进行2.5d或3d绘画雕刻的过程中也可以结合Photoshop的纹理画笔来增强贴图或是多边形纹理上色的绘制流程（如图8-221所示）。接下来我们就通过一个实例创作来具体学习纹理画笔在Zbrush中的结合运用。

图8-221

01 首先打开Zbrush（本书以Zbrush4.0 R6版为例），在Tool菜单单击Load Tool，然后打开配套光盘中提供的Bone concrete.ZTL文件，然后在视图中创建出来并按下T键进入三维雕刻模式（如图8-222所示）。

图8-222

02 这个模型由比较高的面数构成，同时带有其他Subtool附件。接下来我们将先使用Zbrush的画笔绘制基本的色彩结构（如图8-223所示）。

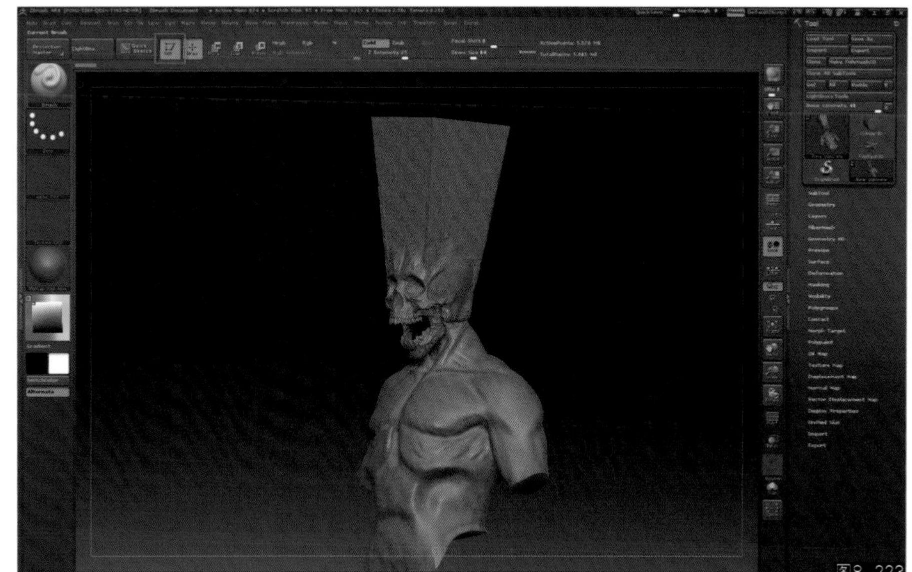
图8-223

03 绘制色彩之前我们需要为这个模型选择一个白色普通材质Basic Material，以便观察（如图8-224所示）。

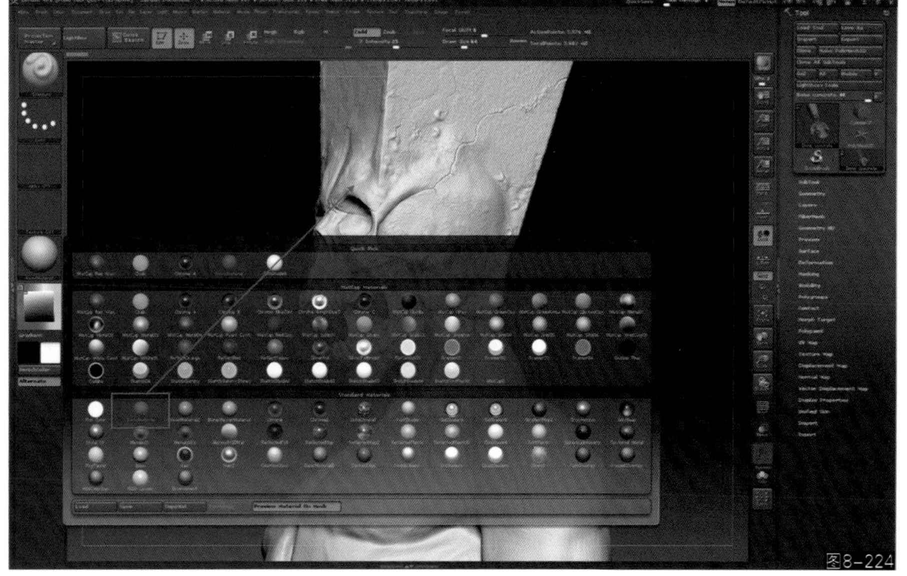
图8-224

04 选择标准画笔，然后关闭画笔的Add或Sub属性，只开启RGB属性，这样就能直接绘制颜色到模型物体了。在Zbrush中对模型上色有两个过程，一种是3d制作流程中的常规方式，即对模型进行UV拆分后用位图作为贴图来绘制；第二种是直接对模型网格进行填色上色。对于当前创作我们需要的是最终绘画的结果，并不需要一个3d模型运用到其他流程，因此使用的是直接上色的多边形填色模式。模型网格越多，上色效果也就越细。接下来在对模型绘制时可以按下X键以开启左右镜像功能以加快上色速度，这一步需要用黑色将角色的阴影区域表现出来（如图8-225所示）。

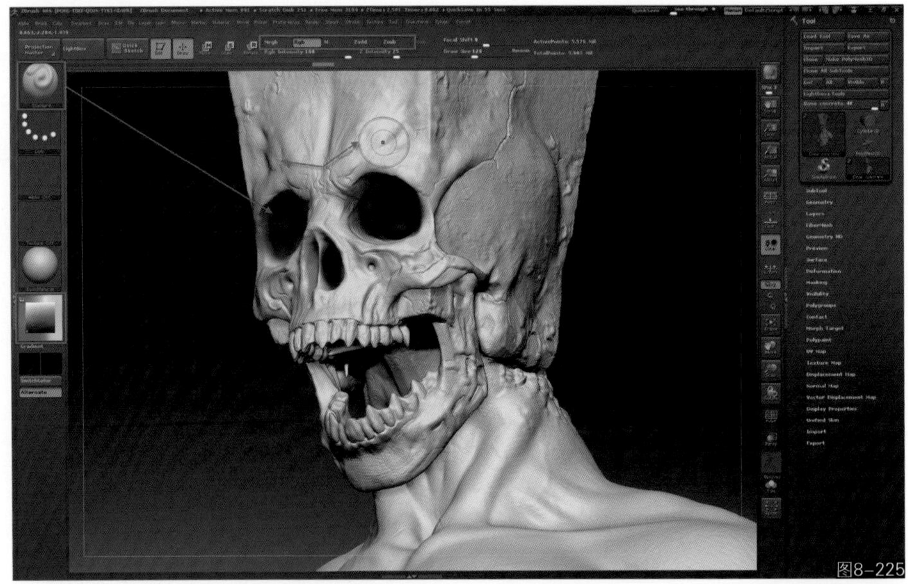
图8-225

05 将所有朝下的结构、凹陷结构、相互阻挡结构都绘制上一层黑色的漫反射投影，画完后可以将材质切换为平色材质Flat Color，就能清楚地观察到之前画的所有影子结构。这样模型看上去就有了一层人为的阴影关系，结构感更加强烈，这是绘制贴图的重要步骤（如图8-226所示）。

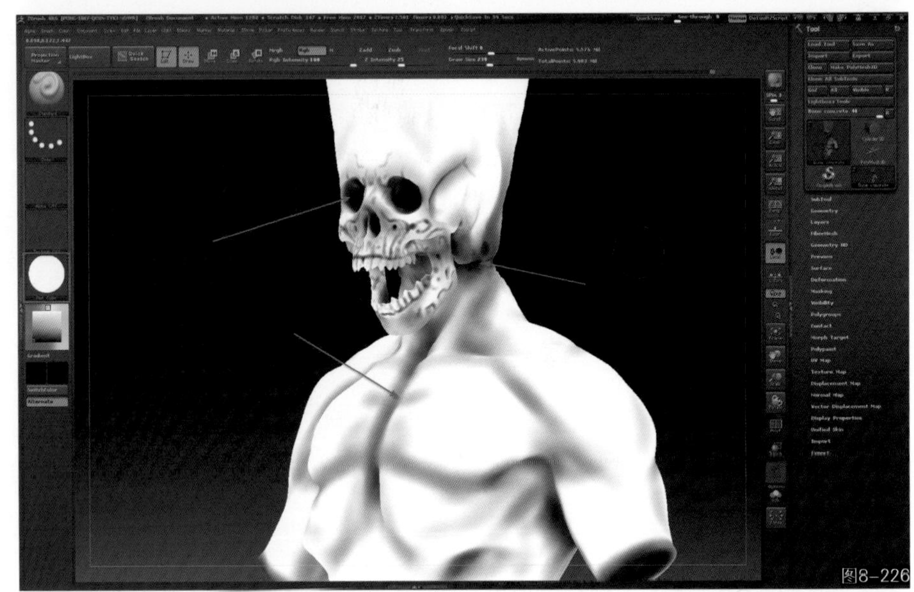
图8-226

06 回到BasicMaterial材质，然后进入材质编辑器，将材质的漫反射强度（Diffuse）增加到100，将高光强度（Specular）修改为0。因为进入Photoshop后我们不希望看到任何高光来影响贴图绘制（如图8-227所示）。

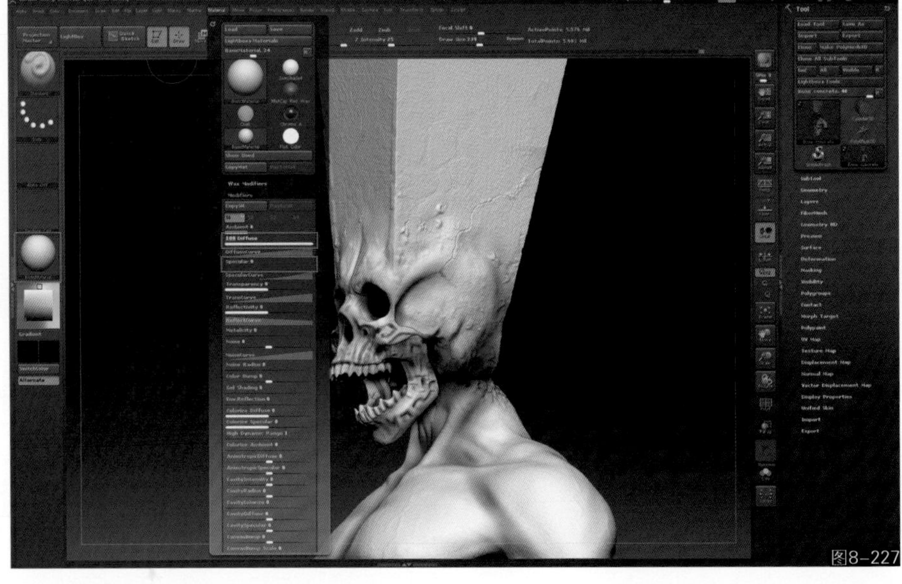
图8-227

07 使用Z AppLink（Zbrush用于连接外部绘图程序的插件）功能来将模型导入Photoshop，用它绘制模型上的细致纹理结构。首先将模型缩放至一个需要绘制的角度，这里采用正侧面视角，需要画的区域尽量放大到视图最佳区域，然后进入Document菜单，单击Z AppLink按钮（如图8-228所示）。

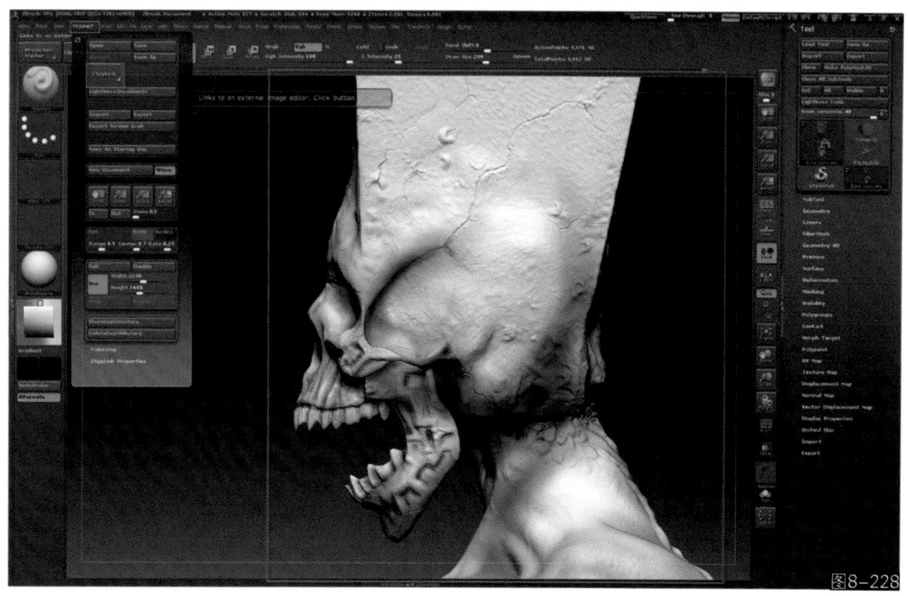
图8-228

08 按下Z AppLink按钮后会弹出一个映射模式窗口，Z brush这里采用的是垂直投射的原理，将待会Photoshop绘制好的纹理投射到模型上，就像投影仪一样。因此我们需要单击DROP NOW按钮进入这个模式；除此之外，如果勾选Double Side选项可以为模型产生镜像纹理映射（前提是模型左右绝对对称，需要从正侧面映射）以加快纹理绘制速度；如果这一步未自动开启Photoshop或其他绘图软件，那么我们需要单击Set Target App重新设置目标绘图软件（首次使用Z AppLink系统会自动搜索电脑上安装的绘图软件，如Photoshop、Painter等，但是要确保安装的是官方正式安装版，并安装到常规软件目录，如英文路径下的Program Files文件夹），本实例中连接的是Photoshop CS6（如图8-229所示）。

图8-229

09 按下DROP NOW按钮后可以看到图像自动进入到了Photoshop，自动生成了三个图层。底层和顶层都是Zbrush的系统层，不要在这两个图层上绘制，也不要进行任何编辑（如图8-230所示）。

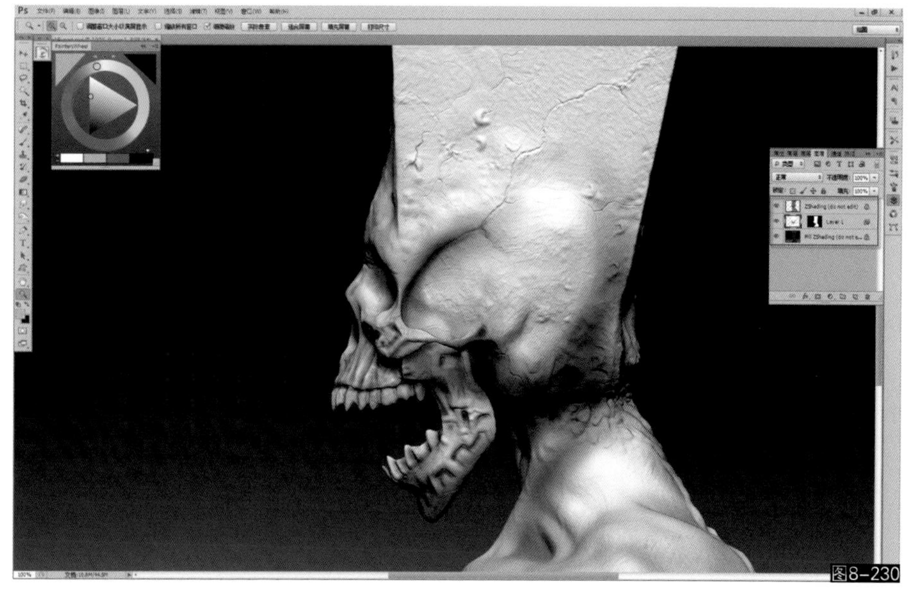
图8-230

10 选择中间的图层直接绘制，或者在中间的图层之上新建一个图层绘制均可。新建图层的叠加模式可以自由设置，画笔的叠加模式也可以自由设置，包括Photoshop的滤镜、调色功能等也可以自由使用。这一步我们使用纹理画笔绘制一些纹理效果进行测试（如图8-231所示）。

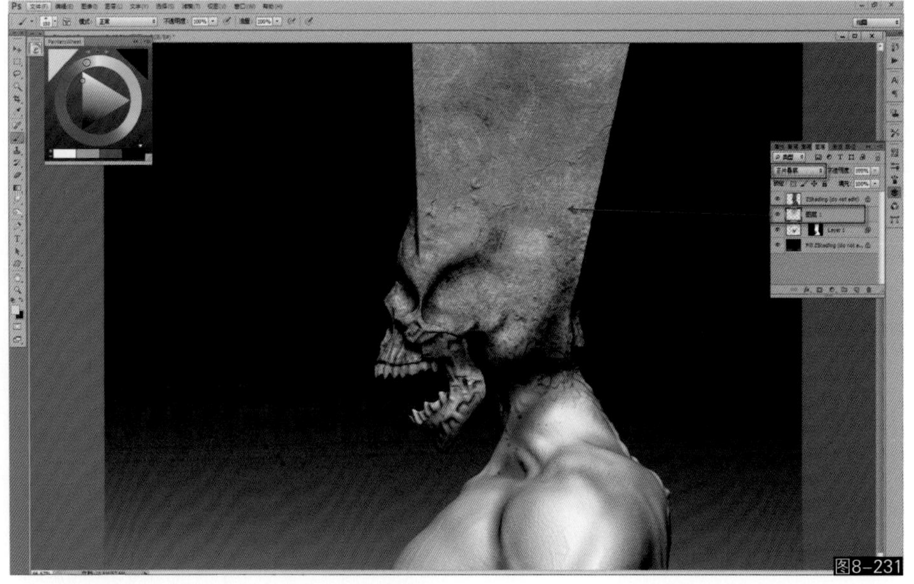

图8-231

11 绘制完毕后我们需要将新建图层合并到中间层，当提示图层蒙版保存选项时，需要选择保留，然后在Photoshop文件菜单选择存储文件，操作这个流程时一定要细心，避免出错（如图8-232所示）。

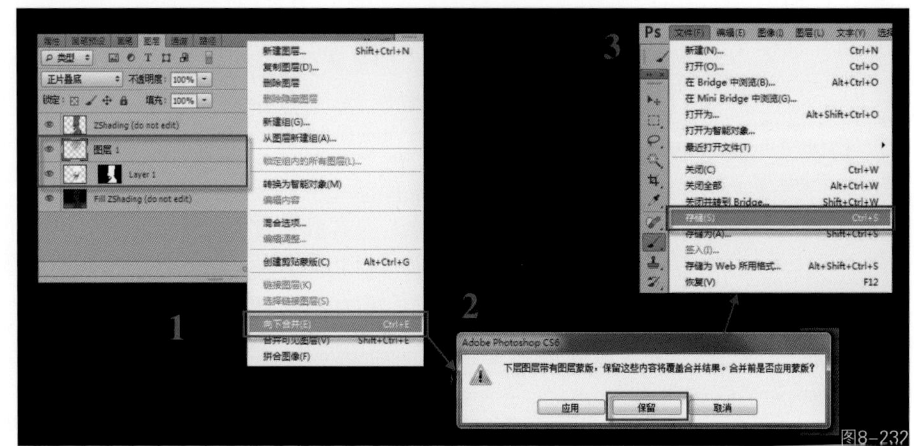

图8-232

12 最小化Photoshop然后返回Zbrush就会看到软件自动弹出更新提示。单击Re-enter Zbrush按钮重新进入Zbrush就能将Photoshop绘制的纹理导入Zbrush，最后在自动弹出的拾取映射结果面板单击PICKUP NOW按钮，就能看到Photoshop中绘制的纹理完美地出现在模型上了（如图8-233所示）。

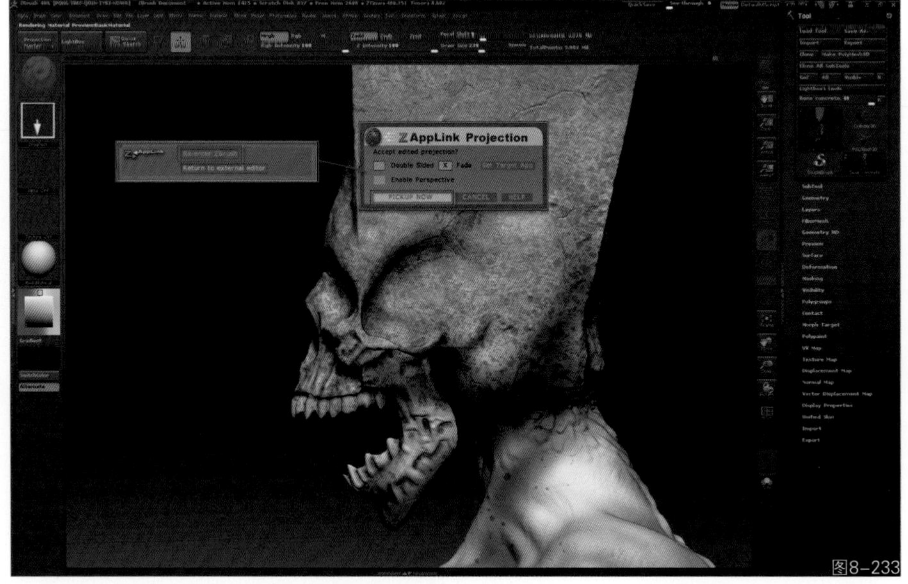

图8-233

13 接下来需要反复重复以上步骤，一个面一个面地进行纹理映射绘制，直到把整个模型的所有面绘制完成。每次返回Photoshop单击更新即可重新生成图像，这一步需要足够的细心和耐心熟练地按照操作流程来进行（如图8-234所示）。

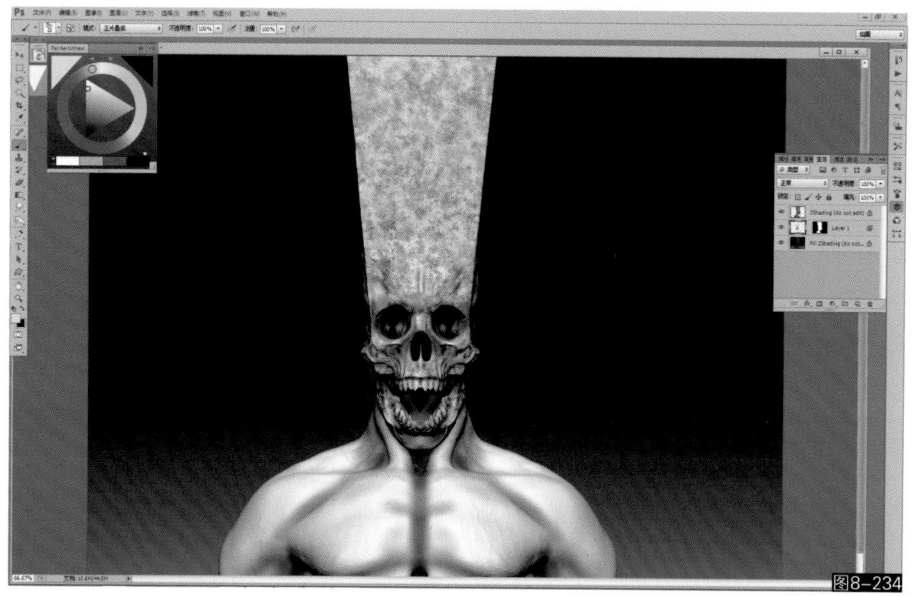

图8-234

14 使用纹理画笔细心地描绘每一个面，同时Photoshop的所有工具均可使用，如使用仿制图章工具处理拼接、涂抹工具处理过渡等。本作品主要强调建筑表面、污渍、石纹、皮肤等的质感（如图8-235所示）。

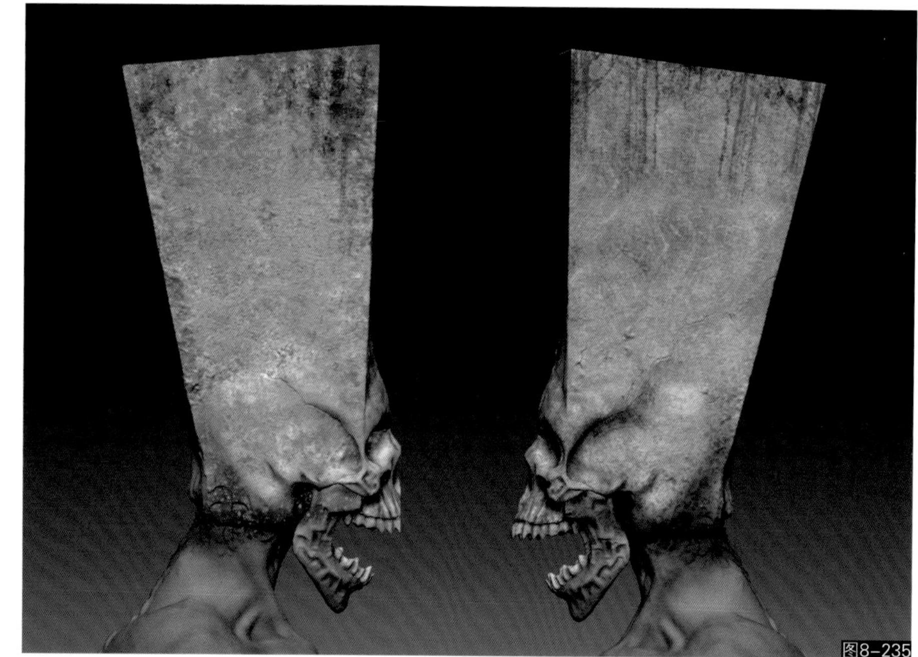

图8-235

15 使用生物皮肤画笔绘制角色身体皮肤，较暗色彩使用“正片叠底”模式，皮肤细胞的光泽可以使用“滤色”模式（如图8-236所示）。

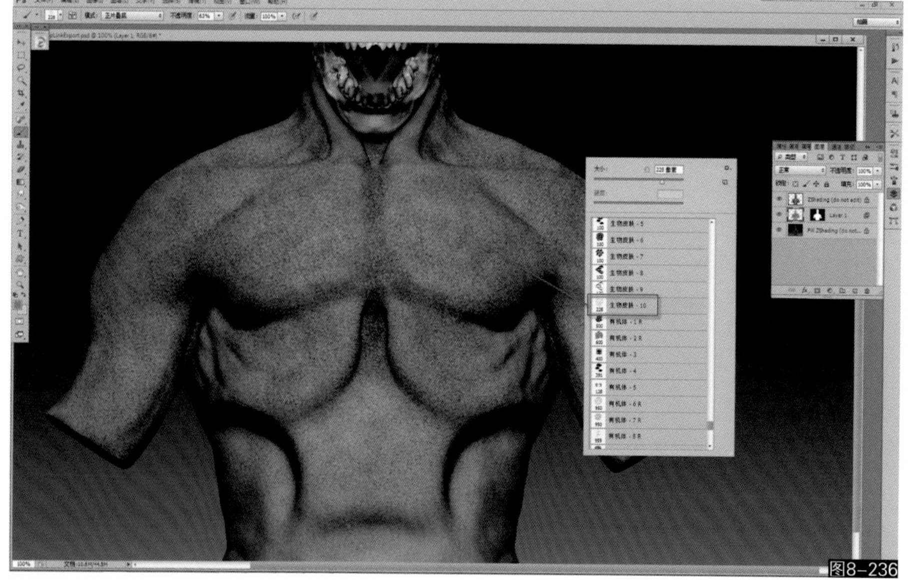

图8-236

16 细致深入描绘角色面部纹理，放大各个局部进行映射（如图8-237所示）。

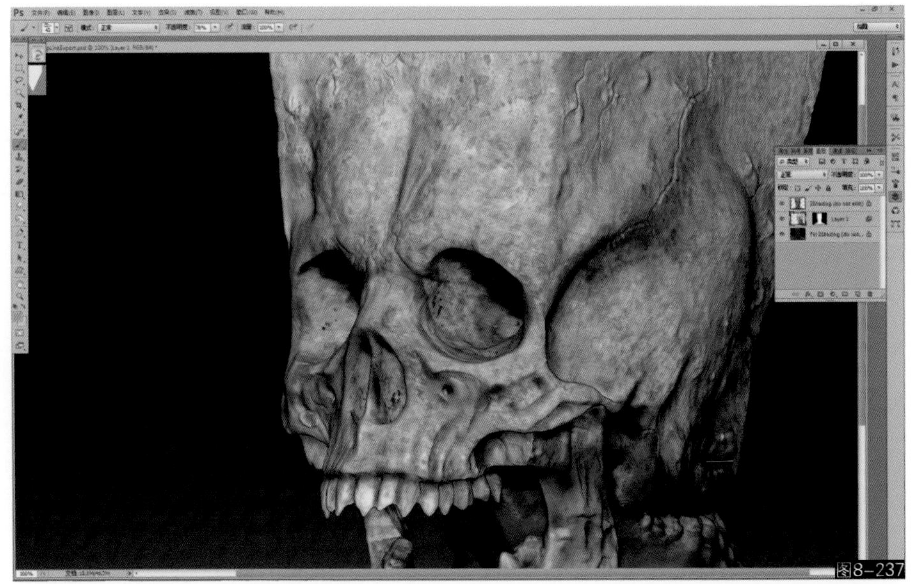

图8-237

17 接下来打开Subtool面板中的其他附属物体，以同样的方式先绘制一层物体和物体间的漫反射投影（如图8-238所示）。

图8-238

18 以同样的方式对其映射绘制石头或泥土一类的纹理（如图8-239所示）。

图8-239

19 低分辨率网格会导致映射图像细节模糊，如果想要提高贴图映射质量可以加大Zbrush的细分次数，但是一些小的结构可以不用过分细腻地去表现。多边形数量的增加会导致系统运行速度变慢，可以灵活掌握（如图8-240所示）。

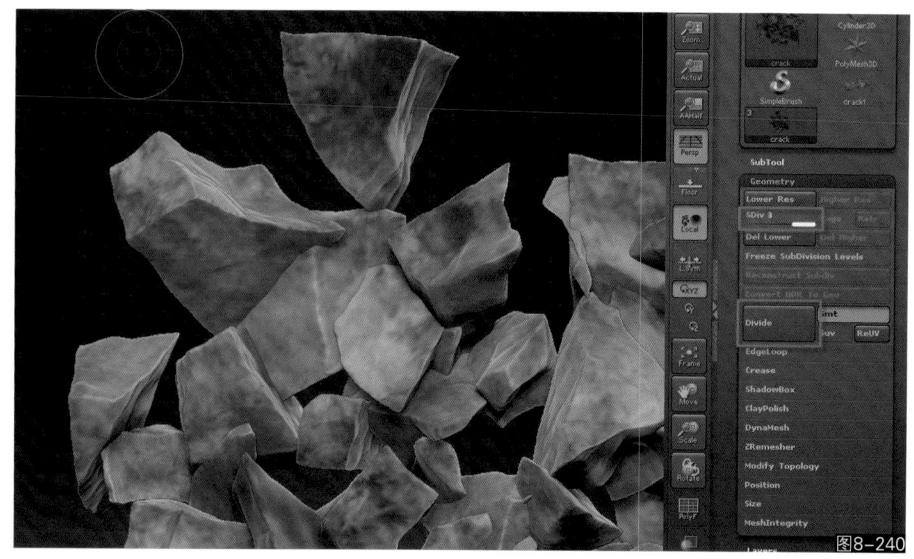
图8-240

20 接下来使用移动、缩放、旋转工具将石块结构进行定位（如图8-241所示）。

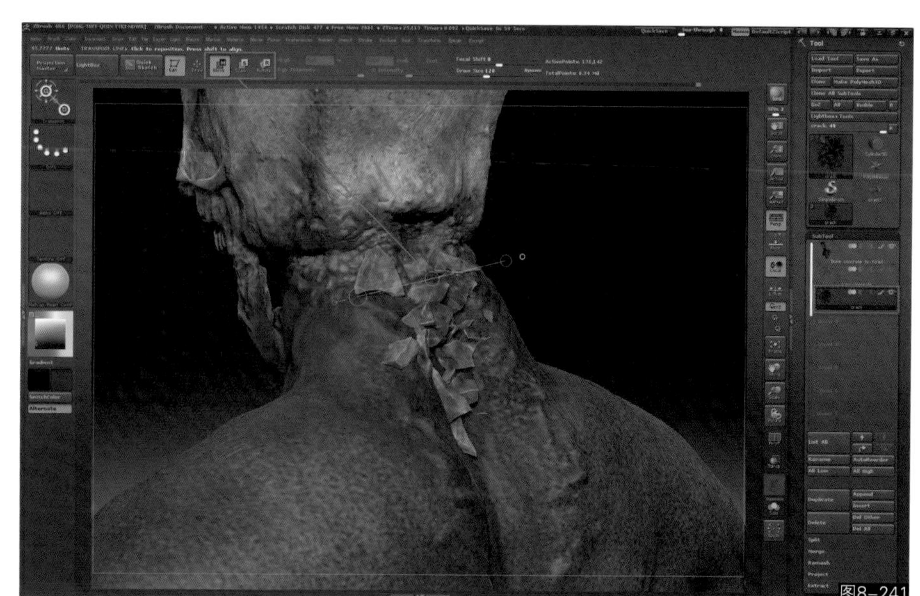
图8-241

21 在Subtool中将石块复制若干次，然后继续使用移动、缩放、旋转工具将其定位到需要的位置（如图8-242所示）。

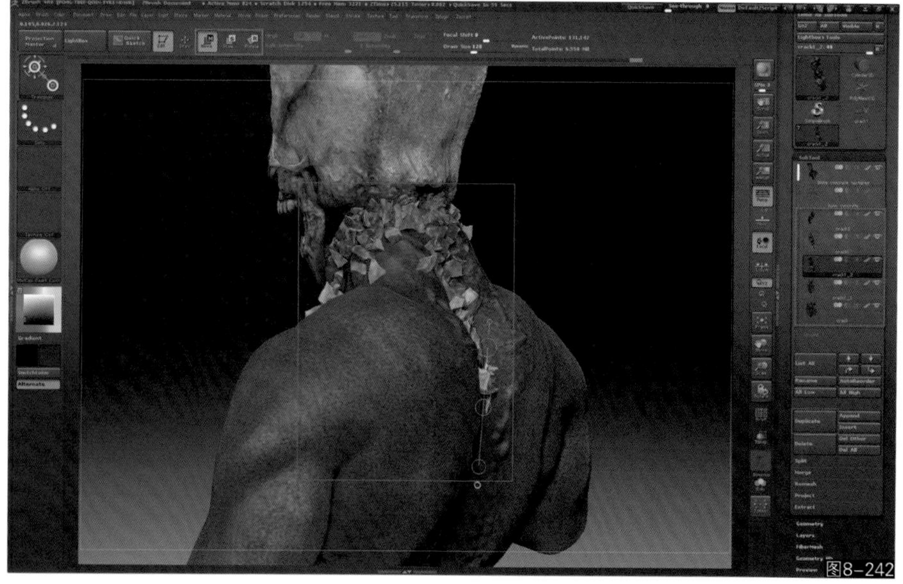
图8-242

22 接下来打开另一个管状Subtool结构，然后根据结构走向描绘出漫反射阴影区域（如图8-243所示）。

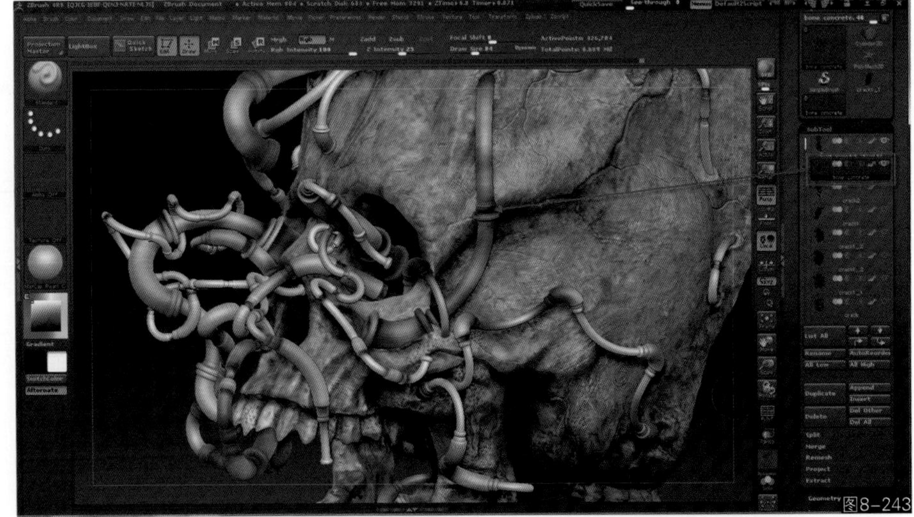
图8-243

23 当全部元素绘制完毕后，可以为角色设置一个三光源照射效果。大家可以在Zbrush灯光面板直接打开配套光盘中提供的ZLights.ZLI灯光预设文件，就能得到图中效果，也可以按照自己的意愿调整这三个照明的变化（如图8-244所示）。

图8-244

24 接下来继续为角色制作材质效果，使用材质编辑器对BasicMaterial材质进行修改。其中最关键的材质参数为Color Bump，将其设为正值或负值，我们可以看到之前绘制在角色表面的深色和浅色纹理会自动产生一个凹凸变化，物体的质感会更加逼真。大家可以直接在Zbrush的材质面板打开配套光盘中提供的Concrete material.ZMT材质预设文件（如图8-245所示）。

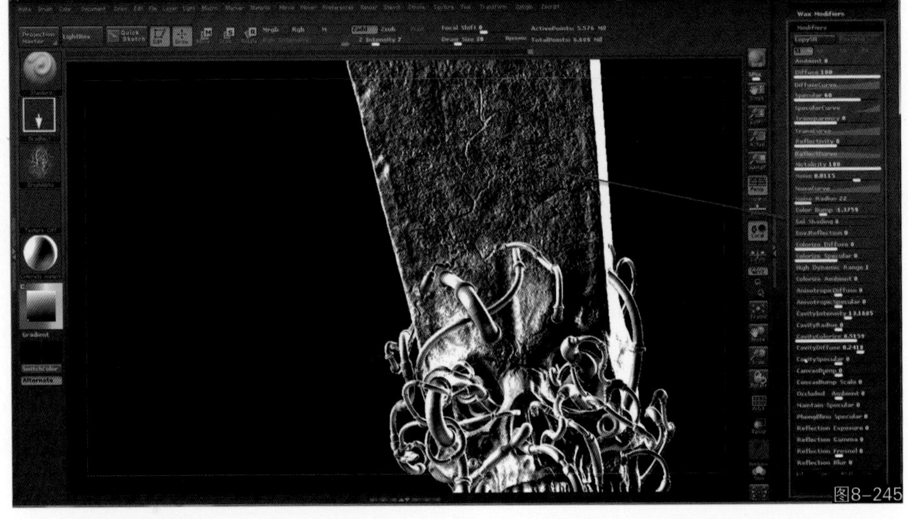
图8-245

25 接下来创建一个4,000像素x4,000像素的画布。用2.5d模式将这个角色布局到画面的不同位置。我们需要尝试用它构建一个有趣的构图，注意空间关系的梳理（如图8-246所示）。

图8-246

26 进入Zbrush的Render渲染菜单，将渲染方式设置为Best（最好），稍等片刻Zbrush就会精细地将所有材质和光影效果进行计算得到一幅精细的图像（如图8-247所示）。

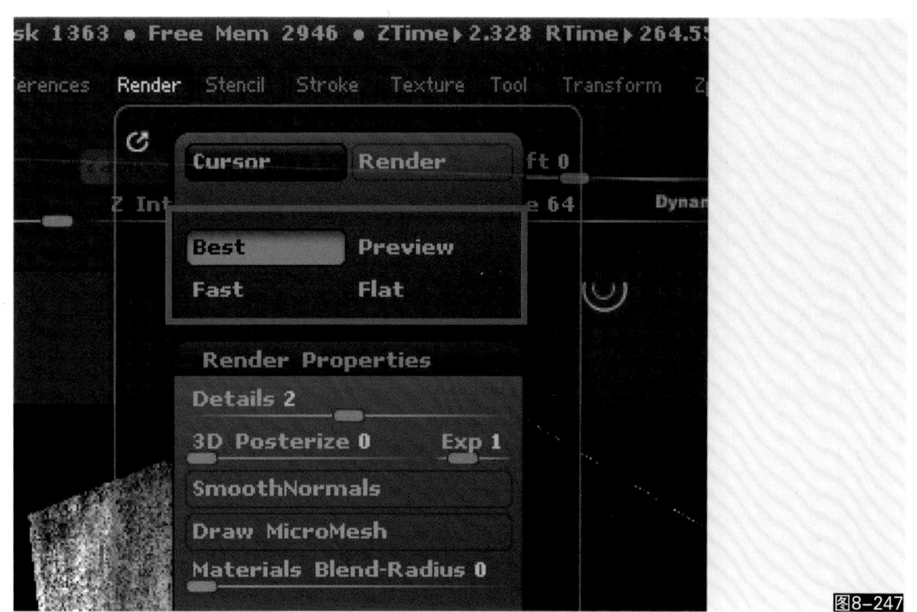

图8-247

27 Zbrush正常分辨率下输出的图像会带有锯齿，如果需要精细的抗锯齿图像输出，可以单击右侧工具栏的AAhalf按钮，这样就能将图像精细化处理，但是图像尺寸会减半（如图8-248所示）。

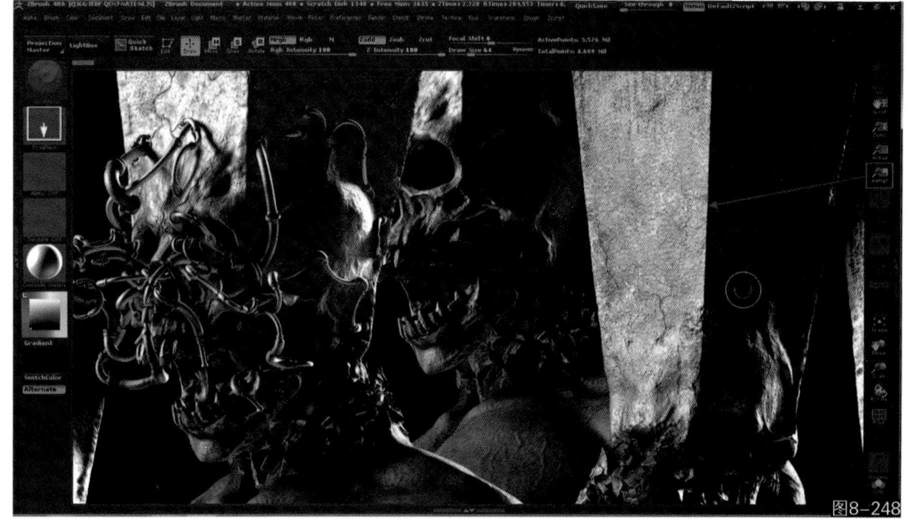

图8-248

28 进入Zbrush的Document菜单，选择Export输出选项将图像保存，格式可以使用psd或Tiff等。接下来使用工具菜单中的MRGBZGrabber工具在视图中画一个完整的框，这样就会看到Zbrush自动在Alpha面板中生成了一个黑白的深度通道，将它保存。我们需要使用它来制作3d的景深效果（如图8-249所示）。

图8-249

29 接下来进入Photoshop，打开之前输出的渲染图像，同时也打开深度图像，然后全选深度图像，按下快捷键Ctrl+C将其复制。进入彩色渲染图像，为这个图像新增一个Alpha通道，然后将之前复制的深度图像准确粘贴到这个Alpha1通道（如图8-250所示）。

图8-250

30 回到渲染图的RGB通道，Alpha1通道可以隐藏，然后进入图层面板选择背景层为其添加一个“镜头模糊”滤镜，然后使用Alpha1通道作为深度映射源，增大光圈半径就能看到立体的景深效果了，调节模糊焦距就能在不同层次空间上进行聚焦（如图8-251所示）。

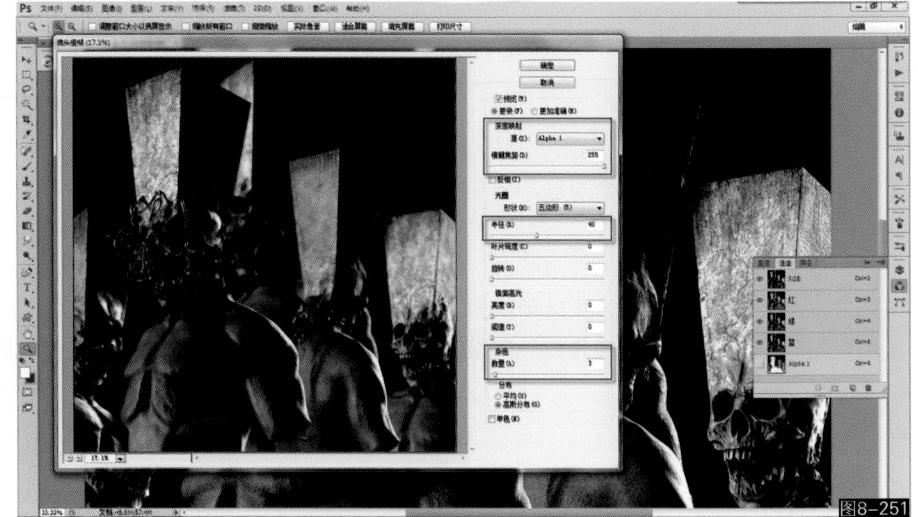
图8-251

31 最后为画面增添一个曲线色调预设，这样就能得到类似于照片或电影的色调感了，也可以尝试叠加纹理做旧或者使用特效滤镜来丰富视觉变化，这里留给大家多多尝试（如图8-252所示）。

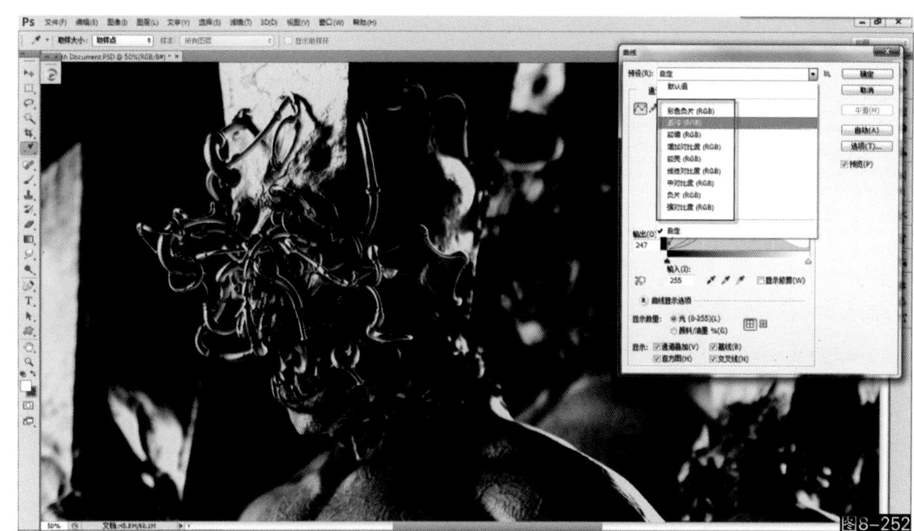

图8-252

32 至此本例创作完成（如图8-253所示）。

图8-253

六、总结

纹理类画笔是所有类型画笔中使用最为广泛的画笔，从图像做旧处理到插画概念设计和3d制作辅助，其运用的领域非常广泛。在绘画中想要绘制出不错的纹理效果除了要对工具本身熟悉之外，还要多注意观察力的培养，我们身边不同的物质都具有各自不同的自然特点，需要经过一定的观察和研究才能逐步掌握不同质感的结构特征，然后在大脑中构建出这些特征的基本规律才能使用相应的工具去创造出来，否则身边再熟悉的事物，当在画布中凭空去创造的时候就会发现无从下手，极其陌生。因此运用好这些工具最重要的前提就是学会多观察，构建大脑记忆的信息库。另一方面，工具虽然以特定的使用类型命名分类，但是具体使用中应该打破其硬性的划分，根据具体需要灵活地掌握使用方式，需要多加练习和举一反三，同时配合好图层叠加的不同变化，这样才能运用自如，达到理想状态。后续章节我们仍将继续讲解画笔综合运用的知识。

第 9 章

自定义笔刷创建

一、数字绘画 Photoshop 笔刷理论

综合知识

在之前的章节中我们充分地了解了 Photoshop 笔刷的运用以及在绘画中各种技法的练习，如果大家觉得本书中所提供的笔刷工具还不能满足自己绘画的需求，或是希望创建属于自己个性化的工具，那么接下来我们可以通过本章的学习来了解如何使用 Photoshop 创建各类绘画工具。

Photoshop 具有非常先进的笔刷系统，这也是大部分人喜爱使用 Photoshop 来作画的原因之一，那么它的笔刷系统究竟是怎么样的一个原理呢？首先我们先看下图（如图 9-1 所示），图中所示即 Photoshop 的笔刷创建面板和笔刷库，每一支画笔都是由“画笔笔尖形状”以及笔刷绘制方式构成的，当你需要创建任何一种绘画工具，我们都需要首先定义一个“笔尖形状”然后将其转化为笔刷，再调整其绘制方式来得到自己想要的结果。

图9-1

接下来我们可以尝试性地创建一个“形状”来深入了解画笔制作的原理。在创建形状之前，首先我们需要明确几个重要的前提，如下：

- 笔刷绘图的效率和笔尖形状的分辨率有直接关系，尺寸过于大的形状会严重降低笔刷的绘图速度，尤其是在配置较低的电脑上，因此对于一般的笔刷，尽量采用较小尺寸的画布来制作，如 128 像素 x128 像素，分辨率保持 72 像素 / 英寸，如果是需要高分辨率图片来转化笔刷，那么图片分辨率也尽量不要超过 1024 像素 x1024 像素，除非是有特殊需要，万不得已才会使用更高的分辨率。

- 笔刷形状需采用黑白图像来创建，纯白色代表完全透明，纯黑色代表完全不透明，灰色代表半透明，因此我们需要根据具体需求来控制笔刷形状的颜色，这一点也极为重要，如需要绘制大块面色彩，每一笔都需要很高的

覆盖率，那么笔刷形状的颜色就要偏黑或是纯黑色，但是如果需要创建过渡型画笔用于描绘光影层次，那么笔刷形状就要偏灰色，这样每一笔才能形成透明度，保证画出较为丰富的画面层次。

- 笔刷形状绘制时不要超出画布，应在画布中心保持所有四方边缘都是纯白色，如果超出画布，就会形成直边硬切结构，破坏笔触的完整性。
- 画笔创建必须在使用数位板的前提下进行，单纯使用鼠标是无法开启画笔功能的，推荐使用压感在 1024 级以上的数位板。

01 接下来我们打开 Photoshop 创建一张 256 像素 x256 像素、72 像素 / 英寸分辨率、背景为纯白的画布（如图 9–2 所示）。

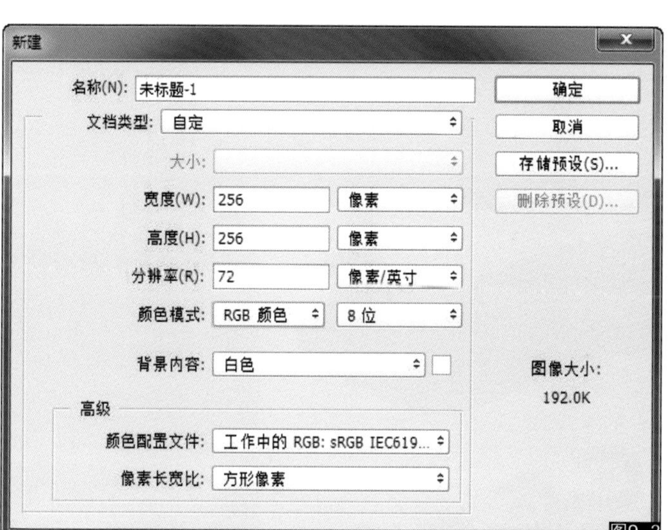

图9–2

02 接下来用纯黑色，随意绘制一个图案，注意不要超出画面外围（如图 9–3 所示）。

图9–3

03 进入菜单“编辑 – 定义画笔预设”这样就成功创建了一个“笔尖形状”，我们可以在画笔预设库的最下方找到这个画笔形状（如图 9–4 所示）。

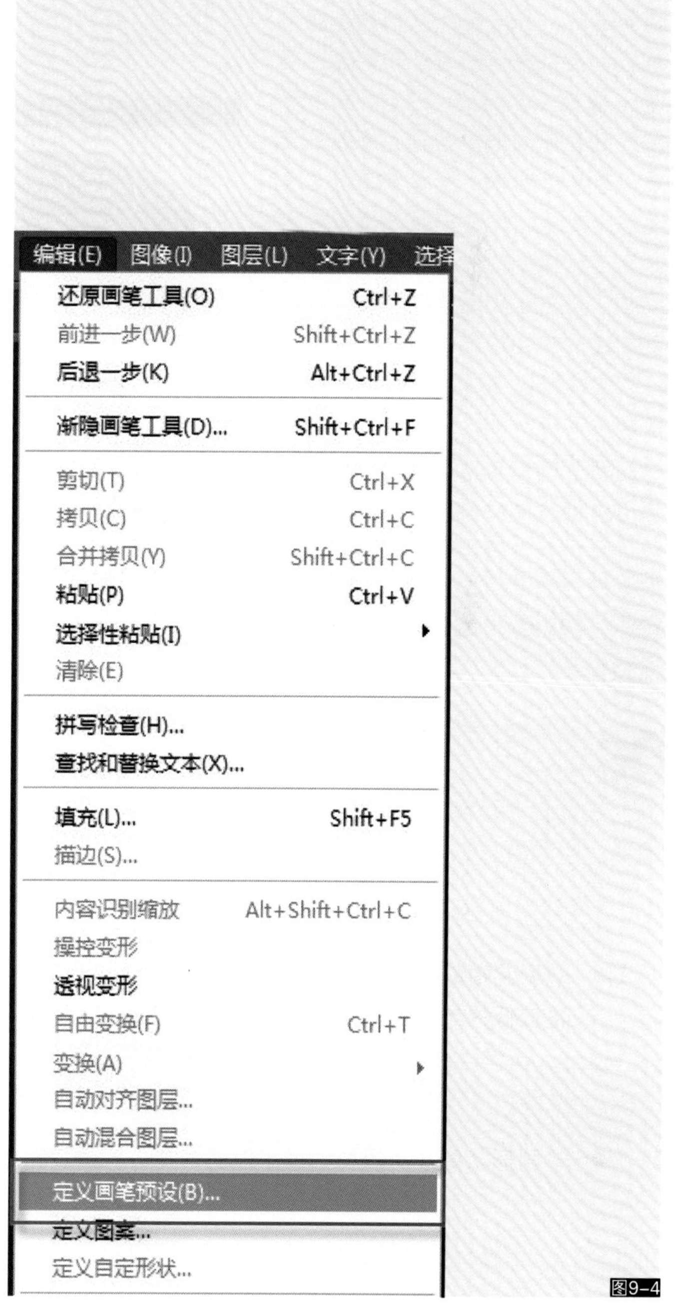

图9–4

04 接下来我们进入画笔设置面板，选择这个画笔就能新建一个画布测试这个画笔的效果（如图 9-5 所示）。

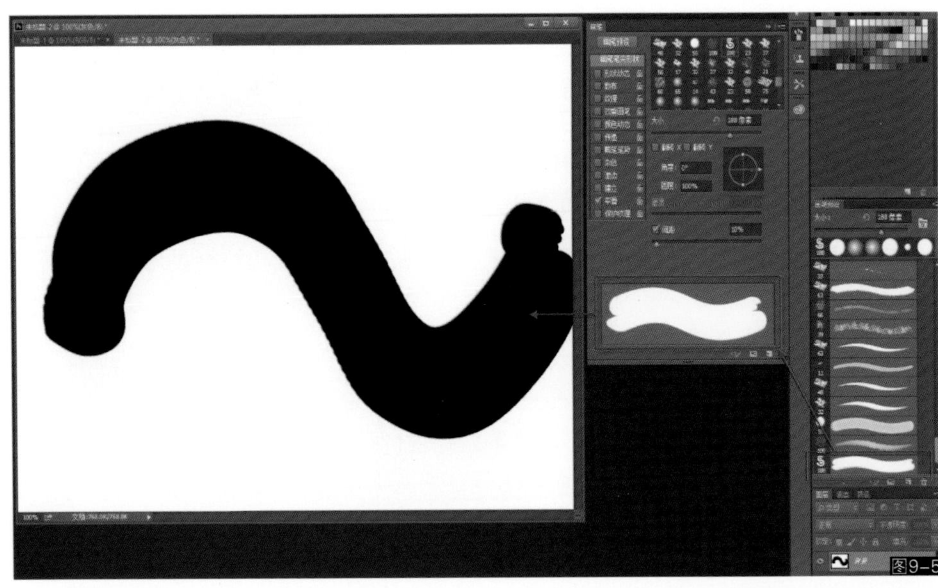
图9-5

05 观察当前笔触，我们会发现它是由一系列这个形状紧密排列而成的笔触，并没有任何变化。接下来我们需要逐一开启画笔的控制功能来操控它的排列方式以及角度和尺寸变化等来得到我们想要的结果。首先查看第一个重要属性“画笔笔尖形状”，这一属性用于控制画笔形状排列的大小、方向，以及间距。注意这里定义的大小即是画笔创建后的初始大小，角度也一样，还可以勾选“翻转 XY”轴来改变形状的角度。间距是比较重要的属性，较小的值将使笔触变得紧密，较大的值将使笔触变得稀疏，间距越小绘画的效率越低（相对于电脑的配置以及创建形状的尺寸情况而定），间距越大绘图效率越高，需根据需要来设置（如图 9-6 所示）。

图9-6

06 接下来开启“形状动态”属性，这里面会看到一系列“抖动”设置，抖动的意思为随机变化，如“大小抖动”意为笔触绘制时笔尖大小随机排列，“角度抖动”意为笔触形状随机旋转，“圆度抖动”意为笔触形状角度翻转（如图 9-7 所示）。

图9-7

07 在这个属性中还有一个非常重要的开关叫作“控制”，控制的含义是开启数位板的压感来操控笔触某一属性的变化，如选择“钢笔压力”来控制大小，那么当你使用绘图笔较轻时，笔触就细，较重时笔触就粗，这样笔触就开始变得更加接近真实的绘画，“钢笔压力”开关是最为常用的设置（如图 9-8 所示）。

图9-8

08 下图是使用钢笔压力控制角度的结果，即通过画笔轻重控制笔触的旋转角度，当画笔轻重发生变化时，笔触开始旋转，所有属性以此类推（如图 9-9 所示）。

图9-9

09 接下来我们开启“散布”属性，散布的意思是沿绘图路径产生位置的偏移，笔刷会被打散，非常适合制作植物、雪花一类画笔，可以快速地绘制出散开的结构，“散布强度”决定散开面积，同样可以用“钢笔压力”作为控制，“数量”代表散开的密度，“数量抖动”决定密度的随机变化（如图 9-10 所示）。

图9-10

10 如果将大小、角度以及散布等设置同时打开，我们就可以绘制出随机大小、旋转散布的随机笔触效果，看上去是不是非常类似地面的落叶形态（如图 9-11 所示）。

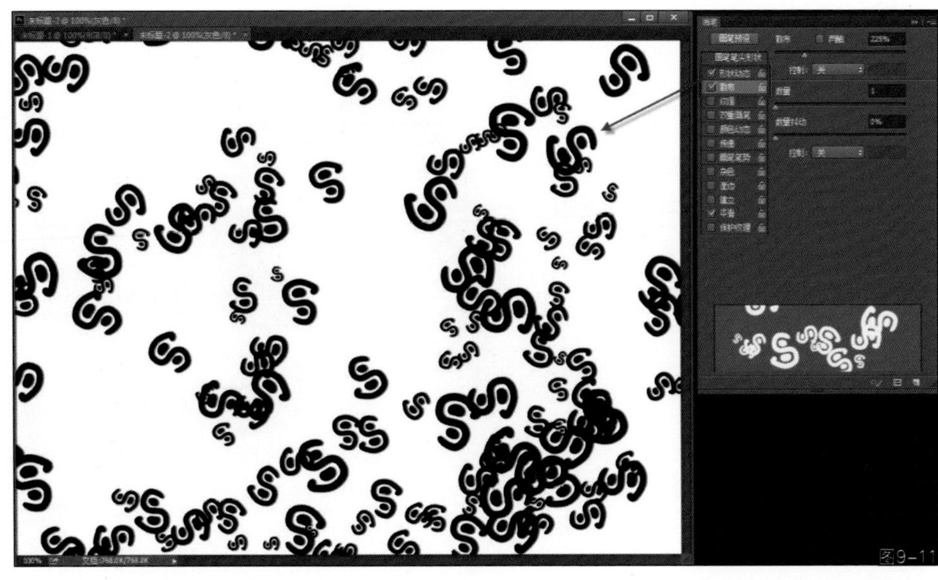
图9-11

11 接下来我们开启“纹理”属性，在这里我们可以选择一个底纹来作为笔触的质感，这个属性可以使用 Photoshop 内置的纹理库来指定一个底纹叠加。纹理可以通过调节“放缩”、“亮度”、“对比度”来控制大小和色彩，在这里“模式”是最为重要的设置，其实就是和图层一样的各种叠加方式，可以一一测试不同的叠加模式来控制纹理叠上去的效果。叠加效果的强弱由“深度”设置来控制，这里同样由“控制”开关来操控压感笔的压力反应，在创建油画笔、水彩笔等传统绘画笔触时经常需要开启纹理属性来添加纸纹或布纹等效果，增加笔触真实度（如图 9-12 所示）。

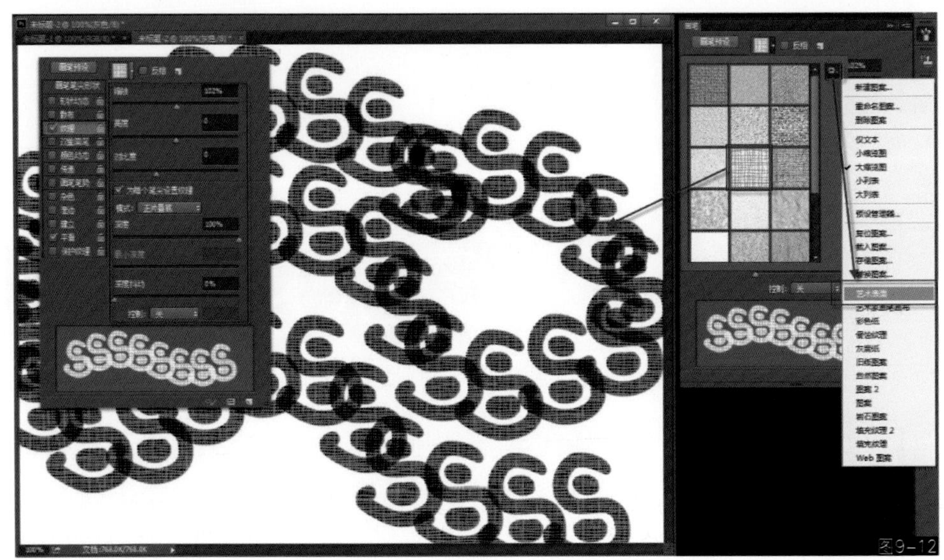
图9-12

12 接下来我们进入“传递”属性，传递控制着笔触的“不透明度”以及“流量”，不透明度控制笔触的浓淡，流量控制着颜料量变化，这两个属性直观上看区别不是太大，一般情况可以选择开启不透明度即可，如两项全开钢笔压力控制，那么笔触将呈现虚实浓淡的压力变化，非常适合用于绘制过渡层次的画笔或是传统水彩笔、国画笔等笔触（如图 9-13 所示）。

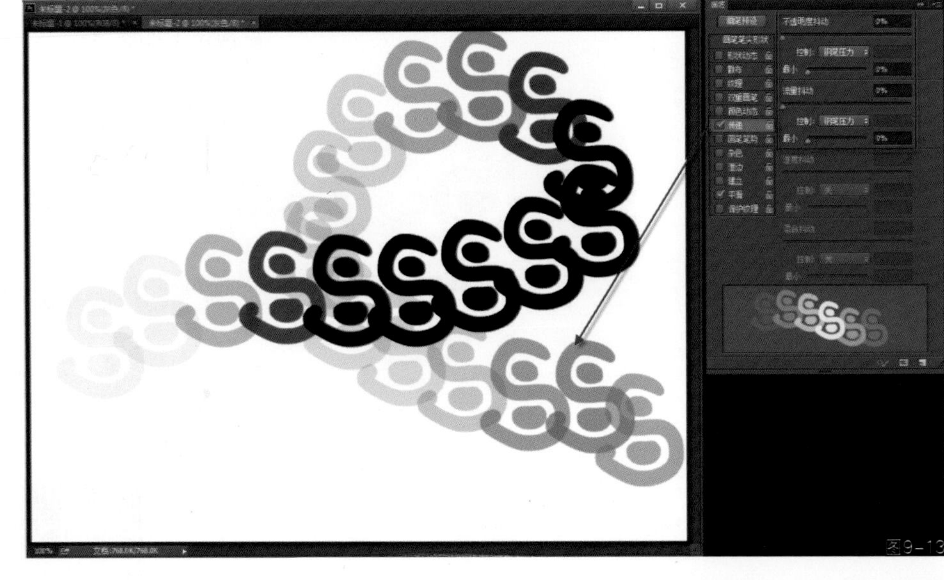
图9-13

13 当确定好所有需要的设置，我们可以通过“新建画笔预设”将创建好的笔触保存到笔刷库中，这样就可以方便地在任何时间调用此工具。如果需要规范化管理，建议新建画笔时给予特定的命名，方便绘画时选择。对于之前保存过的笔尖形状预设，如果不再使用可以在笔刷库中删除（如图 9–14 所示）。

以上步骤就是典型的笔刷创建流程，在接下来的案例中我们将有针对性地去学习如何运用这些属性去制作自己需要的画笔。

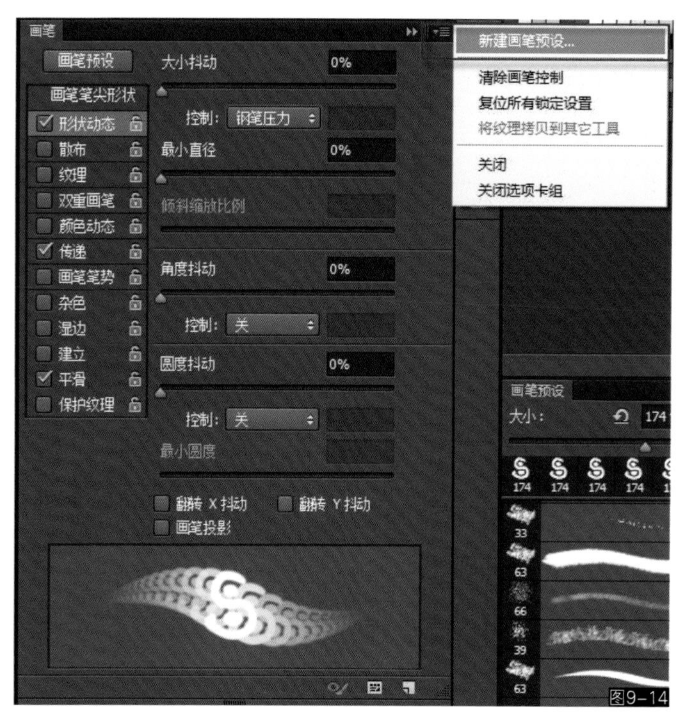

图9–14

二、Photoshop 笔刷创建实战

1. 如何创建一支铅笔

下面这个案例我们将学习如何运用 Photoshop 创建一支铅笔效果。

01 对于创建具体的某一种画笔，最重要的事情是我们需要准确地找到需要创建的笔尖形状，如铅笔，想象一下，现实中当铅笔在画布上描绘时，我们需要考虑清楚铅笔和画布接触的位置和形状究竟是怎么样的，这是很关键的一步（如图 9–15 所示），铅笔和画布接触的那个横截面，就应该是我们的笔尖形状的原形。

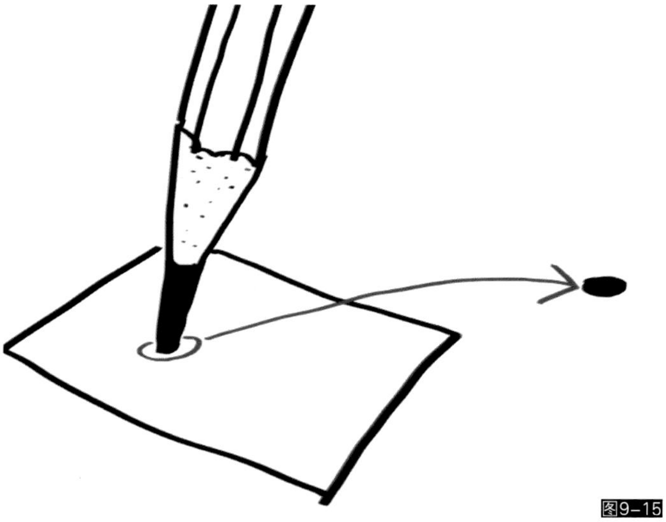

图9–15

02 想好了这个大致的形状我们就可以开始用一个小图创建这个横截面。由于是制作需要快速起稿用的笔刷，速度是很关键的，也不需要有太多细节，因此采用 128 像素 x128 像素，72 像素 / 英寸分辨率就足够，形状基本保持椭圆，边缘适当有些毛糙的点，因为铅笔笔尖在较粗的纸纹上运动时形状是不会太整齐的，绘制好后将其定义为画笔预设（如图 9–16 所示）。

图9–16

03 接下来调整画笔笔尖形状的尺寸与间距，因为是铅笔，尺寸不要太大，间距适中，因为较细的线条并不需要太密集间距，以保证绘画的效率（如图 9–17 所示）。

图9–17

04 接下来开启“形状动态”属性，用钢笔压力方式控制大小变化，最小直径设置为 0，这样笔触就能根据绘图笔轻重来产生粗细变化（如图 9–18 所示）。

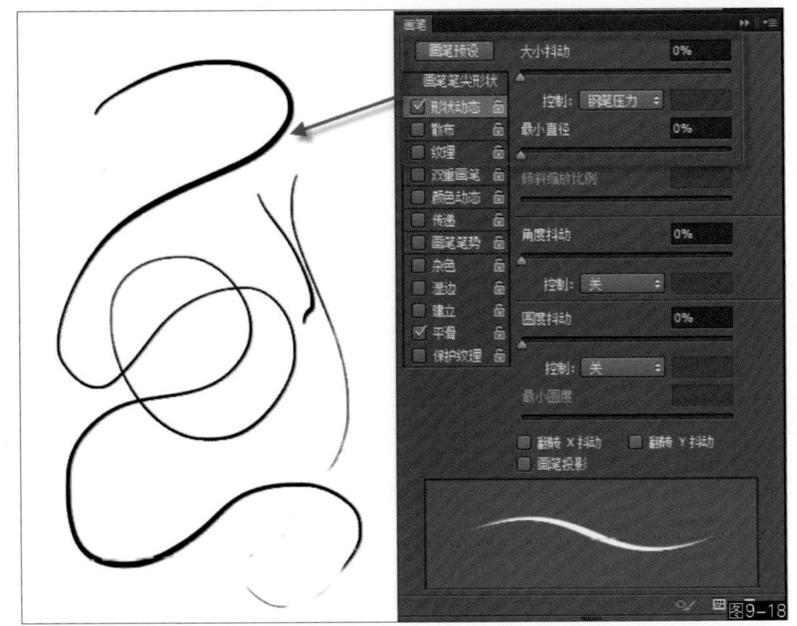

图9–18

05 接下来开启“传递”属性，由于是铅笔，不需要有太明显的虚实变化，因此只需要用钢笔压力方式控制流量即可，这样用笔较轻的时候就能让笔触适当变虚，以此增加线条的丰富虚实变化（如图 9–19 所示）。

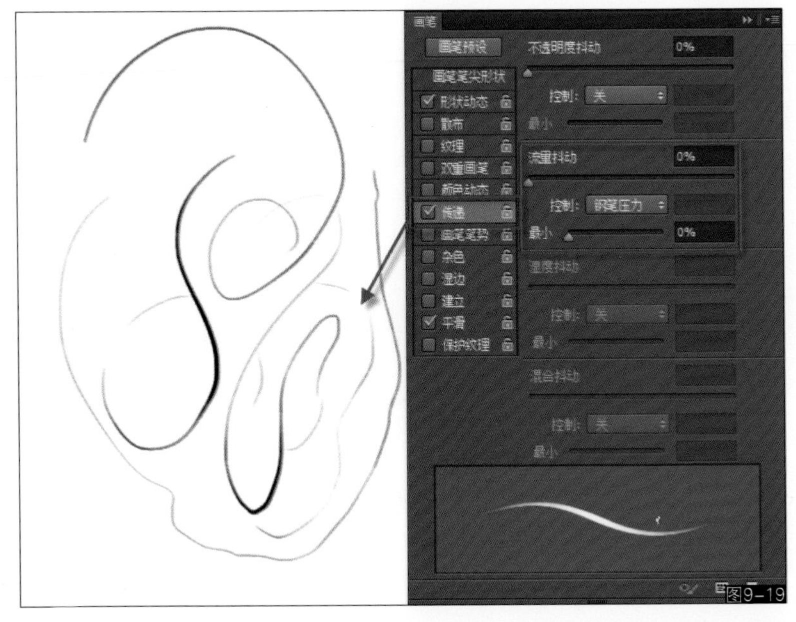

图9–19

06 接下来开启“纹理”属性，选择一个较粗糙的水彩纸纹理作为底纹，模式采用“高度”，最小深度为 0，控制方式使用钢笔压力，通过“深度”强度来控制纸纹在笔触上的强弱，这样纹理就能以高低的方式叠加到画笔上了，至此我们就得到了一个类似于 2B 铅笔的画笔（如图 9–20 所示）。

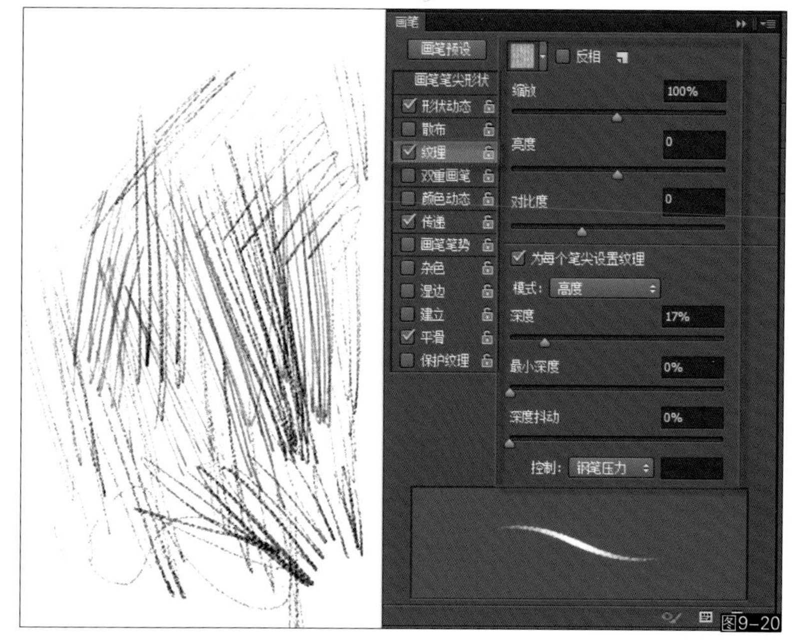

图9–20

07 接下来测试这个画笔在实际运用中的效果，如果满意就可以将其保存到画笔预设中（如图 9–21 所示）。

图9–21

2. 如何创建一支油画笔

01 油画笔的创建和铅笔一样，笔刷和画布接触面的结构仍然是关键，油画笔主要是以方形的毛簇为主，但是要考虑颜料在上面的分布，因此画笔横截面除了要模拟出毛发的颗粒感，还要突出一些颜料板块，但是不要画得太密集，笔尖形状连续排列会增强画笔的密度，同时稀疏一点的结构有助于产生提笔时的枯笔效应（如图 9–22 所示）。

图9–22

02 油画笔的横截面造型大致是这样的一个结构，仍然采用 128x128 的像素，如果需要绘制高分辨率画面可以考虑增大画布尺寸，以此保证精度，绘制好后将其定义为画笔预设（如图 9-23 所示）。

图9-23

03 接下来进入画笔笔尖形状，调整合适的画笔尺寸与间距，间距可以适当地小一些以保证较大画笔的连续性，画笔方向可以根据自己作画时笔触的习惯调整，这里大致调整为斜 45 度的角度（如图 9-24 所示）。

图9-24

04 油画笔一般情况不会有太大的尺寸变化，因此不需要开启“形状动态”设置，我们首先开启“传递”属性，由于有颜料和油的特性，所以同时用钢笔压力控制不透明度和流量，让画笔产生虚实变化（如图 9-25 所示）。

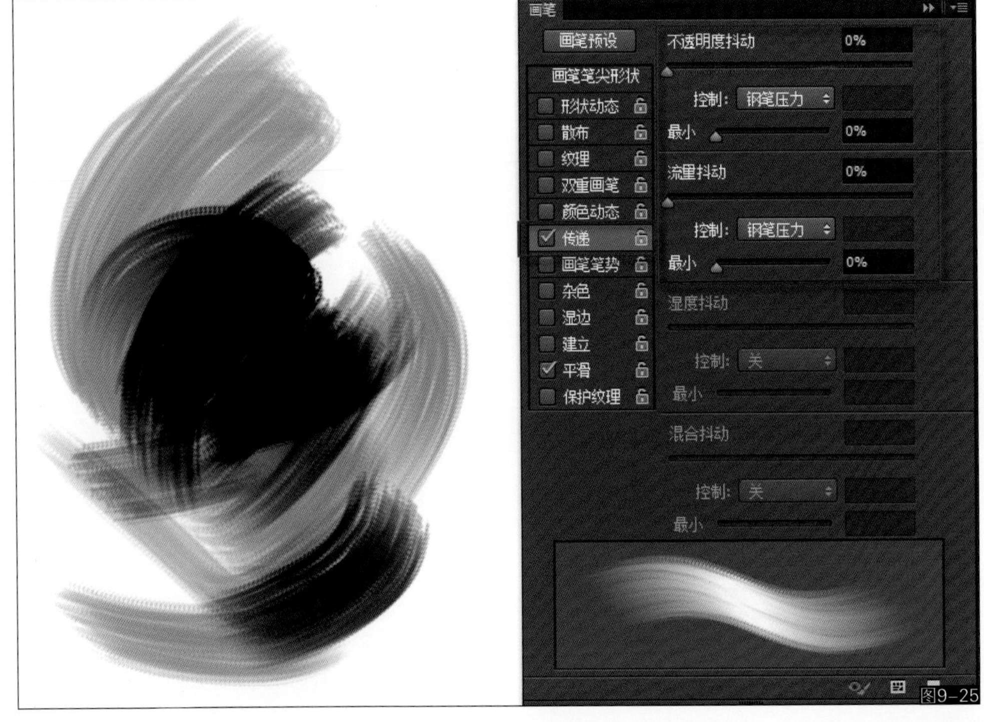

图9-25

05 接下来我们为画笔增加油画布纹理，开启“纹理”属性，添加一个油画布底纹，这里仍然采用高度的方式控制笔刷的纹理变化，钢笔压力控制和深度是关键，可一边测试画笔一边反复调节，直到满意（如图 9-26 所示）。

图9-26

06 接下来通过实际绘画测试这个画笔是否满足需要，确定后将其新建为画笔预设（如图 9-27 所示）。

图9-27

3. 如何创建一支水彩笔

水彩笔相对于铅笔和油画笔有着更为复杂的特性以及流程，除了笔刷截面外，我们还需要综合考虑颜料量和水晕染的特性。

01 在这个案例中我们将制作一支通用型水彩笔，画笔将以常规毛笔为主，首先思考一下毛笔在画布上的形状以及特性，除了沾满颜料的毛发外，颜料还会因为水呈现朝四面八方浸染的特性，而且颜料越往笔根走越少，越透明（如图 9-28 所示）。

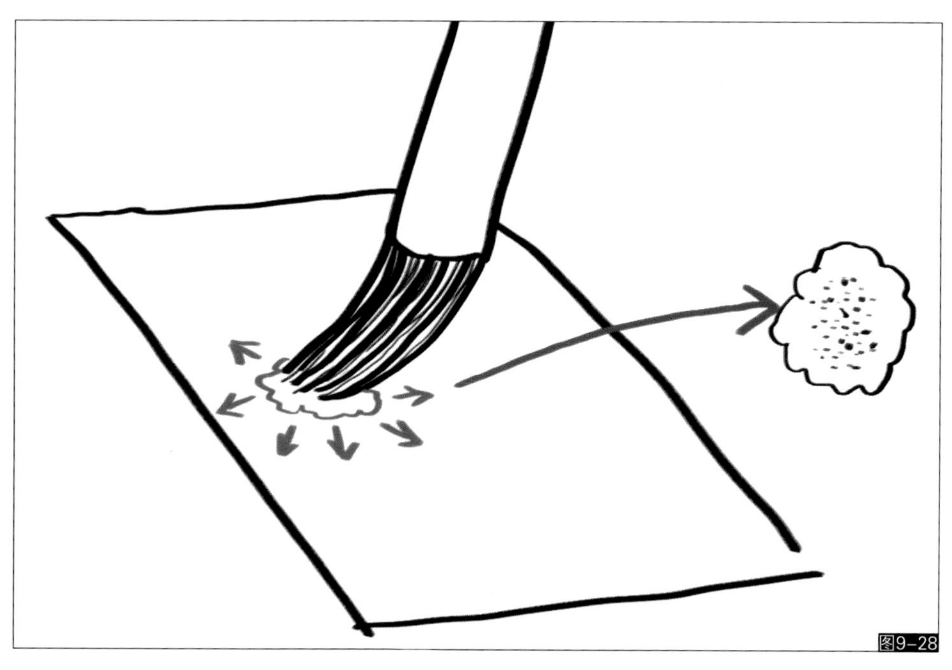
图9-28

02 因此第一步我们先绘制一个毛发为基础的横截面结构作为画笔形状的主体，画布需要绘制到 256 像素 x256 像素，为水流部分预留一些空间，整体结构呈现圆三角形，因为毛笔笔尖较窄（如图 9–29 所示）。

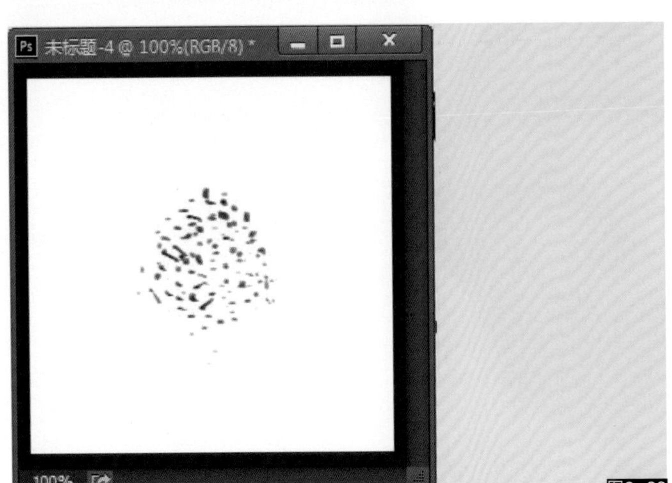

图9–29

03 接下来用柔边的画笔在笔刷形状周围画上一圈浅灰色的水韵结构，注意上半部分稍微深一点，下半部分浅一点，颜色不要太重，避免间距小时笔刷密度过高（如图 9–30 所示）。

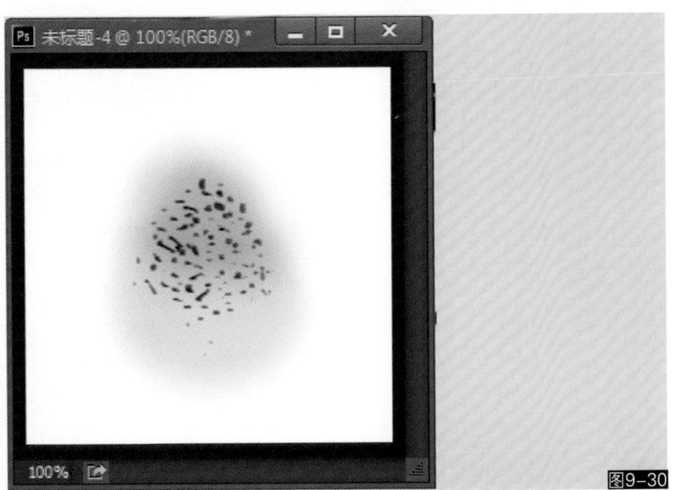

图9–30

04 接下来定义这个画笔为预设，然后首先调整笔尖形状的角度与间距，为了避免间距太大产生断断续续的截面效应，我们应当将间距调整为 1，这样笔触就有了紧密的连续性，但是这也会拖慢绘画的效率（如图 9–31 所示）。

图9–31

05 接下来打开画笔的“传递”属性，用钢笔压力控制不透明度与流量，这样笔刷就产生了虚实浓淡的变化（如图 9–32 所示）。

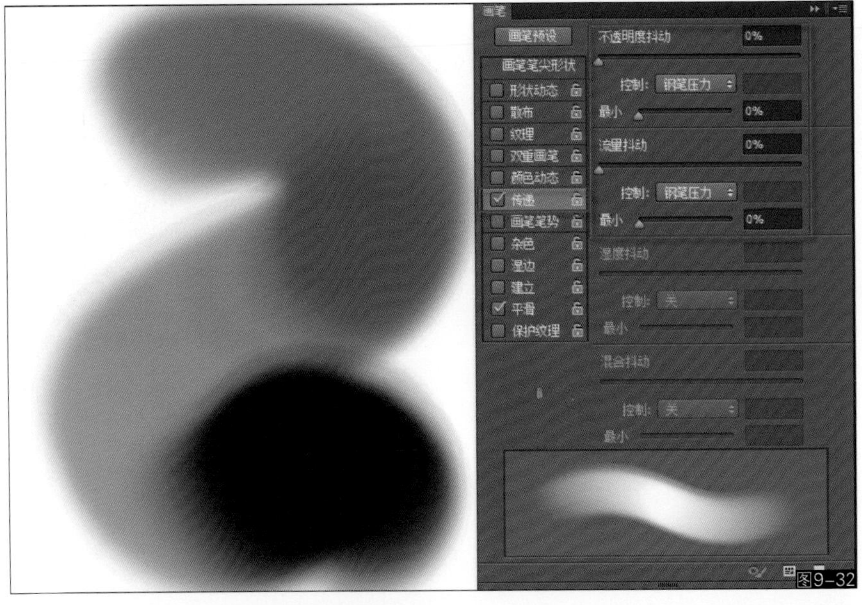

图9–32

06 下一步，我们为笔触适量设置一些大小抖动，这样画笔边缘就不再是整齐的，看上去更加自然（如图 9-33 所示）。

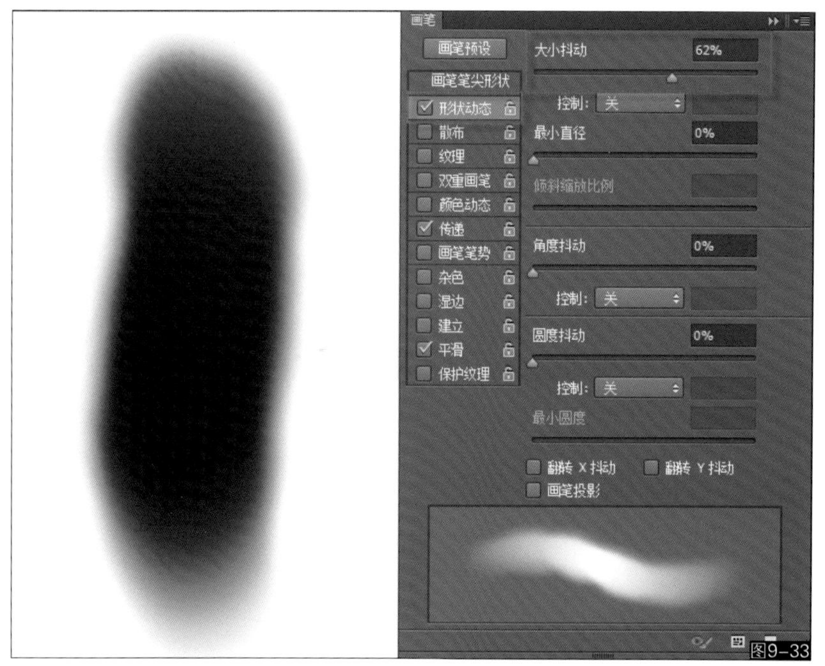

图9-33

07 这一步我们打开“纹理”属性，为笔触设置一个水彩纸纹理，模式使用“正片叠底”，这样就能有一个均匀的纹理叠加到整体笔刷上，同样不要忘记用钢笔压力控制深度，这样用笔较轻时就能看到明显的水彩纸结构（如图 9-34 所示）。

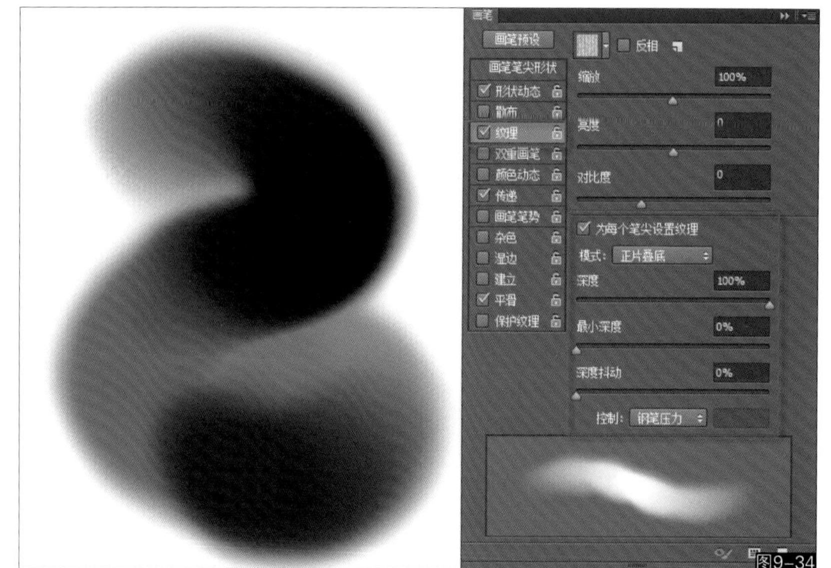

图9-34

08 接下来我们开启“湿边”属性，这是一个没有参数设置的属性，打开后笔触中心就会更加透明，看上去更像水晕染开的效果（如图 9-35 所示）。

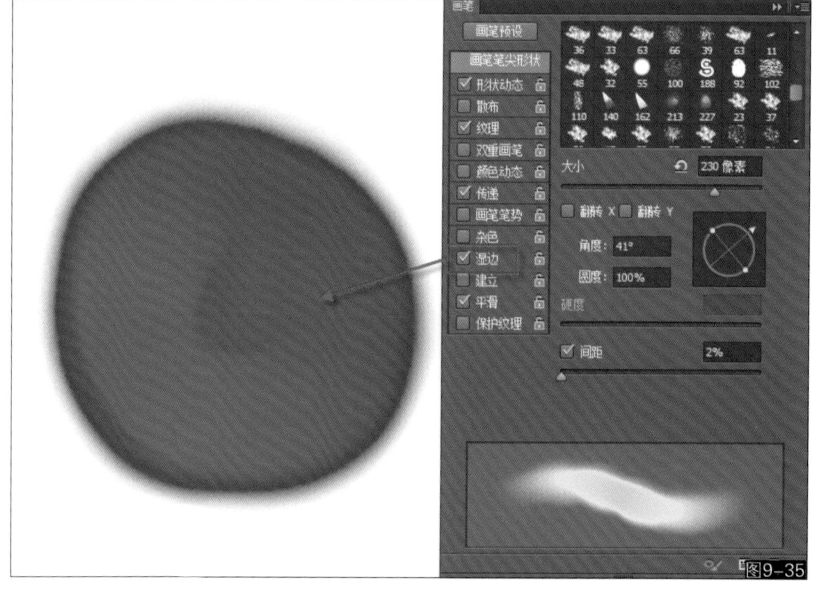

图9-35

09 下面我们打开“双重画笔”属性，这是一个高级画笔设置属性，其原理是将两个笔触进行相加或相减。我们可以将一个画笔预设以某种叠加模式混合到当前画笔中，这样就能得到更加丰富的笔触变化，其参数也是模式、大小、间距、散布、数量，我们可以尝试改变不同的叠加模式来测试到底哪一种效果最好。对于水彩笔来说，水分的分布是不均匀的，因此我们采用正片叠底模式混合进一个柔边圆形笔触，将当前笔刷的密度打乱，以此获得更加自然的水韵效果（如图 9-36 所示），当然大家也可以尝试其他的混合方式与其他形状的笔触。

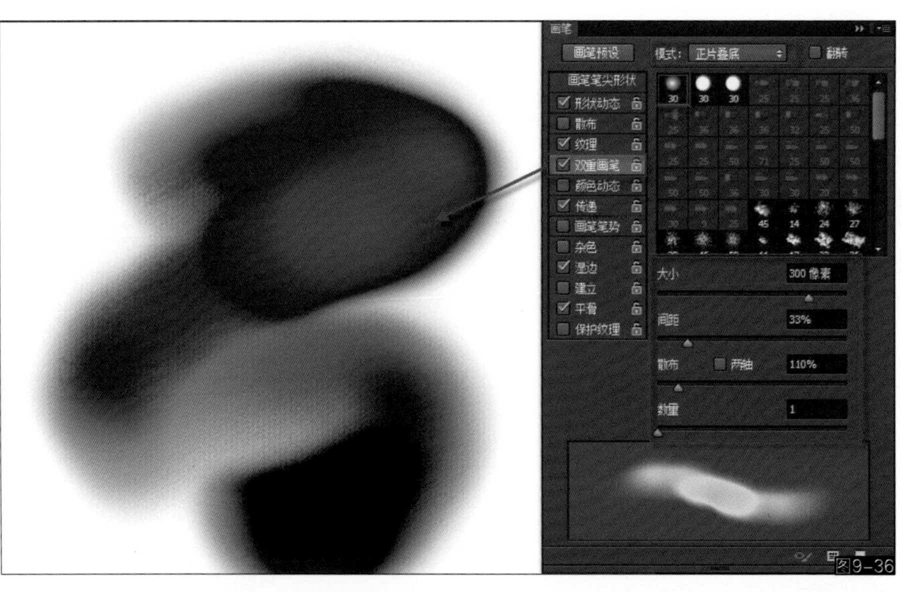

图9-36

10 最后我们将画笔叠加模式设置为正片叠底，选择一个颜色就能测试当前这个画笔的效果，之所以选择正片叠底模式是因为我们需要笔触产生色彩反复叠加后透明加深的反应，这样才像水彩的特性，而采用正常模式得到的是覆盖方式的色彩（如图 9-37 所示）。

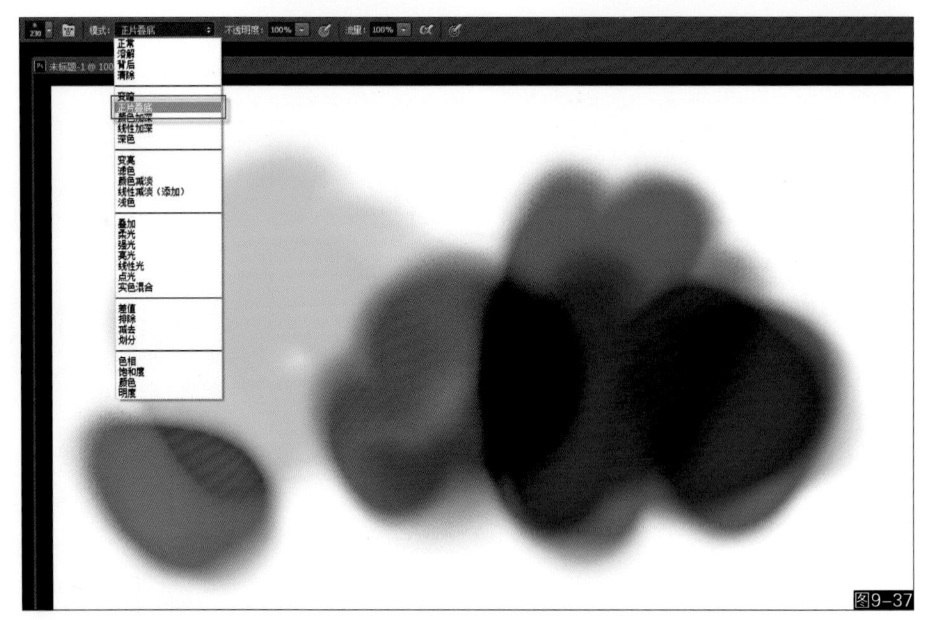
图9-37

4. 如何创建一支形状画笔

01 形状画笔常用于绘制单一物体形状，如几何形、叶子、花草、花边、图案等，制作时我们需要考虑笔触形状的方向性。首先我们可以创建一个 256 像素 x256 像素的形状结构（如图 9-38 所示），然后将其定义为画笔预设。

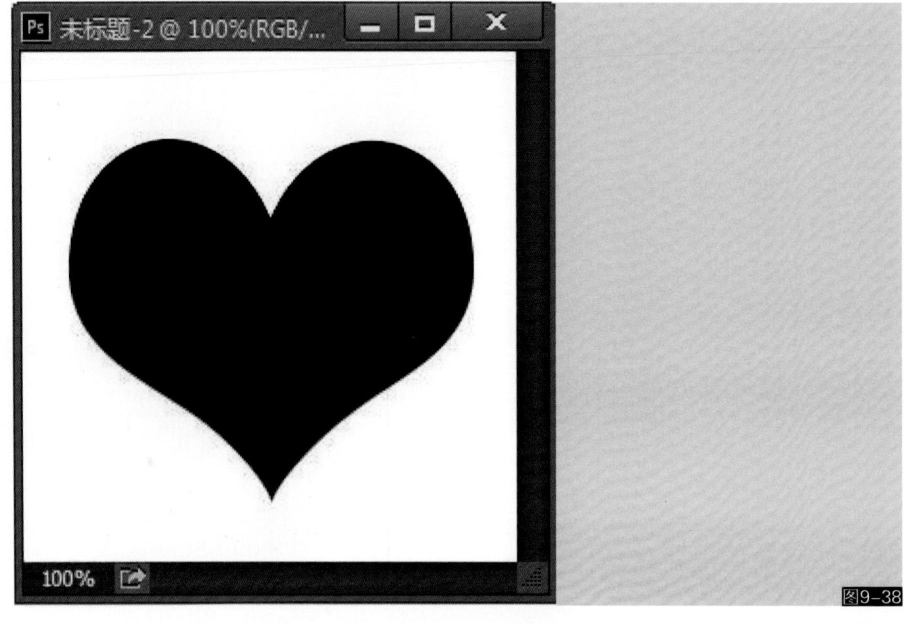

图9-38

02 形状画笔最关键的第一步是调节其间距排列，注意调整好需要的间隔（如图 9-39 所示）。

图9-39

03 如果只是用于绘制图案背景，这个画笔的创建就已经完成（如图 9-40 所示），具笔尖形状的方向永远是垂直的，但是如果我们需要根据运笔方向改变笔尖形状对齐运笔轨迹，那么还需要其他控制。

图9-40

04 进入“形状动态”属性，将角度控制的方式切换为“方向”，这样笔尖形状就会根据运笔方向不断改变自身角度来进行对齐，这是非常关键的一步，也是很有用的一种画笔控制方式，适合于很多类型的画笔（如图 9-41 所示）。

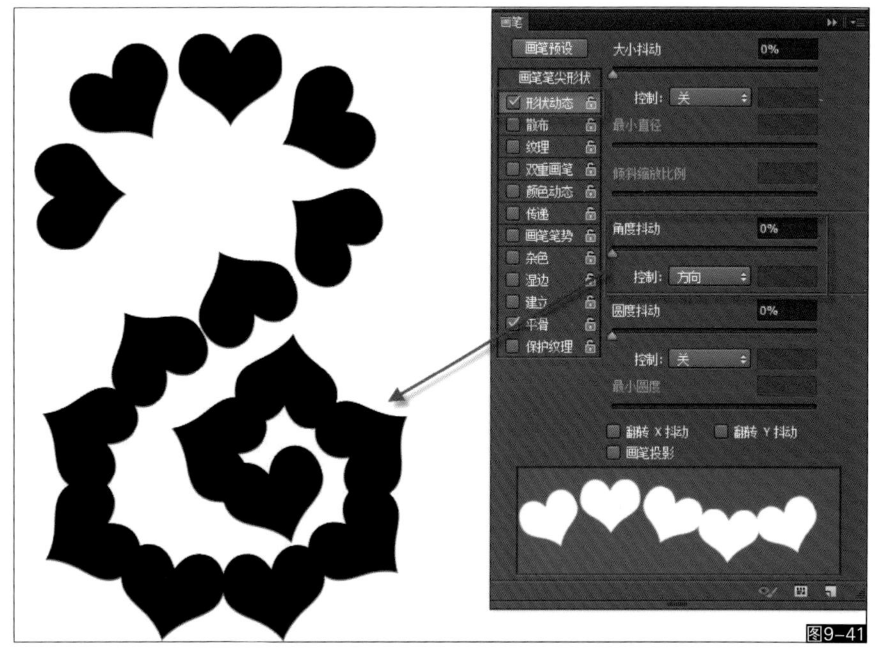

图9-41

05 了解了这个规律，我们可以尝试来制作一个常用的植物类画笔，新建一个 256 像素 x 256 像素的画布，我们绘制出一个树枝和两片对称的叶子，注意树枝的上下部分处理虚化一些，这样当笔触连续排列时可以产生很好的衔接，然后将其定义为画笔预设（如图 9-42 所示）。

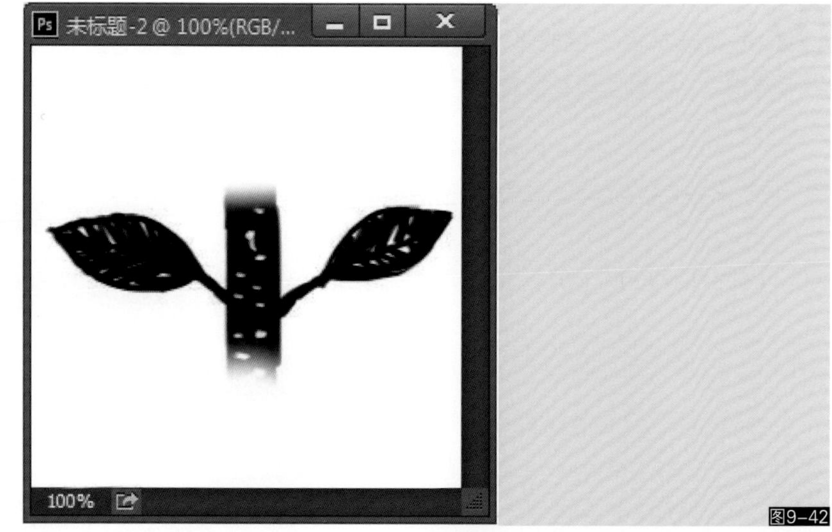

图9-42

06 接下来调整笔尖形状的角度和间距，尽量使其排列紧密同时角度前后对齐（如图 9-43 所示）。

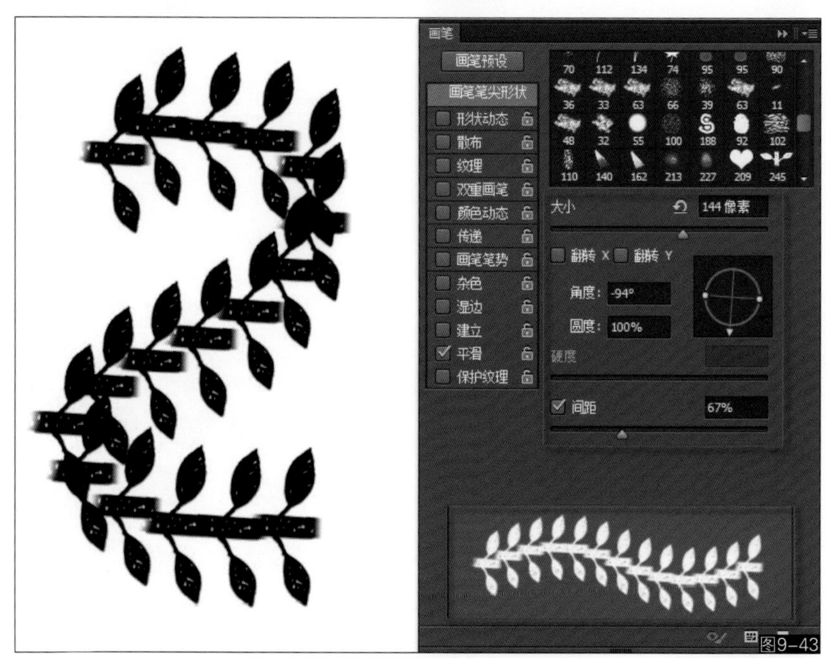

图9-43

07 接下来我们打开“形状动态”属性，用方向方式来控制笔尖的角度，这样树叶就能根据画笔轨迹对齐了（如图 9-44 所示）。

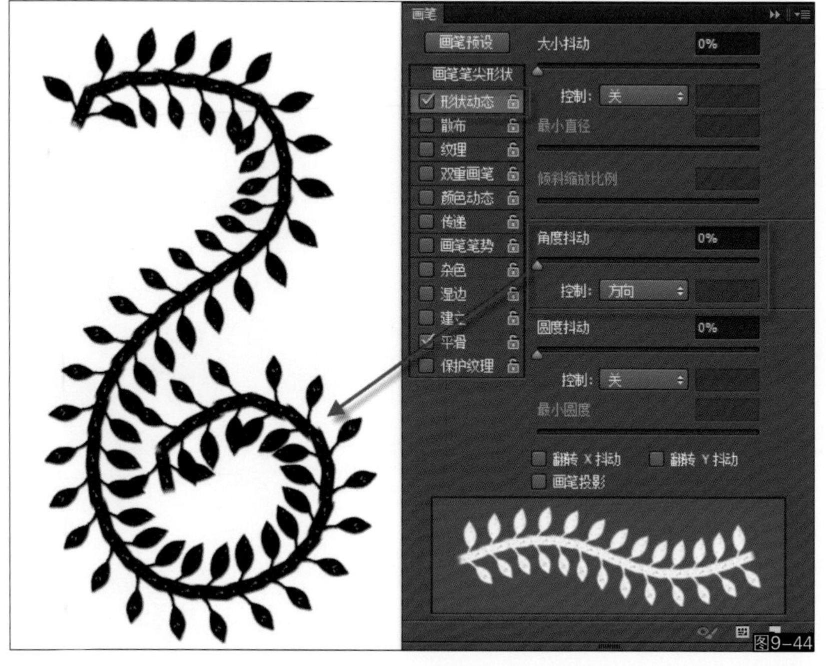

图9-44

08 接下来我们使用钢笔压力方式来控制笔触大小，同时增加一定的大小抖动，这样树叶就能根据画笔轻重变化粗细，同时有一定随机抖动，叶片就不再是一样大的，看上去更加自然。如果出现笔触断开的情况，可以再次缩小一些间距（如图 9–45 所示）。

图9–45

09 接下来我们打开“传递”属性，用钢笔压力方式同时控制不透明度与流量，这样树叶就根据下笔轻重产生虚实变化了（如图 9–46 所示）。

图9–46

10 接下来我们保存这个画笔，就可以用它来进行一些实际测试了。这里我们可以先画好一些树干，再用这个叶子画笔绘制出树叶层次，由于有方向控制，因此用笔时可以根据树干结构来运笔（如图 9–47 所示）。

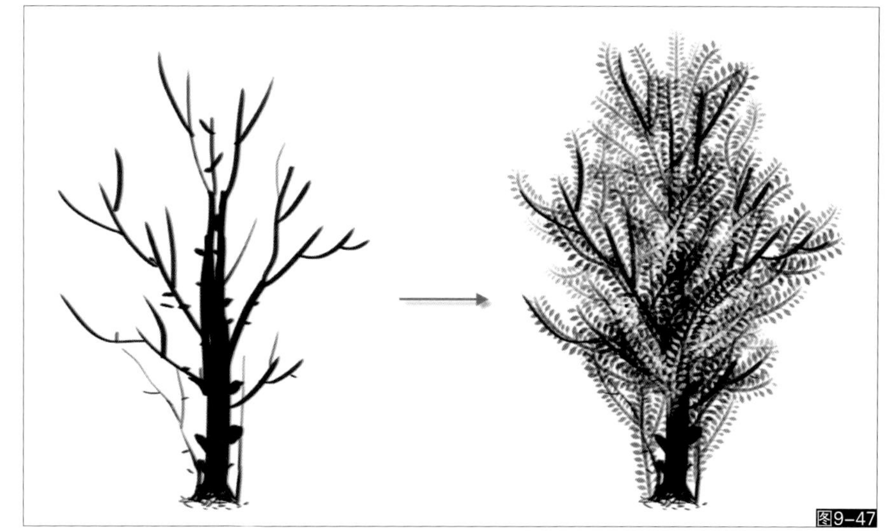
图9–47

11 下图是使用单一叶子形状加上散布设置得到的另外一种形状画笔（如图 9-48 所示），大家可以根据这个规律多尝试制作各种不同方式的画笔形式。

图9-48

5. 如何通过照片元素创建一支画笔 1

利用照片或是各种图片素材可以帮助我们制作出更为精细和丰富多彩的画笔形式，在这个案例中我们将学习如何提取照片中的结构将其转化为笔刷。

01 观察下图，这是一幅云彩的照片，我们需要提取其中的某一部分将其转化为笔刷（如图 9-49 所示）。

图9-49

02 画面中心的云朵造型结构比较完整，非常适合提取，但是需要注意，所提取的结构尽量不要有比较显眼或是特殊的构造（如图 9-50 所示）。云朵上的一些细碎的特定造型，如果全部提取出来会造成笔触连续排列后反复出现这些容易识别的特殊结构，笔触最终看上去会非常不自然，所以不是任何照片元素都适合提取，应注意提取结构完整但是特征不要太突出的位置，如果不能避免，需要后期手动修复这些部位。

图9-50

03 由于画笔制作必须是黑白图像，因此我们需要将图像进行去色处理（如图 9-51 所示）。

04 接下来剪裁画面至云朵位置，然后检查当前画面像素尺寸，尤其是单反相机拍摄的图片一般都很大，过大的尺寸会严重降低绘画的效率，因此这个云朵大小一般情况控制在 500 像素以内即可，除非我们需要绘制高精度的图片，不然不要轻易使用上千的像素来制作笔刷（如图 9-52 所示）。

图9-51

图9-52

05 接下来我们需要清理云朵的背景，使用图像菜单中色阶工具的黑色吸管吸取云朵背景色，这样就能快速将背景处理为黑色以此提高对比度，但是注意吸取位置的色彩深度，可以由深到浅找一个合适的区域吸取，尽量让背景变黑的同时也保证云朵的结构完整（如图 9-53 所示）。

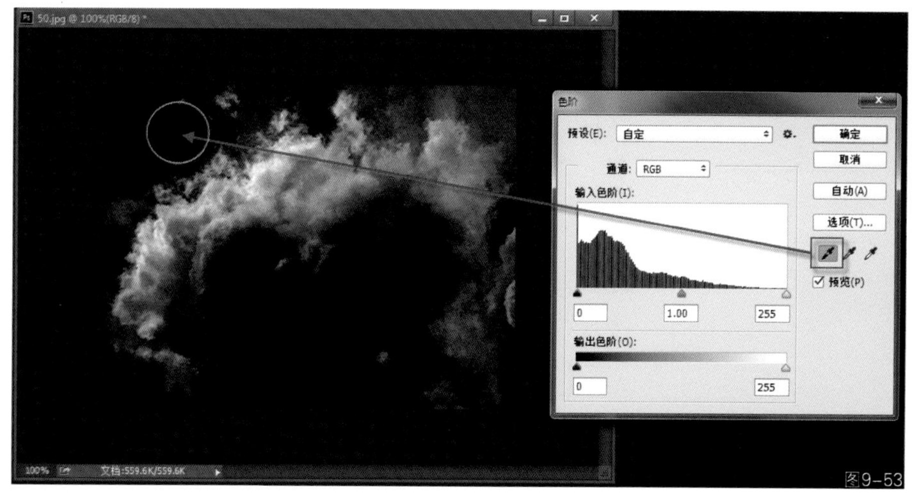

图9-53

06 接下来用纯黑色的柔性画笔将云层周围的背景涂黑，一定要保证画面的四个边都是纯黑色，这样才能透明，同时涂抹掉云层边缘细碎的小结构，保证整个造型接近没有特点的圆形（如图 9-54 所示）。

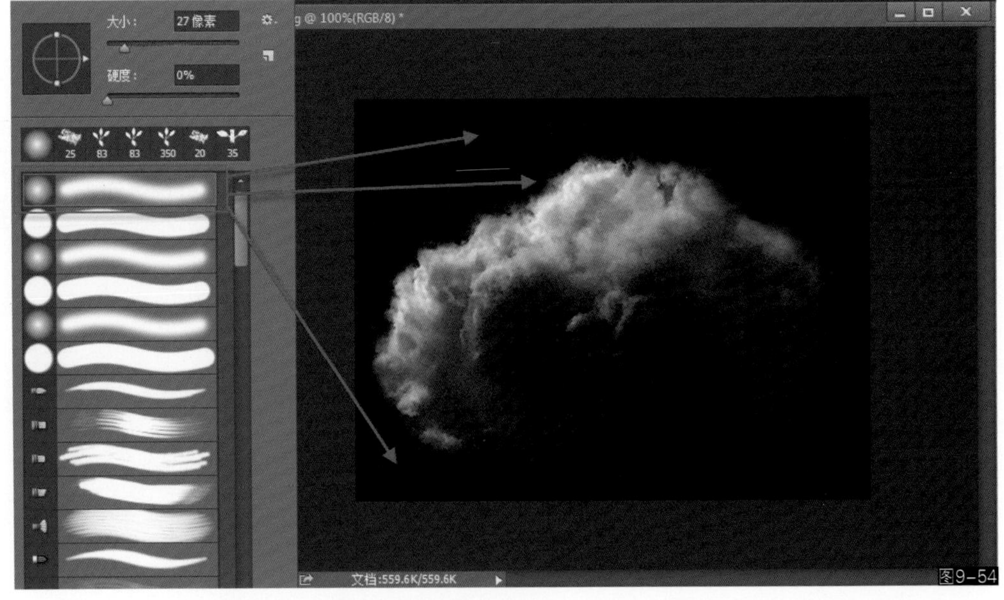
图9-54

07 除了边缘，有些细小的特殊结构也需要找到并用克隆工具擦除，避免在重要部位出现特征明显的结构（如图 9-55 所示）。

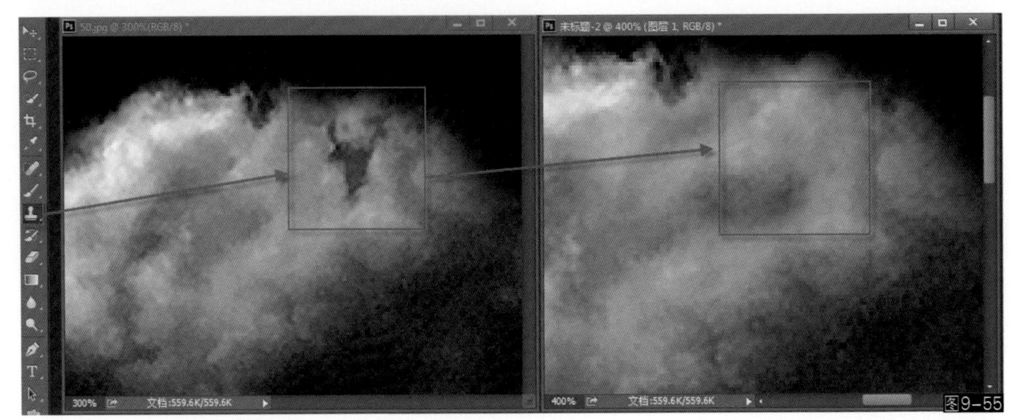
图9-55

08 接下来用低透明度的柔性画笔将云体的暗部提亮一些，因为太黑的话这些部分做成笔刷后是透明的，会失去整朵云的结构，但是注意云朵下方应呈现逐渐变黑的渐变关系，这样云朵才有虚实关系变化，这一点非常重要（如图 9-56 所示）。

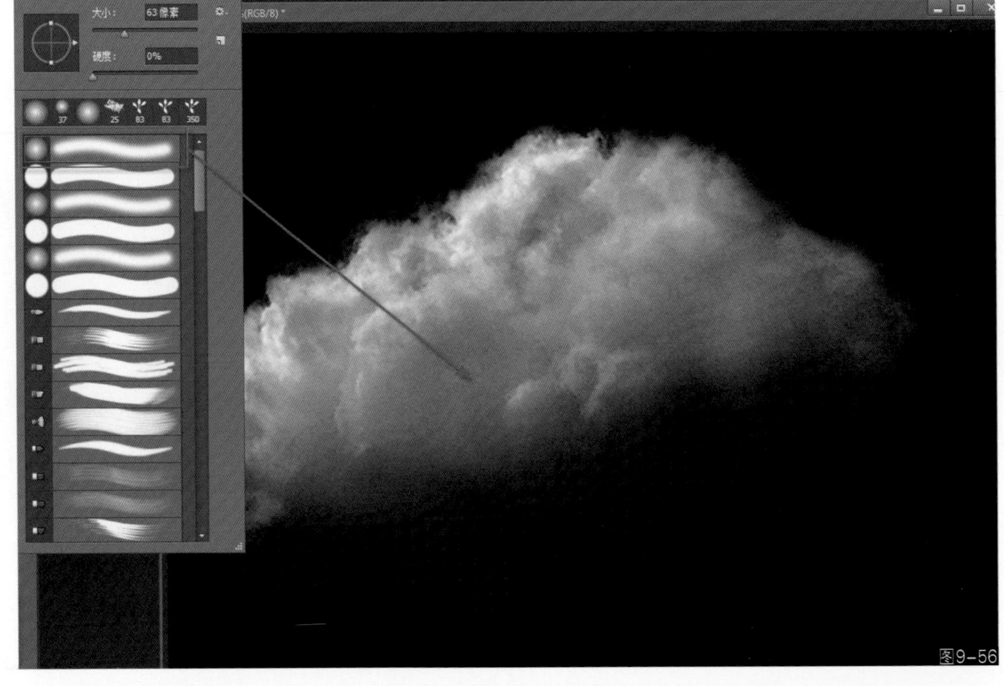
图9-56

09 如果是手机拍摄的画面会有较大的颗粒结构，建议照片都进行一下滤镜的模糊处理，这里使用一个像素的高斯模糊来去除这些噪点（如图 9–57 所示）。但是某些特定需求下，如果是转化其他照片元素噪点，反而需要保留以强调画面质感，如纹理、石头、植物等，根据情况来判断。

图9–57

10 接下来我们需要将图像反色，由于笔刷制作黑色是不透明区域，白色是全透明区域，因此很多人忘记了这一步就直接转化成画笔预设了，然后将这个画面定义为画笔预设（如图 9–58 所示）。

图9–58

11 下一步我们调节合适的间距与角度，尽量让云朵横向排列方便绘画（如图 9–59 所示）。

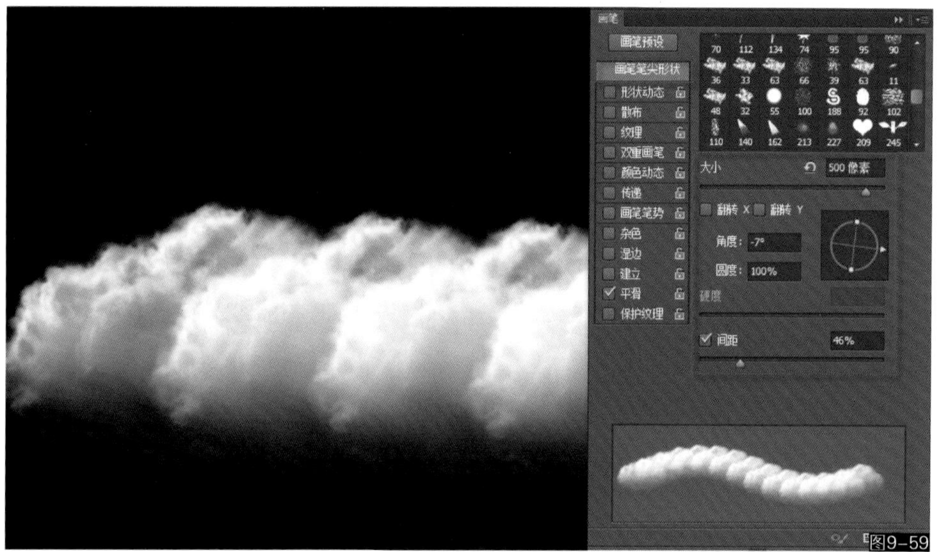

图9–59

12 接下来开启“形状动态”属性，增加大小抖动让云朵变得大大小小，开启方向控制角度，这样云朵绘制起来才会跟随画笔转向，同时增加一小点角度抖动给云朵，让每一朵云的角度都能随机偏移一些，这样看上去就更加自然（如图 9-60 所示）。

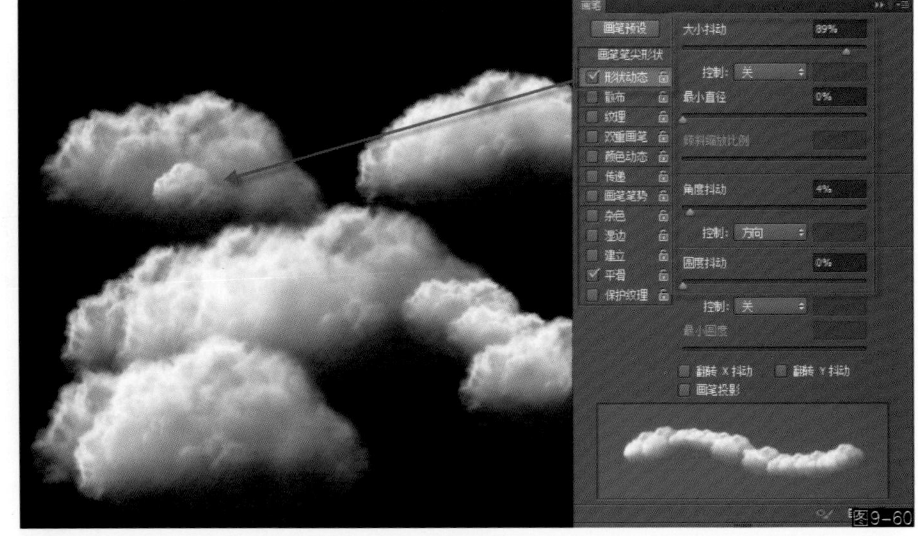

图9-60

13 接下来打开“散布”属性，为云朵增加一定量的散开变化，这样就不会绘制出一排直线状的云，云层会上下随机偏移（如图 9-61 所示）。

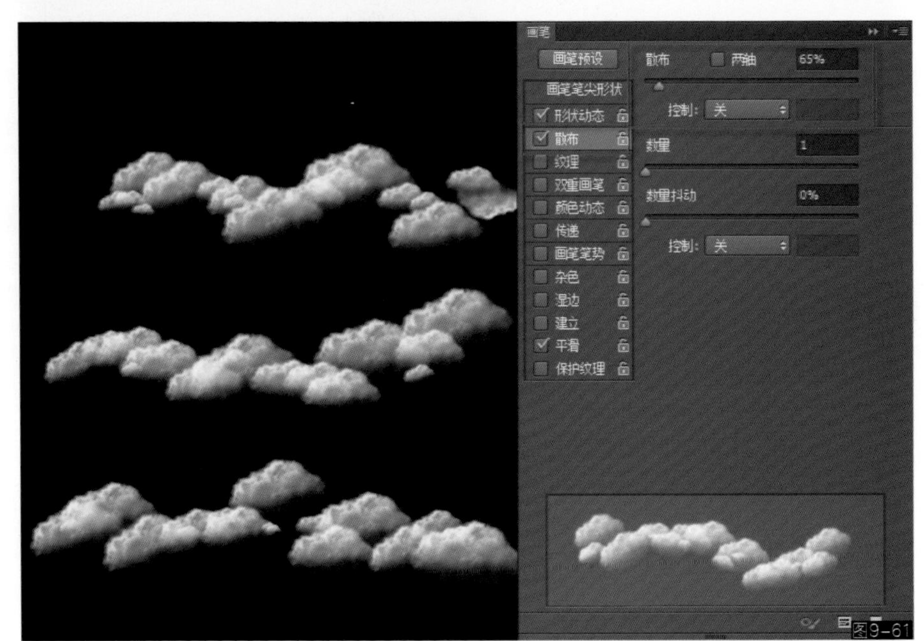

图9-61

14 最后开启“传递”属性，用钢笔压力控制流量抖动，之所以不使用不透明度控制，是为了避免云层中心变透明后覆盖率低，容易把画面层次感搅乱，对于这种既有厚重结构又需要有一定层次感的笔触，建议只开启流量控制即可（如图 9-62 所示）。

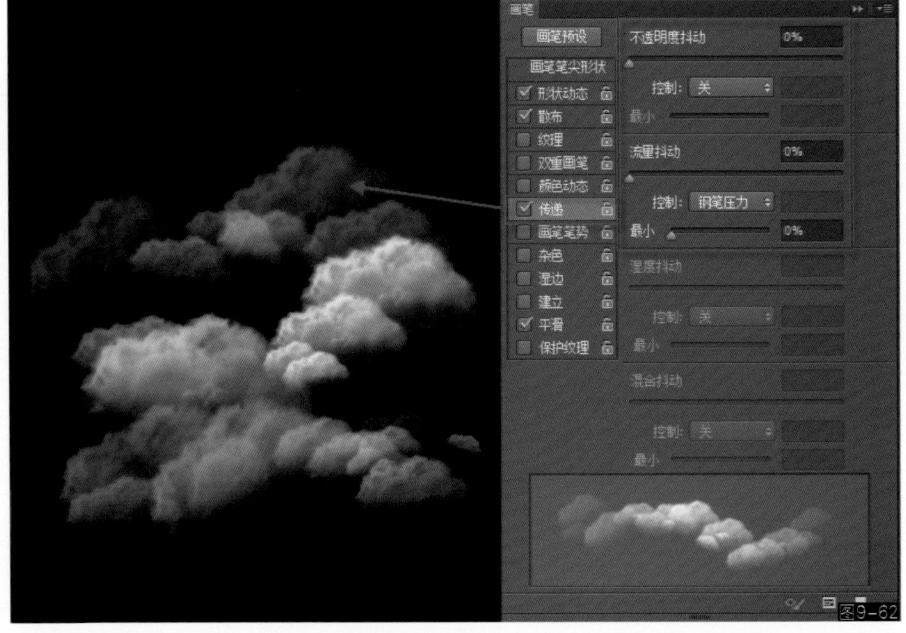

图9-62

15 至此笔刷创建完成，我们可以用不同颜色测试这个画笔是否达到需要，最后测试阶段可以回头再次调整笔刷间距以找到一个合适的值，用笔时注意大小兼顾，不要一个尺寸画到底，云层的体积与色彩也要使用不同颜色来画，不要只是一个白色涂满画面，必要时还可以使用天空色来修饰云层轮廓，需要灵活掌握（如图 9-63 所示）。

图9-63

6. 如何通过照片元素创建一支画笔 2

下面这个实例我们将按照之前讲述过的方法，简略快速地提取一个植物类画笔。

01 首先，拿起自己的相机或是手机，到户外拍摄一张植物的照片，注意拍摄素材的完整性，不要虚焦，清晰地呈现部分植物的结构即可（如图 9-64 所示）。

图9-64

02 将这个照片处理为黑白，同时增大对比度或是调节色阶，让植物叶片凸显出来，尽量减少灰色，因为灰色部位是半透明色，过多半透明区域影响笔刷覆盖效果，画面层次会越画越乱（如图 9-65 所示）。

图9-65

03 接下来剪切画面中所需要的部位，对于这种杂乱的结构，一般情况选择偏向圆形的区域为主，不要截取长条形或是方形结构，这样画笔形状旋转时才会比较规整和好控制（如图 9-66 所示）。

图9-66

04 接下来使用黑色柔性画笔将不需要的背景涂黑，注意把较清晰的叶片边缘结构保留下来，不要产生羽化，然后将整个画布调整到500像素左右的大小，以保证绘画的速度（如图 9-67 所示）。

图9-67

05 接下来反转这个图像的色彩，并定义为画笔预设（如图 9-68 所示）。

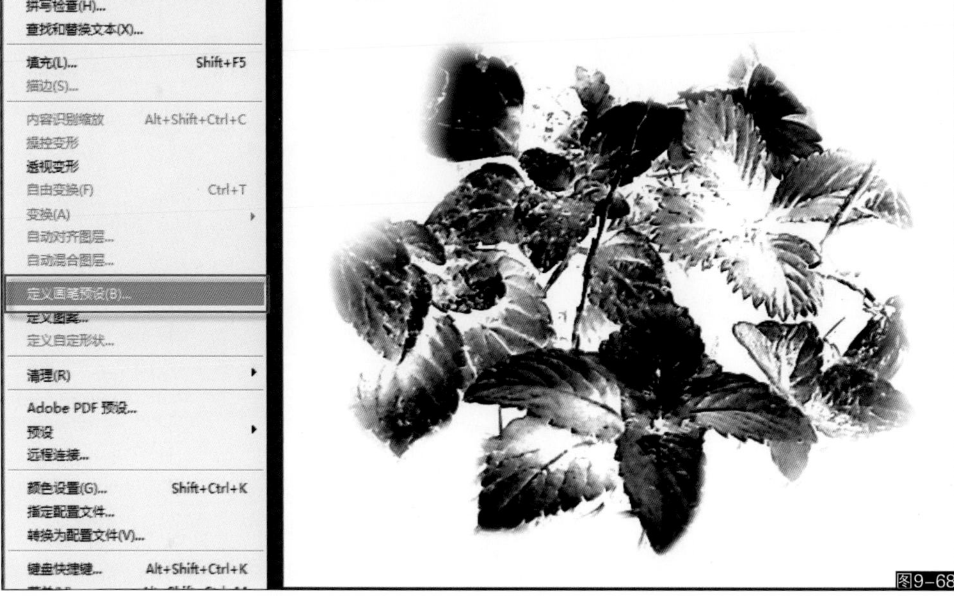

图9-68

06 接下来设置形状动态、散布、传递属性，尤其是需要增高角度抖动强度，让笔触产生旋转，形状类画笔一般不要开启不透明度控制，避免笔触过于透明，开启流量控制即可（如图 9-69 所示）。

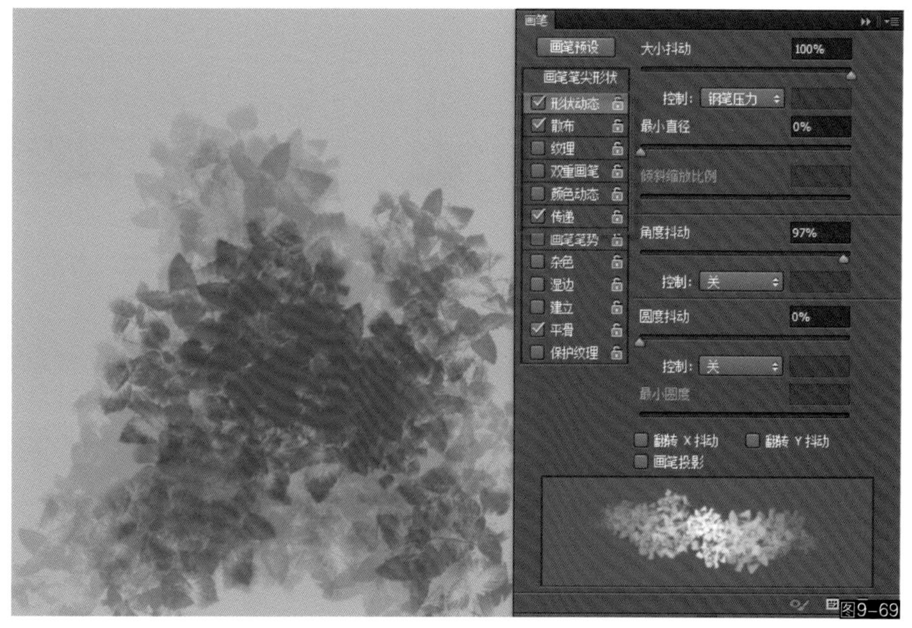

图9-69

07 接下来我们开启“颜色动态”属性，在这里我们可以将 Photoshop 的前景色和背景色分别设置成不同的颜色，通过开启前景 / 背景抖动来随机控制两个色彩的随机出现，以此增加色彩细节；同时还能根据需要设置色相抖动、饱和度抖动、亮度抖动、纯度（如图 9-70 所示）。

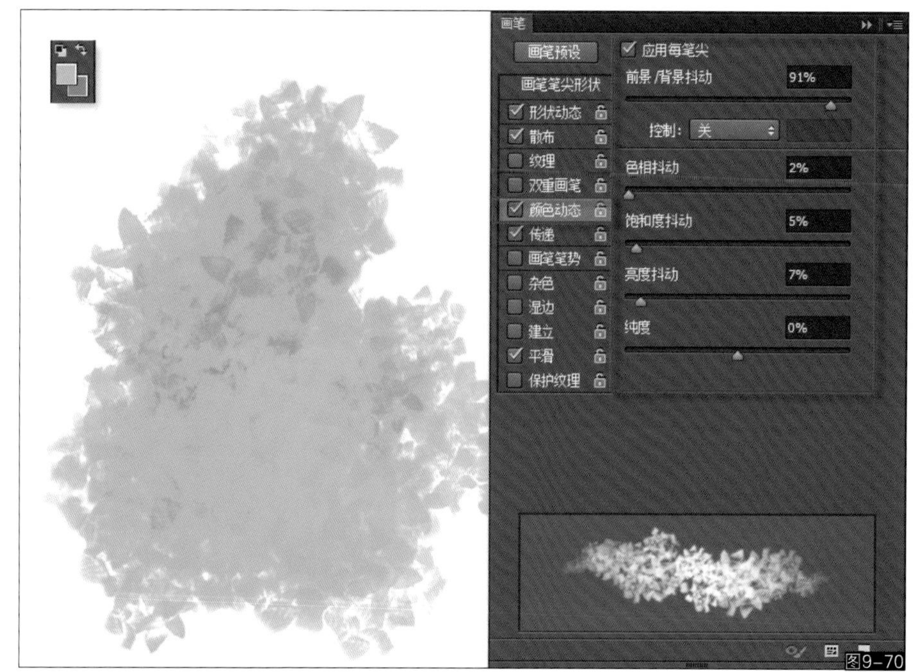

图9-70

08 绘制这类画笔我们需要先绘制浅色，再绘制重色，再绘制浅色，反复多次后就能得到比较不错的画面层次感（如图 9-71 所示）。

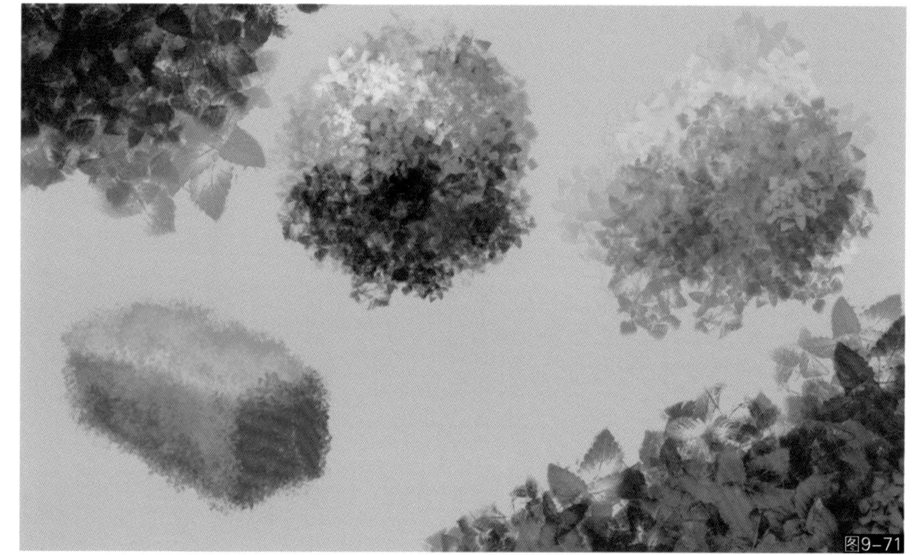
图9-71

7. 如何创建一支特效画笔

01 打开配套光盘提供资源中的“酷炫光影纹理\Random params 13”图片，这是一幅绚丽的星云画面，下面我们尝试将其转化为一支魔法特效画笔（如图 9-72 所示）。

02 接下来将这个图像修改为 512 像素 x512 像素的，然后去色处理，将颜色反转（如图 9-73 所示）。

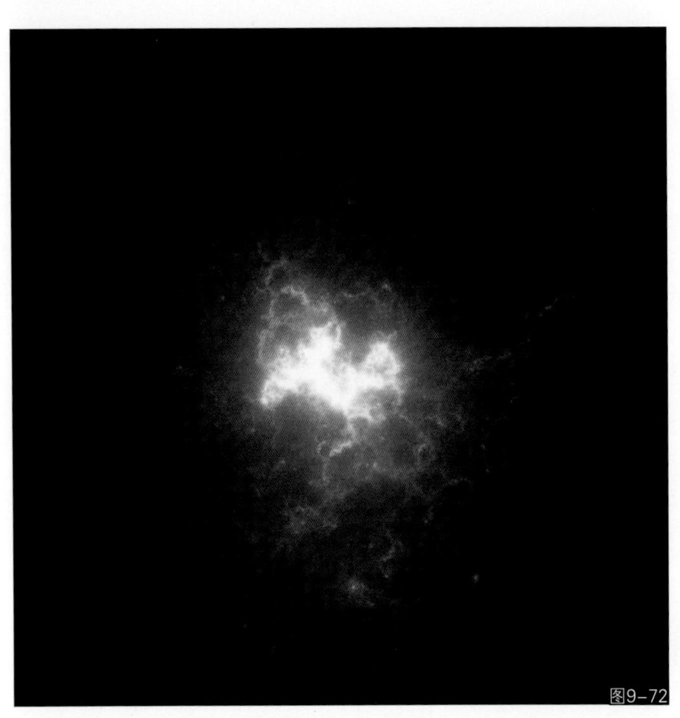
图9-72

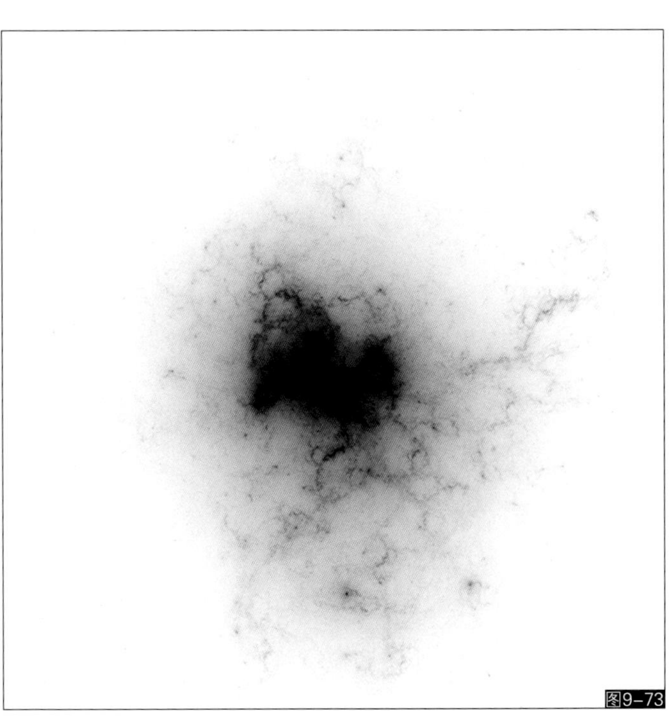
图9-73

03 接下来用纯白色柔性画笔将所有画面的边缘都涂抹一遍，保证没有黑色或灰色像素超出画面以外，哪怕最微弱的灰色（如图 9-74 所示）。

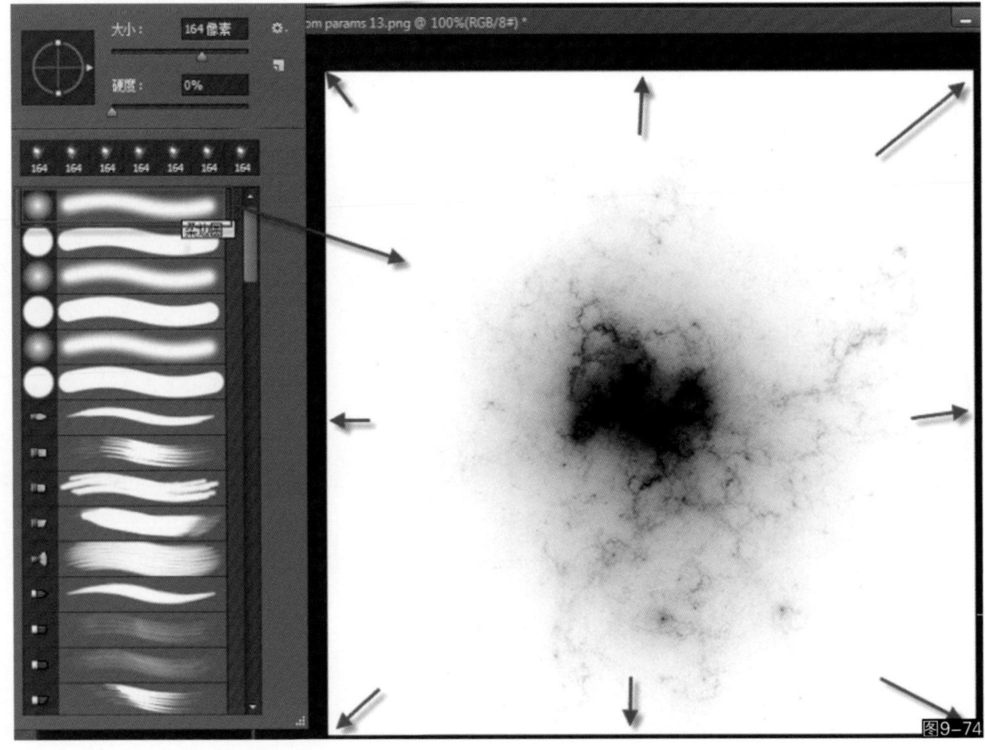

图9-74

04 接下来定义这个图像为画笔预设，调节间距到合适位置，间距调节不一定一步到位，后续还将返回根据需要调整（如图 9-75 所示）。

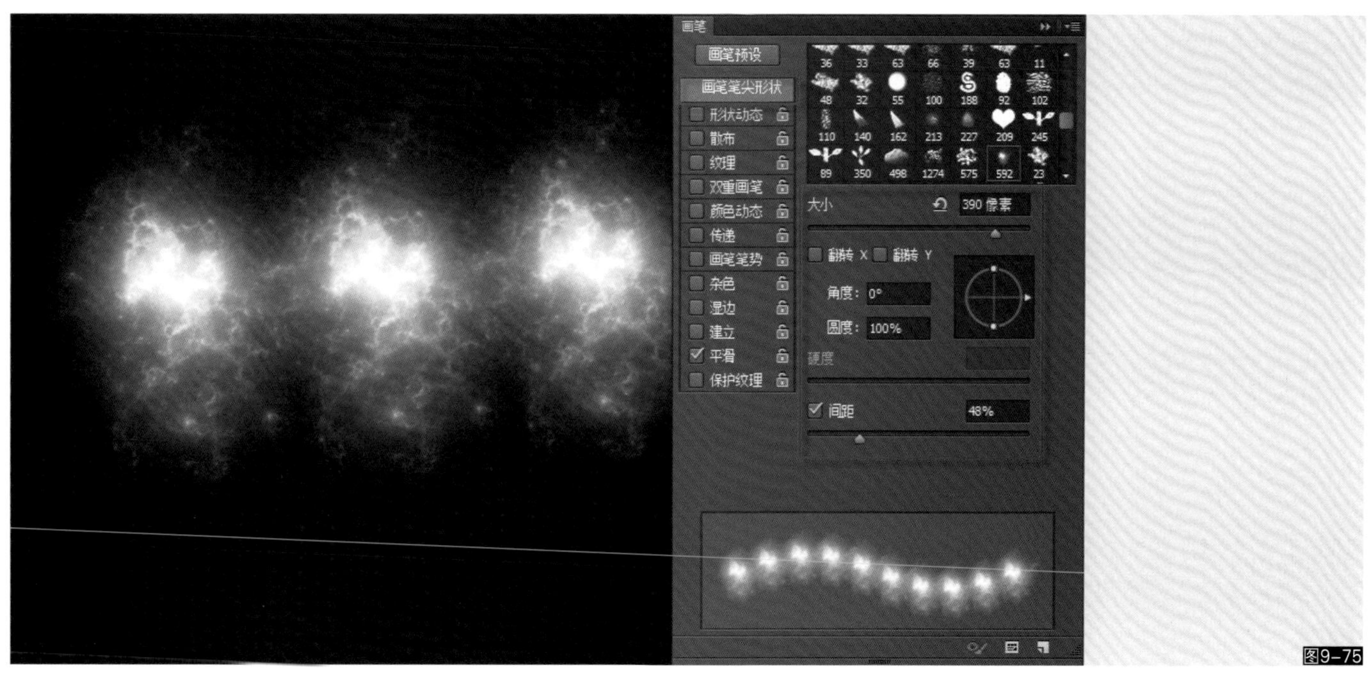

图9-75

05 接下来设置"形状动态"属性，将角度抖动设置到最高，这样每一个星云就会随机选择一个角度出现。对于大小控制这里我们将使用"渐隐"方式控制笔刷大小变化，渐隐的意思就是笔触将产生一个限制性的距离，然后停止，类似于拖尾效应，渐隐值即拖尾的长度，当然这个距离也和间距的大小有密切关系，这里的最小直径意味着拖尾结束时画笔的大小，一般为 0（如图 9-76 所示）。

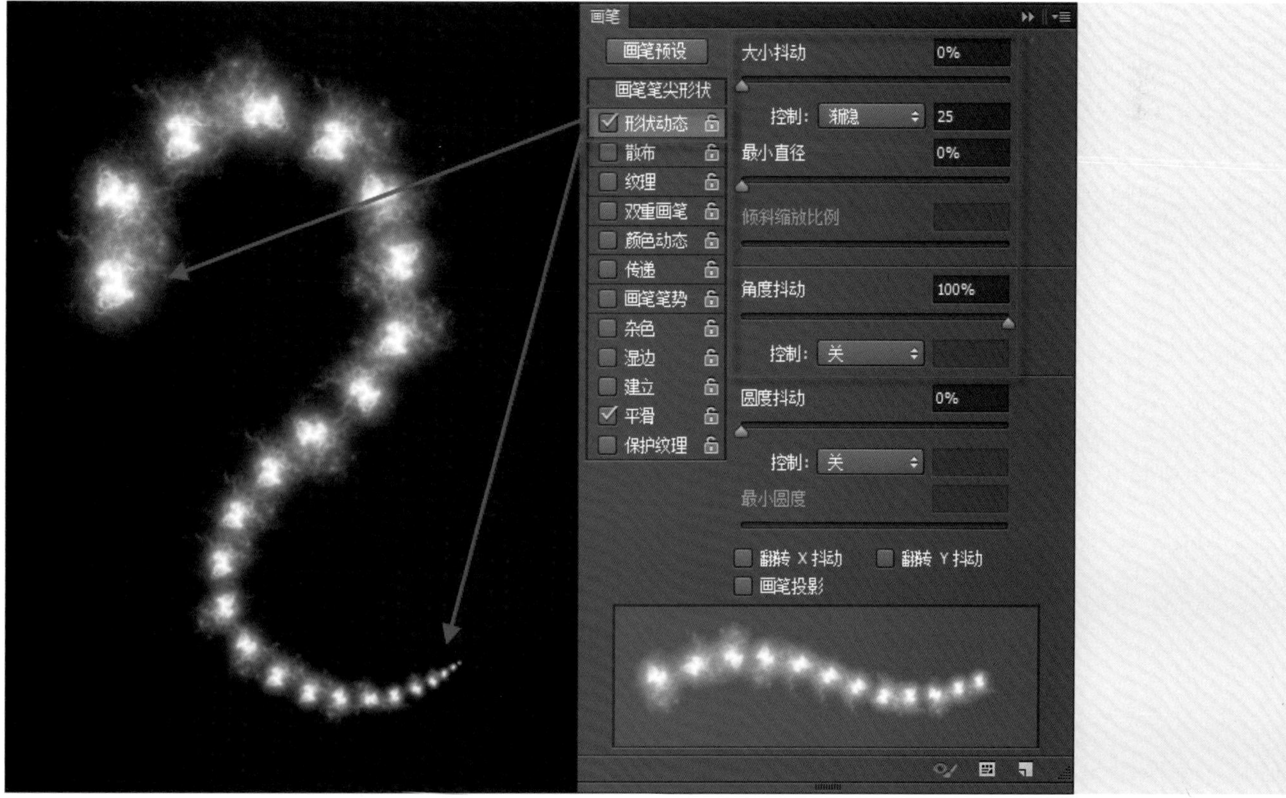

图9-76

06 目前笔触间距太大，没有连贯性，接下来增大渐隐距离到 50 左右，同时缩小笔触间距到 26 左右，将大小抖动设置到最高，这样就为笔触带来了更多的自然变化（如图 9-77 所示）。

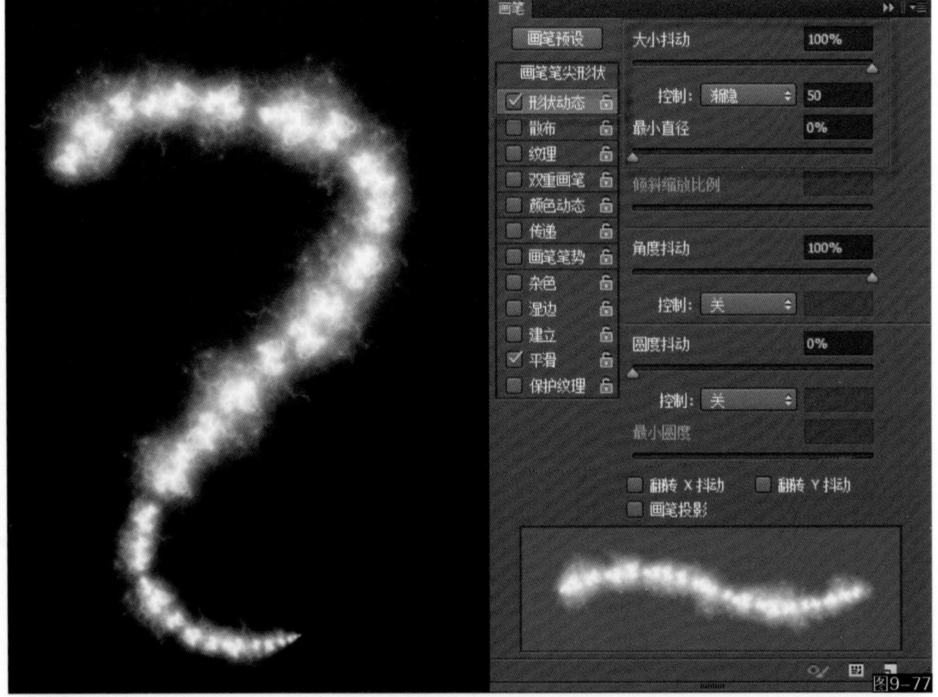

图9-77

07 下面我们开启“传递”属性，同样用渐隐的方式控制不透明度以及流量，长度同样设置为 50，这样在拖尾结束时笔触也会变透明消失（如图 9-78 所示）。

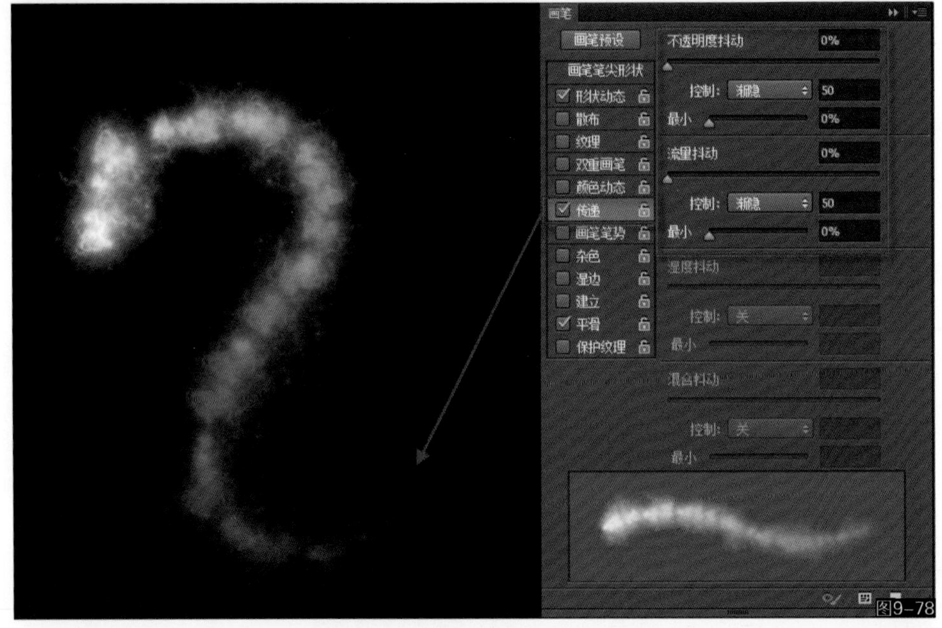

图9-78

08 最后我们将画笔模式设置为“颜色减淡”模式就可以测试这个画笔的效果了，确定后就可以将其创建为新画笔预设（如图 9-79 所示）。

图9-79

8. 如何创建一支纹理画笔

01 接下来这个案例我们将学习如何从照片元素创建一支纹理画笔，首先我们可以使用手机或是相机根据需要拍摄一张自然纹理，和之前提到的原则一样，如果是需要创建平铺方式的画笔，尽量不要拍摄到太过于具体化、特定化的结构，素材结构应该均匀无特色为准，就像下面这幅石头纹理（如图 9–80 所示）。

图9–80

02 下面将这个纹理照片去色处理，然后再使用色阶调节将中间色去除一些，保留较多的黑色与白色以增强其对比度（如图 9–81 所示）。

图9–81

03 接下来将图像尺寸调节到 700 像素宽幅左右，如果需要用于绘制较大图像可以根据实际情况增加，这里仍然以保持绘画效率为首先考虑的原则，对于纹理画笔黑色与白色结构是相对的，保留哪一边都是可行的，并不一定需要反转颜色，具体结果需要进行测试后才能定夺，但是画布边缘一定要处理为虚化的，以防止方形硬切结构出现（如图 9–82 所示）。

图9–82

04 接下来将这个图像定义为画笔预设，然后调节间距、形状动态、散布等使其随机旋转变化，但是我们会发现，由于笔触排列太紧密导致绘画时会出现很多高密度区域，看上去很不均匀（如图 9-83 所示）。

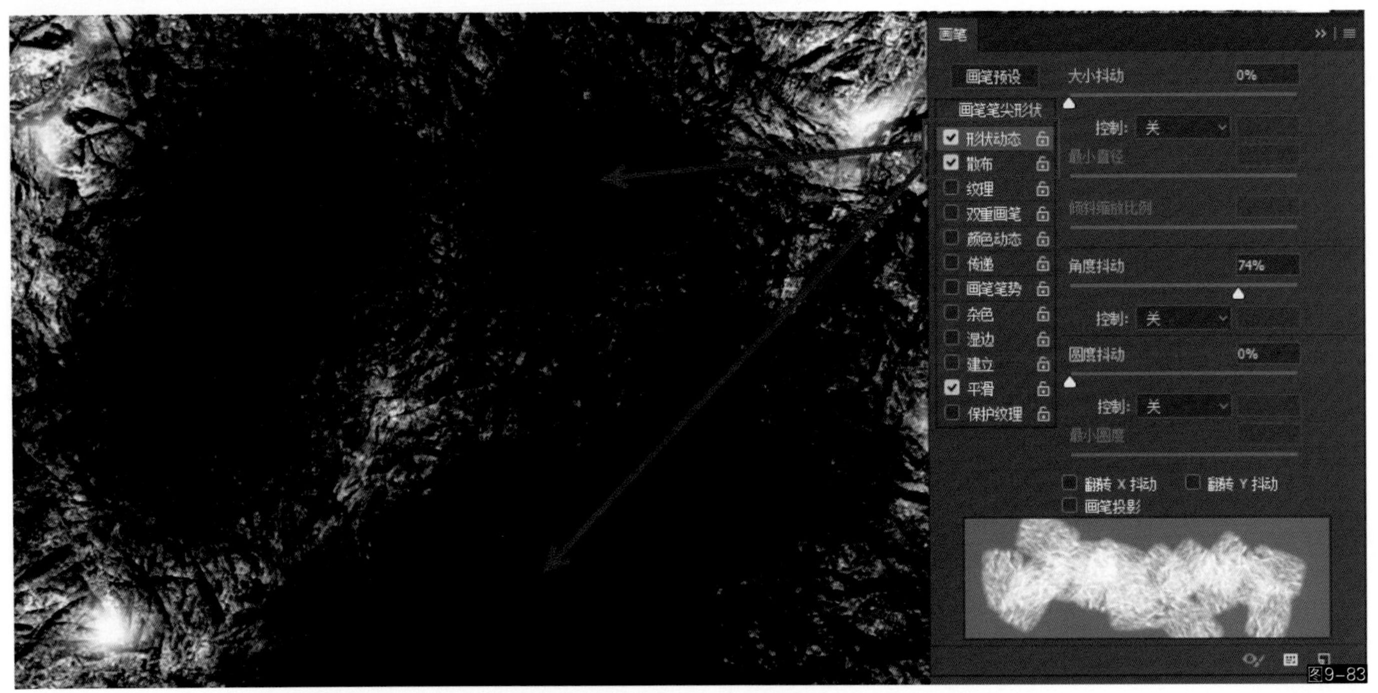

图9-83

05 接下来首先打开“传递”属性，使用钢笔压力模式控制不透明度与流量，然后打开“双重画笔”属性，选择叠加自己（选择相同笔触形状），切换叠加模式为“线性高度”，这样就能让两个笔触形状相互叠加影响，从而减去中心密度较高的区域，这个属性类似于加减法的效果，但是笔触形状的大小和间距、散布等要调节适合到原始笔触结构，可反复测试。双重画笔的价值在于干扰初始画笔的结构，使其产生更多的变化，是笔刷工具创建时非常重要的高级技能，但是它使用的前提是必须有基础笔刷预设创建好在先，因此在具体笔刷创建前就得全盘考虑好需要的预设素材（如图 9-84 所示）。

图9-84

06 接下来我们也可以尝试返回照片素材将黑白色反转，重新定义这个画笔，也能得到不一样的纹理效果（如图 9-85 所示）。

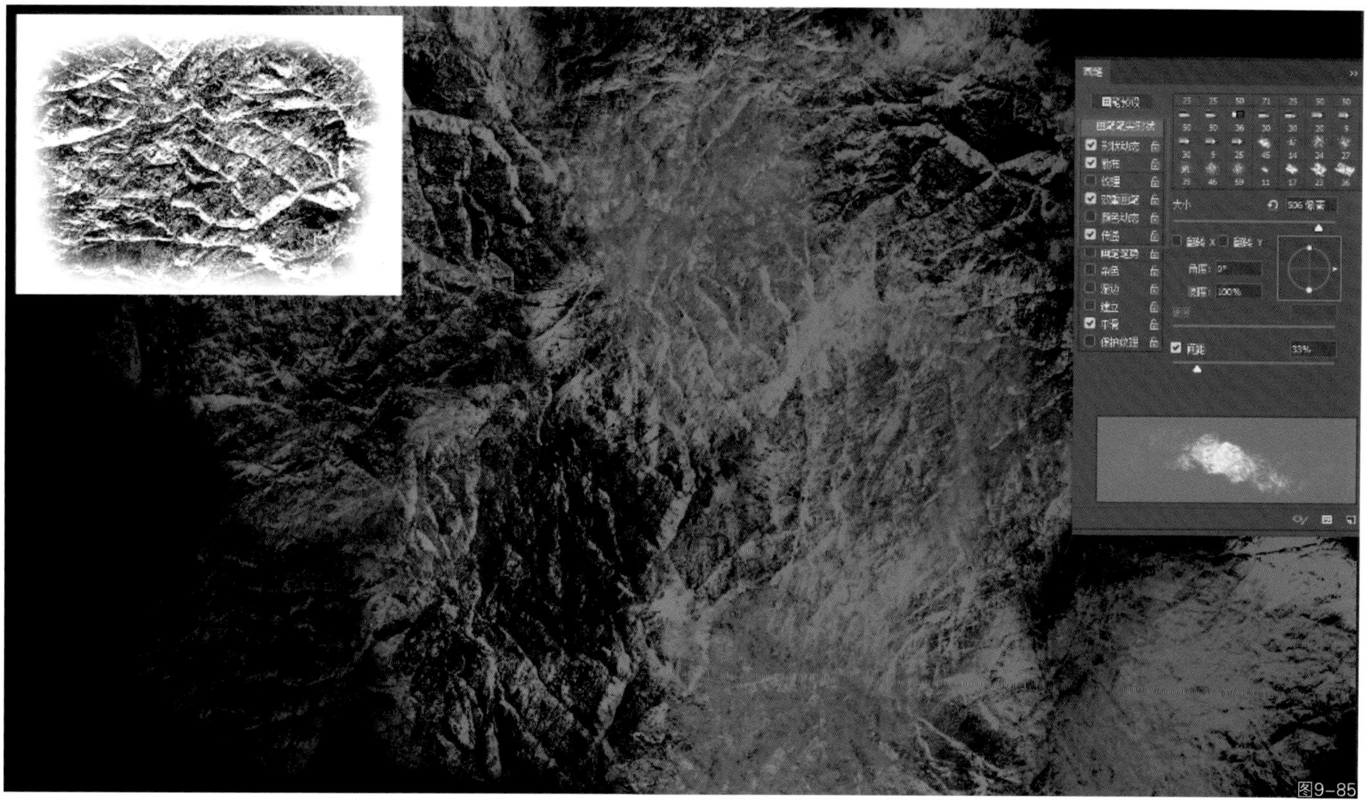

图9-85

07 最后我们打开“纹理”属性，选择一张自然纹理，比如石头纹理一类来继续噪化这个画笔，采用高度模式控制纹理深度，这样就得到了一个自然均匀的纹理画笔了（如图 9-86 所示），大家按照这个创建规律还可以多尝试其他纹理素材的创建，需要举一反三，灵活思考。

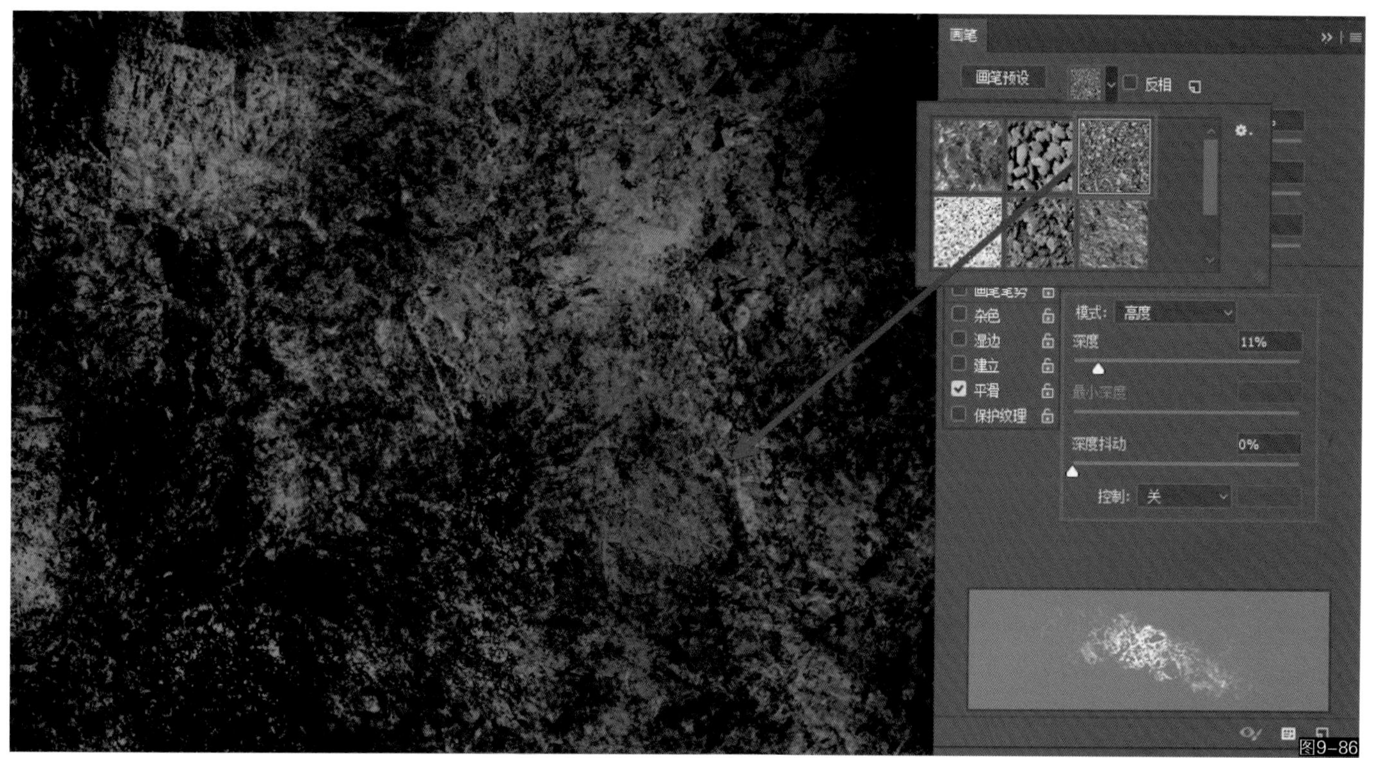

图9-86

9. 如何创建一支国画笔

01 下面我们综合起之前学过的所有知识来尝试创建一支国画笔。首先我们需要寻找一个墨迹的素材作为国画笔后期融合的双重画笔元素，这里尽量使用圆形结构的素材，我们可以打开配套光盘中提供的“附赠资源\图像资源\案例素材\墨迹”图片，这是一个淡淡的墨迹晕染图像，其色彩越淡就意味着后期叠加出的水分效果越多（如图 9–87 所示）。

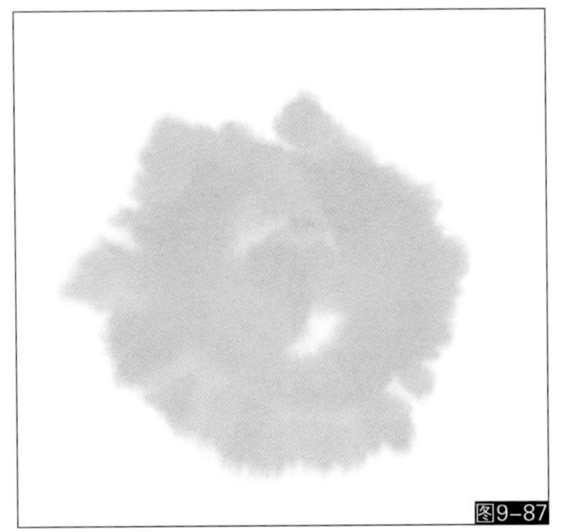
图9–87

02 接下来创建一个 128 像素 x128 像素的画布，国画笔需要排列紧密的形状同时还需要双重画笔结构，因此必须小才能保证绘画的效率，国画笔基本也是毛笔的截面形状，因此看上去大致上是这样的，水晕部分可以多一些（如图 9–88 所示）。

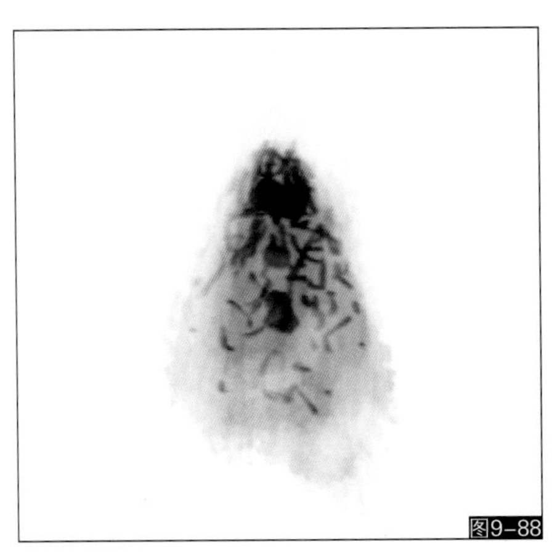
图9–88

03 接下来将其定义为画笔预设，打开“画笔笔尖形状”属性，将间距调节到 3%，这样就能使毛笔笔触排列紧密不至于断裂开（如图 9–89 所示）。

图9–89

04 接下来打开“形状动态”属性，使用钢笔压力方式控制大小就能得到毛笔收笔时的笔尖结构（如图 9–90 所示）。

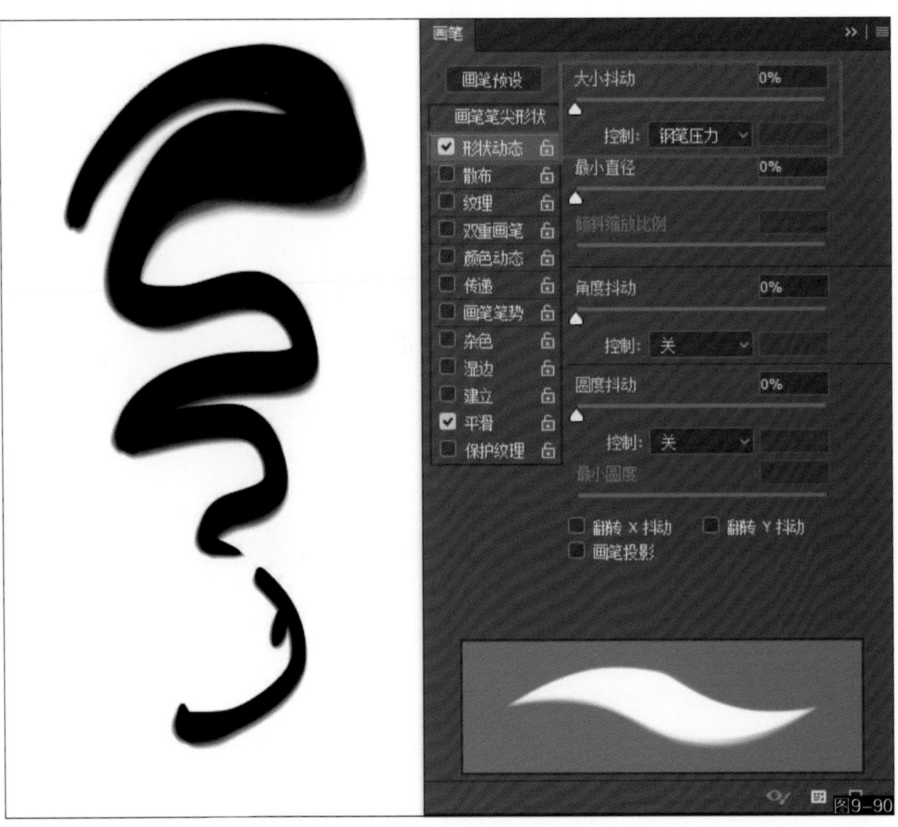

图9–90

05 接下来打开“传递”属性，用钢笔压力模式同时控制不透明度和流量，这样笔触就开始出现透明变化（如图 9-91 所示）。

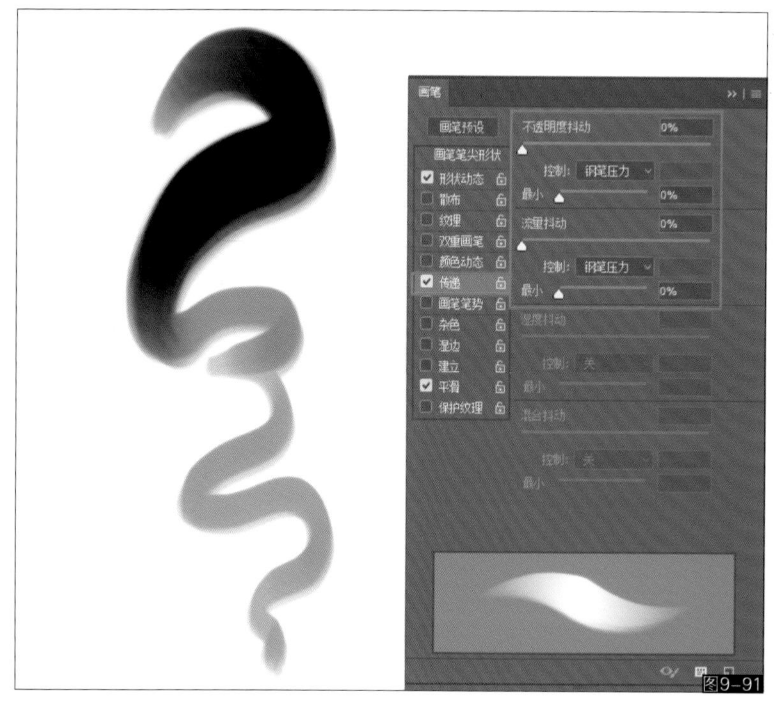

图9-91

06 接下来打开“双重画笔”属性，将之前预设好的墨迹画笔形状以叠加模式添加到当前画笔，调节其大小、间距与散布，我们就能看到，笔触中心出现了新加入的画笔结构，产生了“水晕”的效果，水晕效果由双重画笔的大小与间距等参数来细微控制，需要多调整以找到一个最佳值（如图 9-92 所示）。

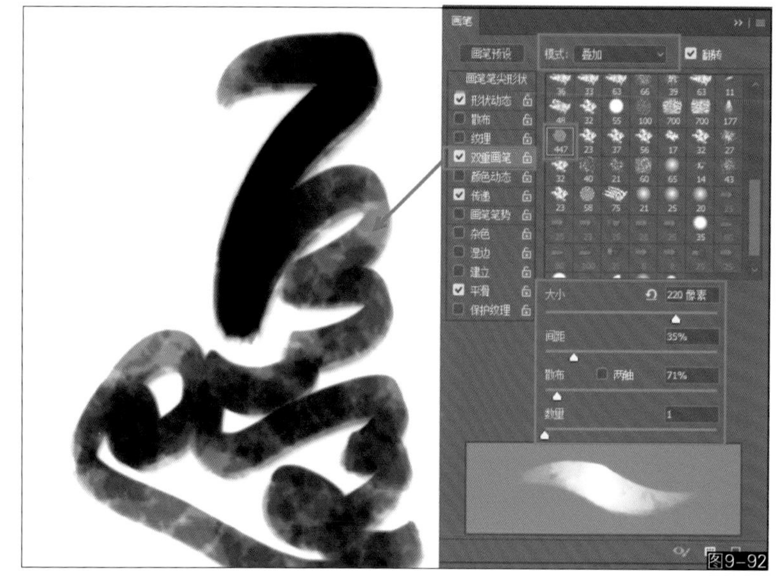

图9-92

07 接下来我们打开“纹理”属性，为画笔增加一个纸纹，模式采用高度，我们可以将控制方式改为钢笔压力，这样笔触在提笔时就能产生枯笔效应（如图 9-93 所示）。

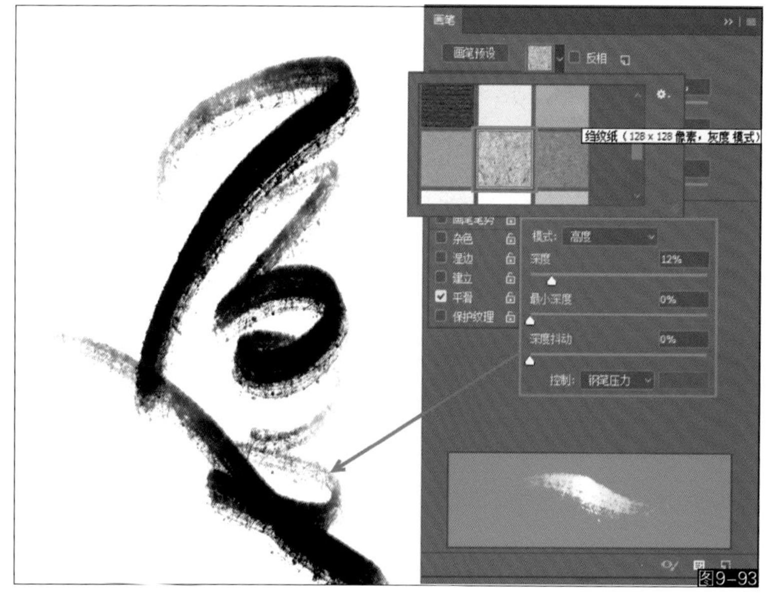

图9-93

08 最后返回“画笔笔尖形状”属性，根据绘画需求和自己的习惯确定一个角度，这支画笔就创建完成了（如图 9-94 所示），多多尝试不同的参数设置。我们还能通过一个笔触创建出若干衍生笔触，值得多思索与实践（如图 9-95 所示）。

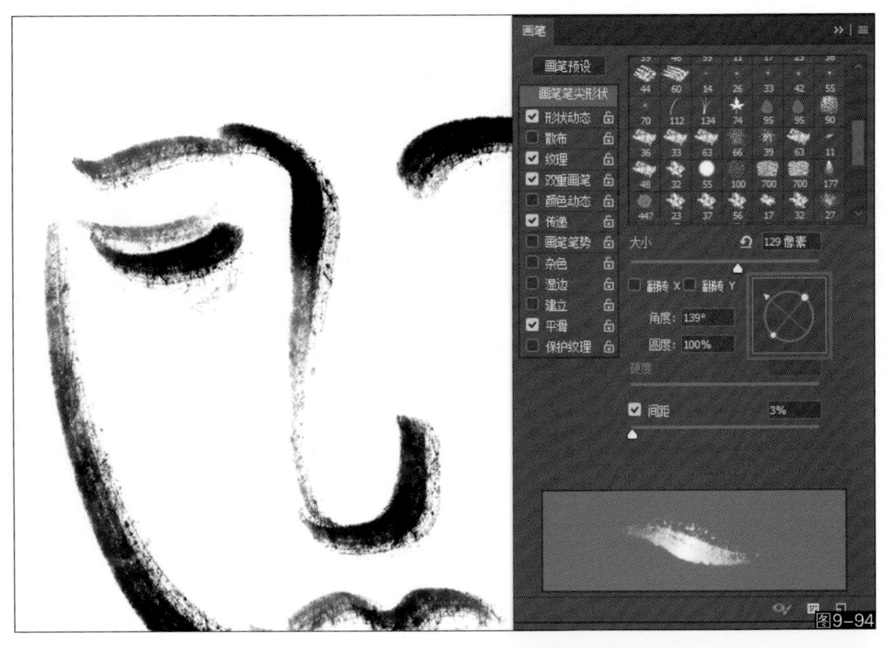

图9-94

10. 如何创建一支涂抹画笔

涂抹画笔是绘画中非常重要的一种辅助工具，其作用是混合色彩或是打破色彩结构，有时还可以作为类似特效滤镜的方式来使用，下面我们通过一个实例来学习它的创建方法。

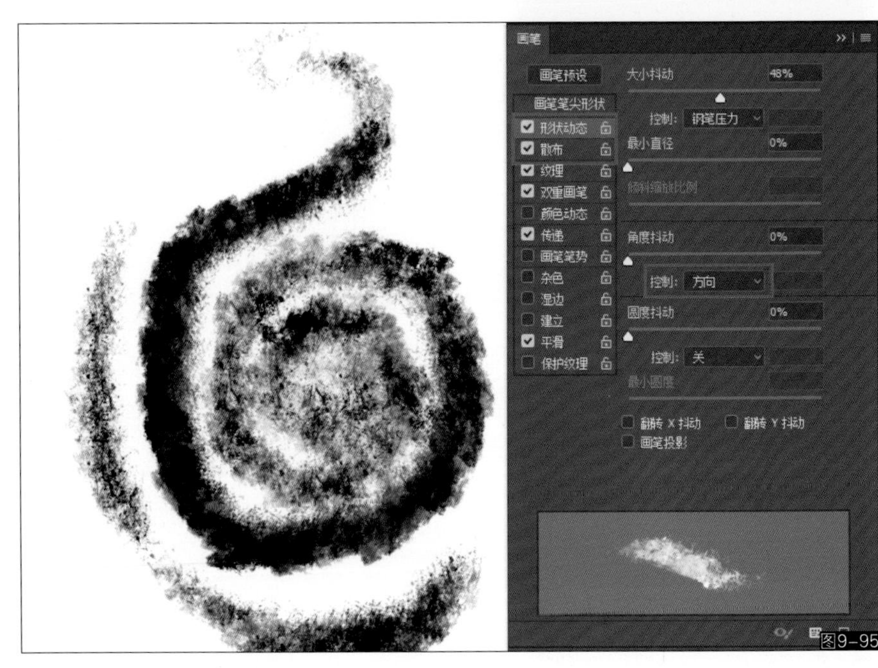

图9-95

01 涂抹画笔可以由任意形状的笔尖构成，任何形状都能涂抹出相应的造型来混合色彩（如图 9-96 所示），但是并不是说我们可以胡乱地制作一批涂抹画笔来用，制作之前我们必须根据具体的绘画需要来考虑，比如需要用于涂抹细腻的皮肤过渡关系，那么我们需要制作细腻结构的涂抹工具；如果是需要涂抹出具体结构，比如一堆乱石，那么相应地就需要创建粗糙结构的涂抹工具（如图 9-97 所示）。

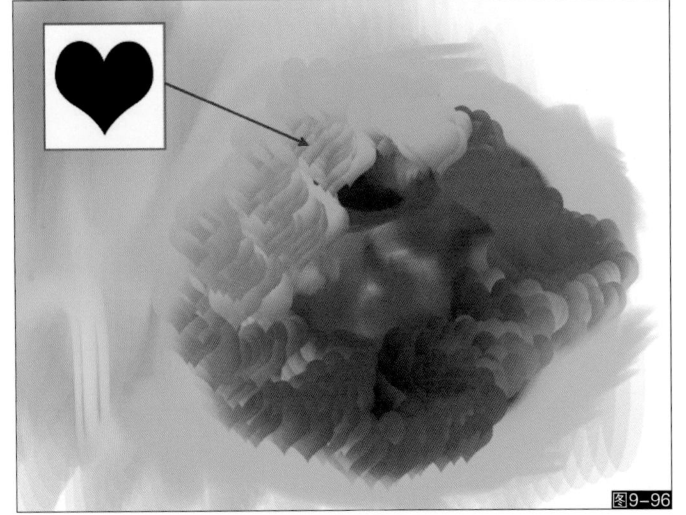
图9-96

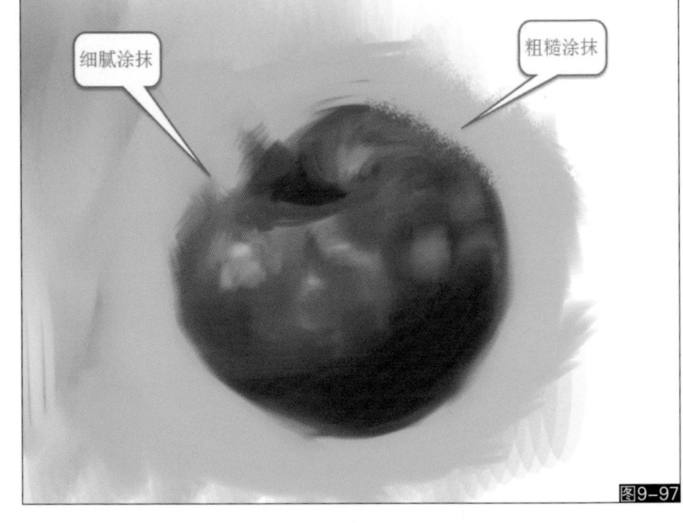

图9-97

02 下面假设我们需要创建一个用于均匀涂抹色彩的涂抹笔，那么我们需要如何考虑笔尖截面的形状？下图（如图 9–98 所示）描述的是涂抹的一个原理，构成涂抹笔的形状其实代表着涂抹的方向，其形状越规整和具体，那么涂抹出的结构和方向性也就会比较具体。相反，如果结构越分散和混乱，那么涂抹出来的结果也会变得无序和多变，因此如果我们需要创建一个细腻的涂抹笔，那么就要考虑使用混乱且细节多的造型，如一团噪点的图形（如图 9–99 所示）。

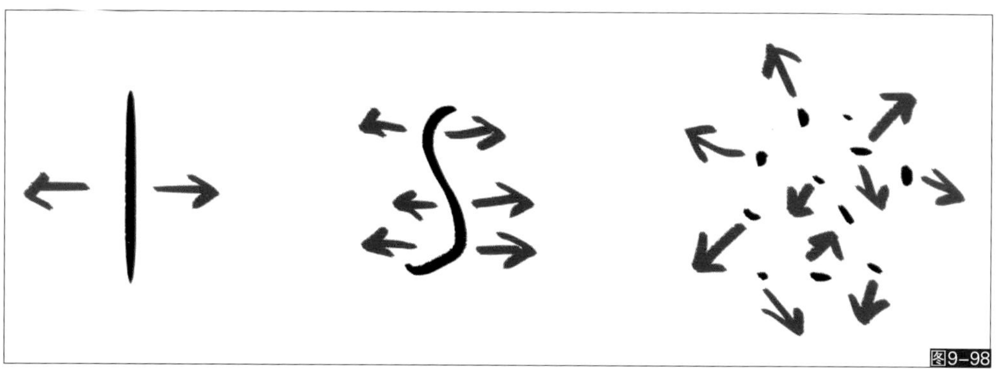
图9–98

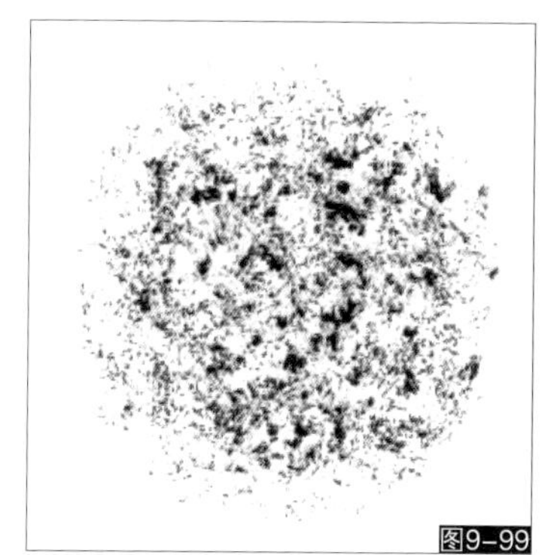
图9–99

03 接下来将这个形状定义为画笔预设，我们将选择工具来使用它，涂抹画笔设置上非常简单，一般情况下为了追求高速度我们可以取消间距，这样笔刷运行速度将达到最高速，但是会牺牲一些细腻性，注意涂抹画笔的强度设置也很关键，需要测试出一个合适的强度区间（如图 9–100 所示）。

图9–100

04 接下来打开“形状动态”属性，将角度抖动设置到最高，这样就产生了全方向涂抹效果，色彩混合的结果更加均匀和颗粒化（如图 9–101 所示）。

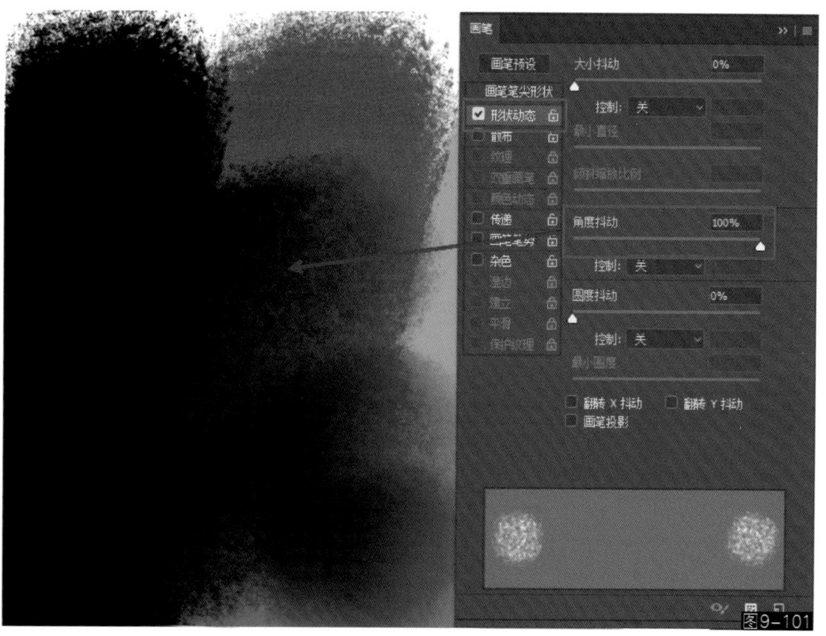

图9–101

05 接下来设置到合适的画笔大小以及合适的涂抹强度，测试没问题后就可以将其保存为画笔预设（如图 9-102 所示）。

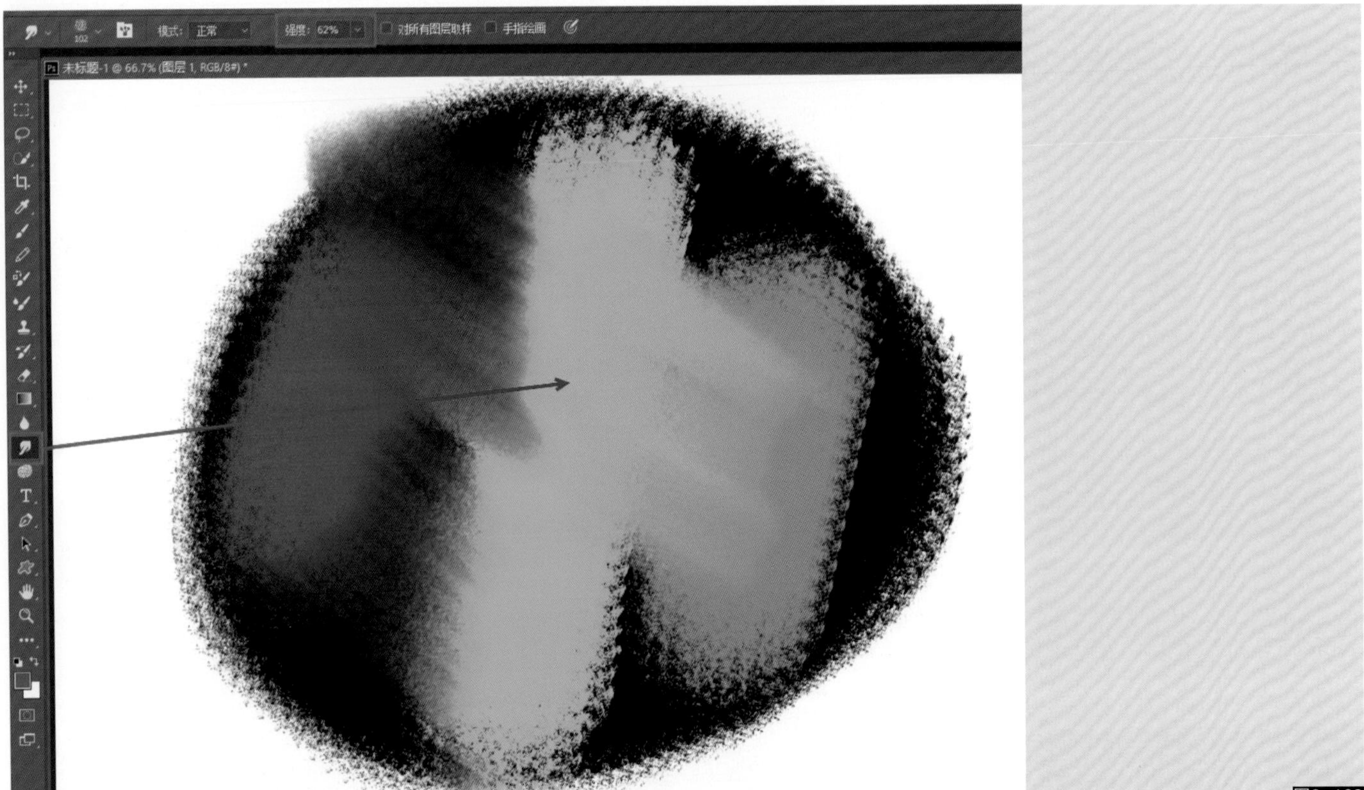

图9-102

06 注意当使用一些较窄的涂抹形状时，如果关闭间距会造成过大的间隔，因此还是得开启间距才能得到理想的效果，重要的是画笔尽量创建小一些以及间距可以设置到最大值以保证涂抹速度（如图 9-103 所示）。

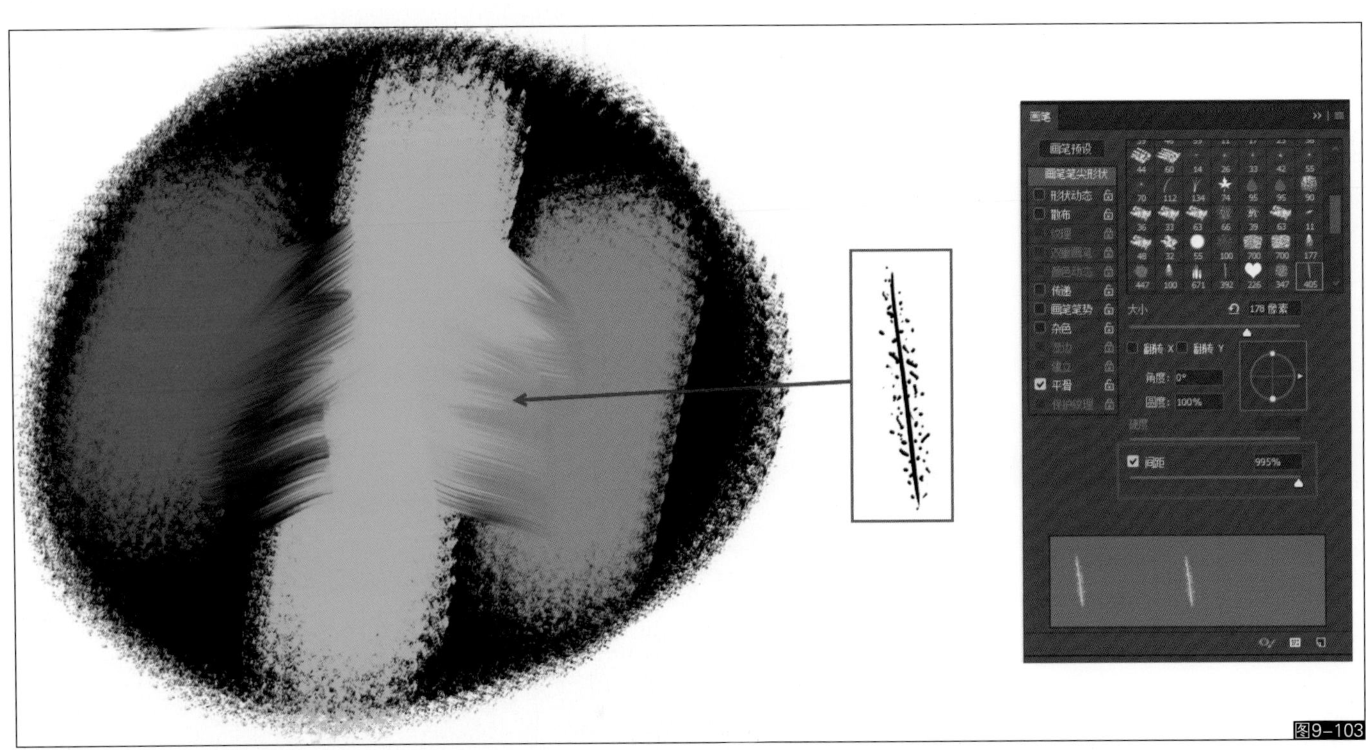

图9-103

11. 如何创建一支仿真画笔

仿真画笔是 Photoshop 中内置的一类特殊型画笔，支持压感笔的倾斜感应，可以像真实的画笔一样产生垂直或是倾斜的笔触，我们可以通过修改这些画笔来得到自己想要的仿真绘画效果（如图 9–104 所示）。

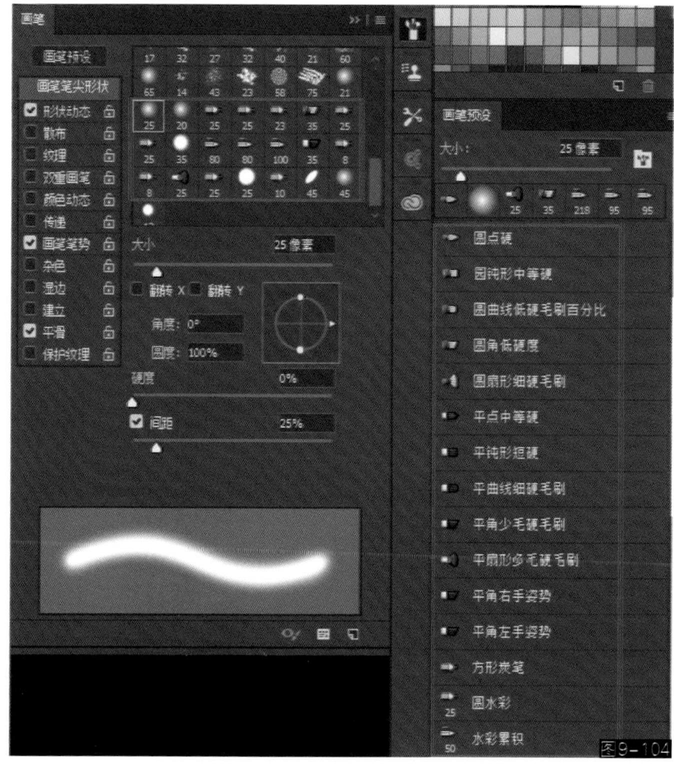

图9–104

仿真画笔由尖头毛笔、平头毛笔、扇形毛笔、斜口毛笔、喷笔、绘图笔等作画工具组成，每一种画笔都支持钢笔压力以及钢笔倾斜控制，可以通过左上方的预览窗口查看三维画笔的角度（如图 9–105 所示）。

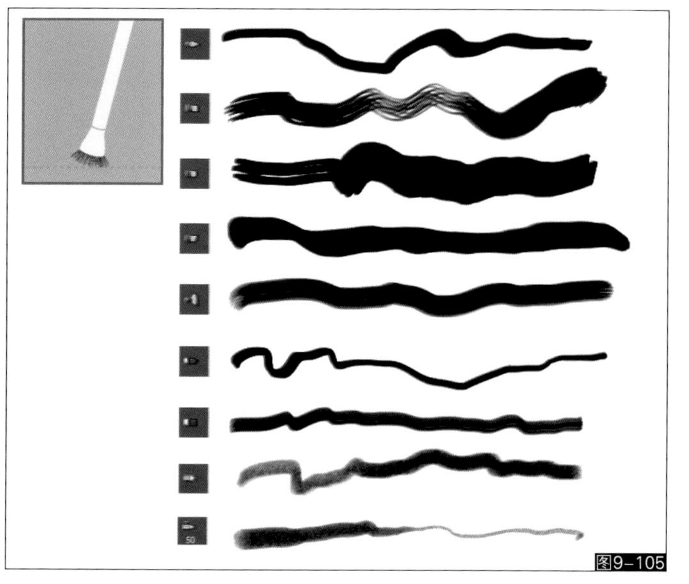
图9–105

仿真画笔的笔尖形状是不能自己定义的，需要使用系统内建形状，毛刷类仿真画笔笔尖的属性由下图构成，可以切换不同毛发形状和设置毛发构造，非常直观，可以一边设置一边测试来决定如何调整，其他属性设置和常规 Photoshop 画笔一致（如图 9–106 所示）。

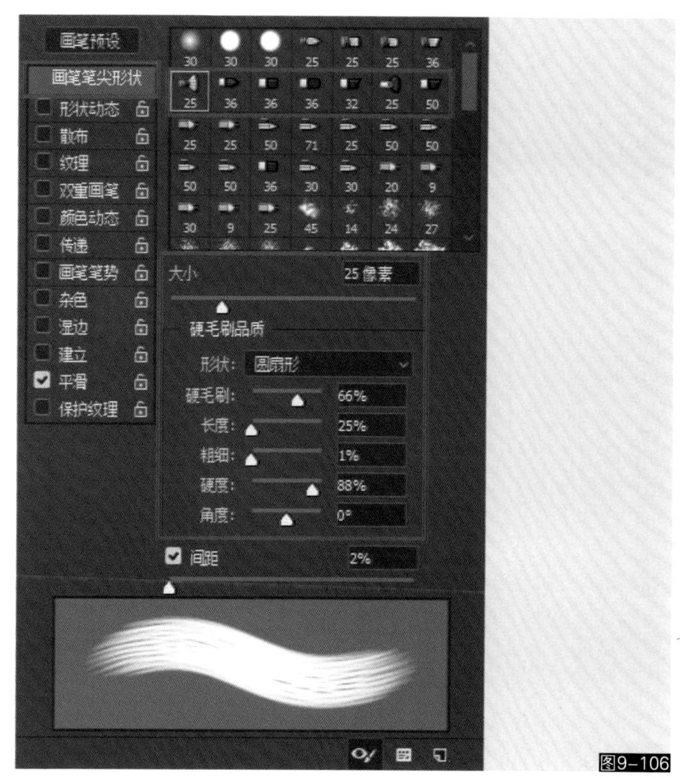

图9–106

铅笔类仿真画笔的属性设置基本类似，一般设置流程都是先决定好形状后再调节其他参数（如图 9–107 所示）。

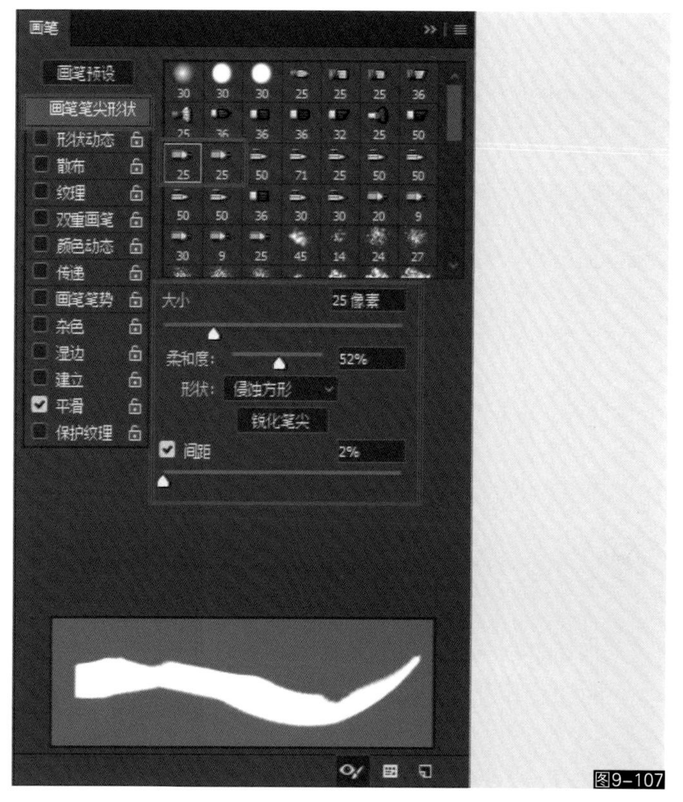

图9–107

喷枪类画笔设置，注意任何画笔形状，间距一样是控制绘画效率的关键，需耐心测试最佳数值（如图 9–108 所示）。

图9–108

02 打开“画笔”设置面板，在笔尖库选择一支尖头仿真画笔，然后关闭所有属性，让它失去一切特色，接下来我们需要按照自己的要求来设置它（如图 9–110 所示）。

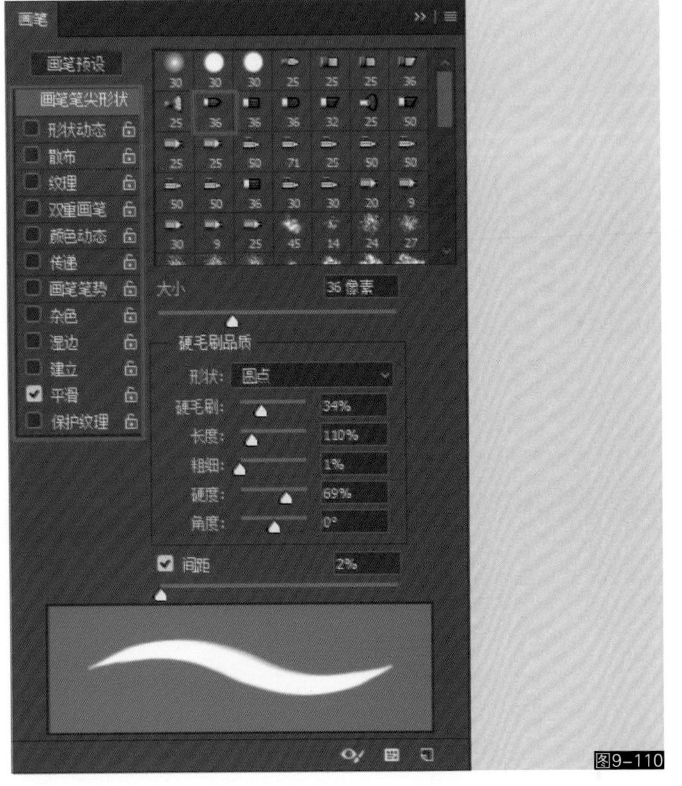

图9–110

下面我们来尝试改变一个仿真画笔，使它具备更丰富的艺术表现。

01 首先复位 Photoshop 的画笔预设库，我们将使用默认的画笔库来创建（如图 9–109 所示）。

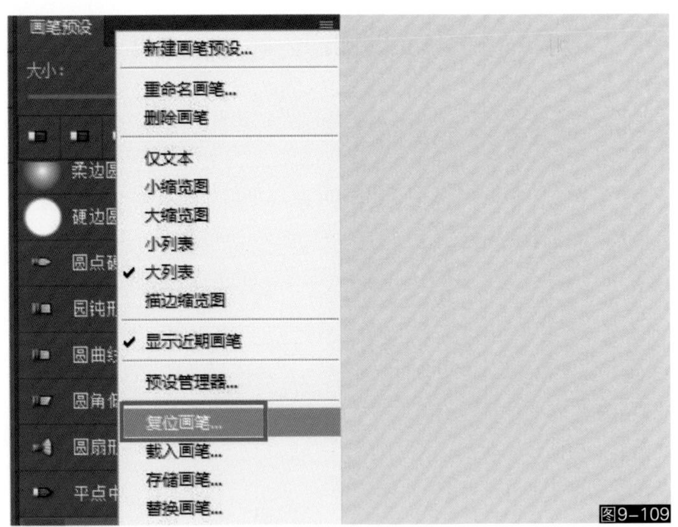

图9–109

03 常规绘画中，如果你想创建一支既可以适合于描边、铺色又能产生一定风格化的画笔，仿真画笔是非常适合选择的对象，那么首先我们要考虑使用毛刷形状还是单一结构，可以按照自己的喜好或是绘画需求来决定，这里我们暂时选择“平点”截面形状作为测试的基础（如图 9–111 所示）。

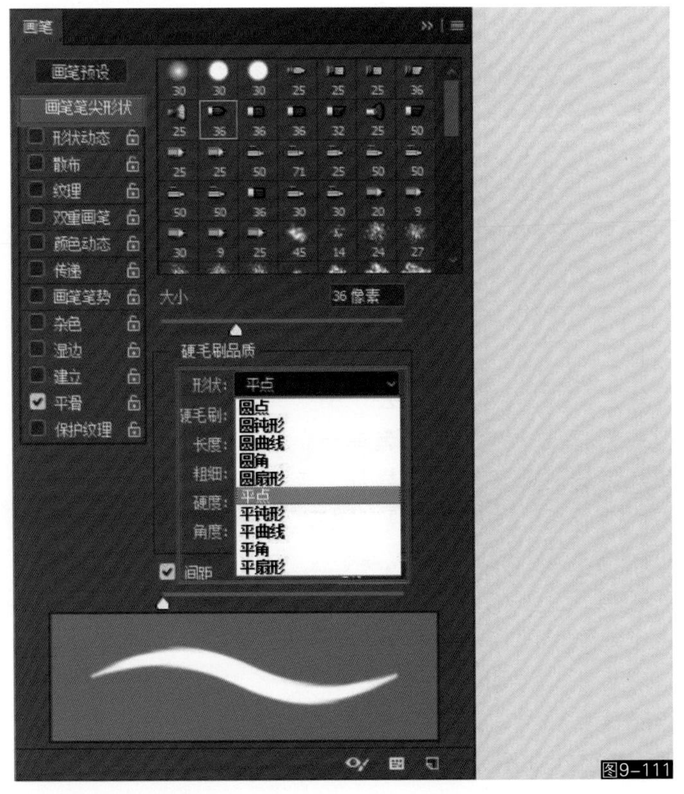

图9–111

04 描边或是上色画笔都需要有粗细的压感变化才能突出较好的手感和绘画的韵味，因此用钢笔压力控制形状大小是首要考虑的，但是我们发现仿真画笔的大小控制是由笔触形状控制的，不可改变，因此我们需要测试每一种形状以确定是不是具有大小变化，哪一种形状适合用于表现哪一种结构，这是创建一支适合自己的画笔所要做的重要前期工作。“平点”形状有大小变化，加上画笔倾斜控制可以产生非常多变的线条，同时增大画笔尺寸也能得到很不错的上色效果，笔触感强烈，因此这一步我们只需要打开“传递”属性，设置不透明度和流量控制即可得到虚实变化的笔触（如图 9-112 所示）。

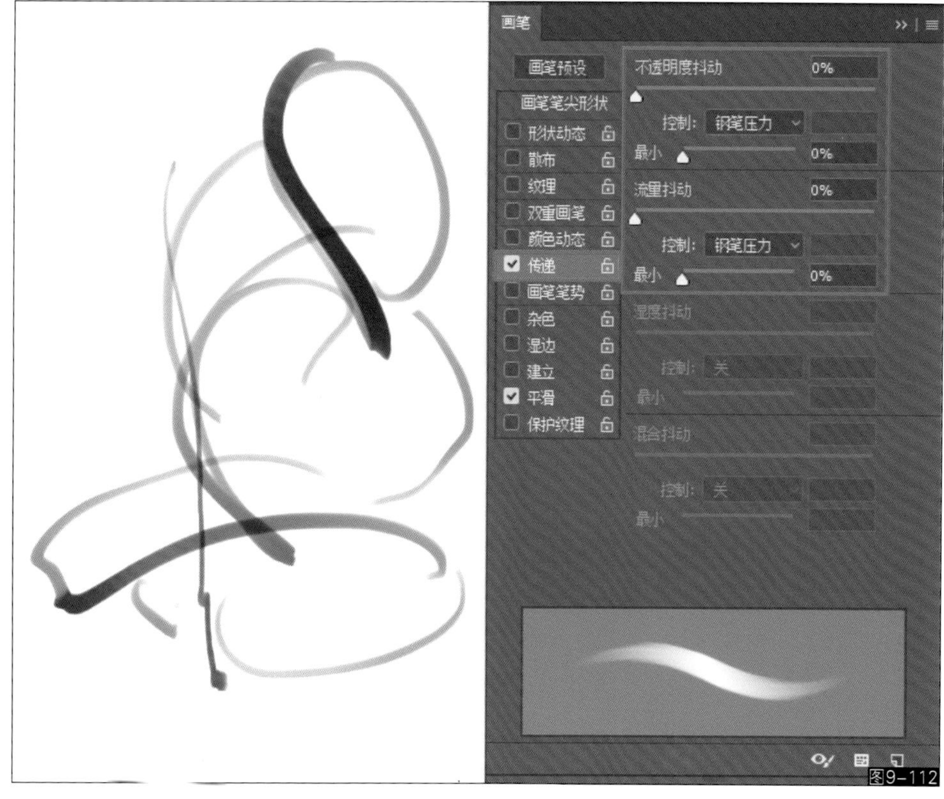

图9-112

05 接下来我们为画笔增加一些风格化的特色，增强这支画笔的“个性”，关于风格化我们可以考虑增加纹理来改变画笔的特色，但是如果只是平铺纹理得到的是均匀的底纹，纹理变化并不丰富，因此可以考虑使用双重画笔来叠加另一支画笔产生复杂的纹理。但是注意对于这种非常常用的画笔，绘画效率是最重要的，因此所选择的双重画笔必须是低像素结构的笔触，高像素笔触（比如超过 256 像素 x256 像素）在很多配置较低的电脑上会严重拖慢绘画速度，这里我们选择一个非常小的内建笔触进行叠加，这样画笔就有了纹理随机填充效应，而且不同于常规纹理的高度叠加，画笔并不会因为底纹变成“枯笔”效应，画笔边缘仍然是整齐的，内部纹理又是随机变化的，适合绘制规整结构，但是又有自然机理的韵味（如图 9-113 所示）。

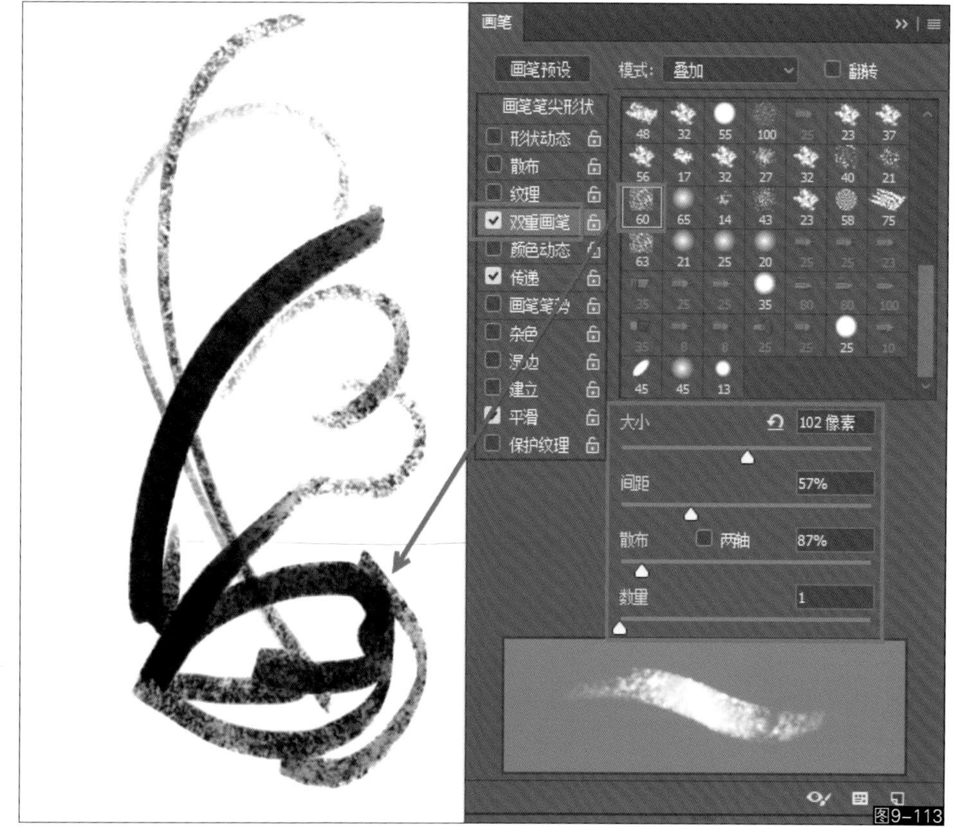

图9-113

06 右图是使用单支笔绘制的一幅草图，可以看到仿真画笔可以通过压感笔的倾斜度绘制出各种大块面、小块面、线条、过渡层次、纹理等多种画面表现，控制能力出色，绘画感受非常舒适，而且画面也极具特色与风格，通过这样简单的设置我们就得到了一支“好画笔”（如图 9-114 所示）。

图9-114

07 通过同样的思路我们也可以改造其他类型画笔，如喷笔（如图 9-115 所示）。

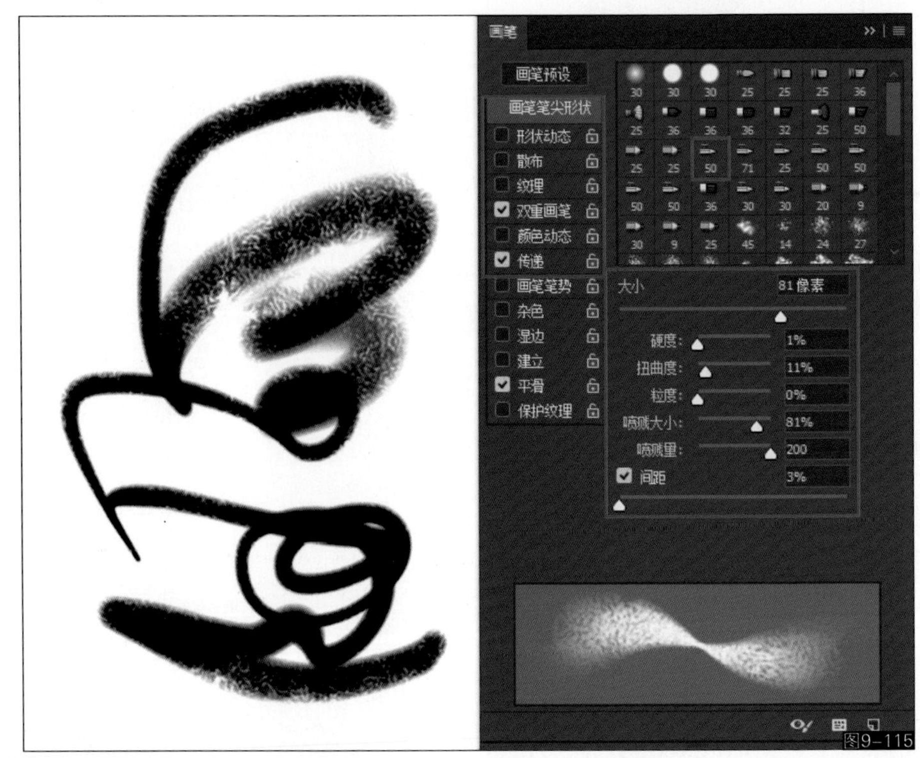

图9-115

三、总结

画笔创建的过程是一个先充分理解软件原理，再不断思考实践的过程，画笔创建并不是一味地只是为了创建一支形状“漂亮”的画笔，我们应该从绘画经验出发来考虑究竟什么样的画笔才能满足绘画上的各种需要，千万不要忽略这一点，比如画笔是要服务于造型或是结构，色彩过渡或是层次关系，个性化或是风格等，如果不理解这一点，那么就会迷失在琳琅满目的画笔库中，剩下的只有盲目地选择或是遵从别人的习惯与经验，因此不断地绘画实践是打开笔刷运用智慧的唯一途径，通过实践来总结绘画中我们应该如何制作工具来提高绘画的效率以及趣味性。

第10章

Blur's Good Brush 画笔综合运用

一、数字绘画光色理论基础

1. 综合知识

数字绘画领域虽然和传统绘画有很多相似的地方，但是在绘画流程和方式上却有着完全不同的体验。首先了解一个绘画平台的基本功能是非常重要的前提，我们需要充分运用“数字”的特性来服务我们的绘画需求，充分运用它提高我们的绘画技能、增添我们的绘画乐趣、改变我们的作画思维，这是新时代绘画发展所提出的新要求与新观念，因此学习数字绘画我们首先应该改变的是传统观念，其次才是接受绘画新方法。

但是，数字绘画与传统绘画所要求具备的基本绘画理论很多情况下是一致的，虽然某些平台如Zbrush甚至可以解决很多关于光影或是色彩的制作问题，但是对于初学者来说这不是一件好事情，先进便利的软件功能反而制约了对于绘画本质技能的学习与培养，短期内看似很有成效，但是时间一长就会发现进步缓慢难以提高。因此，对于绘画基础知识的学习是极为重要的。在这里我们针对几个绘画中的难点，如光线和色彩等，深入浅出地给大家进行一次绘画理论的讲解。

A. 光

光照对于绘画来说是最为重要的一个概念。在写实或是半写实的绘画中，我们经常为画不出准确的光照而苦恼，很多人即便是经过长期的临摹也不一定能够对其了解透彻，因此我们有必要对其进行一个基本的分析与研究，从而获得不依靠参照或临摹就能准确绘制出不同光照表现的能力。首先来学习绘画中常见的发光源究竟有哪些。

● 点光源

点光源，顾名思义就是从一个小点发射出来的光线，比如灯泡、蜡烛、萤火虫、火把等。注意其布光方向会以这个点呈现中心放射状的发光方式，距离中心点越远灯光强度衰减越明显，这是描绘照明距离的重要特征。点光源多为人造光源，在表现室内效果时非常常用，如描绘室内的灯泡照明或蜡烛照明等类型的场景（如图10-1所示）。

图10-1

● 放射状投射光源

放射状投射光源指带有固定方向性的锥状光源，从一个发光体射出，形状为圆锥或方锥结构，照明形状和强度反方向呈现放大和衰减的变化。常见的放射状投射光源也多为人工光源，如手电筒、车灯、探照灯、射灯等。在绘画中常用于表现肖像、车灯、科幻机械体照明、武器照明、现代室内照明等场景（如图10-2所示）。

图10-2

● 平行投射光源

平行投射光源指灯光入射角度呈现平行扩散状态。但是在现实世界中绝对的平行光源是不存在的，这里所指的“平行”是指视觉上看上去相对平行的状态。在绘画中一般用来表现室外太阳光照，灯光衰减效果不明显（如图10-3所示）。

图10-3

● 面积光

面积光指有着较大发光面积的光源，这类光源通常有平面的结构，有长宽两个维度。常见的面积光有显示屏、日光灯、灯箱、壁炉、门口、窗口、洞口等，包括天空很多情况下也属于面积光。面积光光源也呈现放射状变大和反方向衰减变化（如图10-4所示）。

图10-4

● 体积光

体积光在面积光的基础上多增加一个维度，即长宽高均有。体积光为具有三维形状的发光体，如发光的人体、立体的灯具、篝火、发光的玩具、星球、霓虹灯、灯光雕塑等。发光效果呈现中心放射状衰减变化（如图10-5所示）。

图10-5

● 直接照明

直接照明指发光源直接照射产生的第一次照明效果，如太阳光直接照射、灯光直接照射等。注意门口、窗口、天空等发光源不属于直接照明（如图10-6所示）。

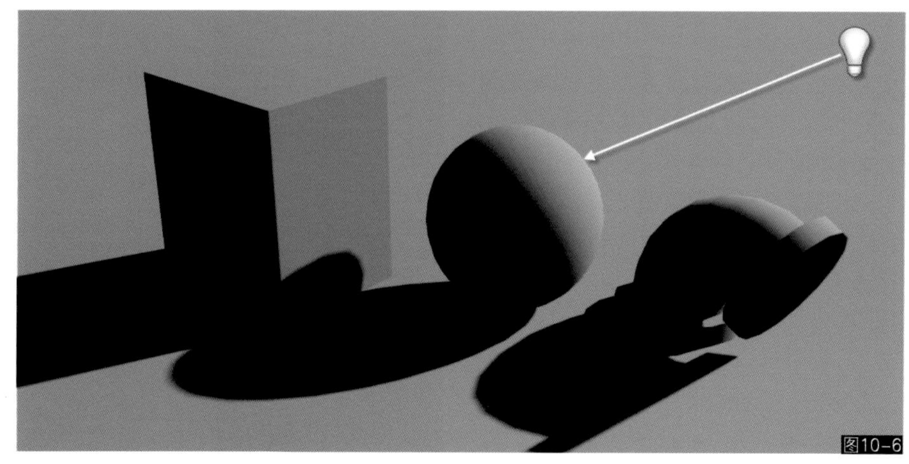
图10-6

● 间接照明（漫反射光源）

间接照明指发光源不直接照射产生的照明效果，最常见的例子就是反弹光和折射散射光。如灯光的反弹光或太阳照射空气和云层使其发光产生的二次照明；门口、窗口、洞口等射入的光线也属于间接照明，其光源也来自于太阳照射转化的二级光线。实际绘画表现中很多面积光都属于这类间接照明，如一束阳光射入室内，地板上形成的照明区域就是一个面积光，我们需要把它当作发光源来对待，将其照明效果传递到周边的环境中，在绘画中我们也常称之为漫反射光线（如图10-7~图10-9所示）。

图10-7

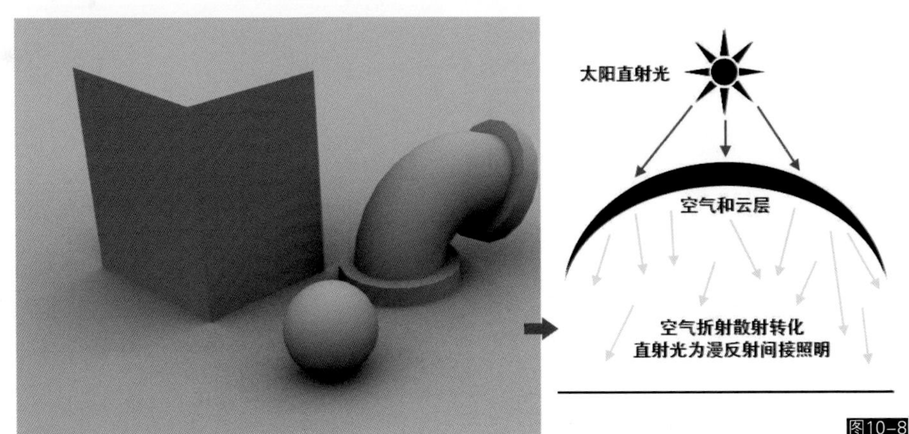

图10-8

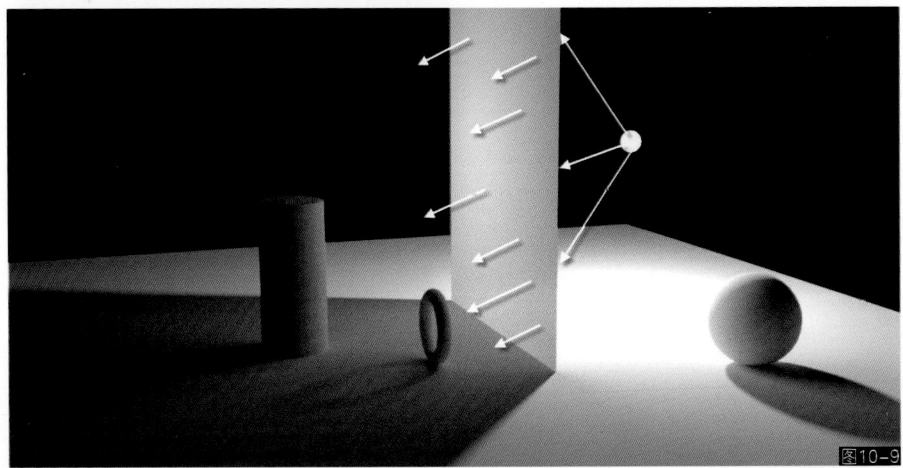
图10-9

B. 影子

● 定向投影

定向投影指由点光、放射状投射光或平行投射光等光源投射出来的带有固定方向性的投影。点光源产生的投影为清晰的放射状阴影结构，光源离物体越近影子透视变化越大，阴影结构清晰锐利（如图10-10所示）；放射状投射光源产生的投影和点光源类似，透视变化较小一些（如图10-11所示）；平行投射光源所产生的投影结构较为平行，透视变化较为微弱，阴影结构也很清晰锐利（如图10-12所示）。

图10-10

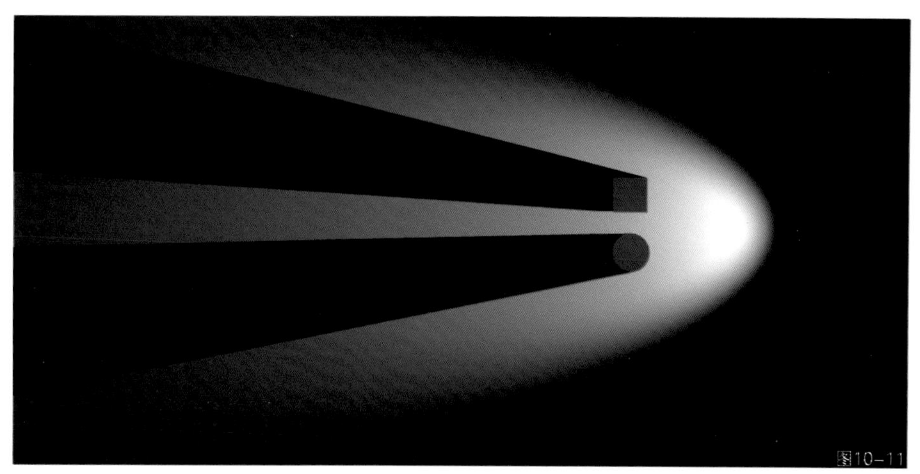
图10-11

图10-12

● 面积光、体积光定向投影

面积光、体积光所产生的定向投影同样为放射状变化的阴影结构，但是由于发光源面积较大，照明区域较广，因此投影只会在物体根部呈现出清晰锐利的结构，随着深度变化影子结构就会逐渐分散消失（如图10-13、图10-14所示）。

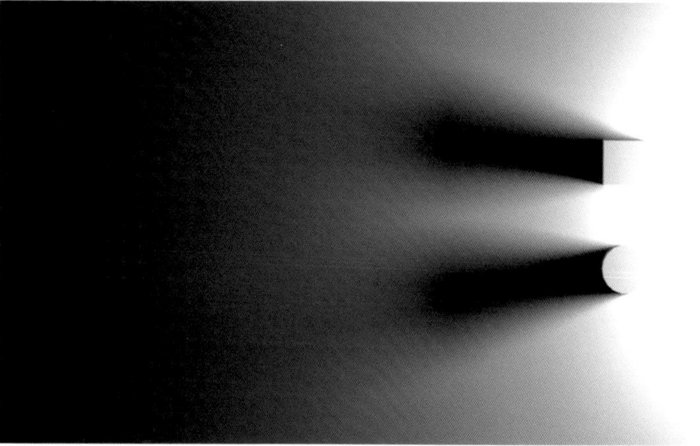
图10-13

图10-14

● 漫反射投影

漫反射是无处不在的光源，只要看得见的地方就存在漫反射，漫反射光主要由间接照明产生，如反弹光、散射透射光、折射光等，没有特别明确的方向性。漫反射投影一般出现在两个结构相互靠近相互阻挡的位置，或物体上的凹陷和突起部位，影子呈现出柔和的渐变层次变化。在绘画中判断一个位置是否需要绘制漫反射投影要根据物体角度来判断，一般情况下等于或者小于90度的结构，就会有漫反射投影出现，角度越小漫反射投影就越强（如图10-15所示）；另一种判断方法是看两个结构之间的距离，距离越近则漫反射投影越强，因为两物体相互遮挡，反之则漫反射投影越弱甚至消失（如图10-16所示）。漫反射投影是表现画面结构感和物体间距离感的最重要因素（如图10-17所示）。

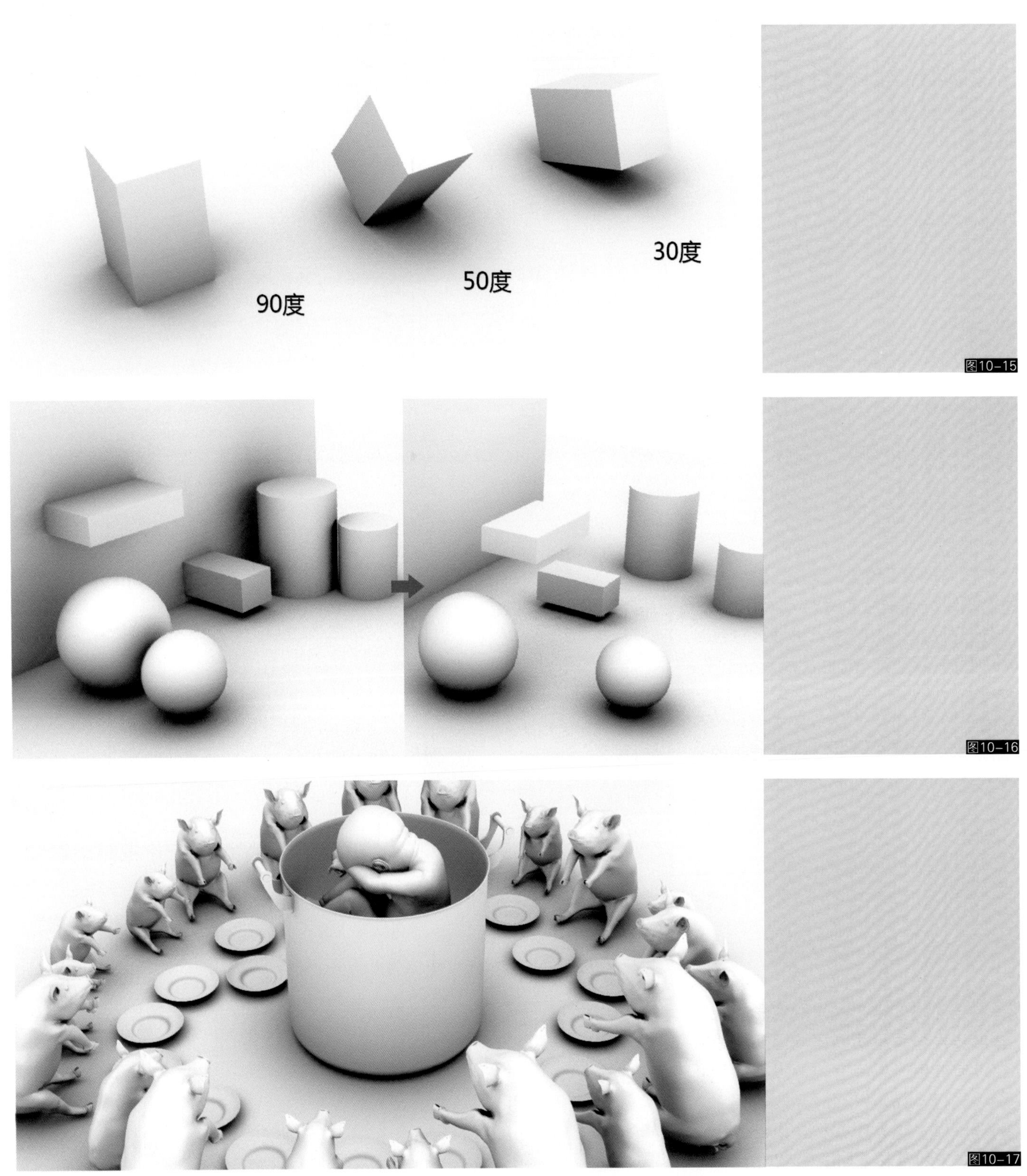

图10-15

图10-16

图10-17

● 混合投影

混合投影指定向投影和漫反射投影同时出现的情形，如果把漫反射投影比作阴天的环境，那么定向投影就是太阳出来以后的环境。现实中大部分情况都是两种投影一同存在的，但是定向投影不可能单独存在，因为任何看得见的情况下都存在间接照明光源。因此绘画时，应该首先绘制漫反射投影，然后再绘制定向投影（如图10–18所示）。

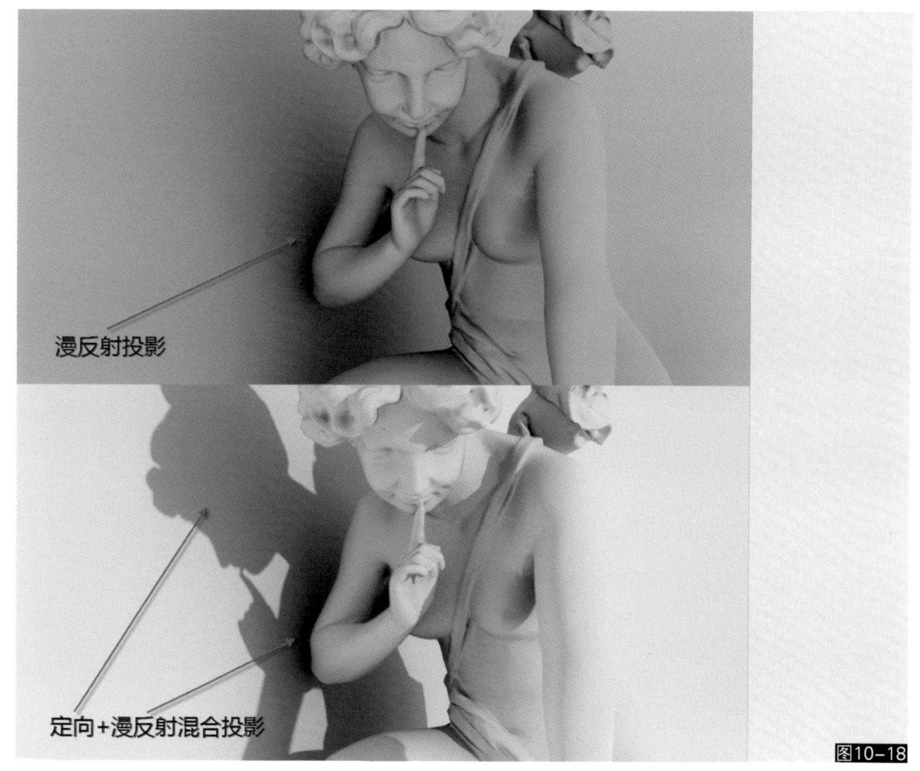

图10–18

● 多重因素整合

当我们明白了灯光和阴影的规律后，在绘画过程中就要学会用这些规律来分析所画的对象，如肖像绘画中光源的设置一般是主观地设置一些照明方式，根据其照明来源绘制人物阴影与光线结构，如给人物面部一个放射状投射灯，还是一个面积光等；场景绘画则需要按照所处空间来相对客观地进行布光，如空间到底是室内还是室外，阳光或灯光什么地方是直接照明，什么地方是间接照明。整体分析清楚后再按照规律细心描绘，充分练习与研究后短期内就能够对光影的掌握达到一个新的层面，不再需要参考照片或别人的作品就能通过自己的分析画出准确的光影变化（如图10–19所示）。

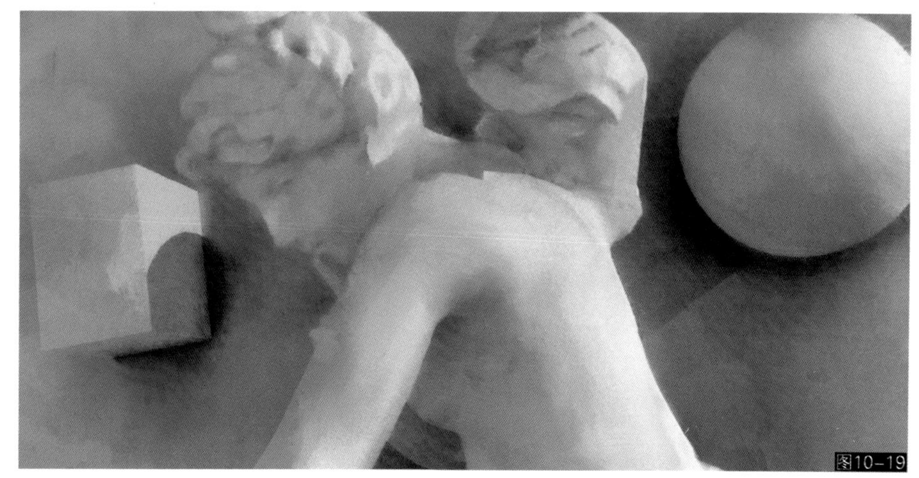
图10–19

C. 色彩

● 固有色

固有色指物体的本色，即在没有有色光影响下物体本来的色彩，观察自然界中各种不同物质的固有色最好在没有直射光或者有色的漫反射光环境中进行。如阴天，光线比较偏白色的环境中，容易观察和认识到最接近物体本来的色彩（如图10–20所示）。

图10–20

● 环境色

环境色指我们所描绘的对象所处的环境空间，包括并非具象的抽象空间，整个环境包含直接照明和间接照明所产生的综合性光线色彩，如晴朗的天空、森林中、洞穴里、室内等。不同环境都会产生不同的光照色彩影响到环境中的每一个对象的色彩，包括物体和物体之间的漫反射色彩传递，绘画时要充分考虑所处的环境来适配对象的固有色变化（如图10-21~图10-26所示）。

图10-21

图10-22

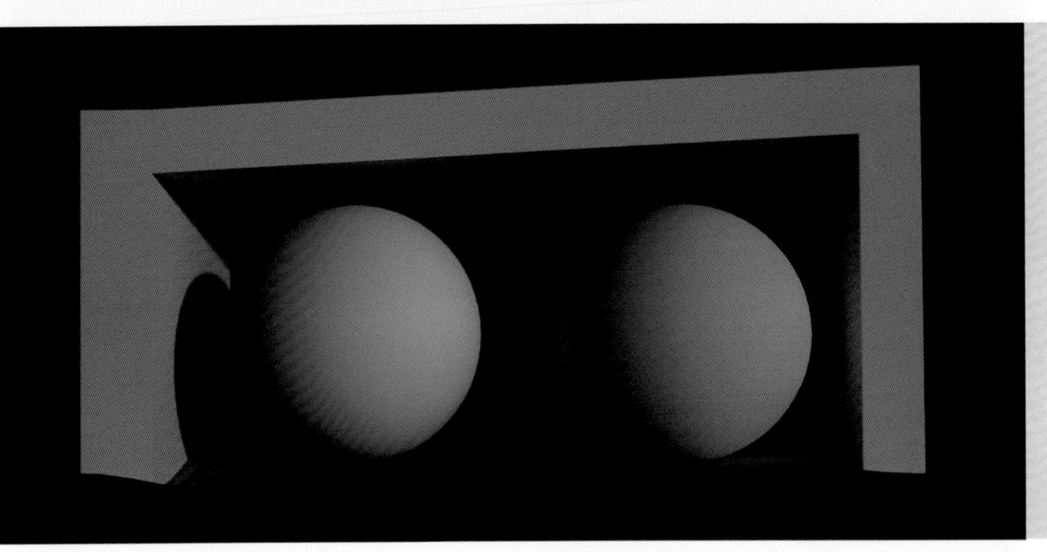

图10-23

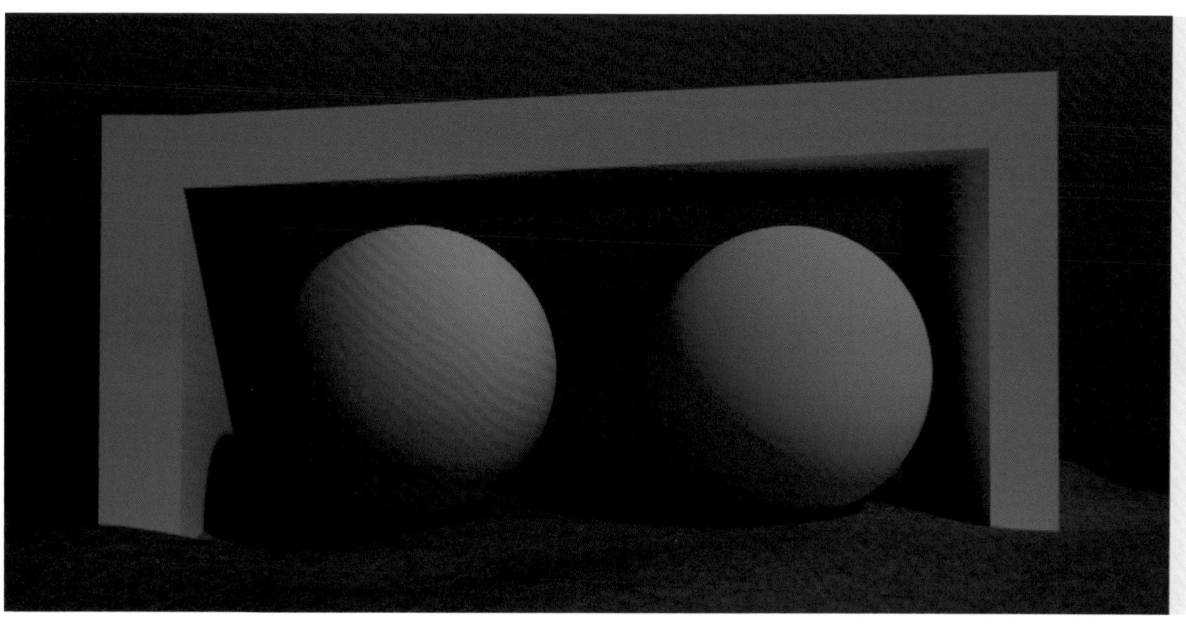

图10-24

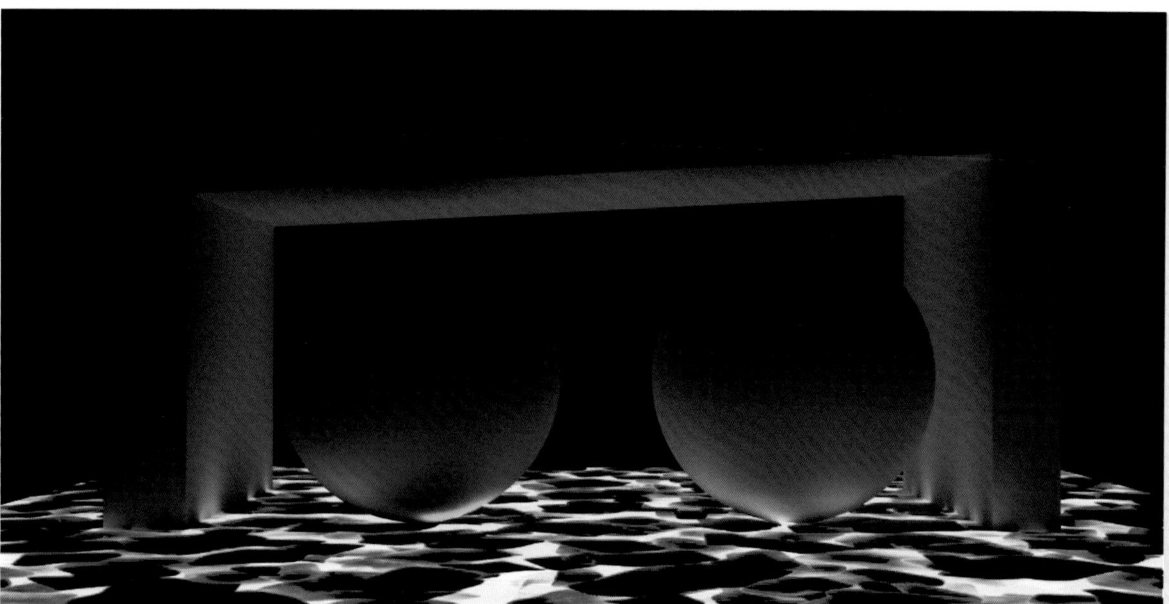

图10-25

图10-26

● 色温（冷暖）

在绘画中，我们经常会以色相来区分色彩之间的差异性。这是不对的，单纯从色相上去认识色彩会让我们陷入“色彩不够用”或“色感混乱”等困境，想要绘制出和谐且丰富的色彩变化我们应当从冷和暖两个概念上入手来研究。

在物理世界中，色温（ColorTemperature）指光谱的能量温度变化，通常以K（开尔文）为计算单位，色温高呈现的是蓝色色调，色温低呈现的是红色色调。在绘画中表现一个色彩的准确性都体现在光线能量的强弱控制上，当然我们并不需要死板地完全按照物理理论来控制，还是需要遵循艺术审美的需要来取舍。但是对于一些大的原则性用色还需要使用一些物理常识来解决问题，一般上色过程中常见的冷暖色温变化关系如下（如图10-27~图10-32所示）。

直接照明为色温比较高的冷色光，但是在物体相互之间产生的间接照明处却明显地显现出暖色的漫反射光线。

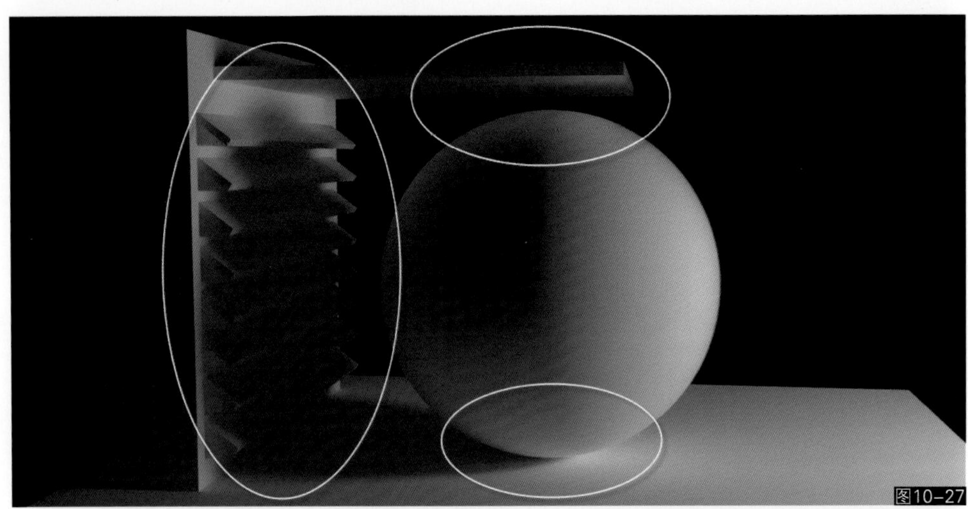

图10-27

红色漫反射光扩散到阴影和地面，饱和度比受光面的红色还要高。

图10-28

同样是较高色温的光源照射场景，所有暗部和物体之间的反弹光产生了更暖的色感变化。

图10-29

较高色温的灯光进行多次反弹之后呈现出越来越暖、饱和度增高和越来越衰减的变化。

图10-30

冷色物体受高色温光照射依然呈现出暗部和反弹光区域变暖和饱和度增高的变化。

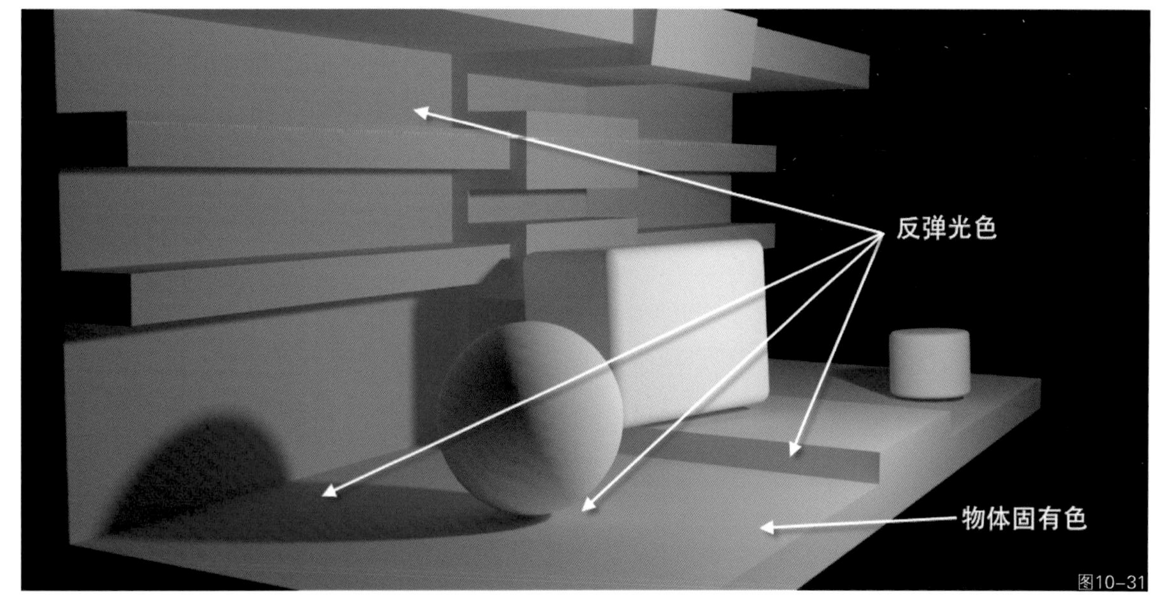

图10-31

低色温光照下的场景，物体所产生的反弹光会将物体本身的固有色饱和度强化。

图10-32

从上面的图像中可以总结出一条用色经验，无论什么色温下的光线，反弹光区域也就是灯光传递次数越多的区域，光线衰减的同时饱和度会增高，色彩都呈现出比固有色和直接受光区域更暖的趋势。因此在绘画中，我们描绘暗部时应该增加饱和度去画，在描绘反弹漫反射光的时候更应该大大提高色彩的饱和度，这样色彩看上去才会真实和谐。

● 相对冷暖

之前谈到的色相问题，我们会发现，很多情况下在直射光、环境光和漫反射反弹光等光源的影响下，物体会丢失原本的固有色。比如一个黄色的球体，本色是正黄色，但是放在蓝天下或森林中，虽然我们还是能一眼认出那是一个黄色的球体，但是如果用Photoshop的拾色器去检查这部分色彩，我们会发现已经不再是原来的色彩，它已经结合了蓝色呈现绿色的变化。但是这些常见色彩信息在人的大脑中还是构建出了“这是一个纯黄色的球体“的结论（如图10-33所示）。

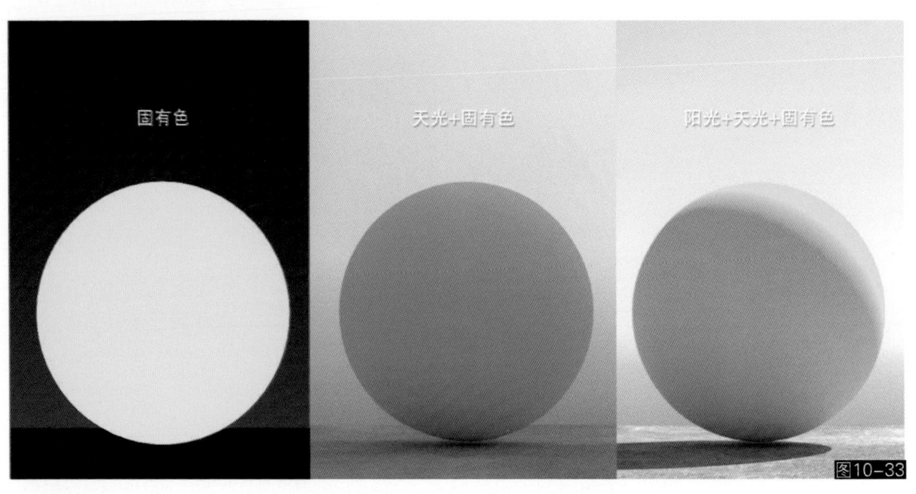

图10-33

从上图可以看出，单纯从色相去判断一个物体到底是什么颜色是很难判别的，画画时千万不要以这到底是蓝色还是红色这样的方式去判断该选择什么色，我们应该感受的是色彩的冷暖。纯蓝色常给人以冰冷的感觉，而纯红色给人以火热温暖的感觉，这是两个极点的色彩，接下来的绿色、黄色、紫色都是这两个色彩中间过渡所产生的变化色。除此之外，颜色的饱和度和明度也会决定色彩的冷暖变化，下面我们来分析几个实例（如图10-34~图10-38所示）。

右图为一个极冷的蓝色调，在这个色调中如果想要产生暖色效应，不能直接使用对立色相的暖色来绘制，如黄色或红色。那样做将会破坏整个冷色调，打破画面色调的和谐统一性。我们只需要将这个色彩的饱和度降低，画上去后就会发现这些色彩看久了越来越会有一种黄色的感觉，这种效应是眼睛和大脑自动判别出来的色彩，我们可以称之为相对色。

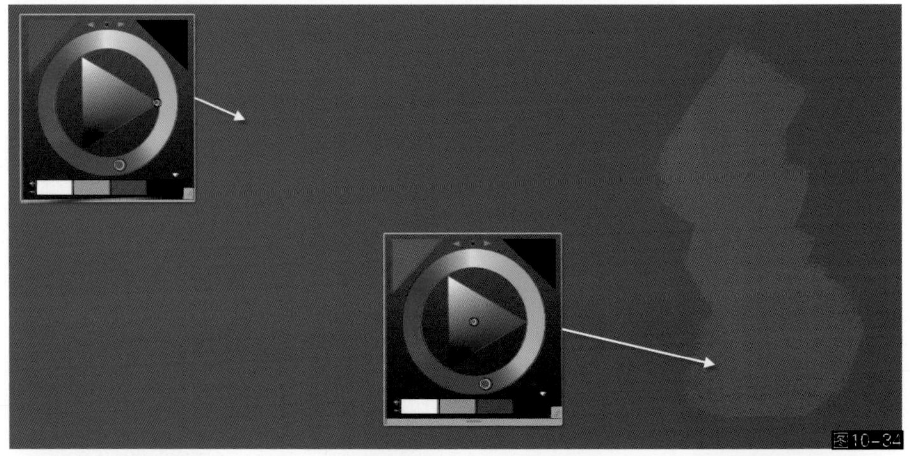
图10-34

将右图的相对暖色绘制到纯白色的地板上我们会发现，它还是蓝色，这就是对比的重要性。在绘画中没有绝对的色彩，所有色感都需要用对比的方式实现，不要使用绝对色相去考虑问题。

图10-35

同样的例子，在极暖色的环境中，降低饱和度后，同样的色相会出现降温的变化，产生相反的色彩倾向，但是总体仍然是在大的暖色环境中，不会给人“跳”的感觉。

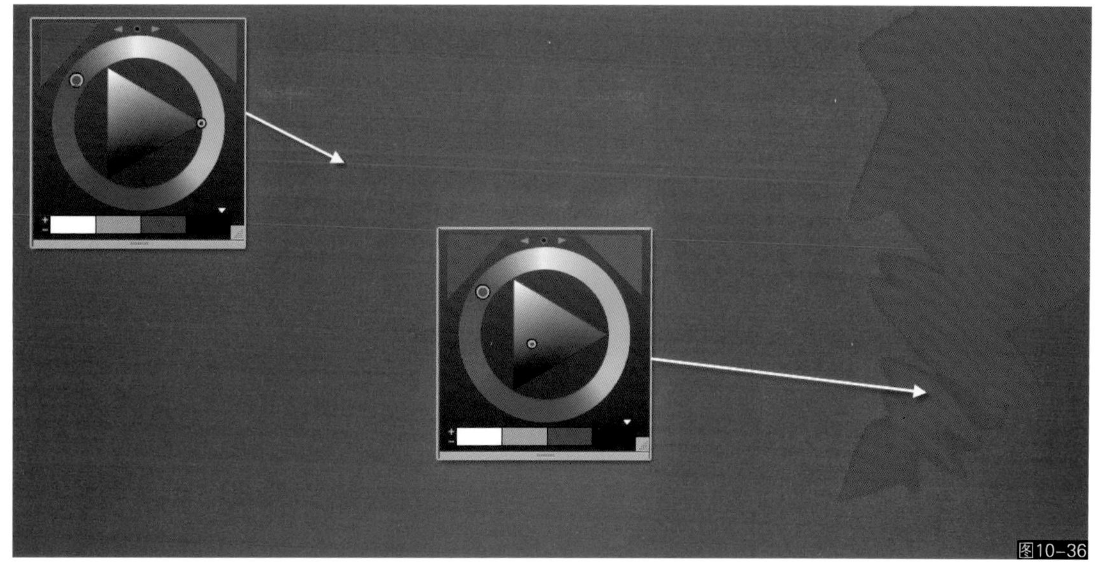
图10-36

除了直接降低饱和度来控制冷暖变化外，色相轻微地偏移可以起到更加明显的作用。在极冷背景色中如果想要绘制出绿色的感觉不能直接选择绿色来绘制，只需要在蓝色色相上稍微向绿色靠近一点（实际上还是在蓝色范围内，但是色彩温度已经升高），然后再降低一些色彩的饱和度，这样画上去的色彩就能呈现出“绿色”的感觉。

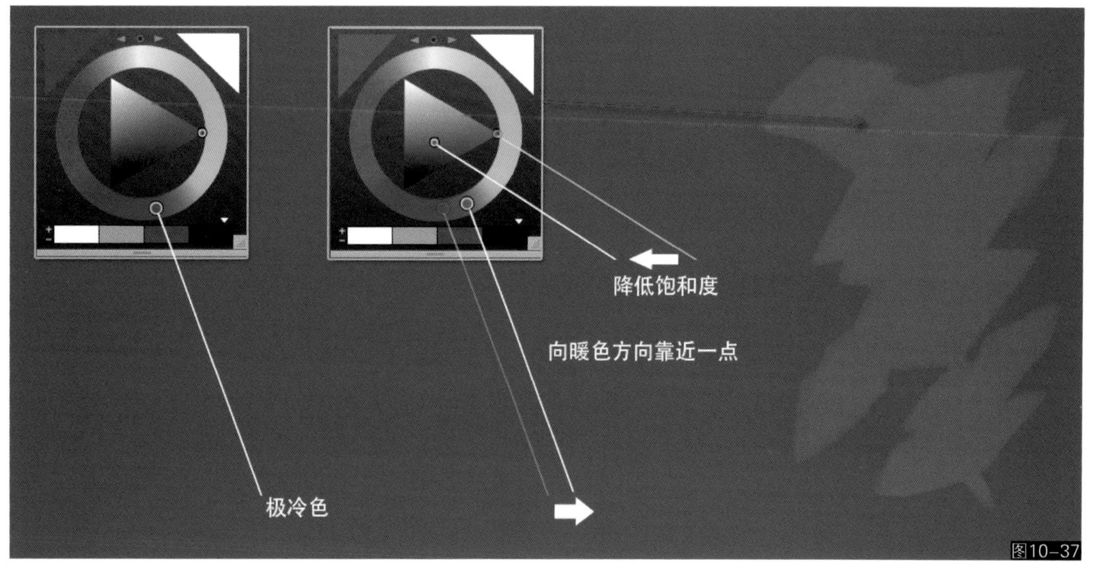

图10-37

以同样的方式在极暖色中也能产生绿色的效应，相对于纯红色，偏向一点黄色然后降低饱和度等同于让色彩变冷，因此出现了“绿色”的感觉。

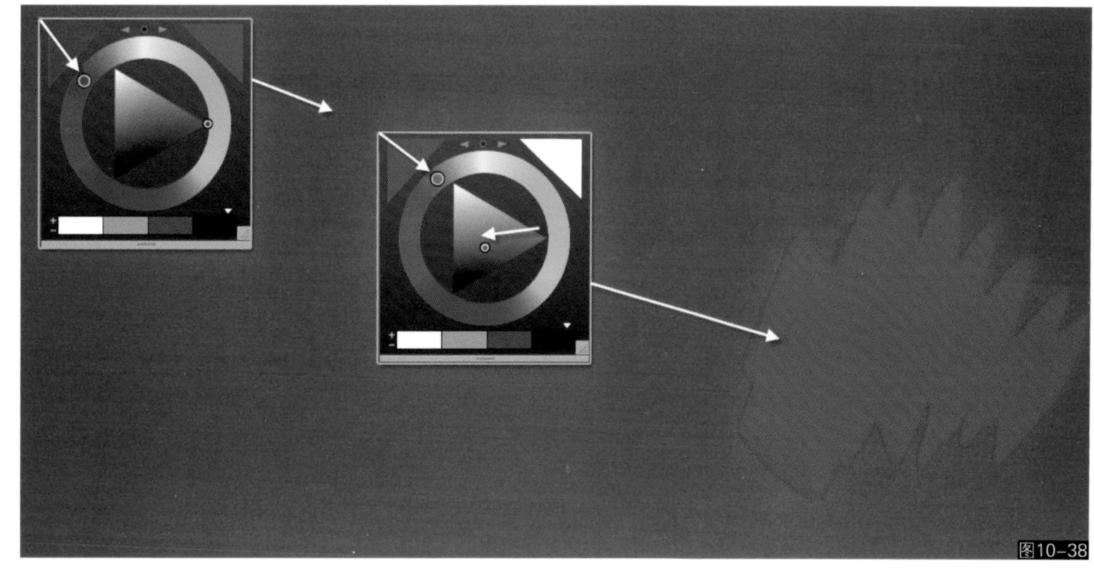
图10-38

这里所指的冷暖并不是色温概念中物理性的光线色温变化，而是指绘画中色彩视觉上的冷暖体验，千万不要混淆这两个概念。在实际绘画中我们要学会使用相对的对比关系来处理画面中的冷暖变化，不要再以“这是什么颜色”为唯一的辨别依据，一般情况下降低色彩的饱和度和明度都会使色彩产生色感反转的效应。需要让色彩升温或是降温我们只需要在色环上稍微向相反色相方向偏移一点即可，并不需要想要什么颜色就一定要到那个色彩区域去选。心里不要用色相去区分不同色彩，只需要有冷暖概念就行了，这样才能通过不断地练习逐渐提高对于色彩的理解与运用能力。

● 色彩与时间

在现实世界中，色彩的冷暖还体现在时间上，这是之前简述的内容的延伸。尤其对于描绘室外的空间，我们一定要注意一天之内天色的冷暖变化，才能准确地获得环境光色彩信息，以此作为绘制所有对象的基础色依据（如图10-39~图10-42所示）。

早晨的天色，因为空气透明度高，阳光入射角度大，相对垂直色温较高，因此色彩总体偏冷。

图10-39

正午的天色，阳光入射角度为90度，色温最高，因此正午可以说是一天之内最冷的色彩。

图10-40

下午的天色，阳光入射角度变小，空气也逐渐浑浊，光线色温降低，因此天色的饱和度开始降低呈现暖色效果。

图10-41

黄昏的天色，阳光入射角度进一步缩小，色温更加低，因此整个天空都是饱和度极低的蓝色调，同时阳光变成了低色温的橘红色。

图10-42

根据黄昏时段环境色彩绘制的范例。所有色彩都是通过固有色+环境色来绘制的，整体在低饱和度的蓝色调子之中（如图10-43所示）。

图10-43

色彩的时间性，是我们绘制室外场景经常需要考虑的一个重要问题，其实归根结底它仍然属于光线色温变化与色彩冷暖对比的一个体现。关于用色我们应该从色彩和光线的本质去分析研究它，而不仅仅只是通过简单观察或死板的临摹去学习。

- 色彩的空间性

色彩除了有时间性变化外还有空间性的处理，空间性指所绘制对象所在的环境，一般分为室内和室外。室内的空间性变化不明显，因为距离较短，空气密度较低；空间性体现最为明显的是室外，由于空气的密度较高，再加上灰尘雾气和辉光等因素。我们在绘制不同空间层次的对象时一定要考虑空气氛围对它的色彩影响（如图10-44~图10-46所示）。

右图为一幅有着非常丰富的空间立体感的图像，我们可以轻易地区分出不同层次中的各种元素。

图10-44

将画面去色处理后我们能够发现，远景的色彩都比较浅，越往近处色彩变得越深。由于远景弥漫在整个空气氛围中，因此空气的密度阻挡淡化了整个物体的色彩，包括物体的影子，所以看上去才会认为这是远处的物体。随着距离的变化，近处的空气密度变低，能见度较高，因此可以清楚地还原物体的色彩与深度。

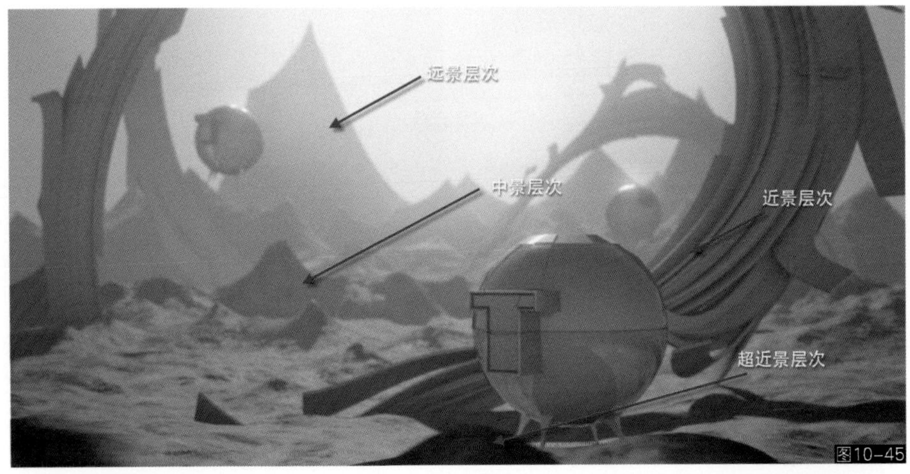

图10-45

在绘画过程中我们应当遵循这样的规律，绘制远处的元素应充分结合周围的气氛来上色。如空气是蓝色的话，那么远处物体应该弥漫在蓝色的氛围当中，自身的固有色丢失较为明显，甚至完全变成环境气氛的色彩,同时阴影和对比度也会变浅变弱甚至消失。而越往近处走物体固有色就逐渐还原，阴影也逐渐明晰同时对比度增加，这就是我们所说的色彩的空间性变化。

图10-46

D. 物理性/质感

谈到色彩与灯光的物理性，一般情况下是指绘画中的反射、折射和透射三种常见效果。我们在绘制特定质感的时候，首先需要掌握的是所表现的物质的物理性到底是什么样的，只有在充分了解其规律的情况下才能正确地表现出它的样貌。

- 反射

反射指光线照射到物体所产生的反弹效应。在绘画中我们需要了解两个层面的关于反射的知识，首先是反光与高光，其次是倒影。

反光与高光其实是同一回事，指直射光照射到物体后所产生的灯光反弹变化。回忆一下之前介绍过的内容，物体会因为所处环境的漫反射光影响而失去本身的固有色，那么当白色直射光照射到物体时，就会还原物体的固有色（如图10-47所示）。

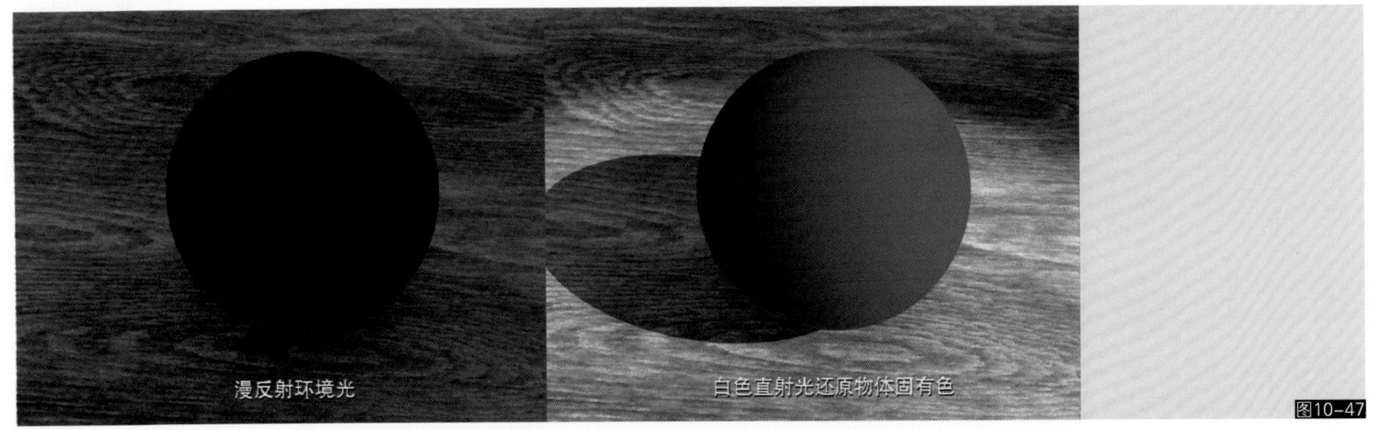

图10-47

直射光到达物体后，如果物体的表面比较光滑，那么会将直射光进行反弹，即出现了我们所说的高光。高光的色彩与形状其实就是发光源的形状和色彩的反射（如图9-48所示）。

图10-48

越光滑的物质，高光越清晰（发光源形状），越粗糙的物质高光越扩散，表面最粗糙的物质将丢失高光。因此描绘一种物质的质感是否到位，非常考验我们对高光的控制能力，有些物质如塑料和皮肤，高光的差异性非常小，但就是那么细微的差异性，决定了两种质感的不同。对于高光运用能力的训练，最好的方法就是观察与记忆（如图10-49~图10-51所示）。

从图中我们可以总结出一个规律，高光越强且面积越小，那么物体看上去就越光滑；反之，高光强度越弱且高光面积越大，则物体看上去越粗糙。

图10-49

不同形状的高光反映出同样的规律。

图10-50

光源照射到不同质感表面产生的反光变化示意图。

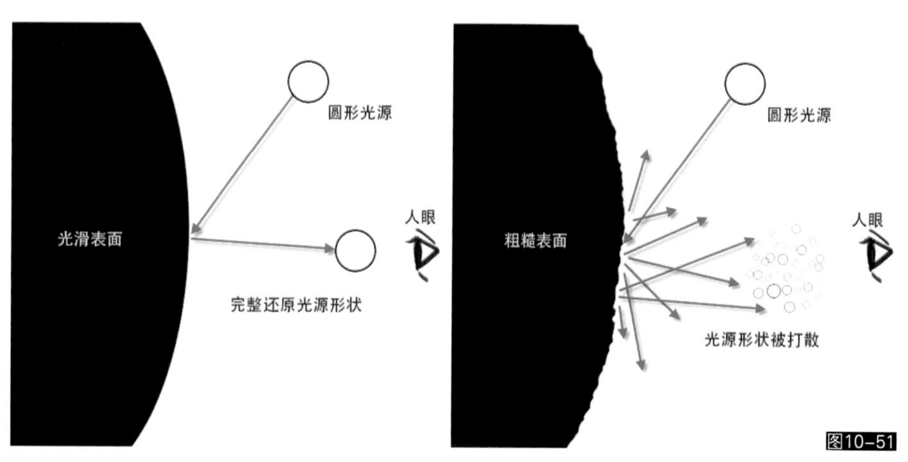

图10-51

一般初学者都会对一个问题比较棘手，就是高光应该画在什么地方。首先我们需要分析直射光源的朝向，其次我们需要分析受光面的物体结构的凹凸起伏变化。一般情况下高光会出现在受光垂直面的每一个“相对结构”的最高点和最低点（如图10-52所示）。

图10-52

所谓“相对结构”指整体结构中某一单一位置的自身结构，如一张脸上的鼻子，鼻子就是相对单一的结构体。绘制高光位置就是需要按照直射光垂直照射过去的直线方向去判断相对位置的凹陷和突起，将高光绘制在这些朝向灯光最凹和最凸的位置，但是注意如果结构处于影子中，就没有高光（如图10-53所示）。

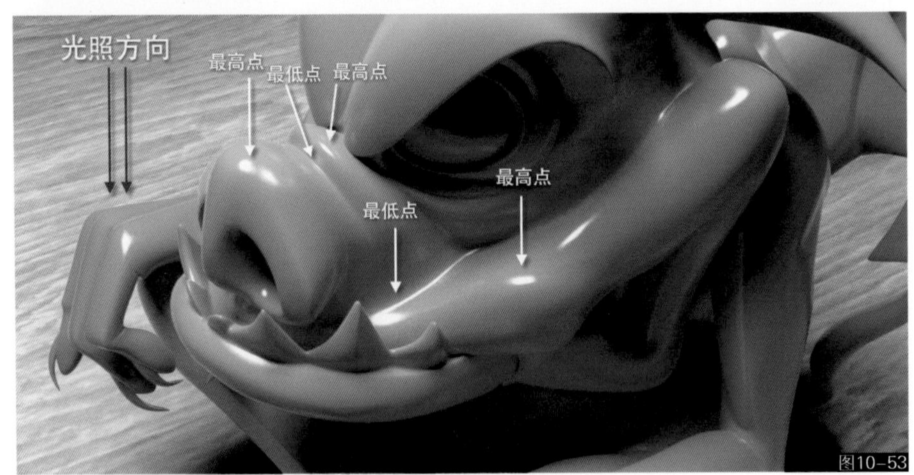

图10-53

高光是物体对直射光源的反光导致的结果，那么高光的第二层含义就是反射倒影效果。除了最粗糙的物质如棉布、石灰岩、墙面、混凝土、棉纸、粗橡胶等之外，一切能够看得到高光的物质都具有反射周围影像和光源的现象。就像镜子一样，反射变化随不同的物质构成而呈现出不同的变化（如图10-54所示）。

图10-54

纯镜面反射，物体100%的反射周边景物，任何面任何位置都反射，强度一致

除了镜面和不锈钢等一类反射属于强度最高的反光效果之外，凡是带有衰减变化的反射我们都称之为“菲涅耳反射”（如图 10-55所示）。从图像上可以看出这种反射效应和纯镜面的反射大不相同，所有反射集中的区域都在物体的边缘处，而越往物体中心靠近反射逐渐开始衰减露出物体原有的固有色。现实生活中基本上除了镜子和不锈钢镀铬一类的物质，其他都是菲涅耳反射物质，如塑料、玻璃、水、木头、漆壳等。

图10-55

从现实中的一个实例我们可以看出，从四个角度观察海面，我们会发现第一张天空和文字在水面上的倒影非常强烈，尤其是天空，在水面上形成了强烈的蓝色倒影；第二幅图像的视点逐渐变高，天空的蓝色倒影逐渐加深，实际上是反射在衰减变弱；第三幅画面的视点更高，和水面形成的角度更大，水面、天空和文字反射更加暗淡，可以看见水中出现了另一个文字，说明反射减弱，水的透明度增强；最后一幅画面视点和水面形成了90度角，天空的蓝色几乎消失变成了黑色，水完全透明，可以清楚地看到水中的文字。从这个现象我们可以得知，菲涅尔反射现象和我们观察物体的角度有关，观察任何结构和视线形成的角度越低越小，反射就越强；反之，反射就会逐渐消失呈现出物体本色，当视线和物体呈现90度时，那么反射就衰减直到消失，具体反射衰减变化的强度根据不同物质会有不一样的变化，在绘画中只需要掌握其大致的规律即可（如图10-56所示）。

图10-56

下面是类似于漆壳质感的物质，我们可以看到背景的纯蓝色反光都集中在物体的边缘处，包括物体之间相互的倒影，在描绘这类物质的时候，我们需要根据环境来强化物体边缘的反射（如图10-57所示）。

图10-57

人物皮肤也属于较为光滑的质感，表层的细胞和油脂会对光线和周边环境进行反射，因此在描绘角色皮肤质感的时候我们通常会在各部位的边缘处绘制一些较为明显的反光线条结构，以强化皮肤的真实性，这就是菲涅尔反射现象的运用。对于绘画来说，并不需要完全按照物理性精确地模拟，但是每画一种结构都要根据质感需要灵活运用这个原理（如图10-58所示）。

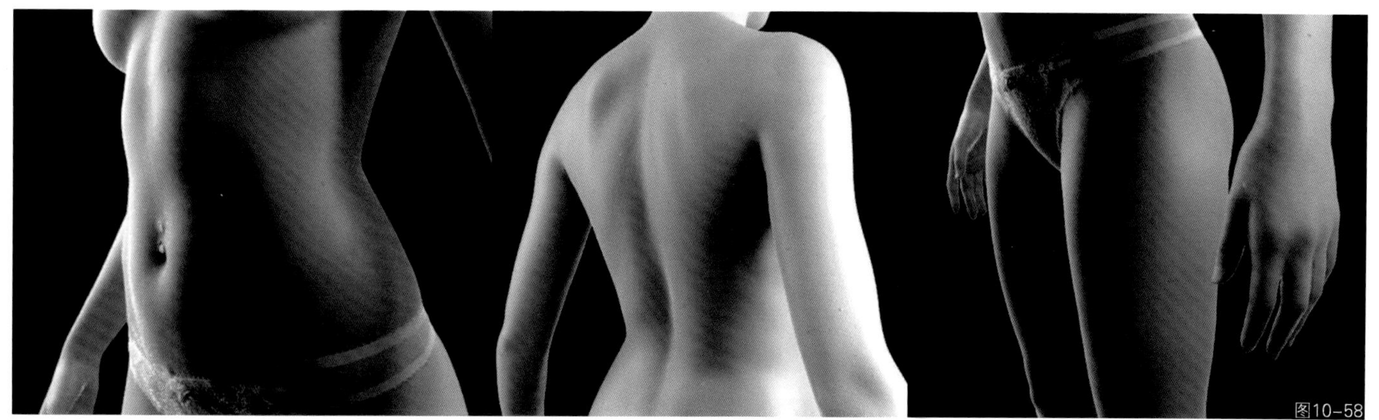
图10-58

金属也是绘画中经常表现的一种质感。金属之所以看上去像“金属”是因为其呈现的层次也是菲涅尔的反光模式，除了不锈钢镀铬等纯镜面的金属之外，其他的金属质地基本上都是同样的反射规律（如图10-59所示）。

图10-59

从右图我们可以观察到，普通物质的光影，固有色到暗部呈现的是线性的渐变，加上高光后，三个层次的位置都是按照受光方向线性分布。但是金属则完全不一样，在没有高光和反射的情况下，暗部占据了大部分的位置，包括受光面的边缘，并不会因为受光而变亮，朝向灯光的区域反而是较重的阴影，这就是金属物质特有的暗部菲涅尔现象，当出现高光后，固有色几乎被高光取代，仅留下较少分布，最后加上反射影像后，我们就能马上感觉到这是一个“金属”物质。而左边的普通物质看上去像瓷器，这就是金属质感和其他质感的区别，掌握好“金属”与“普通物质”的各个层次之间的分布和强度关系，我们才能绘制好不同的金属材质（如图10-60所示）。

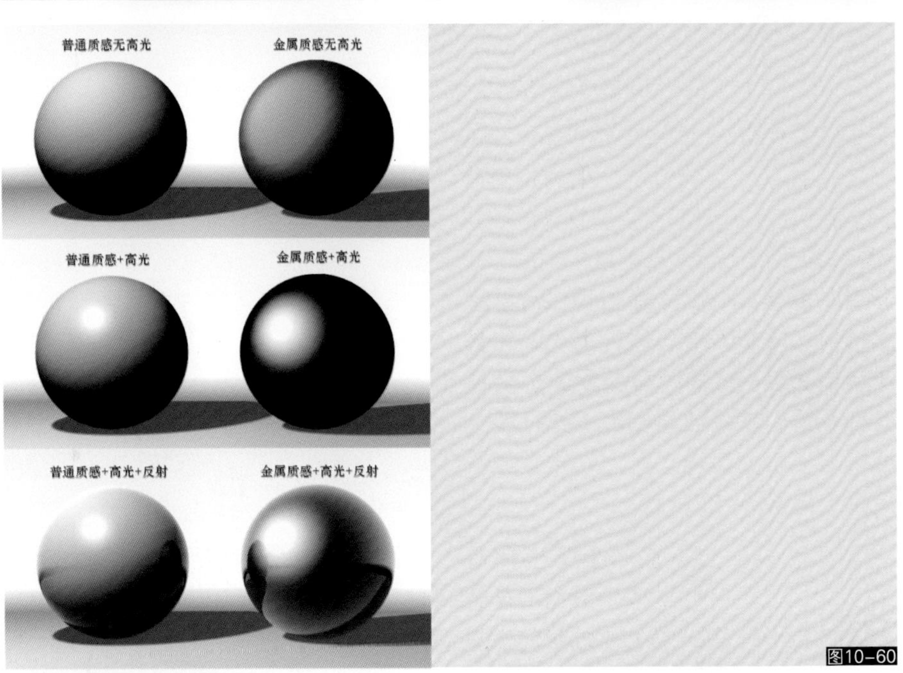

图10-60

右图是实际情况下普通物质受光反光和金属物质受光反光的对比，注意观察物体边缘的不同菲涅尔现象和明暗层次分布的表现（如图10-61所示）。

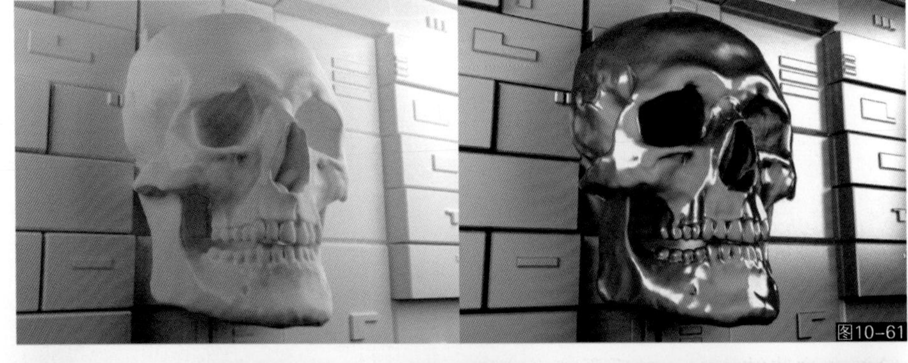

图10-61

反射效果和高光一样，我们需要根据不同质地来考虑反射影像的变化，光滑的物质倒影较为清晰；粗糙磨砂的表面呈现模糊反射效果；这里还有一种特殊的反射情况，称为“异面性反射”，是一种特殊的模糊反射变化，倒影呈现拉伸效果。常见的异面性反射有拉丝的不锈钢表面、毛发、特殊漆壳、珠宝等。在模糊类反射中物体表面越粗糙，反射面离反射物体越远，模糊强度就越强（如图10-62、图10-63所示）。

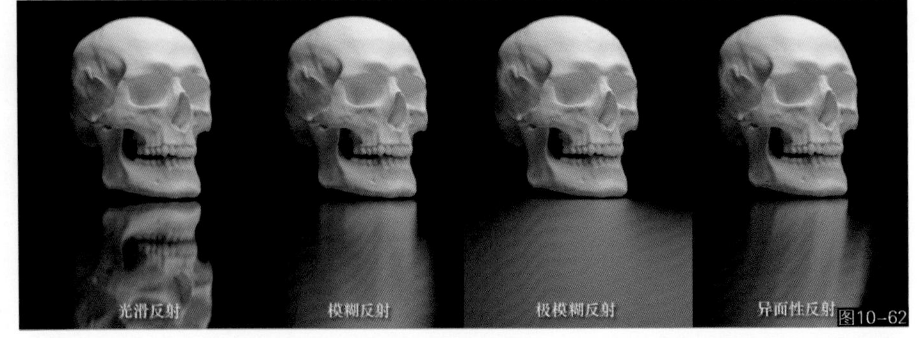

图10-62

综上所述，高光和反射对于物体的质感表现起到了决定性的作用。在绘画中，笔刷的应用如果在不理解其原理的情况下盲目使用，只会让人一直停留在绘画的初级层面，难以发挥出工具真正的力量。因此，对于高光和反射等理论一定要在充分理解其原理和熟练掌握其运用的前提下才能结合其他理论绘制出到位的质感。

图10-63

- 折射

折射指光线穿过物体产生的扭曲变形的现象，折射现象通常发生在透明的物质中，如水、玻璃、冰块、水晶、钻石等，在绘制这一类物质时我们首先需要了解折射的具体表现。

右图是平面物体所产生的折射效应。我们可以看到穿过方块物体的结构都产生了错位现象，在方块中地面色彩跑到了顶部，天空色彩跑到了底部，穿过方块的线条产生了偏移，这就是折射的一般规律（如图10-64所示）。

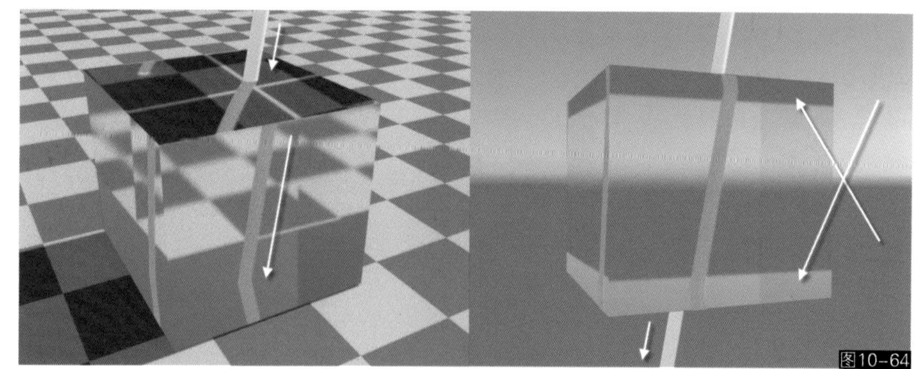
图10-64

曲面折射和平面折射呈现同样的变化，仍然会将透过的景物反转，穿过的物体还会呈现出放大镜的效果（如图10-65所示）。

图10-65

纯透明物质本身是没有色彩的，在绘制这一类质感时其实我们画的都是环境的影像，即将环境的色彩反转绘制在这些结构上，然后再加上高光和反射的变化。同时还要注意扭曲度的强弱变化，一般较薄的结构扭曲变化不大，越是实体的结构扭曲变化越强。绘画中我们应该首先描绘好所有图像，确定好环境后折射质感才能准确定位（如图10-66所示）。

图10-66

折射和反射一样，当物体为比较粗糙的磨砂质地时，折射也会呈现出模糊折射变化，如磨砂玻璃、矿石、冰块、塑料等。除此之外透明物质也可以带有自己的固有色，如彩色玻璃、珠宝、红酒等。绘制时需要叠加自身的固有色到背景影像或穿透的物体上，同时光线和色彩会因为吸收效应而变暗（如图10-67所示）。

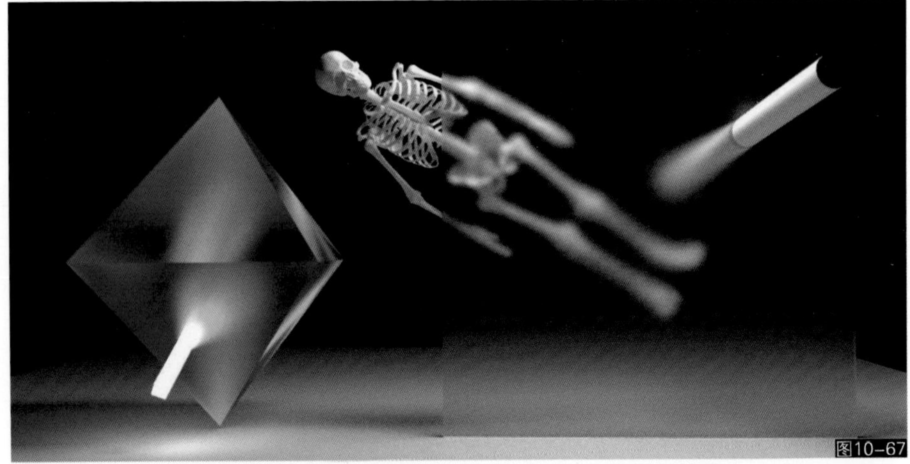
图10-67

● 半透明

半透明指光线穿过物体直达物体内部产生的发光效果。在绘画过程中很多情况下质感表达不到位，就是因为没有意识到半透明现象的存在。现实中很多常见的东西都具备半透明的变化，如皮肤、石蜡、塑料、叶子、水果、冰块、大理石、玉石、气体、珠宝等，任何种类的光线都会穿过它们产生透光的变化（如图10-68所示）。

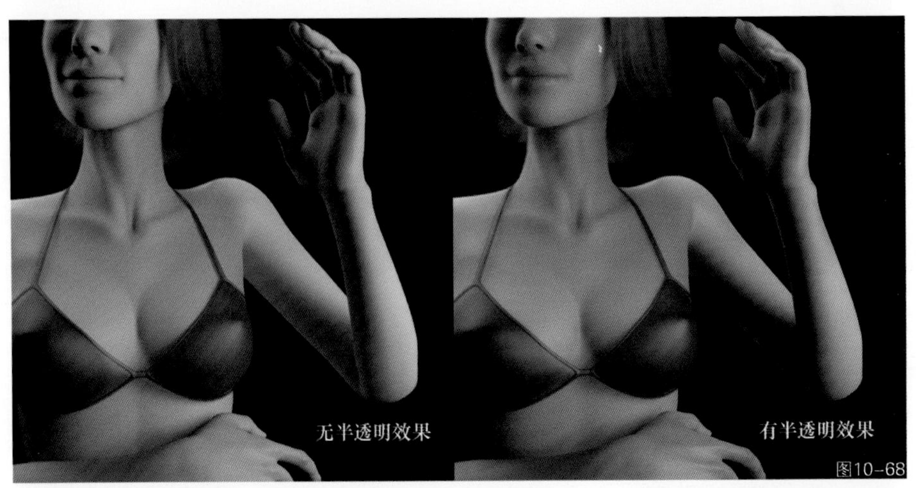

图10-68

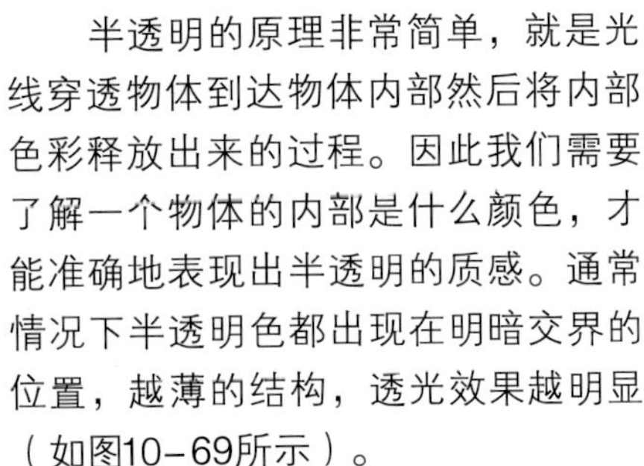

半透明的原理非常简单，就是光线穿透物体到达物体内部然后将内部色彩释放出来的过程。因此我们需要了解一个物体的内部是什么颜色，才能准确地表现出半透明的质感。通常情况下半透明色都出现在明暗交界的位置，越薄的结构，透光效果越明显（如图10-69所示）。

图10-69

半透明效果在测光和逆光情况下会特别明显，尤其是逆光情况下，我们可以清楚地看到物体内部所产生的发光色彩，在绘画中我们经常会刻意地安排一些逆光照明来突出物体的透光质感（如图10-70所示）。

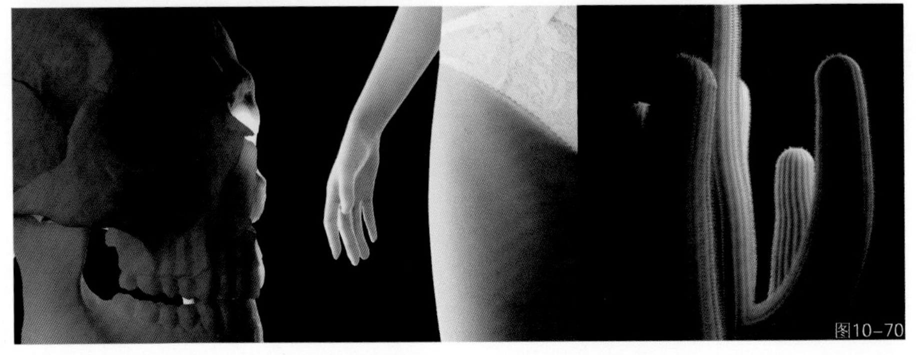
图10-70

在实际作画中，我们需要灵活地运用半透明的原理来表现不同的通透质地。一般情况下，半透明区域一定要先从灯光照射的位置入手来分析具体画在什么地方，然后再根据物体的通透性来控制透光色彩的强弱与深度。我们平时要培养良好的观察力，多观察现实生活中不同的物质，记住其受光的特征，这样才能在绘画中到位地将其表现出来，然后再进行主观的艺术加工以达到创作的目的（如图10-71~图10-73所示）。

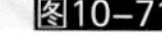

图10-71

图10-72

图10-73

二、Blur's Good Brush综合实例分析1

通过之前各个章节的学习，我们再结合本章所讲解的光色质感理论来分析一个综合的创作实例（如图10-74所示）。

图10-74

01 首先使用任意画笔将大致构思确定下来。这一步可以适当描绘出线条与大致光影结构，也可以将草图描绘到纸上然后用相机拍下来再导入Photoshop进行处理（如图10-75所示）。

图10-75

02 使用“正片叠底”模式的画笔绘制基本的环境色和人物主色调，尽量将整体调子控制在一个较暗的层次上。但是无论什么情况下，最暗的部分也不要用纯黑色去描绘，那样会让色彩层次没有退路（如图10-76所示）。

图10-76

03 使用Mixer模式画笔，用方块形画笔将人物大致结构和背景基本色彩绘制出来。对于色彩的混合度，人物的稍微干燥一点，背景可以湿润一点。这一步主要描绘的是漫反射光源的层次，根据背景的环境色调和人物的肤色，所有等于或者小于90度的夹角和朝下的面都是漫反射阴影所在的位置，同时人物皮肤要在暗部和亮部的交界位置适当描绘出一些偏红的色调，以突出皮肤的半透明通透质感，高光反射等其他效果暂时不用急于描绘。这一步看上去只是在打色彩初稿，其实是非常重要的一步，它决定了后续色彩和阴影等关系的基础，一定要充分结合前面所讲的光色理论来思考这一步该如何上色（如图10-77所示）。

图10-77

04 大色上完后退出Mixer模式，接下来使用good画笔-1从人物面部逐步开始描绘细节，头发部分可以使用毛发画笔结合涂抹工具描绘（如图10-78所示）。

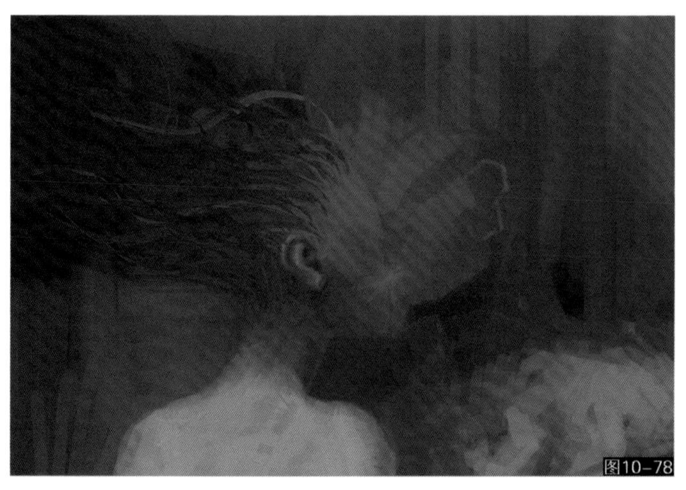
图10-78

05 随着创作的推进，为了重点突出角色的光亮感，这一步将背景色进行变暗处理，但是仍然保留其整体色调感不变（如图10-79所示）。

图10-79

06 继续使用good系列画笔刻画整体结构，将色彩层次和结构逐一细化。这一步不要每一笔都去使用拾色器选取新的色彩来绘制，对于之前在Mixer模式中绘制出来的色彩，我们可以直接吸取来使用这些混合好的色彩。整幅画面就像一个大调色盘，通过之前的步骤已经融合出了协调稳定的色彩关系，如果每一笔都重新定位色彩，那么很容易将色彩画脏或是将色调画偏。同时用笔要以大小块面“切”出结构感，不要使用柔性画笔来回涂抹（如图10-80所示）。

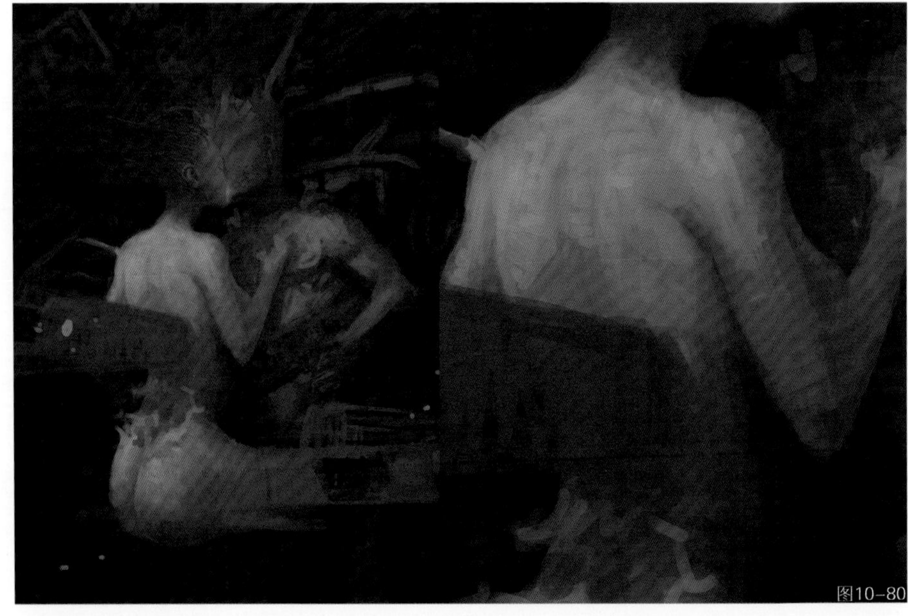
图10-80

07 继续使用good画笔深入刻画人物和背景细节，一般初期上色只考虑固有色和漫反射投影，高光反射一类的效果可以最后添加。绘制时逐步要明确整幅画面的光源照射情况，对于这幅作品我们将人物嘴巴部分设置为点光源，其他部位统一在一个灰暖色漫反射光源氛围内（如图10-81所示）。

图10-81

08 接下来使用皮肤系列画笔来细致描绘女性角色的细节，想要得到比较柔和的混合层次可以结合涂抹工具来处理，如毛发涂抹工具，但是不要过分涂抹导致画面变腻（如图10-82所示）。

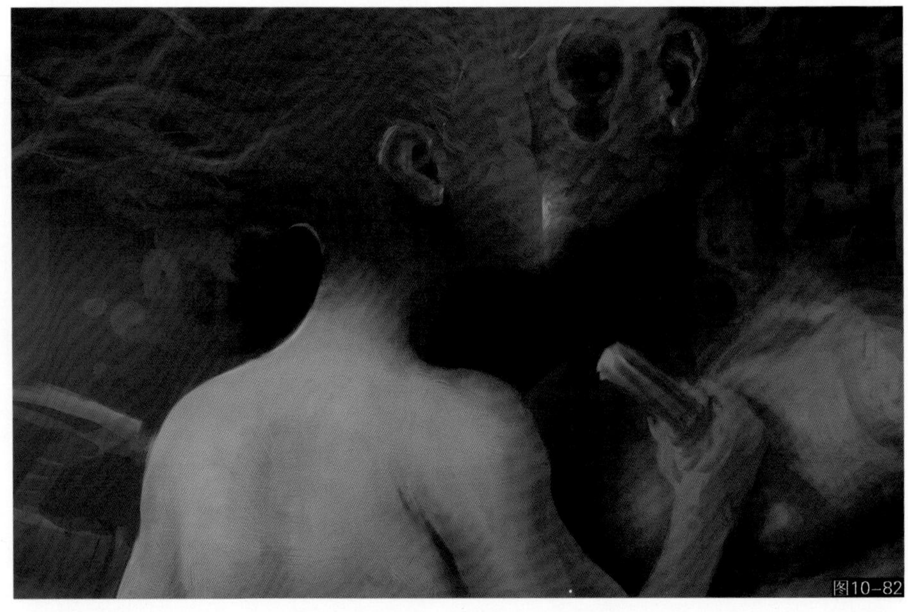
图10-82

09 注意细心分析发光源照射在各个结构上所产生的反应，哪些是受光面哪些是投影，一定要分析清楚以后再下笔，不要盲目地乱画一气。同时要注意发光源的特性，点光源的阴影是放射状的，定向投影和漫反射投影在任何结构上都要体现出来（如图10-83所示）。

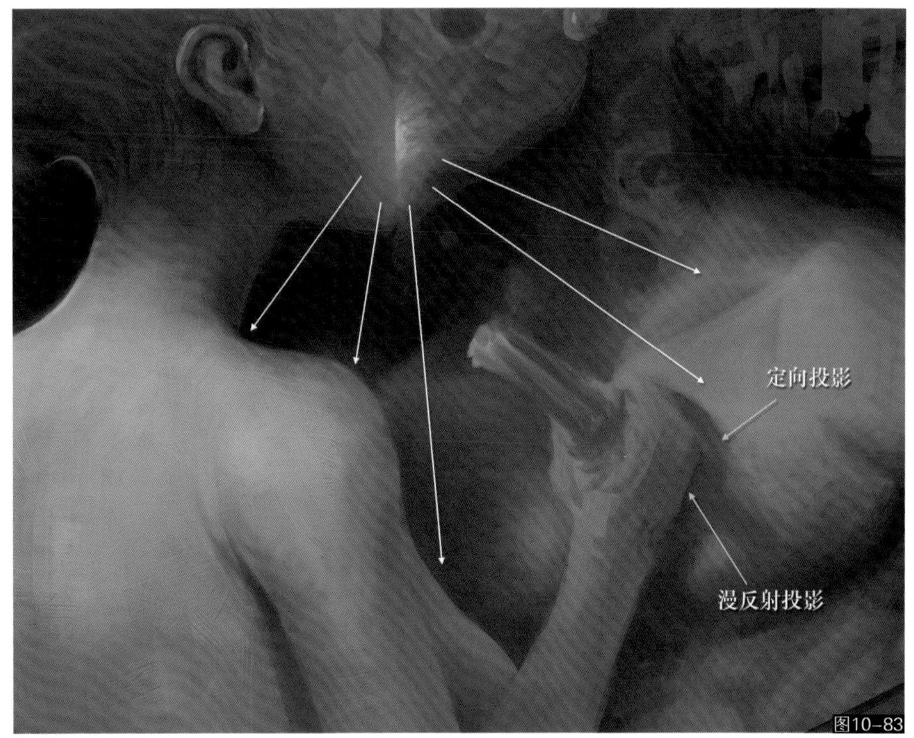

图10-83

10 深入刻画细节的时候光色理论要随时放在脑中去评估每一个结构的绘制方式，尤其是漫反射和直射光两种光源同时存在的情况下，一定要冷静分析好后再深入刻画（如图10-84所示）。

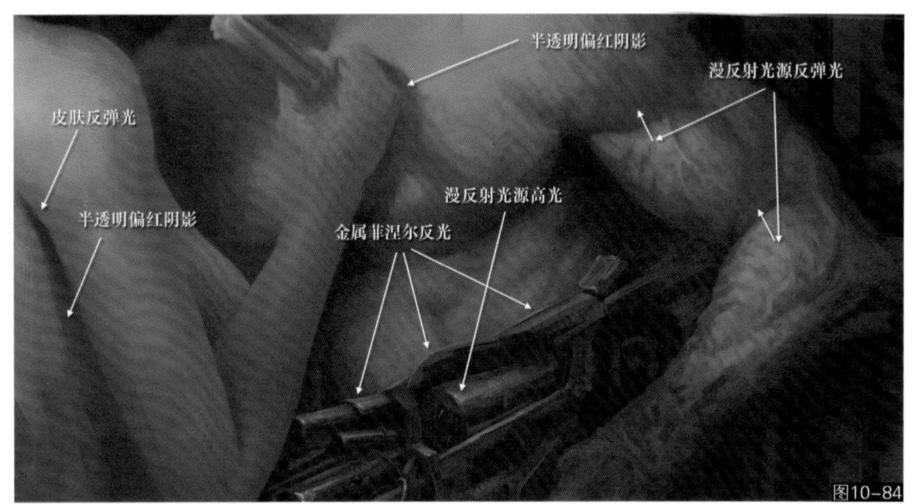

图10-84

11 在绘制金属质感时要充分运用质感理论来描绘，有些情况下是多种因素同时产生效果，虽然画画有时只是寥寥几笔画上去，但是一定要在理解的情况下才能把握好那个度，否则很容易将画面画脏画假（如图10-85所示）。

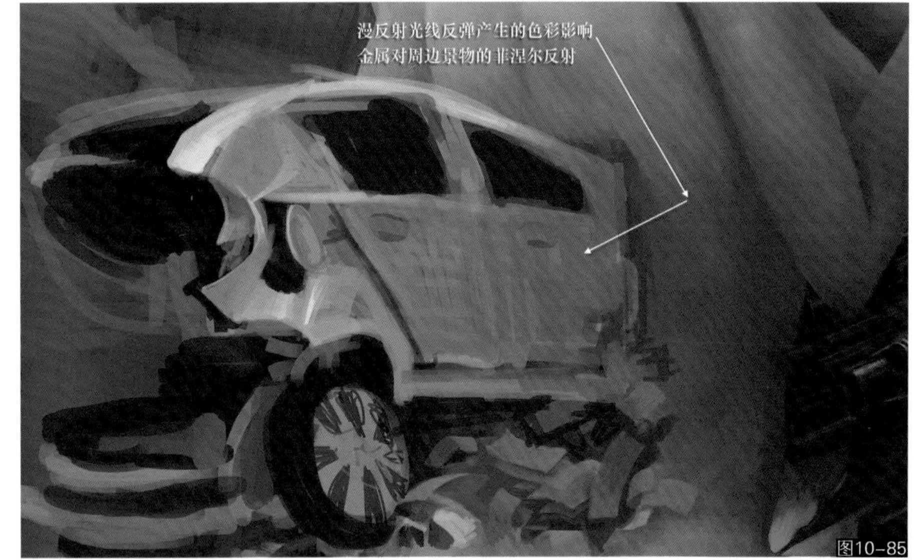

图10-85

12 仔细描绘每一个小结构的高光与反光变化，同时还有反弹光等。每一个区域哪怕再小只要是重要的结构都需要耐心地把它当作一个完整的结构去描绘，同时注意整体，尽量使用前期自然混合出来的协调色彩去描绘（如图10-86所示）。

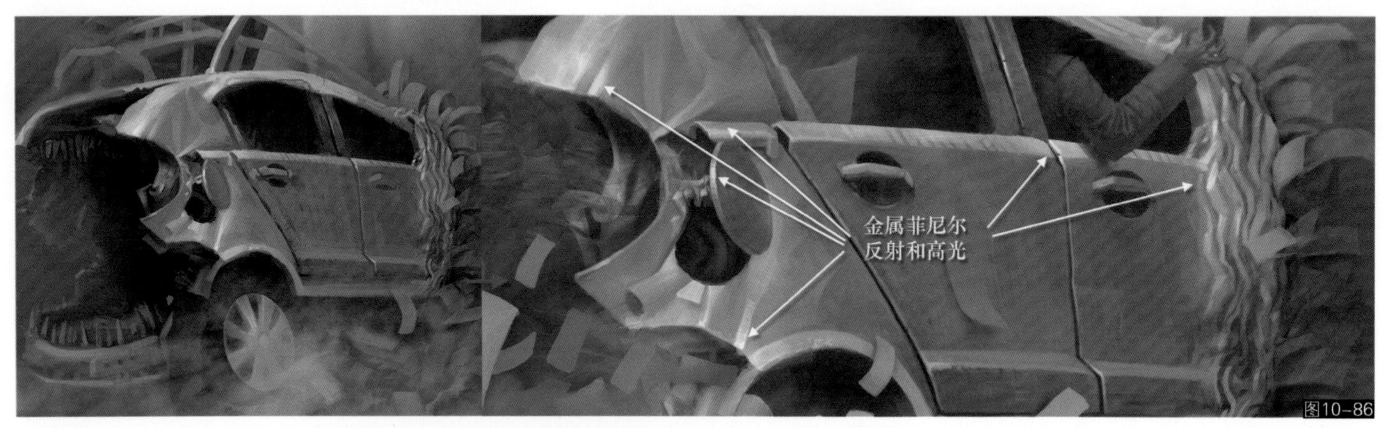

图10-86

13 如果对理论知识有了较为全面的理解，我们画任何东西眼睛里就只有结构和色彩，不再会去分辨这是人物那是场景、道具等，画什么都是同样的分析方法和策略，就像下面所示意的绘制流程。在基本结构和色彩绘制完毕后首先需要寻找漫反射投影区域，然后再分析是否有直射光。如果有那么就需要分析直射投影；如果没有那么就直接进入到描绘漫反射反弹光环节，最后再处理质感表现等，这就是一般作画的流程（如图10-87所示）。

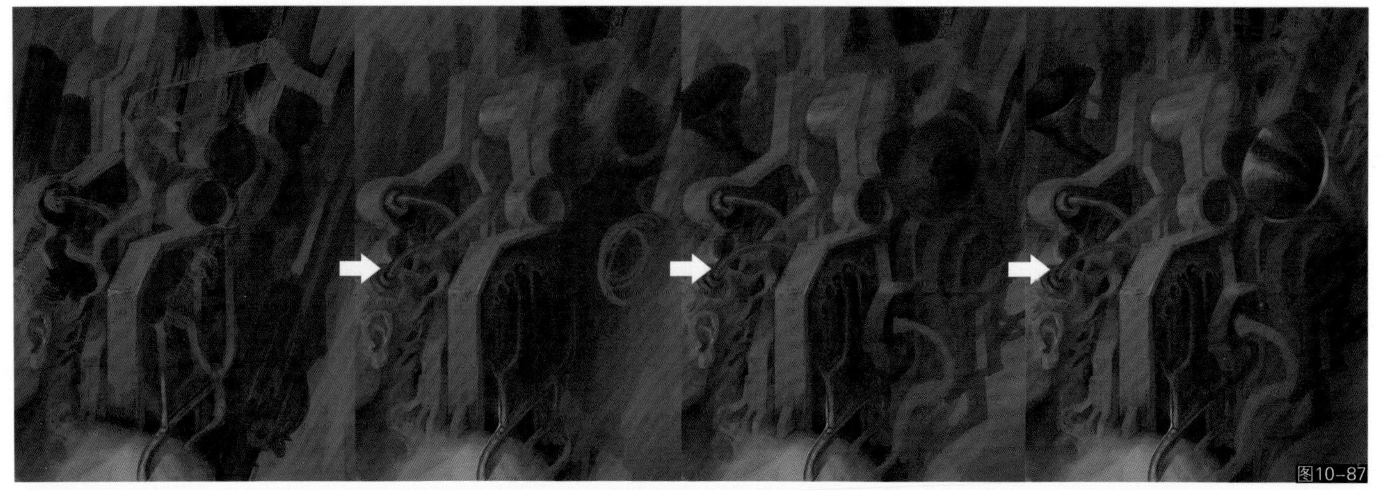
图10-87

14 在绘制多质感结构时，一定要将不同质感区分开来，基本上质感的差异都在高光和反射的处理上，注意控制好高光面积与高光强度的相互关系，同时还要注意菲涅尔现象在光滑物质和金属上的不同体现（如图10-88所示）。

15 漫反射投影是无处不在的结构，所谓深入刻画大部分情况下都是在细心地分析各结构之间的相互漫反射关系，然后将它们的层次通过影子的变化绘制出来。因此，充分理解漫反射的原理对写实类绘画来说是极其重要的，这也是本章需要强调的重点内容（如图10-89所示）。

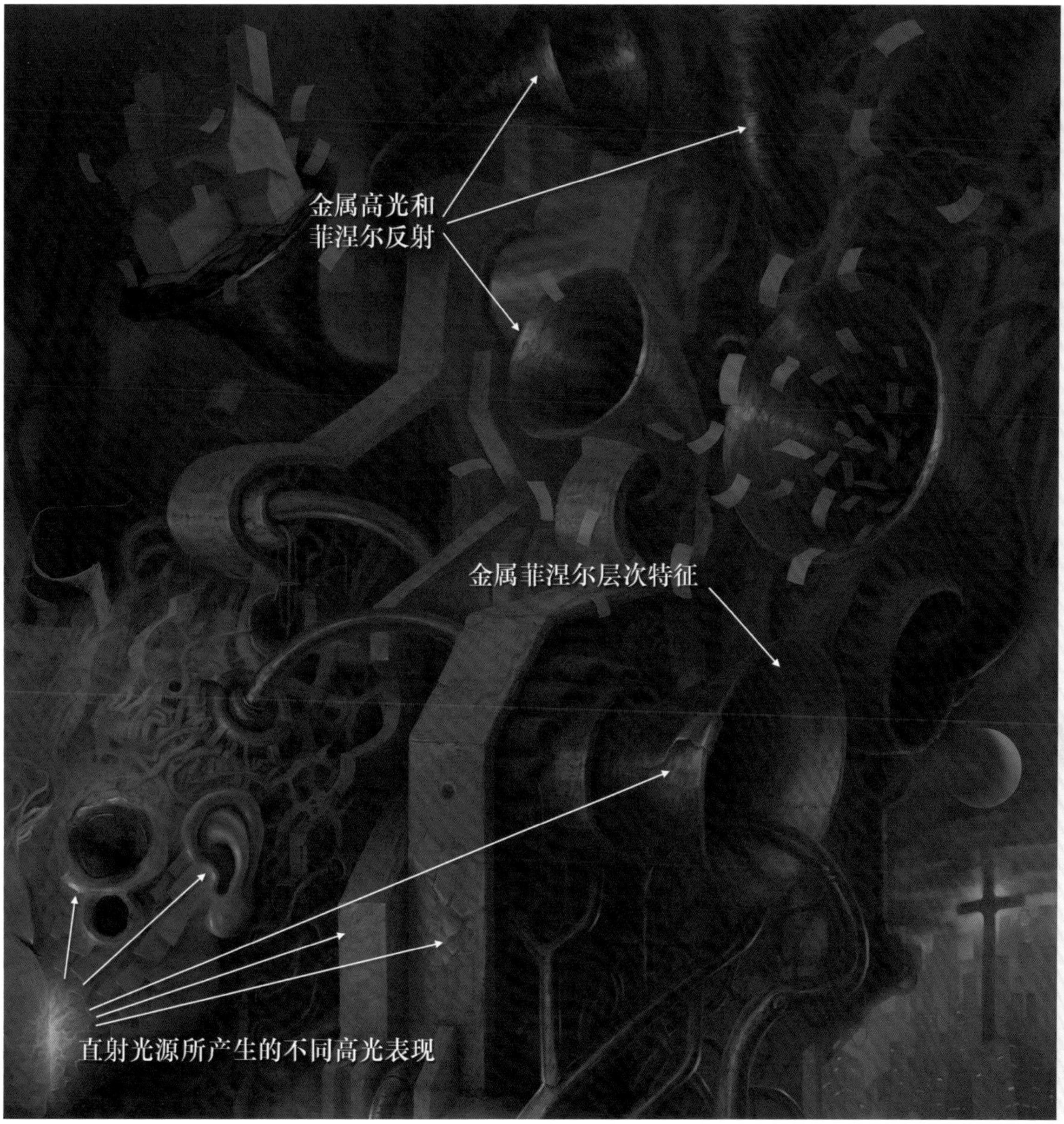

金属高光和
菲涅尔反射

金属菲涅尔层次特征

直射光源所产生的不同高光表现

图10-88

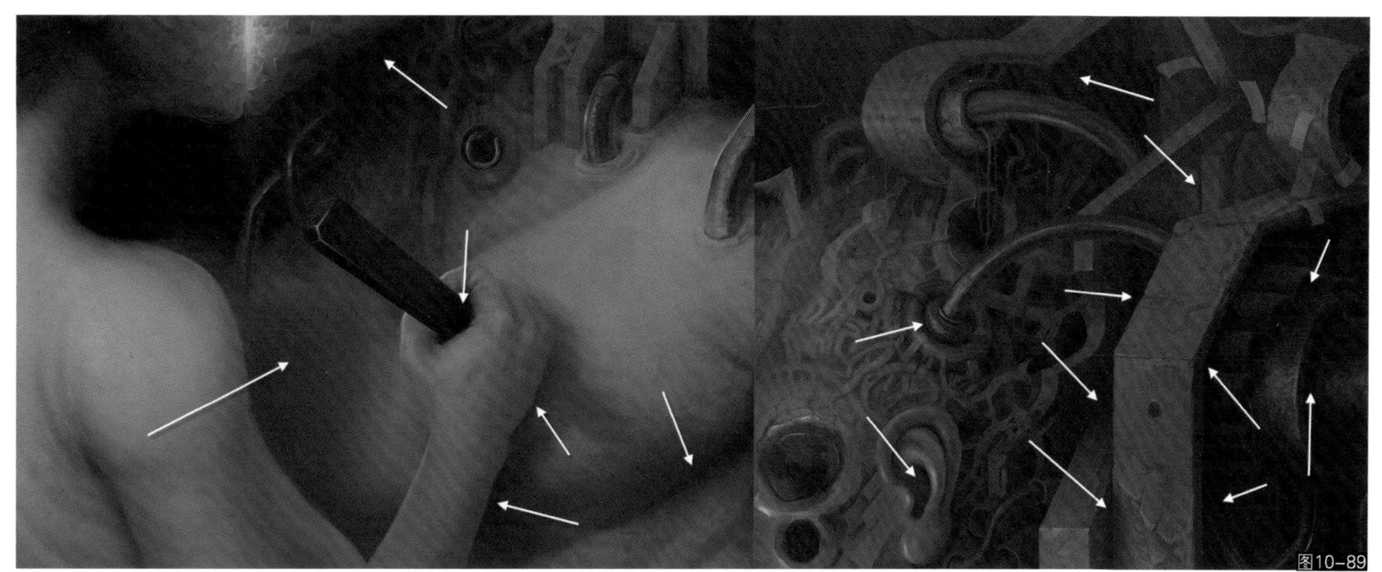

图10-89

16 在绘制皮肤这一类质感时，要注意半透明原理的运用，不要只考虑固有色的色相，暗部也仅仅只是简单地降低固有色的明度去画。半透明色即物体内部的色彩，皮肤下面是红色的肌肉和血液组织，会在皮肤上形成泛红的透色表现。因此受光部位色彩应该是固有色+漫反射（直射）光源色；而暗部应该是较为明显的固有色+透光色表现，尤其是漫反射影子区域，需要掌握好红色的度，过分的红会导致皮肤看上去过于透明失真。对于高光来说需要适当地偏向冷色调来和皮肤色彩形成对比，在这里我们需要使用相对冷暖的概念来处理，避免使用绝对的色相来区分。最后在绘制工具的选择上我们可以使用皮肤系列画笔来描绘皮肤的质感，同时适当结合涂抹工具来处理笔触间形成的生硬过渡，对于一些较为柔和的层次可以降低画笔透明度一层一层地慢慢绘制，不要急于一次性画成（如图10-90所示）。

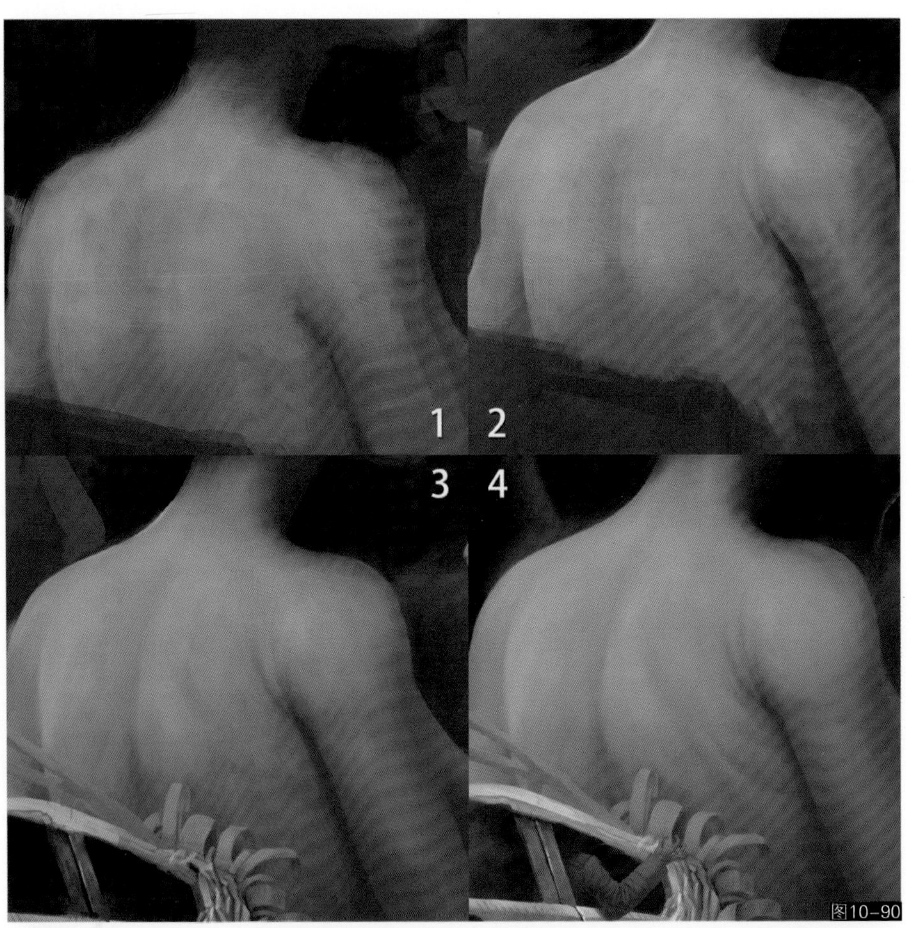

图10-90

17 对于场景中的坚硬物体，尤其是需要准确透视变化的结构不要仅仅只是徒手描绘，我们应该借助于选区工具先将大致结构选择后再放心地使用任意画笔描绘。同样的，注意各结构之间的漫反射投影关系。画面中任何发光的位置都要将其看作光源，光源类型根据发光体的形状和类型来判断。然后在周边物体上准确地分析光照变化后再细致描绘，不要急躁（如图10-91所示）。

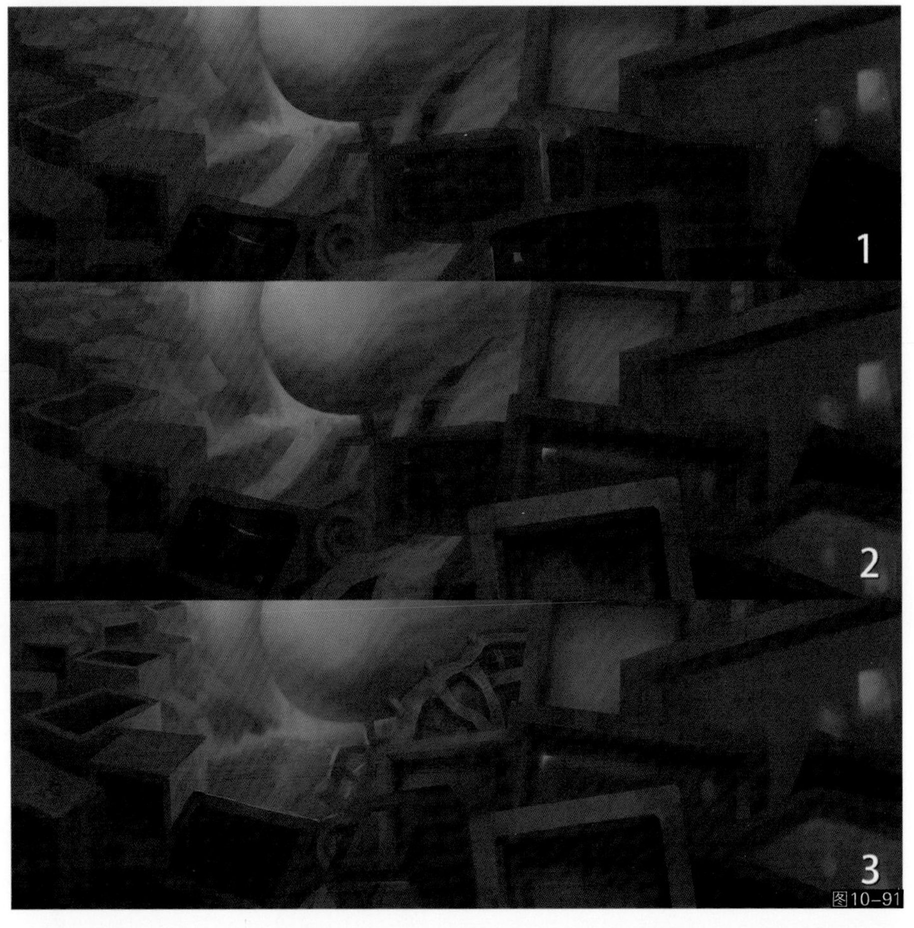

图10-91

18 在深入细节的过程中笔触应该遵循大块面、中等块面、小块面的用笔规律，逐渐细化结构和色彩。同时涂抹工具在细节处理上也起着极为重要的作用，每画一遍都需要使用相应的涂抹工具来柔化、打散、风格化笔触结构，让其自然衔接过渡。如右图的头发线条状结构和皮肤柔润过渡，都是先用大笔触堆出基本色彩结构后再使用毛发涂抹工具或风格化涂抹工具进行融合和结构的延展（如图10-92所示）。

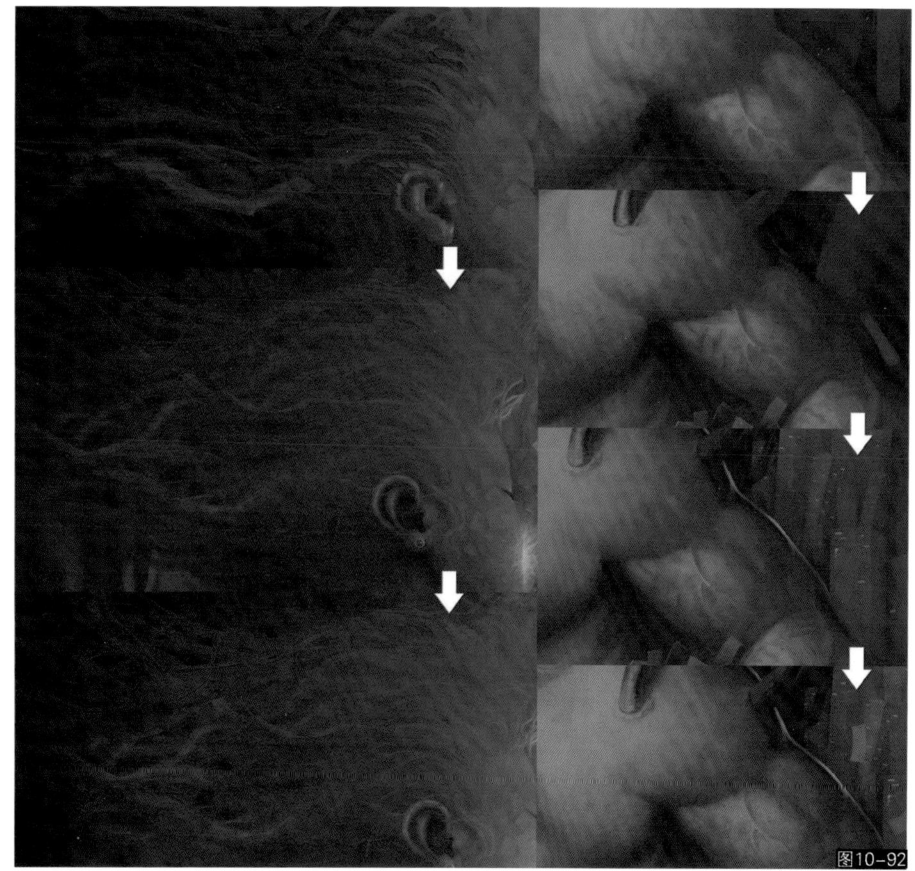

图10-92

19 当所有结构和大部分细节都描绘完毕后，才能使用特效类画笔为画面增加特殊效果。特效元素可以添加在新的图层中方便后期调整，需要注意的是特效画笔有时并不能完全按照画者的意愿产生效果，如结构准确性、色彩关系、明暗变化等。因此并不是单纯画上去就不管它了，需要结合其他画笔或涂抹工具、橡皮擦工具还有叠加模式等对其进行修饰填补才能达到最满意的效果（如图10-93所示）。

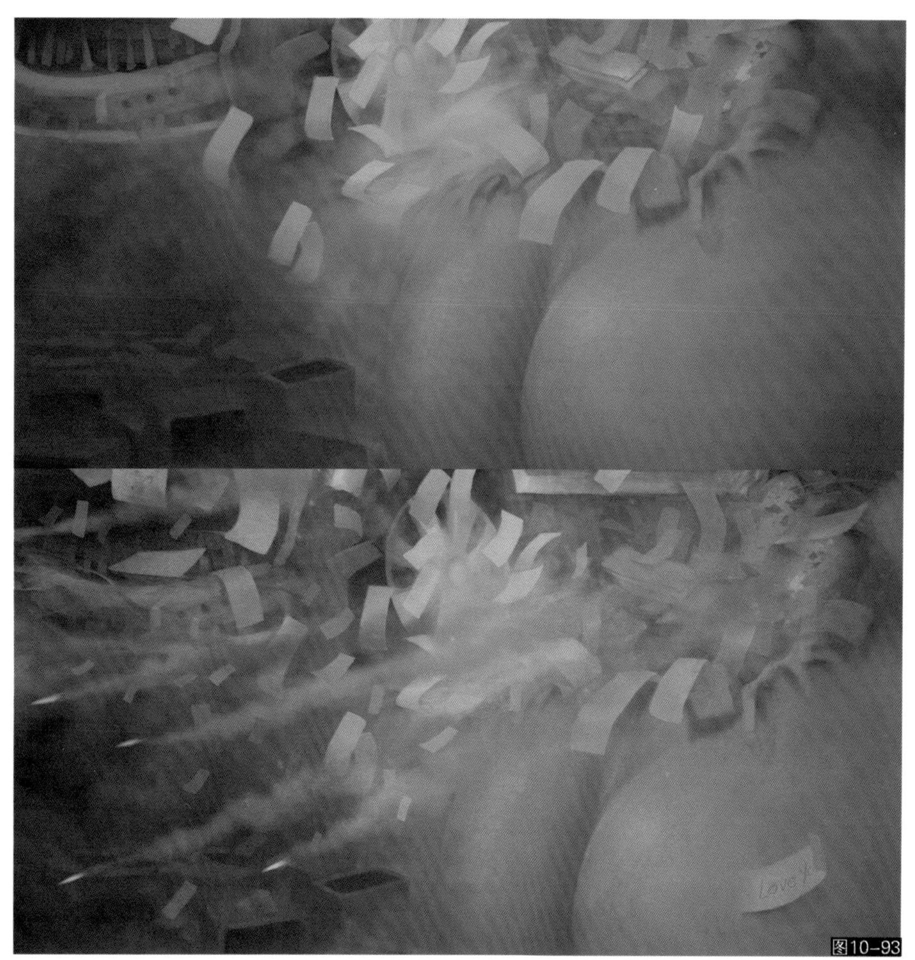

图10-93

20 最后为了使画面看上去更耐看和有更多的细节变化，为它加入一些纹理层叠加出一些细碎的自然纹理，这样可以增强画面总体质感，强化细节，同时还可以根据喜好增加一些调色效果等（如图10-94所示）。至此本例绘制完成。

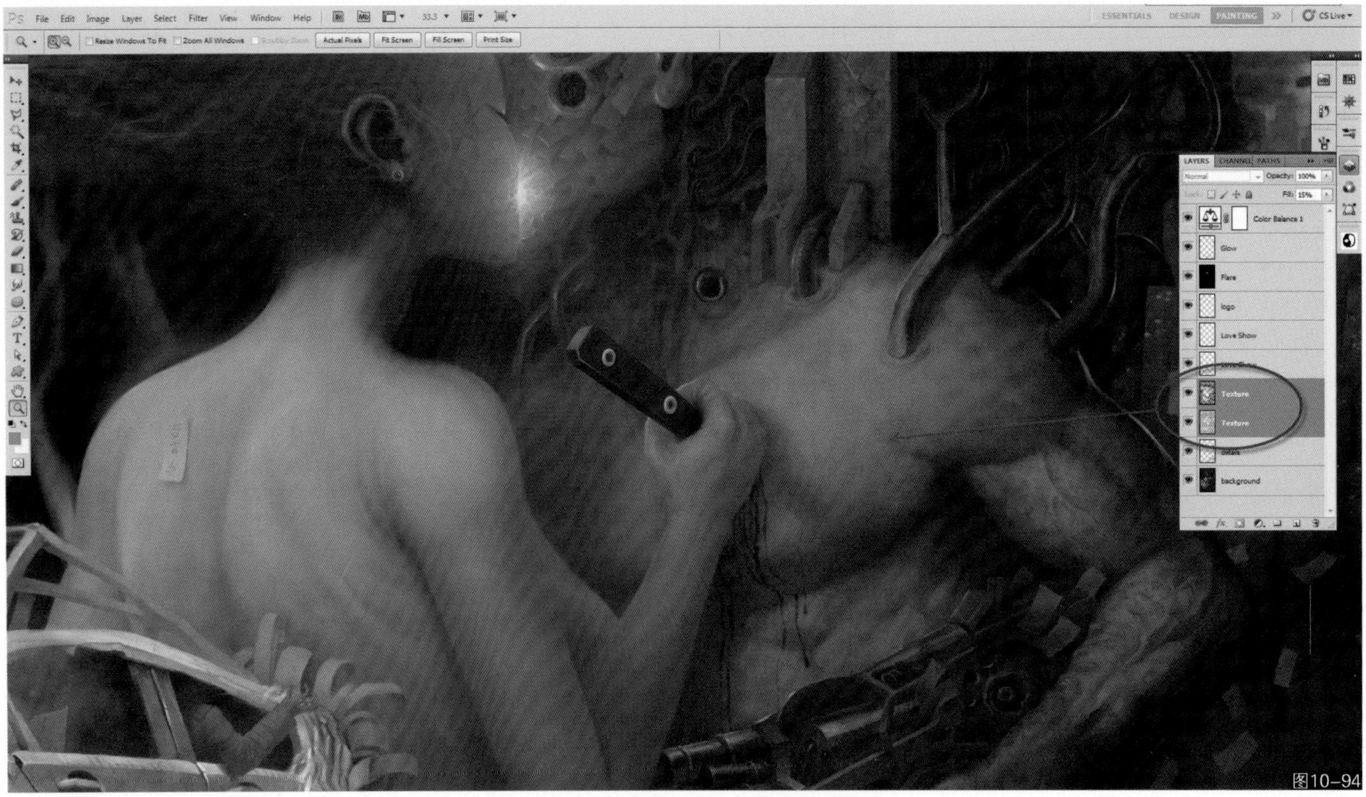

图10-94

三、Blur's Good Brush综合实例分析2

在这个实例中我们将继续分析一个较为复杂的作品的创作过程，了解其绘制的技法流程和光色理论在其中的运用（如图10-95所示）。

图10-95

01 对于这幅创作一开始并未有一个明确的意向，我们可以通过随意地勾勒很多草图来实现不同的想法，然后将各个草图的有趣部分综合起来，最终定稿为一个音乐会的构图和创意（如图10-96所示）。

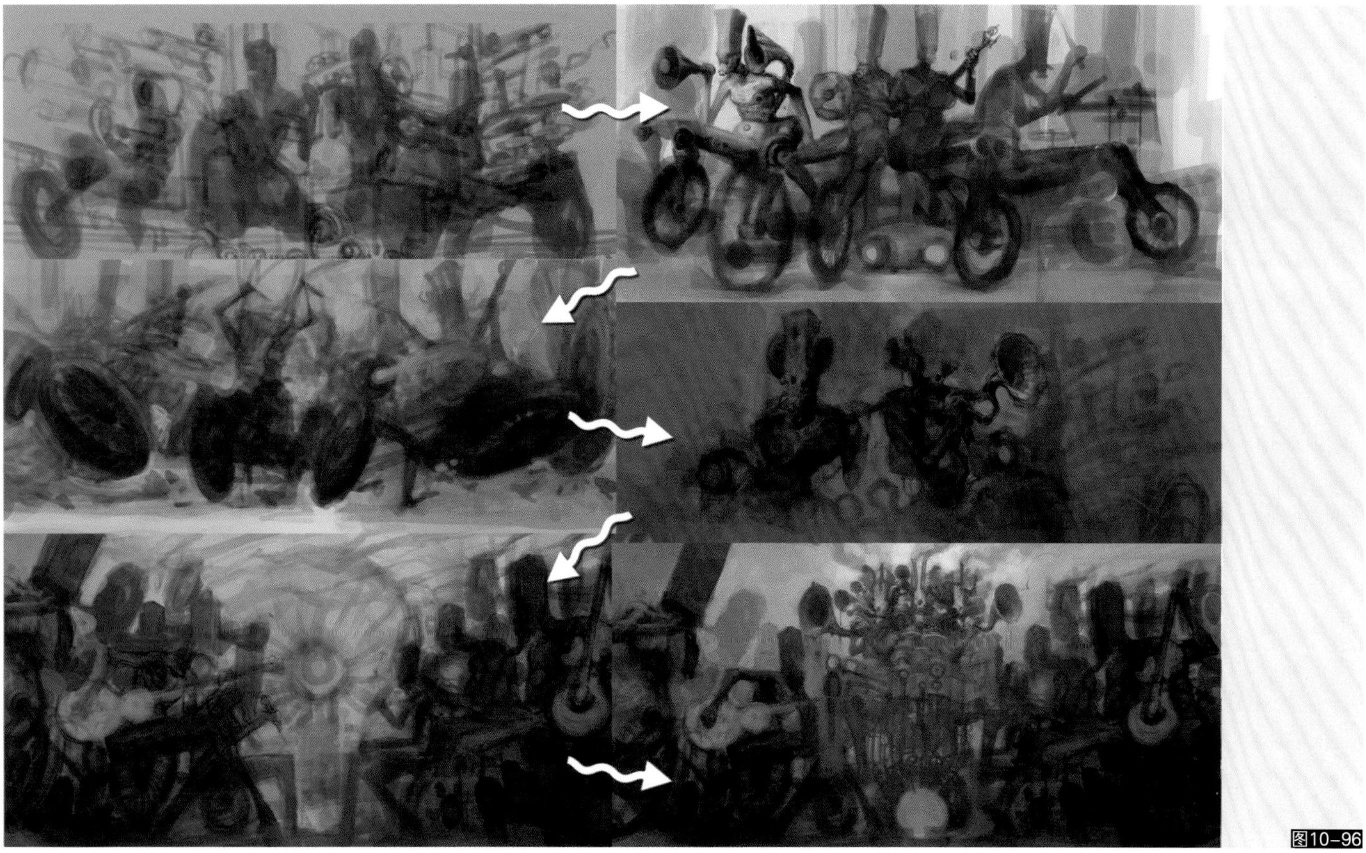

图10-96

02 接下来用纯素描的方式完成整幅画面的阴影层次关系。这幅作品我们将其设置在一个纯漫反射的光源环境里，因此这一步需要耐心地描绘所有朝下的面、相互靠近和产生夹角的结构的漫反射投影；同时场景中的层次感也要突出出来，远处的景物颜色需要灰一些，随着空间的推近阴影也逐渐加重（如图10-97所示）。

图10-97

03 使用“正片叠底”模式的画笔为整个场景添加一层灰暖色的漫反射色调，局部区域可以绘制上一些基本的固有色。注意当环境有了基本色后，那么所有其中的固有色都要考虑加入环境色调来绘制。可以将两种色彩混合或降低画笔透明度来让其正常叠加，以此方法来确定两种色彩的融合（如图10-98所示）。

图10-98

04 慢慢地增加叠加色彩的饱和度，注意叠加色彩要循序渐进，不要一次性画得太充分以至于没有退后的余地，“变暗”模式和“变亮”模式两种叠加方式可以根据需要灵活掌握。环境色完全确定以后开始逐步描绘人物细节，注意暖色环境漫反射光的影响，人物面部和身体包括其他所有物体看上去都是非常灰暖的色调感，可以真切地感受到和环境融为一体。同时这是远景的物体，所有固有色、高光和阴影都是非常灰淡的（如图10-99所示）。

图10-99

05 使用硬边画笔逐步细化这一块结构，仍然是一边创作新的造型的变化，一边根据所画出来的结构寻找漫反射投影的位置。对于色彩，如右侧角色头上的圆管结构看上去呈现出的冷色效果，一定要用相对冷的暖色去描绘，如果直接使用蓝色去绘制马上就会破坏整体色彩的平衡性。还需要注意角色背后新增的光源照明变化，这是典型的体积发光结构，注意要用体积光、面积光照明原理去处理周边的光照变化（如图10-100所示）。

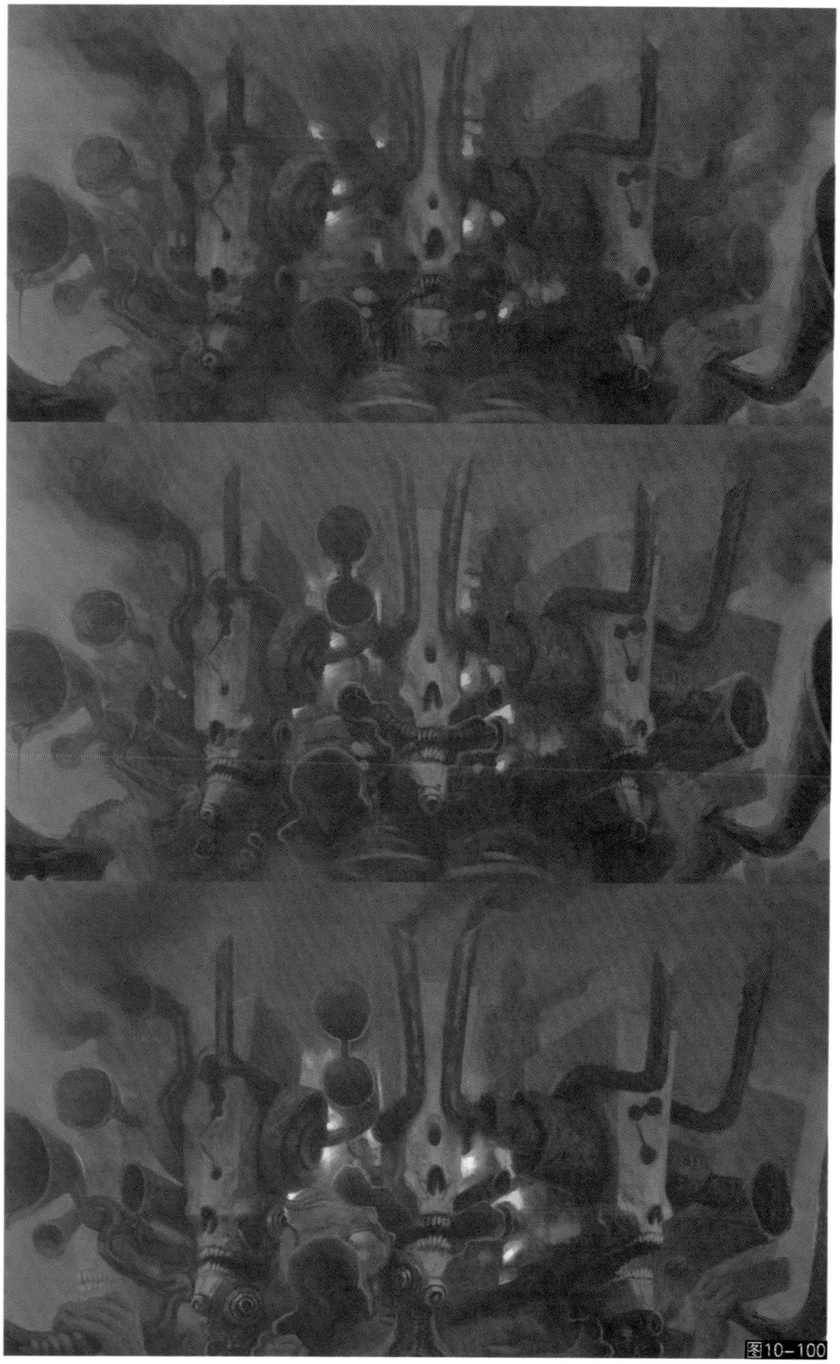

图10-100

06 绘画的用笔方式也决定了所画对象的质感与风格，对于要画的具体物体一定要根据其结构特征来选择适合的画笔工具来描绘，如这类比较坚硬粗糙的质地就需要选择较为硬边实体的画笔来绘制。用笔方向也需要根据结构和纹理走向变化，不要总是保持固定不变的一种用笔习惯（如图10-101所示）。

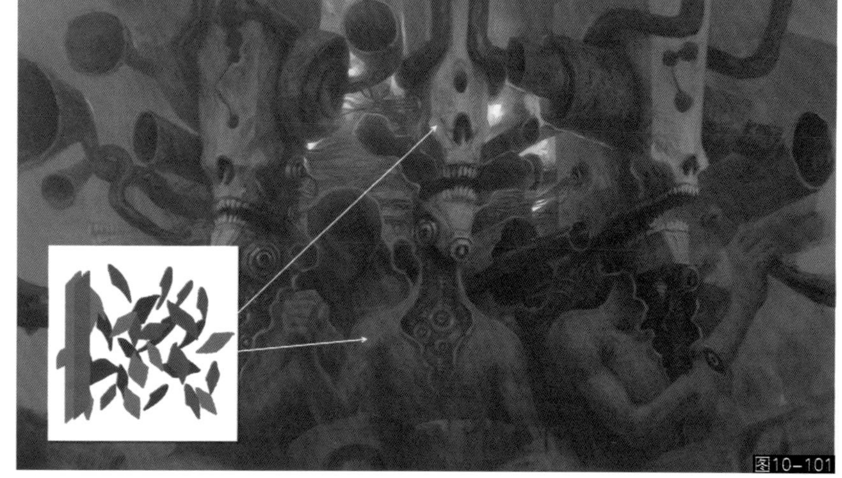

图10-101

07 高光是区分不同质地的最重要因素之一，在刻画细节的时候，细心地查找高光是非常重要的一步，不同的高光效果决定了物质的最终质感，比如光滑的金属和生锈的金属就体现出完全不一样的高光形状和强度。通常高光强而小物体就光滑坚硬，反之高光大而弱物体则粗糙而柔软。同时还要注意高光在粗糙和光滑物体上的起伏变化和位置（如图10-102所示）。

图10-102

08 按照同样的流程一步一步细化草图结构，对于纹理细节一般使用纹理类画笔或者照片纹理来叠加，但是在这里仍然用块面状的画笔来描绘，这样可以自由地绘制出想要的肌理效果而且笔触感较为统一。除了角色自身的结构产生的漫反射投影之外，还需要注意各角色之间和周边角色场景的漫反射互动关系，越复杂的画面越要注意细心地分析这些阴影关系。新增加的光源要充分考虑其发光方式与照明范围等，可以适当加入一些主观的控制方式，自己根据画面的需要进行调整。如右图乐器上增加的冷色点光源，这些元素一开始并未想好，而随着绘画的推进新的想法不断加入画面的结构，光照也会随时变化，我们需要时刻运用光色理论去处理（如图10-103所示）。

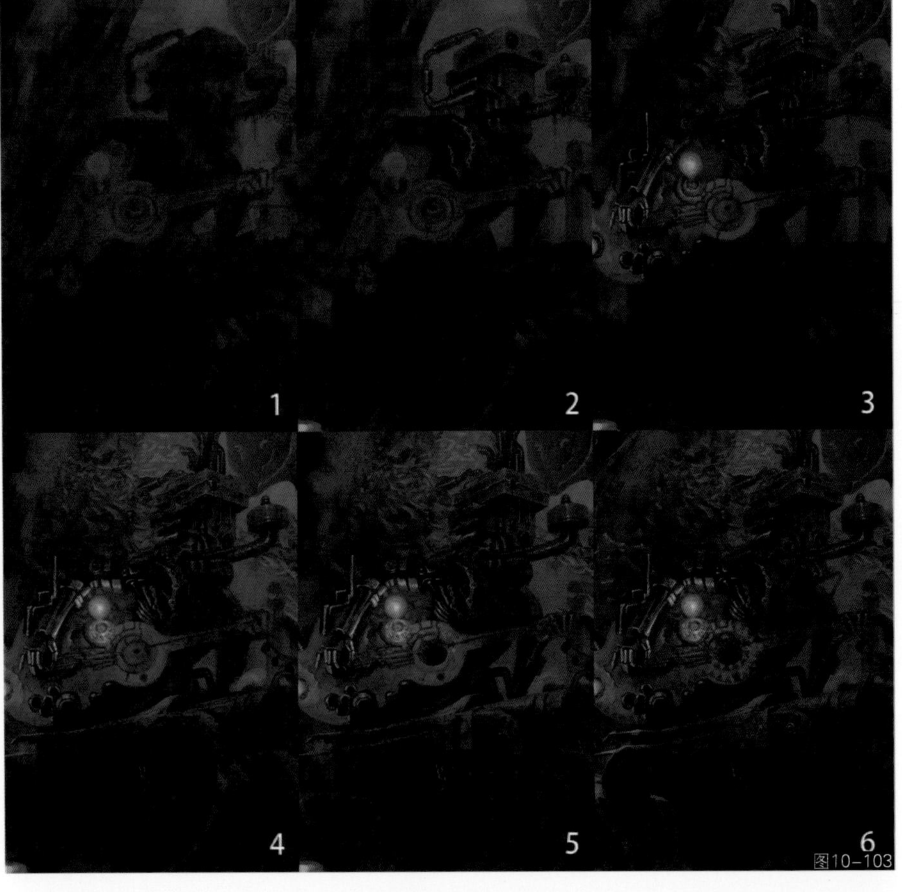

图10-103

09 对于需要柔化处理的区域，使用涂抹工具可以很好地衔接色彩之间的过渡关系。尤其是在绘制背景的时候，我们可以使用涂抹工具来处理生硬的过渡，用它生成柔和的层次感、阴影和丰富的色彩变化。但是和之前其他教学中所要求的一样，涂抹工具不要过分使用，而且切忌平均化、模式化涂抹画面中的所有区域（如图10-104所示）。

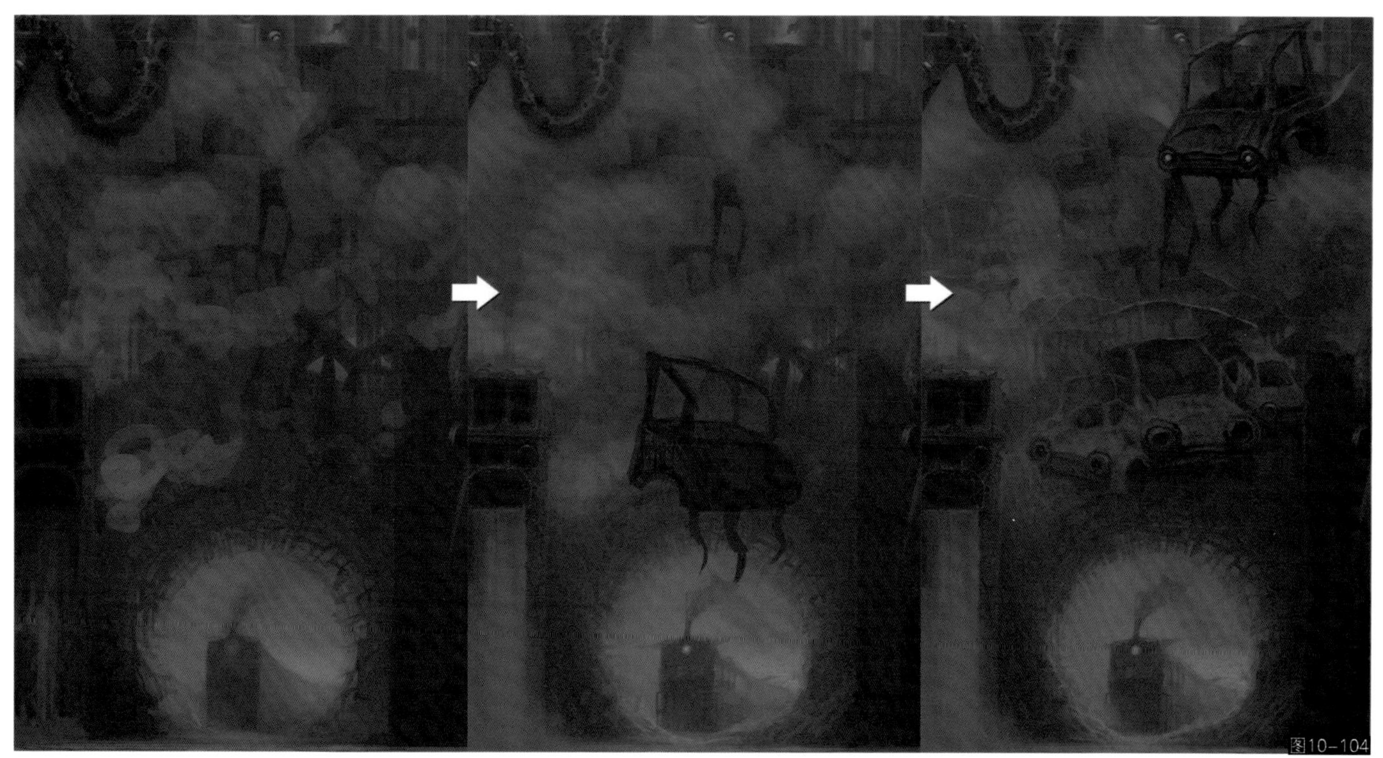

图10-104

10 对于这幅作品来说，整体画面如果仅仅只是纯漫反射的光线氛围难免显得平淡，因此我们可以适当设置一些局部的直射光照明来丰富画面的表现。这里我们设置三个投射灯光源来增强近处人物的轮廓表现，绘制时需要仔细分析清楚发光与受光的位置和结构关系（如图10-105所示）。

图10-105

11 常规漫反射光影和直射光描绘完毕后我们需要耐心地描绘漫反射反弹光。反弹光基本上都属于间接照明的面积光，注意运用光色理论来分析这些间接光照的变化，还有很多产生间接照明的区域是背对着我们的结构，分析时千万不要忽略这些“隐藏”结构，如下图中角色腿部的背面就属于看不见的受光面（如图10–106所示）。

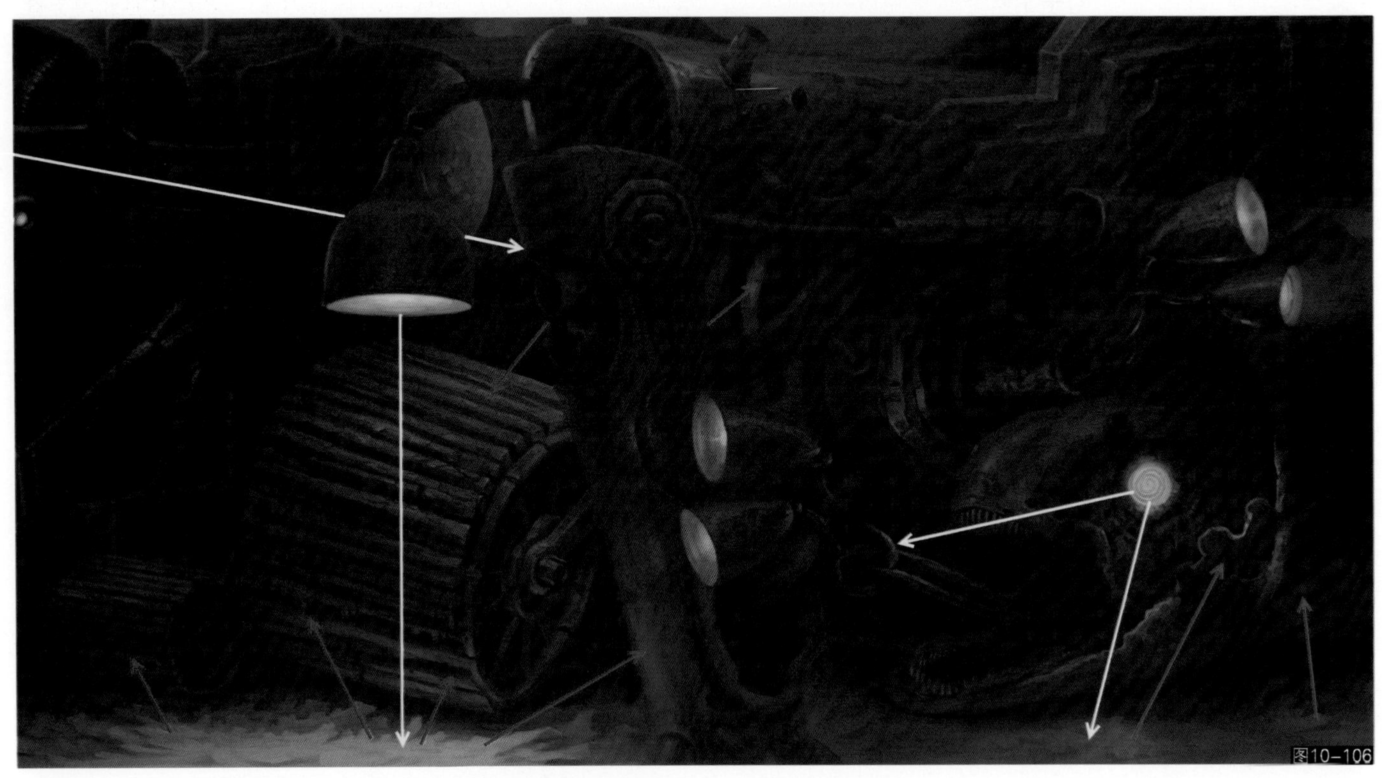
图10–106

黄色箭头为直接照明光源，红色箭头为反弹间接照明光源

12 不同质感的高光和反射一定要细心地分析和描绘，平时我们一定要养成多观察的习惯，往往平时生活中熟悉的东西在对着画布时反而会觉得极其陌生且无从下手，如铁和银、木头和塑料、水和玻璃、皮肤和橡胶等。这些不同物质高光和反射的微妙差异到底在哪里，谁光泽强一点、大一些或是弱一点、小一些，在绘画过程中都是非常难以评判的。因此，锻炼观察力是我们获取这些信息的重要途径，需要反复地训练和思索（如图10–107所示）。

图10–107

13 通过下图我们继续运用光色理论分析比对不同区域质感的变化，除了掌握好不同材质的高光强度与范围外，用笔也很关键。对于这幅作品，大部分形象都是粗糙凹凸的旧金属和混凝土质地，因此高光只适合使用硬边方形类画笔来描绘，笔触应该交错分散一些（如图10-108所示）；相反如果表现的是光滑干净的金属材质，就应该使用柔性喷枪一类画笔来绘制其平滑的光泽。对于工具熟练运用的程度和笔法的表现方式也是制约绘画效果的重要因素，需要勤加练习方能掌握（如图10-109所示）。

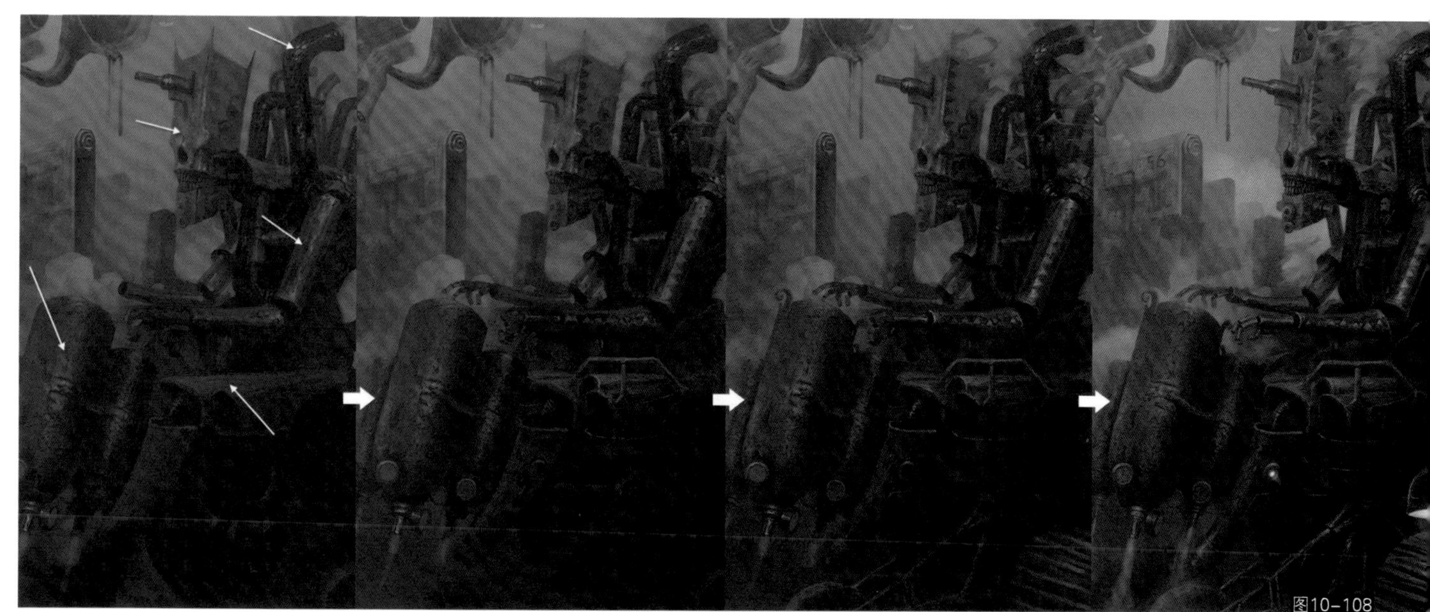

图10-108

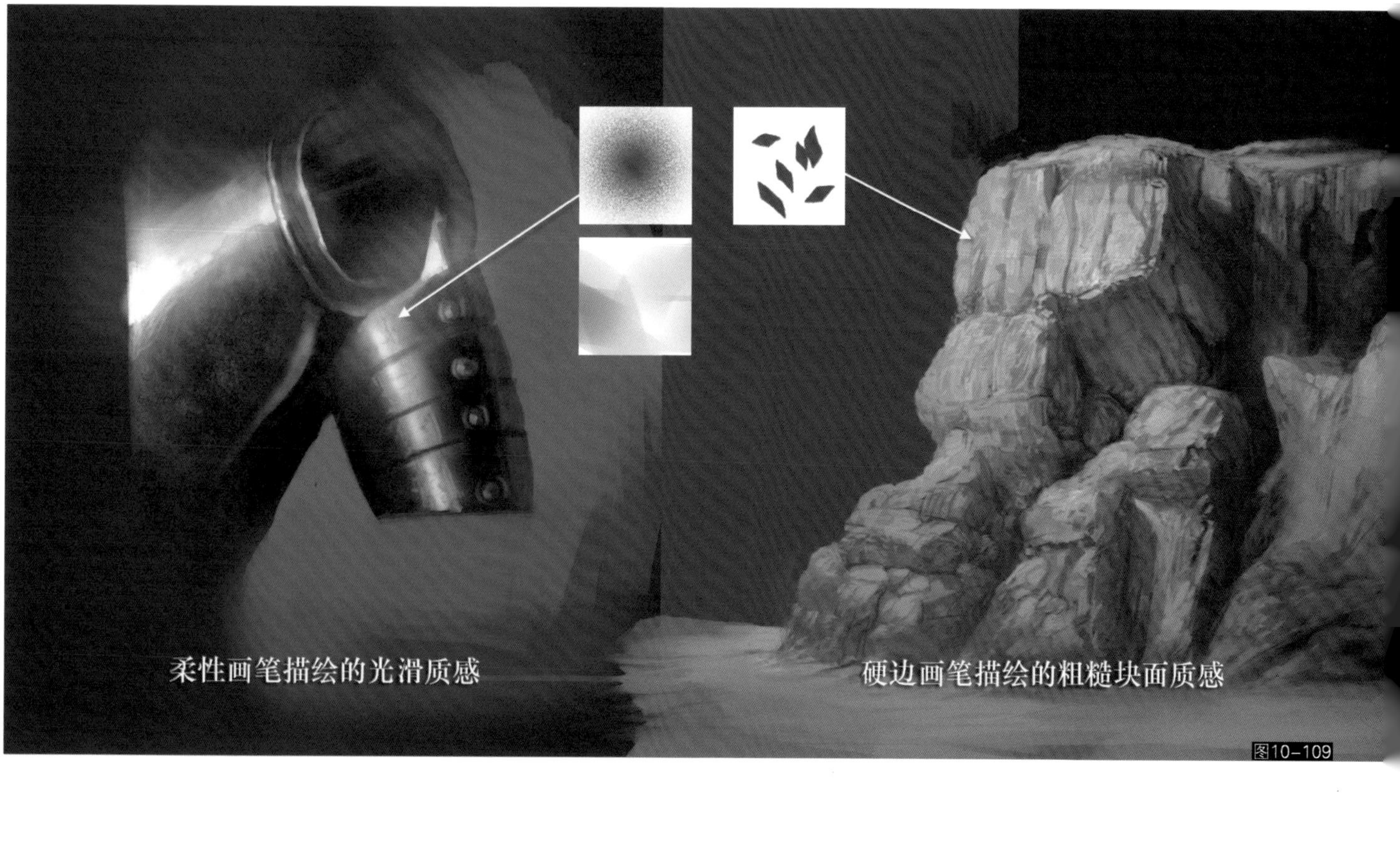

柔性画笔描绘的光滑质感

硬边画笔描绘的粗糙块面质感

图10-109

14 如何查看一个结构体是否刻画到位，主要检查的是漫反射投影区域是否刻画得准确与完整。当画面上色后色彩会掩盖一些视觉元素让人混淆，一个非常好的办法是将画面进行去色处理，然后提高画面亮度和对比度，按照之前章节所讲授的漫反射阴影原理去检查所画的对象是否具有准确的阴影结构（如图10-110所示）。

图10-110

15 当整幅画面差不多完成后我们就可以使用特效画笔来绘制画面中的云雾、发光、燃烧等柔性元素。对于到底是使用画笔叠加模式还是使用图层叠加模式来绘制，我们经常会混淆这两个概念。一般在单层上作画直接使用画笔叠加模式来绘制特效的变暗或变亮效果可以得到非常不错的效果；但是如果需要将特效绘制在单独的或不同的图层中，那么开启的应该是图层叠加模式，画笔叠加模式需要切换回“正常”，这样才能得到正确的结果，但是图层叠加出来的效果相比画笔直接单层叠加的要稍差一些。很多特效并不能一次性绘制上去呈现最终的效果，如右图中喷射的烟雾效果，需要先绘制出云雾的基本结构，然后使用“动感模糊”滤镜将其处理出喷射般的速度感，然后再用云雾画笔将其结构进行修饰以得到自然的衔接（如图10-111所示）。

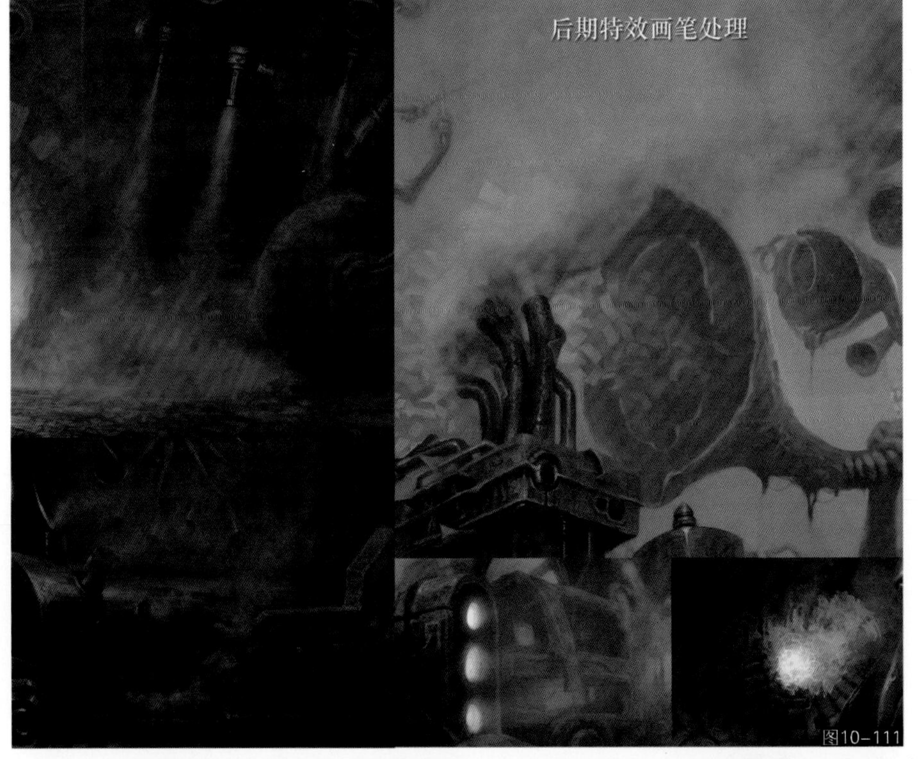

图10-111

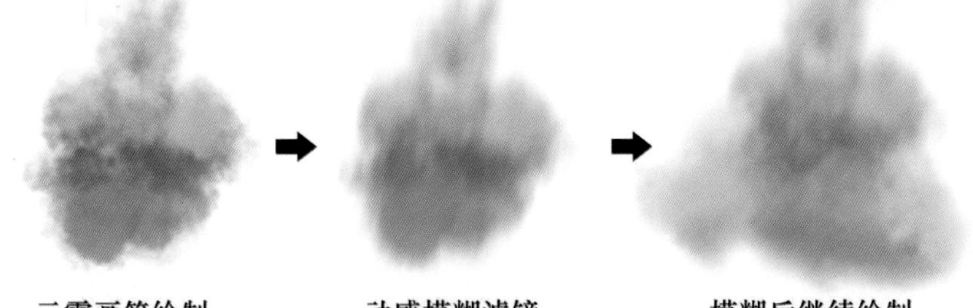

16 画面后期细节的处理非常重要，为了使画面看上去更加“复杂化”和“自然化”，我们一般会使用叠加底纹的方式来处理。针对这幅作品的风格可以选择旧化的照片素材如混凝土表面、破旧的石头结构、干裂的土地等表现底纹，这里我们使用一张混凝土墙面的照片来叠加出一些细碎的杂点结构。为了不影响画面色彩，需要将其处理成黑白图像，同时注意一定要用高分辨率照片，图像不能进行放大处理，如果照片像素不够可以对其进行拼接处理，以此保证较高的像素质量，叠加模式和图层透明度可以根据需要灵活设置（如图10-112所示）。

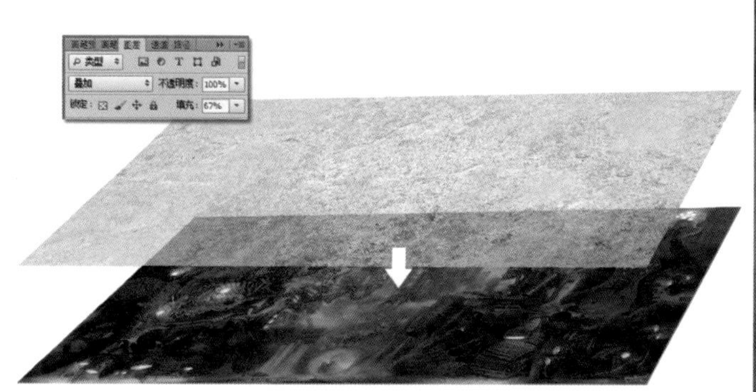

图10-112

17 画面后期的校色与风格化处理对画面最终的表现起着非常重要的作用，往往一幅好的画面效果都取决于最终的色调风格定位。在这里介绍一款非常强大的校色插件Topaz Adjust。这是一个非常简单高效且效果极为强大的Photoshop调色插件，它提供了很多方便的预设功能，也可以自己进行手动设置，风格与效果千变万化，非常爽心悦目。关于Topaz系列插件可以访问www.topazlabs.com官方网站获取更多信息，至此本幅创作完成（如图10-113~图10-116所示）。

图10-113

图10-114

图10-115

图10-116

四、总结

本书通过9个章节的介绍将Blur's Good Brush数字绘画工具的运用和重点的理论基础知识进行了系统地梳理，大家在阅读本书的过程中应该循序渐进地一步步掌握好分模块知识，再通过不断实践将这些概念贯彻到自己的绘画创作当中，这样才能逐步提高自己的绘画能力。

数字绘画是一门新兴的艺术创作门类，基于软件本身的优势可以改变我们很多作画的方式，尤其是绘画的便捷性与高效性很容易让初学者只注意学习软件表层的技法而忽略绘画深层次技能的培养。因此，在绘画的学习过程中除了熟练掌握每一种工具的功能与运用之外，我们还需要从其他领域学习更多的知识来补充自我的能力素养，如艺术审美，摄影构图，解剖透视，古代、现代艺术，影视游戏设计等。这样我们才能多方面地获取知识，然后再通过数字绘画这种科技手段的辅助来提升自己综合的艺术创造实力，读懂别人的作品的同时也能创造出属于自己的艺术风格。

绘画技法的提高没有捷径，只有养成每天勤加练习的习惯才能逐步提高自己的熟练度与理解力，熟能生巧，很多工具变通的运用方法都是在不断的实践中总结出来的。同时我们还要注意观察力的培养，生活中多注意各种东西的构造和细节，这样才能不断地积累绘画的记忆信息库，让你有物可想有形可画。本书中每一章节的绘画小实例就是针对不同工具运用所制作的练习，大家除了按照书中的范例去实践之外，尽可能将书中没有用到的画笔也多做各种不同的尝试，这样才能较为全面地掌握本套工具的精髓，也能从中找到更多有用有趣的方法。

希望通过本书的阅读能够为你带来关于数字绘画的新奇体验，同时也希望本书能够帮助大家快速增强对于各类型绘画技法的掌握。

附录 笔刷常见使用问题

1.为什么我的笔刷无法安装，Photoshop提示无法读入。

答：Blur's Good Brush 7.0必须安装在Photoshop CS6或CC以上版本，Photoshop CS5和以下版本请安装Blur's Good Brush 5.1版。

2.为什么我的绘图板画出来的笔触没有压感，和书上的实例不一样？

答：首先需要确定使用的绘图板的压感级别，最好在1,024级以上；然后绘图板需要支持旋转和倾斜功能；本书教学所使用的绘图板为Wacom影拓5；最后请确保绘图板驱动程序正常安装（或升级到最新版本），绘图板属性设置保持默认设置。

3.为什么在画画时Photoshop的压感断断续续，画笔旋转和倾斜控制也会时有时无？

答：在画画时尽量不要让Photoshop和其他程序一起运行，如一边画画一边聊QQ，一边画画一边看视频等，其他程序可能会影响绘图板的驱动程序。如发生这种情况，可以将Photoshop最小化，然后再最大化即可修正，如修正不了需要关闭其他所有程序后重启Photoshop；另一种情况是绘图板驱动程序没有正确安装，或是系统出问题，需要检查驱动程序安装情况或是升级驱动；最后一种情况是绘图笔损坏。

4.为什么我的笔触画上去总是淡淡的或是过重？

答：这个问题一般出现在绘图板压感设置不正确上，请打开控制面板中的相关品牌绘图板属性设置，将绘图板压力控制设置为和书中范例一致的结果，同时检查Photoshop画笔透明度、流量设置是否正确。

5.为什么画笔运行速度好慢，每一笔都有延迟？

答：这是常见问题，主要由于画笔尺寸设置得过大。画笔大小需要根据电脑的硬件配置来控制，对于配置一般或是较低的硬件，一般情况下建议画笔大小尽量设置到500像素以下，同时画布大小也不要设置得过大，绘画时运笔速度放慢一些；另一种情况在使用Photoshop CS4时由于软件本身问题会导致笔刷运行效率变低，还有不同品牌显卡驱动支持问题也会导致延迟的发生。如果出现这种情况，我们需要在Photoshop的菜单中选择编辑→首选项→性能面板，关闭“使用图形处理器”选项，然后重启Photoshop，以关闭显卡对绘画的硬件支持来改善软件运行效率。

6.为什么涂抹工具运行速度超级慢？

答：涂抹工具的运算速度非常慢，比画笔慢很多，因此涂抹工具的大小原则上不要设置到300像素以上，运笔时尽量慢一些，整体情况的处理和上一个问题一致。

7.为什么画笔画不出任何笔触？

答：首先请查看画笔透明度和流量设置；其次检查画笔和图层是否设置在某一种非正常的叠加模式中；最后检查画面是否存在未察觉选区。

8.画笔设置了各种叠加模式为什么画上去没有得到正确效果？

答：画笔叠加模式只对单层有效果，如果一个设置过正常模式以外叠加模式的画笔在同时设置过不同叠加模式的空图层上绘制则会得到不正确的结果。

9.涂抹工具为什么无法涂抹，强度设置再高也没有效果？

答：一般情况下涂抹工具只能涂抹单层，如果需要在不同层的情况下涂抹，我们需要勾选“对所有图层采样”选项，但是涂抹速度会更加缓慢。

10.本套画笔能否使用鼠标作画？

答：不能，鼠标无压力反应，所有画笔属性都不支持。

11.什么样的电脑配置适合电脑绘画？

答：如果需要较为流畅的作画体验，建议电脑配置使用比如英特i7或以上的CPU、Open GL加速性能较为强劲的显卡和至少8GB以上的内存，同时采用64位的操作系统和64位的Photoshop。

12.什么地方可以查询到笔刷升级信息？

答：大家可以登录我的博客http://hi.baidu.com/blur1977或是中国专业CG艺术社区www.leewiart.com查询笔刷动态和相关资源。

13.Blur's Good Brush是否可以用于商业用途？

答：Blur's Good Brush系列笔刷库一直属于免费的开放资源，每一版都是免费发布的，大家可以在我的博客和各大资源网站上下载，可以用于任何商业创作目的，但是请不要将其用于商业销售行为，尤其是网络销售平台，笔者从未在任何网站以任何形式出售此套笔刷库。

杨雪果主要成果

一、出版专著

1.《传扬生活妙韵的巧计——云南民族工艺》，14.8万字，云南教育出版社出版，2000年8月第1版第1次印刷（黑白插图），同年12月第2次印刷（彩色插图）。

2.《3ds Max高级程序贴图的艺术》，中国铁道出版社出版。2006年7月第1版，50万字；2010年6月第2版，73万字；2013年10月第3版，81.4万字。另，2011年3月，台湾上奇资讯股份有限公司以《3ds Max进阶程序贴图的艺术》书名在台湾地区出版第2版。

二、论文

1.论文《程序纹理的奥秘》，刊于《CG杂志（中国图象图形学报）》（2002年第7期）。

2.论文《云南少数民族织锦简述》，刊于《民族艺术研究》，1999年第5期。

3.论文《挂在身上的光泽和梦境——云南民族饰品简述》，刊于《首届中国民族服装服饰博览会云南民族服饰文化学术论文集——民族工作》，2000年增刊。

4.论文《商业不是数字艺术的目的地》，刊于《春城晚报•8090志》，2010年5月1日。

5.论文《最接近灵魂的创造——为第三届“奇观”双年展祝福》，刊于《第三届“奇观”双年展》画册，2011年。

6.论文《运用新科技手段提高非物质文化遗产保护成效——关于数字化还原、保存非遗项目的尝试》，刊于云南艺术学院设计学院《云南非物质文化遗产保护论集》，2014年。

三、原创作品

1.CG作品《海》、《梦》、《风》、《街》，刊于《艺术与设计——数码设计》杂志，2000年第2期。

2.CG作品《mistzone》，刊于《艺术与设计——数码设计》杂志，2000年第3期。

3.CG作品《太空T型台》，刊于《奥秘》杂志，2001年第8期。

4.CG作品《异星风景线》，刊于《奥秘》杂志，2002年第1期。

5.CG作品《异世界》，刊于《CG杂志（中国图象图形学报）》2002年第9期《2002 CGer中国会作品征集活动最后限时20天》。

6.CG作品《核》、《忆》、《异形X》、《苹果》、《神秘地带》、《风》、《入侵》、《远古之声》、《异世界》、《城市》，入选华人地区首届CGER中国节——CG作品全国巡展，2002年10月。

7.CG作品：静帧《城市》、《入侵》、《苹果》、《核》、《异形》，动画《rebirth》，刊于《CG杂志（中国图象图形学报）》2002年第11期《REBIRTH重生——访优秀原创作者杨雪果》。

8.CG作品《核》、《忆》、《异形X》、《苹果》、《神秘地带》、《风》、《入侵》、《远古之声》、《异世界》、《城市》、《REBIRTH(动画)》，2003年2月入选《CG杂志（中国图象图形学报）》年鉴编写组策划、编辑，中国电力出版社2003年1月出版《华人3D作品年鉴.2002》一书。

9.CG作品《流放之国》，刊于《幻想》杂志2005年第1期，入选该刊最佳原创；同年入选美国CGTALK网站4星级精选画廊。

10.CG作品《逝去的文明》，入选美国CGTALK专业网站四星集精选画廊，2006年10月。

11.CG作品《飞翔》、《混凝土1号》、《不可饶恕的罪人》、《罪恶之塔》、《puppet of phantom》，刊于《幻想艺术》2008年第10卷《创作与生命同行——访中国CG艺术家杨雪果》。

12.CG作品《深海幽灵》，刊于《奥秘》杂志2009年第4期封面。

13.CG作品《混凝土系列之一》，刊于《奥秘》杂志2009年第6期。

14.CG作品《天竺未远》、《Solo》、《Concrete 4》、《Concrete 0》、《Concrete 10》、《Ash》、《Burning Bride》、《Stygian river》，刊于《数码设计》2009年12月《艺术的信徒——访CG艺术家杨雪果》。

15.CG作品《Concrete 9》、《混凝土系列之一》、《父与子》，刊于《世界都市》2009年第4期《杨雪果：数码的超现实》。

16.CG作品《ASH》、《Concrete1》、《Tower of Evil》、《God of Door》入选国际权威CG出版机构Ballistic publishing（澳大利亚弹道出版社）出版的世界最佳CG艺术家年鉴《Expose7》，2009年3月。

17.CG作品《Concrete 0》入选国际权威CG出版机构Ballistic publishing出版的世界最佳CG艺术家年鉴《Expose 8》，2010年。

18.2009年11月，数字绘画作品《Solo》入选Ballistic publishing出版的CG角色艺术家年鉴《Exotioue5》；12月，数字绘画作品《天竺未远》、《Fly》、《God of door》入选英国ArtSquared网站和Rage publishing出版机构出版的《Digital Painter 2》（世界数字画家年鉴2）。

19. CG作品《天竺未远》、《门神》、《混凝土系列0—10》、《金属乐队》等14幅，刊于《绘画中的艺术——插画师杨雪果访谈录》（毒蝎/文）、《插画圈》第3期，2010年9月。

20.《杨雪果》访谈及CG作品：《门神》、《火烬》、《天竺未远》、《混凝土0》、《混凝土1》、《混凝土2》、《混凝土3》、《混凝土5》、《混凝土8》、《混凝土9》、《混凝土10》、《混凝土4》、《混凝土7》、《燃烧的新娘》、《混凝土6》、《飞》，刊于LeewiART编著的《乐艺•插画——国际顶级数字艺术家佳作赏析》，人民邮电出版社，2011年6月出版。

21.CG作品《王者》，刊于《奥秘》2011年第5期封面。

22.CG作品《曙光》，刊于《奥秘》2011年第11期封面。

23.CG作品《混凝土系列》二帧，入选《中国动漫•百位插画师CG作品精选》，上海动漫大王文化传媒有限公司、上海美术出版社，2011年7月出版。

24.CG作品《puppet of phantom》，刊于德国《inside》杂志16期，2012年12月。

25.CG作品《Masquerade》、《Tower of Evit》、《Concrete VI》、《Unforgiven Sinner》、《War》、《Burning Bride》、《Fty》、《Concrete I》、《Concrete V》、《Stygian River》，刊于英国Graffito books出版社Biomech Art，2013年。

26.CG作品《Modern Love》入选《心心相印》——韩国illustration学会北京邀请展/7国插画展画册，2013年7月。

27.CG作品《Shate the Root》（同根），刊于leewiART国际数字图形（CG）艺术推广机构编著的《天下共生》，人民邮电出版社，2013年9月。

28.CG作品《Concrete5》，刊于《插画圈•宴》（杨振燊/编著），上海动画大王文化传媒有限公司、上海美术出版社，2013年10月。

29.CG作品《三只眼》，刊于《奥秘》2014年第1期封面。

30.FVZA漫画书封面设计及绘画，美国Radical Publishing出版社，2009年。

31.City of Dust漫画书插图绘画，美国Radical Publishing出版社，2009年。

32.美国Miss May I乐队专辑封面设计，2010年。

33.美国Unhuman乐队专辑封面，2010年。

34.美国Rejectionary乐队专辑封面设计，2011年。

35.希腊Everdome乐队专辑封面设计，2012年。

36.中国Parasitic eve乐队专辑封面，2013年。

让创意 发生